머리말

디지털혁명을 기반으로 모든 사물이 연결되고 빅데이터, 인공지능을 통한 지능화와 융합을 통한 기술혁명으로 경제·사회·산업간 영역이 파괴되고 신서비스 산업이 나타나는 혁신적인 변혁의 시대에 살고 있다. 수많은 스마트 IT 융합 서비스에 적용될 지능형 센서 기술이 기존의 고성능 센서 기술을 뛰어넘어 AI를 기반으로 새로운 정보를 생산하는, 4차 산업혁명 시대를 이끄는 핵심 부품이 될 것으로 전망된다.

기계 및 전기전자산업은 아날로그 시대에서 디지털 시대로 전환되면서 각 분야에서 정보화, 자동화의 물결이 휘몰아치고 있다. 컴퓨터, 휴대폰, 반도체로 상징되는 디지털 신기술과 신제품들은 세계 곳곳에 확산되고 있는 것이다. 새로운 디지털 제품에는 새로운 센서 및 액츄에이터 장착이 없어서는 안 될 정도로 센서·액츄에이터는 필수품이 된 것이다.

향후 다가올 유비쿼터스 시대는 센서와 액츄에이터가 메인이 되는 시대로 고부가가치가 예상되는 센서와 액츄에이터에 대한 새로운 인식의 전환이 필요할 때이다. 이제 센서와 액츄에이터는 단순히 현재 상황만 체크해 주는 감지 및 구동 기능뿐만 아니라, 인지된 상황을 판단함과 동시에 다음 상황으로 잇달아 신호를 보내고 구동하는 등 센서와 액츄에이터는 고기능, 고집적화 되면서, 소형 컴퓨터로서의 역할을 할 것으로 판단되고 현재 반도체 공정기술을 이용한 센서의 등장은 이를 더욱 가속화 시킬 것으로 생각된다.

제1장에서는 센서 개요와 전반적인 세계 센서시장의 동향 및 전망에 대하여 설명하고, 제2장 및 3장에서는 일반 산업현장에서 주요 적용하고 있는 각종 센서의 종류, 특징 및 응용분야에 대하여 설명한다. 제4장에서는 액츄에이터의 일반적인 개요에 대하여 기술하고 제5장～9장에서는 직류모터, 교류모터, 서보모터, 스텝핑모터, 리니어모터의 특징 및 동작특성에 대하여 각각 간략하게 기술한다.

이와 같이 만들어진 이 교재는 센서 및 액츄에이터의 관련기술을 필요로 하는 공학도들이 기본 지식을 습득하는데 보탬이 되었으면 한다.

본 교재를 개발함에 있어 수차례 내용을 검증하였음에도 불구하고 미비한 점이나 오류가 다수 있으리라 생각되므로 독자 여러분의 계속적인 지도 편달을 바라며, 보충 · 보완을 할 것을 약속하는 바이다. 또한 교재의 출판되기까지 많은 보탬을 준 본 대학 기계자동차공학과 학생 여러분과 정성을 들여서 만들어 주신 출판사 여러분께 진심으로 감사를 드린다.

2023년 4월

저자 씀

차례

2판

센서 액츄에이터 공학

정용욱 · 정구섭 지음

GS인터비전

1

CHAPTER

센서의 개요

가까운 미래에 자신과 똑 닮은 로봇 아바타가 현실과 가상공간을 넘나들고, 인간이 로봇과 감정을 교류하며 상호작용하는 시대가 실현될 수 있을까?

꿈같은 얘기처럼 들리지만, 요즘 세계적으로 유행하고 있는 메타버스, 로봇 등 초현실적인 여러 현상들의 열기를 보면 이런 시대가 눈앞에 펼쳐질 날이 그리 머지않은 것 같다. 가상현실(VR)과 혼합현실(MR), 증강현실(AR)부터 융합현실 기술, 인공지능, 5G, 클라우드, 아바타 등 다양한 기술들이 결합하면서 로봇의 경계가 물리적 공간에서 사이버 공간으로 확대되고 있는 양상이다. 이는 각종 센서(Sensor)와 액츄에이터(Actuator)의 융합에 의해 구동되어지는 메카트로닉스(mechatronics) 공학의 최첨단 산물들이다.

다가올 유비쿼터스(Ubiquitous) 시대는 센서와 액츄에이터가 메인이 되는 시대로 고부가가치가 예상되는 센서와 액츄에이터에 대한 새로운 인식의 전환이 필요할 때이다.

그림 1-1 유비쿼터스(Ubiquitous) 시대

이제 센서는 단순히 현재 상황만 감지하여 구동하는 기능뿐만 아니라, 인지된 상황을 판단함과 동시에 다음 상황으로 잇달아 신호를 보내는 등 고기능, 고집적화 되면서, 각종 기계 · 전자기기의 핵심 구성원으로서 자리매김하고 있는 상황이다.

집적 회로와 지능형 소프트웨어 기술로 데이터를 처리하고, 자가 진단을 할 수 있는, 스마트센서가 각종 최첨단 기기장치에 등장하고 있다. 전문가들은 나노기술, 미세전자기계시스템(MEMS) 등으로 센서 크기가 점차 소형화되고, 단일 센서 모듈에서 다기능 복합 센서 모듈로 변할 것으로 예상하고 있다.

센서는 4차 산업혁명의 가장 기본적이고 중요한 부품이다. 통상 지능정보기술의 가치 사슬은 정보생성, 정보수집, 정보추출, 학습 과정(인공지능)으로 이뤄지는데, 센서가 없으면 1단계인 데이터 생성부터 수행할 수 없다. 전문가들은 성능이 좋은 센서를 쓸수록 기술 부가가치가 높아진다고 설명한다. 스마트 센서의 조건은 고기능, 초소형, 저가격인 만큼, 첨단 기술이 적용되는 추세이다. 이전의 센서들은 금속, 폴리머, 전자세라믹 소재들을 활용한 단순 아날로그 방식이었지만, 최근에는 반도체형 센서가 주목받고 있다.

과거의 센서 의미는 '검출기', 즉 단지 특정 물질을 '감지'하는 수준에 머물렀다면, 요즘의 '센서(스마트 센서)'는 감지 신호를 전달하여 중앙처리장치가 어떠한 판단을 내리도록 한다는 점에서 그 성격이 매우 다르다고 할 수 있다. 또한 스마트 센서는 기존의 센서가 발전된 '똑똑한 센서', 즉 지능화된 센서(intelligent sensor)로 측정 대상물의 물리·화학적 정보를 감지하는 일반 센서 기술에 나노기술 또는 MEMS기술을 접목하여 데이터 처리, 자동보정, 자가진단, 의사결정, 통신 등의 신호처리 기능을 내장하고 있다.

그림 1-2 스마트 센서

이러한 스마트 센서의 발달에는 제조기술 측면에서는 1980년대 이후 반도체 산업의 발전과 더불어 급속한 발전을 이루고 있는 마이크로머시닝과 같은 미세 가공기술이 종래의 크고 무거운 조립식 센서를 반도체 IC와 같은 실리콘 기판상에 작게 구현할 수 있게 함으로써 가능하게 되었다.

실리콘 기판 상에 센서를 제조하기 때문에 반도체가 동시에 제조 공정이 가능하여, 메모리 반도체, 시스템 반도체 등 반도체 회로와 결합한 형태로 개발되고 있다. 이와 같이 미세화된 스마트 센서는 컴퓨터가 갖는 우수한 데이터 처리 능력, 판단 기능, 메모리 기능, 통신 기능 등을 내장하는 경우가 많기 때문에 종래의 센서에는 볼 수 없는 많은 장점을 갖는다.

일반인에게 이러한 스마트 센서의 효과를 가장 효과적으로 보여준 바가 요즘 출시되고 있는 스마트폰이다. 스마트 센서의 지능화는 스마트폰 이외에도 지능형 자동차, 스마트 홈시스템, 웨어러블 전자기기, 원격진료 시스템, 대규모의 환경감시시스템, 사물인터넷 등으로 센서의 활용 영역을 넓히고 있다.

스마트 센서는 크게 모바일, 자율주행자동차, 바이오 분야에 응용할 수 있다.

모바일 센서는 주로 스마트폰, 태블릿 PC, 노트북 PC 등 이동형 스마트 기기에 적용되는 센서를 말한다. 이미지센서, 터치센서, 마이크로폰, GPS, 모션센서, 지자기센서, 조도센서, 근접센서, 지문센서 등 10종이상 20개의 스마트 센서가 적용 중이며, 최근에는 모바일의 새로운 형태인 웨어러블 기기 시장에서도 센서가 주목받고 있다. 전문가들은 모바일 센서 중 30% 이상이 새로운 종류의 센서가 될 것이라고 말한다. 앞으로 모바일 기기에는 후각, 미각 센서까지 적용돼 '오감 센싱'도 가능할 것이라는 전망도 있다.

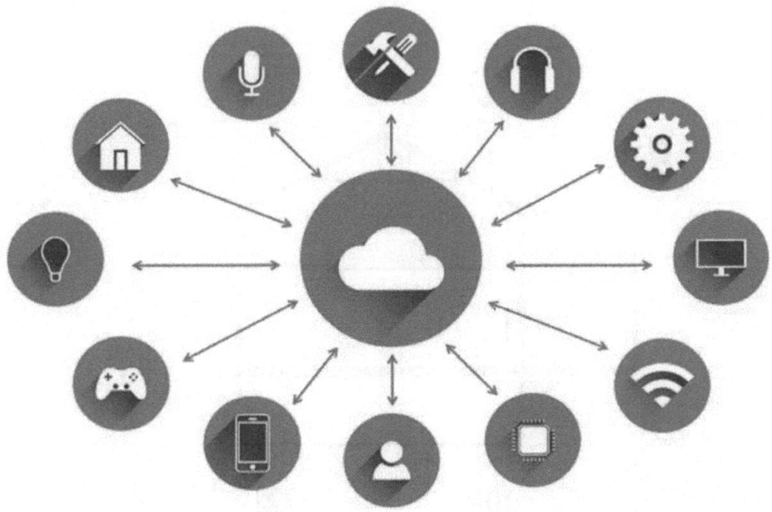

그림 1-3 모바일 센서의 활용

자동차에는 약 30여종 이상, 300여개 이상의 센서가 차에 부착될 것이다. 운전자지원 시스템(ADAS), 무인 자율주행 등 스마트카에 대한 연구개발이 본격화돼 레이더, 카메라, 초음파 센서 등에 대한 수요가 증가할 것이다.

바이오 분야에는 센서의 고도화와 소형화로 재택 진단 분야, 현장진단(POC), 환경과 국방, 보안 분야 등을 중심으로 유용성이 높아질 것으로 예상된다. 나노입자, 나노선, 2D 소재 등 다양한 나노소재를 이용한 센서는 실시간 진단과 원격 의료에 필수 기술이 되고 있다.

센서응용 IoT(사물 인터넷)는 센서 기반의 기기 및 사물들이 네트워크로 연결됨으로써 유기적으로 데이터를 수집 · 학습 · 활용하며, 정보의 공유를 통해 상호작용하는 지능형 네트워킹 기술 및 환경을 의미한다. IoT에 대한 정의는 국제기관별 다양하나 궁극적인 목적은 인간의 직접적인 개입을 줄이거나 또는 없이 사물들 끼리 정보를 공유하거나 통신하기 위한 제반 기술을 포함한다. IoT는 M2M(사물통신)에서 IoT(사물인터넷)로, 그리고 IoE(만물인터넷) 단계로 개념이 확장되고 있다.

센서가 대부분 기기의 핵심 부품으로 확대되면서 센서 산업의 경쟁력 확보가 국가 산업경쟁력 강화의 필수 요소가 되고 있다. 센서 산업 자체만으로도 향후 IoT 진전으로 높은 성장이 예상되며, 센서 산업은 파급력이 커서 전략산업으로 육성할 필요가 있으며, 센서 기술을 이용한 미래산업의 각종 응용분야는 더욱 확대될 것으로 생각된다.

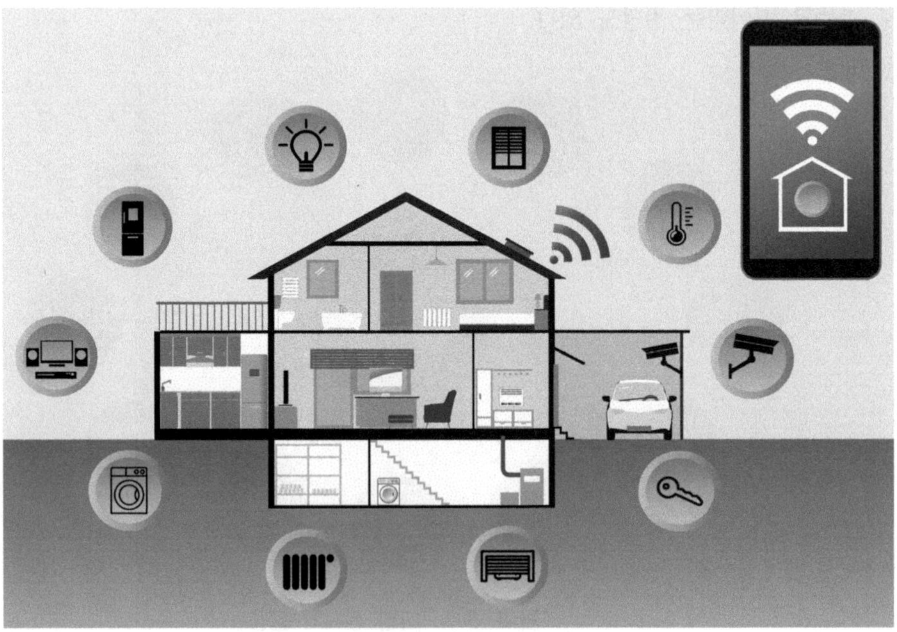

그림 1-4 IoT 예시

스마트센서란 무엇인가

- 센서는 측정 대상물로부터 압력, 온도, 가속도, 생체신호 등 정보를 감지해 전기적 신호로 변환시켜 주는 장치로 IoT의 핵심요소 중 하나다. IoT를 통해 구현되는 스마트 환경에서 센서는 매우 중요한 역할을 담당한다. 기존에 센서의 개념은 단지 '검출기'가 어떤 특정한 물질을 '감지'하는 수준에 머물렀으나, 현재의 센서는 감지 신호를 전달해 중앙처리장치가 어떠한 판단을 내리도록 하는 형태로 발전하고 있다. 즉 스마트 센서는 자체적인 처리 기능을 포함하고 있는 센서를 의미한다.
- 최근의 센서들은 사전 설정된 값에 따라 기계적으로 실행하는 것이 아닌, 다양한 데이터를 분석해 맥락을 읽고 이에 따라 실행을 지시하는 수준으로 발전하고 있는 것이다.
- 스마트 센서는 SoC(System on Chip) 기술을 접목해, 데이터 처리, 저장, 자동보정, 자가진단, 의사결정, 통신 등의 기능을 수행함으로써 대상을 감지하고, 사물이 반응하게끔 한다는 점에서 IoT의 핵심 요소로 주목받고 있다.
- 지능형 센서(Intelligent Sensor)라고도 불리는 스마트 센서의 가장 큰 특징은 마이크로프로세서(중앙처리장치)를 포함하고 있다는 점이다.
- 마이크로프로세서는 센서의 출력 신호를 유지하며, 신호를 통해 낮은 수준의(Low-level) 처리를 수행한다. 스마트 센서는 대부분 통신 인터페이스를 가지고 있어 디지털화한 신호를 제어 네트워크로 전송할 수 있다.
- 스마트 센서의 좋은 예로 스마트 온도 센서가 있다. 스마트 온도 센서는 원치 않는 잡음(노이즈)을 감지해 걸러내는 것은 물론, 열전대(서모커플) 신호가 디지털화하기 전에 오류를 보상하고, 이 상황을 제어 네트워크로 전송한다. 온도 센서는 또한 감지대상의 온도가 너무 높거나 낮은 상황을 감지해 사용자에게 경고를 보낼 수도 있다.

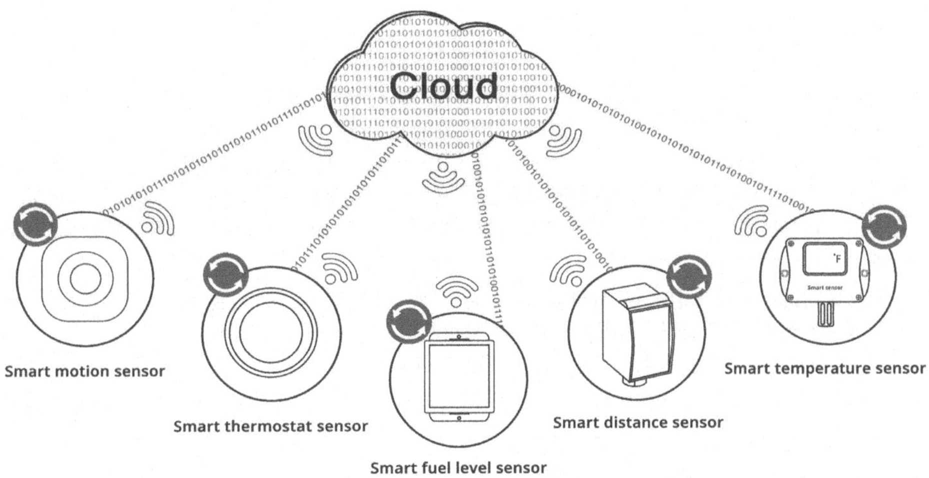

스마트센서의 응용

표 1-1 스마트 센서의 장점 및 활용분야

구분	비고
장점	• 디지털 센서 신호는 아날로그 센서 신호보다 정확하다. 정확도가 높아 보다 뛰어난 처리 및 공정제어를 실현하며, 연비와 생산량 그리고 생산성 등을 높일 수 있다. • 스마트 센서는 많은 배선을 필요로 하지 않는다. • 디지털 출력 방식은 간헐 신호(Intermittent Signal)가 없다. • 마이크로프로세서를 사용하면 출력 신호에 '정보'를 삽입할 수 있다. • 스마트 센서 중 일부는 개방적인 디지털 통신 프로토콜을 활용하고 있다. • 센서 자체에서 신호를 조절하고, 신호를 사전에 처리할 수 있다.
활용분야	• 다양한 분야에서 스마트 센서의 활용이 빠른 속도로 늘어날 것으로 보인다. 특히 일부 영역에서는 보다 큰 성장세를 보이고 있다. 1)대테러 분야 2)안전 관련 응용사례 3)화물 추적 4)생물 통계학(Biometrics) 5)자동차 제조분야 등이 대표적이다. • 자동차 제조업계에서는 스마트 센서를 통해 사람의 생명을 구할 수 있는 방법을 모색하고 있다. 충돌이 임박했을 때 스마트 센서가 이를 감지하고, 차체 중 어떤 부분에 영향을 받으며, 좌석에는 어린이가 있는지 성인이 있는지 등을 총체적으로 감지한다. • 스마트 센서가 얻은 자료는 에어백을 작동시켜야 하는지, 어떤 속도로 작동시켜야 하는지, 얼마나 크게 부풀려야 하는지 등의 전반적인 작업에 쓰인다. • 에어백은 센서가 얻은 자료를 기반으로 작동한다. 스마트 센서가 사고로부터 승객을 안전하게 보호하는 셈이다.

지능형 자동차

- 지능형 자동차 또는 스마트 카는 "자동차기술에 차세대 전기전자, 정보통신, 기능제어 기술 접목을 통해 자동차의 내외부 상황을 실시간 인식하여 고안전, 고편의 기능을 제공할 수 있는 인간 친화적 자동차"를 말한다. 이는 ICT 기술을 이용하여 기존의 자동차보다 운전사와 탑승객에게 더욱 안전하고, 더욱 편리한 자동차로 제작한 것으로서, 단순히 정보통신 기술을 자동차에 적용하는 것이 중요한 것이 아니라, 안전성과 편리성을 고려해서 적용하는 것이 핵심이다. 따라서 운전사가 운전에 집중을 해야 하는 운전상황 예를 들어서 급격한 조향을 하는 경우에는 운전자의 전화 수신을 유예하는 등의 기능을 가질 수 있으며, 앞 차와의 거리 경고 및 차선 변경 시의 옆 차선의 자동차 존재 경고 기능등도 이미 실현되고 있다. 이러한 지능형 자동차를 구현하기 위해서는 스마트 센서, 액추에이터, 컴퓨터, 소프트웨어, 인간공학 등의 기술이 필요하다.
- 지능형 자동차와 스마트 센서 기술인 무인자동차로 대표되는 지능형 자동차가 본격화되기 위해서는 레이저 센서와 같은 초고속 스마트 센서와 다양한 스마트 센서가 필요하다.
- 스마트 센서는 컴퓨터가 갖는 우수한 데이터 처리 능력, 판단기능, 메모리 기능, 통신 기능 등을 내장하는 마이크로 센서로 현재에도 스마트폰, 자동차에 수십 개씩 적용되고 있으며 향후 발전 가능성이 매우 높다. 무인자동차로 상징되는 지능형 자동차가 본격화되면, 다양한 스마트 센서가 더욱 많이 필요할 것으로 예상된다.

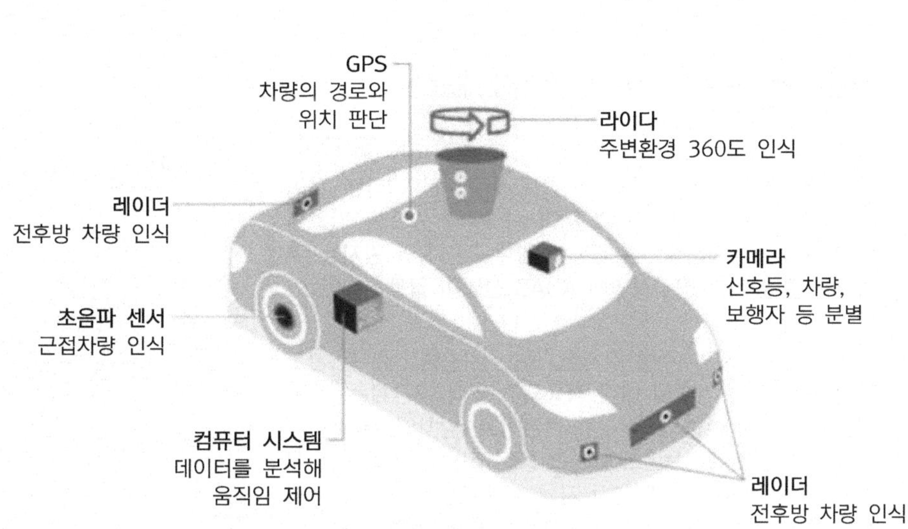

자율주행자동차의 외부인식 주요장치

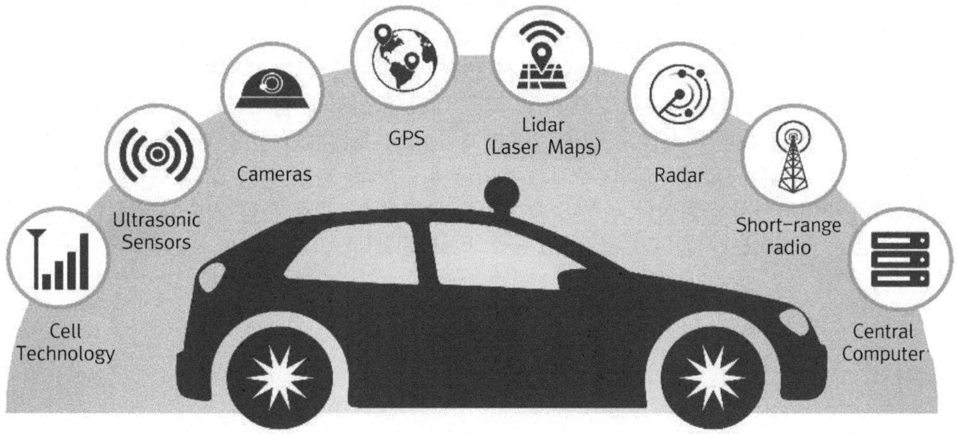

자율주행자동차의 주요장치

- 차량 내부에 장착되는 센서들은 광학 기반의 센서와 비광학 기반의 센서로 구분된다. 광학 기반의 센서는 지형지물과 거리를 인식하는데 주로 사용되며, 그 종류로는 카메라와 레이저 스캐너(라이다, LiDAR) 등이 있다. 그리고 비광학 기반의 센서는 거리측정에 많이 사용되는데, 레이더(Radar)와 초음파가 이에 해당된다.
- 지능자동차에서 인공지능이 주목받고 있지만, 사실 많은 자동차 분야 중 하나에 불과하다. AI는 안전성과 자율주행 외에도 음성인식, 컴퓨터 비전, 커넥티드카, 가상 도우미 등 여러 분야에 사용된다. 1970년대에 이미 무인자동차(Driverless car) 개발이 시도 되었지만, 적절한 기술의 부재로 자율주행자동차는 수십 년 동안 꿈에 불과했다. 그러나 작고 강력한 컴퓨터와 GPS 시스템, AI 개발과 함께 자율주행자동차는 꿈이 아닌 현실이 되고 있다.

자율주행자동차 시장, 전세계가 눈독

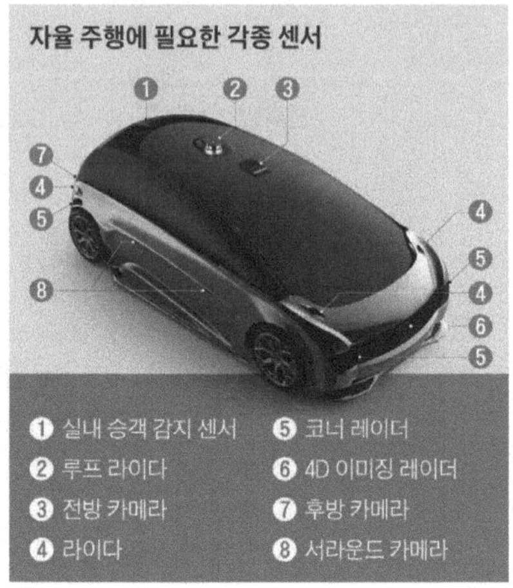

- 최근 많은 자동차업계가 “완전 자율 주행은 너무 먼 얘기” 라는 비관론이 커졌다. 아직 기술도, 돈도 안 된다는 것이다. 하지만 자율 주행 센서와 제어 시스템을 만드는 기업들은 성장세가 뚜렷하다. 신차들이 ‘레벨2’ 단계의 반자율 주행 시스템을 기본 장착하면서 ADAS 산업이 급팽창하고 있는 것이다.
- ADAS는 운전자의 주행·주차를 돕는 시스템으로 ‘레벨2’ 단계 자율 주행 기술에 대거 적용되고 있다. 2단계는 ‘차선 이탈 경고’ ‘차선 중앙 유지’가 기본이고, 앞차와 거리를 유지하며 스스로 달리는 ‘스마트 크루즈’ 기능이 가장 대표적이다. 업계 관계자는 “당분간 자율 주행 2단계가 ADAS 시장을 주도하겠지만 3단계, 4단계로 기술이 진화하면서 시장은 폭발적으로 성장할 것”이라고 말했다.
- 현재 ‘레벨2’ 차량은 전방 카메라 1개, 전방 레이더 1개가 기본으로 탑재된다. 백미러 뒤에 달리는 전방 카메라와 전면 엠블럼 부근에 달리는 전방 레이더만 있어도 차선 이탈 방지, 차로 유지, 스마트 크루즈 기능을 거의 모두 수행할 수 있다. 여기에 차선 변경 시 경보를 위한 후측방 레이더 2개, 차량 주변을 360도로 보여주는 후방·좌우측 카메라도 최근 대다수 신차에 탑재되고 있다.
- 차선 변경, 끼어드는 차 인식 같은 2.5단계 기술을 국내출시 여러 차종에서 선택 사양으로 제공하고 있다. 여기에는 전측방 레이더 2개가 추가로 필요하다. 자율 주행 같은 3단계는 첨단 장애물 인식 센서인 라이다까지 적용한다. ADAS 부품업계 관계자는 “자율 주행 기술이 발전할수록 각종 센서와 시스템을 공급하는 기업이 돈을 버는 구조”라고 말했다.

1.1 센서의 정의

센서의 사전적 해석은 “빛, 소리, 압력, 변위, 진동, 자계 등 각종 물리량이나 이온, 가스, 당분 등 여러가지 화학량 등 외계의 정보를 감지하여 신호처리하기 쉬운 전기나 빛의 신호로 변환하는 기능을 지닌 소자, 또는 장치”를 일컫는 말이다. 즉, 센서란 측정 대상의 물리량이나 화학량을 시간적으로 측정하여 유용한 신호(주로 전기적신호)로 변환하여 출력하는 장치 즉, 모든 정보 및 에너지의 검출 장치이다.

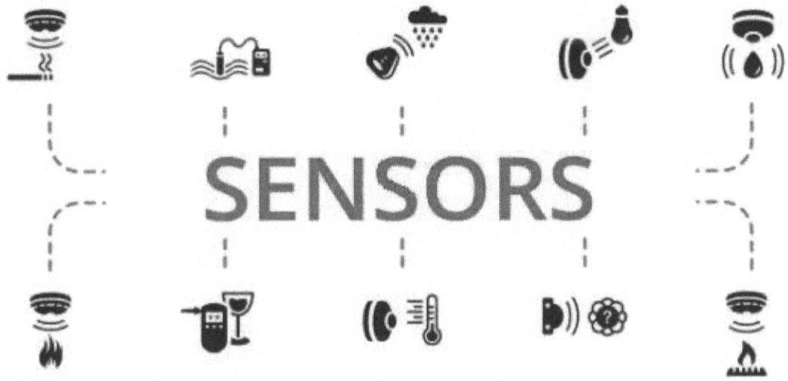

그림 1-5 각종 센서 아이콘

센서는 인간의 감각을 대신하여 외계의 물리적 현상을 감지하는 검출기로서 첨단 과학기술의 핵심기술로 일컬어지고 있으며 그중요성이 크게 부각되고 있다. 메카니즘, 컨트롤부, 센서의 3가지 요소가 발달하여 공장자동화(FA), 사무자동화(OA) 및 가정자동화(HA)에서 중추적인 역할을 한다.

보고 듣고 맛보고 느끼고 냄새 맡는 인간의 감각을 대신하려는 기계에게 오감을 갖게 해 주는 것이 있다. 감각을 의미하는 센스(sense)라는 말에서 유래된 센서(sensor)가 바로 그것이다. 평범한 오감을 지닌 인간에게 독수리의 눈이 되고, 박쥐의 귀가 되고, 개 코가 되는 더욱 성능 좋은 오감이 생긴다면 어떨까? 더 자세하고 예민하게 보고 느낀다는 것이 어떤 의미가 있을까?

그림 1-6 센서의 개요

그림 1-7 인간의 오감

센서(Sensor)라는 단어는 감각 또는 느낌이라는 뜻을 지닌 라틴어의 낱말 "sens(-us)"에서 유래된 것으로, 센서라고 하는 용어가 사용되기 시작한지 오래 되었지만 이 어휘가 등장한 것은 1950년대 후반경의 일이다. 그러나 당시는 일부 학자, 전문가 사이에서 사용될 정도이었으며, 일반에게는 알려져 있지 않았었다.

1965년경까지도 문헌상에 나타나지 않았다. "Dictionary of Scientific and Technical Terms"에 처음으로 정의를 넣어서 sensor라는 단어를 수록 하였다. 그러나 이 단계에서도 아직 전문분야의 이야기에 한정되고 일반 사람들에게는 그러한 용어를 들을 기회가 적었던 것 같다. 그것이 1975년대가 되어 비약적으로 퍼져 일상용어로서 정착한 것이다.

센서라는 용어가 사용되기 시작한 것은 1960년경인데 그렇다면 그 이전에는 센서(검출기)는 존재하지 않았는가 하면 그렇지는 않고 실은 훌륭하게 존재하여 각종 전기회로, 제어장치에 사용되어 왔었다. 그러나 이 단계에서는 검출기는 디텍터(Detector)로 불리고 센서라고는 부르지 않았던 것이다. 그러나 그 의미는 똑같은 것이다. 요컨대 어느 시기를 경계로 하여 검출기가 디텍터에서 센서로 명칭이 변경된 것이다.

표 1-2 인간감각과 센서와의 비교

인간(기관)	인간(오감)	센서의 종류	센서소자의 일례
눈	시각(빛)	광 센서	• 광도전 소자, 이미지 센서, 포토다이오드
귀	청각(소리)	음향 센서	• 마이크로폰, 압전소자, 진동자
피부	촉각(압력) 온도/습도	압력 센서/온도 센서/진동 센서	• 스트레인게이지, 반도체 압력센서, 백금서미스터, 적외선
혀	미각(맛)	맛 센서	• 백금, 산화물, 반도체, 가스센서, 입자센서
코	후각(냄새)	냄새 센서	• Bio-Chemical소자, Ziconia소자
오감이 아닌 센서		중력센서/자기센서	• 자이로 효과(진동자이로), 가속도센서, Hall 센서, Radar, SQUID

인간은 눈, 코, 입, 귀 그리고 피부의 5가지 감각기관에 의하여 시각, 후각, 청각, 미각, 촉각을 느끼고 있으며, 이들 감각을 통하여 외계자극으로부터 정보를 얻어 판단하고 창조적 생활을 영위한다.

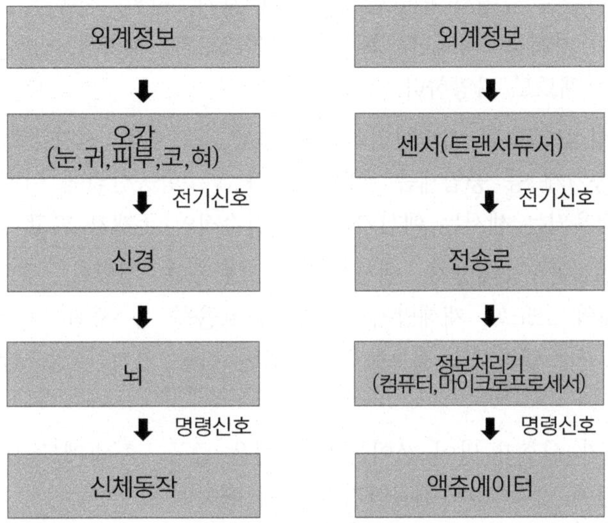

그림 1-8 인간과 일반 센서 시스템의 명령 구성도

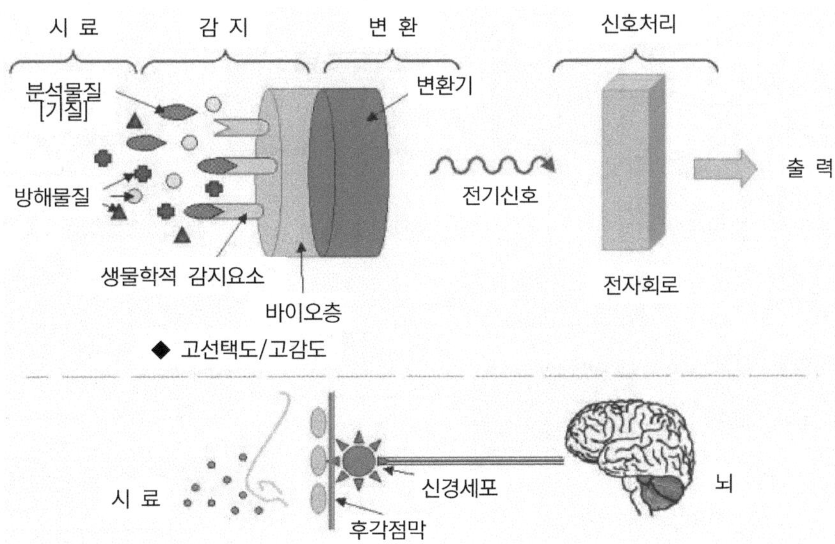

그림 1-9 센서 시스템의 감지와 명령 구성도

센서는 사람의 눈, 코, 입, 귀 등과 같은 역할을 하며, 감지한 정보를 인간의 두뇌에 해당하는 정보처리부에 전달, 판단을 내리게 한다. 즉 인간의 오감에 해당되는 것이 감지기이고 컴퓨터는 뇌에 해당된다.

대상이 되는 물리량은 앞에서 언급한 것 외에 자기, 변위, 진동, 가속도, 회전수, 유량, 유속, 액체성분, 가스성분, 가시광, 적외선, 초음파, 마이크로파, 자외선, 방사선, 엑스선 등 20여 종에 이르며 각각 쓰이는 재료도 다양하다.

현대의 고도 지식정보화 및 기술산업화 사회에서 가전제품, 전자계측기, 기계 및 기기, 공장자동화, OA기기, 수송기계 등 공업제품 뿐만 아니라 우주항공산업에 이르기까지 거의 모든 산업분야에 광범위하게 적용되는 센서는 핵심기술로서 필수적인 존재가 되고 있다.

에너지절약 · 자원절약 · 공해방지, 생산부문의 고효율화 · 정밀화, 주택 · 사무실의 각종 기기의 고성능화, 교통통제의 고도화, 재해방지 시스템의 효율화 등 사회 각 부문의 요구를 충족시키기 위해서는 정보처리 시스템과, 그 정보를 얻기 위한 각종 기기가 필요한데, 그 중심이 되는 것이 감지기이다.

출력신호로는 전기 신호가 많이 쓰이는데, 그것은 증폭 · 축적(메모리) · 원격조작 등이 쉽고, 뇌에 해당하는 컴퓨터에 입력할 때 취급하기가 쉽기 때문이다.

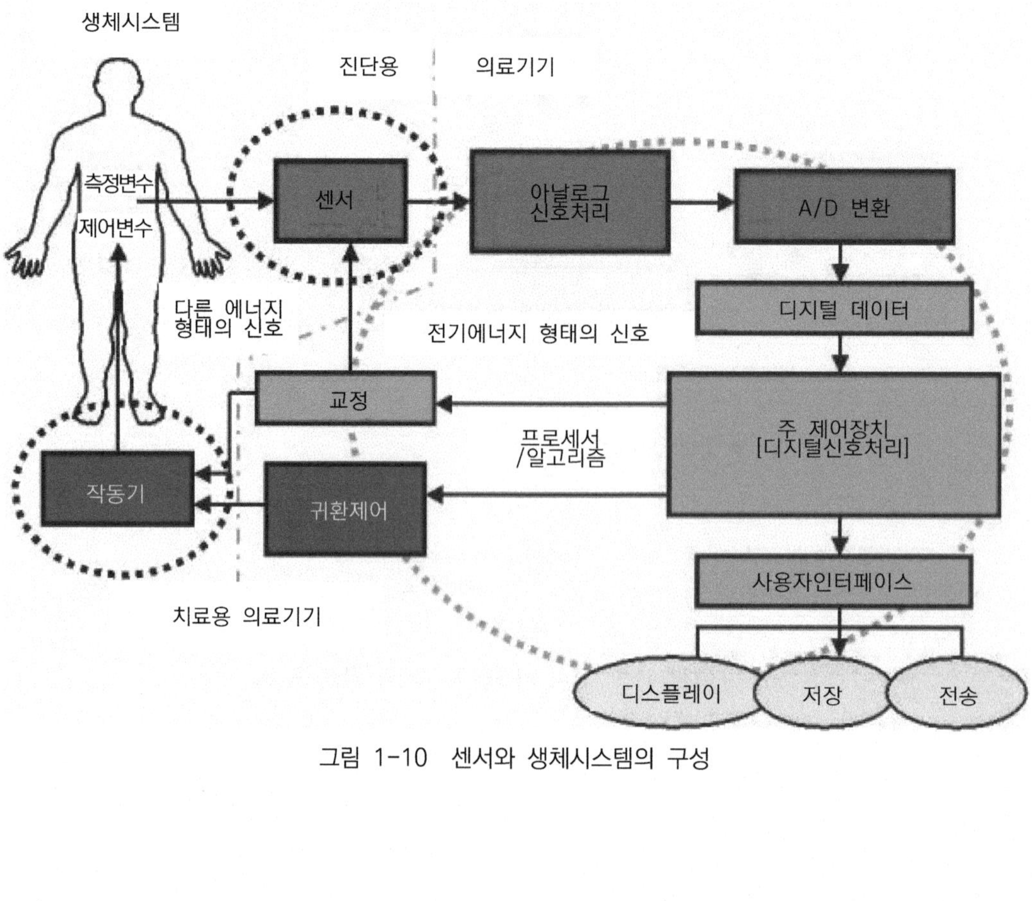

그림 1-10 센서와 생체시스템의 구성

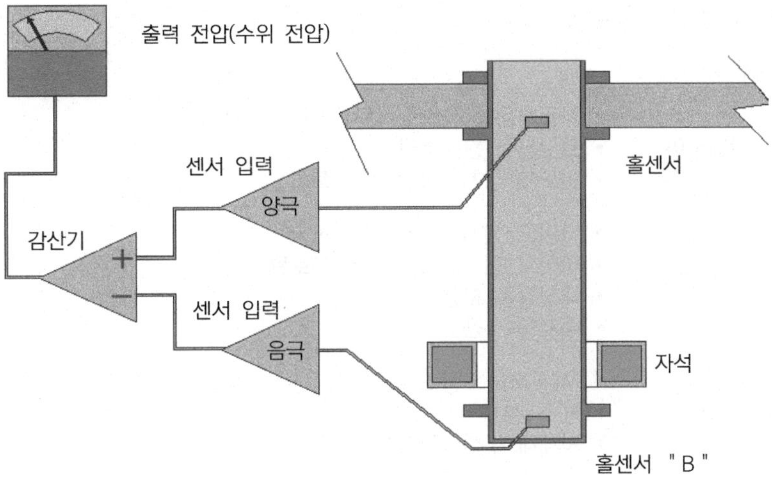

그림 1-11 홀센서의 구성

능률적인 공장 운영을 위해 시작한 자동 조작은 초기에는 기계화된 장비의 정밀도를 높여주는 데 불과했으나 이를 통한 대량 생산 체제는 자동화의 영역을 넓혀가게 만들었다. 이러한 자동화 영역 중의 하나가 공장 자동화(FA)이다. 생산체제가 복잡해짐에 따라 새로운 기술이 필요하게 되었는데 그 중 대표적인 것이 기계와 전자가 합쳐진 메카트로닉스(Mechatronics)분야이다. 메카트로닉스 중에서 센서(Sensor)는 메카트로닉스 시스템을 구성하는 피드백(Feedback)요소로서 주로 액추에이터 및 제어대상의 운동에 관련된 기계량을 검출하며 계산기 제어를 위하여 사용된다.

인간이 느낄 수 있는 모든 감각을 센서로 다루기란 어려운 일이며 현대의 센서 부품들은 자기·변위·진동·가속도·회전수·유량·유속·액체성분·가스성분·가시광·적외선·초음파·마이크로파·자외선·방사선·엑스선 등 몇몇 물리량을 전기적인 신호로 검출해 산업현장, 서비스업, 의료업, 학계에서 활용하고 있다. 일반적으로 검출기라 하면 온도·압력·습도 등 여러 종류의 물리량을 감지·검출하거나 판별·계측하는 기능을 갖춘 소자로 흔히 센서라고도 한다. 센서에서 검출된 신호를 전기적 신호로 변환하여 마이크로 컨트롤러나, 컴퓨터가 인식할 수 있는 신호의 형태로 증폭, 축적, 조작 등을 걸쳐 응용 애플리케이션에 맞게 활용할 수 있다.

센서가 외부 시스템으로부터의 물리적, 역학적, 화학적 정보를 검출기가 감지하여 최종 컴퓨터 단계에서 인식할 수 있는 형태의 전기적 신호로 변환하는 프로세스는 블록다이어그램과 같다.

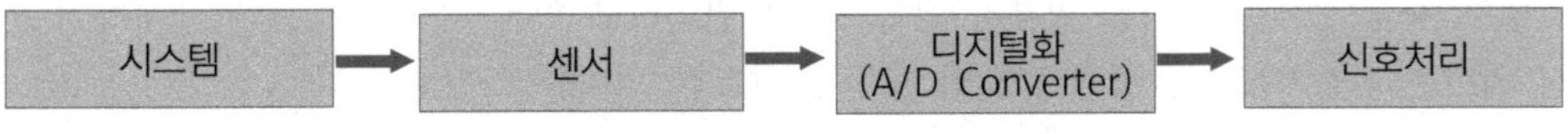

그림 1-12 센서의 신호처리 프로세서

표 1-3 분야별 센서 부품의 응용

분류	응용분야
상용 및 산업분야	• 자동차용 : 가속도 센서, 자이로, 압력센서 • 로봇용 : 컨트롤러 • 반도체 장치 : 프로브 카트
바이오 및 의료분야	• 바이오 센서 : 혈당 측정센서 • 바이오 칩 : DNA Lab, 프로틴 • 내시경용 부품 • 주사용 부품
통신 및 광학분야	• MOEMS : 광스위치 등 • FF스위치 • 차세대 무선 통신용
소비자 가전분야	• 마이크로 미러 디스플레이 • 잉젯프린트 헤드 • 칩 냉각기 • 대용량 데이터 저장장치
기타분야	• 방위산업분야, 항공레이더, 전자전장비용 센서 • 우주분야, 센서부품 리스트

센서는 응용 방법에 따라 자연재해 방지, 생태환경 감시, 도난 및 위험 감시, 에너지 자원감지, 자동화 시스템 및 가정의 홈오토메이션 구축에 응용할 수 있다. 예를 들어 진동을 감지하는 센서를 교통량이 많은 교량이나 고가도로에 설치하여 지진이나 홍수로 인한 균열 등을 감시하며 예측할 수 없는 불의의 사고로부터 인명안전을 위해 활용할 수 있다. 또한 진동 센서의 경우 먼 바다에서 발생하는 미세한 진동도 감지할 수 있어 지진 해일과 같은 미세한 환경변화도 감지하여 위험 수위를 예보하는데 활용할 수 있다. 뿐만 아니라 사람이 항상 감시할 수 없는 생물체의 서식지 특성을 분석하거나 이동경로를 추적하는 데에도 위치인식 센서를 이용할 수 있다.

센서의 역사

센서에 대한 역사적 배경을 반도체의 발명이나 컴퓨터의 변천과 섞어서 정리하면 그림 1-13과 같다.

일부 사람 중에는 센서를 일부러 검출기라고 번역하고 있는 사람이 있으나 센서라는 용어가 가진 의미는 검출기보다는 훨씬 넓으며 또한 스마트한 의미를 가지고 있다.

센서의 역사적 배경

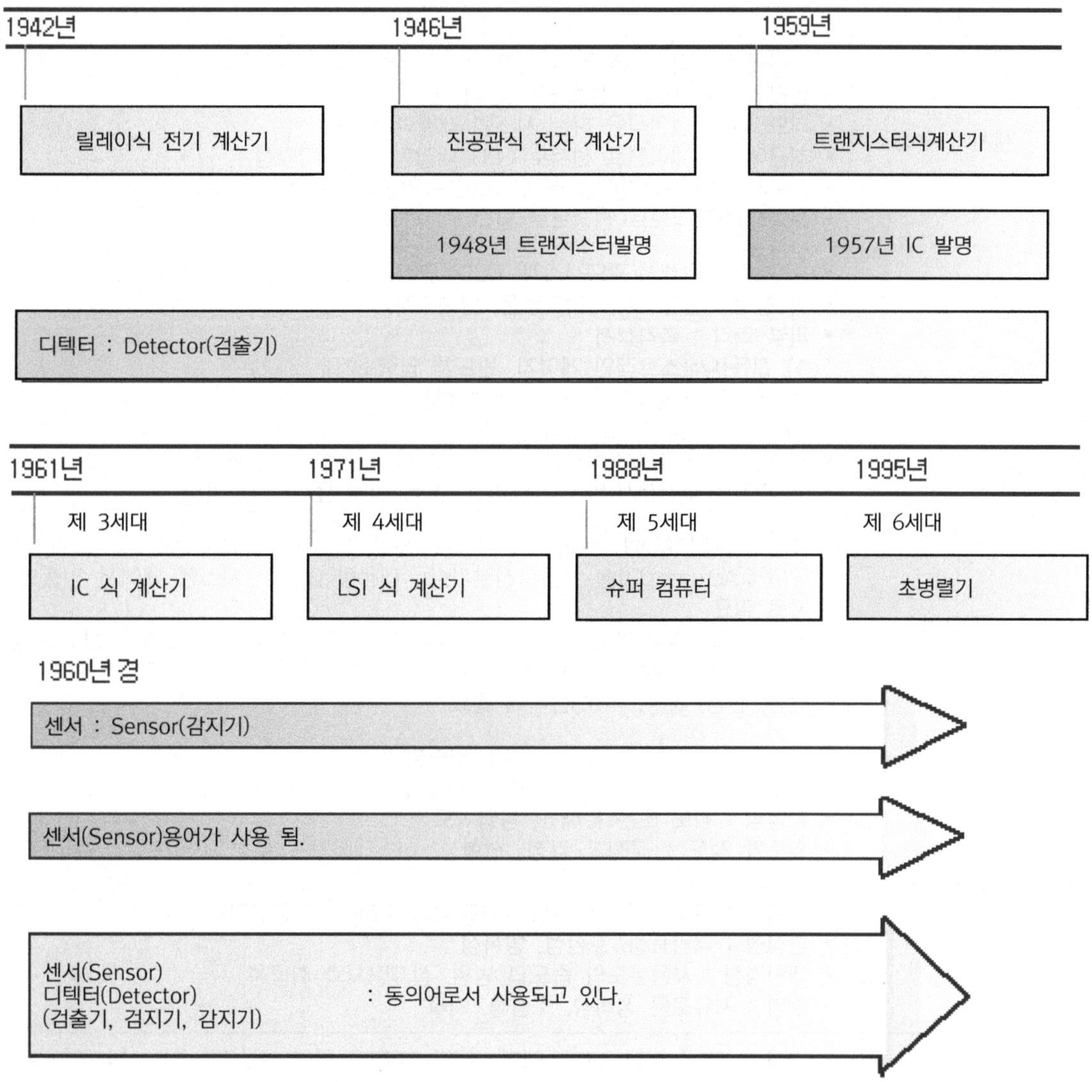

그림 1-13 센서의 역사적 배경

표 1-4 센서의 유래 및 특징

구분	비고
센서의 유래	• 라틴어로 지각, 느낌 등의 의미 • 인간의 5감 기능을 센스(Sense)라 함 • 리드SW. 패턴인식을 하는 시스템 레벨의 센서 • 최근에는 인텔리젠트 센서로 CPU 내장형. 복잡 다양성 • 지구자원조사, 환경파괴 실태조사에는 인공위성과 항공기에 탑재하는 장치로 발전 • 계측장치로 리모트 센싱으로 발전
오감과 센서	• 눈–시각 : 광센서(광도전소자, CCD, 영상(이미지)센서, 포토다이오드) • 귀–청각 : 음향센서(마이크로폰, 압력소자) • 피부–촉각 : 촉각센서 1) 진동센서(스트레인 게이지, 반도체 압력소자) 2) 온도센서(써미스터, 백금, 초전 센서) 3) 압력센서(다이아프램, 감압 필름) • 혀–미각 : 미각센서(백금, 산화물, 반도체 가스센서, 입자센서) • 코–후각 : 후각센서(바이오 케미칼 센서, 실리콘산 티탄산염)
필요성	• 메카트로닉스(Mechatronics)분야에서 생산 프로세서 기술(제어기술, 재료기술, 액츄에이터(Actuator)기술, 정보 전달기술), 대용량 고속화 시스템 내에서 검출의 부분소자로 필요 • 자동화 시스템의 핵심요소로 로봇 핸들 다축 역학센서, x, y, z축 회전토크 검출위치 보정, 과부하방지, 역학센서로 필요 • 안전, 환경, 교통, 의료 분야에 필요
요구조건	• 입력상항 : 입력 레벨, 입력형태, 검출범위 • 출력상항 : 출력 레벨, 출력형태, S/N비 • 응답성 : 감도 또는 분해능, 응답속도 • 확도와 정도 : 교정과 검정, 선형성, 히스테리시스 특성, 드리프트, 노이즈(noise)보상, 온도보상 • 신뢰성 : 온도 리사이클 내성, 내충격성, EMC(전자정합성) • 안정성 : 내약품성, 호환성, 방폭성 • 내환경성 : 사용온도와 습도의 범위, 실제장치와 취급성 • 수명 : 자유로운 정비성, 조립성, 기타
처리정보	• 기계 – 길이, 두께, 변위, 액면, 속도, 가속도, 압력, 회전력, 유속, 회전각, 회전수, 질량, 힘, 중량, 진공도, 모멘트, 풍속, 유량, 진동 • 전기 – 전류, 전압, 전위, 전력, 전하, 임피던스, 저항, 인덕턴스, 용량 • 온도 – 온도, 비열, 열량 • 광 – 조도, 광도, 색, 자외선, 적외선, 변위 • 화학 – 순도, 농도, 성분, PH, 점도, 입도, 밀도, 비중, 액체, 고체분석 • 생체(의료) – 심전도, 혈압, 혈액, 맥박, 근전도, 망막전도, 혈액가스분압, 뇌파, 혈액산소농도, 체온 • 주파수, 음향, 방사선, 습도 등

1.2 센서 기술의 역사

1961년 실리콘 기반 센서가 시연된 이후 최신의 반도체 기반 센서는 부품의 소형화와 다기능화가 가능해졌다. 과거 기계식 센서에 비해 반도체 기반 센서는 정확도와 제품간 편차가 적은 양질의 센서를 개발할 수 있게 되었다. 또한 반도체 기반 센서는 외부 환경의 변화에 따른 반응속도가 빠르고 실측된 데이터를 컴퓨터나 기계가 인식할 수 있는 전기적 신호로 변환하여 주기 때문에 산업, 서비스, 학계에서 널리 사용되고 있다.

초창기 반도체 센서가 개발되기 이전에는 기계식 센서가 주를 이루었다. 1950년대 이후로 Bell Technology Lab을 중심으로 Honeywell, Westinghouse 등지에서 실리콘 센서 제조에 핵심적인 기술을 확보하기 위하여 기초 연구가 진행되었다. 1970년대부터 학계에서도 실리콘 기반 센서의 연구개발이 진행되었으며 1990년대부터는 국가적인 과제로 각국에서 앞 다투어 기술개발이 진행되었다.

최신 대부분의 센서는 1마이크론 정도로 매우 소형화 되어 있다. 1마이크론은 백만분의 1미터로 인간의 머리카락의 굵기가 대략 80 마이크론 정도이므로 1마이크론은 육안으로는 식별이 사실상 불가능하다. 일반적으로 MEMS(Micro Electro Mechanical System/미세전자기계시스템) 기술로 일컬으며, MEMS 부품이란 수십에서 수백 마이크론 크기의 아주 작은 기계적인 구조물을 마이크론 단위의 정밀도로 가공하고 여기에 전자회로를 결합 또는 집적화시켜 원하는 기능을 수행할 수 있도록 만든 초소형 시스템을 말한다.

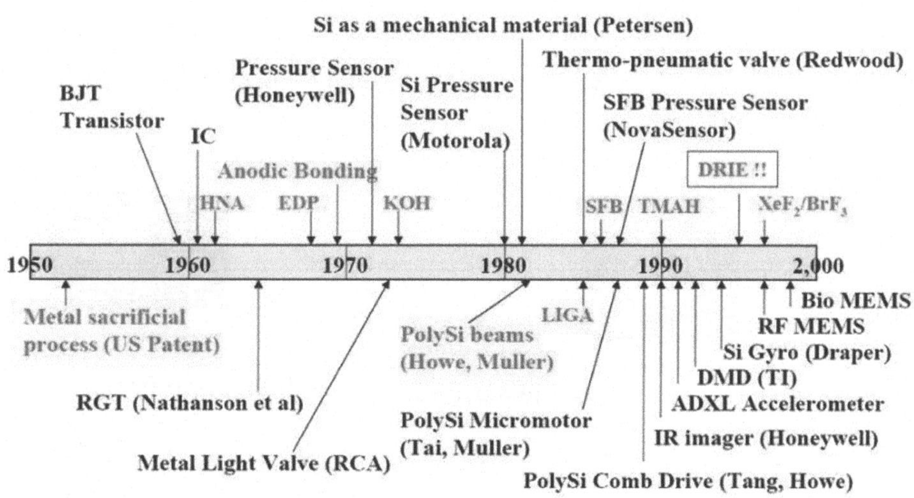

그림 1-14 MEMS의 역사

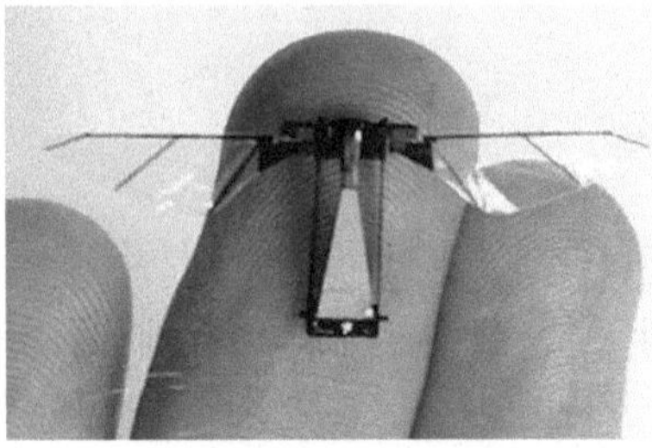

그림 1-15 MEMS

그림 1-16 곤충로봇

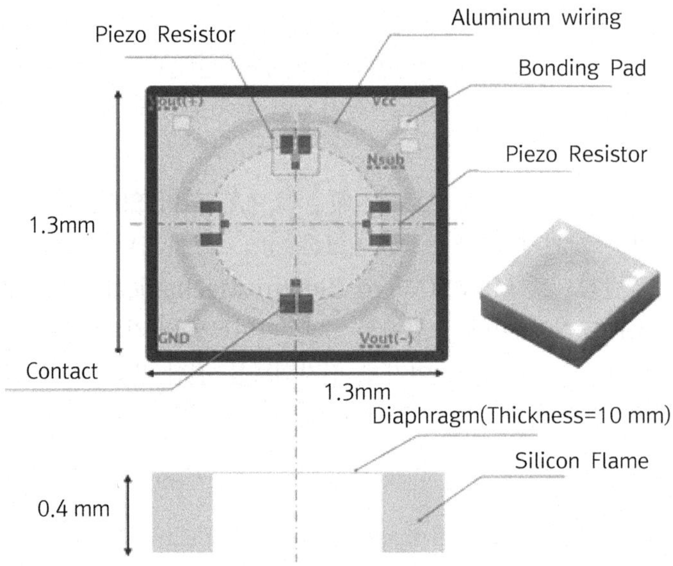

그림 1-17 piezo-resistive MEMS

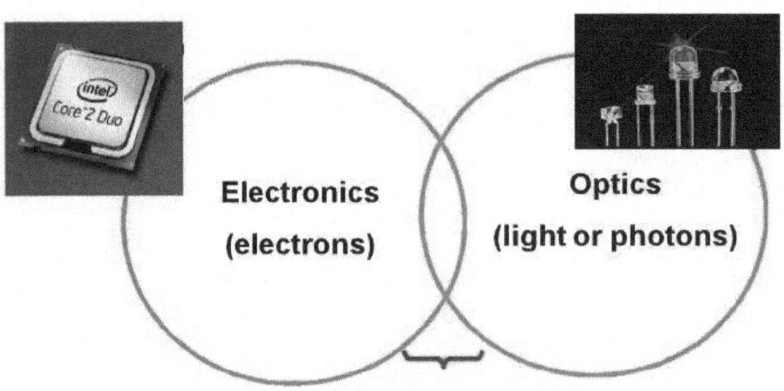

그림 1-18 Optoelectronics

표 1-5 MEMS 주요제품 상용화 시기

제품	기술개발	상용화/시장개발	응용 확장	시장 활성화
Pressure Sensors	1954-1960	1960-1975	1975-1990	1990- Present
Accelerometer	1974-1985	1985-1990	1990-1998	1998
Gas Sensors	1986-1994	1994-1998	1998-2005	2005
Valves	1980-1988	1988-1996	1996-2002	2002
Nozzles	1972-1984	1984-1990	1990-1998	1998
Photonics/displays	1980-1994	1986-1998	1998-2004	2004
Bio/Chemical Sensors	1980-1994	1994-1999	1999-2004	2004
RF Switches	1994-1998	1998-2001	2001-2005	2005
Rate Sensors	1982-1990	1990-1996	1996-2002	2002
Micro relays	1977-1982	1993-1998	1998-2006	2006

과거 MEMS 기술개발 과정을 살펴보면, 마이크로 메커니즘 영역에서 기술개발이 진행되어지다 보니 현실 세계의 중력이나 관성력보다는 원자간의 인력이나 표면 장력에 의한 효과에 더욱 영향을 받기 때문에 기술개발이 느렸다. 또한 전자, 기계, 재료 및 회로 기술이 융합된 것으로서 고장의 발견 및 진단이 쉽지 않았다. 그럼에도 센서 부품개발은 꾸준히 지속되어 왔다.

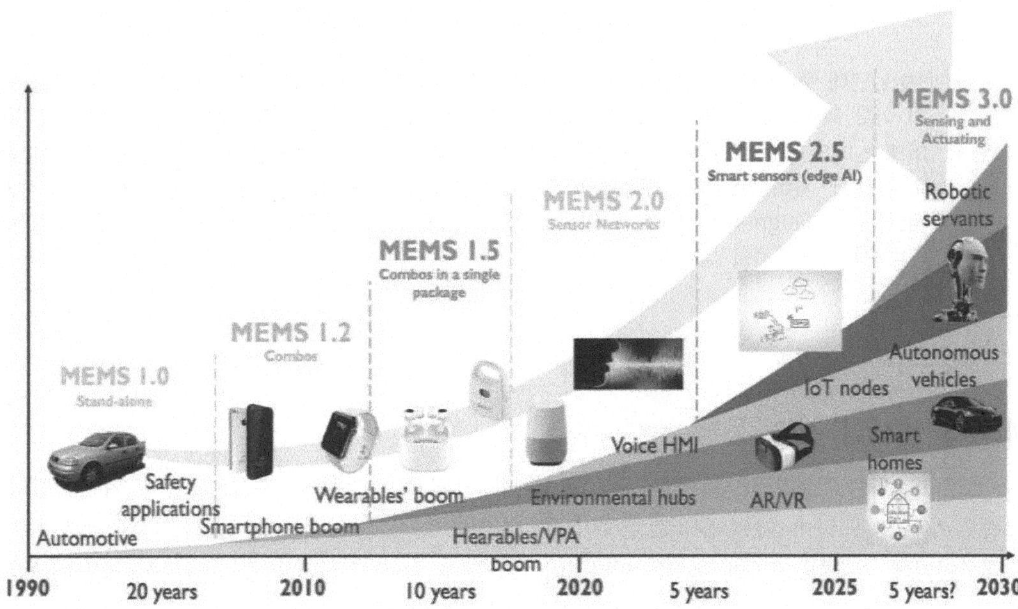

그림 1-19 MEMS 기술의 변천동향

MEMS 개요

- MEMS, Micro-Electro-Mechanical-System의 약어로 우리말로는 초소형(micro), 전자(electro), 기계(Mechanical), 장치(System), 즉, '초소형전자기계 장치'이다. '장치'라 하기에 '특정한 목적에 따라 완성된 제품'을 생각하기 쉬우나, 시간이 지나면서 특정 공정이나 하나의 기술 분야로 자리매김을 하였고, 지금은 초소형의 센서나 액추에이터 소자와 부품, 특수하게 가공된 소형 구조물, 그리고 여기에 미세전자공학(microelectronics) 분야가 가미된 소자, 부품, 시스템, 이에 더하여 공정과 제작 기술을 망라하여 적용이 되고 있다.

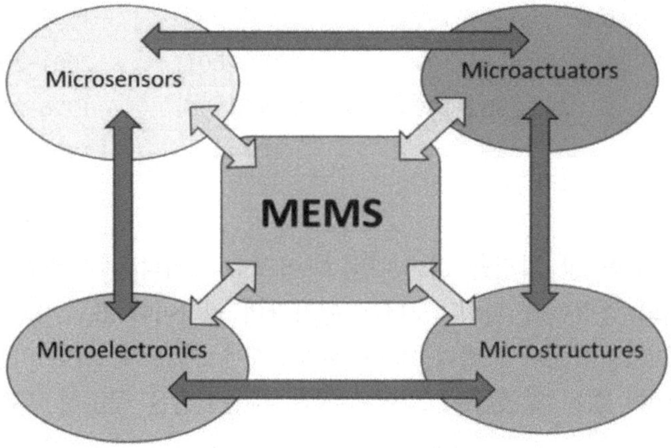

MEMS 새로운 기술 영역

- 1980년대 중 후반, 초기의 MEMS는 머리카락의 굵기인 0.1mm 정도의 움직이는 구조물들을 만들어서 이를 확대, 시연하는 발표로 눈길을 끌게 되었고, 이후 적절한 응용 분야를 찾으며 발전하고 있다.
- 미래 스마트폰 부품의 절반 가량은 MEMS 소자로 구성된다. 스마트폰은 MEMS 마이크로폰, 3축 가속도 센서, 자이로스코프, 압력센서, Digital Compass, Optical Proximity 센서, 터치 센서, 모션센서(가속도, Magnetometers, 자이로스코프, 관성콤보센서)가 실리콘 마이크로폰과 압력센서, 그 외 여러 다양한 센서를 탑재하고 있다.

MEMS 센서의 기술 동향

MEMS 기술개발의 역사는 불과 20년이 채 안되지만 눈부신 기술 발전이 이루어졌다. 외국의 경우 MEMS를 국가 차원에서 확보해야 할 중요한 기술로 인식하고 연구개발에 과감한 투자를 시행하였기에 가능한 결과라 볼 수 있다. 미국의 경우 NSF(National Science Foundation)나 DARPA (Defence Advanced Research Project Agency), NASA(National Aeronautics and Space Administration), DOE(Department of Energy)등에서 MEMS 분야의 연구를 지원해 왔다. 이처럼

산학연간의 긴밀한 공조 하에 체계적인 기술개발이 진행되어 옴에 따라 다양한 MEMS 상품들을 출시하고 있다.

최근 들어 산업계에서 MEMS 분야의 시장성을 높게 평가하여 관련 회사는 MEMS 산업 분야의 교역을 지원할 특별그룹을 신설하였으며, MEMS 기술의 발달 상황과 시장 정보를 제공하고 있다. 2000년대에 들어서는 바이오, 복지, 광통신, 무선통신용 핵심소자 분야에 집중 투자하고 있다. 한 가지 주목할 만한 점은 캘리포니아주가 MEMS 기술개발의 세계적 클러스터가 되고 있다는 점이다. 캘리포니아주에는 유력 대학이나 대기업도 많지만 풍부한 벤처 캐피탈에 지지를 받은 무수한 벤처 기업이 존재한다.

유럽은 미국, 일본에 비해 상대적으로 늦게 출발하였으나 1994년부터 NEXUS 등과 같은 네트워크를 구축하여 관련 연구 기관과 산업체 간의 정보교환, 공동연구 컨소시엄 형성 등을 통해 활발한 연구개발을 진행 중이다. NEXUS 외에도 유럽의 8개 MEMS 및 마이크로시스템 R&D 센터를 포함하는 MEMSOI를 형성하고 있다. MEMSOI에서는 유럽 업체들이 새로운 부품을 추진하는 데에 소요되는 개발 시간과 비용을 단축시키기 위해 입증된 마이크로시스템 기술의 네트워크 획득을 촉진시키고 있다.

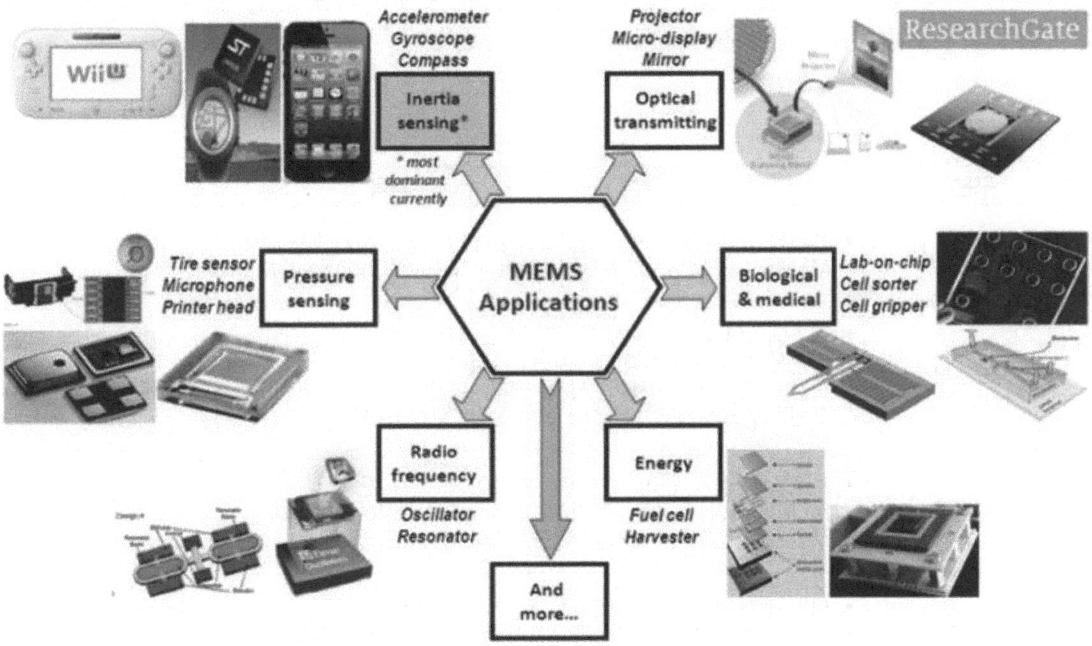

그림 1-20 MEMS 센서 응용도

일본은 1991년 시작된 Micromachine Project를 계기로 본격적으로 시작하였다. 이 사업은 통상산업성이 주도가 되어 국가적 차원에서 지원이 이루어지고 있으며, 대부분의 연구개발 자금은 MMC(마이크로머신 센터)를 통해 주요 기업체의 기술개발 활동에 집중 투자되고 있다. 미국에서의 MEMS 연구를 반도체 공정을 이용한 Lithography based MEMS로 정의할 수 있다면 일본의 경우는 이것에 더하여 Mechatronics가 가미된 마이크로머신(기존의 크고 비싼 기계가 할 수 있는 많은 일을 마이크로머신이 대신할 수 있다는 생각에서 출발)으로 정의하여 MEMS 개발을 추진하고 있다. 또한 미국의 경우 대학과 연구소를 중심으로 기술이 발전하여 수많은 벤처기업으로 발전하는 양상을 보이는 반면, 일본의 경우 기술 발전에 기업이 중추적인 역할을 하고 있다는 점이다.

국내의 경우 기술 선진국에 비해 저변이 낮고 연구 인력도 부족한 상황이었으나 80년대 후반에 대학을 중심으로 MEMS 분야의 연구가 시작되었으므로, 시기적으로 큰 격차가 나지 않는다고 볼 수 있다. 이후 정부의 선도 기술개발 사업을 통해 초소형 정밀기계 기술개발을 체계적으로 수행하기 시작하였고, 다양한 국책 프로그램을 통해 MEMS 기술개발이 활성화되고 있는 추세이다.

또한 국가 핵심 산업 분야인 자동차, 정보통신, 바이오/환경, 가전 등의 육성 전략에 따라 반도체 기반 기술을 Nano/MEMS 기술과 접합 시 우수한 시너지 효과가 나타날 가능성이 매우 높다. 그러나 아직 원천 기술 및 개발 기술의 산업화 연결 체계가 미흡하고, 인프라 부족과 MEMS 분야 산업 구조가 영세한 단점을 극복해야 하는 과제가 있다.

표 1-6 MEMS 센서의 응용분야

구분	세부품목
마이크로소자	• 센서류 : 가속도센서, 초음파센서, 압력센서, 자기센서 등 • MEMS : 포토닉 MEMS, RF MEMS, Bio/Chemical MEMS 등
마이크로부품	• 액츄에이터 : 잉크젯헤드, 자이로스코프, 발진기(오실레이터), 스테이지, 모터, 펌프 등 • 가공품 : 마이크로 미러, 렌즈, 기어 등 • 모듈 : 자동차(전자제어, 샤시, 댐퍼, 회전요소), 카메라(핸드폰용, CMOS, CCD, NMOS), 프린팅(잉크젯, 자이로), RF(송수신기, 무선, 모뎀), LCD/LED(패널, 액정) 등
미세가공	• 초정밀 가공 : 연마, 드릴링, 슬라이싱, 밀링 등 • MEMS 가공 : 접착, 패키징, dicing, Microforming 등 • 표면처리/전처리 : 도금, 피막, 세척, 샌딩, 코팅 등
측정/분석	• 모델링 : 디자인 시뮬레이션 & 소프트웨어 • 측정 : 광학현미경, 마이크로현미경, 마이크로-TAS • 분석 : 분석용 소프트웨어 및 기기

1.3 센서의 구조

센서는 빛의 강도, 온도 등 목적하는 양을 효과적으로 검출하여 인식, 판단하는 소자나 기구 또는 시스템을 통칭하는 것으로 센서로부터 얻어지는 신호는 전기적 신호로 변화하는 과정이 필요하다. 따라서 센서는 변환기능을 가진 물질 또는 소자의 단독 혹은 복수의 조합으로 구성한다.

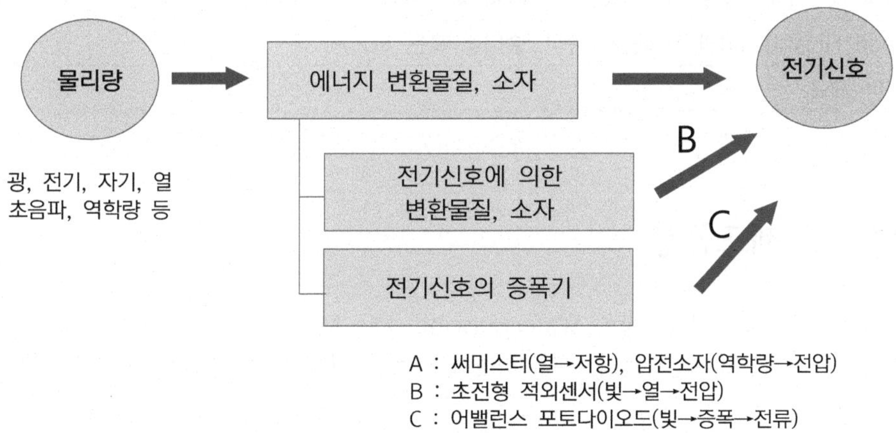

그림 1-21 센서의 에너지 변환구조

1.3.1 센서의 구조

센서는 측정 재료와 목적에 따라 다종다양한 종류가 있으며, 각 센서별 재료 및 구조 또한 각기 다양하다.

광센서를 예를 들어 그 구조와 제조공정을 알아보자. 광센서에도 포토다이오드, 포토커플러, 에미터 등 다양한 종류가 있지만 가장 기본적인 구조를 살펴보면 Chip, Lead frame, Au 와이어, 에폭시 봉지제 등으로 구성되어 있고 이 재료들 중에서 Chip과 Substrate 부분이 가장 가격비중이 높다.

표 1-7 광 반도체 센서의 구조와 가격비중

구분	가격비중
CHIP	30 - 50%
Substrate	10 - 50%
Ag 혹은 Au Paste(Chip와 Sub를 접착시켜 주는 반도체 재료)	5 - 10%
Au Wire(전극형성)	10 - 20%
에폭시 봉지제(외부로부터 보호하는 Packing 재료)	20 - 40%
Lead Finish(Lead의 산화방지 목적, 솔더링 혹은 도금)	5 - 10%
기타 재료	10 - 20%

1.3.2 센서의 제조공정

광 반도체 센서의 제조공정은 Wafer Sawing, Die Mount, Wire Bond, Si Coating, Molding, Lead Cut, Lead Finish, Testing, Packing의 과정을 거쳐 제품을 생산하게 된다.

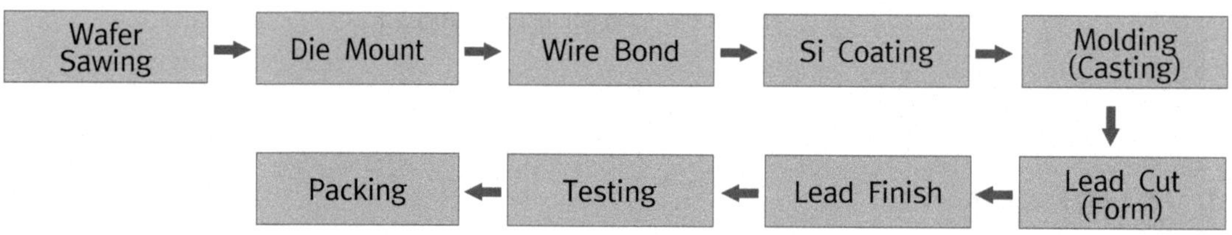

그림 1-22 광 반도체 센서의 제조공정

① Wafer Sawing : 6", 8"의 Wafer를 각각의 Chip을 구성시키기 위해 절단하는 공정

② Die Mount : Chip을 Sub-에 올려서 접착하는 공정(전도성 혹은 비전도성으로 접착하는 방식, Eutectic(유테텍), Solder 부착 방식 등이 있음)

③ Wire Bond : Chip의 Bo과 Sub-에 Au Wire(15 um- 40 um 직경, 99.99%)를 이용하여 전극 형성

④ Si Coating : Option 사항으로써, 발광측의 보호를 목적으로 사용 혹은 Photocoupler의 경우, 광의 Pipe 역할로서도 사용

⑤ Molding 혹은 Casting : 금형 혹은 플라스틱의 틀을 이용하여 에폭시 봉지제로 Packaging 하는 공정

⑥ Lead Cut 혹은 Form : Lead 간 붙어 있는 Lead를 제거하거나 특정 형태로 Lead Forming을 하는 공정

⑦ Lead Finsh : Tin/Pb Free Plaing, Solder Dipping의 재료로서, 밖으로 나와 있는 Lead 위에 작업되는 공정

⑧ Testing(외관 검사, 특성 검사): 제품의 양/불량을 판정

⑨ Packing, 출하

일반적인 센서의 Value chain은 1단계 웨이퍼 칩 슬라이스 단계에서 센서 요소를 생성시킨 후, 2단계에서 리드프레임 위에 칩과 와이어, 커버 몰딩 작업을 거쳐 component를 생산한다. 다음으로 3단계에서 여러 회로들과 함께 조립공정을 거쳐 센서 시스템을 생산하여 세트 제품에 활용하게 된다.

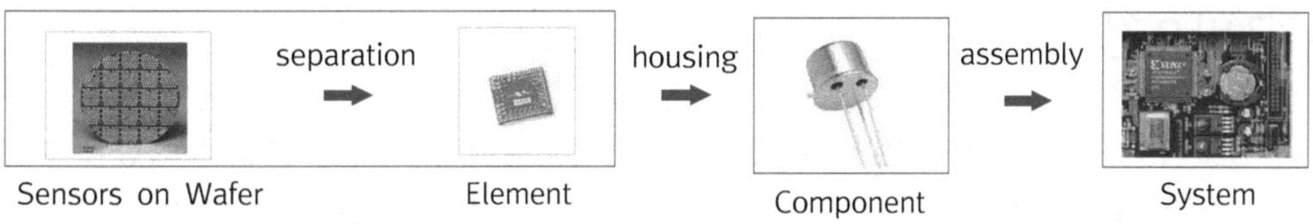

그림 1-23 센서의 Value Chain

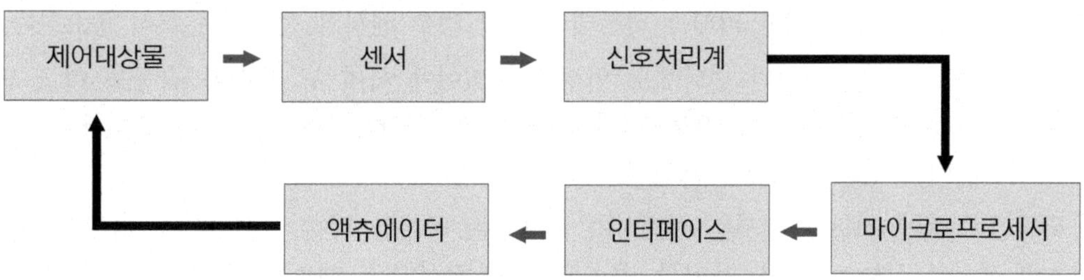

그림 1-24 센서 시스템

1.3.3 기본구성

센서가 측정대상물로부터 검출하고자 하는 데이터를 효과적으로 얻기 위해서는 다른 정보를 갖는 센서와 각종 부속소자 또는 기기와 협력체계가 이루어져야 한다.

센서 시스템은 물리현상, 화학현상 등의 측정환경에 대응한 다양한 형태의 측정신호를 감지장치를 통하여 검출한 다음, 정보를 판단하는 처리과정을 거쳐 우리가 원하는 형태의 정보로 변환되어 출력하는 과정으로 구성된다.

즉, 센서를 포함하는 측정환경과 센서 출력을 전압, 전류, 디지털신호 등으로 변환 하여 제어 및 정보 처리하는 신호 제어부로 구성되어 총체적인 센서 기구로서의 작용을 하게 된다.

출력부는 대상물을 움직이거나 일정한 상태를 유지시키는 제어시스템에 연결된다.

센서 시스템에서 유출된 정보는 환경이나 대상에 작용하는 정보로 변환되고 변환 된 환경이나 대상의 상태는 다시 센서로 귀환되는 순환기구로서의 작용을 반복하게 된다.

1.3.4 구비요건

센서는 외부로부터의 자극이나 신호를 선택적으로 감지해야 하는 본질적 기능과 이 감지된 원초적 신호를 유용한 전기적 신호로 변환하는 기능을 갖추고 있어야 하며, 기본적으로 우수한 감도(sensitivity), 선택도(selectivity), 안정도(stability), 복귀도(reversiblity)를 갖추어야 한다.

센서의 감도(sensitivity)는 측정치의 정밀도(precision) 또는 정확도(accuracy)의 기초가 된다. 용액이나 기체중의 특정 이온이나 특정 가스를 검출하고자 할 때 공존하고 있는 다른 이온이나 가스들의 간섭효과를 최대한 피해야 하는데 이러한 경우 센서의 선택도는 특히 중요하다.

센서의 동작이 측정환경의 변화에도 안정되어 있어야 하며 또 센서가 작동을 하고 난 후에는 즉시 원상태로 복귀하여 다음 작동 태세에 들어가야 한다. 그러나 보통은 센서가 작동 후 원상 복귀하는데 어느 정도의 시간을 요한다.

특별한 목적에 적당한 센서를 선택하기 위해서는 풍부한 다른 특성들을 고려해야 한다. 이 특성들의 센서의 성능, 경제성, 용이성, 응용력 등을 결정한다. 때로는 같은 목적을 위해서 다른 종류의 센서도 사용할 수 있다 이와 같은 모든 경우에 센서를 선택하기 이전에 반드시 다음 사항이 고려되어야 한다.

그림 1-25 Potentiometer

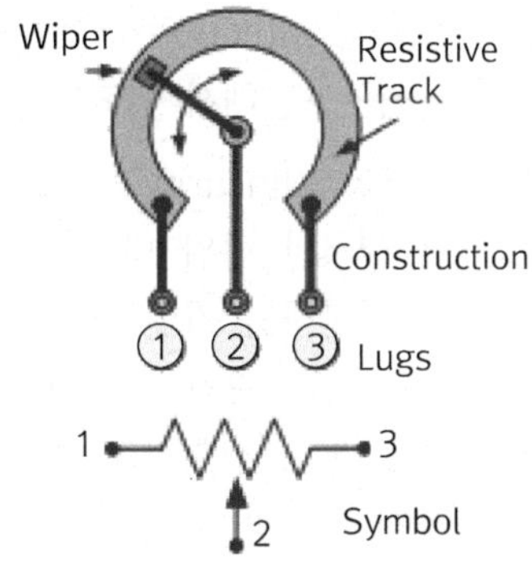

그림 1-26 포텐쇼미터 내부구조

- **가격** : 센서의 가격은 특별히 한 기계장치에 풍부한 센서들이 필요로 할 때 가장 중요하나 고려사항이다. 그러나 가격은 신뢰성, 센서가 출력하는 데이터의 중요성, 정확성, 수명 등과 같은 설계의 다른 요구사항과 균형을 이루어야 한다.
- **크기** : 센서의 응용분야에 따라서 센서의 크기는 가장 중요한 사항이다. 예를 들면 관절의 변위센서의 경우, 관절의 설계 시 관절 변위 센서가 포함되도록 개조되어야 하고, 로봇 몸체의 일부분으로서 움직여야 한다. 관절 주위의 가용 공간은 보통 한정되어 있다. 큰 센서는 관절의 운동범위를 제한할 것이므로 관절 센서에 대해 충분한 공간을 확보하는 것은 중요하다.
- **무게** : 로봇은 동적 기계장치이므로 센서의 무게는 매우 중요하다. 무거운 센서는 로봇 팔의 관성을 증가시키며 하중을 옮길 수 있는 능력을 감소시킨다. 출력의 형태(디지털 그리고 아날로그) : 센서의 출력은 응용분야에 따라 디지털 그리고 아날로그이며 출력은 직접 사용되거나 변환되어야만 할 때도 있다. 예를 들면 포텐쇼미터(가변저항 : potentiometer)의 출력이 아날로그인 반면에, 엔코더의 출력은 디지털이다 엔코더가 마이크로프로세서와 연결되어 사용되면 출력은 직접 프로세서의 입력포트에 인가될 것이다. 반면에 포텐쇼미터의 출력은 AD 컨버터(ADC)를 사용하여 디지털 신호로 변환되어야 한다. 이러한 출력의 형태는 다른 요구사항과 알맞게 조화되어야 한다.
- **인터페이싱** : 센서는 마이크로프로세서나 제어기와 같은 다른 장치와 함께 연결되어야 한다. 만약 센서와 관련 장치가 호환되지 않으면 중대한 문제가 발생하며 필요에 따라 다른 회로가 필요하게 된다.
- **분해능** : 분해능(resolution)은 센서 측정범위 내의 최소 크기 단위이다 권선이 감긴 포텐쇼미터는 권선이 1 회전할 때의 저항이 출력이 된다. 예를 들면 4 비트의 절대위치 엔코더는 2^4 = 16 종류의 위치를 나타낼 수 있다.

- **감도** : 감도(sensitivity)는 입력 변화에 대한 응답의 출력변화 비율이다. 고감도 센서는 노이즈(noise)를 포함해서 입력변동의 결과로 인해 출력은 보다 큰 변동을 보일 것이다.
- **선형성** : 선형성(linearity)은 입력 변화와 출력 변화 사이의 관계를 나타낸다. 이는 선형출력을 가진 센서의 범위 내에 어떤 입력값이 같이 변화되면 같은 출력 변화를 나타낸다. 사실상 거의 일반적인 자연계의 모든 장치는 비선형의 변화전도에 따라서 다소 비선형성이라 할 수 있다. 어떤 장치는 어떤 동작범위 내에서는 선형이라고 가정할 수 있다. 그 외의 경우는 가정을 통해 선형화할 수 있다 만약 출력이 선형이 아니고 비선형성이라면, 비선형성은 합리적인 모델링, 추가적인 방정식, 부가적인 전자장치를 통해 극복할 수 있다 예를 들어 변위 센서가 Sine함수 출력 내의 변화를 가지고 있다고 가정하자. 그런 다음 센서를 사용하기 위해, 설계자는 프로그래밍이나 간단한 전자회로 추가를 통하여 Sine함수의 출력신호를 나눌 것이다. 따라서 센서는 선형인 것처럼 출력이 될 것이다.
- **범위** : 범위(range)란 센서가 생성할 수 있는 최소 출력과 최대 출력간의 차이를 의미하거나 센서로 확실히 운용할 수 있는 최소 입력과 최대 출력의 차이이다.
- **응답시간** : 응답시간(response time)은 센서의 출력이 전체 변화에 어느 정도의 퍼센트에 다다르는 데 요구되는 시간이다. 일반적으로 전체 변화의 95%로 표현된다. 이러한 입력이 변화함에 따른 출력의 변화를 관찰하는데 요구되어지는 시간으로도 정의한다. 예를 들어 방사열 온도를 측정하는 간단한 수온 온도계는 응답시간이 길지만 디지털 온도계의 응답시간은 짧다.
- **주파수 응답** : 매우 높은 품질의 라디오 튜너를 값싼 스피커에 붙인다고 가정한다. 스피커는 음향을 재생하겠지만 음향의 품질은 매우 낮을 것이고, 반면에 우퍼(woofer)와 트위터(tweeter)같은 고품질 스피커 시스템은 보다 좋은 품질로 같은 신호를 재생할 수 있다. 이것은 2-스피커 시스템의 주파수 응답(frequency response)이 값싼 작은 스피커와는 매우 다르기 때문이다. 예를 들어 작은 스피커는 자연 주파수(natural frequency)가 높기 때문에 단지 높은 주파수 음향만을 재생한다. 한편, 적어도 두 개의 스피커를 가진 스피커 시스템에서 트위터는 높은 자연 주파수를, 우퍼는 낮은 자연 주파수에서 음향을 둘 다 재생할 수 있다.

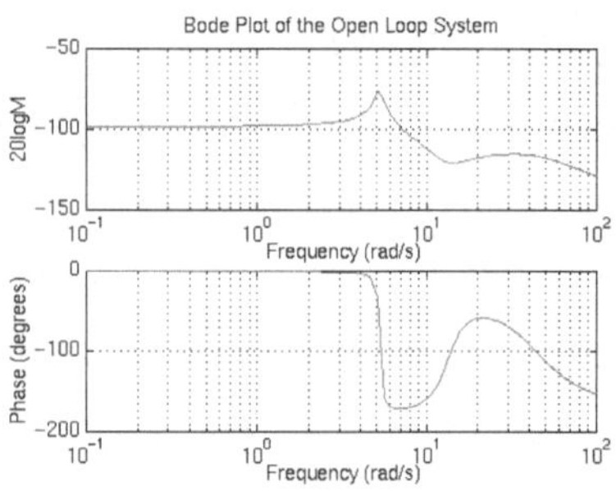

그림 1-27 frequency response

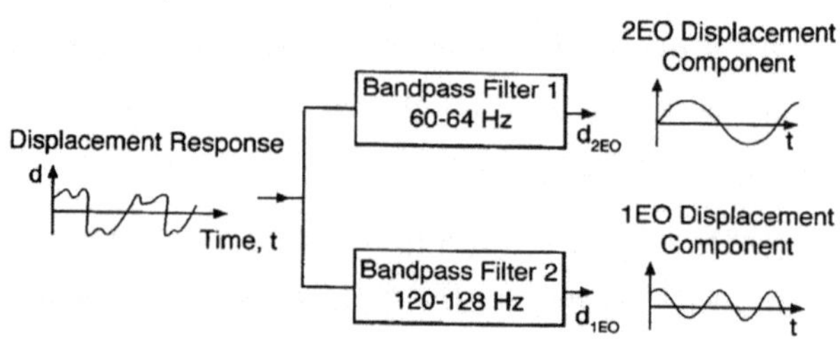

그림 1-28 forcing frequency

두 주파수 응답의 합성은 스피커 시스템에서 훨씬 좋은 음질을 재생할 수 있다(신호들은 각각의 스피커에서 필터링 된다)모든 시스템은 자신의 자연 주파수 근처에서 작은 영향으로도 공진한다. 자연 주파수로부터 가진 주파수(forcing frequency)가 증가는 감소함으로써 응답성은 떨어진다. 주파수 응답은 시스템이 공진할 수 있는 범위에서 입력이 비교적 높은 상태로 존재하게 된다. 주파수 응답의 범위가 클수록 다양한 입력에 대한 시스템 응답 성능이 더 좋아진다. 이와 마찬가지로, 센서의 주파수 응답을 고려하는 것은 매우 중요하며 센서의 응답이 모든 동작조건하에서 충분히 빠른가에 대해서도 고려해야만 한다.

- **신뢰성** : 신뢰성(reliability)은 시스템이 온전히 운용된 시간을 시스템이 운용된 횟수로 나눈 비율이다. 지속적이고 만족할 만한 동작을 위해서 오랜 시간 신뢰성을 유지하는 센서의 선택이 매우 중요하다.
- **정확성** : 정확성(accuracy)은 센서의 출력이 기대치에 얼마나 근접되어 있는지의 여부로 정의된다. 만약 입력이 주어진다면, 출력은 어떠한 값을 가질 것인지 예상될 것이고, 정확성은 센서의 출력값이 예상 출력값에 근접해 있는지 정도를 나타낸다.
- **반복정밀도** : 센서의 출력이 같은 입력에 대한 응답이 수차례 측정되어진다면 출력은 매번 다를 것이다. 반복성은 각각의 출력값이 변화한 정도를 측정함으로써 결정된다. 일반적으로, 만약 충분한 실험횟수를 가진다면, 출력값 범위는 공칭값(nominal value)주위의 모든 결과값을 포함해서 정의되며 이 범위가 반복정밀도(repeat ability)로서 정의된다. 일반적으로 반복정밀도는 정확성보다 더 중요하다 대부분의 경우에 부정확성은 예상이 가능하고 계측이 가능하므로 교정과 보상이 가능하다 반복성은 일반적으로 불규칙하고 보상이 쉽지 않다.

스마트폰 이미지 센서 고화소 경쟁

- 휴대전화용 카메라에 사용되는 이미지 센서는 CMOS 센서로 제작된다. CMOS 센서의 성능은 화소수와 센서 크기로 결정된다. 화소수가 많으면 섬세하게 표현할 수 있고, 크기가 크면 저조도 특성이 우수하다. 화소의 정확한 뜻은 화상을 구성하는 최소 단위의 점을 의미한다. 화소수가 증가한다는 말은 화면에서 사진을 더 자세히 볼 수 있다는 의미이다. 빛을 받아들이는 센서의 면적은 동일한데, 화소수가 늘어나게 되면 각 화소 하나마다 받아들이는 빛의 양이 그만큼 줄어들게 되어 노이즈가 증가하게 되며, 다른 말로 다이내믹 레인지가 줄어들게 된다. 즉 저조도 특성이 나빠져서 야간에 선명한 사진을 찍을 수 없다는 단점이 생긴다. 따라서 좋은 이미지 센서는 화소수도 많고 센서의 크기도 큰 것이 제일 좋다.
- DSLR과 같이 카메라용 전용인 경우에는 센서의 크기를 크게 해도 별로 문제가 없지만, 스마트폰에서는 센서의 크기를 크게 할 수가 없다. 따라서 이러한 단점을 보완하기 위한 방안이 렌즈를 늘리는 방법이다. 다른 말로 여러 개의 카메라를 적용한다는 것이다.

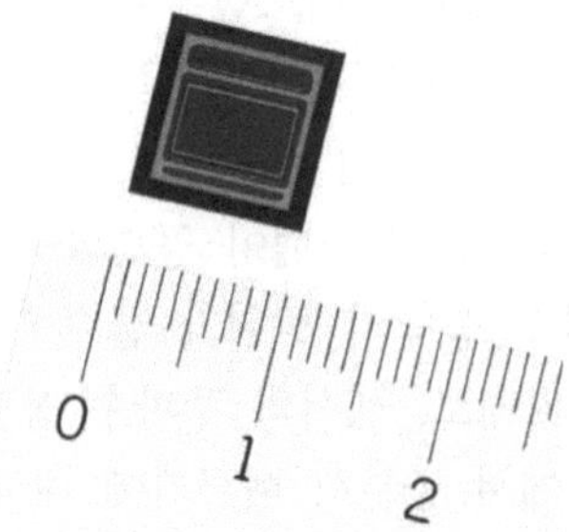

CMOS 이미지센서

- 최근에 출시되는 스마트폰의 후면 카메라는 대부분 3개가 기본으로 되어 있고, 향후 이것의 갯수는 늘어날 것으로 보인다. 전문가용 카메라의 경우에는 단일 렌즈를 사용하더라도 전동식 렌즈 방식을 사용하여 다양한 기능을 수행할 수 있지만, 휴대전화의 경우에는 두께가 얇아 렌즈를 움직이게 만들 공간이 부족하다. 그래서 휴대전화 제조사들은 렌즈의 갯수를 늘리는 방법으로 진행되고 있다.
- 스마트폰 카메라의 고화소 경쟁이 벌어졌다. 주요 이미지 센서 제조사가 1억 화소를 넘어 2억 화소 이미지 센서를 속속 선보이는 덕분이다. 이미지 센서의 화소 수가 많아지면 빛을 받아들이는 효율이 줄어들고, 전기 신호 변환 과정에서 간섭과 노이즈가 생겨 성능이 오히려 떨어지는 일이 잦다. 업계는 이미지 센서에 여러 기술을 도입해 화소 수와 함께 화질, 편의 기능 모두를 더 좋게 만든다.

1.4 센서의 특징

센서는 독립적인 기능은 없지만 다수의 검전기, 신호조절장치, 신호처리장치, 기억장치, 자료기록장치, 작동장치와 같은 커다란 시스템의 일부가 된다. 장치에서 센서의 역할은 본질적이거나 부분적이다.

센서는 외부영향과 외부자극의 변화에 대한 신호 시스템을 감지하는 입력 장치에 속하기 때문이다. 센서는 항상 다른 종류의 자료수집 장치의 일부분이다. 종종 각각의 시스템 은 다양한 신호 반송 장치를 포함하고 있는 큰 제어 시스템의 일부가 되고 있다.

그림 1-29 센서의 활용

인간의 감각과 지각, 지능에 의한 판단만으로는 도저히 대처할 수 없이 발전해 가는 산업에의 대응을 위해서 필연적으로 센서는 태어나고 있다. 센서 기술 또한 대처해야 할 대상의 특성에 맞춰 발전하여 왔으며, 앞으로도 확장되는 대처 대상을 따라서 한 없이 발전해 갈 것이다. 센서는 센서라는 단어가 생기기 훨씬 전부터 실제로 센서를 실생활에 활용해 왔는데, 나침반으로 방위를 감지하고 한란계를 만들어 온도를 측정하는 등, 센서는 인간의 5감(시각, 미각, 청각, 후각, 촉각) 대신에 그 역할을 대신하고 정확성을 주는 기기로 발전해 왔으며, 현재는 인간의 5감으로 느낄 수 없는 현상, 예를 들면 적외선 등의 전자파, 에너지가 작은 초음파 등을 검출할 수 있는 미세 분야의 현상을 감지하는 기기로 지속적으로 발전해 가고 있다.

생산 시스템에 사용되는 장비가 자동화되면서, 센서를 사용한 각종 계측의 활용도는 지속적으로 증가하고 있으며, 센서 사용의 증가는 최종 사용자들에게 보다 높은 정도의 자동화, 보다 높은 비용효과, 생산품질의 개선, 생산속도의 향상, 사람과 기계에 대한 안전성 제고 등의 목적에 기여하게 된다.

센서의 주된 응용분야는 공업계측 시스템이며, 이를 중심으로 발전되어 왔다. 그러나 산업이 고도화, 정보화됨에 따라 거의 모든 산업으로 응용범위가 확대됐으며, 환경보전, 재해방지, 공해감시, 이상진단, 안전관리, 건강관리, 방범방재 등 인간의 복지와 번영에도 크게 기여하고 있다.

제조현장에 센서를 사용함으로써 결함을 조기에 탐지하고, 공정기능을 개선할 수 있으며, 융통성을 증가시킴은 물론, 동작의 편의성을 증가시킬 수 있어서 셋업 및 생산비용을 줄일 수 있다. 따라서 여기에 사용되는 센서는 기계 내부의 위치와 속도제어, 온도 모니터링 등의 측정 기술과 기계 주변에서의 공구 및 공작물 확인, 공구의 부러짐과 마모의 모니터링, 공작물 위치의 측정 등을 목적으로 한다. 공구분야에서 요구되는 센서에는 근접센서, 온도센서, 위치센서, 동력센서, 캐리퍼스 등이 있다.

그림 1-30 가변저항

그림 1-31 엔코더

그림 1-32 리졸버

자동화된 생산시스템의 하부 시스템으로서 산업용 로봇, 자동 포장기계는 고지능화, 고정밀화, 높은 융통성, 빠른 속도, 호환성 등의 개발 지침을 만족해야 한다. 이 분야에는 로봇 팔의 위치, 속도, 가속도를 제어하고, 공작물의 형상, 표면 상태, 광학적 패턴 등을 기록하기 위해 많은 센서를 필요로 한다.

과거에는 대부분 제어대상 시스템이 규모가 크지 않고 단순하므로 간단한 제어이론을 응용한 단일 제어기로 제어가 가능하였으나, 근래에 와서는 발전, 정유, 화학, 비료, 제지, 자동차 등 중대형 플랜트가 건설되고, 그 안에 투입되는 계기 및 구동기기(Actuator)등이 정밀해지고 성능이 향상되었으며 그 수가 증가하는 추세에 있다.

따라서 플랜트를 제어할 때 고려해야 하는 대상의 수가 증가하며, 처리해야 하는 정보의 양도 늘어나게 되어 과거와 같이 단일 제어기를 이용한 방식에는 한계가 나타나고 있다.

이러한 한계를 극복하기 위해 동일한 기능을 가진 중형 제어기를 두 대 이상 배치하여 각자 독자적으로 시스템의 정보를 수집하고 보유하는 제어 알고리즘을 통해 제어를 수행하며, 동급의 제어기 및 상 하위 제어기들 간에는 통신을 통해 정보를 교환하는 방식의 분산 제어 방식이 등장하게 되었다.

1980년대를 통하여 플랜트 제어설비에 마이크로프로세서를 적용한 프로그래머블 컨트롤러(PLC) 또는 분산디지털 제어장치(DCS)의 사용이 급격히 증가하였다. 이와 더불어 제어설비간의 온라인 통신기술 또한 비약적인 발전을 보게 되었다. 최근에는 산업공장의 자동분야에서 각기 다른 공장에 다양한 제작자의 제어장치 들 즉, PLC, 로보트 등의 제어장치를 공용의 데이터 통신장치를 이용하여 상호 정보교환 및 제어기능을 수행하고 있다. 중앙의 주제어장치와 현장의 센서, 구동기기 등과의 신호전송을 종래의 병렬전송방식에서 직렬전송으로의 치환을 통한 데이터 통신은 물론 현장에 설치되는 지능형 장치에서 직접 프로세스 상태를 검출하여 구동기기를 동작 시킬 수 있는 형태의 조직적이고 표준화된 통신 프로토콜(Protocol)이 이미 기초 단계의 개발이 종료된 상태이며, 보다 광범위한 적용을 위해 지속적으로 통신기술의 표준화를 발전시키고 있는 상태이다.

로봇공학에서 센서는 주위환경에 대해 내부의 되먹임 제어와 외부환경과의 상호작용에 사용되어진다. 동물과 인간은 비슷한 특징을 가진 센서를 가지고 있다. 예를 들어 아침에 일어나 눈을

뜨기 전에 자신의 팔이 어떻게 놓여져 있고 다리가 어떻게 구부러져 있는지 볼 수는 없지만 느끼고 알 수 있다. 이는 근육의 뉴런 신경세포가 뇌에 신호를 보내기 때문이며 근육이 수축, 긴장 그리고 이완함으로써 신호는 변화하고 뇌는 각 근육의 상태가 어떠한지 결정한다. 이와 마찬가지로 로봇에서 링크와 관절들이 움직임에 따라서 포텐쇼미터, 엔코더, 그리고 리졸버(resolver)와 같은 센서는 신호를 제어기에 보내어 각각의 관절이 어느 상태에 있는지 결정하게 한다. 뿐만 아니라, 인간과 동물이 미각, 촉각, 청각, 시각 그리고 대화로써 외부 세계와 교신하는 것처럼 로봇도 주위 환경과 교신하는 비슷한 센서를 가지고 있다. 어떤 로봇의 센서는 인간의 시각, 촉각, 그리고 미각과 기능상으로 흡사한 기능을 가진 것도 있다. 그 밖의 다른 경우로는 로봇의 센서가 방사선 센서와 같이 인간이 가지고 있지 않는 기능을 가지고 있을 수도 있다.

청각의 불가사의

- 인간의 귀로 들을 수 있는 소리의 범위는 일반적으로 20 Hz에서 20 KHz(일부 문헌에는 16 Hz에서 16 KHz로 기록)로 되어 있다. 따라서 시판되는 오디오장치는 이 범위의 소리를 충실하게 재생하면 되는 것이다.

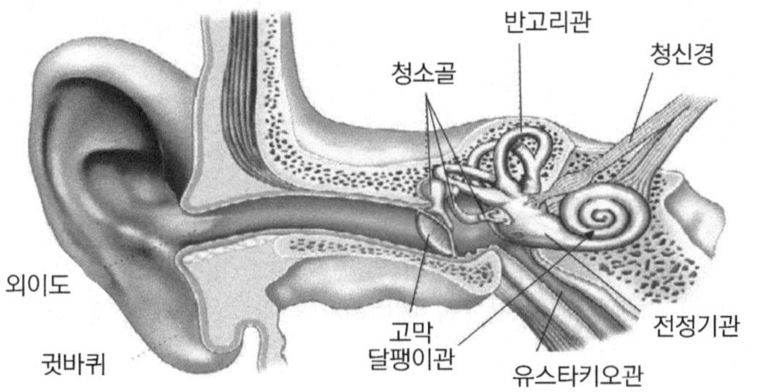

귀의 구조

- 그러나 20 Hz에서 20 KHz까지 평탄하며, 그 외에는 급격한 감쇠 특성을 갖게 한 오디로 장치로 재생한 오케스트라의 연주와 고역을 100 KHz까지 넓힌 경우의 재생음은 분명히 그 차이가 느껴지는 것이다.
- 이것은 대단히 불가사의한 현상이다. 그 이유는 인간의 가청역의 상한은 20 KHz로 되어 있다만 이것은 대단히 귀가 좋은 사람의 이야기이며 일반적으로는 귀가 좋은 성인이라도 기껏해야 15 KHz가 한계이다.
- 따라서 상한의 주파수 대역이 20 KHz가 된다면 우선은 충분할 것이다. 그러나 현실적으로는 20 KHz로 주파수 특성을 차단한 경우와 100 KHz까지 넓힌 경우는 그 연주의 쾌감, 깊이, 느낌이 어딘가 다른 것이다.
- 100 KHz까지 주파수 특성을 넓힌 쪽이 분명히 경쾌하게 느껴지며 마음의 편안함, 나아가서는 α파가 나오기 쉽다라는 보고도 있다.

- 이 현상은 아직 해명되어 있지 않으나 일설에 의하면 인간의 귀에 들리지 않는 고주파 진동이 인체의 일부에 작용하고 이것이 뇌신경에 작용하여 경쾌한 음악으로서 느껴질 수 있다고 말하고 있다.

인간의 눈은 녹색에 민감

- 인간의 눈에 보이는 파장 대역은 기껏해야 400(380) nm(나노미터, 100만분의 1밀리) ~ 700(780) nm까지의 좁은 범위의 전자기파로 한정되어 있다.
- 그러나 이 한정된 범위 내에 단파장의 청자색에서 장파장의 적색까지 대략 자연계에 존재하는 모든 색이 포함되어 있다. 또 인간의 색에 대한 감도는 일정하지가 않고 소위 비시감도 특성(인간의 색에 대한 일반적인 감도 특성)을 가지고 있다.

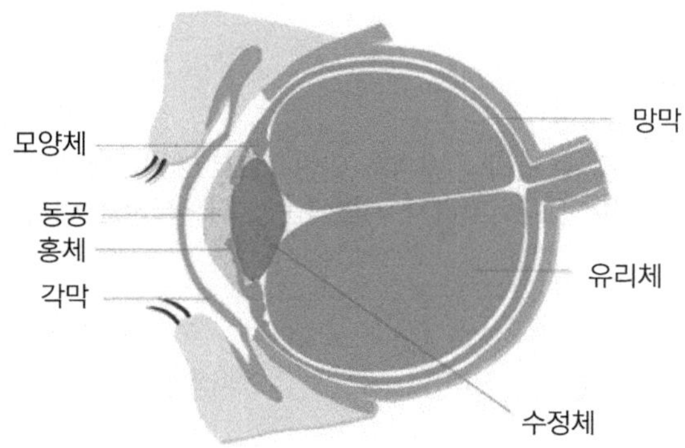

눈의 구조

- 인간의 눈은 녹색에 대하여 가장 감도가 높고 청자색, 적색 측에서 가장 감도가 낮게 되어 있다. 즉, 비시감도가 높은 파장 대역에서는 광 에너지가 작아도 색을 잘 알 수 있다는 것이다.

1.5 센서의 분류

센서는 측정 대상물의 한계가 무한정인 만큼, 센서가 사용되는 재료나 그 기능이 개별적으로도 다종, 다양하다. 분류 방법은 구성방법, 측정대상, 구성재료, 기구에 의한 분류, 작용형식, 출력형식 등에 의해 분류할 수 있다. 센서는 이처럼 구분의 기준에 따라 많은 종류가 있으므로 이를 일일이 열거하기는 어렵지만 이들을 몇 가지로 분류해서 나타낸다.

1.5.1 구성방법에 의한 분류

센서를 구성방법에 의해 분류하면 기본센서, 조립센서, 응용센서로 구분할 수 있다.

① 기본센서 : 가장 기본이 되는 단일 소자로 구성된 것으로 홀 소자 등을 들 수 있다.

② 조립센서 : 다른 종류의 소자 또는 변환장치를 조립해서 구성된 것으로 많은 센서가 이 형태를 취하고 있다.

③ 응용센서 : 기본센서 또는 조립센서와 다른 여러 종류의 장치를 조합시켜 구성한 센서이다.

센서의 분류		
	구성방법	기본센서, 조립센서, 응용센서
	검출대상	광센서, 이미지센서, 적외선센서, 방사선센서, 기계량센서, 전자기 센서, 초음파센서, 온도센서, 습도센서, 압력센서
	구성재료	반도체센서, 세라믹센서, 금속센서, 고분자센서, 효소센서, 미생물 센서
	기 구 별	구조형센서, 물성형센서, 생물형센서
	작용형식	능동형센서, 수동형센서
	출력형식	아날로그센서, 디지털센서, 주팟형센서, 2진형센서

그림 1-33 센서의 분류

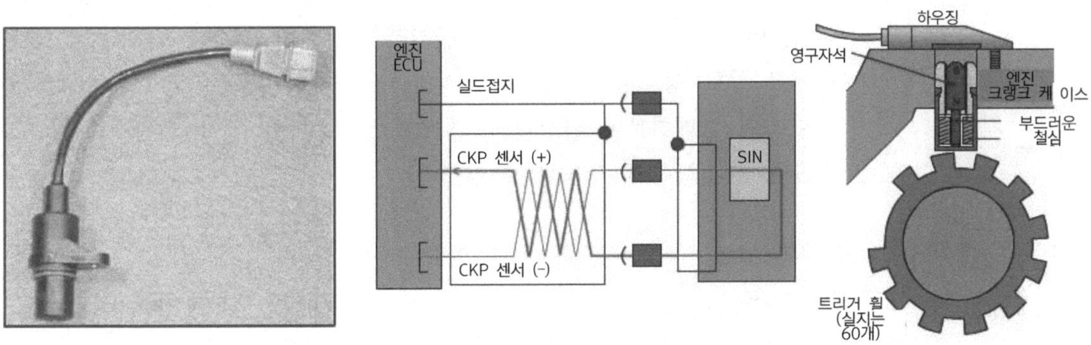

그림 1-34 홀 소자

1.5.2 검출대상에 의한 분류

센서의 측정 대상별 특성을 검출하는데 어떤 물리적 특성을 이용하느냐에 따라 구분하는 방법으로 이미지센서, 온도센서, 광센서, 압력센서, 가스센서, 유량·유속센서, 근접센서 등으로 분류할 수 있다.

그림 1-35 온도센서

그림 1-36 광센서

그림 1-37 압력센서

1.5.3 구성재료에 의한 분류

센서의 구성 재료별에 따라 검출하는 대상과 능력이 차이를 보이게 된다. 따라서 센서에 주로 사용되는 재료를 기준으로 분류하면 크게 반도체, 세라믹, 유기재료(고분자), 금속재료, 복합재료 등으로 분류할 수 있다.

① **반도체 재료** : 반도체의 동작을 응용한 센서는 옛날부터 그 원리가 알려져 있었다. 즉, 반도체는 도체와 절연체의 중간적인 성질을 가진 물질로서 대표적인 것에 Si나 Ge 또는 GaAs 등이 있는데 그 특성은 온도나 자기, 빛에 큰 영향을 받기 쉬운 것이다. 반도체 재료가 본격적으로 센서로 응용되기 시작한 것은 매우 오래전부터이고 주로 광도전재료, 예를 들면 Ag_2S등의 유화물, ZnO등의 산화물이나 SnSe등의 셀렌화물이 촬상관의 광전재료로서 또한 전자 감광재료로서도 증착기술을 중심으로 개발이 진행되어 왔다.

표 1-8 센서의 반도체 재료

분류				대표적 반도체 재료
광센서	광도전 효과형 재료	촬상관용 광도전 셀	자외광용	Se계, As_2Se_3계(X선…PbO)
			가시광용	Sb_2S_3, PbO, CdSe, As-Te계, ZnS, CdTe계
			적외광용	PbO, PbO, PbO-Sb_2S_3, PbO-PbS

			가시광용	CdS, CdSe, ZnO, Se(X선, γ선…CdS)
			적외광용	PbS, InSb, CdHgTe, Ge
	광기전력 효과형 재료	포토 다이오드, CCD 포토 트랜지스터	자외광용	Au-ZnS, Ag-ZnS, Si
			가시광용	Si, Ge
			적외광용	Ge, SiInP, GaAs, InSb, InAs
자기 센서	홀 효과형 소자재료			InSb, InAs, Si, Ge, GaAs
	자기 저항형 소자 재료			InSb, InAsBi
압력 센서	압전 반도체 재료			Si
	피에조 저항 효과형 재료			Si, Ge, GaAs, GaSb

② **세라믹 재료** : 세라믹 재료 기술이 발전하면서 많은 비금속 무기 물질이 우수한 기능의 센서 재료로 많이 사용된다. 세라믹은 단결정의 무질서 집합체이며 가장 간단한 정제법으로서는 1~수십[㎛]의 크기를 가진 미결정 입자를 조합하여 형성하고, 그것을 고온으로 소성함으로써 얻어진다. 센서에 이용되는 세라믹이 출현한 것은 최근으로 이것은 파인 세라믹(fine ceramic)이라 불리며 매우 순도가 높은 산화물 또는 천연으로 산출되지 않는 알루미나나 질화규소 등의 화합물을 합성하고 그것을 서브미크론의 분말로 정제하여 구워 굳힌 것이다.

표 1-9 센서용 세라믹 재료

	출 력	재 료	비 교
온도센서	저항변화	$FeO, CoO, CoO-Al_2O_3$ SiC	온도계, 브로미터
		반도성 $BaTiO_2$(소결체)	과열 보호 센서
		VO_2, V_2O_3	온도 스위치
	자성변화	Mn-Zn계 페라이트	온도 스위치
위치센서	반사파변화	PZT: 티탄산지루콘산연	어군 감지기, 탐상기, 혈류계
광센서	기전력	$LiNbO_3$, $LaTaO_3$, PZT $SrTiO_3$	적외선 검출
	가시광	ZnS(Cu,Al), Y_2O_2S(EU)	컬러 TV 브라운관
		ZnS(Cu,Al)	X선 모니터
		CaF_2	열형광 선량계
가스센서	저항변화	Pt촉매/알루미나/Pt선	가연성 가스 농도계 경보기
		SnO_2, ZnO, r-Fe_2O_3 등	가스 경보기,자동차 배기 가스센서
	기전력		배기가스 센서, 불완전 연소센서

습도센서	저항	LiCl, P_2O_5, ZnO-Li2O	습도계
		TiO_2, $NiFe_2$,O_4,$MgCr_2O_4$+TiO_2,ZnO	습도계
	유전율	Al_2O_3	습도계
이온센서	기전력	AgX, LaF_3, Ag_2S, 유리 박막,CdS, Agl	이온 농담 센서
	저 항	Si(Si$_3$ N4/SiO_2, Ag_2S, X용: AgX, PbO)	이온 민감성 FER(1S FET)

③ **유기재료** : 유기물 및 고분자 재료는 옛날부터 전기절연재료, 전자부품의 유전체 재료로 널리 연구되고 이용되어 왔다. 전기절연재료, 전자부품용 유전체 재료로 폴리에틸렌, 폴리프로필렌, 폴리스티렌 등의 열가소성 플라스틱과 페놀수지, 에폭시수지 등의 열경화성 플라스틱이 고분자 재료이며 그 외에 액체, 기체 상태의 유기재료가 쓰인다. 최근에 유기 고분자 재료가 나타내는 광, 전기, 역학, 화학적 특성 변화에 착안한 센서에의 응용에 관심이 쏠리고 있다.

④ **금속재료** : 순금속이나 합금계 금속은 종류가 많고 가공성이 우수하기 때문에 센서나 트랜스 듀서로서 여러 가지 용도로 연구되어 있다. 최근에 와서 금속재료는 센서의 구성상 여러 가지 형태로 사용되기 시작하여, 예를 들어 기능성을 강조한 것, 구조체 형성 및 센서의 보호, 안정을 담당하는 것 등 기계적, 전자적 센서에서 광범위하게 사용되고 있다.

표 1-10 센서용 금속 재료

기 능 분 류		금 속 재 료	응용(센서, 센서 요소)
전기 저항 재료	측온 저항재	Pt, Cu, Ni, W(가는선, 박, 박선)	온도 센서, 유속 센서
	왜형 저항재	Ni, 망가닌, 콘스탄탄, Pt-Ir 합금	왜형 게이지, 로드 셀
	강자성 자기 저항체	퍼멀로이, Ni-Co합금(박막)	자계 센서, 자기 버블 검출기
도전 재료	도전재	Cu, Al, Ag, Au, Pt, Ni, Ti, Ta, W(선, 판, 박막, 인쇄, 도체 등)	계기 · 자심 등의 코일, 리드선, 압전체 · 반도체 · 유전체의 전극
	접점재	Ag, Ag합금, Cu-Pb합금, Rh, Ru	리드 릴레이, 마이크로스위치, 바이메탈, 온도 스위치
	초전도재	Pb, Nb	SQUID, 고감도, 자속계, 심자계, 적외선, 마이크로파 검출
전기화학/물리화학 전극		Pt, Ag, Pb, Hg, 스텐레스강	pH계, ZrO_2산소 센서, 효소센서
열전대 재료	열전대	Pt-13Rh/Pt. Pt-10Rh/Pt, 크로멜-알루멘, Cu-콘스탄탄,	열전대 온도 센서, 열전형 보호 릴레이, 전력계, 전열식 진공계

		크로멜-콘스탄탄, Fe-콘스탄탄, Pt-30Rh/Pt, Ir/Ir-40Rh, W-5Re/W-26Re, 크로멜/Au-Fe0.07	
	보상 도선	Cu-2Ni, Cu, CU-30N	
자성 재료	경질 자성체	78.5Ni : (PA), 45-50Ni : 퍼멀로이(PB)	자기 레드/실드, 고감도 릴레이
	반경질 자성체	49Co-2~5V-bal Fe	래칭 릴레이, 리드 스위치
	위간드 와이어	10V-52C0-38Fe, 50Ni-50Fe	자기 회전 센서
	영구 자석	알리코계, 회토류-코발트계(Sm-Co)	마이크로폰, 진동센서, 가코계기
감온 자성 재료	정자 합금	M0-퍼멀로이, 모넬, 더모 폼	계기 자석(자속 온도 보상)
	자기상전리합금	Fe-Ni-Co-Si계	온도 릴레이
자왜계		규소강, Ni, 퍼멀로이	로드 셀, 감자성 광파이퍼
탄성재		Cu-Ni-Mn, Cu-Be-, Ni- SpanC	압력계 수압막, 수압 벨로즈
저팽창재		인발(맴버)	바이메탈, 서모스텟
형상 기억재		Ni-Ti, Cu-Al-Zn, Cu-Al-Ni, Cu-Sn	서모스텟 밸브, 정온도 개폐기
내식재		각종 스텐레스 강, 모넬, 청동	오리피스, 터빈, 밴투리관
내열재		스텐레스강, 버스테로이, 인코넬	열전대 시스
봉착재		42합금, 46합금, 52합금, 426합금	센스 패키지
촉매재		Pt, Pb, Ag, Ni	가스 센서
수조 저장재		LiNi5H6-7, FeTiH1.5-1.95, VH1-2	수소 서모스탯

⑤ **복합재료** : 고분자재료는 무기재료와 비교하여 유연성이나 성형성이 우수하지만 안전성이나 재현성 등 신뢰성 면에서는 떨어진다고 한다. 그러므로 분산질 재료와 결합체를 조합함으로써 유기재료와 무기재료의 양쪽의 장점을 겸비한 복합재료가 개발되었다.

센서재료로서 응용할 수 있는 복합재료에는 압전성 복합재료, 도전성 고분자 재료 및 바이메탈이 있으며 전자의 2개는 유기재료를 매트릭스에 무기재료와 복합화를 도모하여 양자의 장점을 합쳐 이루어지는 우수한 재료이고 후자는 이종 금속을 합성해 온도센서를 가능하게 한 것이다.

표 1-11 도전성 고분자 복합 재료의 응용 예

재 료 분 류 (체적 고유저항)	실 용 화 예	구성재료	
		매트릭스	필 터
전기 절연 저항 (10^{10} Ω·cm)	• 각종 절연 재료		
반도성 재료 ($10^7 \sim 10^{10}$ Ω · cm)	• 저저항 밴드(팩스 전극판)	• 니트릴 고무계 도료	• 금속 산화물
대전 방지 재료 ($10^4 \sim 10^7$ Ω · cm)	• 정전기 제거기 • 비대전 컨베이어 벨트 • 의학용 고무 제품 • 도전 타이어	• 고무 • 플라스틱 • 합성 섬유	• 카본 블랙 • 금속 분말 • 탄소 섬유 • 금속 섬유
도전성 재료 ($10^0 \sim 10^4$ Ω · cm	• 탄성전극 • 전기 도금 몰드 • 가열용 에리먼트 • 건축물의 전기 • 난방 옥외 설비	• 고무 • 플라스틱	• 카본 블랙 • 금속 분말 • 탄소 섬유
고도전성 재료 ($10^{-3} \sim 10^4$ Ω · cm)	• 도전성 도료 (실버페이트, 카본 페이트) • 도전성 잉크 (전기 프린트 배선) • 도전성 고무 • 도전성 접착제	• 고무 • 플라스틱 • 크실렌 수지 • 에폭시 수지	• 카본 블랙 • 금속 분말

1.5.4 기구에 의한 분류

① **구조형 센서** : 구조체의 변환 기구를 이용한 것으로 주로 기계식 센서가 이에 속한다. 콘덴서 극판 변화를 이용해 압력을 측정하거나 차동변압기를 이용해 위치를 측정하는 경우 또는 다이어프램을 이용한 압력 측정 등과 같은 것들을 이 종류로 볼 수 있다. 따라서 대부분 가동부와 고정부로 구성되어 있는 것이 일반적이다.

② **물성형 센서** : 물질이 갖고 있는 물리적인 특성 또는 자계, 전기량, 화학량, 온도, 습도, 압력 등과 같은 량에 대해 센서의 물리적 특성이 변하는 것을 이용한 것으로 최근의 많은 센서가 이에 속한다.

③ **혼합형 센서** : 기구형과 물성형이 혼합된 것으로 많은 센서가 이 형태를 취하고 있다.

④ **생물형 센서** : 미생물의 변화, 생체 조직의 변화 등과 같은 변화상태를 센서로 이용하는 것으로 주로 농업, 제약, 발효 및 식품공업과 같은 분야에 널리 이용되고 있다.

1.5.5 작용형식에 의한 분류

① **능동형 센서** : 대상물에 가해지는 전압, 전류, 열 자극 등 에너지 상태변화를 검출하는 방식으로 외부 입력신호를 받은 센서는 직접 열이나 빛으로 변환되지 않고 센서 자신의 특성이 변하여 전원회로의 흐름을 제어하는 기능을 갖는 것으로 레이더, 레이저를 이용한 형광 분석장치, 음향 분석장치, 초음파를 이용한 물체인식 또는 레벨 계측 등을 들 수 있다.

② **수동형 센서** : 피검 대상의 물체에서 방출하는 정보를 그대로 이용하는 것으로써 외부의 입력신호를 받아서 센서 자신이 직접 에너지 변환되어 다른 에너지 형태로 출력하는 기능을 가진 센서를 말하며 적외선 온도계, 적외선 촬상장치, 자외선 검출기, 광 센서 등이 이에 속한다.

1.5.6 출력형식에 의한 분류

① **아날로그형** : 센서의 신호가 아날로그 신호로 나오는 것으로 대부분의 센서는 이 종류이다. 이 신호는 전자회로를 이용해 디지털 신호로 변환하여 사용할 수 있다.

② **디지털형** : 센서에서 나오는 신호가 주기적 또는 펄스 등과 같이 디지털 신호로 나오는 것으로 바이메탈 온도 스위치 등과 같은 것을 들 수 있으나 센서자체의 신호는 아날로그 신호로 볼 수 있고 여기에 전자회로를 첨부 한 것이 많다.

측정 혹은 검출하고자 하는 양이 물리량, 화학량, 역학량이냐에 따라 물리센서, 화학센서, 역학센서 등으로 구분할 수 있다. 일반적으로 빛, 음, 자기, 습도, 압력 등의 센서는 물리량을 감지하는 물리센서이고, 가스나 습도, 이온을 감지하는 센서는 화학센서로서 인간의 후각과 미각에 대응하고 있다. 아직까지 화학센서는 물리센서에 비해서 종류도 적고 성능도 불충분한 실태이지만, 앞으로 발전 가능성이 높은 센서이다. 또한 물리센서에 별도로 기계적인 역학량을 측정하는 센서를 역학센서로 구분한다.

센서에는 이상의 종류 외에 생물을 직접 이용하여 고감도, 고선택성의 화학량 센서를 만들고 있다. 즉, 이것이 생물센서(bio-sensor)이다.

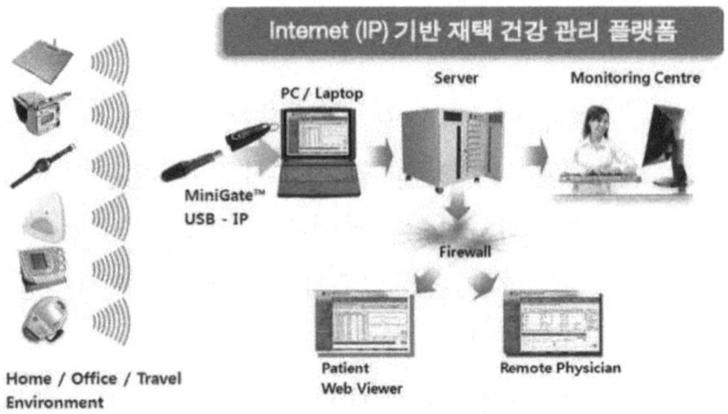

그림 1-38 건강관리 플랫폼

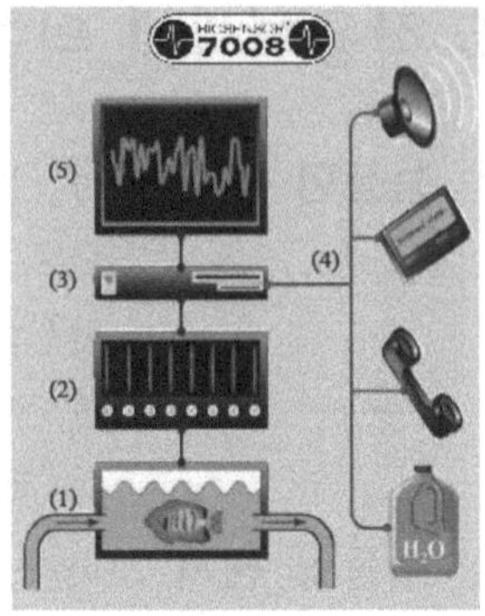

그림 1-39 bio-sensor

표 1-12 센서의 분류

분류 방법		센서 종류
1	구성방법	기본센서, 조립센서, 응용센서
2	검출대상	광센서, 이미지센서, 적외선센서, 방사선센서, 기계량센서, 전자기 센서, 초음파센서, 온도센서, 습도센서, 압력센서 등
3	구성재료	반도체센서, 세라믹센서, 금속센서, 고분자센서, 효소센서, 미생물 센서 등.
4	기구 별	구조형센서, 물성형센서, 생물형센서
5	작용형식	능동형센서, 수동형센서
6	출력형식	아날로그센서, 디지털센서, 주팟형센서, 2진형센서
기타	검출방법	역학적센서, 열역학적센서, 전기적센서, 자기적센서, 광학적센서, 전기화학적센서, 촉매화학적센서, 효소화학적센서, 미생물학적센서
	감지대상	물리센서, 화학센서, 생물(바이오)센서
	생물센서	기구형(또는 구조형), 물성형, 기구, 물성혼합형

표 1-13 감지대상에 따른 센서의 구분

분류	감지 대상	센서
물리	광	광전도, 광결합형, 포토 다이오드
	온도	열전쌍, 서미스터, 온도계
	자기	Hall소자, 자기 저항 소자
	전기	분류기, 변류기
	초음파	조도계, 광량계, GM계수관

	역학	압력, 속도, 가속도, 위치, 변위, 유량
화학	습도	세라믹 센서, 결로 센서, 고분자막 센서
	가스	매연 센서, 반도체 가스 센서, 동성가스 센서
	이온	PH전극 센서, 이온선택 전극 센서
생물		유기생물

출력이 아나로그 신호인 경우 AD변환기를 거치며, 디지털인 경우에는 직접 계산기에 입력된다. 일반적으로 디지털 출력을 얻기 위해서는 전자회로가 필요하다.

일반적으로 어떠한 센서를 사용할 것인가를 결정하는 것은 해당 시스템에서 요구되는 방식의 센서를 선택하기에 앞서 먼저 다음과 같은 센서의 구비조건을 고려하여야 한다.

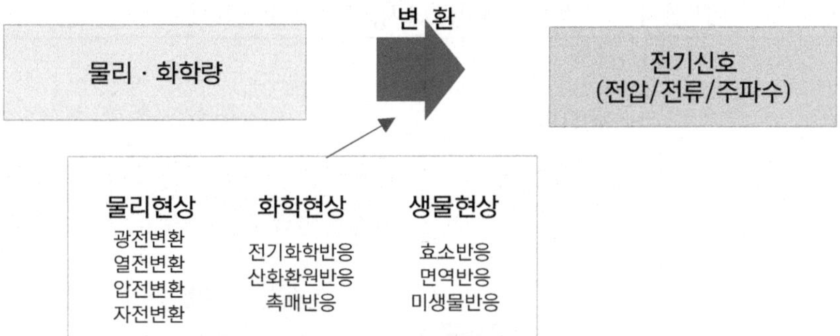

그림 1-40 센서의 변환기능

① 감도, 정도 선형성 및 응답성이 좋을 것

② 안정성과 신뢰성이 좋을 것

③ 내환경성과 보수성이 좋을 것

④ 측정대상의 특성이 외부환경의 영향을 적게 받을 것

⑤ 내구성이 좋고 가격이 저렴할 것

인간과 일반 센서 시스템의 감지와 명령 구성도로서 여기서 액츄에이터는 명령신호에 따라 실제로 동작을 수행하는 장치이다. 예를 들면, 밀폐된 공간 내에서 압력이 계속 증가할 때 압력정보는 센서를 통하여 정보처리기로 전송되고, 정보처리기는 압력이 어느 한계이상 증가하는 것을 막기 위하여 밸브를 열도록 명령한다. 이때 압력을 낮추기 위하여 실제로 벨브 동작을 수행하는 것은 액츄에이터이다.

새로운 복합기술로서 생산공정기술로 자리를 잡고 생산의 양과 질적 향상을 주도하고 있으며 앞으로도 제어기술, 재료기술, 액츄에이터 기술, 정보전달 기술 등의 지원을 받아 더욱 발전 할 것이다.

표 1-14 인간의 오감과 센서의 관계

인간의 감도	센서의 종류	센서 소자의 일례
시각(빛)	광 센서	광도전 소자, 이미지 센서, 포토다이오드
청각(소리)	음향센서	마이크로폰, 압전소자, 진동자
촉각(입력)	진동센서	변형, 게이지, 반도체 압력센서, 서미스터, 백금, 적외선
(온 도)	온도센서	
(기 타)	압력센서	
미 각(맛)	맛 센서	백금, 산화물, 반도체, 가스센서, 입자센서
취각(냄새)	냄새센서	바이오케미컬 소자, 지르코니아 센서

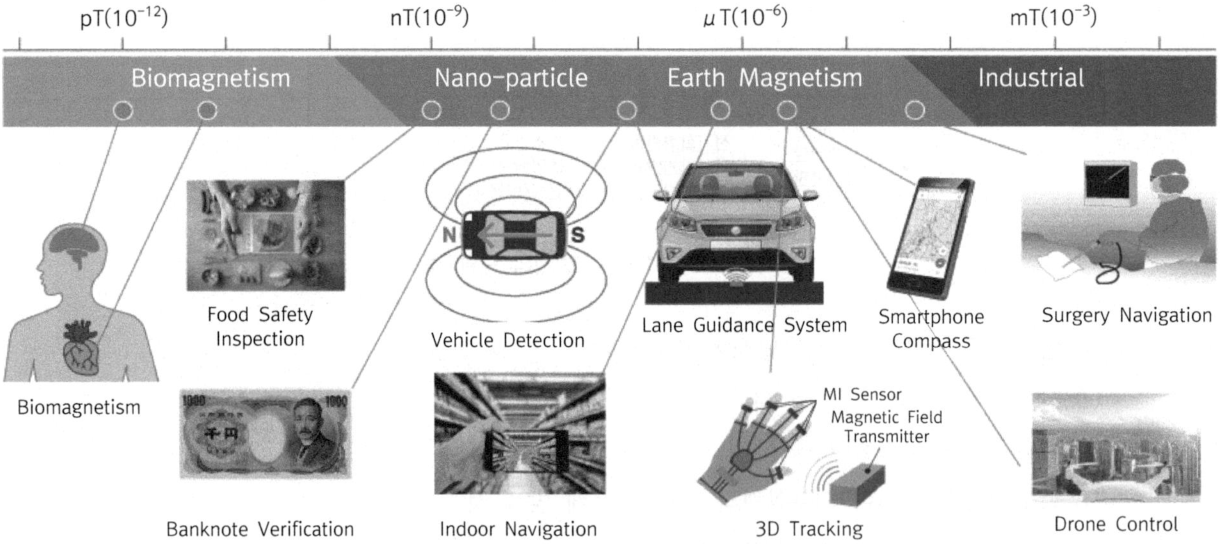

그림 1-41 MI(자기)센서의 응용

표 1-15 센서가 계측 대상으로 하는 정보의 분류

분 류	대 상
기 계	길이, 두께, 변위, 액면, 속도, 가속도, 회전각, 회전수, 질량, 중량, 힘, 압력, 진동도, 모멘트, 회전력, 풍속, 유속, 유량, 진동
음 향	음압, 소음
주파수	주파수, 시간
전 기	전류, 전압, 전위, 전력, 전하, 임피던스, 저항, 용량, 인덕턴스
온 도	온도, 열량, 비열,
광	조도, 광도, 색, 자외선, 적외선, 광변위
방사선	조사선량, 선량률
습 도	습도, 수분
화 학	순도, 농도, 성분, PH, 점도, 입도, 밀도, 비중, 기체 · 액체 · 고체 · 분석
생 체	심음, 혈압, 혈액, 맥박, 혈액 충격, 혈약 산소 포화도, 혈액 가스 분압, 기류량, 속도, 체온, 심전도, 뇌파, 근전도, 망막 전도, 심자도

공장 자동화가 이루어지기 위해서는 각 시스템의 상태 및 변동에 대한 정보가 제공되어야 하는데 이를 위해서는 계측이 이루어져야 한다. 생산 공정에 있어서 자동화는 그 과정에서의 물리적 · 화학적 양의 계측이 요구에 맞게 행해지고 이를 제어기능 계통과 연결시킴으로써 가능하게 되는데 이러한 계측에서의 중요한 역할을 갖는 것이 센서이다.

한편 입력 에너지, 예를 들면 빛이나 음의 에너지 신호를 전기 신호로 변환해서 끄집어내는 장치를 트랜스듀서(Transducer)라고 부르고 센서와 구별하고 있다. 그러나 센서와 트랜스듀서는 기능이 겹치는 부분이 많으므로 이들을 구별하지 않고 「계측과 변환을 취급하는 기능을 갖는 것」을 넓게 센서라고 부르기로 한다.

센서가 취급하는 외계로 부터의 신호는 현저하게 증가하고 그것에 따라 정확한 정보를 신속히 얻는 것이 요구되고 있다. 일반적으로 센서는 인간의 5감의 기능을 보완, 확장한 인조 감각기관이며 인간이 분별하지 못하는 부분까지도 감지할 수 있는 기능을 보유하고 있다.

1.6 세계 센서시장의 동향

디지털혁명을 기반으로 모든 사물이 연결되고 빅데이터, 인공지능을 통한 지능화와 융합을 통한 기술혁명으로 경제, 사회, 산업간 영역이 파괴되고 신서비스 산업이 나타나는 혁신적인 변혁의 시대에 살고 있다. 다양한 센서의 발달로 물리적 세계에 대한 정보 수집이 가능해지고, 네트워크 기술의 발전으로 모든 사물이 연결되어 데이터 수집, 분석, 활용 등을 통해 다양한 응용서비스를 창출할 수 있게 되었다.

수많은 스마트 IT 융합 서비스에 적용될 지능형 센서 기술이 기존의 고성능 센서 기술을 뛰어넘어 AI를 기반으로 새로운 정보를 생산하는, 4차 산업혁명 시대를 이끄는 핵심 부품이 될 것으로 전망된다. 지능형 센서는 스마트 홈, 스마트 시티, 스마트 팩토리 등 스마트 IT 융합 서비스의 초석이 되는 동시에 센서 산업의 폭발적인 성장을 가져올 것으로 예상된다.

그림 1-42 스마트 IT 융합 서비스

1.6.1 4차 산업혁명의 핵심인 센서

센서는 측정 대상물로부터 정보를 감지하여 전기적 신호로 변환하는 장치를 총칭한다. 센서는 빛, 전기, 열 등의 물리량을 전기적 신호로 변환하기 위한 소자 또는 복수의 소자로 구성되며 사람이 오감을 통해 정보를 수집하는 것과 같이 기기는 센서를 통해 주변 환경 정보를 수집한다. 이에 따라, 정보 데이터가 핵심인 4차 산업혁명, 사물인터넷 분야의 최전선에 위치하는 것이 센서이다.

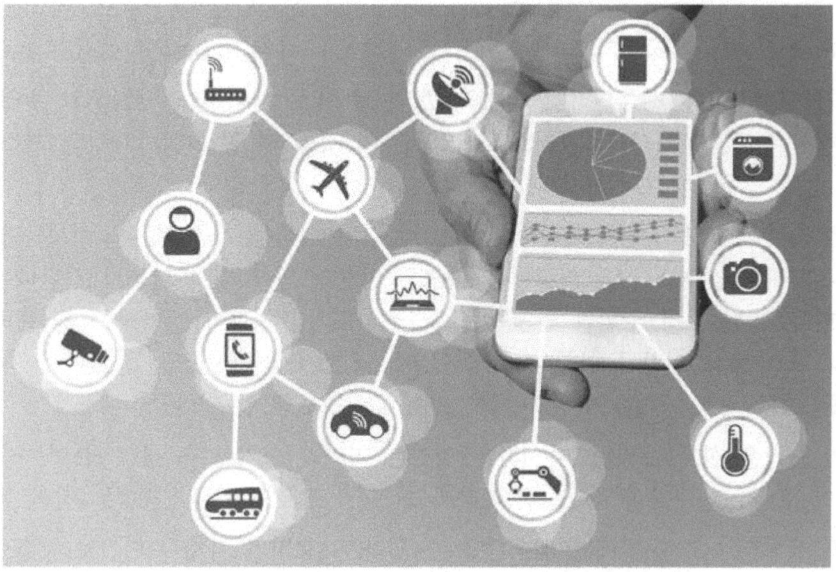

그림 1-43 각종 스마트 센서가 적용된 IT기기

그래서 센서도 진화하고 있다. 과거 신호를 감지하는 단순 측정기에서 소형화, 지능화된 스마트 센서로 발전하고 있다. 센서는 1990년대에 반도체, 나노, MEMS(Micro Electro mechanical System) 기술이 도입되면서 소형화됐으며 2012년 이후에는 MCU가 센서에 내장되면서 제어, 판단, 저장, 통신 기능을 갖춘 스마트 센서로 발전했다.

IT, NT 기술이 적용된 스마트 나노센서 시장은 시대의 흐름에 부응하여 급성장할 것으로 보인다. 이러한 스마트 나노센서 수요의 증가는 산업적 수요뿐만 아니라, 고령화에 따른 사회문화적, 통상마찰에 따른 국가 안보 측면에서도 급속히 촉진될 것으로 기대된다.

흔히 4차 산업혁명을 이끌어갈 새로운 산업으로 인공지능(AI), 사물인터넷(IoT), 드론, 로봇, 자율주행차, 빅데이터, 3D 프린팅 등이 꼽힌다. 그런데 이 산업들의 기초를 이루는 것은 다름 아닌 센서다.

드론을 예로 들어보자. 드론은 GPS 등의 정확한 위치 측정 센서에 의해 비행 목표지점을 향해 날아갈 수 있으며, 초성능 카메라와 음성감지 센서 등으로 지상의 물체를 식별하고 사람의 목소리를 녹취하는 등 다양한 임무를 수행할 수 있다.

로봇도 센서가 없으면 아무런 일을 하지 못한다. 인간은 시각, 후각, 청각, 미각, 촉각의 다섯 가지 감각을 이용해 물질이나 외부의 상태 및 변화를 알아차린다. 로봇에 장착되는 센서는 이 같은 인간의 오감에 해당하는 감각기관이다.

사물인터넷도 마찬가지다. 모든 사물이 자기네들끼리 정보를 주고받아 주인에게 필요한 것을 스스로 알아서 해주는 것이 바로 이 기술의 개념이다. 그런데 이처럼 사물이 똑똑해지기 위해서는 센서가 필수적이다. 사물인터넷 시대의 냉장고를 예로 들어본다. 냉장고가 주인을 편안하게 해주기 위해선 온도, 습도, 동작 감지, 그리고 식품이 상할 때 발생하는 미량의 가스를 측정하는 가스 센서 등 수많은 센서가 필요하다.

인간은 오감을 통해 종합적으로 판단하는 제6감인 의식을 가동시킨다. 이세돌과 세기적인 바둑 대결로 유명해진 알파고 같은 인공지능 기술은 인간의 의식 및 판단을 대신한다는 점에서 제6감에 해당한다. 또한 우리 주변의 엄청난 자료들로 고객의 성향이나 미래 등을 예측할 수 있는 빅데이터의 경우 보통 인간이 미처 지니지 못한 초감각 센서라고 할 수 있다. 이처럼 센서는 4차 산업혁명이라는 새로운 기술 혁신을 위한 기초 도구라고 보면 된다.

인간의 오감은 한계를 지닌다. 시각은 일정한 거리와 크기만 볼 수 있으며, 청각의 경우 일정한 범위의 주파수만 구분할 수 있다. 따라서 인간은 고래가 내는 초음파는 전혀 들을 수 없다.

하지만 센서는 이러한 한계를 뛰어넘을 수 있다. 대표적인 사례가 인간보다 훨씬 먼 곳과 작은 크기도 볼 수 있는 망원경과 현미경이다. 그리고 어군탐지기 등에 사용되는 초음파감지기는 인간의 귀로 들을 수 없는 고주파대 음을 감지한다. 이외에도 적외선을 이용한 야간투시센서, 초정밀 소리감지 센서, 위성을 이용한 거리 및 위치 측정 센서 등은 인간이 미처 감지하지 못하는 것들을 거뜬히 해낼 수 있다.

4차 산업혁명이 본격화되면 센서의 시장 규모는 더욱 커질 수밖에 없다. 현재 생산되는 차량에는 충돌감지 센서, 장애물 센서, 간격감지 센서 등 약 30종의 센서가 1대당 200개쯤 탑재된다.

하지만 스스로 운전하는 자율주행차의 경우 이보다 더 많은 종류의 센서가 1대당 300~400개 정도 탑재되고 있다. 그런데 앞으로 더욱 똑똑한 자율주행차가 개발될 경우 센서의 종류와 수가 이보다 훨씬 많이 장착될 수밖에 없다.

제로에너지 개념과 스마트 개념이 융합된 스마트 에코 빌딩도 센서가 없으면 무용지물이다. 에너지를 효율적으로 관리하기 위해선 '건물에너지관리시스템(BEMS)'이 필수인데, 이 기술은 건물 내의 모든 에너지 사용기기에 설치된 센서를 통해 에너지를 관리한다.

또한 스마트 빌딩도 센서가 있어야만 건물 내의 공기오염 정도 등을 파악해 실내 환기 등의 작업을 척척 해낼 수 있다. 이처럼 스마트라는 이름이 붙는 모든 기술에는 센서가 필수적이다. 온 세상이 센서 중심으로 움직이는 센서 혁명의 시대가 눈앞에 다가온 셈이다.

센서는 첨단 기술을 요하는 기술집약적 산업의 특징을 가지고 있어 미국, 독일, 일본 등 선진국들의 생산 비중이 높게 나타나고 있다. 세계 IT경기 회복과 유비쿼터스로의 사회로 발전하면서 세계 센서시장 수요는 더욱더 확대되고 있으며, 자동차, 디지털가전 등 산업에서도 프리미엄 제품의 선호도가 높아지면서 고성능 센서의 채용이 크게 늘어나고 있는 추세이다.

또한, 나노, 바이오 과학의 발전과 함께 센서수요 분야도 의료, 환경, 항공, 우주 등 첨단 산업으로 넓어지면서 미국, 일본, 독일 등 선진국을 위주로 시장이 확장되고 있고 아직 선진국에 비해 시장규모는 작지만 중국도 전자산업의 급속한 발전과 함께 매년 높은 성장세를 보이고 있다.

세계 센서시장은 세계 전자산업과 더불어 부침을 하고 있다. 센서에 대한 전방산업인 전자기기를 비롯한 완제품산업과 후방산업인 원부자재 시장이 모두 전자산업과 밀접한 관련이 있는 것이다.

전자산업은 아날로그 시대에서 디지털 시대로 전환되면서 각 분야에서 정보화, 자동화의 물결이 휘몰아치고 있다. 컴퓨터, 휴대폰, 반도체로 상징되는 디지털 신기술과 신제품들은 세계곳곳에 확산되고 있는 것이다. 새로운 디지털 제품에는 새로운 센서의 출현과 장착이 없어져는 안 될 정도로 센서는 필수품이 된 것이다. 세계 센서시장은 지능화에 대한 소비자들의 요구가 거세어질수록 더욱 커지게 마련이다. 센서시장의 규모가 꾸준하게 증가하게 되는 것이다. 세계 센서시장은 지난 10년간 지속적으로 증가하여 왔으며, 향후에도 유망한 바이오, 나노기술과도 결합되는 등 각종 첨단산업과 함께 증가세를 유지할 것으로 전망된다.

센서산업은 미국이 가장 활발하고 규모가 큰 편이고, 독일과 프랑스, 영국이 포함된 유럽과 응용 기초기술이 발달한 일본이 세계 센서시장을 주도하고 있는 것이다. 센서는 앞으로 전개될 유비쿼터스 시대를 열어갈 최첨단 소재의 하나로 자리매김 하면서 세계 각국은 국가별로 핵심사업의 일환으로 연구개발과 지원을 집중하고 있는 상황이다.

센서분야에 주도적인 역할을 하고 있는 미국은 자동차용 센서의 개발에 집중적인 노력을 기울이고 있다. 그리고 세계 첨단 센서 분야인 마이크로머시닝(Micro- machining)기술을 주도적으로 개발하면서 앞서가고 있는 상황이다.

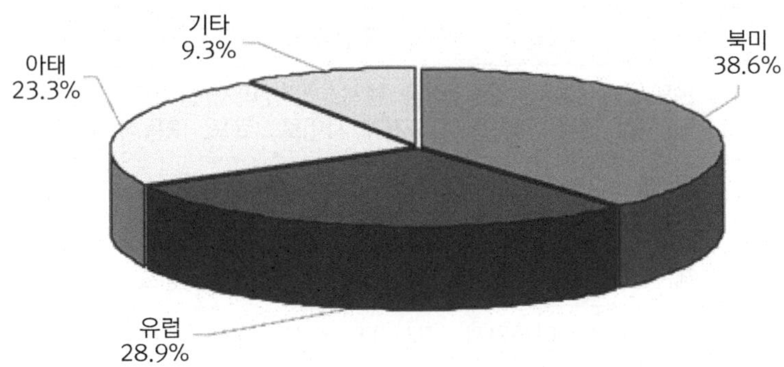

그림 1-44 세계 지역별 센서 시장(2020년 기준)

1.6.2 세계 센서시장 향후 전개

최근 센서 및 센서기술의 수요는 산업 전 분야에 걸쳐 더더욱 높아지고 있다. 이러한 센서기술은 현재 반도체 기술 등 첨단기술과 긴밀하게 연계되어 고성능화 센서의 요구도가 높아져, 종래에 사용되어 오던 각종 센서들의 형태나 성능을 개선하기 위한 방향과 복합화 쪽으로 개발연구가 매우 활발하게 전개되고 있다.

센서기술의 수요는 광범위한 분야에 걸쳐 날로 높아지고 있으면서 고성능화를 요구하고 있다. 유망한 센서산업은 최근 크게 부각되고 있는 환경문제와 연관된 환경측정용 센서와 산업성이 높은 의료용 바이오센서, 그리고 MEMS 관련 센서 등이 제품 개발 면에서 매우 중요시되고 있다.

표 1-16 분야별 센서 적용현황

분야	적용현황
자동차	현재 약 30종의 300여개 이상의 센서가 부착되어 사용되고 있음
모바일	카메라센서, 주변광센서, 근접센서, 자이로센서, 지문인식센서, 온습도 센서 등 20여개가 사용중이며 더 많은 센서가 장착될 것으로 전망
가전제품	냉장고의 경우, 온도센서, 습도센서, 가스센서, 노크센서 등이 적용되고 있음
대형건물	약 2만개의 센서를 사용

표 1-17 분야별 센서 적용현황

산업분야	활용도가 높은 주요 센서
소비, 가전	온도/습도 센서, 진동/소음 센서, 접촉/터치/압력센서, 마이크로폰, 카메라 근접/조도/색감 센서, 가속도/지자기계/자이로스코프, IR동작/체온 센서 등
자동차	흡/배기 가스센서, 유량센서, 공기압 센서, 온도/습도 센서, 마이크로폰, 카메라, 레인센서, 라이다 등
의료, 건강	체온센서, 혈압계, 심전도, 심박센서, 뇌파센서, 당뇨센서, 지문, 홍채인식 센서등
가정, 빌딩	이산화탄소, 미세먼지, 황사감지 센서, 가스/연기/화재감지, 카메라, 적외선, 음향, 진동감지, 동작, 압력 센서 등
항공	항법장치(GPS 등), 기온/습도/풍속/풍향센서, 레인센서, 라이다, RF/레이저 기반고도 센서 등
도시, 항공	기압/온도/습도, 일조량/적외선/자외선, 황사/먼지/오존 감지 센서, 농약, 독성검출 등

IoT 센서

- 우리가 쓰는 대부분의 기기에는 센서가 들어간다. 특히 빅데이터를 에지 단에서 스마트하게 관리하기 위해 등장한 IoT 센서. IoT 센서는 연결, 실시간 분석, 데이터 수집과 분석을 위한 공통연결 플랫폼이 필요한 스마트 애플리케이션에 사용되는 센서, 즉 IoT 센서는 사물간 정보를 주고받는 센서를 말한다. 이제는 첨단 시스템, 정확도와 같은 말은 IoT 센서 없이는 불가능한 말이 됐다. 웨어러블과 같은 일상 기기를 넘어 제조, 의료, 에너지 산업, 그리고 자율 주행과 같은 차세대 분야까지, 산업 전체가 IoT 센서를 적극 도입하고 있다. IoT 센서의 근간을 이루는 센서 수요는 2007년 스마트폰이 출시된 후부터 가파르게 상승해 왔다.
- 센서 분야의 권위자는 수년내에 전 세계에서 사용되는 센서수가 1조 개를 넘게 될 것이라고 예견했다. 최근에는 자율주행차 개발이 본격화되고 5G가 상용화되면서 전자기기가 점점 복잡화·고도화됨에 따라, 사물과 사물이 직접 상호작용하는 IoT 센서의 성장이 두드러지고 있다. 스마트 그리드, 지능형 교통관리 시스템, 스마트 주차와 스마트 계량기에 대한 폭넓은 적용으로 향후 수년간 IoT 센서 시장의 새로운 지평이 열릴 것으로 보인다.

[표] 산업군별 IoT 센서 사용분류표

구분	식·약품	헬스케어·의료	운송·물류	에너지	해양	항공
온도	●	○	●	○	●	○
광(이미지)	○	●	○	○	●	○
습도	●	○	○	○	○	○
압력		○	○	●	●	●
속도/가속도		○	●	○	●	●
자이로		○	●	○	●	●
가스			○	●	○	●
초음파		○		○	○	○
화학성분	○			○	○	
유량				●		
자기						○
전류		○				

- IoT 센서의 종류로는 근접 센서, 음향 센서, 온도 센서, 압력 센서, 유량 센서, 습도 센서, 관성 센서, 터치 센서, 이미지 센서, 모션 센서, CO_2 센서, 가속도계, 자력계, 자이로스코프 등이 있다.
- 관련전문 조사기관에서는 이 센서들 중 압력 센서가 향후 IoT 센서 시장에서 가장 큰 시장점유율을 차지할 것으로 분석했다. 이는 의료, 산업 자동화, 운송과 가전제품과 같은 다양한 부문에서 적용할 수 있으며, 온실가스 배출 감축을 위한 여러 규제가 센서의 수요증가로 이어질 것으로 보기 때문이다.

(1) MEMS(Micro Electro Mechanical System)관련 센서

MEMS 센서란 미세가공 기술을 응용해 만든 마이크로미터 이하 크기의 고감도 센서를 말한다. 이는 동작과 소리를 감지하는 것부터 압력, 자기장, 가스 등을 측정할 수 있어 다양한 영역에서 활용이 증가하는 추세다. 미세전자기계시스템(MEMS) 센서 시장은 최근 스마트모빌리티, 사물인터넷 등 새로운 영역을 중심으로 급성장하고 있다. 산업용 사물인터넷 기기가 센서로 연결되고, 첨단기기가 사물인터넷을 통해 연결될 것이다.

MEMS 기술은 다양한 센서에서 응용되어, 실리콘을 재료로 한 MEMS 센서의 종류는, "물리 센서"로서는 압력 센서, 가속도 센서, 각속도 센서, 마이크로폰, 온도 센서, "화학 · 바이오 센서"로서는 습도 센서, DNA 분석 칩, 다백질 분석 칩, 혈액 검사 칩 등이 있다. MEMS 기술은 센서에 그치지 않고 광디바이스, 고주파 디바이스, 발전 디바이스, 유체 · 분석 디바이스 등에서도 활용되고 있다.

급격히 부각된 MEMS(Micro Electro Mechanical System/미세전자기계시스템)분야는 초소형 구조물, 센서, 액추에이터 등 미소 소자를 제작하고 이를 응용한 시스템을 제작하는 연구분야이며, 국내외적으로 활발히 연구되고 있다. 통신, 바이오 등의 미래산업의 핵심기술로서 위치를 굳히고 있다.

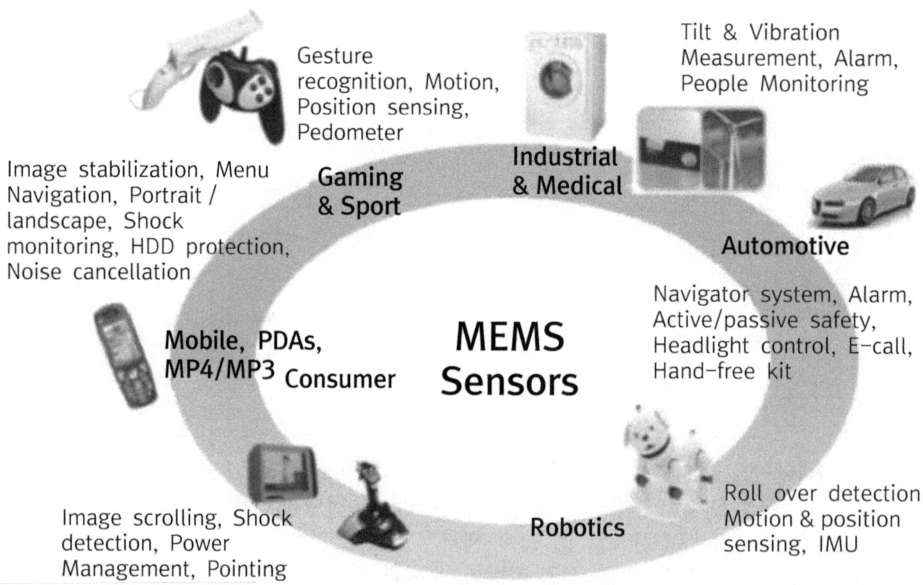

그림 1-45 MEMS 기술 응용

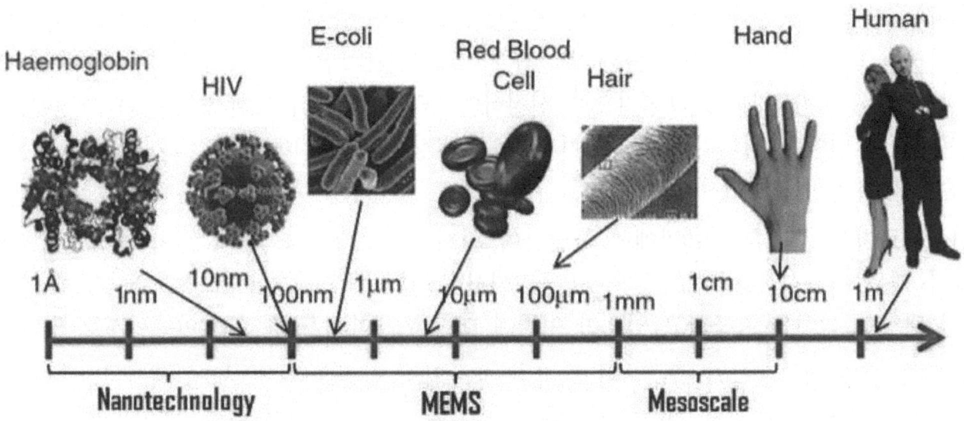

그림 1-46 MEMS 현미경 스케일

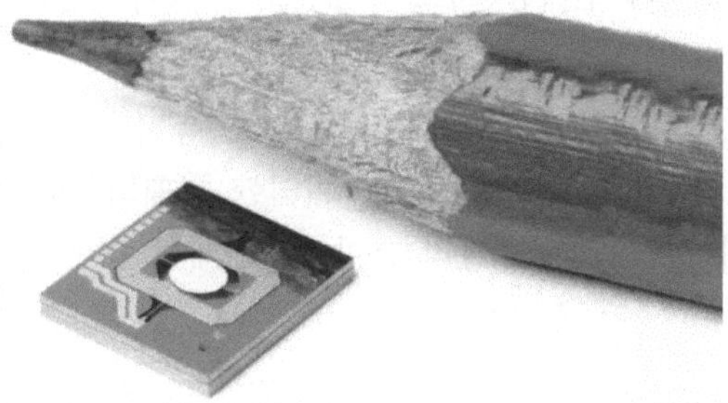

그림 1-47 Micro Electro Mechanical System

표 1-18 MEMS의 장점과 단점

구분	비고
장점	• 제조 시 확장성이 매우 높아 대량 생산 시 단가가 매우 낮다. • MEMS 센서는 매우 높은 감도를 가지고 있다. • MEMS 스위치 및 액추에이터는 매우 높은 주파수에 도달할 수 있다. • MEMS 장치는 매우 낮은 전력 소비를 필요로 한다. • MEMS는 임베디드 메카트로닉스 시스템을 달성하기 위해 마이크로일렉트로닉스와 쉽게 통합될 수 있다. • 미시적 수준의 스케일링 효과를 활용하여 거시적 규모에서는 불가능한 설계 및 동적 메커니즘을 달성할 수 있다.
단점	• 새로운 MEMS 설계 또는 장치에 대한 연구 및 개발 단계에서 매우 비싸다. • 제조 클린룸 및 파운드리 시설을 위한 매우 비싼 초기 설정 비용 • 소량의 경우 제조 및 조립 단위 비용이 매우 높을 수 있습니다. 따라서 비용이 문제가 되지 않는 한 MEMS는 틈새 애플리케이션에 적합하지 않다. • 품질과 성능을 특성화하는 테스트 장비도 비쌀 수 있다.

이제는 산업계의 전 분야에서도 활발한 MEMS분야가 적용된 새로운 기술들이 선보일 것이다. 센서시장의 대부분을 차지하고 있는 일본과 미국은 현재 마이크로머시닝 기술이 한창 만개 중이다. 미국정부는 센서기술을 핵심기술로 선정하여 2000년대부터 개발을 강력히 추진해 오고 있으며 센서관련 업체만 하더라도, 1,400여개 업체 이상이 된다. 미국이 주도하고 있는 센서 기술분야 중 하나가 마이크로머시닝 기술이다.

마이크로머시닝 기술은 대학에서 출발하여 현재 기업, 연구소 등에서 이를 응용한 센서기술의 개발이 매우 활발히 일어나고 있으며, 물리센서 특히 압력, 유속유량, 속도가속도센서 및 광학센서 등 다양한 센서를 제조하고 있으며 이들에 대한 기술개발도 활발히 이루어지고 있다.

일본의 경우 화학센서의 종주국이고 각종 센서의 공급원으로 전 세계 센서시장을 석권하고 있으며, 현재 마이크로머시닝 기술에서 상당한 진보를 보이고 있다. 또한 세라믹 재료 센서 분야에서는 독보적인 자리를 차지하고 있다. 일본 센서기술의 강점을 말한다면 바로 복합재료 기술 등 센서재료기술 및 센서응용기술에서 다른 국가의 기술에 비해 상대적인 우위를 차지하고 있다는 것이다. 마이크로 화학센서와 신기능 재료의 개발로 탄생되어질 새로운 센서들이 앞으로 세계무대에 선 보일 것이다.

유럽의 센서 강호들인 네덜란드, 스웨덴 및 스위스 등지에서도 정교한 화학센서 개발에 선도적인 역할을 하고 있어 앞으로의 전망이 밝다. 이러한 미래의 세상에서 선진국과의 경쟁에서 충분한 경쟁력을 가지기 위해서는 연구개발의 분야 및 인재에 대한 투자가 집중적으로 이루어져야 할 것이다.

(2) 환경관련 센서

인류는 역사상 유례가 없는 최대의 생활권 환경오염 문제에 직면하고 있다. 이러한 문제의 해결은 특정 지역이나 한 국가의 문제가 아니라 지구촌 전체의 중대한 공동과제로 제기되고 있다. 따라서 환경오염으로 인한 보건위생상의 위해 현상을 방지하고, 인간의 환경을 쾌적하게 보전하려는 환경공학의 영역과 그 중요성은 갈수록 커지고 있다.

스마트 센싱 기술은 인간·사물·서비스를 연결하는 통신 및 네트워크 기술, IoT 서비스 인터페이스 기술 등과 함께 스마트 환경 모니터링 기술 구현에 중요한 요소이다.

현재 환경센서는 반도체 기술과 MEMS 기술이 접목되어 초소형, 저전력, 고성능, 저가격 센서로 발전하고 있는데, 특히 복합 환경센서의 개발을 위한 센서 신호처리 및 제어칩 연구가 집중적으로 진행되고 있다.

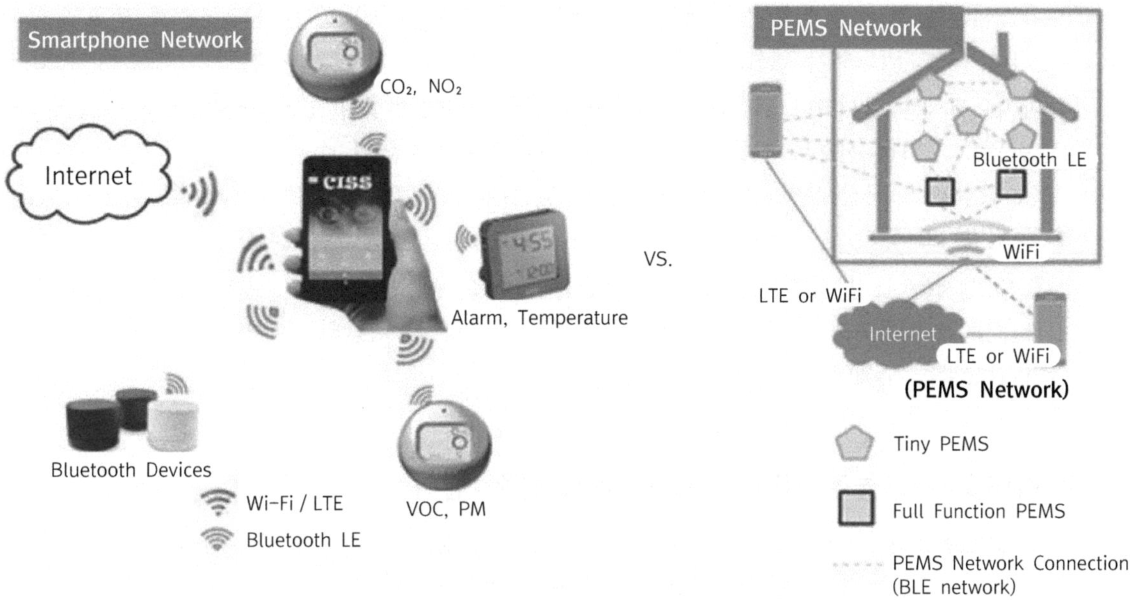

그림 1-48 스마트 환경센서 시스템

환경센서를 이용한 환경센서 네트워크 시스템은 생활환경(아파트, 빌딩, 공공기관, 버스 등 교통수단), 대기환경(온도 습도, 기압, 황사, 미세먼지, 자외선) 및 생태환경(상수원, 하수도, 하천, 댐) 등에서 환경오염 물질의 발생과 영향에 대한 실시간 모니터링이 가능하며, 관측된 정보를 수집, 분석할 수 있다. 최근 센서 활용 기술은 USN(Ubiquitous Sensor Network) 기술의 이용으로 보다 정밀하고 신뢰성 있는 실시간 정보의 제공과 공유가 가능해 졌다.

환경센서의 대표적인 것으로 온도센서, 습도센서, 가스(화학)센서, 바이오센서, 소음센서 등 이 있다.

온도센서는 대기, 토양, 수질 오염을 모니터링 하기 위해 시료의 온도를 측정하는 데 사용된다. 측정점의 온도를 측정하는 방식으로 RTD, 서미스터, IC온도센서, 열전대 등이 있다. 온도센서는 사용방법에 따라 접촉식과 비접촉식으로 나누는데, 접촉식(contact temperature sensor)은 센서를 측온 대상의 물체(고체, 액체, 기체)에 직접 접촉시키면 측정 점의 온도가 열전도에 의해서 센서에 전달되는 방식으로 RTD, 서미스터(NTC,PTC), IC온도센서 등이 있다. 비접촉식(noncontact temperature sensor)은 멀리 떨어져 있는 센서가 측온 대상으로부터 방사(radiation)되는 열(적외선)을 검출하여 온도를 측정하는 방식으로 서모파일, 초전온도센서 등이 있다.

습도센서는 감습 물질의 주변환경 및 수분의 흡착 양에 따라 발생하는 저항 변화를 감지하는 저항형 습도센서와 감습 물질의 유전율과 수분의 유전율의 변화에 따른 정전용량값 변화를 감지하는 정전용량형 습도센서로 나뉜다.

가스센서는 기체 중에 함유된 특정 화학물질을 감지해 그 농도를 전기적 신호로 변환해 출력하는 디바이스로 반도체식 센서, 전기화학식 센서, 접촉연소식 센서, 적외선 가스 센서 등이 있다.

바이오센서는 암세포나 바이러스, 화학물질 등을 선택특이성이 있는 생체수용체와 반응시키고, 그 반응을 전기적 신호로 변환하는 신호변환기로 측정해 확인할 수 있는 장치이다. 바이오센서는 환경, 산업공정, 군사 분야 등에서 활용될 수 있는데, 특히 의료분야에서 가장 큰 수요가 있을 것으로 전망되고 있다.

소음 센서는 특정 장소 소음에 대한 정보를 알려주는데, 산업화와 도시화에 따른 소음 모니터링과 컨트롤 디바이스에 대한 수요가 증가하면서, 스마트폰 기반의 휴대용 소음감지 제품이 최근 들어 급증하는 추세이다.

(3) 바이오 테크놀러지(Bio technology)관련 센서

인체의 유용한 특성을 이용해서 여러가지 공업적 공정, 공업적 규모로 이루어지는 생화학적 공정을 말한다. 공학 또는 생명공학이라고도 한다. DNA 재조합 기술을 응용한 여러가지 새로운 과학적 방법 등도 이에 속한다. 생물공학의 정의와 대상 내용은 시대에 따라 크게 변화되어 왔다. 현재는 생명과학의 전체 분야를 학제간의 구별 없이 연구하는 기초적 학문과 이를 기반으로 새로운 기술의 개발을 목적으로 삼은 응용분야를 모두 내포하고 있다.

유전공학이 대두되면서 바이오테크놀로지란 용어를 쓰기 시작했지만 유전자 공학의 공업적 응용에 국한되지 않고 발효공학, 하이브리도마공학, 농업공학(동식물의 형질전환)등 광범위한 내용을 포용한다.

바이오테크놀러지의 시초는 생명체의 구조와 기능을 모방하여 공학적 기계생산 또는 그 공정을 응용해서 물질을 생산하는 데서 비롯되었다. 1960년대까지는 미생물을 이용한 발효공업과 같은 식품, 조미료, 알콜 생산의 산업적 공정 및 생산과 의약품을 개발하는 분야였다.

1960년대 이후 컴퓨터 기술의 개발과 함께 로봇 제어기술을 뒷받침하는 인공지능에 관한 연구, 인간의 작동에 적합한 기계설계를 위한 인간공학의 연구 등이 등장했다. 특히 생물계에 존재하는 피드백 조절을 이용한 동물의 신경계와 운동의 조화를 적극적으로 활용하는 과학기술이 대두하였는데 이를 바이오닉스(bionics)라고도 한다.

병의 치료와 진단에 전자공학기술을 활용한 분야를 의용공학이라 하며, 인체의 생리적 특성을 공학적 측면에서 연구하는 생체공학과 구별한다. 생체기능의 메커니즘이 분자 수준에서 이해되면서 생체공학 분야의 응용은 방대한 영역을 점유했다. 1970년대에는 생체의 기능조절을 공학에 응용하려는 시도가 도입되었으며, 1970년대 후반부터 바이오기술은 대상과 영역이 급속히 확대되어 생물공학의 전성기로 진입하였다. 종래의 미생물공학은 주로 유전공학으로 발전되었으나 현재는 그 외에 발생공학, 세포공학 등과 같이 새로운 분야가 개척되었다. 이 분야에서는 생물 구조의 여

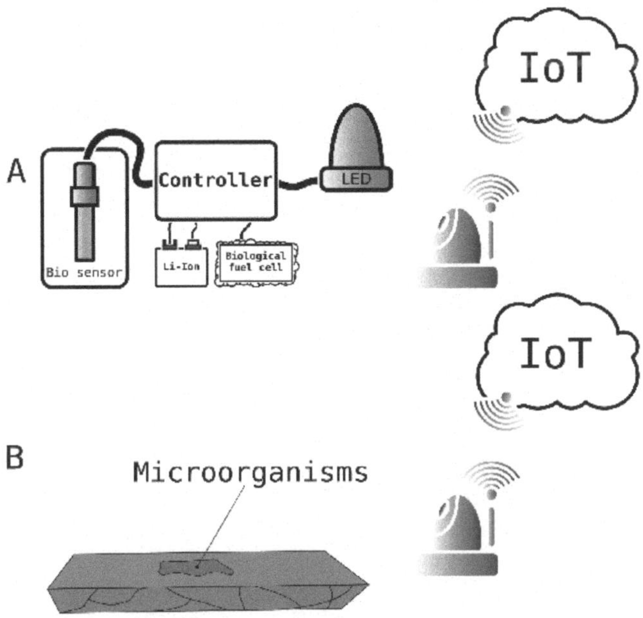

그림 1-49 그린시티를 위한 바이오 센서와 IoT의 적용

러 단위 수준에서 인위적인 조작을 통해 인간의 입장에서 보다 더 편리한 특징과 성질을 지닌 생물체의 일부 또는 전 개체를 만들기 위한 연구가 진행되고 있다. 인공심장과 같은 인공장기나 조직의 개발도 재활의학 측면에서 연구영역이 넓어지고 있다.

바이오테크놀로지의 기본적인 기술은 생물체에서 특정한 정보를 꺼내 생육이 빠른 미생물의 유전자에 집어넣는 유전자재조합 기술이다. 그 밖에도 세포융합기술, 대량배양기술, 바이오리액터 기술 등이 있다.

바이오테크놀로지는 생명과학의 전체 분야와 이를 기반으로 새로운 기술의 개발을 목적으로 하는 모든 응용분야를 포함하기 때문에 의약, 화학, 전자, 식품, 섬유, 농업, 환경 등 다양한 산업분야에 접목된 산업이라고 할 수 있다.

가장 활발하게 연구개발이 이루어지고 있는 바이오테크놀로지 분야는 의료, 의약 바이오 부문이다. 특히, '바이오 의약품'에 대한 개발이 한창이다. 바이오 의약품은 DNA, 단백질 등의 생물체 구성요소나 정보를 활용하여 제조하기 때문에 부작용이 적다는 장점이 있어 각종 난치질환이나 전염병에 대한 해결책으로 각광받게 될 것이다.

2

CHAPTER

센서의 종류

스마트폰은 이미 대중화를 이뤘고 자연스럽게 일상생활에 녹아들면서 스마트폰을 보다 스마트하게 활용하는 방법에 대한 다양한 시도가 이뤄지고 있다. 특히 요즘 스마트폰에서 앱을 보면 상상하지도 못했던 기발하면서도 유용한 것들이 많은데, 이는 스마트폰에 포함되어 있는 각종 센서들을 다양하게 활용하기 때문이다.

스마트폰에는 다양한 종류의 센서들이 적용되고 있는데, 예를 들어 카메라는 시각을, 마이크는 청각을, 터치스크린은 촉각을 대신한다. 또한 GPS는 객관적인 위치를 알려주고 가속센서와 자이로스코프는 밸런스 감각을 구현할 수 있다. 언제부터인지 스마트폰을 이용한 사진 촬영이 기본 기능으로 포함되었고 최근에는 선택 기준의 하나로까지 자리 잡고 있다.

그림 2-1 유용한 스마트폰 센서

스마트폰을 이용해 사진을 찍을 수 있는 것은 모두 이미지 센서 덕분이다. 스마트폰의 눈 역할을 하는 것은 이미지 센서 이외에 주변의 밝기를 감지하는 조도 센서도 포함된다.

앞으로의 스마트폰은 신체 정보, 사용자 행동, 감정 등을 인식하는 센서로 기능이 확대될 것이다. 한 예로 인간의 긴장, 스트레스, 행복, 흥분, 분노, 지루함 등 스마트폰 소유자의 기분을 탐지해내는 무드스코프(MoodScope) 센서를 개발 중에 있는 것으로 알려졌다.

우리가 현재 눈, 코, 입 등을 통해 상황판단을 하고 있는 것처럼 차후에는 각종 센서들이 이 상황을 대체할 수 있을 것이며 결국 앞으로 센서의 의존도가 더욱 증가할 수밖에 없을 것이다.

센서의 작용은 그 검출대상도 넓고 또한 대단히 복잡하다. 그러나 평상시 우리들의 주변에서 사용되고 있는 센서는 그 종류가 소수로 제한되어 있다.

일상적으로 사용되고 있는 센서를 기본으로 하여, 센서의 측정 대상별 특성을 검출하는데 어떤 물리적 특성을 이용하느냐에 따라 구분하는 방법으로 광센서, 온도센서, 압력센서, 근접센서, 유량·유속센서, 이미지센서, 가스센서 등으로 분류할 수 있다.

그림 2-2 광(적외선)센서

그림 2-3 써미스터 온도센서

그림 2-4 자기센서

그림 2-5 압력센서

표 2-1 센서의 분류

분류 방법		센서 종류
1	구성방법	기본센서, 조립센서, 응용센서
2	검출대상	광센서, 이미지센서, 적외선센서, 방사선센서, 기계량센서, 전자기 센서, 초음파센서, 온도센서, 습도센서, 압력센서 등

3	구성재료	반도체센서, 세라믹센서, 금속센서, 고분자센서, 효소센서, 미생물 센서 등.
4	기 구 별	구조형센서, 물성형센서, 생물형센서
5	작용형식	능동형센서, 수동형센서
6	출력형식	아날로그센서, 디지털센서, 주팟형센서, 2진형센서
기타	검출방법	역학적센서, 열역학적센서, 전기적센서, 자기적센서, 광학적센서, 전기화학적센서, 촉매화학적센서, 효소화학적센서, 미생물학적센서
	감지대상	물리센서, 화학센서, 생물(바이오)센서
	생물센서	기구형(또는 구조형), 물성형, 기구, 물성혼합형

표 2-2 검출 대상과 대표적인 센서명

	검출대상	소자 및 센서(유닛명)
1	광 광센서	포토다이오드, PIN포토다이오드, 포토애벌란시 다이오드, 포토트랜시스터, 솔라배터리, CdS 셀, 셀렌, CCD, CPD, CID, 광전관, 포토멀, 촬상관, PSD
2	온도(적외선 포함) 온도센서	써미스터(양, 음 특성), 감온저항(백금), 서모커플, 수정진동자, 초전형 적외선센서, IC화 온도센서, 트랜지스터, 광전관, 다이오드(VBE, VF 이용), 포토다이오드, 포토트랜지스터, SMA(형상기억 합금), 감온 페라이트, 액정, 수은(알코올), 온도계, 양자형 적외선센서
3	자기 자기센서	홀소자, MR소자, 자기헤드(검출 코일형 및 반도체형), 영구자석, MD(마그넷 다이오드), SQUID(초전도양자 간섭장치, 조셉슨 소자) 광파이버(광패러데이 효과를 사용한 자기장 센서), 자침, 인덕토신, 자기 트랜지스터, 자기형 근접스위치(리드 스위치), 자성유체(자기 시트), 전자기 유도형 근접스위치(코일), 자기 파라메트릭 센서, 커런트 트랜스, 자외선
4	압력 압력센서	스트레인 게이지(로드셀), 압전소자, 코일 스프링, 판스프링, 가압도전시트(고무), 감압폴리머(중합체), PD(감압다이오드), IC압력센서, 다이어프램(박막형 압력센서, 확산형 압력센서), 차동트랜스(토크 트랜스듀서), 토션 바(광학 위상식 및 자기 위상식)
5	진동(음파포함, 초음파) 진동센서	마이크로폰(전자기식, 압전식), 페라이트, 티탄산바륨, 세라믹스(가속도 센서), 다이어프램, 압전소자, 자외선(탄성파), 지진계(진자의 지진동에 대한 상대운동)
6	기체/냄새 가스센서	세라믹센서, 반도체식 센서, 산화주석, 산화철 센서, 후막구조 세라믹스(습도센서), 기타의 화학반응을 사용한 센서(전해질 셀, 접촉 연소식), 바이오 케미컬 센서, 지르코니아 산소 센서, 백금선, 산화아연

센서의 정밀도가 올라가고 적용 범위가 늘어날수록 수집된 데이터의 양은 기하급수적으로 커질 수밖에 없기 때문에 이를 어떻게 DB화해서 분석해 동작을 이끌어 내기 위한 정확한 데이터를 뽑아내는 것도 중요하지만 관련 정보가 잘못 이용될 경우의 위험성도 그만큼 커지는 것이기 때문에 이런 센서에 대한 철저한 사용자 선택 옵션과 보안성이 우선되어야 할 것이다.

2.1 광센서

2.1.1 광센서의 개요

광센서(photo sensor)란 인간의 눈으로 감지 할 수 있는 가시광선을 중심으로 적외선에서 자외선 영역의 광 자체 또는 광에 포함되어 있는 정보를 감지하여 이를 다시 처리가 용이한 양으로 변환하는 소자이다.

이들 빛 에너지를 이용한 센서는 공장 자동화나 첨단계측 계통은 물론, 일반 생활과 밀접한 유통, 의료, 예술분야 등 폭 넓게 이용되고 있어 이에 대한 연구 및 응용기술은 매우 중요하다.

광센서는 검출하는 빛의 파장범위를 기준으로 하여 분류하기도 하나 동작원리를 기준으로 분류하는 것이 보편적이다. 또한 광센서의 종류에는 포토다이오드를 비롯하여 포토트랜지스터, 포토 IC, CdS 셀, 태양 전지, CCD 이미지센서 등이 있다. 또 특수한 것으로는 광전관, 포토멀, 촬상관 등의 소위 진공관류도 이것에 포함된다.

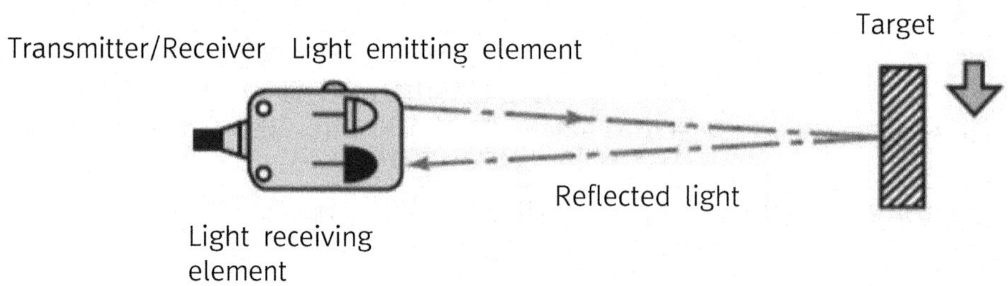

그림 2-6 반사형 광센서의 작동원리

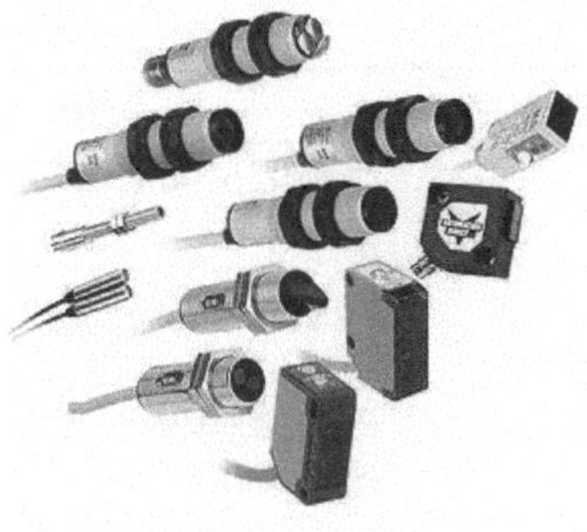
그림 2-7 광센서의 종류

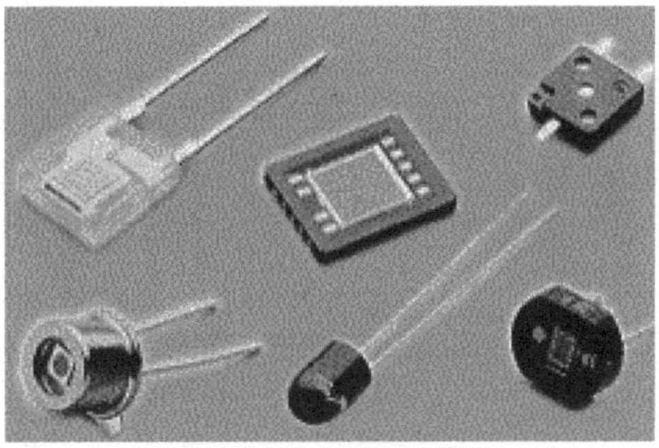
그림 2-8 광센서의 종류

최근 산업체 등에서 에너지 절약이나 자동화를 위하여 광에 의한 계측의 필요성이 중요시 되어 센서의 개발이 활발히 이루어지고 있다. 그 결과 가지각색의 센서가 실현되고 있는 실정이다.

광(光)이란?

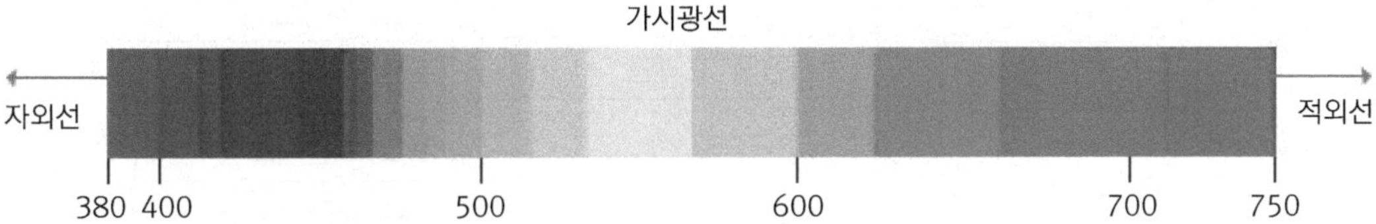

빛의 구분

- 광은 전자파의 일종으로 사람의 육안으로 식별 가능한 가시광선(빨, 주, 노, 초, 파, 남, 보)과 양측에 자외선 및 적외선을 모두 합쳐 광(光)이라고 부른다.

표 2-3 광센서의 종류

분 류	센서의 종류	특 징	주용도
광도전 효과형	광도전 셀	소형, 고감도, 저가	카메라 노출계, 포토릴레이, 광제어
광기전력 효과형	포토 다이오드 포토 트랜지스터 포토 싸이러스터 CCD, MOS 이미지센서	소형, 저가, 전원 불필요, 대출력, 대전류 제어	카메라 EE 시스템, 스트로보, 광전스위치, 바코드 리더, 카드 리더, 화상판독, 조광시스템, 레벨 제어
광전자 방출형	광전자 증배관 광전관	초고감도, 응답속도 빠름, 펄스 계측, 미약광 검출, 펄스 카운터	정밀 광계측 기기, 극미약광 검출
자외선센서	Si자외선 포토 다이오드 UV트론	소형, 전원 불필요 고감도	의료기기, 분석기기
복합형	포토 커플러 포토 인터럽터	아날로그 검출	무접점 릴레이, 전자장치 노이즈 커트, 광전 스위치, 레벨 제어, 광전식 카운터

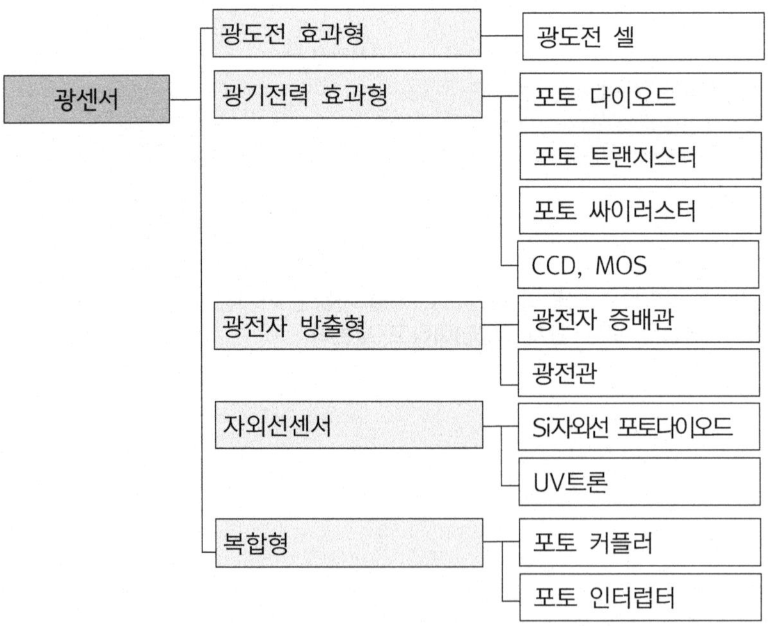

그림 2-9 광센서의 구분

2.1.2 광도전 효과형 광센서

일반적으로 광도전 효과형 센서로는 Cds(황화카드뮴)이 많이 사용되고 있으며, Cds분말에 불순물 등을 섞은 수용액을 절연가판 위에 바르고 공기 또는 불활성기체 속에서 500~700℃로 소결해서 제작한다.

표 2-4 광도전 효과형 광센서

구분	작동원리	적용분야
	반도체(Cds)에 빛이 닿으면 전자(Electron)와 정공(Hole)이 증가하고 빛 에너지에 비례하는 전류가 증가하는 원리를 이용	카메라의 노출계, 가로등의 자동 점멸장치 등

광도전 효과 (Photo conductive Effect)

- 반도체에 빛을 조사하면 전자-정공 쌍(Electron-hole pair)이 발생하여, 그 부분의 전기 전도도(도전율)가 증가한다. 이를 광도전 효과라 부른다. 반도체에 빛을 조사하면 반도체 중의 캐리어 밀도가 증가하여 도전율이 증가하는 현상으로 외부로부터의 빛의 에너지에 의하여 가전자대의 자유전자가 전도대에 여기되어 그 결과 도전성을 나타내게 되는 현상이다.
- CdS 센서는 광에 쏘여지면 저항값이 감소하는 광도전 효과(Photo conductive effect)를 이용한 반도체 포토센서이다.
- 광도전 셀로서 CdS 말고도 CdSe(셀렌화 카드뮴), Cd(S.Se) 황화셀렌화 카드뮴 등이 있으나 특별히 지정하지 않는 한 CdS 셀로 총칭하고 있다.
- 광도전 효과 이외에도 광기전력 효과 광전자방출 효과 집전효과를 모두 총칭해서 광전효과라고 한다.
- 포토 다이오드 포토 트랜지스터는 광기전력 효과를 이용한 것이며 광전관 광전자증배관 같은건 광전자 방출효과를 이용한 것이다. TV 브라운관의 전자총도 일종이다. 집전효과를 이용한 것은 적외선센서가 있다.

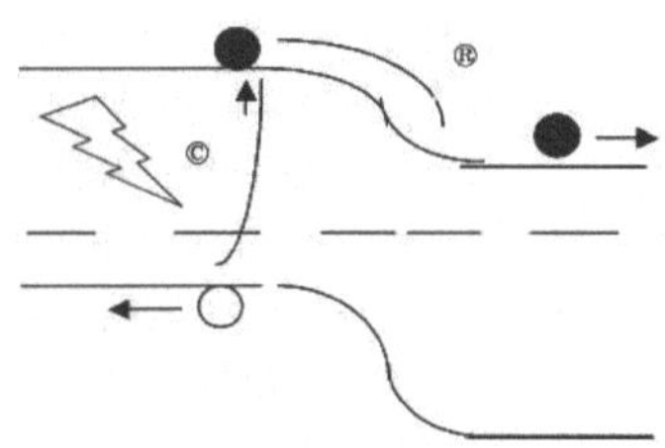

광도전 효과

2.1.3 광기전력 효과형 광센서

일반적으로 광기전력 효과형 센서로는 '실리콘 포토 다이오드'를 들 수 있으며 실리콘(Si) 단결정을 기판으로써 열확산법에 의해 기판과 극성이 다른 불순물을 도포하는 것에 의하여 PN접합을 형성하는 반도체 소자이다.

표 2-5 광기전력 효과형 광센서

구분	작동원리	적용분야
	• 빛이 PN접합에 조사되면 전자-정공쌍이 여러 개 발생하며 전극 간에 기전력을 발생한다. • 인가 전압을 필요로 하지 않으므로 이용법이 간단한 것이 특징	카드리더, 마크센서, 컴퓨터입력기기 등

광기전력 효과 (Photo voltaic Effect)

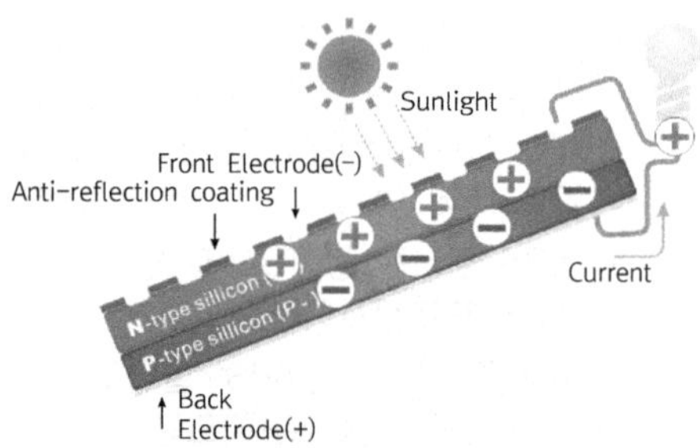

광기전력 효과

- 반도체의 p-n접합부나 정류작용이 있는 금속과 반도체의 경계면에 강한 빛을 입사시키면, 반도체 중에 만들어진 전자와 정공이 접촉전위차 때문에 분리되어 양쪽 물질에서 서로 다른 종류의 전기가 나타나는 '광기전력'이 발생하는 현상을 말한다. 이 때 만들어지는 전류를 광전류라 하며 포토다이오드나 광전지에 응용된다.
- 전해질용액에서 볼 수도 있는데, 주로 반도체의 경계면에서 볼 수 있다. p-n접합부 또는 정류작용이 있는 금속과 반도체의 경계면에는 일반적으로 접촉전위차가 있으므로 이 부분에 강한 빛을 입사시키면, 반도체 중에 만들어진 전자와 정공이 접촉전위차 때문에 분리되어 양쪽 물질에 서로 다른 종류의 전기가 나타난다.
- 이것이 광기전력인데, 밖의 회로를 닫으면 광전류가 흐른다. 이 현상은 포토 트랜지스터·포토 다이오드 또는 광전지로 이용되고 있다.

광센서의 전자파와 파장

- 근자외선 : UV-A 315~380 nm
- 중자외선 : UV-B 280~315 nm
- 원자외선 : UV-C 100~280 nm
- 극원자외선 : 1~100 nm
- 가시광선 : 380 nm~760 nm

- 열선 : 근적외선 780 nm~1.5 mm
- 열선(열에너지) : 중적외선 1.5 mm~5 mm
- 열선(열파) : 원적외선 5 mm~100 mm

표 2-6 광센서의 응용분야

주용도	내용
태양 전지	태양 광 전지는 일반적으로 전기를 생성하는 태양 전지로 사용된다. 수년에 걸쳐 재생 가능한 에너지원의 사용이 매우 대중화됨에 따라 태양 전지는 매우 중요한 역할을 한다. 태양 전지의 발명으로 멀리 떨어진 곳에 전기 에너지를 공급할 수 있게 되었다.
가전	광 센서는 스마트 폰과 태블릿에서 다양한 기능을 수행하는 데 사용된다. 스마트 폰에 있는 동작 센서 및 자동 밝기 센서는 광 트랜지스터와 같은 광 감지기를 사용한다. 적외선으로 작동하는 원격 제어 장치도 기능을 수행하기 위해 포토 다이오드를 사용한다.
자동차	광 센서 또는 광 감지기는 주변의 빛을 감지하기 위해 자동차에서 사용된다. 이 감지기는 어두워지면 자동으로 자동차 조명을 켠다. 오늘날에는 여러 자동차 모델에서 안전한 운전 및 주차를 보장하기 위해 광 감지기도 사용된다.
보안 장치	라이트 센서는 일반적으로 상자가 제대로 밀봉되었는지 여부를 확인하기 위해 선적화물을 처리하는 데 사용된다. 여러 유형의 움직임 센서도 빛의 노출 변화를 감지하는 빛 감지기를 사용한다. 포토 다이오드는 사무실, 공항, 기차 등에 있는 연기 감지기에도 사용된다.
농업 기기	기술 발전과 함께 광 센서는 농업 분야에도 기여하고 있다. 이 센서는 주변 조명의 양을 감지하여 스프링클러 관개 시스템을 활성화한다. 광 센서는 작물의 적절한 수분 공급을 위해 햇빛의 강도가 약할 때만 스프링클러를 활성화한다.

2.2 온도센서[Temperature Sensor]

자연이나 우리 주위에서 온도는 매우 중요한 환경요소이며 산업전반에서도 정확한 온도측정 관리는 매우 중요하다. 온도를 검출하는 것은 온도센서로서, 이것은 공업, 의학, 우주, 자원탐사, 해양개발, 방재, 공해 감시 등 산업용에서부터 민생용까지 그 응용범위가 매우 넓고 갈수록 확대되고 있다.

최근의 경향은 비교적 정밀성이 크게 요구되지 않고 다량으로 사용되는 곳에는 접촉식 온도센서들이 사용되고 있으나 비접촉식이고 다기능화 된 온도센서들이 개발됨으로 인해 이들이 점차 시장을 확산해 가고 있는 추세이다.

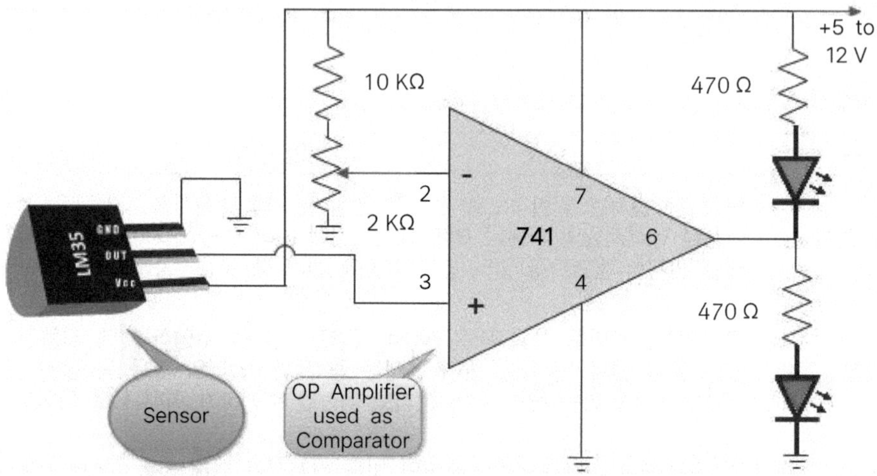

그림 2-10 온도센서 작동회로

그림 2-11 온도측정을 통한 제지, 자동차 생산, 회로기판 검증

2.2.1 온도센서의 개요

온도센서란 열을 감지하여 전기신호를 내는 센서로 일반적으로 접촉식과 비접촉식으로 나누어진다.

접촉식은 실제 측정대상에 직접 접촉시켜서 온도값을 측정하는 방식으로 (백금)저항온도센서, 써미스터, 열전대, 바이메탈 등 대부분의 센서가 이에 해당하고 비접촉식은 물체로부터 방사되는 열선을 측정하는 방법으로 적외선온도센서, 광 고온도계가 있다.

그림 2-12 온도센서의 다양한 종류

온도센서는 온도가 높아지면 저항 값이 감소하는 부저항 온도계수의 특성이 있는 전자회로용 소자로, 열용량이 작아서 미세한 온도변화에도 급격한 저항 변화가 생기므로 온도 제어용 센서로 많이 이용된다. 온도는 원자 또는 분자가 가지고 있는 미세한 범위의 진동 운동에너지의 크기로 정의된다.

금속선이나 반도체의 저항값은 온도에 따라 변화하는 성질이 있다. 또한 종류가 다른 금속선의 결합접점을 가열하면 기전력이 발생하는 경우도 있다. 여기서 발생하는 저항이나 기전력을 측정하여 온도를 구하는 방법이 온도센서의 원리이다. 우리가 물체와 접촉할 때 어떤 물체는 차다고 느끼고, 어떤 물체는 뜨겁다고 느낀다.

이와 같은 물체의 차고 뜨거운 정도를 수량으로 나타낸 것이 온도이다. 물체의 차고 더운 정도에 대한 우리의 감각은 불완전하여 같은 물체에 대해 사람마다 느끼는 온도에는 차이가 있다. 그래서 온도를 객관적으로 측정하기 위해 온도계 또는 온도센서를 사용한다. 도체에 있어서 전기저항은 온도의 변화에 따라 변화한다. 이러한 특성을 이용하여 단위온도 변화에 대한 저항변동율을 안다면 변동되는 저항치만으로 해당 온도를 측정할 수 있게 된다.

표 2-7 접촉형 및 비접촉형 온도센서 특성비교

구분	접촉형 방식	비접촉형 방식
측정상태	접촉상태에서 측정가능	원거리 측정가능
측정물의 크기	피츠정물의 온도가 변할 수 있고 작은 물체의 측정은 어려움	작은 물체도 측정가능
응답속도	고속으로 이동물체는 부적함	고속이동물체 측정 가능
측온점	임의의 개소에서 측정가능	표면온도
온도범위	2,000℃ 정도	고온 측정가능
수명	짧다	길다
종류	저항온도센서, 써미스터, 열전대, 바이메탈	방사온도계, 광 고온도계

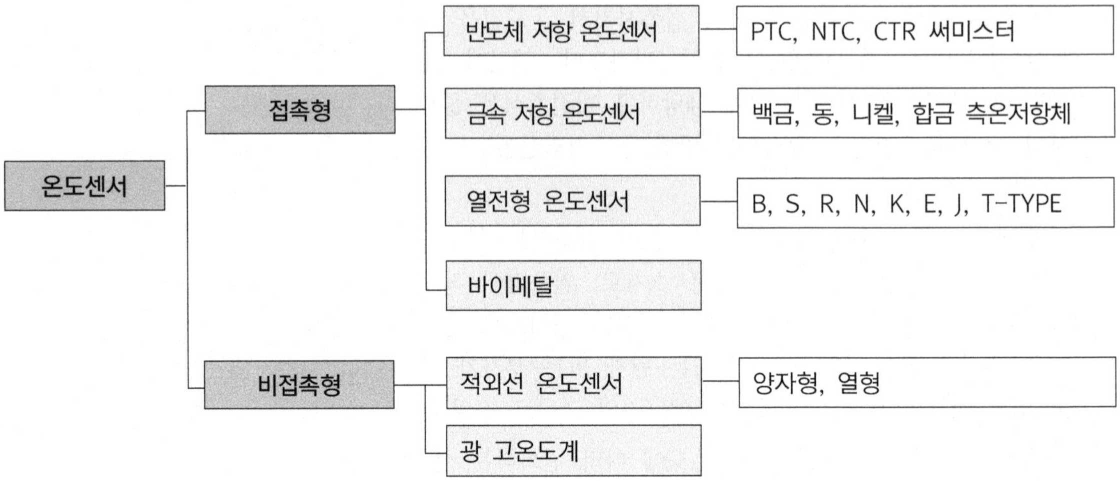

그림 2-13 온도센서 종류

2.2.2 접촉식 온도센서

접촉식 온도센서는 측정대상에 온도센서를 직접 접촉시키는 방식이다. 그러나 직접 접촉으로 인해 측정대상의 열에너지가 센서로 이동하기 때문에 측정대상의 온도가 저하된다. 따라서 열에너지가 작은 검출대상에서는 정확한 온도 측정이 힘들기 때문에 측정대상의 열용량이 센서구성원에 비해 충분히 커야하며, 센서 자체가 측정대상의 온도에 견디면서 동작을 할 수 있어야 한다.

센서는 온도에 의해서만 그 기능을 하는 것이 바람직하며, 다른 외부조건(압력, 자장, 전장 등)에 의한 의존성이 적을수록 좋다. 이 밖에 물질 변환특성의 감도, 안정성, 재현성, 응답성, 열용량, 크기 등이 센서로서의 적합성을 결정하는 요소이다.

산업계에서 온도를 측정하는데 가장 많이 쓰이는 두가지 도구는 측온 저항체(RTD resistance temperature detector)와 열전대(thermocouples)이다. 어느 현장에서는 열전대를 쓰고 어느 때에 측온 저항체를 써야 하는가? 보통 네 가지 요소(온도, 시간, 크기, 총 요구 정확도)에 따라 결정된다. 기술적 관점은 아니지만 가격은 고려 대상이 될 수 있다. 열전대 평균 가격에 비하여 측온 저항체 평균 가격은 2배에 가깝다. 니켈 도금되고 테프론 코팅된 표준 측온 저항체 전선은 매우 싸다.

표 2-8 선택조건 4가지

구분	측온 저항체가	열전대
온도	공정 온도가 200 ~ 500℃ 이면 산업용 측온 저항체가 적절하다.	온도가 많이 높으면 열전대를 쓸 수밖에 없다.
시간	몇 초 (2.5 ~ 10초)	공정이 온도 변화에 대해 꽤 빠른 대응이 요구된다면 1초 미만 〉 열전대가 좋다.
크기	표준 측온 저항체 시스 직경은 3.1 mm ~ 6.35 mm	열전대 시스 직경은 1.57 mm 보다 작을 수도 있다.
정확도	공정에서 2℃ 미만 오차를 요구한다면 측온 저항체를 써야 한다.	공정이 2℃ 이상 오차를 허용된다면, 열전대가 적당하다.

표 2-9 접촉식 온도센서의 종류 및 특징

종 류	원 리	측정 온도 범위	특 징
써미스터	저항율 변화	-200~1000[℃]	소형, 저렴
IC 온도센서	반도체 pn접합	-50~150[℃]	측정회로와 선서를 일체화
수정온도센서	압전성 온도특성	-80~150[℃]	고정도, 신호처리 용이
표면파온도센서	압전성 온도특성	0~60[℃]	고정도, 신호처리 용이
광섬유 센서	섬유특성 변화	-50~250[℃]	강전계에서 사용가능, 내부식성
액체온도계	액체의 열팽창	-80~350[℃]	일반용으로 사용

(1) 반도체저항 온도센서(써미스터)

써미스터(Thermistor)는 온도를 의미하는 "Thermal"과 저항을 의미하는 "Resistor"의 합성어로서 온도에 따라 저항이 변화하는 소자를 의미하는 것이다. 써미스터는 코발트, 구리, 망가니즈, 철, 니켈, 타이타늄 등의 산화물을 적당한 저항률과 온도계수를 가지도록 2~3종류 혼합한 반도체로서 두가지 타입이 있는데 온도에 따라 저항이 증가하는 PTC와 감소하는 NTC 소자가 있는데 온도 제어회로의 경우, 써미스터의 저항값 변화가 내부회로의 OP Amp 비교입력으로 제공되기 때문에 NTC를 많이 사용한다.

금속산화물을 소결하여 만들며 온도에 따라 저항치가 변하는 특성을 이용한 것으로 현재 온도센서로 가장 많이 사용되고 있으며 값이 싸고 소형이지만 감도, 기준 온도 등이 문제가 된다.

써미스터는 온도변화에 따라서 반도체 저항값이 변화하는 특성을 이용한 온도센서로써 각종 금속산화물을 합성하여 제작하며 일반적으로 반도체는 금속에 비해서 비교적 큰 저항온도계수를 갖는다. 써미스터의 특징은 온도가 올라가면, 저항이 감소하고, 온도가 내려가면, 저항이 증가한다.

써미스터의 종류에는 온도가 상승함에 따라 전기저항이 증가하는 PTC(Positive Temperature Coefficient) 써미스터, 반대로 온도가 상승함에 따라 전기저항이 감소하는 NTC(Negative Temperature Coefficient) 써미스터, 그리고 NTC와 동일 특성을 갖지만 어떠한 온도 경계에서 전기저항이 갑자기 감소하는 급변 써미스터(CTR : Critical Temperature Resistor)로 나눈다.

Thermally sensitive resistor의 합성어로, 온도 변화에 대해 저항값이 민감하게 변하는 저항기. 자기재료에 불순물을 첨가하여 만든다. 온도가 올라가면 저항값이 떨어지는 부온도 특성(NTC) 써미스터는 온도 감지기에 사용되는 일반적인 부품이고, 이와 반대로 온도가 올라가면 저항값도 올라가는 정온도 특성(PTC) 써미스터는 자기가열(Self-heating) 때문에 발열체 또는 스위칭 용도로 사용된다.

이 반도체의 도전율이 주위 온도 변화에 민감한 것을 이용한 전자회로용 소자이다. 원래 미국 웨스턴사의 상품명이었으나 근래에 와서 온도검출용 반도체 소자의 대명사로 일반화되었다. 일반적인 금속과는 달리, 온도가 높아지면 저항값이 감소하는 부저항 온도계수의 특성을 가지고 있는데 이것을 NTC라 한다. 구조적으로 직열형·방열형·지연형으로 분류되는데, 외형은 깨알만한 것에서부터 동전 크기만한 것까지 여러 종류가 있다. 열용량이 적어서 미소한 온도 변화에도 급격한 저항변화가 생기므로 온도제어용 센서로 많이 이용되며, 체온계, 온도계, 습도계, 기압계, 풍속계, 마이크로파 전력계 등의 측정용이나 통신장치의 온도에 의한 특성변화의 보상, 통신회선의 자동이득조정 등 이용분야가 넓다.

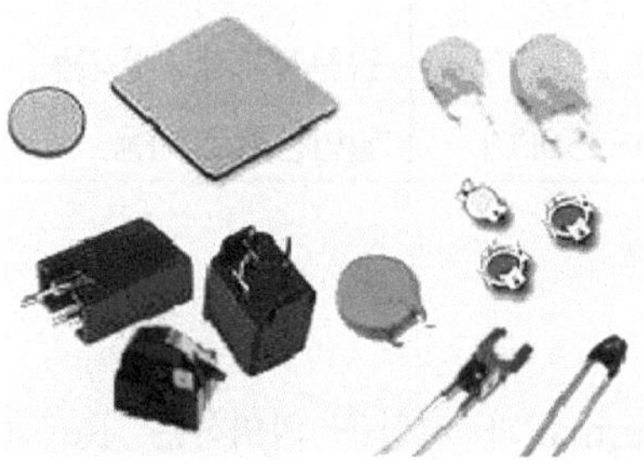

그림 2-14 PTC

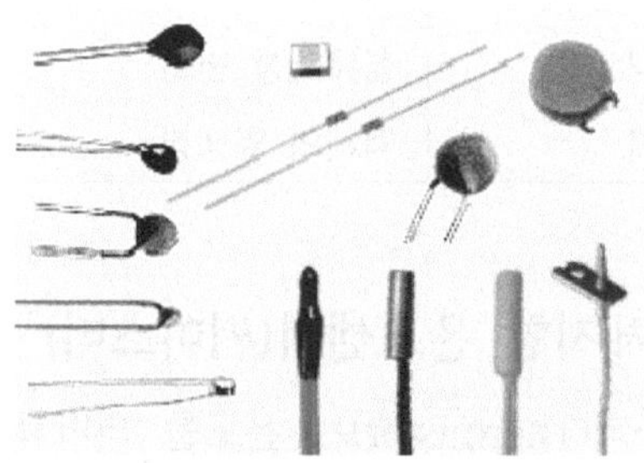

그림 2-15 NTC

NTC 써미스터

- NTC 써미스터 : 써미스터 중 가장 일반적인 형태이며 NiO, CoO, MnO, Fe_2O_3 등을 주성분으로 한 것이고 스피넬 구조에 가까운 결정구조를 가지고 있다.
- NTC는 소결형 반도체이기 때문에 재료조성, 소결조건 등에 의해 특성이 변하며 일반적으로 저항값은 10~30%, 감도는 조정할 수 없기 때문에 두 개의 NTC를 직렬 또는 병렬로 조합하기도 하고 고정 저항을 직병렬로 접속하여 상호성을 갖게 하고 있다.

써미스터

- PTC 써미스터 : PTC 써미스터(정특성 써미스터)는 $BaTiO_3$계의 소결체를 기본 물질로 하고 여기에 Y_2O_3등의 회토류 원소를 첨가하여 전도성이 생긴 N형 티탄산 바륨계 산화물 반도체의 일종이다. 여기서 $BaTiO_3$의 Ba를 Pb, Sr등으로 치환하면 퀴리온도(온도에 따라 상전이가 일어나서 전기저항이 변하는 온도)를 변화시켜 특정한 온도에 도달하면 저항값이 갑자기 증대하는 성질을 가지게 한 것이 PTC 써미스터이다.

수족관용 온도 조절기는 보통 바이메탈을 이용한 단순한 On/Off 제어이다. 설정 온도 이하가 되면 접점이 붙어 히터가 투입되고 설정 온도에 도달하면 접점이 떨어지는 방식이다.

표 2-10 써미스터의 종류 및 특성

종 류	측정 온도	특 성	용도	재 료
NTC	-100~700[℃]	부(負) 온도계수	과전류 방지용	$NiO+CoO+MnO+Fe_2O_3$
PTC	-50~150[℃]	정(正) 온도계수	온도 스위치	$BaTiI_3$계+Y_2O_3
CTR	0~150[℃]	부(負) 온도계수	온도 경보형	V_2O_2계

냉각수 온도센서 ECTS(Engine Coolant Temperature Sensor)

- ECTS는 수냉식 냉각시스템을 가진 자동차 엔진에서 사용되는 냉각수(Coolant)의 온도를 검출하여 엔진의 온도를 알기 위한 센서이다.
- 엔진(냉각수)의 온도는 엔진에 흡입된 공기의 밀도나 연료의 무화상태에 영향을 주어 연소시간을 변화시키고 엔진의 기계적 마찰계수나 엔진오일의 점도에도 영향을 주어 엔진의 내구성이나 성능을 변화시키는 중요한 변수이므로 엔진 제어 시스템은 ECTS 신호를 받아 점화타이밍이나 연료분사량, 아이들rpm, 쿨링팬 작동, 에어컨 작동, 오토미션의 변속시기, CVVT 시스템, 증발가스 퍼지나 증발시스템 감시등 다양하게 사용하고 있다.
- 엔진 냉각수의 온도는 동일엔진 동일부하라면 엔진시동초기의 온도에서 적정 운전온도 범위까지 상승하는데는 비슷한 시간이 걸리며 적정 운전온도 범위는 엔진의 형식에 따라 차이가 있지만 대부분 85도~105도 사이고 적정온도가 높을수록 엔진의 열효율이 높은 엔진이며 온도변화는 엔진의 속도나 부하에 따라 천천히 올라갔다 천천히 내려오는 과정을 반복하게 된다.
- ECTS는 대부분 온도가 상승하면 저항값이 낮아지는 반도체 형식의 부특성(NTC/Negative Temperature Coefficient) 서미스터(Thermistor)를 이용하여 엔진 냉각수의 온도가 낮으면 ECTS 저항값이 높고 온도가 높으면 저항값이 낮아지는 것을 이용한 것이다.

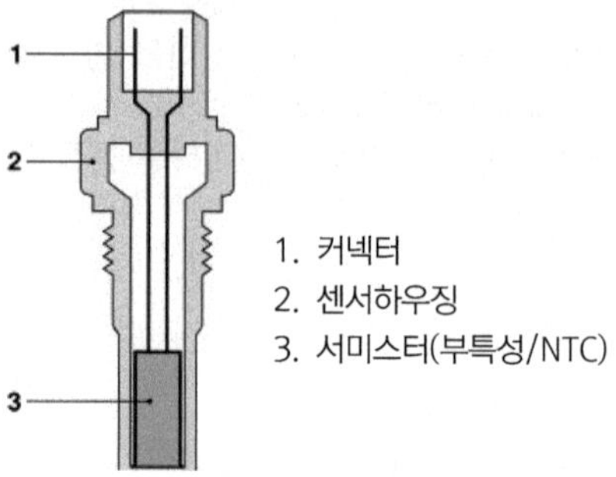

냉각수 온도센서 구조

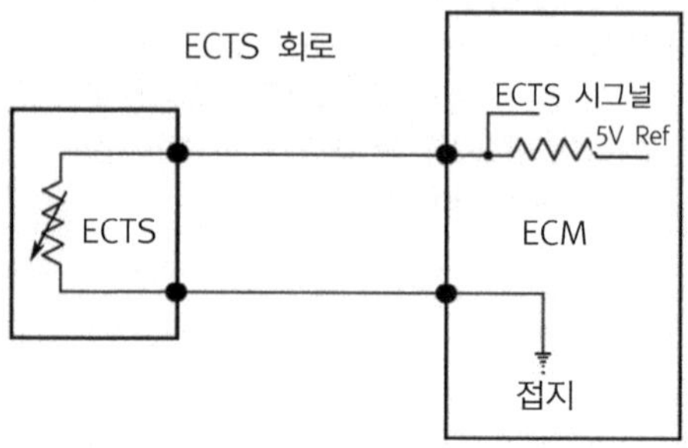

냉각수 온도센서 회로

(2) 금속저항 온도센서

금속저항 온도센서는 금속의 전기저항이 온도에 비례하여 증가하는 특성을 이용한 센서이다. 금속의 전기저항과 온도와의 사이에는 일정한 관계가 있으므로, 전기저항이 온도변화에 비례증감만 한다면 그 온도를 알 수 있다. 여기에 사용되는 금속으로는 백금, 니켈, 구리 등이 있으며, 그 중에서도 백금을 이용한 저항체는, 저항식 온도계가 갖추어야 할 조건에 가장 적당한 것이어서 백금 저항체는 공업용으로 널리 이용되고 있다. 일반적으로 금속의 전기저항은 온도에 따라 변한다. 그 중에서 백금(Platinum)은 타 금속에 비하여 온도계수가 직선적으로 변화하며 중량도 가볍고 물리적, 화학적 성질이 우수하여 고 순도의 것을 얻기 쉬우며 따라서 장기간 안정적인 온도측정용 센서로서 사용되고 있다.

표 2-11 금속과 합금의 저항률과 온도 계수

금속	저항율	온도계수	합 금	저항율	온도계수
Al	2.75	4.2	알루멜	33	1.2
Ag	1.62	4.1	크로멜	70~100	0.11~0.54
Cu	1.72	4.3	콘스탄탄	50	-0.04~0.01
Fe	9.8	6.6	튜랄루민	3.4	-
Ni	7.24	6.7	니크롬	10.9	0.1
Pb	21	4.2	백금	22	1.4
Pt	10.6	3.9	망간	42~48	-0.03~0.02
Sn	11.4	4.5	청동	13~18	0.5
Ta	15	3.5			
W	5.5	5.3			
Zn	5.9	4.2			

그림 2-16 측온저항체

표 2-12 측온저항체의 온도 사용범위 및 허용오차

종류	측정온도범위	계급	허용차
백금 측온저항체	-200~100℃	0.3	±0.3℃
		0.5	±0.5℃
	60~650℃	0.3	측정온도 ±0.3℃
		0.5	측정온도 ±0.5℃

표 2-13 측온저항체의 종류별 특징

종류	재료	사용온도 범위	특징
백금 측온저항체	Pt	-200~650℃	• 사용온도 범위가 넓다. • 가장 안전해서 표준용으로 사용 20 K 이하에서는 감도가 나쁘다. • 자계의 영향이 크다.
동 측온저항체	Cu	0~200℃	• 동의 산화로 온도 범위가 좁다. • 백금에 비해 비례성이 아주 좋다. • 열전대 등의 온도 보상회로에 사용
니켈 측온저항체	Ni	-50~300℃	• 온도계수가 백금에 비해 크다. • 제작회사마다 출력특성이 상이
PtCu 합금 측온저항체	Pt 0.5% Cu 99.5%	2~300℃	• 재현성이 좋다. • 20 K 이하에서도 감도가 좋다. • 저온에서 실온까지 측정이 가능 가계의 영향이 크다.
Rh-Fe 합금 측온저항체	Rh 0.5% Fe 99.5%	0.5~300 K	• 재현성이 좋다. • 자계의 영향이 크다. • 저온에서 안정성이 좋다. • 기계적 충격에 약하다.

백금저항체(Pt 100Ω, 500Ω, 1000Ω)는 일반적으로 금속의 전기저항은 온도의 변화에 따라서 증감하고 그 사이에 일정한 관계가 있다. 그 저항은 온도를 측정하는 계기가 저항온도계이고, 백금선의 저항변화를 이용한 것이 백금 저항온도계이다. 측정 저항계는 백금, 동 Nickel 등이 있으며, 그 중 백금선이 온도변화에 예민하게 전기저항이 증감하므로 현재 널리 이용되며 사용온도 범위는 -200℃~600℃이다.

백금 저항체에는 백금선을 유리관에 권선한 것과 운도(Mica)에 권선한 것 등이 있으며 저항소자와 내부도선 사이에 단락방지의 절연관, 내부를 보호하는 보호관 및 단자관으로 구성되어 있다. 측온 저항체는 저항 내 온도 출력을 나타내며 수동적 기구이므로 가동하는데 1mA 정도만 필요하다. 가장 많이 쓰는 측온 저항체는 백금센서이다. 열전대는 전류가 흐르지 않게 하면서 온도를 측정하는데 비해, 측온 저항체는 전류를 흐르게 하고 온도를 측정하는 점이 본질적으로 다르다. 따라서 금속저항체에 전류를 흐르게 하면 그 양끝의 전압은 옴의 법칙에 의하여, 전류를 일정하게 하면 전압을 신호변환기에 의해 측정 저항을 알 수 있다. 이때의 전류를 규정전류라 한다.

금속의 전기저항은 일반적으로 온도의 변화에 따라 증감하며 전기저항과 온도는 일정한 관계에 있다. 이 원리를 이용하여 온도를 측정하는 계기가 저항온도계이다. 온도에 따라 전기저항이 변하는 현상을 이용하는 금속도선을 저항소자라 하며, 보통 백금을 측온 센서로 사용한다. 이것을 흔히 RTD소자(Resistance Temperature Detector Element)라 부르며, 일반적으로 RTD는 RTD Element, Lead wires, 보호관 및 Terminal로 이루어져 있다.

측온 저항체로서 사용되는 금속은 다음의 요건을 충족해야 한다.

① 사용 온도범위에서 온도와 전기저항의 관계에 연속적이고 일관성이 있어야 한다.

② 저항값의 경시 변화나 다른 조건에 의한 변화가 없다.

③ 저항값의 온도에 의한 이력현상이 없다.

④ 내식성이 있고 안정되어 있다.

⑤ 고유저항, 저항온도계수가 크다.

⑥ 호환성이 있다.

⑦ 가공이 용이하다.

이러한 요건을 갖춘 측온 저항체의 소선재료는 백금, 동, Nickel 등이 있으며 이중 백금선은 온도의 관계에 매우 정확하며, 안정성 재현성이 우수하고 균일한 소선의 제작이 용이하므로 가장 많이 사용되고 있고 사용 온도범위는 -200~500℃이다. 측온 저항체는 니켈, 구리 또는 니켈/철로 만들 수 있다. 각 금속은 알파 상수와 운전 범위가 다르다. 측온 저항체의 알파 상수는 계기와 일치되어야 하며 상수와 일치하지 않았을 때는 오차가 날 수 있다.

측온 저항체는 열전대와 비교하여 다음과 같은 특징이 있다.

① 감도가 크다.
② 진동이 적은 환경에서 사용하면 장기간에 걸쳐 안정되어 있다.
③ 형상이 크기 때문에 응답이 늦다.
④ 최고 사용온도가 500~600℃로 낮다.
⑤ 미세한 저항 소선을 사용하고 있기 때문에 기계적 충격이나 진동에 약하다.

열전대에서는 전류를 흘리지 않고 측정하는데 비해 측온 저항체에서는 전류를 흘려 측정하는 점이 본질적인 차이점이 있다.

온도를 보다 정밀하게 측정하기 위해서는 측온 장소에 알맞은 측온 저항체를 선택하는 것이 가장 중요하다. 따라서 측온 저항체를 선정할 때에는 열, 부식, 기계적 충격 등의 주위여건에 대하여 내저항성이 있는 구조나 설치방법 및 RTD 소자와 보호관도 신중히 고려하여 선정하여야 한다.

(3) 열전대 온도센서

두 종류의 금속선 양단을 접합시켜 양단접점에 온도차를 주면 온도차에 따른 열기전력이 발생한다. 이 열기전력을 직류전압계(milli-volt)나 전위차계로 측정하여 온도를 표시하는 온도계이다. 서로 다른 두 종류의 금속도체에 폐회로가 형성되도록 결합하고, 두 결합사이에 온도차이를 유지하면 폐회로 내에 기전력(EMF)이 발생한다. 한쪽(냉접점)을 정확하게 0℃로 유지하고, 다른 한쪽(측정접점 또는 온접점)을 측정하려는 대상에 놓아두면 기전력이 측정되어 온도를 알 수 있다. 서로 다른 금속 도체의 결합을 "열전대"라 한다.

열전형 온도센서는 공업뿐만 아니라, 이과학연구 등 실제로 가장 많이 광범위하게 사용되는 온도센서이다.

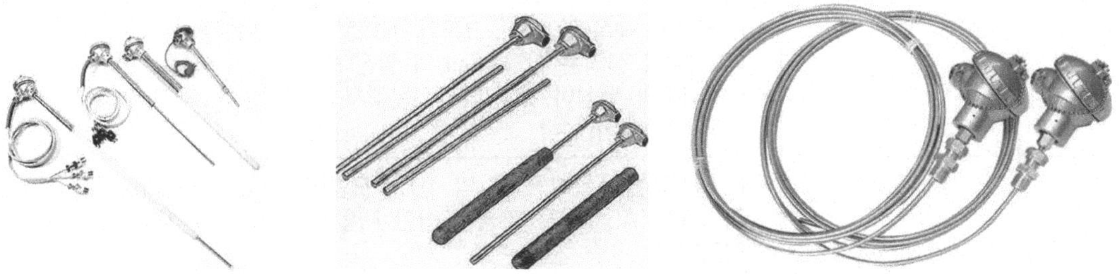

그림 2-17 열전대 (Thermo Couple)의 종류

표 2-14 열전대의 종류와 측정온도범위

종류	구성성분	특징	온도분포
B-TYPE	Pt, Rhodium30%/ Pt, Rhodium6%	• 열전대는 +쪽에 RH 30%fmf 포함한 백금 RH과 -쪽에 RH합금을 사용한 열전대이다. • 백금에 RH의 함유량을 증가함에 따라 융점 및 기계적인 강도가 상승하고 또 순백금(pt)의 사용중에 생기는 +쪽으로부터 -쪽으로의 (RH)확산에 의한 열기전력의 특성의 열화를 방지하는 것을 목적으로 한 열전대이다. • 중성분위기 중에서의 연속 사용이 가능하고 환원성 분위기 중에서도 보통의 R열전대에 비하여 수명이 길다. • 이 열전대는 R.S열전대에 비하여 고온에서 사용되는 반면 저온에서는 열기전력이 극히 작기 때문에 정도는 떨어진다. • 특히 고온에 있어서 정밀 측정과 내구성이 요구되는 경우 이 열전대를 권장한다.	0~1700℃
S-TYPE	Pt, Rhodium10%/ Pt	• S열전대는 +쪽에 Pt, Rh(10%) 합금과 -쪽에 순 Pt를 사용한 열전대이다. • 1886년에 르.자트리에 의해서 개발된 열전대이며 역사적인 경위로 IPTS(국제실용온도)에서는 안티몬의 용융점(630.74℃)으로부터 금의 용융점(1064.43℃)까지의 온도 표준으로 사용되며, 1981년의 KS개정에 의하여 KS화 되었다. • 사용할 때에는 R열전대와 같은 주의가 필요하다.	0~1600℃
R-TYPE	Pt, Rhodium13%/ Pt	• R열전대 +쪽에 Pt, Rh(13%)합금과 -쪽에 순 Pt를 사용한 열전대로서 극히 고순도 백금(99.999~99.9999%)의 귀금속을 사용하고 있기 때문에 KS규격에 의한 0.25%의 오차를 충분히 만족시키는 고정도를 갖고 있다. • 이 열전대를 진공중 및 환원성 분위기중, 금속증기, 분위기 중에서 직접 사용하는 것을 피한다. 사용은 다음 사항에 충분한 배려를 필요로 한다. 보호관 및 전열관에는 철함유량이 낮은 고순도 알루미나 재질을 사용하여야 한다. • 또 열전대 자체의 취급에도 주의를 요하며 손의 땀이나 기름으로 오손되지 않도록 알코올, 벤젠 등으로 오염을 제거하는 것이 중요하다.	600~1600℃
N-TYPE	Ni-Cr-Si/Ni-Si	• N 열전대 +쪽에 니켈, 크롬과 실리콘의 합금(Nicrosil)과 -쪽에 니켈과 실리콘 합금(Nisil)의 열전대이다. • K-TYPE과 특성이 유사하나 고온에서 열화현상이 적어 수명이 길고 안정성이 높다.	0~1200℃
K-TYPE	Ni-Cr/Ni-Al	• K 열전대는 +쪽에 Cr을 약 10% 포함한 Ni-Cr합금(chromel)과 -쪽에 Al, Mn을 조금 포함한 Ni합금(Alumel)을 사용한 열전대이다. • 미국 호스킨스사에서 1906년 A.L.Marsh에 의해서 개발되었고 그 후 개량을 더하여 현재 공업용의 열전대로서 가장 넓게 사	-200~1370℃

		용되며 신뢰성이 높다. • 이 열전대는 고온(약 1200)까지 사용이 가능하고 기전력특성의 직선성이 양호하며 비교적 내열, 내식성이 높은 것이 특징이다. • 또 금속증기 공기중 및 O_2, N_2, Co_2 가스(gas)중에서 기전력은 안정되어 있다. • 그러나 환원성(H_2, Co)가스 중 또 산소분압이 낮은 조건에 대해서는 크로멜(chromel)선의 열화 "Green Rot"라 불리는 Cr 선택 산화현상이 생겨 이 때문에 기전력 치가 크게 저하하여 큰 오차가 생기는 경우가 있으므로 사용할 때에는 충분한 배려가 필요하다.	
E-TYPE	Ni-Cr/Cu-Ni	• E 열전대(chromel-Constantan)는 +쪽에 K열전대와 같은 Ni- Cr합금(chromel)과 -쪽에 Cu-Ni합금(Constantan)을 사용한 열전대 이다. • 공업용 열전대로서는 기전력 특성이 가장 높은 것이 특징이다. • 우리나라에서도 수요가 급속히 증대하고 대형화력 원자력 발전 등에서 채용되고 있다. • 사용할 때에는 K열전대와 같은 배려가 필요하다. 또 현재 사용되고 있는 열전대 중에서는 전기저항이 가장 높기 때문에 사용계기의 선택에는 충분한 주의가 필요하다.	-200~800℃
J-TYPE	Fe/Cu-Ni	• J 열전대(Iron-Constantan)는 +쪽에 순철(Fe)과 -쪽에 Cu-Ni 합금(Constantan)을 사용한 열전대이다. • J 열전대는 환원성 분위기 중에서의 사용에 적절하고 기전력특성이 E열전대에 이어서 높은 것이 특징이다. 또 비교적 값이 싸기 때문에 손쉽게 측정을 할 경우에 편리한 열전대이다. • 그러나 수분을 포함한 산화분위기 중에서는 산화가 심하므로 사용할 때에는 충분한 주의가 필요하다.	-200~750℃
T-TYPE	Cu/Cu-Ni	• 이 열전대는 +쪽에 순동(Cu)과 -쪽에 Cu-Ni합금(Constantan)을 사용한 열전대이다. • T열전대는 비교적 저온(-200~300℃)에 사용되고 약산화 분위기 또는 환원분위기 중에서의 사용에 적당하다. • 기전력은 안정되어 정도가 높고 또 취급이 간단하므로 실험실 등에서 많이 사용되고 있다. 또한, 각종 열전대 E, J, T 어느 쪽도 -쪽에 Cu-Ni합금(Constantan)을 사용하고 있다. • 그러나 호칭이 같아도 각각 +쪽의 종류에 따라 Cu-Ni합금(Constantan)의 배합비를 변화시켜 열기전력 특성을 조정하고 있다. • 따라서 이들 열전대 소선의 -쪽과의 호환성은 없으므로 주의해야 한다.	-200~400℃

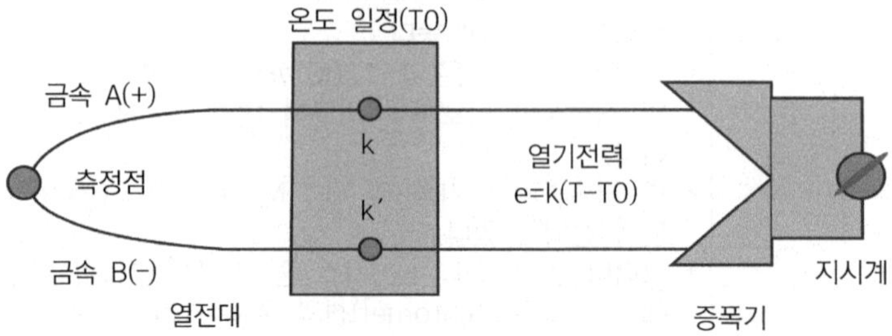

그림 2-18 열전대와 증폭기를 부착한 온도 지시계

제벡 효과 (Seebeck Effect)

- Seebeck효과는 전도체에 전류가 흐르지 않아도 에너지의 흐름에 의해 전압의 변화가 생기고 이에 따라 기전력이 발생한다는 원리이다. 이는 Seebeck에 의해 발견되었으며, 열전현상에 대한 첫번째 발견이라고 할 수 있다. 이번 실험에서와 같이 양끝단에 온도차를 주면 원자의 흐름에 의한 그리고 온도차에 의한 에너지의 흐름이 생기고 이에 따라 기전력이 발생하게 되는 것이다.

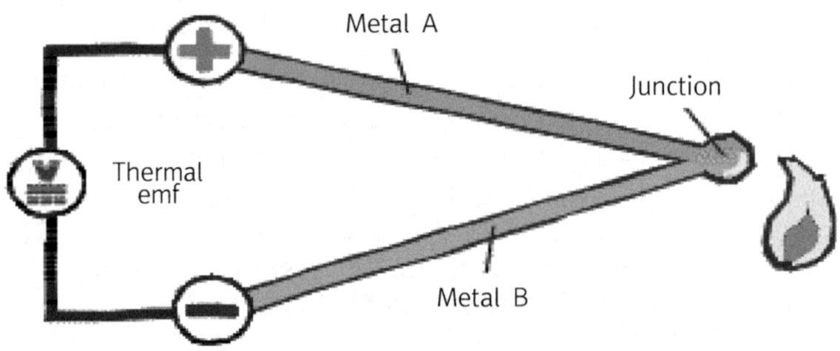

제백효과 실험

---

1) 열전대의 원리

서로 다른 2종의 금속선으로 폐회로를 만들어 그 접합점에 온도를 가하면 온도차에 대응하는 열기전력이 발생하여 폐회로에 열전류가 흐른다. 한쪽 접합점을 떼어 전압계를 연결하면 기전력을 측정할 수 있고 이 기전력은 온도에 비례하므로 온도를 측정할 수 있다.

이러한 금속선을 열전대(소선)라고 하며 열전대의 접속단을 측정접점(온접점), 도선 또는 계기와의 접속단을 기준접점(냉접점)이라고 말한다.

2) 열전대의 특징

공업용 열전대는 다른 온도계와 비교하여 다음과 같은 특징을 가지고 있다.

① 접촉식온도계 중 가장 높은 온도를 측정할 수 있는 온도계
② 제어백효과(seebeck effect)를 이용한 온도계
③ 기준접점을 가지고 있는 온도계
④ 냉접점의 온도를 0℃로 유지하고 0℃가 아닌 때에는 보정할 필요
⑤ 원거리지시 및 기록이 가능, 1대의 계기로 여러 개소의 온도를 측정가능
⑥ 사용온도 범위가 넓고 가격이 비교적 저렴하며 내구성 우수
⑦ 응답이 빠르고 시간 지연(time lag)에 의한 오차가 비교적 적음
⑧ 적절한 열전대를 선정하면 0℃~2500℃ 온도 범위의 측정이 가능
⑨ 특정의 점이나 좁은 장소의 온도측정이 가능
⑩ 온도가 열기전력으로써 검출되므로 측정, 조절, 증폭, 변환 등의 정보처리가 용이

일반 열전대는 소선 간의 접속을 방지하기 위하여 절연관을 삽입하여 소선이 피측정물에 닿지 않게 하기 위하여 보호관을 사용한다. 기준접점은 일정의 기준온도(절대 0℃)에서 보정하여 사용하며 열기전력은 가동코일형이나 전자식 자동평행형의 계기, 전위차계 등의 측정에 사용된다.

표 2-15 측온저항체의 종류별 특징

측온 저항체(RTD)	열전대(Thermo Couple)
• 넓은 온도 범위에서 안정된 출력 제공 • 정밀도 확인과 재조정(캘리브레이션) 가능. • 장기간 안정적 • 열전대 보다 더 선형특성. • 고감도이며 소폭 온도 범위에서 정확한 온도 지시	• 645℃ 이상에서 운전 가능함 • 굉장히 튼튼하게 만들 수 있음 • 온도 변화에 굉장히 빨리 반응 • 물리적 크기가 작으며 어떤 경우에는 초기 투자비가 낮을 수 있음

열전대는 여러 종류가 있으므로 온도를 정확히 측정하기 위하여는 사용장소와 용도를 정확히 알고 선정하는 것이 가장 중요하며 또한 내열, 내식, 내진성 등을 고려하여 보호관 등을 선정하고 설치에 유의할 필요가 있다.

(4) 바이메탈(Bimetal) 온도센서

열에 의한 팽창 정도가 다른 두 개의 금속을 붙여 놓으면 한쪽은 가열에 의해 많이 늘어나고, 한쪽은 조금만 늘어나게 된다. 따라서 가열을 하게 되면 잘 늘어나지 않는 쪽으로 휘게 된다. 바이메탈의 어원도 두 개의 금속이란 뜻을 가지고 있다.

이러한 원리를 이용해서 온도가 올라가거나 내려가면 금속판이 휘어지게 만들어 자동으로 전류를 흐르게 하거나 끊는 역할을 한다. 이런 성질로 바이메탈은 자동으로 온도를 조절하는 장치에 많이 쓰인다.

1) 바이메탈의 구조

간단한 바이메탈은 일단 두 개의 금속으로 되어 있는데, 자연 상태의 금속은 열팽창의 차이가 적어 주로 합금을 사용한다. 팽창이 적은 쪽에는 니켈과 철의 합금을 이용하고, 팽창이 큰 쪽에는 구리와 아연의 합금, 니켈·망가니즈·철의 합금, 니켈·몰리브데넘·철의 합금, 망가니즈·니켈·구리의 합금 등 여러 가지가 있다. 이런 두 가지 종류의 금속을 같은 장치에 연결하면 바이메탈을 이용한 온도조절장치가 완성된다.

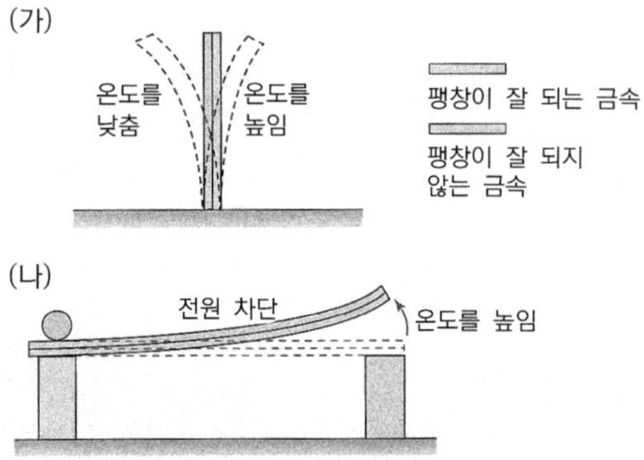

그림 2-19 바이메탈의 구조

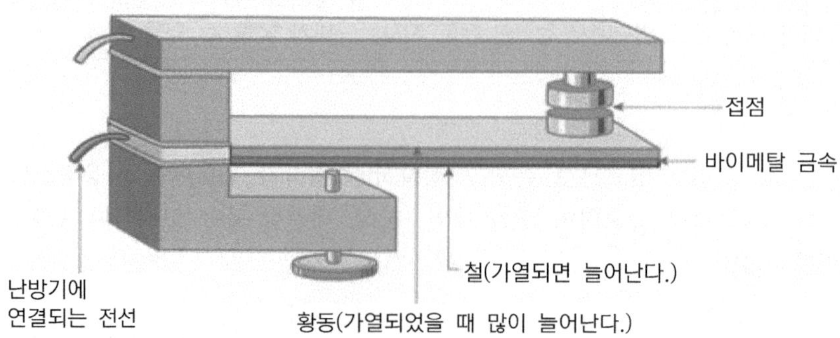

그림 2-20 바이메탈의 구조

황동은 철에 비해 팽창계수가 크다. 전류가 바이메탈을 통해 흐를 때 일정한 온도 이상으로 바이메탈의 온도가 올라가면, 바이메탈의 오른쪽이 아래로 휘어지게 된다. 그러면 위에 전선과 연결된 접점이 끊어지게 되므로 전류가 흐르지 못하게 된다. 하지만 다시 온도가 내려가면 오른쪽 부분이 위로 올라가 다시 전류가 흐르게 된다.

그림 2-21
바이메탈-자동 온도 조절기

2) 바이메탈의 이용

바이메탈은 주로 온도조절장치에 많이 쓰인다. 난방기의 온도조절장치나, 보온밥통의 온도조절장치 등에 쓰인다. 전기난로와 같은 난방기나 보온밥통에 전류가 흘러 온도가 올라가게 되면 바이메탈에 의해 전류가 흐르지 않게 되고, 다시 온도가 내려가면 바이메탈에 의해 전류가 흐름으로써 기구의 일정한 온도를 유지할 수 있다.

그 외에도 바이메탈은 특정한 온도 범위를 알고 싶을 때 사용하는 계측 기구로서 쓰이며, 기상 관측 기구로도 쓰인다. 이것은 사람이 직접 가지 못하는 곳에 바이메탈을 장치한 기구를 보내 일정한 온도가 되면 전기적인 신호를 바이메탈의 작용으로 보내 줄 수 있도록 하는 원리를 이용한 기구들이다. 또한 일상생활에서의 전기 차단기, 자동 개폐기 등에도 쓰이며, 온도계로도 사용되고 있다.

2.2.3 비접촉식 온도센서

비접촉식 온도센서는 피측정물에서 방사되는 적외선을 떨어진 장소에서 측정한다. 비접촉식 온도센서로 높은 정확도, 작은 사이즈, 디지털출력을 가지며 6개의 셀이 특정 포인트를 측정해 낼 수 있기 때문에 매우 정교하다.

표 2-16 비접촉식 온도센서의 장점 및 응용분야

구분	장점	응용분야
비접촉식	• 비접촉 온도센서 • 작은 사이즈 • 높은 정확도 • Digital 출력(I2C)	• 체온계 • 실내온도조절기 • HVAC • 산업장비컨트롤 • 기후 컨트롤 • 가전기기 컨트롤 • 자동차 온도조절 컨트롤

(1) 적외선 온도센서

최근 산업시설이 고도로 정밀화됨에 따라 비접촉 방법으로 온도를 측정하는 방법이 많이 필요하게 되었다. 초전형 적외선센서는 피측정대상 물체에서 방출되는 열방사 에너지를 검출하여 물체 온도를 측정하는 비접촉 온도센서의 한 종류로서 최근 우수한 초전재료가 개발되고, 가격이 저렴화하여 급격히 산업용으로 확산되어 가고 있다.

적외선은 가시광 이외의 영역에서 발생되는 빛 에너지로 아래와 같은 특징을 갖고 있는데 적외선센서는 이들 특징을 잘 이용한 것으로 공업계측 분야에 많이 이용된다.

① 육안검출이 불가능하다
② 낮은 온도의 물체에서 방사된다.
③ 파장이 길다.
④ 물체에 대한 흡수계수가 크다.

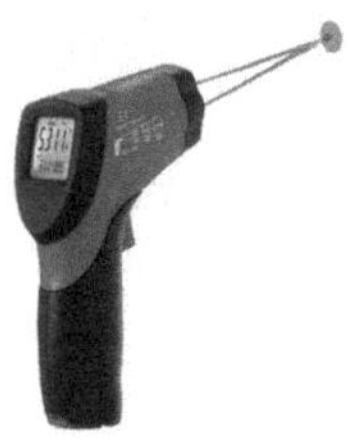

그림 2-22
적외선 온도측정기

그림 2-23
적외선탐지기

그림 2-24
자동점등 적외선센서

적외선센서에서도 파장 3 ㎛이상의 긴 파장 영역을 이용하는 양자형 센서(일명 광 도전형)와 짧은 파장영역을 이용하는 열형 센서(초전형)로 구분한다.

표 2-17 적외선 온도센서의 분류와 특성

구분	양자형	열형
감도	높다(103 V/W)	낮다(수 V/W)
응답속도	빠르다	늦다
사용온도	냉각이 필요	실온
스펙트럼 특징	선택성이 강하다	평탄
적외선 이미지용	적당	부적당

특징	• 감도가 좋다 • 응답속도가 빠르다 • 응답파장에 한계가 있다 • 냉각을 필요로 한다,	• 상온 동작이 가능 • 감도의 파장 의존성이 없다 • 감도가 낮다 • 응답속도가 늦다
사용 예	InSb, HgCdTe, Ge(Au)	써미스터, 서모파일, 초전센서

표 2-18 양자형 적외선 온도센서

구분	작동원리	적용분야
	고감도, 고속응답파장 의존성이 큼(긴 원적외선 파장에서 열에 의해 동작불능 상태 발생 가능)	적외선 카메라, 방사 온도계, 적외선 현미경 등

1) 양자형 센서

양자형 적외선센서는 적외선 중에서도 3 ㎛이상의 긴 파장을 검출하는 것으로 동작원리에 따라 광도전형과 광기전력형으로 나누어지고, 고감도, 고속응답(10-6 sec)을 얻을 수 있는데 반해 재료의 고유 파장특성을 얻기 위해서는 항온항습을 유지하여야 하므로 사용에 경비가 든다. 수요시장은 적외선 카메라, 방사 온도계, 적외선 현미경 등에 이용된다.

2) 열형 센서

최근 산업시설이 고도로 정밀화됨에 따라 비접촉 방법으로 온도를 측정하는 방법이 많이 필요하게 되었다. 초전형 적외선센서는 물체에서 나오는 열방사 에너지(적외선)를 이용해 각종 물체의 유·무식별, 형상인식, 자동제어 계통에서의 이 물질 검출 등 많은 분야에 널리 이용된다. 특히 어두운 현관에서의 점등이나 어린이 방에서의 취침 시 자동소등 등과 같이 우리 생활에도 손쉽게 이용할 수 있는 분야이다.

최근에는 우수한 초전재료가 개발되고 센서 제조기술이 개선됨에 따라 가격이 저렴화 되어 급격히 산업용으로 확산되어 가고 있다. 센서 기능재료로서의 $LiTaO_3$, $PbTiO_3$, PZT등의 세라믹 재료가 이용된다.

표 2-19 열형 적외선센서

구분	작동원리	예
열기전력 효과	두 종류의 도체(반도체)에 각각 다른 온도를 가하였을 때 기전력이 발생되는데, 이때 이 기전력에 의해 전압이 발생하고 전류가 흐르는 효과	서모파일(Thermopile)
초전 효과 (pyroelecticity)	전기석의 일부를 가열하면 전기석의 양 단면에 각각 다른 부호의 전하가 나타나는 효과	$LiTaO_3$, $PbTiO_3$, PZT

(2) 적외선 온도센서의 응용

1) 적외선 발광 회로와 수광 회로

적외선 발광회로와 수광회로의 조합이다. 여기에서는 적외광 LED로 펄스광을 주어 주위의 외란광과 구별하고 있다. 또 수광부에는 파장감도가 넓은 포토 다이오드를 사용하고 있기 때문에 광범위한 신호에 대응할 수 있다. 주요한 용도는 광리모콘, 포토 인터럽터 등이 있지만 수광부는 그대로 가시광의 감지에도 사용할 수 있다.

2) 초전센서에 의한 인체 검지회로

초전형 적외선센서를 이용한 인체 또는 동물 등의 검지회로이다. 여기에서는 초전센서(IRA-E 100SZI)을 사용하여 인체의 이동에 의해 발생하는 교류적인 전압변화를 검출하고 있다. 회로구성은 매우 간단하지만 이 종류의 센서는 FET에 의한 임피던스 변환부가 내장되어 있기 때문에 외부 회로부의 구성이 간략화되어 있다. 여기에서 사용하고 있는 OP 앰프는 특별히 한정하고 있지는 않으며 저잡음용이면 문제가 없다.

3) 인체가 검지되면 버저가 울리는 회로

인체 검지회로의 한 예로서 인체의 움직임이 검지되면 압전버저가 울리도록 구성되어 있다. 인체 검지용 센서회로에서는 수[㎐]부근에서 70[dB]정도의 앰프이득을 필요로 하기 때문에 검지 물체의 상황에 따라서 출력 부족이 되는 경우가 있다. 이 때문에 여러 단의 증폭회로를 설치하여 필요한 이득을 확보하여야 한다. 또한 입력신호가 아주 미약하기 때문에 학계에 의한 증폭이 필요하다.

4) 초전센서 모듈을 이용한 자동 조명 장치

초전센서를 응용한 자동조명 장치의 한 예이다. 여기에서는 감지 구성요소로서 시중에서 판매되는 센서모듈을 이용하고 그 출력으로 솔리드 스테이트 릴레이를 작동시키고 있다. 이것을 사용함으로써 사람이 있는 방만을 필요에 따라 점등할 수 있기 때문에 상당한 에너지 절감효과가 있다. 그 밖의 용도로 여러가지 방범장치를 생각할 수 있는데 그러한 경우에는 조명부하를 부저로 바꾸어 넣으면 된다. 또 인체 일부의 조금만 움직임도 검지할 수 있는 오픈 컬렉터(open collector) 출력에 의한 전자 타이머 회로 내장, 저소비 전력설계, 기타 센서 유닛을 전등용 콘센트 박스에 집어넣을 수 있는 것 등 여러가지 사용하기 쉬운 기능이 부가되어 있다.

표 2-20 온도센서별 감지 온도범위

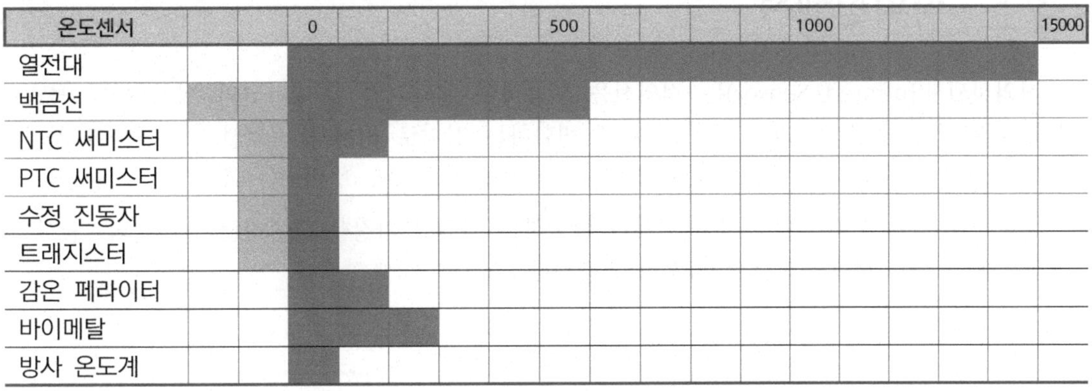

2.2.4 온도센서의 용도

표 2-21 온도센서의 응용분야

구분	응용분야
가전제품	• 조리기기 : 전자렌지, 오븐렌지, 가스취반기, 전자조리기, 커피메이커, 핫플레이트, 토스터, 전기밥솥 • 공조/냉난방기 : 히터, 솔라시스템, 냉/난방기, 에어컨, 온풍/환풍기, 급탕기 • 건강/미용기 : 전자체온계, 온수세정변기, 아누스크리너, 미용 정발기, 헤어 드라이어, 전자모기향, 전기모포 • 기타 : 냉장고, 급탕기, 다리미, 시계, 의류/이불/식기건조기, TV, AV기기, 세탁기
사무기기	• 복사기, FAX, 프린터, 카메라, 화재경보기, 출입감지 컴퓨터, CTV, 모니터, 자동소등, 커텐 엘리베이터, 에스컬레이터 등
산업용	• 농업 : 담배건조기, 제차, 온실재배, 양돈, 보일러 • 공업 : 제빙기, 현상액, 탱크유면계, 기름온도, 콘크리트 레벨, 로봇, 공작기계, 자동 검사, 모터 • 어업 : 해수온도, 양어장 수온 • 상업 : 냉동 쇼케이스, 자동판매기, 융성설비
자동차	• 흡기제어, 냉각수온, 엔진온도, 액면감지, 서스펜션, 안전운전장치, 4WD제어, 고장 진단, 트랜스미션, 연료분사, 과급랍제어, 속도조절, 노킹제어 등
기타	• 통신기기 : CR 발진기, AGE, 시간지연, 전화 • 가스분석계, 진공계, 풍속계

2.3 적외선센서

적외선센서(Infrared Sensor)는 적외선을 이용하여 온도, 압력, 방사선의 세기 등의 물리량과 화학량을 감지, 신호처리가 가능한 전기로 변환하는 장치로 기계가 적외선을 발산하여 차단하는 것을 감지하는 것과 주변의 적외선을 검출하는 것이 있는데 주로 방범이나 화재감지 등에 사용된다.

흔히 사용되는 인체감지 센서는 인체가 방출하는 적외선 파장을 검출하는 초전적외선센서를 이용하는데 감지한 적외선을 열로 바꾸어 검출한다.

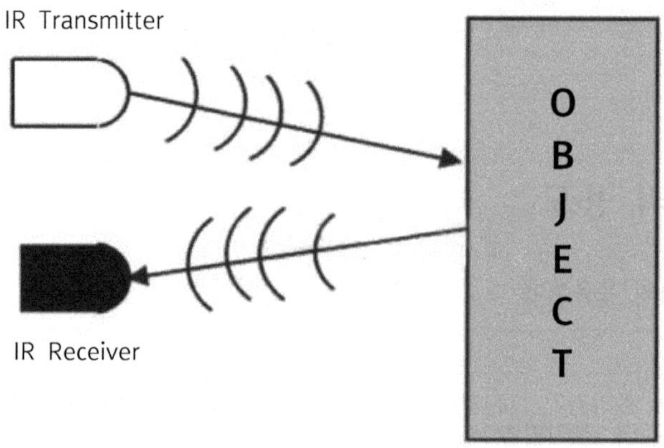

그림 2-25 적외선센서(Infrared Sensor) 개요

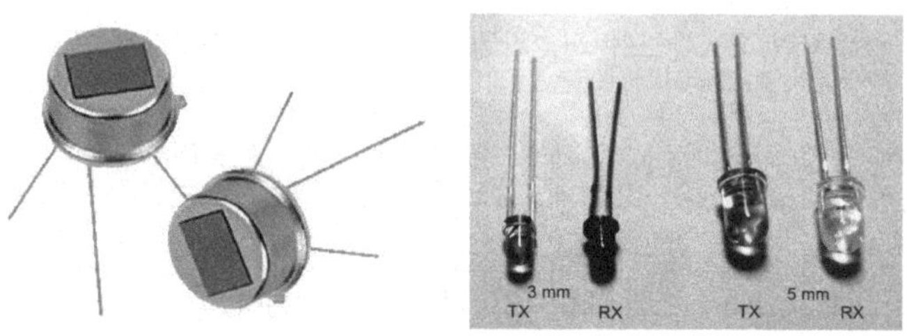

그림 2-26 적외선센서

가시광선[visible rays]

- 파장의 범위는 분류방법에 따라 다소 차이가 있으나, 대체로 380~770 ㎚이다. 가시광선 내에서는 파장에 따른 성질의 변화가 각각의 색깔로 나타나며 빨강색으로부터 보라색으로 갈수록 파장이 짧아진다. 단색광인 경우 700~610 ㎚는 빨강, 610~590 ㎚는 주황, 590~570 ㎚는 노랑, 570~500 ㎚는 초록, 500~450 ㎚는 파랑, 450~400 ㎚는 보라로 보인다.

- 빨강보다 파장이 긴 빛을 적외선, 보라보다 파장이 짧은 빛을 자외선이라고 한다. 대기를 통해서 지상에 도달하는 태양복사의 광량은 가시광선 영역이 가장 많다. 사람 눈의 감도가 이 부분에서 가장 높은 것은 그 때문이라고 한다.

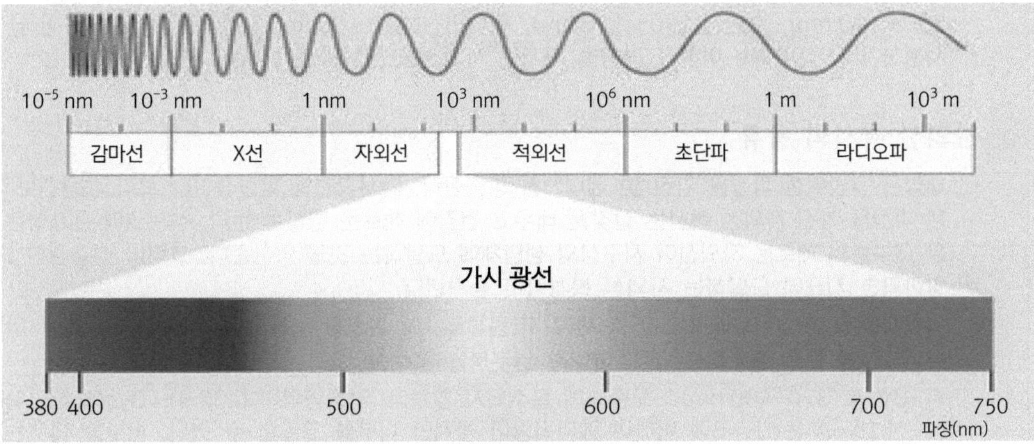

가시광선의 구분

- 일곱 가지 색으로 나타나는 광을 모두 합치면 흰색으로 보이는데, 이러한 이유 때문에 태양이 희게 보이는 것이다. 태양광선 아래에서 하얀 색깔의 종이가 하얗게 보이는 이유는 일곱가지 색을 모두 반사하기 때문이고 파란색의 종이가 파란 것은 가시광선 중에서 파란색만을 반사하여 그 색깔만 눈에 감지되기 때문이다.

◇ 사람의 눈으로 인지할 수 있는 광선

- 빛은 X선, 자외선, 적외선, 레이더파, 라디오파 등 전자기 스펙트럼(electromagnetic spectrum)이라는 연속체를 구성
- 가시광선은 자외선과 적외선 사이에 위치하여 인간의 시각으로 볼 수 있는 광선으로 이것을 사람은 백광(white light)으로 느낀다.
- 이 빛을 프리즘에 통과시키면 그 광선을 구성하고 있는 색깔들이 서로 다른 정도로 굴절하여 빛이 통과해 나올 때 스펙트럼 밴드(spectrum band)를 만드는데 빨강, 주황, 노랑, 초록, 파랑, 남색, 보라 등 7가지 색으로 볼 수 있다.
- 파장이 짧은 색상(보라, 남색, 파랑)이 차가운 색, 파장이 긴 색상(빨강, 주황, 노랑)이 따뜻한 색을 이룬다.
- 보라색보다 더 파장이 짧은 빛을 자외선, 빨강보다 긴 파장의 빛을 적외선이라 하는데 사람은 이 빛을 볼 수 없으나 특정 동물과 곤충은 이 빛을 볼 수 있으며 필름 혹은 비디오도 이를 기록한다. 특히 필름은 스펙트럼의 적외선에 민감하게 반응하는 특성을 갖는다.

◇ 자외선 [ultraviolet rays]

- 태양광의 스펙트럼을 사진으로 찍었을 때, 가시광선보다 짧은 파장으로 눈에 보이지 않는 빛이다. 사람의 피부를 태우거나 살균작용을 하며, 과도하게 노출될 경우 피부암에 걸릴 수도 있다.

- 1801년 독일의 화학자 J.W.리터가 자외선이 가지는 사진작용에서 처음 발견하였다. 자외선은 파장이 약 397~10 nm인 전자기파의 총칭으로서, 극단적으로 파장이 짧은 자외선은 x선과 거의 구별되지 않는다. 적외선을 열선이라고 하는데 대응하여 자외선은 화학작용이 강하므로 화학선이라 하기도 한다. 또 파장의 길이에 따라 근자외선(파장 290 nm 이상), 수정범위의 자외선(수정을 투과하는 290~190 nm), 슈만선(190~120 nm), 라이만선(120~60 nm), 밀리컨선(60 nm 이하) 등으로 세분하거나, 190 nm 이하의 파장을 가지는 자외선을 원자외선이라고도 한다.

◇ 자외선 복사의 종류

- 태양은 광범위한 파장을 가진 빛 에너지를 방출한다. 가시광선의 파란색이나 보라색 광선보다 더 짧은 파장을 가진 자외선 복사는 살갗을 태우고 건강에 해로운 영향을 준다. 성층권에 존재하는 오존층은 대부분의 해로운 자외선이 지구상의 생명체에 도달하는 것을 막아준다. 그러나 성층권의 오존층이 얇아지면 지표에 도달하는 자외선 복사량이 증가한다.
- 과학자들은 UV-C, UV-B, UV-A 세 가지 종류로 UV 복사를 분류했다. 성층권 오존층은 이러한 종류의 UV를 모두 흡수하는 것이 아니라 일부분을 흡수한다.
  ⓐ UV-A (320~400 nm) : 오존층에 흡수되지 않는다. 파장영역이 0.32~0.40 ㎛에 해당하는 자외선 UV-A 는 UV-B에 비하여 에너지량이 적지만 피부를 그을릴 수 있다. 피부를 태우는 주역은 UV-B이지만 UV-A는 피부를 벌겋게 만들 뿐 아니라 피부 면역 체계에 작용하여 피부 노화에 따른 장기적 피부 손상을 일으킬 수 있다. 최근에는 UV-A 노출 시간이 피부를 그을릴 정도로 길어지면 피부암 발생의 위험이 UV-B의 경우와 같아진다는 연구 결과가 보고되기도 하였다. 자외선이 인체에 도달하면 표피층 아래로 흡수되는데, 이 해로운 광선에서 피부를 보호하기 위하여 인체 면역 작용이 발동한다. 그 예로 일부 세포는 자외선에 노출될 때 멜라닌이란 검은 색소를 생성하는데 그것이 자외선의 일부를 흡수한다. 따라서, 백인종과 같이 멜라닌을 적게 생성하는 사람은 UV-B에 대한 자연적 보호막도 적은 셈이다.

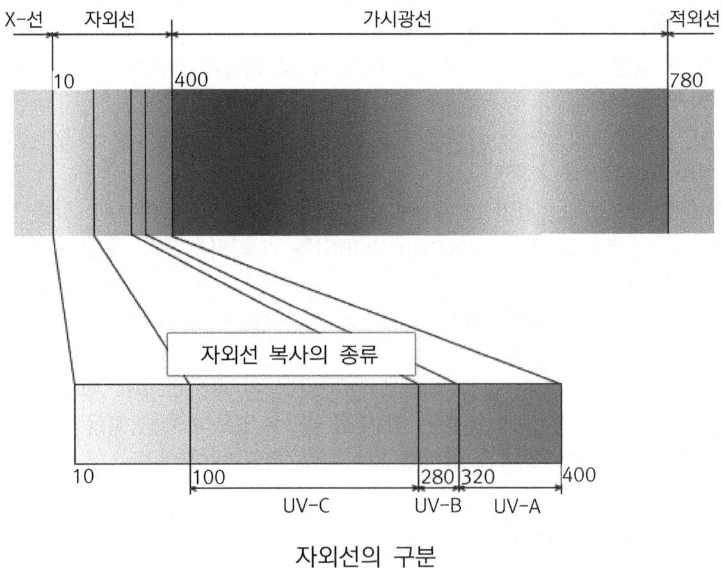

자외선의 구분

ⓑ UV-B (280~320 nm) : 대부분은 오존층에 흡수되지만, 일부는 지표면에 도달한다. 지구에 극소량이 도달하는 UV-B는 파장영역이 0.28~0.32 ㎛에 해당하는 자외선이다. UV-B는 동물체의 피부를 태우고 피부 조직을 뚫고 들어가며 때로는 피부암을 일으키는데, 피부암 발생의 원인은 대부분 태양 광선의 노출 및 UV-B와 관련이 있다. 또, UV-B는 피부에서 프로비타민 D를 활성화시켜 인체에 필수적인 비타민 D로 전환시킨다.

ⓒ UV-C (100~280 nm) : 오존층에 완전히 흡수된다. 파장영역이 0.20~0.29 ㎛인 자외선 중 UV-C는 염색체 변이를 일으키고 단세포 유기물을 죽이며, 눈의 각막을 해치는 등 생명체에 해로운 영향을 미친다. 다행히 UV-C로 알려진 이 범위의 자외선은 성층권의 오존에 의해 거의 모두 흡수된다. 자외선 복사 강도는 많은 요인들에 의해 좌우된다.

◇ 자외선에 대한 오존층의 역할

- 지상으로부터 약 13~50 km 사이의 성층권에 있는 오존층은 태양광선 중 자외선을 차단함으로써 사람을 비롯한 지구상의 생명체를 보호하는 역할을 하고 있다. 오존층이 파괴되어 자외선을 차단하는 능력이 떨어지게 되면 지표면에 도달하는 자외선의 양은 증가한다. 따라서 대기오염이 심해지면서 오존층을 파괴하여 오존의 양이 감소하면 지표면에 도달하는 자외선의 양이 증가하여 사람에 좋지 않은 영향을 주게 된다.

◇ 가시광선

- 가시광선(보임광선)은 사람의 눈에 보이는 전자기파의 영역이다. 개인별로 가시광선범위의 차이가 존재하지만 보통의 인간의 눈은 400에서 700 nm까지의 범위를 감지한다. 최대 380에서 800 nm까지를 감지하는 사람이 있다고 한다.(수소 스펙트럼의 범위는 90 nm에서 15000 nm의 범위를 갖는다(단파장 자외선 ~ 가시광선 ~ 마이크로파). 이 중 가시광선 범위는 360 nm에서 820 nm까지의 범위를 갖는다.(가시광선에 가장 근접한 자외선 ~ 가시광선 ~ 가시광선에 가장 근접한 적외선)
- 빛에 적응된 눈은 가시광선의 녹색부분(약 555nm)에서 최대 감도를 나타낸다. 빛에 대한 사람의 눈의 반응은 주관적이지만 빛에 대한 대기층의 감응은 객관적인 측정이 가능하므로 가시광선(전자창)은 대기를 통과하면서 대부분 감쇄하지 않는 전자기파 영역 (보라색이 파장이 짧으므로 산란이 잘되지만 인간의 빛 편향 현상 때문에 파란색으로 보인다)으로 다시 정의될 수 있다. 다른 동물들도 눈으로 빛을 보지만 사람의 가시광선 영역과는 다른 파장을 받아들인다.
- 벌과 같은 곤충은 꿀을 가지고 있는 꽃을 찾는데 유용한 자외선을 볼 수 있다. 가시광선에서 가까운 정도로 적외선을 분류하기도 하는데 근적외선(NIR:near infrared) 영역은 가시광선영역에서 가장 가깝고 중적외선(MWIR:medium length IR), 원적외선(FIR or LWIR:Far IR) 순으로 멀어진다.

전자기파 스펙트럼 [electromagnetic spectrum]

- 전자기파를 파장의 길이에 따라 늘어놓은 띠를 말한다. 전자기파는 파장의 길이에 따라 다른 성질을 가지고 있으며, 비슷한 성질을 가진 파의 구간을 정하여 파장이 긴 영역부터 라디오파, 마이크로파, 적외선, 가시광선, 자외선, X선, 감마선이라고 한다.
- 전자기파는 파장의 길이에 따라 다른 성질을 가지고 있으며, 비슷한 성질을 가진 파의 구간을 정하여 파장이 긴 영역부터 라디오파, 마이크로파, 적외선, 가시광선, 자외선, X선, 감마선이라고 한다. 눈으로 볼 수 있는 빛인 가시광선을 제외한 전자기파는 우리 눈에는 보이지 않는다.

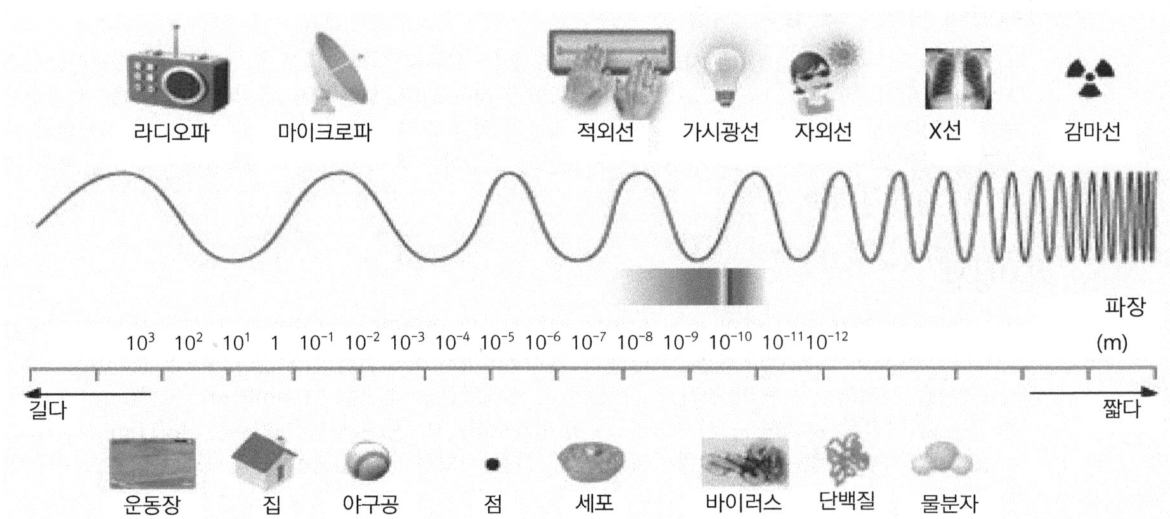

전자기파 스펙트럼

- 전자기파 스펙트럼은 파장의 길이에 따라 도식화하여 표현할 수 있는데, 왼쪽에는 파장이 긴 영역의 전자기파가 위치하며, 오른쪽에는 파장이 짧은 영역의 전자기파가 위치한다.
- 라디오파의 경우 파장이 운동장 길이(대략 100 m)보다 긴 경우도 있으며, 적외선의 파장은 먼지(대략 0.03 mm) 또는 사람의 세포(17 ㎛) 크기와 비슷하다.
- X선과 감마선의 파장은 물 분자의 크기(2Å)보다 작다. 물 한방울에 대략 1.5×1021개의 물 분자가 포함되어 있다는 사실을 고려하면 X선과 감마선의 파장의 길이를 짐작할 수 있다.

◇ 전자기파 발견의 역사

- 1666년 뉴턴이 가시광선 스펙트럼을 발견하였으며, 이후 허셀이 적외선을 발견하고 리터가 자외선을 발견하였다. 1887년 헤르츠가 맥스웰이 예언한 라디오파 전자기파를 발생시키고 검출한 이후 여러 가지 진동수와 파장을 가진 전자기파가 존재함이 밝혀졌다. 1895년 뢴트겐에 의해 X선이 발견되었으며, 1900년에는 폴 빌라르가 감마선을 발견했다. 전자기파의 성질에 따라 생활 속에 다양하게 이용되고 있다.

년도	비교
1666년	뉴턴, 가시광선 스펙트럼 발견
1800년	허셀, 적외선 발견
1801년	리터, 자외선 발견
1837년	모스, 유선 전신기 발명
1864년	맥스웰, 전자기파 방정식 발표
1876년	벨, 전화기 발명
1887년	헤르츠, 전파 발생 실험
1891년	마르코니, 무선 전신에 성공
1895년	마르코니, 무선 전신 장치 발명, 뢴트겐, X선 발견
1900년	폴 빌라르, 감마선 발견
1901년	마르코니, 대서양 횡단 무선 전신 성공
1920년	첫 라디오 방송(미국 피츠버그)
1925년	베어드, 실용적 TV 발명
1927년	우리나라에서 첫 라디오 방송
1936년	BBC 최초의 TV 실험 방송
1942년	벨 연구소, 단파 장거리 통신 완성

◇ 전자기파의 종류

- 전자기파는 진동수와 파장의 길이에 따라 분류될 수 있다. 그러나 전자기파는 진동수와 파장의 범위가 넓으며 일부는 겹쳐지기도 하여, 정확한 구분이 어렵기도 하다.
- 라디오파는 약 1 mm 이상의 파장으로, 전도성 도선 속에서 전하를 가속하여 발생시킨다. 라디오와 텔레비전 통신 등에 사용된다.
- 단파장 라디오파인 마이크로파는 약 1 mm에서 30 cm 사이의 파장으로, 전자 장치에 의해 발생된다. 레이더, 물질의 원자나 분자적 성질의 연구, 전자레인지 등에 사용된다.
- 적외선은 약 1 mm에서 가시광선의 가장 긴 파장인 760 nm 사이의 파장으로, 뜨거운 물체와 분자에 의해 발생된다. 적외선 복사를 이용하여 물리치료, 적외선 사진 등에 응용된다.
- 가시광은 사람의 눈으로 검출되는 스펙트럼의 범위로, 4×10^{-7} m의 파장인 보라색에서 7×10^{-7}m의 파장인 빨강색까지의 색으로 구분된다.
- 자외선은 약 400 nm에서 0.6 nm 사이의 파장으로, 태양이 중요한 원천이다. 태양에서 나오는 대부분의 자외선은 대기권 상층부나 성층권의 원자에 흡수된다.
- X선은 약 10 nm에서 10^{-4} nm 사이의 파장으로, 고에너지로 가속된 전자를 금속 표적에 충돌 시킬 때 발생한다. 의학에서 활용된다.
- 감마선은 약 10^{-10} m에서 10^{-14} m 사이의 파장으로, 방사성 핵에 의해 방출된다. 감마선은 투과성이 강하고 생체 조직에 흡수되면 심각한 손상을 입힌다.

2.3.1 적외선센서의 개요

태양으로 부터 오는 빛은 크게 가시광선, 자외선, 적외선이 있다. 가시광선은 그 말 그대로 눈으로 볼 수 있는 색을 가지는 광선이다. 일곱색 무지개빛깔로 사람의 눈으로 인지 할 수 있다. 반면에 자외선과 적외선은 눈을 볼 수 없다.

열풍기를 틀면 따뜻한 광선이 나와 그 광선이 향한 곳은 열이 올라간다. 겨울철 볼 수 있는 난로, 열풍기 등이 좋은 예가 될 수 있다. 옛날 학교에서는 난로위에 도시락을 올려놓았다가 점심시간이 되면 따뜻한 도시락을 먹을 수 있었다. 그러나 맨 아래에 놓은 아이의 도시락은 새까맣게 타버리기도 했다. 적외선의 복사열로 인해 그렇게 된 것이다.

심지어는 몸에서 발생하는 열을 감지해내는 적외선 감지기를 이용하면 밤에서 대낮처럼 사물을 볼 수 있다. 군대에서 많이 사용한다. 이러한 적외선센서는 적외선을 이용하여 주위 환경을 감지하는 용도로 사용된다.

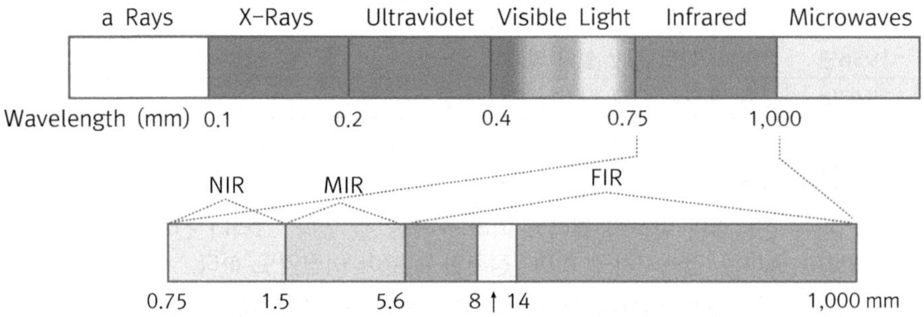

그림 2-27 광선의 구분

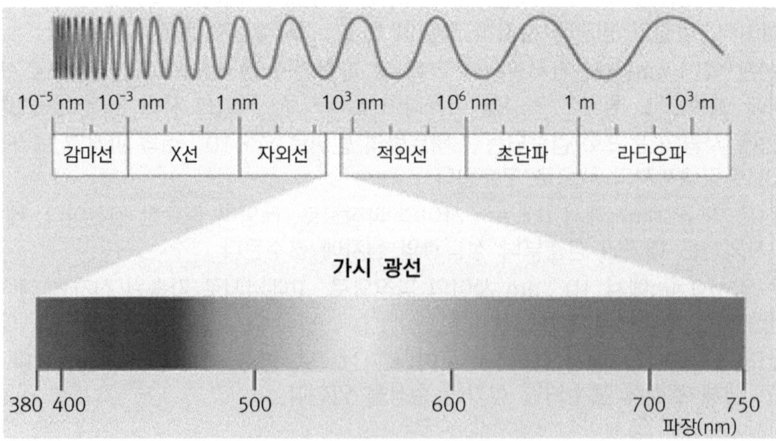

그림 2-28 광선의 구분

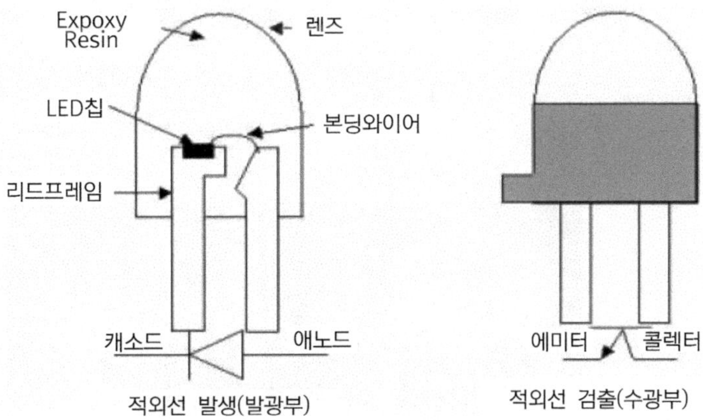

그림 2-29 적외선센서의 구조

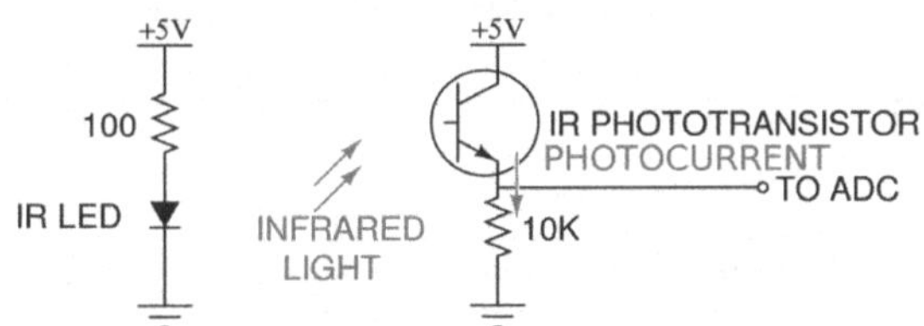

그림 2-30 적외선센서의 구조

적외선센서는 일정 주파수의 빛을 발산하는 발광부와 발광부에서 발산하는 빛을 받아들이는 수광부로 이루어져 있다. 발광부에서 발생된 적외선은 물체에 부딪혀 반사되고, 수광부에서는 이 반사된 빛을 감지하여 물체의 유·무 또는, 물체까지의 거리 등을 알 수 있다.

발광센서는 적외선을 내보내는 특수한 LED(발광다이오드)에 해당하므로 다이오드의 특성을 그대로 가지고 있다. 즉, 센서에 걸리는 전압과 센서의 극성이 일치할 때 적외선이 나오고 그렇지 않으면 적외선이 나오지 않는다. 수광센서는 받아들인 적외선의 양에 따라 전류의 양이 변하는 원리를 이용하여 빛의 수신 정도를 파악하게 된다.

적외선센서는 일상생활 속에서 다양하게 사용되고 있다. 텔레비전이나 에어컨과 같은 가전제품의 리모컨, 자동 개폐문, 엘리베이터의 자동문, 온도계 등이 그 예다. 뿐만 아니라 방범이나 화재 경보용으로 사용되어 위급한 사항을 감지하는 역할도 수행해 낸다.

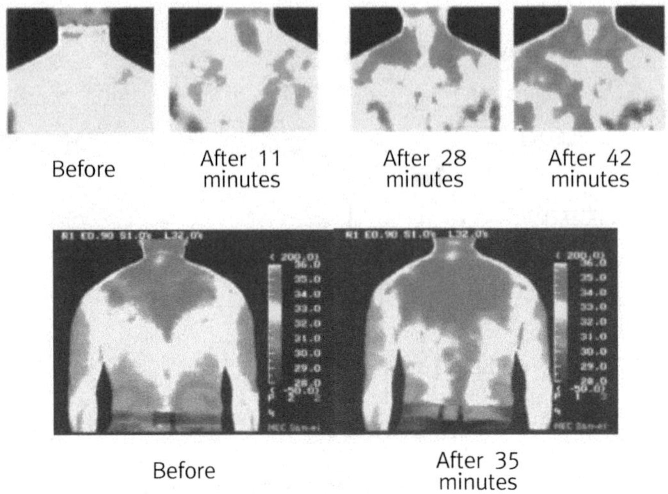

그림 2-31 적외선센서 적용 예

적외선이란 무엇인가?

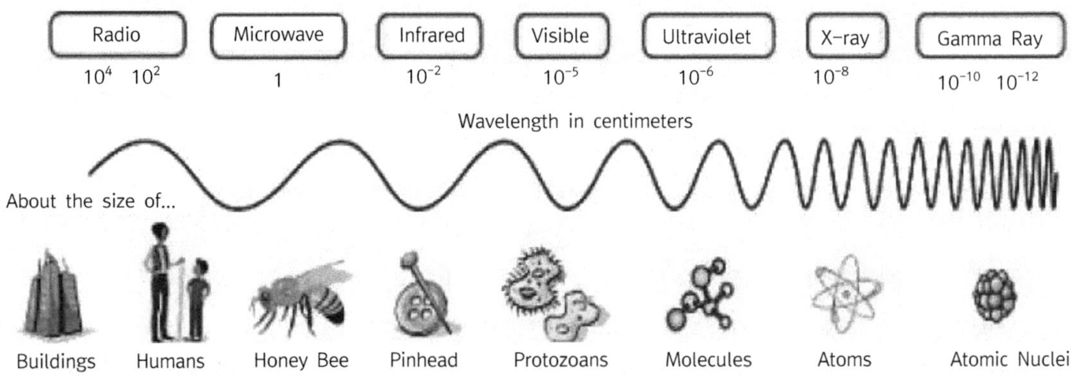

그림 2-32 적외선의 구분

- 1800년, F. W. Herschel 발견
- 근적외선(Near IR : 0.7 ~ 5 μm 혹은 0.7 ~ 2.5 μm)
- 중적외선(Mid IR : 5 ~ 30 μm 혹은 3 ~5 μm)
- 원적외선(Far IR : 30 ~ 100 μm 혹은 5~25 μm)
- 항온동물의 적외선 파장 : 9.4 μm
- 특히 원적외선은 의료용으로 많이 쓰임

※ IR의 특징 : 어두운 밤이나 연기, 안개, 혹은 가시광선에 대해서 불투명한 물질도 투과하는 성질이 있으므로 인명구조용, 야간 식별용 등에 쓰임

2.3.2 적외선센서의 응용

적외선은 어두운 밤이나 연기, 안개, 혹은 가시광선에 대해서 불투명한 물질도 투과하는 성질이 있으므로 인명구조용, 야간 식별용 등에 쓰인다.

적외선센서는 일정 주파수의 빛을 발산하는 발광부와 발광부에서 발산하는 빛을 받아들이는 수광부로 이루어져 있다. 발광부에서 발생된 적외선은 물체에 부딪혀 반사되고, 수광부에서는 이 반사된 빛을 감지하여 물체의 유·무 또는, 물체까지의 거리 등을 알 수 있다.

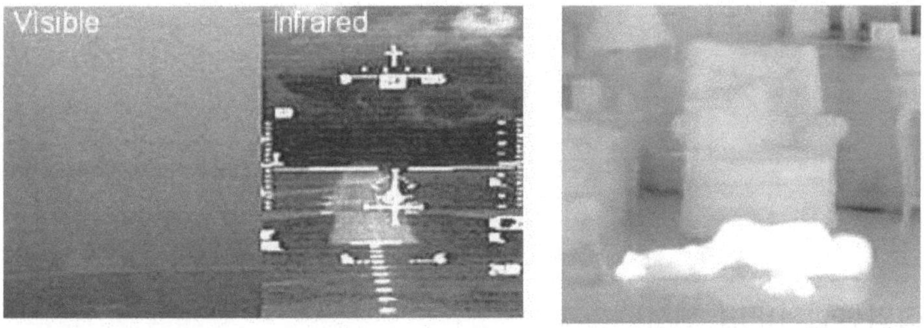

그림 2-33 적외선 감지기

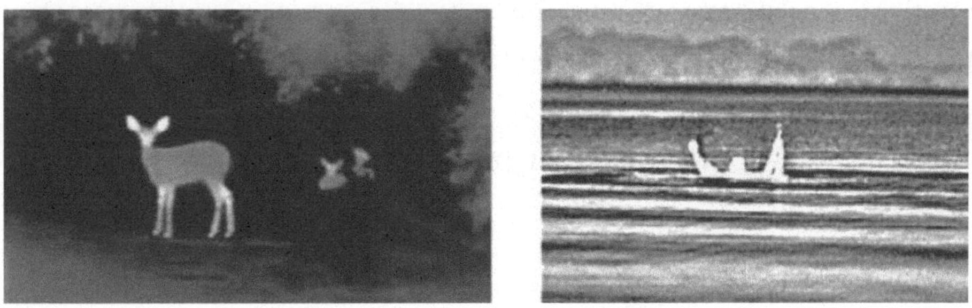

그림 2-34 야간식별용 적외선 감지기

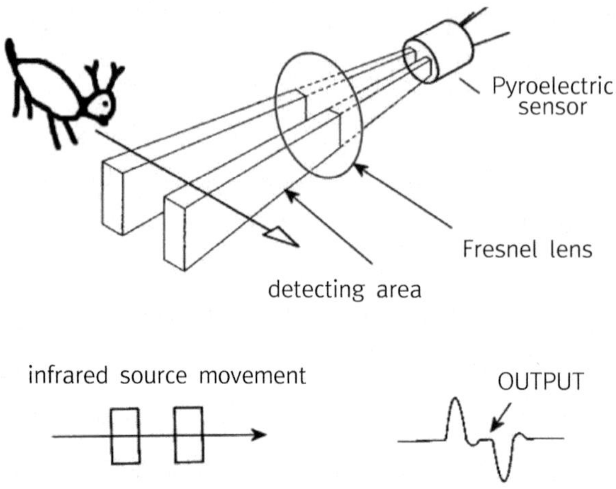

그림 2-35 적외선 동작 감지기

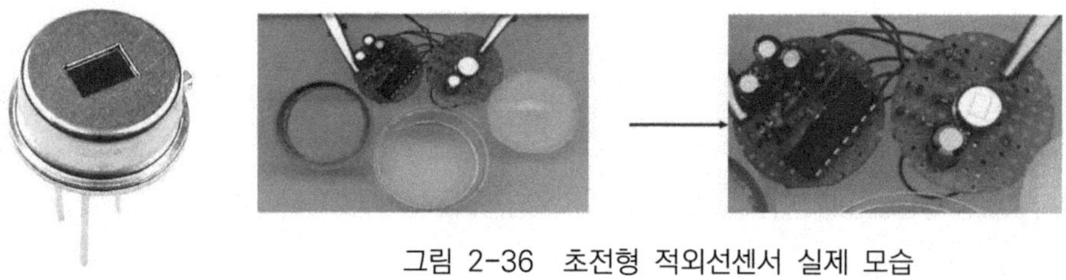

그림 2-36 초전형 적외선센서 실제 모습

초전형 적외선센서(PIR 센서)

초전형 적외선센서(PIR센서)는 초전재료를 사용하여 온도변화에 따라 변화는 자발분극의 특성을 이용하여 적외선을 검출하는 센서이다. PIR센서는 2개의 초전 소자로 구성되어 환경의 온도변화에 따라 생기는 잡음을 제어함으로 감지기의 안정성을 향상시켰다.

초전형 적외선(PIR)센서는 자동문 개폐장치, 조명기구, 지능형 완구 등에 광범위하게 사용되고 있으며 일반적으로 지능형 완구의 사용에 적합하다.

2.4 자기센서(Magnetic sensor)

최근 마이크로프로세서의 고성능화, 저가격화에 따르는 보급에 의해 정보처리 장치, 음향기기 등이 현저하게 고성능화, 지능화가 진행됨에 따라 자기센서도 다양화, 고성능화 되었다.

자기센서(Magnetic sensor)는 생활 속의 온도, 열, 빛, 압력, 소리 등의 자연 에너지원과 자기, 물리, 화학적인 양의 정보를 감지하여 일정 한 전기적인 신호로 변환하는 기능을 갖춘 소자 또는 장치를 말한다. 센서는 전자유도의 법칙을 이용하는 것과 반도체 등에 자계를 가하면 그의 전기적 성질이 변화하는 전류자기효과와 편광에 미치는 자기적 작용의 이용, 자기특성의 온도변화를 이용한 것 등이 있다.

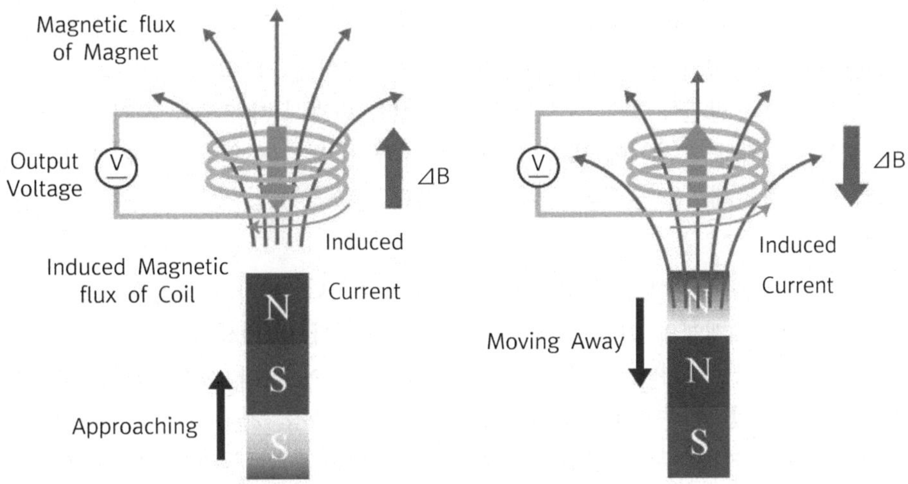

그림 2-37 전자유도작용을 이용한 자기센서

2.4.1 자기센서의 개요

자기센서에는 자계에 관련된 물리현상이 동작원리로서 많이 이용되고 있다. 자계를 자기나 빛, 압력, 열로 변환시키거나 또는 그 반대로 변환시켰을 때의 효과를 능숙하게 이용한 자기센서가 많이 실용화되어 광범위한 산업분야에서 이용된다.

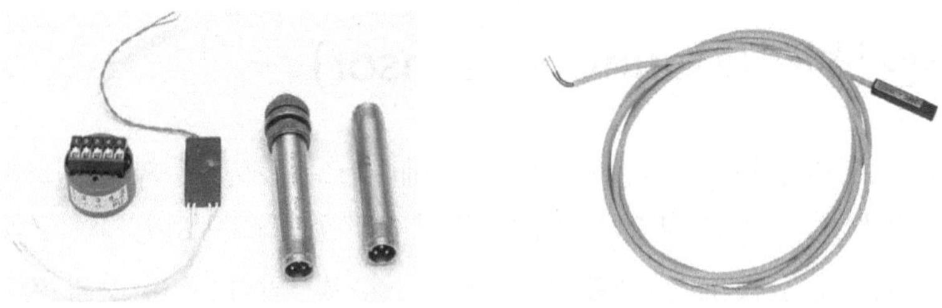

그림 2-38 자기센서

자기센서는 원리적 측면에서의 분류로 산업체에서 분류할 때의 자기센서는 주로 자기장측정용 센서의 의미를 포함하고 있으나, 학문적 입장에서의 자기센서는 “자기적 현상을 이용한 센서”로 포괄적으로 취급하는 것이 바람직하다.

자기적인 현상을 이용한 자기센서는 인류역사와도 매우 밀접하다. 인류가 방향을 지시하는데 사용하였던 자기 나침반에서 오늘날 인공위성의 자세제어에 사용되는 flux-gate 센서에 이르기까지 자기센서는 많은 발전을 하여 오늘날에 이르렀다. 따라서 대부분의 자기센서에 사용되는 자기적 현상이 19세기에서 20세기에 발견된 것이기 때문에 새로운 원리의 자기센서 개발보다는 새로운 재료의 개발이나 새로운 센서의 설계 및 최적화 기술을 도입으로 센서의 특성 향상에 많은 노력을 하고 있다.

자기센서는 자장을 유용한 전기 신호로 변환시켜 주거나, 비자기적 신호를 전기적 신호로 변환시키기 위한 중간 매개체의 변환기 역할을 하는 센서이다. 자기센서의 특징은 무접점 또는 비접촉 측정이 가능하다는 점이다. 자기센서는 이용하는 목적에 따라 직접적인 응용면과 간접적인 응용면으로 나눌 수 있다. 자속이나 기계강도 측정, 방위 측정, 자기 기록 매체로부터의 데이터 읽기, 카드나 지폐의 자성 무늬 식별, 그리고 자기 장치의 제어 등과 같은 직접 자장을 입력하여 전기적 신호로 변환시켜 주는 목적에 이용할 때 이를 직접적인 응용이라 볼 수 있다. 또한, 과부하 보호를 위한 포텐셜이 없는 전류 측정, 집적화 적산 전력계, 무접촉 선형 및 각도 위치 측정, 변위 또는 속도 측정 등 비자기적 신호를 전기적 신호로 변환시켜 주는 목적에 이용될 때 이를 간접적 응용이라 한다.

자기센서는 전자유도작용을 이용한 코일에서부터 Josephson 접합을 이용한 초전도 양자간섭소자(SQUID : superconducting quantum interference device)까지 광범위하게 이르고 있다.

그 중에서 실온에서 동작하는 범용성이 있는 반도체 자기센서의 주류는 전류자기 효과에 의한 Hall 소자와 자기저항 소자이며, 이들은 피측정자계에 대하여 고감도로서 좋은 직선성을 갖는 특징이 있다. 이들은 또한 반도체 집적화 공정기술에 의해 집적화가 가능하기 때문에 다차원 또는 다기능의 성질을 갖는 센서의 제조가 용이하다는 이점도 갖고 있다. 미소자계의 측정이나 극저온에서의 측정을 위해서는 초전도 효과를 이용한 초전도 양자간섭소자를 사용한다.

또한 최근의 센서 개발동향은 센서의 저전력화, 소형화 및 센서출력이 마이크로 컴퓨터와 쉽게 인터페이스가 가능하여 사용자에서 친밀한 출력이 쉽게 가능한 센서 즉, 지능센서와 EMC와 방사능에 내성이 있는 센서의 개발이 요구되고 있으며, 자기센서의 경우 중요한 장점이 우수한 재현성과 신뢰성이기 때문에 센서의 사용 환경조건이 나쁜 공장의 생산자동화용, 자동차용 및 항공·우주분야 등에 널리 사용되고 있다.

2.4.2 자기센서의 분류

자기센서의 범위가 매우 넓기 때문에 모든 자기센서에 관련된 원리 및 응용범위를 기술하는 것이 어렵기 때문에, 여기에서는 활용되는 원리와 간단한 응용 예를 간단히 설명한다.

자기센서를 센서에 응용되고 있는 자기적 현상으로 분류하면 다음과 같다.

① 전자유도작용

② 전류자기효과

③ 포화철심형 자력계

④ 코일자력계

⑤ Hall 효과

⑥ 자기저항소자(Thomson 효과)

⑦ 자기다이오드

⑧ 초전도 양자간섭소자

⑨ 자기 트랜지스터

자기센서는 여러가지 종류가 있지만, 그 중에서도 전류 자기효과에 의한 자전(磁電)변환소자라 불리는 것에 대해 설명한다. 표는 이러한 자기센서의 특성과 주요 용도를 비교한 것이다.

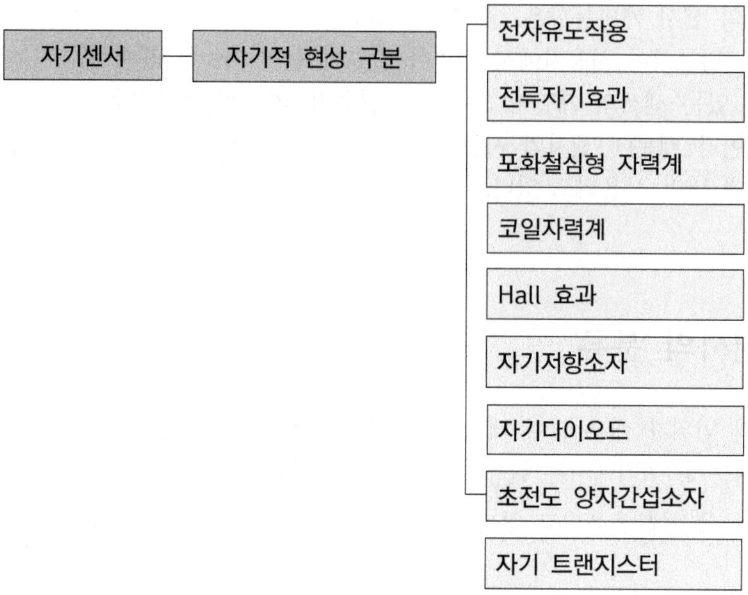

그림 2-39 자기센서의 분류

표 2-22 각종 자기센서의 특징과 주요용도

자기센서소자	단위	반도체 자기센서		MR센서
		홀소자	반도체 자기저항소자	강자성체 자기저항소자
동작원리	-	홀 효과	자기저항 효과	자기저항 효과
재질	-	InSb, InAs,GaAs	InSb	NiFe, NiCo
최소분해능	mm	0.1	0.1	0.01
출력펄스수(N-S)	Hz	1	1	2
주요용도	-	브리시리스 모터 회전제어, 무접점 스위치, 자계측정, 전류측정	포텐쇼미터, 지폐인식	근접스위치, 자기식인코더, 유량계,

*(N-S)는 N극과 S극의 1쌍을 나타내며, 이1쌍(2극)을 부여할때의 출력 펄스 수

MR 센서란

- 자계의 강도에 따라 저항값이 변화되는'자기저항 효과'이용
- Ni, Fe, Co 등의 강자성체 금속을 주성분으로 하는 합금 의 박막은 자계강도의 변화에 따라 저항값이 변화된다. 이것 을'자기저항 효과'(Magneto-Resistive effect)라 하며 이 효과를 이용한 것이 MR 센서이다. 전술한 반도체 자기저항 소자는 자계를 가함에 따라 저항이 증가하는 정(+)의 자기특성을 나타내는 데 대해 MR 센서는 저항이 감소되는 부(-)의 자기 특성이 된다.

- 강자성체의 자기저항 효과 그 자체는 W. Thomson에 의해 1856년에 발견되었다. 그러나 이 현상이 실제로 응용되기 시작한 것은 지금부터 약 30년 전의 일이다. 센서로서 사용하기 위해서는 어느 정도 높은 저항값이 필요하며 증착이나 스패터 등의 박막 제작장치가 개발됨에 따라 박막형상인 MR 센서가 실용화되기 시작했다.

2.4.3 전자유도작용

이 법칙은 자속의 시간변화율에 비례하여 기전력이 발생하는 것으로 자기센서에서 활용하는 가장 간단한 원리의 센서이다.

(1) 전자유도작용 원리

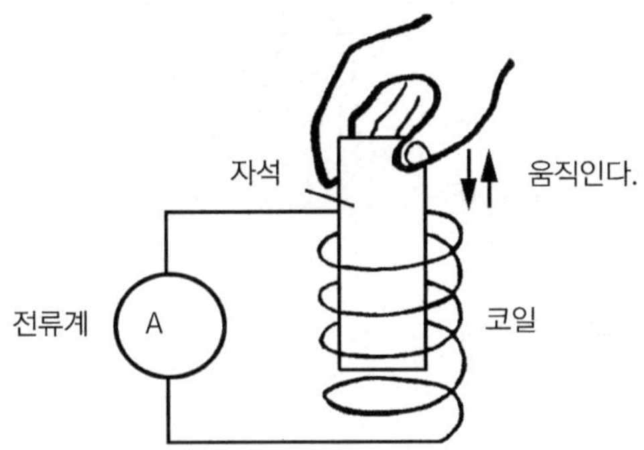

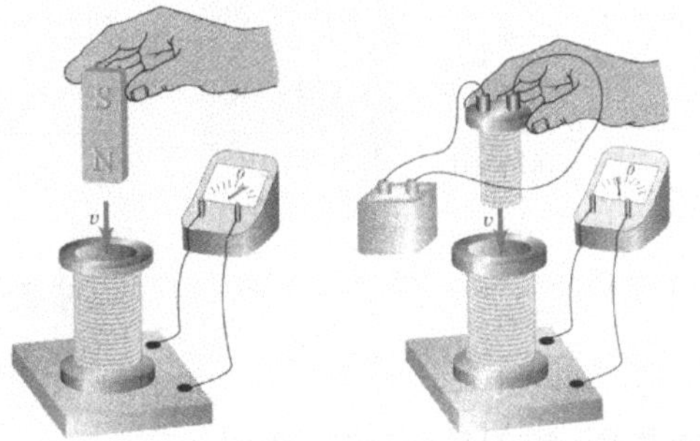

그림 2-40 전자유도

자계 내에 자력선과 직각으로 도체를 놓고 이 도체를 움직이면 도체에 전류가 생긴다. 전자유도와 같이 도체 양 끝에 전류계를 연결하고 도체를 자력선 직각방향으로 움직이면 도체에 전류가 생겨 전류계가 흔들린다. 또한 자석을 움직여도 마찬가지로 전류계는 흔들린다.

도체를 움직이는 방향에 따라 전류계의 움직임도 반대가 되며 움직임이 빠를수록 전류계의 흔들림도 크다. 이처럼 도체와 자력선이 교차되면 도체에 기전력이 생긴다.

이 기전력의 크기는

$$E = B \cdot l \cdot \mu$$

기전력 = 자속밀도[Wb/m^2] × 도체의 길이 × 도체의 움직이는 속도[m/s]

로 나타낸다. 이러한 현상을 전자유도작용(electro magnetic induction)이라 하며 전자유도 작용에 의하여 발생한 기전력을 유도 기전력, 흐르는 전류를 유도전류라 한다. 이것이 발전기의 원리이다.

전자기유도를 발생시키는 방법은 다음과 같다.

① 도체와 자력선과 상대운동에 의한 방법(발전기, 모터)

② 도체에 영향을 미치는 자력선을 변화시키는 방법(변압기, 점화코일)

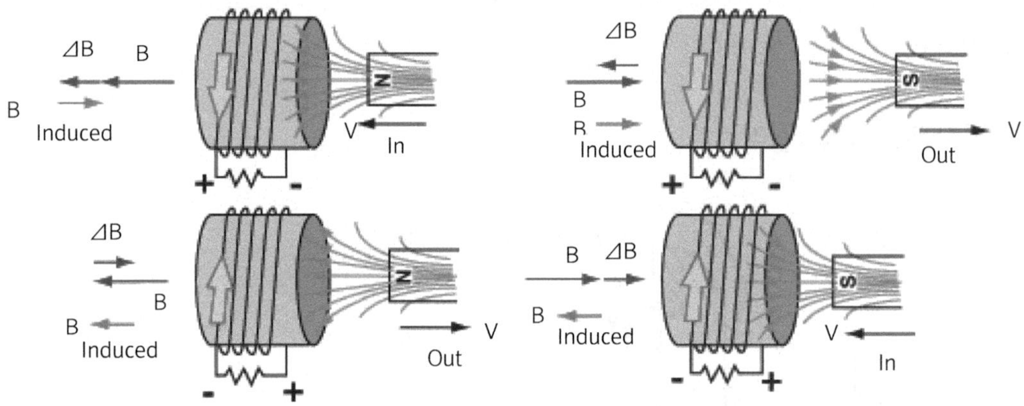

그림 2-41 렌츠의 법칙

(2) 렌츠의 법칙(Lenz's law)

유도 기전력의 방향은 코일 속의 자속의 변화를 방해하는 방향으로 생긴다는 법칙으로 자석을 코일에 가까이할 때 자석 가까운 쪽에 같은 극이 나타나고 코일에 기전력을 발생하여 자석의 접근을 방해한다. 또 자석을 코일에서 멀리하면 자석 가까운 쪽에는 다른 성질의 극이 되도록 기전력을 발생하여 자석이 멀어지는 것을 방해한다.

(3) 플레밍의 오른손법칙(Fleming's right hand law)

도체와 자력선과 상대운동에 의한 경우 기전력의 방향도 렌츠의 법칙으로 구할 수 있지만 보다 간편한 방법이 플레밍의 오른손법칙이다. 오른손 엄지손가락을 운동방향에 일치시키면 가운데 손가락은 유도 기전력 방향을 표시한다. 이것을 플레밍의 오른손법칙이라고 한다.

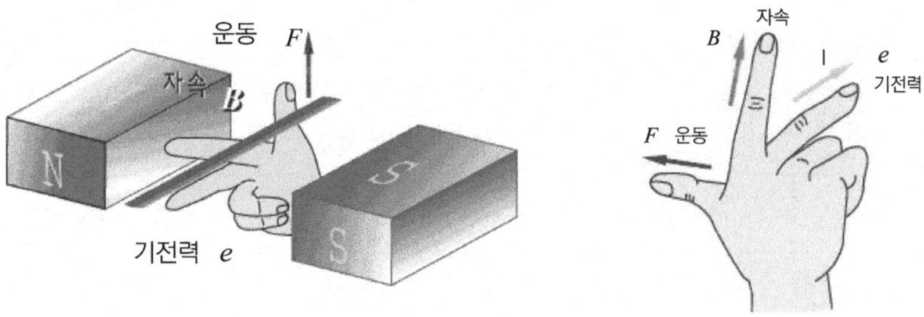

그림 2-42 플레밍의 오른손법칙(전자유도 작용)

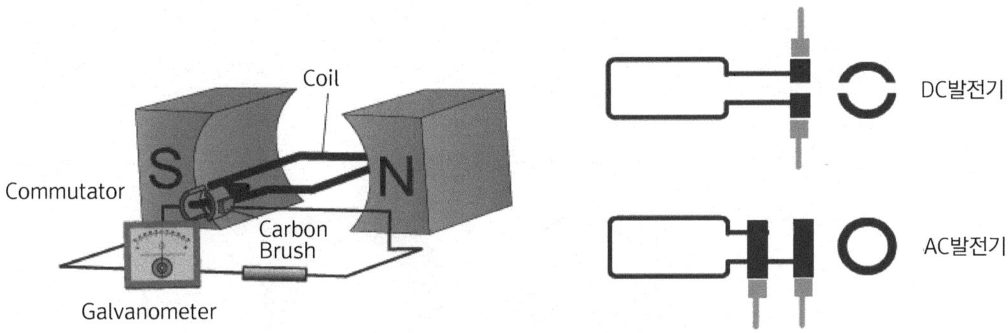

그림 2-43 직류발전기의 구성도

(4) 전자기유도 작용의 응용

전자유도 작용은 실제 발전기에 적용되어 사용되며 여기서는 직류발전기를 예를 들어보기로 하자.

직류발전기의 구성도와 같이 전자석 N극과 S극 사이에 U자 코일(전기자 코일)을 놓고 코일 양끝을 서로 절연된 구리 링을 이등분하여 가운데에 절연물질을 넣어 절연시켜 접속시키고 이 코일을 자계 속에서 강제로 회전시키면 코일이 자속을 끊어 전자유도 작용을 유발시켜 기전력을 발생시킨다. 이 발생전압의 방향은 플레밍의 오른손법칙에 따르며 그 크기는 자속을 직각으로 자르는 비율에 비례한다. 이처럼 전자유도 작용에 의하여 발전을 할 수 있다.

2.4.4 전류자기효과

이 방법의 원리는 감지부분이 연자성 재료의 코아에 코일이 권선되어 있다. 측정 대상물체가 비자성금속일 경우 와전류에 의한 skin효과에 의하여, 측정대상 물체가 자성의 금속일 경우 자기회로의 자기저항변화가 코일의 인덕턴스를 변화시키고, 이는 근접정도에 따라 변하므로 근접정도를 측정 할 수 있는 센서이다.

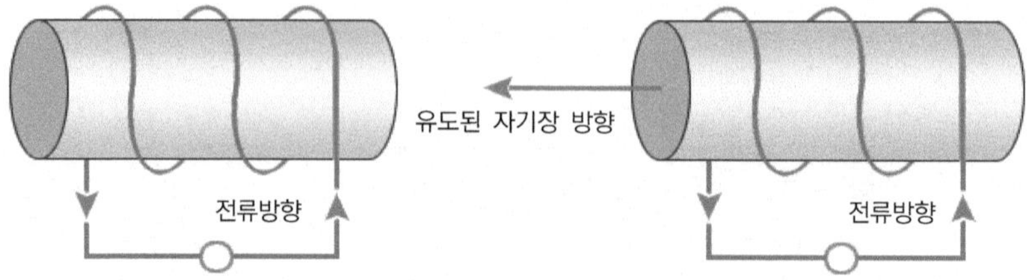

그림 2-44 오른나사의 법칙

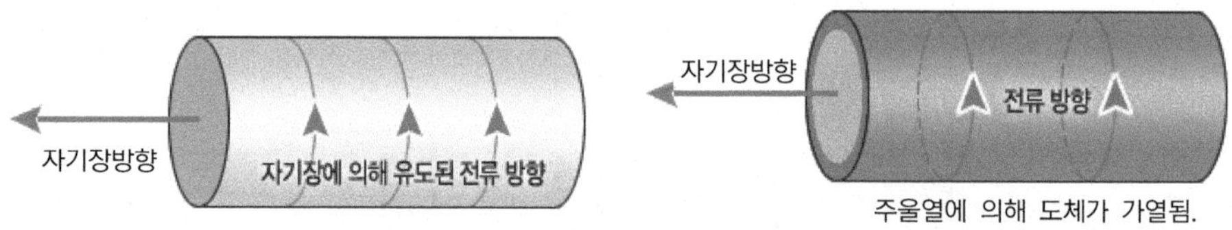

그림 2-45 자기장의 방향

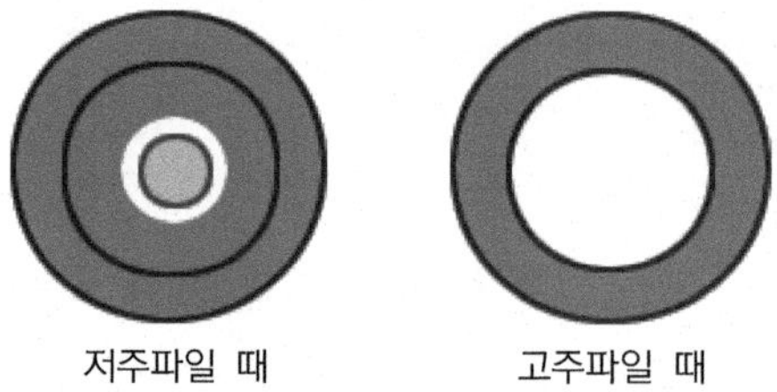

그림 2-46 전류자기 효과

선형성은 나쁘지만 온도특성이 우수하고, 그 구조가 간단하여 비접촉 S/W나 회전하는 축의 회전수측정 및 비접촉 근접센서로 널리 사용되고 있다.

가열하고자 하는 도체에 인덕터라는 코일을 감고 고주파 전류를 가한다. 오른나사의 법칙에 의해 도체중심에 자기장이 유도된다. 도체중심의 자기장에 의해 도체에는 전자유도 작용에 의해 전압이 유도되는데 도체 자체가 폐회로이기 때문에 도체표면에 맴돌이(와전류) 전류가 발생한다. 이 맴돌이(와전류)전류의 주파수는 고주파 전원의 주파수와 같다.

도체는 내부의 고유저항이 존재하는데 저항이 있는 물체에 전류가 흐르면 주울의 법칙이 적용되어 주울열이 발생되어 도체는 가열되고 전력손실이 발생되는데 이를 맴돌이 전류손 또는 와류손(Eddy Current Loss)라 한다.

① 저주파일 때 : 맴돌이 전류의 밀도가 도체 단면 전체에 걸쳐 거의 같다.

② 고주파일 때 : 맴돌이 전류가 중심부에는 거의 흐르지 않고 표면 가까이에 집중된다.

고주파 전원을 가했을 때 맴돌이 전류가 도체 표면에만 흐르는 현상을 표피효과(Skin Effect)라 하는데 이런 현상은 베아링처럼 표면만 담금질할 때 이용되므로 중요한 현상이다. 주파수가 100 kHz이상으로 높아지면 주로 와전류손으로 가열한다.

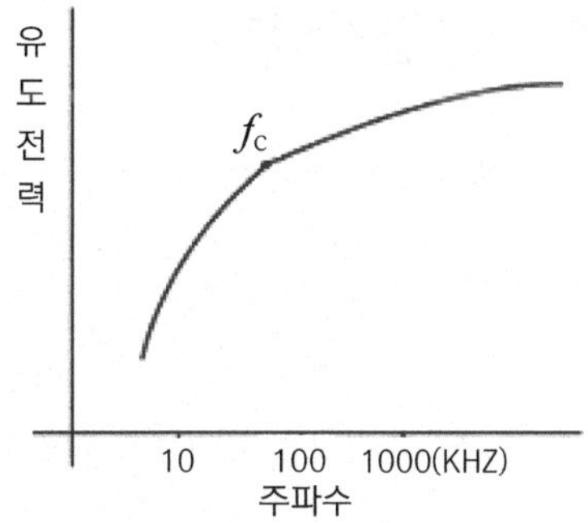

그림 2-47 표피효과

임계 주파수 이하에서는 약간의 주파수 변동이 큰 가열상태의 변화를 초래하게 되며 또한 주파수가 너무 높아지면 이번에는 표피효과가 심해져 이로 인한 표면으로부터의 열 방출이 심해 오히려 가열효열이 떨어져 가열 종류에 따른 차는 있으나 열처리에 있어서 이주파수 선택은 임계 주파수의 5배 정도의 높은 주파수가 사용된다. 그러므로 유도가열에서 주파수 선택은 재료의 종류와 효과와 임계 주파수를 함께 고려하면서 정해야 한다.

2.4.5 포화철심형 자력계

강자성체에 종방향의 자기장을 가하고, 자성체를 비틀면 시편의 자화가 변하는 현상으로, 그 특성 곡선은 이력현상을 보인다. 자기변형의 특성을 갖는 스프링모양의 자성체 선(wire)에 코일을 권선하여, 변위나 피측정 힘에 의하여 강자선선에 비틀린 힘을 가하게되어 자기유도의 변화에 의한 기전력을 측정하므로 변위센서 및 힘 측정 센서의 응용이다. 비정질자성재료의 Matteucci효과와 Large Barkhausen효과를 이용하여, 비틀린 상태의 비정질리본 및 세선에 코일을 권선하지 않고서도 변위 및 회전속도를 측정하는 센서의 개발도 있다.

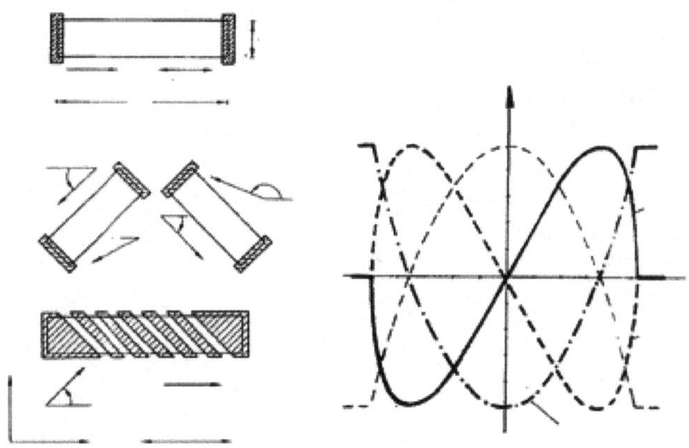

그림 2-48 Matteucci효과

2.4.6 코일자력계

자성체에 전류를 흘리거나 전류를 흘린 후에 자성체를 비틀면 자성체가 자화되는 현상으로, 원기둥 모양이나 스프링 모양의 자성체에 코일을 권선하고 자성체에 전류를 흘리는 상태에서 원기둥 모양의 경우 토오크를, 스프링 모양의 경우 힘이나 변위를 주면 코일에 전압이 유도되고, 이를 측정하여 토오크, 힘 및 변위를 측정하는 센서이다. 그림은 Wiedmann 효과를 이용하여 힘과 토오크를 측정하는 센서의 구조를 나타낸 것이다.

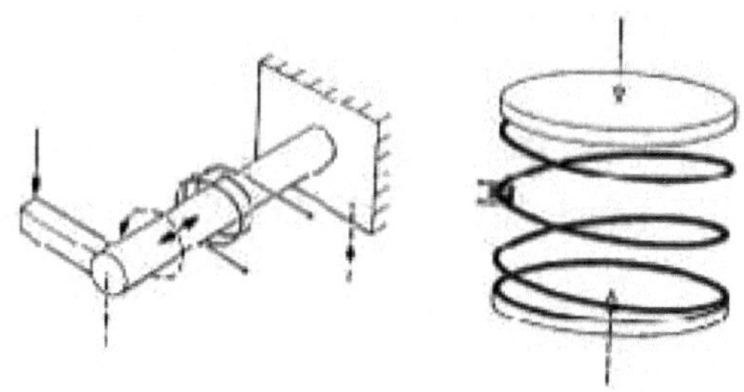

그림 2-49 Wiedmann 효과이용 센서구조

2.4.7 Hall 효과

홀 효과 센서라고 하는 것은, 회전각을 비접촉하여 전압으로 변환하는 센서이다. 홀센서의 원리는 시편에 전류가 흐를 때 전자나 정공(hole)이 외부자기장에 의하여 Lorentz힘(F=ev×B)을 받게 되어 시편 양단에 전압(홀전압)이 발생한다.

이 현상은 반도체분야에서는 반도체의 물성연구에 이용되나, 센서분야에서는 홀전압을 측정하므로써 자기장을 측정하는 방법으로 사용된다. 홀센서는 소형 다량생산이 가능하고 증폭기 등 전자회로를 동시에 반도체공정으로 생산 가능하고 저가의 다량생산 공급이 가능하여 보편적인 용도의 자기장센서로 가장 많이 보급되어 있다.

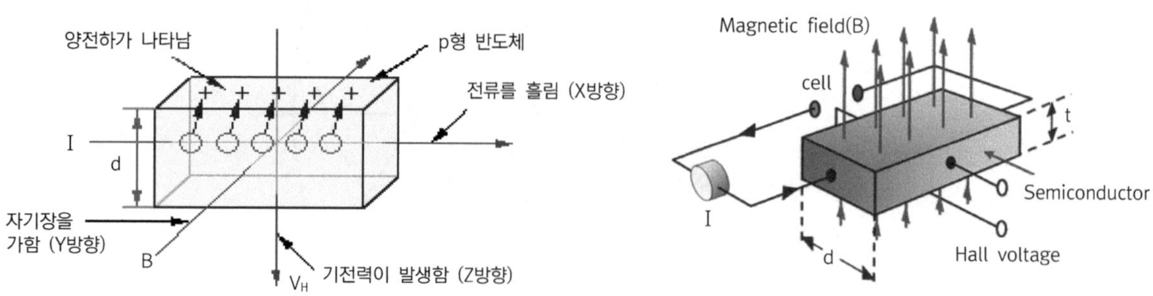

그림 2-50 Hall 효과

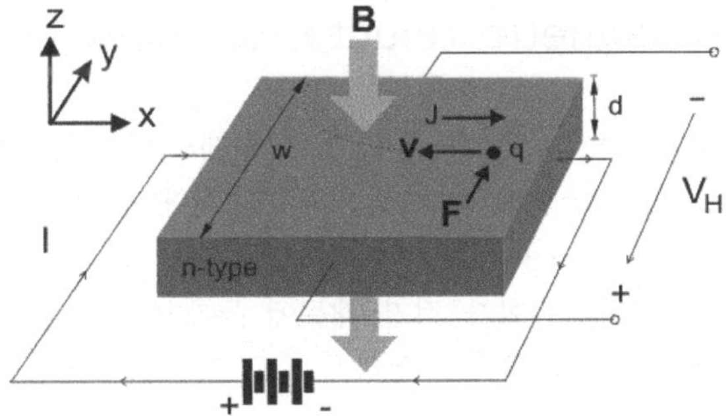

그림 2-51 홀효과 디바이스

(1) 홀 소자

전자가 반도체 속을 흐를 때 외부에서 자계를 가하면, 전자가 로렌츠 힘을 받아 구부러져 내부에 전위차가 발생하는 '홀 효과'를 이용한 자기센서이다. 적용 가능한 외부 자계의 다이내믹 레인지가 넓고 외부 자계의 강도에 비례한 센서 출력을 얻을 수 있다.

홀 소자용의 반도체 재료로서는 Ge, So, InAs, InSb, GaAs등이 이용되고 이 중에서도 GaAs 재료를 이용한 홀 소자는 온도 특성이 우수하여 주목되고 있다. 이용분야는 VTR과 레코드플레이어, 플로피 디스크에 사용되고 있는 각종 브러시리스 모터로의 응용 이외에 자속계, 전류계, 자기기록용 헤드, 전위계, 회전계, 전력계, 주파수 변환기, 아이솔레이터, 자이레이터 등 이다.

특징은 소형, 취급이 간편, 저렴한 가격, 자계 비례성이 양호, 주위 온도의 영향을 받기 쉬워 온도 보상이 필요하다.

(2) 홀 IC

출력전압이 작기 때문에 실리콘(Si) 홀 소자와 증폭기를 일체로 하여 집적화한 홀 IC가 보급되고 있다. 이는 Si 홀 소자의 결점을 개선하기 위해 IC 기술을 사용해서 신호처리 회로를 센서와 일체적으로 형성한 것이다. 출력이 자계 세기에 비례하는 리니어형 센서와 임계값 이상의 자계로서 ON/OFF하는 스위치형 센서의 두 종류가 있다. 스위치형으로서는 스위치 동작을 확실히 하기 위해 고의로 히스테리시스를 갖게 하고 있다. 이용분야는 자기 인터럽터, 홀 모터, 무접점 디스트리뷰터, 자속계, 전력계, 전위계, 변위계, 회전계, 스위치, 키보드 스위치 등이며, 특징은 소자 감도가 크다.

2.4.8 자기저항소자(magnetic reluctance element)

자기저항효과는 일명 Thomson효과로 말하며, 자성체의 전기적 저항이 자화방향과 전류의 방향에 따라서 변화하는 현상으로, 물리적인 원인은 자기장에 의하여 스핀방향이 서로 다른 전자의 에너지 준위가 분리되고 따라서 Fermi표면의 상태밀도가 변하여 비저항의 변화를 주는 것으로 알려져 있다. 일반적으로 자기저항변화가 적기 때문에 두개의 동일한 센서를 사용한 차등형이나 4개를 사용한 브리지형태를 많이 사용하고 있다.

최근에는 강자성박막 사이에 비자성 박막이 있는 자기다중 박막의 경우 인접한 두 강자성 박막이 반강자성 구조로 결합하여 거대 자기저항효과를 갖는 자성재료 및 granular형 박막에서의 GMR과 산화물계 자성재료의 CMR에 관한 연구가 활발히 진행되고 있다.

자기저항효과를 이용한 센서는 센서의 소형화가 가능하고, IC화 할 수 있는 장점을 가지고 있어서, 자장센서, 변위센서, 각도센서 및 기록매체의 헤드 등에 응용되고 있다. 특히 브러시리스 모터와 서보모터 사용의 증가로 자기저항효과를 이용한 센서의 수요가 최근 많이 증가되고 있다.

(1) 반도체 자기 저항 소자

반도체 속의 전자가 로렌츠 힘에 의해 구부러지는 현상을 이용하고 있다. 홀 소자에서는 이때 발생하는 전위차를 이용하고 있지만 반도체 자기 저항소자에서는 전자가 구부러짐에 따라 통과로가 길어져 저항값이 증가되는 것(자기저항 효과)을 이용하고 있다.

이 저항값은 극성에 관계없이 외부 자계의 강도에 비례하여 증대하고 값은 포화되지 않는다. 높은 자계에 대한 출력전압은 크지만 낮은 자계에서는 작아지므로 희토류 자석 등의 바이어스 자석을 조합시킨 센서 구조이다.

도체의 비저항 자체가 변화하는 물리 효과와 전류 통로의 변화에 의한 형상효과를 포함하는 자기저항효과를 이용. 동심원상의 내외 전극을 가진 원판 자기저항소자. 감도의 점에서는 이상적이지만 소자의 저항이 작으므로 실용화는 어렵고 래스터판 구조인 것이 실용화되고 있다. 레스터판은 길고 가는 반도체의 위에 긴방향과 직각으로 단락 스트라이프가 부착되어 있다. 자기저항소자를 다수 직렬로 접속한 구조이므로 소자수를 많게 하면 저항값을 크게 하는 것이 가능하다. 이용분야는 무접촉 가변 저항기, 포텐쇼미터, 자속계, 전류계, 변위 및 진동픽업, 승산기, 아날로그 계산기, 마이크로파 전력계, 회전계, 지폐 식별 센서 등이다.

특징은 자속이 낮은 곳에서 제곱특성을 나타낸다. 자속이 크면 직선특성을 가지고 있다.

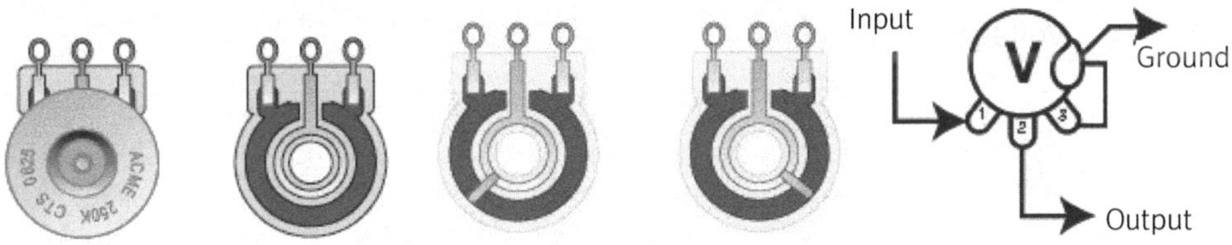

그림 2-52 포텐쇼미터(가변저항)의 구조

이상 자기저항효과라고 하는 강자성체에 특유 효과인 자성체의 자화 방향변화에 따른 배향 효과와 자화의 크기에 따라서 저항이 변화하는 자기효과를 이용. 자계가 크게 되면 저항이 직선적으로 감소하는 부성 자기저항효과와 자화방향과 전류방향이 이루는 각도에 따라 저항이 일방적으로 변화하는 것. 소자의 소형화, 고저항화의 목표로부터 박막에서 굽힘선 모양으로 구성되어 있다.

이용분야는 고밀도 자기센서, 고정밀도 위치센서, 리니어 위치센서, 로터리 인코더, 마그넷 스위치, 프린터의 인자 배열기 등 반도체 자기저항효과소자와 동일한 분야에 이용한다. 특징은 H_s 이상의 자계에서 사용할 때 자계의 방향을 검출할 수 있다. 출력의 포화 특성에서 출력레벨이 자계세기에 무관계로 안정하다.

2.4.9 초전도 양자간섭소자(Superconducting Quantum Interference Device)

약한 결합을 가진 초전도 링에 자속 트랜스의 입력을 인가하면 이것을 없애도록 전류가 흐른다. 이 전류에 의해 자속 양자가 약한 결합을 통해서 출입하므로 공진회로를 사용하여 자속변화를 측정한다.

전류가 흐르면 자계가 발생하는데 이 자계를 고정밀도로 검출하고 생체에 생기고 있는 이상을 진단하는 것이 생체자기계측이다. 이것에 SQUID(초전도 양자간섭소자)라고 불리는 초고감도의 자기센서가 사용되고 있다. 이용분야는 심전도, 인공위성을 이용한 자원탐사, 지구자기계측, 대전류 안정화, 변위계측 등이며, 특징은 자기센서 중, 최고의 감도, 극저온 필요(고가인 액체 헬륨 냉각화), 소형화 곤란이 있다.

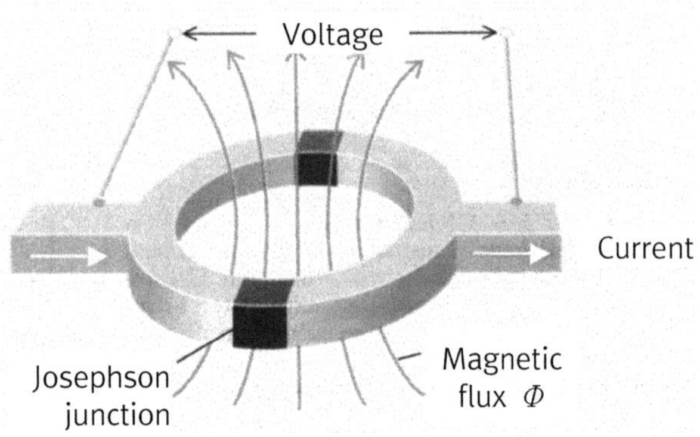

그림 2-53 초전도 양자간섭소자

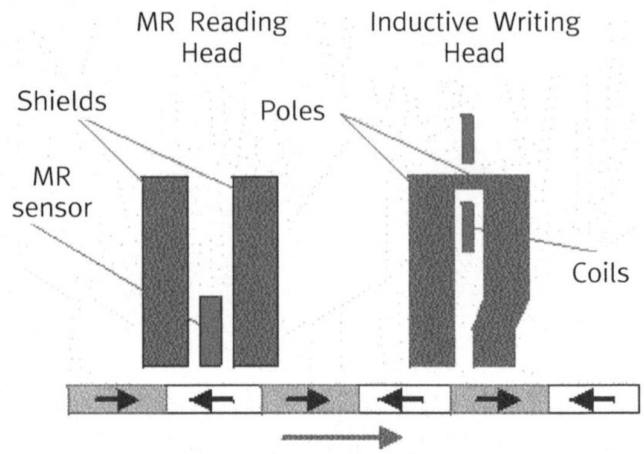

그림 2-54 자기 헤드의 구조

2.4.10 자기 트랜지스터

컬렉터를 2개 설치하고 이미터에서 유입하는 전류 값이 자계에 따라서 변화하는 것을 이용한다. 자계가 없는 경우에는 2개의 컬렉터에는 서로 같은 전류가 흐르므로 그 출력 합은 0이 된다.

센서에 수직인 방향에서 자계를 가하면 정공에 로렌츠 힘이 작용해 극성에 따라 한쪽의 컬렉터 전류가 증가함으로써 그 출력차가 자계에 비례해 변화하므로 자기센서로서 사용할 수 있다.

이용분야는 자기헤드, 픽업 등이며 특징은 IC 기술사용 가능/소형, 양산화 기능이 있다.

2.5 압력센서(Pressure Sensor)

2.5.1 압력센서의 개요

압력센서는 힘이 물체에 가해질 때 단위 면적당 물체에 가해지는 압력이나 회전력의 미세한 크기 변형량을 측정하는 소자로서 공업계측, 자동제어, 의료, 자동차 엔진제어, 환경제어, 전기용품 등 그 용도가 다양하고 가장 폭넓게 사용되는 센서 중의 하나이다.

압력센서의 측정원리는 변위, 변형, 자기-열전도율, 진동수 등을 이용하는 것으로 현재 많은 종류가 실용화되어 사용되고 있다.

그림 2-55 압력센서 심볼

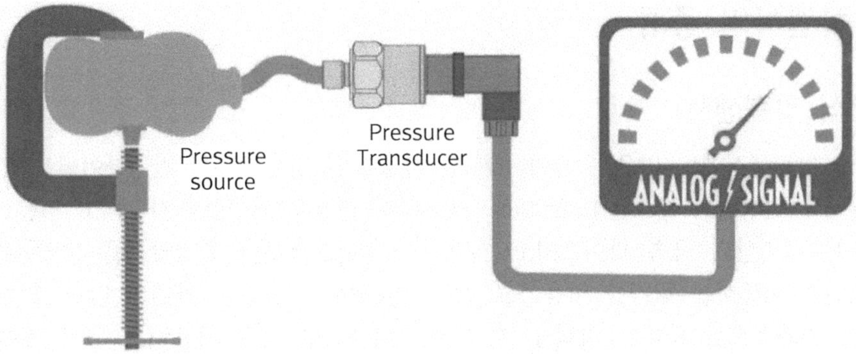

그림 2-56 압력변환기의 작동원리

최근에는 반도체기술과 마이크로머시인의 발전으로 보다 소형화되고 복합화 된 다기능의 스마트 센서에 대한 관심이 높아지고 있다. 현재 전자식, 반도체 압력센서는 국내 수요시장이 크게 성장하고 있으나 대부분 수입에 의존하고 있는 상황이고 특히 반도체 압력센서의 경우는 미국, 유럽, 일본 등 선진국이 이 분야의 기술을 독점하고 있다.

압력은 물질이 인접하는 각 부분에 서로 미치는 힘의 크기를 나타내는 양이며 단위 면적당 작용하는 면과 법선 방향의 힘을 말한다. 고체 내에서는 압력에 따른 유동이 없으므로 힘의 방향성이 유지되지만 유체(기체, 액체)는 힘이 가해지는 방향에 따라 자유롭게 형을 바꾸어 유동하므로 압력은 방향성이 없고 임의 점에서 어느 방향의 면에 대해서도 같은 크기의 압력이 작용된다. 최근에 개발되어진 대부분의 압력센서들은 기계적인 변위를 전기신호로 변환하는 것으로, 외부압력을 응력으로 변환하는 다이어프램과 다이어프램에서 발생하는 동력을 전기신호로 변환하는 방법을 이용한다.

압력센서는 프로세스 또는 시스템에서 압력을 측정하는 소자로서 공업계측, 자동제어, 의료, 자동차 엔진제어, 환경제어, 전기용품 등 그 용도가 다양하고 가장 폭넓게 사용되는 센서중의 하나이다.

그림 2-57 Pressure Sensor

그림 2-58 Pressure Sensor

2.5.2 압력센서의 종류

(1) 기계식 압력센서

기계식 압력센서에도 많은 종류가 있지만 대표적인 것은 부르돈관, 다이어프램, 벨로우즈이다. 그 중에서도 탄성식의 부르돈(Bourdon Tube)관은 현재 가장 많이 사용되고 있는 것으로, 단면이 원상 또는 평면상의 금속 파이프이고 개방된 고정단으로부터 측정압력을 도입하면 다른 밀폐된 관의 선단이 이동하는 원리를 이용하고 있다. 이 관선 이동량은 관내의 압력 크기에 비례하므로, 이동량은 기계적으로 확대된 압력을 지시한다. 다음으로 많이 사용되고 있는 것이 다이어프램과 벨로우즈로 전자는 압력차에 비례한 원판의 휨 정도로, 후자는 원통 내부와 외부의 압력차에 의해 주름상자가 신축하여 그 변위량이 압력차에 비례하는 것으로부터 각각 압력을 측정한다.

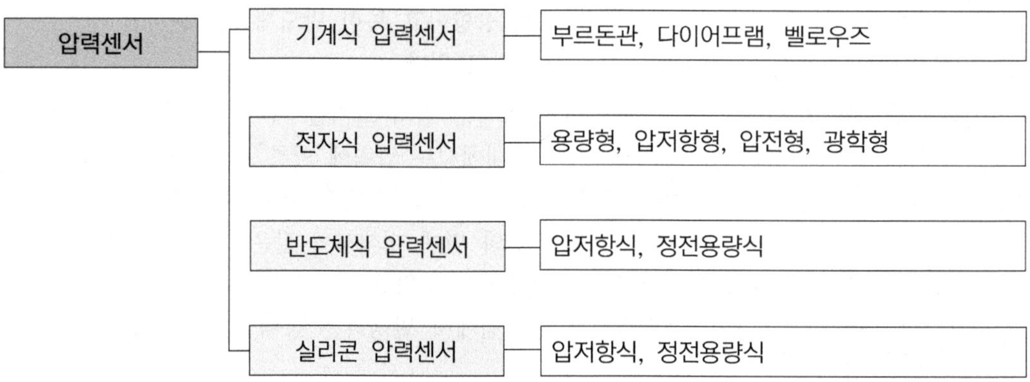

그림 2-59 압력센서의 종류

표 2-23 압력센서 원리와 기구재료

출량	변화량	변환기구	소자	주요 소자재료
변위	• 길이	• 액주의 무게	• 마노미터 • 다이어프램 • 벨로스 • 부르동관	• 수은, 물, 오일 • 금속, SI 세라믹, 고분자 • 금속, 고분자 • 금속, 석영
온도	• 열기전력	• 열전도성의 압력 의존성	• 열전대진동계 • 피라니 게이지 • 서미스터 진공계	• 금속(PtRH-Pt, NiCr-Ni) • 금속저항체 • 세라믹, 반도체

방전	• 전압	• 방전개시 전압의 압력 • 의존성	• 가이슬러관 • 필립스 게이지	• 냉음극형 진공관
변형	• 저항 • 자기 • 지연시간 • 저항 • 전압/전류 • 전압 • 색	• 형상 변화 • 자기변형효과 • 표면탄성파의 지연효과 • 피에조 저항효과 • pn 접합부의 변화 • 압전효과+전계효과 • PZT의 압전효과 • 염료의 발색	• 변형 게이지 • 자기변형소자 • 표면파소자 • 변형 게이지 • 다이오드, 트랜지스터 • PI-DMOS • 압전 시트 블록 • 감압 필름	• 금속(Ni-Cr, Fe-Ni 외) • 금속(퍼멀로이, Ni, 페라이트 외) • 세라믹(수정, ZnO+SI 외) • 반도체(SI, Ge) • 반도체(SI, Ge) 복합체(ZnO+MOSFET) • 복합체(PZT 미립자 배합 고분자) • 복합체
이온	• 이온 전류	• 기체의 전리현상 • 기체의 전리현상+자계	• 전리진공계	• 열음극형 진공관 • 마그네트론형
빛	• 위상 • 광강도	• 빛의 간섭현상 • 마이크로벤드 손실		• 석영계 글라스 • 모드 스트리퍼

그림 2-60 부르돈(Bourdon Tube)관

그 중에서도 탄성식의 부르돈(Bourdon Tube)관은 현재 가장 많이 사용되고 있는 것으로 단면이 원상 또는 평면상의 금속파이프이고 개방된 고정단으로부터 측정압력을 도입하면 다른 밀폐된 관의 선단이 이동하는 원리를 이용하고 있다.

이 관선 이동량은 관내의 압력크기에 비례하므로, 이동량은 기계적으로 확대된 압력을 지시한다.

1) 부르돈관

탄성식 압력계는 수압부에 탄성체를 사용해서 측정하고자 하는 압력을 가했을때 가해진 압력에 비례하는 단위 압력당의 변형량을 아는 상태에서, 이에 대응된 변형량만을 측정함으로써 압력을 구하는 방법이다.

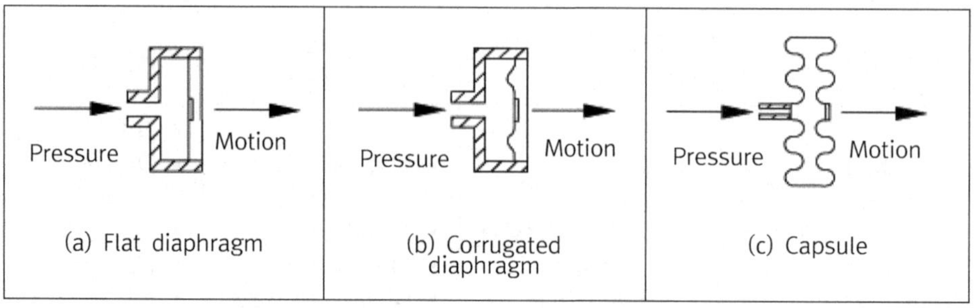

그림 2-61 부르돈관 작동원리

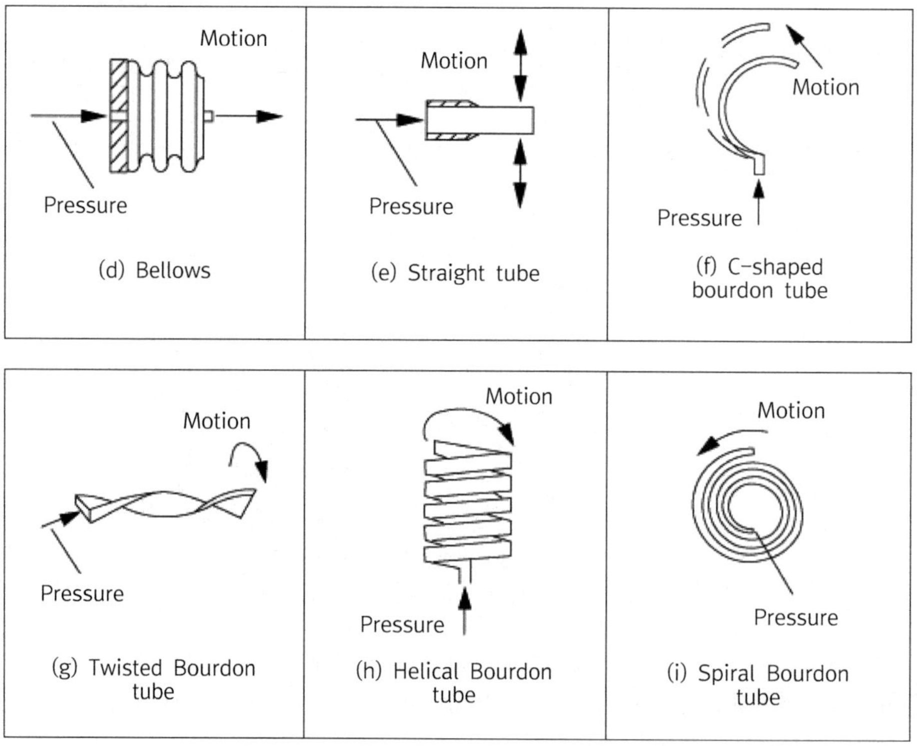

그림 2-62 압력센서의 종류

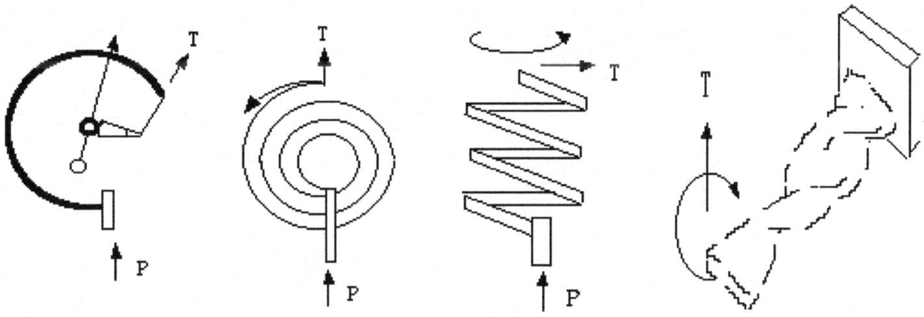

그림 2-63 부르돈관 압력계 종류

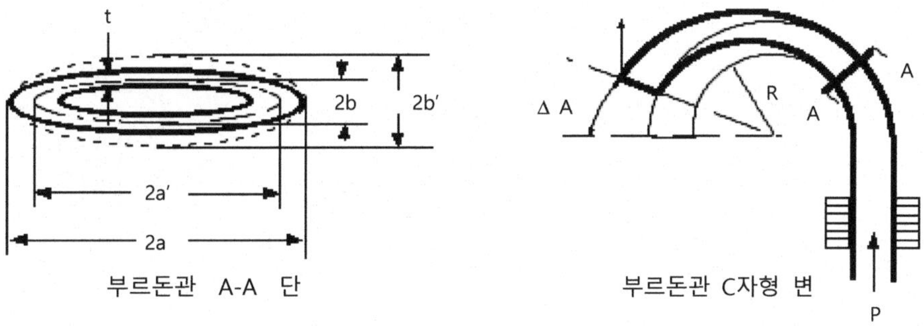

그림 2-64 부르돈관 측정원리

탄성변형을 압력계에 이용되는 것으로 부르돈관, 다이아프램, 벨로우즈 등이 있으며, 이와 같은 수압소자를 이용, 압력계 제작시는 압력변화에 따른 극히 미세한 탄성변형을 일반적으로 링크기구, 레바, 피니언 등의 기계적구조로서 확대하여 지시, 기록, 전송, 전기적 변환 등을 행하며, 이러한 의미에서 탄성식 압력계는 기계적인 압력계로 2차 압력계이다.

부르돈관은 1852년 프랑스 부르돈에 의해 발명된 것으로 타원형및 평원형을 갖는 튜브를 한쪽에 고정시킨 다음 개방시켜 압력을 가하고, 다른쪽은 밀폐자유단으로 하여 압력에 따라 변위를 발생시키도록 한 것이다.

C형 부르돈관은 180~270°의 곡률각을 갖고 있으며, 변형된 것으로 U형과 J이 있다. 나선형(Spiral type)은 보통 4~8회 감은 것으로 곡률반경은 감은수에 따라 증가하며, 관의 중심선은 한 평면상에 있고 관끝의 이동을 크게 한 것이다.

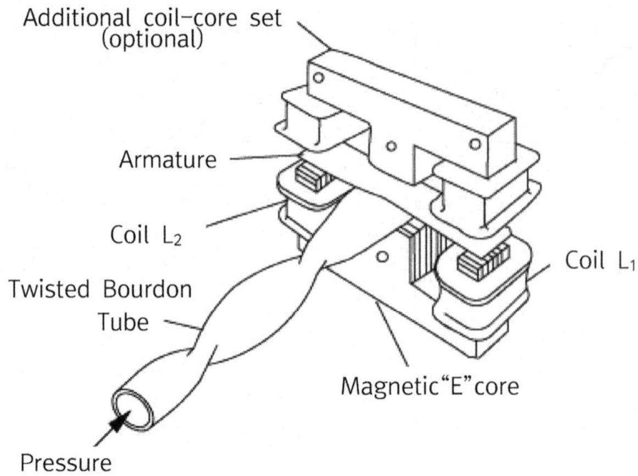

그림 2-65 Twisted Tube 부르돈관 구조

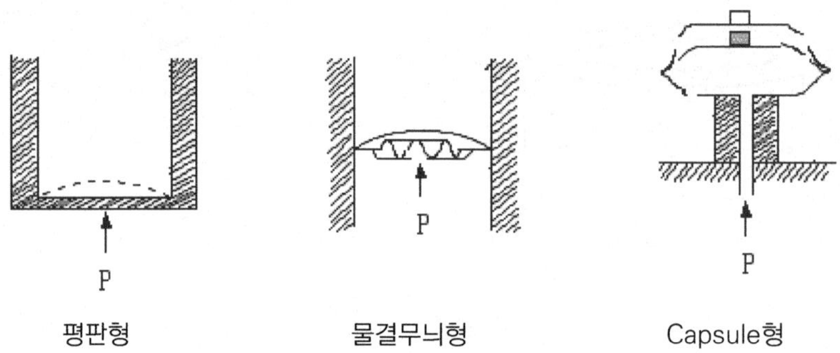

그림 2-66 다이어프램(Diaphragm) 압력계 종류

헬리칼형(Helical Type)은 C형을 여러번 감은 것으로 보통 1800~3600의 전체각을 갖고 있고, 변형 형상은 C형과 비슷하며 관끝의 이동은 C형보다 크게 나타난다. 헬리칼형의 중심선은 한 평면상에 있지 않지만 곡률반경은 일정하다. 비틀림형은 부르돈관을 길이방향으로 비틀은 것으로 비틀린 회수는 2~6회이며, 관의 중심선은 길이방향으로 직선이다

헬리컬형 부르돈관은 끝단에 거울이 부착되어 있어 압력을 받은 관이 θ각도 만큼 돌아가면 미세전류가 0이 될 때까지 광센서가 움직이고, 이때의량은 기어를 통하여 카운터에서 측정된다. 부르돈관은 저압보다는 고압용 압력계 제작에 사용된다.

2) 다이어프램(Diaphragm)

다이어프램 압력계는 고정시킨 환산형 주위단과 동일평면을 이루고 있는 얇은 막의 형태(평판형, 파형, Capsule형)로서, 가해진 미소압력의 변화에도 대응된 수직방향으로 팽창 수축하는 압력소자이다.

또한 그 압체를 분리하는 역할 및 가압체를 용기로 부터의 외부로 밀봉시켜 주는 역할을 행한다. 다이어프램은 자신의 압력 변형특성을 이용하는 금속 다이어프램과 스프링 같은 탄성요소에 의해 지지되는 비금속 다이어프램으로 크게 구분한다,

용도에 따라 다이어프램의 종류는 구분된다. 평판형은 비교적 저압용으로 사용되며 다이어프램의 강도를 높이기 위하여 동심원 물결모양을 만든다. 이 물결모양 무늬는 유압이나 기계적인 압축으로 성형시킨다. 강도는 물결무늬의 수를 증가시키고 깊이를 감소시킴으로서 높일 수 있다.

압력을 받았을 때 다이어프램의 변형은 다이어프램의 직경, 두께, 물결무늬의 형태와 수, 재질의 탄성 계수 등에 의해 달라진다.

다이어프램 압력계의 장·단점은 다음과 같다.

표 2-24 다이어프램 압력계의 장·단점

구분	비고
장점	• 수압면적이 커서 감도가 높고 저압측정이 용이하다. • 가압구의 크기조정이 용이하고 점도가 높은 액체 및 고형물질을 함유한 압력측정에 적당하다. • 막의 형태이므로 비금속 재질에 있어서는 내식성 재질선택이 용이하고, 금속재질에 있어서는 코팅 등 내식표면처리가 가능하다. • 막의 고유진동수가 높으므로 응답이 신속하다. • 서로 다른 액체사이 격막 역할을 행함과 동시에 소자로서 역할가능 • 전기적 변환부를 사용변위 변환을 전기적 출력으로 얻는다.
단점	• 다른 탄성소자에 비해 변위가 작아 확대기구가 필요하다. • 다른 탄성소자에 비해 히스테리시스, Creep 현상이 크다.

3) 벨로우즈식 압력계

벨로우즈(Bellows)는 그 외주에 주름상자형의 주름을 갖고 있는 금속박판 원통형으로 그 내부 또는 외부에 압력을 받으면 중심축 방향으로 팽창 및 수축을 일으키는 압력계의 일종이다.

벨로우즈는 압력에 따른 길이의 변화가 부르돈관이나 다이어프램 보다 커서 보통 저압측정에 많이 사용된다. 벨로우즈의 사용한도는 내압에 의해서 결정되며, 내압증가를 위해 벨로우

즈의 벽 두께를 증가 하여야 하나, 이것은 강성도의 증가를 가져와 선형도가 나빠지므로 보통 10 kg/㎠가 한도이다. 그러나 선형도가 문제가 되지 않는 경우에는 내압을 200 kg/㎠ 까지도 사용가능하다.

벨로우즈의 재질로는 황동, 인청동, 베릴륨동, 스테인레스 스틸, 모넬, 니켈 등이 있으나, 황동이 가장 많이 쓰이는 재질이며, 인청동은 양호한 기계적 특성이 요구될때 사용한다. 부식성 유체를 사용할 때에는 모넬(Monel)이나 Silver를 사용한다. 벨로우즈는 주름, 깊이, 끝모양이 서로 다른 다양한 종류가 있으며, S형과 C형은 주로 고압에 사용하고, U형은 저압에 쓰인다.

그림 2-67
벨로우즈(Bellows)

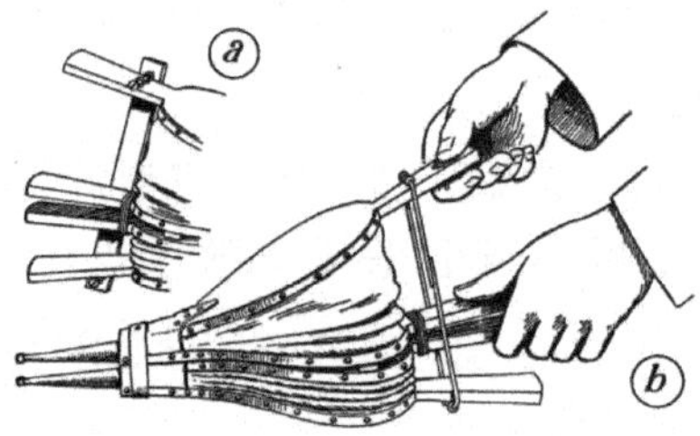

그림 2-68 벨로우즈(Bellows)

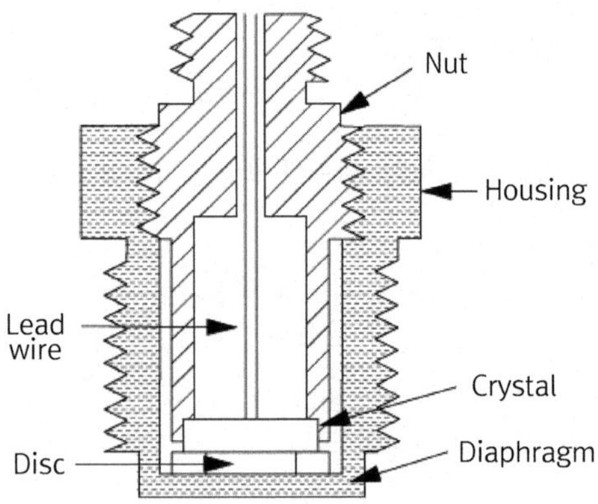

그림 2-69 압전형 압력센서의 구조

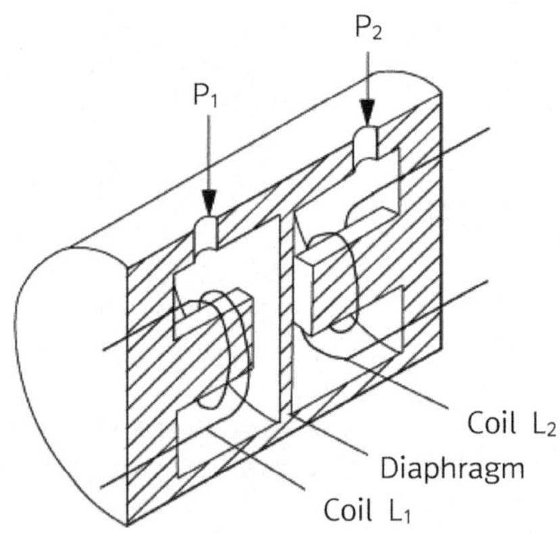

그림 2-70 인덕티브타입 압력센서의 구조

(2) 전자식 압력센서

전자식 압력센서의 대부분은 기계적인 변위를 전기신호로 변환하는 부분이 기계식과 다를 뿐 기본적으로는 기계식과 동일하다. 용량형 압력센서는 2개의 물체(전극)간의 정전용량 변화로부터 그 사이의 변위를 측정하는 방법을 기본적으로 이용한다. 이 외에도 스트레인 게이지를 이용한 압저항형, 유기 또는 무기압전소자를 이용한 압전형 그리고 LVDT · 인덕티브타입의 코일형이 있으며 최근에는 초고온의 환경이나 원격감 등의 목적으로 광섬유나 광격로차를 이용한 광학형 압력센서가 개발되어 사용되고 있다. 이 중에서도 스트레인게이지를 이용한 압저항형 센서가 성능이나 가격 면에서 우위를 점하고 있어 가장 많이 사용되고 있다.

(3) 반도체식 압력센서

반도체 압력센서는 최근에 실용화가 가속되고 있는 센서로 크리프현상이 없고 직선성이 우수하며 소형 경량으로 진동에도 매우 강한 것이 특징이다. 또한, 기계식보다 고감도, 고신뢰성이며 양산성이 좋다. 압저항이란 어떤 종류의 결정판에 압력을 가하면 압력의 크기에 따라 전압이 발생하는 원리로 압전효과라고 부르며 압전효과를 이용하여 실리콘을 이용한 반도체 소자의 저항값을 변화시키는 것이 압저항식 반도체 압력센서(압전센서)이다.

반도체 압력센서는 최근 실용화가 가속되고 있는 센서로 실리콘을 이용한 압력센서는 1961년 처음 시제품 완성되었으며 1983년 미국 하니웰사에 의해 상용화되었으며 1988년 웨이퍼 접합기술을 이용한 일괄처리공정개발로 대량생산(노바센서/1985년 설립)에 의하여 낮아진 비용으로 자동차용 압력센서(MAPS)로 사용되었으며 우리나라에서는 2002년 일본에서 압전소자를 수입하여 자동차용 MAPS(케피코)가 생산되었다.

1) 자동차 응용

자동차 엔진에서 사용되는 MAPS(Manifold Absolute Pressure Sensor : 맵센서)는 반도체식 압력센서의 한 종류로 가솔린 엔진의 크랭크 축이 회전하면서 피스톤이 상사점에서 하사점으로 내려갈 때 공기가 유입되는 입구가 스로틀 밸브로 막혀있기 때문에 흡기다기관 내부에는 진공(부압)상태가 되며 그 크기를 전기적인 신호(전압)로 ECM에 전달하는 기능을 가지고 있다.

전기식 압력센서에는 다이아프램을 이용한 정전용량식과 압저항식이 주로 사용되고 있으며 1967년 독일 보쉬에서 발표한 D-jetronic 시스템에서 사용한 압력센서는 정전용량식 압력센서이며 최근에 사용되고 있는 압력센서는 압저항식 반도체 압력센서이다.

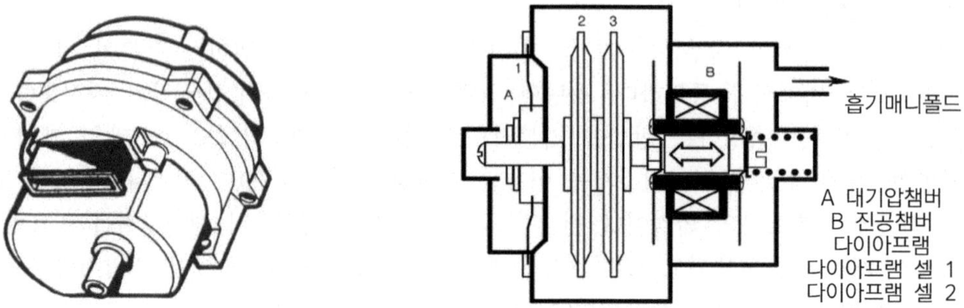

그림 2-71 정전압 압력센서 – D jetronic(bosch)

표 2-25 반도체식 압력센서의 장점 · 단점

구분	비고
장점	• 고온에 의한 영향이 작다. • 진동과 압력변화가 심한 곳에서 사용가능하다. • 직진성이 우수하다. • 주파수범위의 제한이 없다. • 히스테리시스가 없다. • 소형경량이다. • 내구성이 좋다. • 가격이 저렴하다.
단점	• 정밀도가 낮다. • 엔진에 흡입된 실제공기량을 측정하는 것이 아니고 스로틀 밸브와 흡기밸브 사이의 흡기계압력(부압)을 측정하여 공기량을 계산하는 간접식이므로 정밀도가 낮은 편이다.

최근의 자동차 전자제어 시스템에서는 반도체용 압력센서를 다양한 용도로 사용되는데 연료탱크 계통의 증발가스를 감시하기 위하여 연료탱크 압력센서로 사용되기도 하며 안전시스템의 하나인 타이어 공기압 모니터링 시스템(TPMS)에서는 각 타이어의 압력을 측정하는데 사용하는 등 각 시스템에서 압력을 검출하는데 필요한 압력센서로 많이 사용되고 있다.

(4) 실리콘 압력센서

실리콘 압력센서는 다양한 분야에서 폭 넓게 응용되고 있을 뿐 아니라 센서 중에 가장 큰 시장을 형성하고 있다. 하지만, 센서 시스템 개발자의 입장에서 보면, 상품화된 압력센서의 종류가 충분하지 않아, 시스템 설계에 많은 제한을 받고 있다.

센서 시장의 성향은 일반적으로 다품종 소량 양상을 나타내기 때문에 공급자의 입장에서 이러한 시장 성향을 충족시키는 것은 현실적으로 쉽지 않다. 집적회로 제작을 위한 표준 실리콘 공정만으로, 복잡한 신호처리 회로가 집적된 압력센서 제작이 가능하게 되면, 보다 다양한 종류의 압력센서의 생산이 가능할 것으로 판단된다.

또한, 마이크로프로세스와 같은 더욱 복잡한 신호처리회로의 집적이 가능하게 되어, 압력센서의 고성능, 고기능화를 기대할 수 있을 것이다. 표준 실리콘 공정만으로 압력센서를 제작하기 위해서는 압력센서의 다이아프레임(diaphragm)을 형성하기 위한, 에칭 공정과 에칭 중에 이미 제작된 신호처리 회로부의 보호를 위한 공정의 개선이 필요하다. 기존의 습식 에칭 공정으로 다이아프레임을 제작할 경우에는 에칭 중에 회로부의 보호가 번거롭고, 공정의 신뢰성이 문제가 될 수 있다.

1961년 실리콘 압력센서가 처음 시연된 이후 Honeywell 사에서 센서와 신호처리부가 집적화된 실리콘 압력센서를 1983년 처음으로 출시하였다. 그 후 1988년에 Nova Sensor사에서는 웨이퍼 접합 기술을 이용하여 일괄처리공정에 의한 압력센서를 처음으로 생산하였다. 우리나라에서는 2002년에 신호처리회로가 집적화된 자동차 흡기압(MAP) 압력센서의 양산체제가 산업체에서 처음으로 구축되었다.

압력 측정용 실리콘 압력센서 혹은 압전형 실리콘 센서로 일컬어지는 센서는 계장설비 및 기계제작 그리고 자동화, 생산공정제어와 환경 모니터링에 적합한 센서로서, 진동과 내맥동이 심한 환경에서 높은 특성을 보여준다. 이 센서는 -40° ~ 125° 사이의 온도에서 액체 및 가스 등의 매체들을 0.1350 kgf/cm의 압력범위에서 압력 측정에 사용되며, 이 센서의 특징으로서 높은 직선성과 주파수 범위, 영향을 받지 않는 히스테리시스(Hysteresis) 등으로 고정밀 측정에 적합한 센서이다. 실리콘 압력센서는 외부에서 압력이 가해져 생기는 압저항 효과(Piezoresistive effect)에 의해 응용 반도체에 압력이 인가되면 저항값이 변하는 현상을 이용한다.

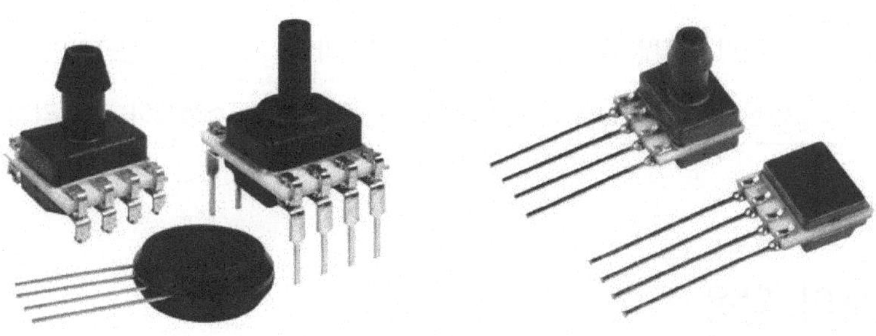

그림 2-72 압력센서

압전현상이란 어떤 종류의 결정판에 일정한 방향에서 압력을 가하면 그 외력에 비례해서 양전 또는 음전하기 때문에 나타나는 현상이다. 압전현상은 1880년에 피에르와 폴 자크 퀴리 형제에 의해 발견되었다. 그들은 석영, 전기석, 로셀염과 같은 결정에 어떤 결정축을 따라 압력을 가하면 결정의 표면에 전압이 생기는 것을 관측하였다. 다음해에도 그들은 전류를 가하면 그 결정들의 길이가 늘어나는 역효과도 관측하였다. 일반적으로 한 장의 결정판에 의한 압전기는 극히 미약하지만 금속박을 삽입하여 익서를 여러장 겹치면 그 전기량을 충분히 측정할 수 있게 된다. 이를 압전효과라 하는데 이를 이용하면 기계적인 변형을 전기적으로 꺼낼 수 있어 마이크로폰이나 전축용 픽업 등에 이용할 수 있게 된다. 여기에는 압전율이 큰 로셀염의 결정을 많이 쓰게 된다. 간단히 말해서 일정한 방향의 압력을 어떤 종류의 결정판에 가하면 그 압력에 비례하여 양전하 또는 음전하가 발생하게 되는 것이다.

2.5.3 압력센서의 용도

압력센서는 산업전반에 걸쳐 응용분야가 매우 넓으며 주로 자동차, 자동제어, 반 도체제조분야에서 지속적인 수요의 신장이 기대된다.

표 2-26 각 분야별 압력센서의 사용 예

구분	특 징
가전제품	냉장고, 룸에어컨, 진공청소기, 세탁기, 가정용 혈압계, 맥박계
자동차	연료분사압, 엔진배기압, 서스펜션, 에어백시스템, 브레이크시스템, 공조 시스템
일반산업용	화학플랜트, 석유정제라인, 정유탱크, 프레스, 사출기, 종이, 펄프제 조, 발전소, 하수처리장, 열소각로, 수압청소, 보일러, 컴퍼레서, 공조 기기, 냉동고
반도체제조	웨이퍼 흡착압 감지, 초순수라인, 공조라인, 가스공급, 진공라인
의료기기	인공심장, 인공신장, 협압감시시스템, 약물주입, 수혈제어, 맥박감지, 산 소공급 시스템

2.5.4 압력센서의 활용

(1) 스트레인 게이지

스트레인 게이지에 외부로부터 힘 또는 열을 가하면 전기저항이 변화한다. 스트레인 게이지 소자로는 저항 변화가 매우 큰 금속 또는 반도체를 주로 사용하고 있다. 금속체에 외력이 작용하면 전기적 저항이 변하게 되는데 금속체를 잡아당기면 금속체가 가늘어져서 저항이 증가하고 반대로 압축하면 전기저항이 감소한다. 이 원리를 이용하여 금속 저항선 게이지, 박형 게이지, 반도체 게이지가 개발되었다. 스트레인 게이지는 처음에 단순히 응력을 측정하는 수단으로 사용되었으나 최근에는 재료 구조물의 응력, 힘, 변형, 압력, 변위 등 외력에 의한 변화를 측정하는 등 점점 그 용도가 넓어지고 있다. 일반적으로 스트레인 게이지는 힘의 변형이 일어나는 부분에 스트레인 게이지를 부착시켜 전기저항의 변화를 검출한다.

스트레인 게이지가 특히 많이 사용되고 있는 분야중 하나가 바로 로드 셀(load cell) 즉 중량센서이다. 로드셀은 주로 정밀도를 필요로 하지 않는 곳, 키보드, 스 위치, 장난감 등에 주로 사용되고 있으며 아래와 같은 특징을 가지고 있다.

① 중량을 전기신호로 변환
② 동적인 측정가능
③ 다양한 측정 범위
④ 구조가 간단하고 가동부가 없어 수명이 반영구적
⑤ 전기신호를 검출하므로 하중을 신호로 전송이 가능
⑥ 아날로그 표시, 디지털표시, 제어 등이 자유롭다

로드셀의 수감부에 스트레인 게이지를 부착하고 압축 또는 인장하중을 인가하면 중량에 비례하여 스트레인 게이지의 저항값이 변화한다. 이 저항값의 변화를 중 량값과 선형적인 비례 관계를 유지시켜 전압값의 변화로 중량값을 구할 수 있게한 것이다.

일반적으로 로드셀은 완전히 밀폐된 구조로 되어 있어 내부의 스트레인 게이지가 습도의 영향을 받지 않도록 되어 있으며 로드셀에 사용되는 스트레인 게이지 검출회로는 브리지회로를 기본으로 되어 있고 네부분이 모두 스트레인 게이지로 구성되어 모두 힘을 받도록 구성된다. 브리지 회로에는 온도에 의한 제로점, 감도의 변동이 일정값 이내가 되도록 하기 위하여 스트레인 게이지 외부에 보상저항을 설치한다.

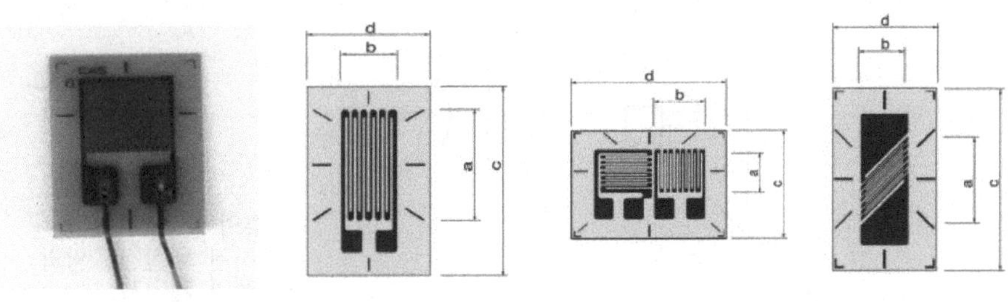

그림 2-73 스트레인 게이지 실물 및 다양한 내부구조

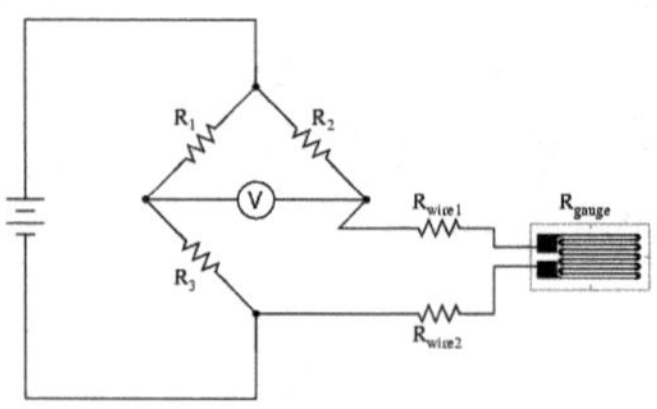

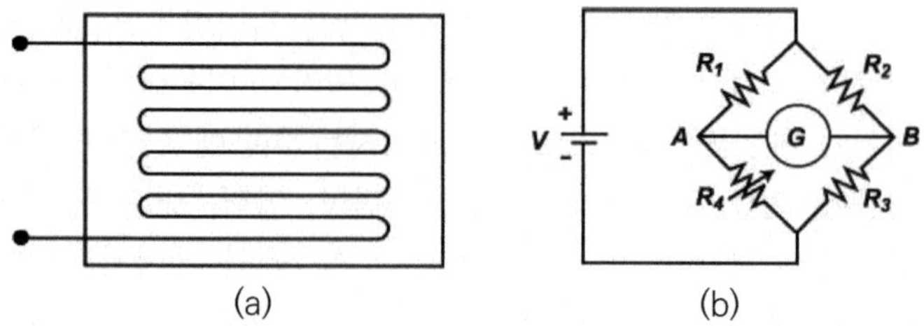

그림 2-74 (a) 스트레인 게이지, (b) 휘트스톤 브리지 회로

스트레인 게이지(strain gauge)는 또한 힘 측정에 사용된다. 스트레인 게이지의 출력은 가해진 힘의 함수인 응력에 비례하여 가변하는 저항성분이 된다. 즉, 저항을 측정하면 가해진 힘을 찾을 수 있다. 스트레인 게이지는 말단효과장치(end effector)와 로봇 손목에 걸리는 힘을 찾는 데 사용된다. 예를 들면 IBM 7565 로봇은 집게 끝에 일련의 스트레인 게이지를 가지고 있으며, 이를 통해 집게(gripper)에 의해 가해진 힘을 알 수 있다. 간단한 명령을 통해서 사용자는 힘의 정보를 읽어 들이고 적당히 반응할 수 있다.

스트레인 게이지는 또한 로봇의 관절과 링크의 부하측정에 사용되기도 하나 일반적인 경우는 아니다. 스트레인 게이지는 온도변화에 민감하다. 이러한 문제를 해결하기 위해서 온도변화를 보상하는 브리지의 4개의 저항 중에 하나를 더미 스트레인 게이지 (dummy strain gauge)로 사용한다.

(2) 토크센서

토크는 위치를 고려하여 배치된 한 쌍의 힘 센서에 의해 측정되어진다. 두 개의 힘 센서가 축에 서로 반대쪽 끝에 위치하고 있다고 가정할 때, 만약 토크가 축에 가해지면 축 몸체에서 두 개의 반대 힘을 발생시켜 반대방향 응력이 발생한다. 두 개의 힘 센서는 토크로 변환되는 힘을 측정할 수 있다. 다른 축에 대한 토크를 측정하기 위해서는 서로 수직인 세 쌍의 센서를 사용해야만 한다.

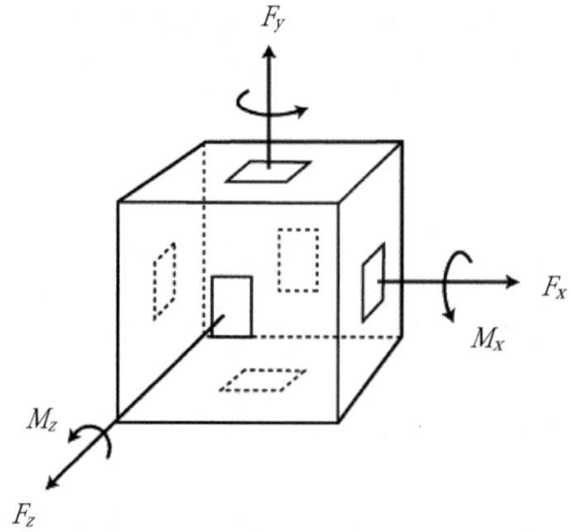

그림 2-75
세 축의 힘과 토크를 검출하기 위한 세 쌍의 스트레인 게이지

그러나 힘은 같은 종류의 센서로 측정하므로, 전체 6개 힘 센서는 일반적으로 3축에 대하여 힘과 토크를 검출하며, 각 센서는 서로 독립적이다. 순수한 힘은 같은 축상에서 같은 부호의 신호를 발생시키는 반면에, 토크는 반대 부호의 신호의 쌍을 발생시킨다.

(3) 마이크로 스위치

마이크로 스위치는 매우 간단하지만 모든 로봇공학에서 가장 유용하고 평범하게 사용된다. 마이크로 스위치는 전도체를 통해 전기적 전류를 차단하는 데 사용하므로 안전 목적으로 사용하고, 연결을 결정하며 변위신호를 보내는 데 사용되는 등 많은 다른 목적으로도 사용된다. 마이크로 스위치는 강인하고, 간단하고 값이 싸다.

(4) 광 및 적외선센서

이 센서들은 투영된 빛의 강도에 따라 전기적 저항이 변화함으로써 반응한다. 만약 빛의 강도가 0이 된다면 저항은 최대가 되며 강도가 높을수록, 저항은 낮아지고, 결과적으로 전류가 높아지므로 스위치를 지나는 전압은 떨어진다. 이 센서는 가격이 싸고 매우 유용하다. 광학 엔코더뿐만 아니라 다른 장치를 만드는 데 사용되며 뒤에서 살펴볼 촉각센서에 사용되기도 한다.

또한 포토 트랜지스터는 미소량의 빛이 존재하는 곳에서 광 센서로 사용되며 켜지거나 꺼진다. 포토 트랜지스터는 일반적으로 LED 광원과 함께 연결되어 사용된다.

광 센서 배열은 이동하는 광원으로써 변위측정에 사용할 수 있다. 로봇과 다른 기계장치에 미소운동과 변형을 측정하는 데 사용된다. 광 센서는 가시광선 범위에서 민감하고, 적외선센서는 적외선 범위에서 민감하다. 적외선은 인간의 시각에서는 볼 수 없으므로 조사되는 빛에 의해서 인간에게 해를 끼치지 않는다. 예를 들어 항해의 목적으로 먼 거리를 측정하는 장치가 필요하다면 적외선센서는 인간을 방해하거나 주위를 끌지 않고도 사용이 가능하다.

간단한 적외선 원격 제어장치는 로봇과 주변장치간의 원격-제어 통신 연결이 가능하게 해준다.

(5) 접촉 및 촉각센서

접촉센서는 물리적인 접촉에 의해 만들어진 신호를 보내는 장치이다. 접촉센서의 가장 간단한 형태는 접촉에 의해 켜지거나 꺼지는 마이크로 스위치이다. 마이크로 스위치는 다른 감도와 운동의 범위로도 설치가 가능하다. 예를 들면, 만약 이동 로봇이 운행 중에 장애물에 다다르면 적당한 위치에 배치된 마이크로 스위치는 제어기에 신호를 보낸다. 더욱 진보된 접촉센서는 부가적인 정보를 보낼 수도 있다. 예를 들면 접촉센서로 쓰이는 힘 센서는 접촉정보를 보낼 뿐만 아니라 접촉력이 얼마나 큰 지도 검출할 수 있다.

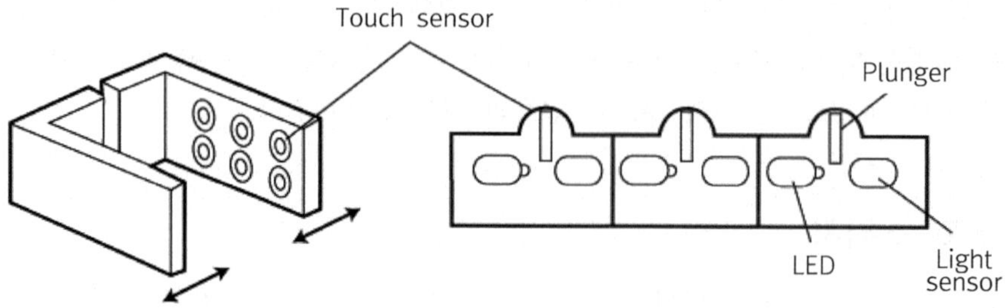

그림 2-76 촉각센서의 구조

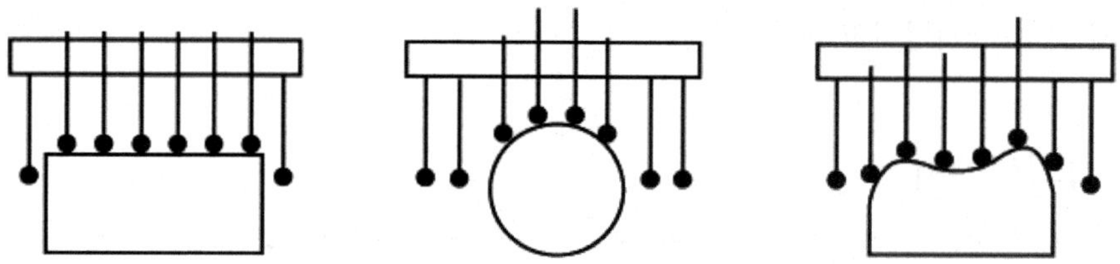

그림 2-77 촉각센서

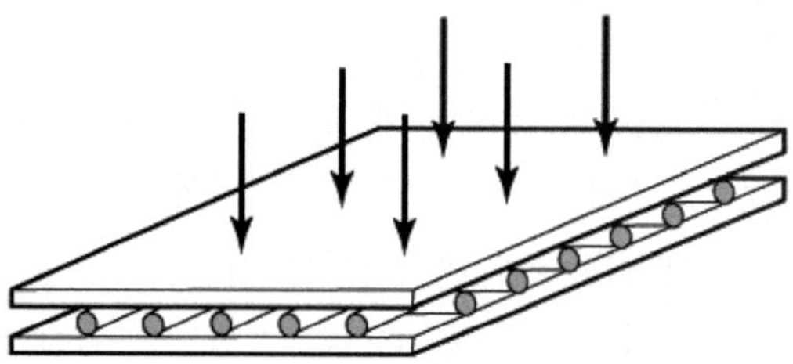

그림 2-78 피부 형태의 촉각센서

촉각센서는 접촉 유무를 검출하는 기능뿐만 아니라 접촉물체에 대한 부가적인 정보까지도 제공할 수 있는 접촉센서의 조합이다.

이 부가적인 정보들은 모양, 크기 또는 물질의 형태에 대한 정보일 것이다. 대부분의 접촉센서는 배열이나 행렬의 형태로 배치한다. 이 설계방식은 촉각센서의 양면에 6개의 접촉센서를 배열한다. 각 접촉센서는 플런저와 LED, 그리고 광원으로 구성되어 있다. 접촉센서는 닫히고 플런저는 안팎으로 움직임에 따라서 LED 에서 비추는 빛이 차단된다. 광 센서의 출력은 플런저의 변위에 비례하게 된다. 여기서 알 수 있듯이 접촉센서는 사실상 변위 센서와 같다. 이와 마찬가지로, 마이크로 스위치에서 LVDT, 압력센서, 자기 센서 등 다른 종류의 변위 센서들도 이 같은 목적으로 사용 가능하다.

촉각센서는 단순 형태의 접촉센서를 배열 형태로 정렬하거나 행렬 형태로 정렬하여 제어기에 접촉물의 형상과 같은 특수한 정보를 알려준다.

촉각센서는 사물을 접촉하는 방식으로 사용되며 물체의 크기나 형상에 따라 다른 종류의 접촉센서로 다른 순차로써 반응한다. 이 정보는 제어기에서 사물의 크기, 모양을 결정하는 데 사용된다. 하나는 입방체에 접촉하는 모습을 보이고, 다른 하나는 실린더에 접촉하고 있으며, 마지막 하나는 일정한 형태가 없는 물체에 접촉하는 세 가지 방식의 간단한 접촉법을 보여주고 있다. 여기서 알 수 있듯이 각각의 물체는 형상을 검출하는 데 있어서 각각 다른 독특한 특징을 나타낸다.

인간의 피부와도 같은 기능을 할 수 있는 연속적인 피부 같은 접촉센서를 만들려는 시도가 있었다.

대부분의 경우 분리망에 의해 분리되고, 두 중합체의 층 사이에 끼어 넣어 센서열의 주위에서 회전한다. 힘은 중합체에 가해지게 되면 주위의 몇 개의 센서에 분산되고 각 센서에 가해진 힘에 비례하여 신호를 출력한다. 높은 분해능이 필요 없는 곳에서는 이러한 촉각센서도 사용 가능하다.

Flex 센서는 표면의 탄성을 결정하는 데 사용된다. 이 센서는 탄성을 받은 만큼 신호를 보내고 가상현실분야에 사용이 가능하며 다른 유사한 응용에도 사용된다. 이와 유사한 센서들도 가상현실용 장갑의 손가락 관절의 각을 측정하는 데 사용된다. 이 센서는 전도성 탄소분자로 이루어진 우레탄 인조고무로 만들어진다. 전도성 고무의 저항은 늘어나면 감소하므로 관절의 각도에 비례하여 신호를 발생한다.

2.6 근접센서(Proximity Sensor)

2.6.1 근접센서의 개요

근접센서(Proximity Sensor)는 사물이 다른 사물에 접촉되기 이전에 근접하였는지 결정하는데 사용된다. 무접촉검출(Noncontact Sensing)은 회전자(Rotor)의 속도 측정에서부터 로봇의 운행측정까지 많은 상황에 매우 유용하다.

그림 2-79 근접센서 심볼

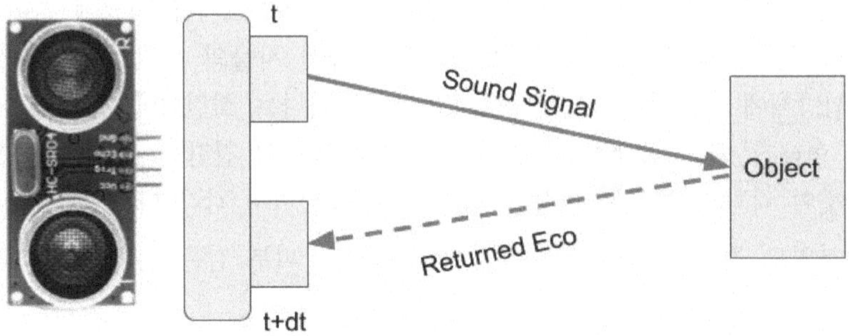

그림 2-80 초음파 근접센서의 작동원리

근접센서는 종래의 마이크로 스위치, 리미트 스위치의 기계적인 접점에 의한 것을 무접촉화하여 접근하는 물체, 혹은 근방에 존재하는 물체의 유무를 전자계의 힘을 이용하여 검출하는 센서를 칭한다. 근접센서는 목적물에서 생성된 전기적인 신호가 조정장치로 전달되어 설비의 운전상태, 특히 회전수 등을 조정하거나 감지하는데 사용되고 최근에는 로봇의 운행 측정까지 다양한 용도로 활용되고 있다.

근접센서는 바코드를 인식하거나 레이저 빔이 단속되는 것과 같은 광학기술을 기반으로 하고 있으며, 어떤 물체가 자기장의 특성변화를 일으키는 원리를 이용한 자기장 기술을 응용한 것이다. 근접센서는 반도체를 이용하여 반영구적 수명으로 공장자동화 등에 광범위하게 사용되고 있으며, 자석, 와전류, 홀 효과, 광학, 초음파, 유도성, 용량성과 같은 여러 형태의 근접센서가 있다.

2.6.2 근접센서의 종류

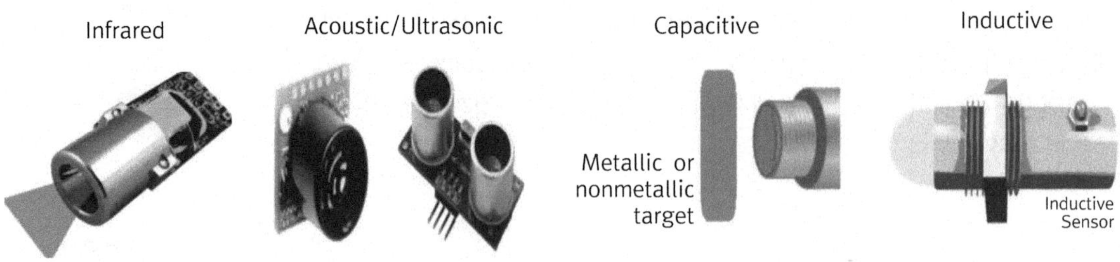

그림 2-81 근접센서의 종류

(1) 자기 근접센서

자기 근접센서(magnetic proximity sensor)는 자성체를 가까이 할 때 기동된다. 회전자의 속도 측정, 그리고 회전수에 사용될 뿐만 아니라 회로의 점멸(on/off)에도 쓰일 수 있다. 이 센서는 또한 모터와 바퀴의 회전수를 계수하는 데도 사용되며 위치센서로도 사용된다.

자기 근접센서의 주고는 컨덕터 소자와 마그네트 소자로 분리되고, 컨덕터 소자의 가운데에는 리드 스위치, 마그네트 소자의 가운데에 영구자석이 내장되어 있다.

리드 스위치는 유리(Glass)관의 중간에 2본의 자성합금으로 만들어진 리드가 있고, 유리관은 기밀구조로 되어있다. 외부자계가 존재하고 2본의 리드는 자기를 가져 리드의 선단은 서로 반대의 자극이 되어 서로 흡인한다. 이 흡인력은 거리의 2승에 반비례하고 마그네트 소자가 접근하면 리드 스위치의 접점이 온(On)되고 접점이 오프(Off) 된다. 이 원리로 검출체의 유무를 무접촉으로 검출하고, 그것에 의해 부하를 직접 개폐할 능력을 갖고 있다.

이 센서의 특징을 보면 다음과 같다.

- 비접촉으로 검출할 수 있기 때문에 검출물체나 센서를 손상하지 않는다.
- 무접점 출력(전기적 접점)이기 때문에 장수명이다.
- 물이나 기름의 비산하는 악조건의 환경에서도 확실한 검출을 자랑한다.
- 응답속도가 빠르다.

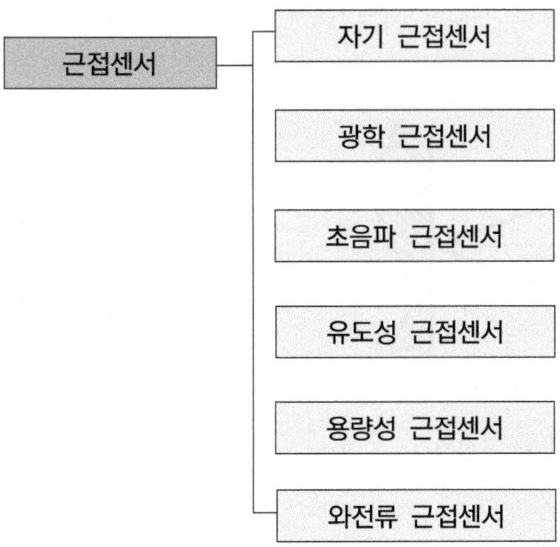

그림 2-82 근접센서의 종류

그림 2-83 자기 근접센서

(2) 광학 근접센서

광학 근접센서(optical proximity sensor)는 방사기(emitter)라고 불리워지는 광원과 빛의 존재 유무를 감지하는 수신기로 구성되어 있다. 일반적으로 수신기는 포토 트랜지스터이고, 방사기는 LED이다. 위의 두 조합이 광센서를 만들고 광학 엔코더를 포함하여 많은 분야에 응용된다.

근접센서이므로 센서는 빛을 보내고 물체가 바로 곁에 없는 한 방사기에 의해 방사된 빛은 수신기가 수신하지 못한다. 스위치의 범위 안에서 물체가 센서에 가까이 있지 않는 한 빛을 반사하지 못하므로 빛을 수신기가 받지 못하게 되고 결과적으로 신호는 없을 것이다.

(3) 초음파 근접센서

초음파 근접센서(초음파 방사기:Ultrasonic Emitter)는 지향성이 좋은 200kHz 정도 주파수의 초음파를 사용하여 물체를 검출한다. 이것은 광전센서에서 검출 매체로 빛 대신에 초음파를 사용한 것인데 검출 방식은 광전센서의 경우와 같다. 초음파센서의 운용에는 두 가지 모드가 있다. 즉, 대항모드와 반향모드가 있다. 대항모드(opposed mode) 수신기는 방사기 앞에 위치해 있는 반면에, 반향모드(echo mode)는 수신기가 바로 다음에 있거나 방사기와 통합되어 있고 반사된 음파를 수신 받는다. 만약 수신기가 수신범위 안에 있거나 음파가 센서 가까이에 있는 물체의 표면에 반사된다면 그 음파가 감지되고 신호가 발생한다.

반면에, 수신기가 음파를 감지하지 못하면 신호는 발생하지 않는다. 모든 초음파센서는 방사기 표면으로부터 물체의 거리와 존재를 인지할 수 없는 사각지대를 가지고 있다. 초음파센서는 반향모드에서 음파를 반사할 수 없는 고무나 거품 같은 표면을 가진 물체에 대해서는 사용할 수 없다.

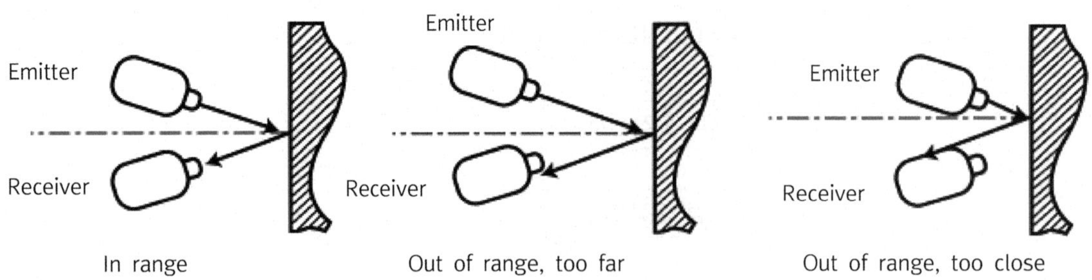

그림 2-84 광학 근접센서

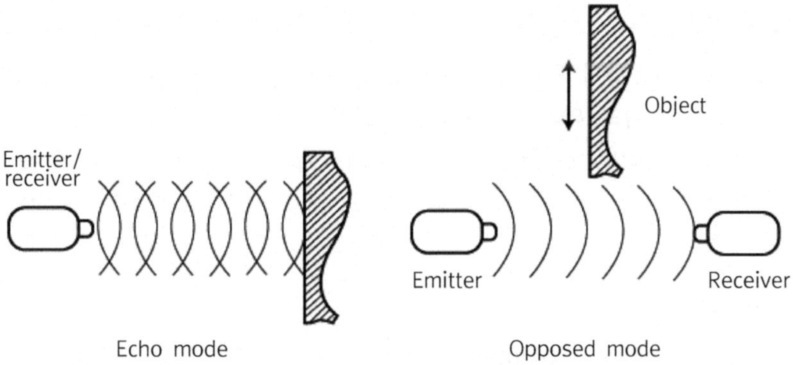

그림 2-85 초음파 근접센서

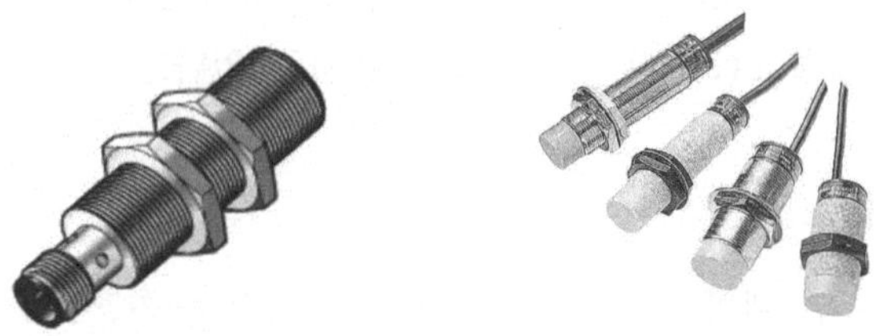

그림 2-86 유도성 근접센서

(4) 유도성 근접센서

유도성 근접센서(Inductive Proximity Sensor)는 금속의 표면을 검출하는 데 사용된다. 이 센서는 페라이트 코어를 가진 코일과 발진기-검출기 그리고 고체 상태의 스위치이다. 센서가 가까이 접근시 금속 물체의 존재가 있으면, 발진의 크기는 감소한다. 수신기는 변화를 검출하고 고체 상태 스위치를 단락시키는데 센서의 검출 범위를 벗어나게 되면 다시 켜지게 된다.

1) 특징

코어에 코일을 감으면 인덕턴스가 형성되고, 이 인덕턴스는 코어의 투자율이 저하하는 성질이 있다. 여기서 u가 저하하면 인덕턴스도 저하하기 때문에 전압 E도 이것에 대응하여 저하하게 된다. 이 원리를 이용해 자계의 변화를 잡을 수 있다.

2) 구성

자기포화소자를 사용하는 경우, 여러 종류의 회로기술이 필요하다. 자기포화 소자를 작동시키기 위해서는 고주파발진기, 검파회로, 그리고 증폭회로를 필요로 한다.

3) 검출회로의 예

자기포화 소자를 이용함에 의해, ±0.1 mm 정도의 위치결정 제어가 가능하다. 그리고 특수한 것으로는 Micro 단위의 위치결정제어도 실현할 수가 있다. 이러한 것들은 검출대상 그 밖의 상황에도 달려 있지만, 중요한 것은 회로기술에 의한 점이 크다. 예를 들면 고감도의 Comparator 또는 Linearizer 회로를 이용하면 그 출력 특성을 비약적으로 향상시킬 수 있다.

(5) 용량성 근접센서

용량형 근접센서(capacitive Proximity Sensor)는 도체 및 유전체의 모든 물체의 검출이 가능하다. 이것은 전계를 검출 매체로 하는 검출 전극이 사용된다. 용량형 근접센서에 검출 물체가 접근하면 전극간의 정전 용량이 변화하여, 발진 주파수가 변화한다. 그 변화를 전기 신호로 변환하여 물체를 검출한다. 발진 주파수는 500 kHz~1 MHz정도의 고주파가 사용되고 있다. 정전 용량형 근접센서는 변위센서, 레벨(level) 센서 등에도 사용되고 있다.

(6) 와전류 근접센서

와전류 센서는 보통 두 개의 코일이 있고 하나의 코일을 기준으로 자속의 변화를 발생시킨다. 전도 물질이 가깝게 근접할 때 와전류는 차례로 전도물질에 유도되고, 첫 번째 코일자속의 반대의 자속을 생성하나 전체 자속은 사실상 감소한다. 전체 자속의 변화는 전도물질의 근접정도에 따라 비례적으로 변하고 두 번째 코일에 의해 측정되어진다. 와전류 센서는 전도성 물질의 존재 검출에 주로 사용될 뿐만 아니라 물질의 두께, 틈, 공백 등의 비파괴 검사에도 이용된다.

그림 2-87 용량형 근접센서 적용분야

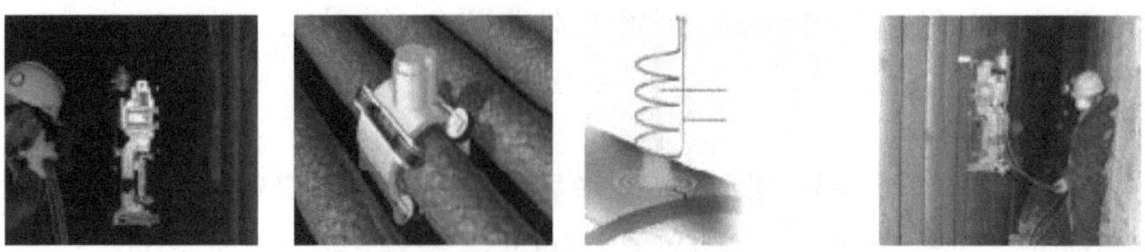
그림 2-88 와전류 센서의 활용

표 2-27 용량성 근접센서의 유전체 상수

구분	유전체 상수	구분	유전체 상수
Air	1.000	Porcelain	4.4 - 7
Aqueous solutions	50 - 80	Cardboard	2 - 5
Epoxy resin	2.56	Rubber	2.5 - 3.5
Flour	1.5 - 1.7	Water	80
Glass	3.7 - 10	Wood, dry	2 - 7
Nylon	4 - 5	Wood, wet	10 - 30

2.6.3 근접센서의 활용

무접촉으로 검출물체의 유, 무를 판별하는 센서로써 반영구적인 수명으로 공장자동화라인에 광범위하게 사용되고 있다.

Google Mobile App의 경우는 아이폰(iPhone)의 근접센서(approximity sensor)를 동시에 활용하는데 있다. 다음(Daum)의 경우에는 음성인식버턴을 누른 다음에 말을 하고 검색되는 과정을 거치는데 비해서, 구글은 당연히 이러한 버튼도 제공하지만 더 편리한 것은 그냥 전화할 때 말하듯이 아이폰을 귀에 가져가서 말만하면 자동으로 근접센서가 음성인식모드로 작동하여 음성을 받아들이고, 귀에서 멀어지면 바로 검색을 시작하는데 있다.

뛰어난 시대적 발명품이라고 불리우는 아이폰에는 많은 철학이 담겨져 있다.

우리가 그냥 쉽고 보고 간과하는 것 하나 하나들 조차 인간이 사용하기 쉽고 편하게 사용할 수 있도록 시스템 디자이너들이 노력의 흔적과 산물이라고 할 수 있다.

인간 인터페이스의 최적 활용적인 솔루션을 개발한 것 중에 근접센서가 한부분이다. 이는 터치감지인데 한손가락, 여러손가락, 손가락 슬라이드, 두드리기가 있으며, 둘째로 외부자극감지인데 접근, 움직임, 손 흔들기, 음성 등이 있는데 여기서 접근에 의해 발생되는 센서작용이 근접센서이다.

능동형 광 근접센서 시스템은 두개의 작동 유닛인 송신기와 수신기로 구성되어 있다. 수신기는 ALS와 작동 방식이 동일하지만 대개 적외선 범위에서 작동한다. 송신기는 IR LED 같은 적외선 소스로, 센서 또는 디자인요구 사항에 따라 센서 또는 마이크로 컨트롤러를 통해 구동할 수 있다.

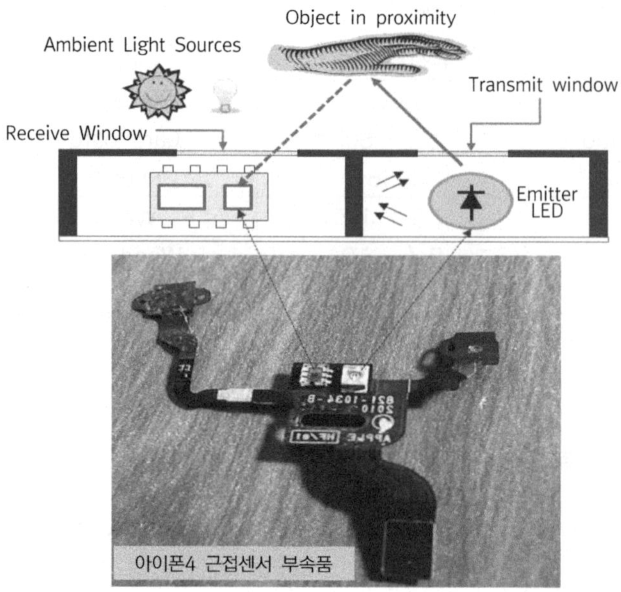

그림 2-89 아이폰의 근접센서

광 근접센서의 기본 작동원리는 반사성이다. 즉, 송신기가 대상을 비추도록 하여 수신기에 반사된 빛의 세기를 측정하는 것이다. 근접센서는 전력소모에 신경써야 하는 제품을 위한 훌륭한 보조수단이다. 이러한 제품의 예에는 귀에 가까이 갖다 대면 디스플레이와 백라이트가 꺼지는 휴대전화나 화면을 바라보는 사람이 가까이에 없으면 저전력 모드로 들어가는 모니터가 있다. 수신기의 신호레벨(출력)을 판독하는데 MCU를 사용할 수 있는 경우 물체가 시스템에 가까이 있는지 여부는 물론 얼마나 가까이 있는지도 판단하도록 센서의 기능을 확장할 수 있어 동작인식(가장 단순한 형태인 1차원)이라는 완전히 새로운 인간 인터페이스 세상이 열리게 된다.

2.7 위치센서

2.7.1 위치센서 개요

위치센서는 회전각과 직선이동, 변위뿐만 아니라 운동의 측정에도 사용된다. 대부분의 경우, 위치정보로부터, 엔코더의 경우도 마찬가지로, 속도정보 계산이 가능하다.

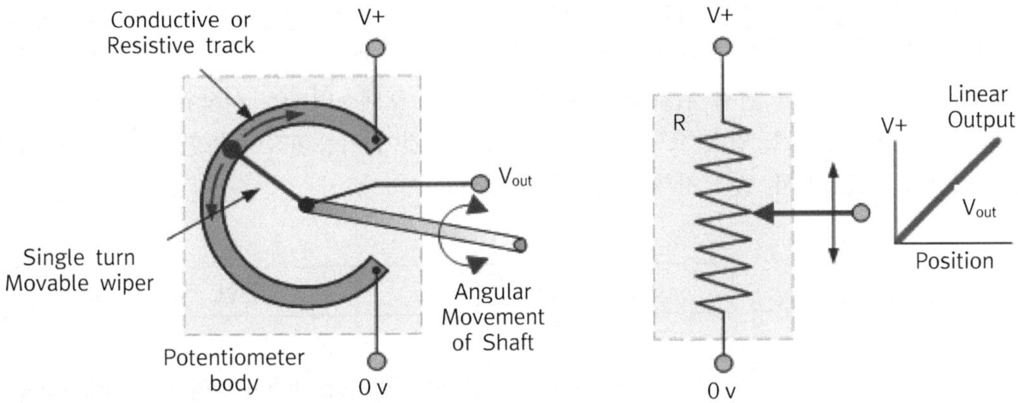

그림 2-90 포텐쇼미터 이용한 위치센서의 작동원리

포텐쇼미터(Potentiometer) 저항기를 통해 위치정보를 가변전압으로 변환한다. 픽업에서 시작된 신호는 픽업 셀렉터를 거쳐서 볼륨 및 톤 컨트롤을 지나게 되는데 바로 이 부분이 포텐쇼미터이다.

우리말로는 가변저항이고, 말 그대로 변화가 가능한 저항이라는 의미이다. 볼륨과 톤에 사용되는 가변저항은 기본적으로 똑같은 구조이며 저항값만 같다면 구분없이 사용한다. 포텐쇼미터는 종류에 따라서 회전과 직선으로 이동할 수 있으므로 회전과 직선의 운동을 측정할 수 있다. 회전형 포텐쇼미터는 또한 여러 번 회전이 가능하므로 많은 횟수의 회전운동을 측정하는 데 사용이 가능하다.

포텐쇼미터는 권선이 감겨 있거나 표면에 저항물질의 얇은 필름(전도성 플라스틱)을 증착시킨다. 박막 포텐쇼미터의 주된 장점은 출력이 연속적이고 잡음이 적다는 점이다. 따라서 이 형태의 저항기에서 출력을 미분하여 속도값을 생성하는 것이 가능해진다. 그러나 권선형 포텐쇼미터의 출력은 계단식이기 때문에 연속이 아니므로 미분이 불가능하다.

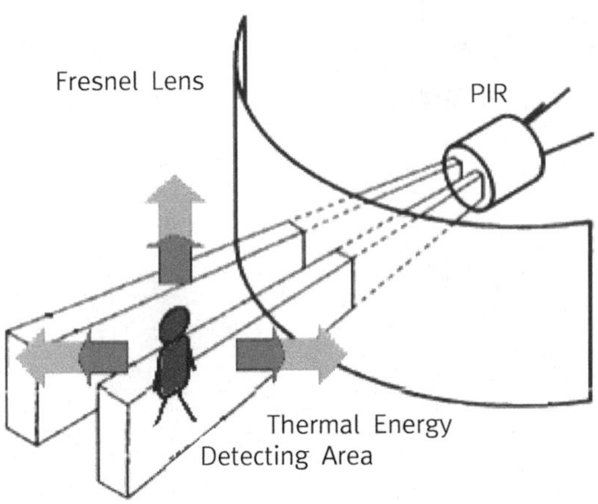

그림 2-91 PIR 센서 작동 원리

포텐쇼미터는 일반적으로 관절과 링크의 위치를 나타내기 위하여 내부 되먹임 센서에 사용된다. 포텐쇼미터는 단독으로 쓰이거나 엔코더와 같은 다른 센서와 함께 쓰이기도 한다. 이 경우, 엔코더는 관절과 링크의 현재 위치를 나타내는 반면에, 포텐쇼미터는 시작위치를 나타낸다. 따라서 센서의 조합으로 최소 입력 요구사항을 충족시키는 것이 가능해지며 또한 최대의 정확성을 가진다. 이것은 엔코더에서 보다 자세히 논의할 것이다.

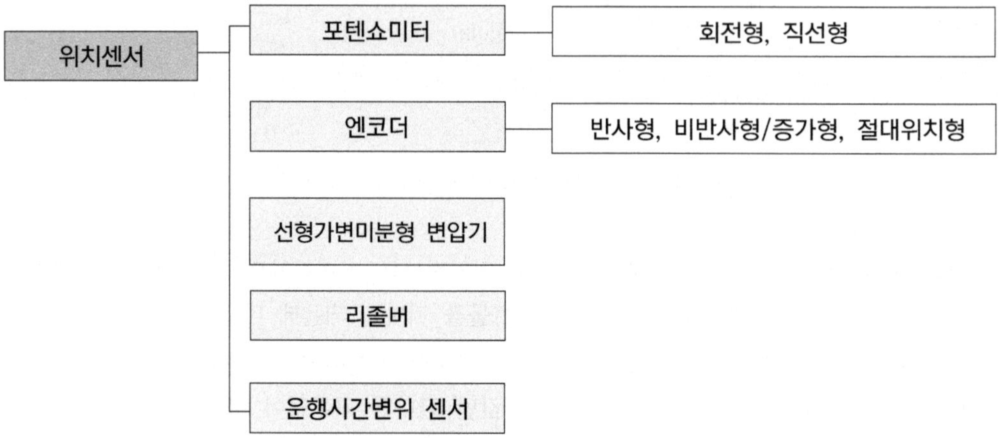

그림 2-92 위치센서의 종류

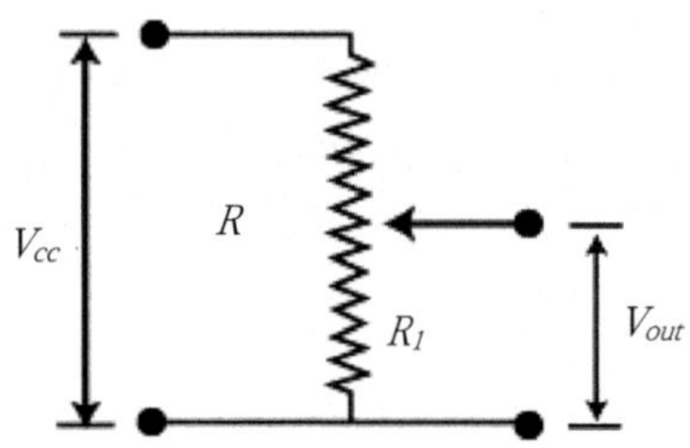

그림 2-93 위치센서로서의 포텐쇼미터

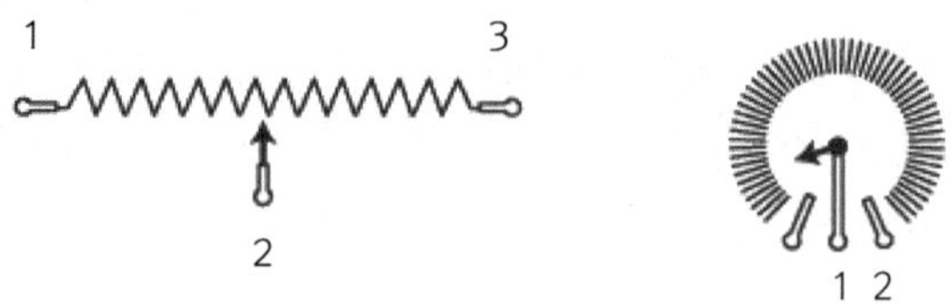

그림 2-94 가변 저항 구조

그림 2-95 포텐쇼미터(가변저항)의 구조

2.7.2 엔코더

엔코더(Encoder)는 운동의 미세부분에 대한 디지털 출력을 할 수 있는 간단한 장치이다. 디지털 출력을 위한 엔코더 휠(wheel) 또는 막대가 작은 부분으로 구분되어 나누어져 있다. 각 구획은 불투명하거나 투명하다. 이것은 또한 반사형 또는 비반사형으로도 구성할 수 있다.

한 쪽에서 발광 다이오드(LED)와 같은 광원을 엔코더 휠 또는 막대의 다른 쪽에 광선을 주사하고 포토 트랜지스터와 같은 광 감지센서를 통해 감지한다.

만약 빛이 통과하여 휠의 각도 위치(또는 막대의 경우, 직선 위치의 경우)가 빛이 통과하는 위치라면 반대쪽의 센서는 켜지게 될 것이고 높은 신호(on)를 가질 것이다. 만약 휠의 각도 위치가 빛이 통과하지 못하는 곳에서 멈춘다면 센서는 꺼질 것이고 출력은 낮아질 것이다. 디지털 출력 off, 즉 0이 된다. 휠은 회전하기 때문에 센서는 연속적으로 신호를 보낼 수 있다. 만약 신호가 계수(count) 된다면, 휠의 대략의 전체 각 변위는 언제든지 측정될 수 있다.

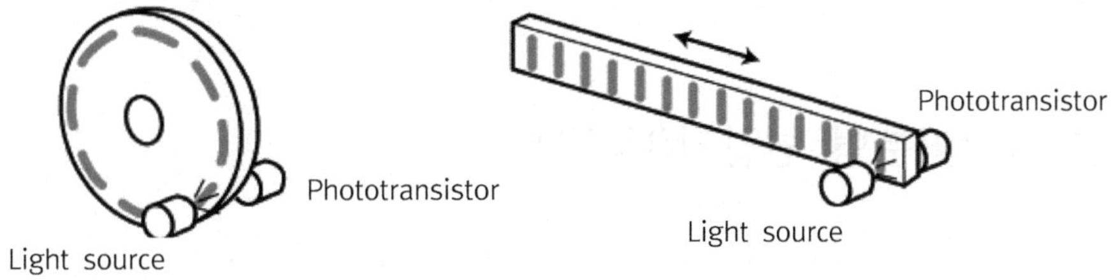

(a) 회전 증가형 엔코더 휠 (b) 선형 증가형 엔코더

그림 2-96 증가형 엔코더

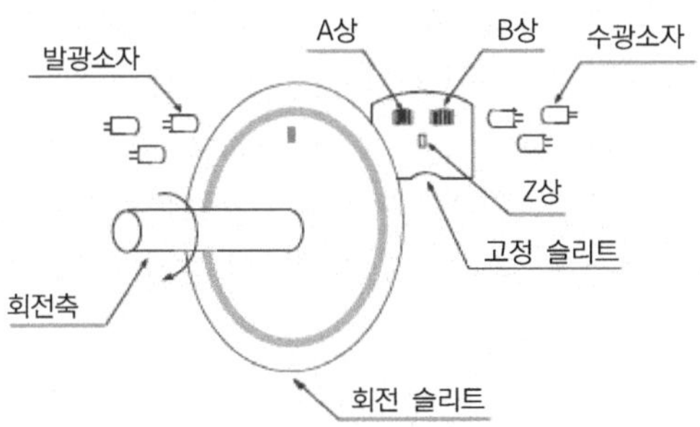

그림 2-97 증가형 엔코더

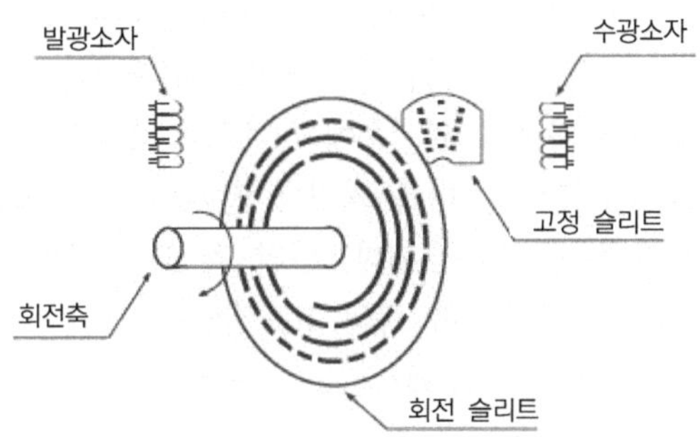

그림 2-98 절대위치형 엔코더

엔코더에는 증가형(incremental)과 절대위치형(absolute)의 두 가지 기본형태가 있다.

증가형 엔코더는 발광소자와 수광소자 사이에 흑색 패턴이 그려져 있는 회전 슬리트와 고정 슬리트를 설치한 후 최전축을 회전시키면 빛이 투과 또는 차단된다.

투과된 빛은 수광소자에 의해 전류로 변환되어 이 전기신호가 파형전형 회로와 출력회로를 거쳐 구형파 펄스로 출력된다.

증가형 엔코더는 적분기와 같으며 단지 각 위치의 변화만을 출력하며, 그것은 변위라고 할 수 있는 위치의 변화를 나타낸다. 따라서 실제적으로는 직접 어느 위치에 있는지 표시하거나 출력할 수 없다. 즉, 다시 말하면 증가형 엔코더는 단지 얼마나 많이 움직였는지를 알 수 있지만 초기위치를 알지 못한다면 실제적인 위치를 센서로부터 식별할 수 없다. 장치, 즉 로봇의 시작점이 어딘가에 따라서 최종 위치가 다를 수 있다는 것이다.

절대위치형 엔코더는 회전축에 고정된 회전 슬리트가 회전하면 패턴에 따라 빛이 투과 또는 차단된다. 이때 2개의 슬리트를 투과된 빛은 수광소자에 의해 전류로 변환된 후 파형 정형회로를 거쳐 안정된 디지탈 신호로 출력한다.

2.7.3 선형가변미분형 변압기(LVDT)

선형가변미분형 변압기(LVDT : linear variable differential transformer), 즉 변위 센서는 코어가 움직이는 거리에 따라 측정되고 이러한 변위의 결과로 가변 아날로그 전압이 출력되는 변압기이다. 일반적으로, 변압기는 전기적 에너지를 같은 형태의 에너지로 변환하는 장치이며 전압 대 전류의 비율로 변환한다. 손실이 없다면 전체 입력에너지는 전체 출력에너지와 같다.

변압기는 코일의 감긴 권선의 횟수에 의해 전압이 증가하고 감소하므로 상당전류는 전압에 반대로 변환되며 이는 두 코일의 권선수가 다르기 때문이다. 전기에너지는 코일을 통해 자속을 생성하며 자속은 권선수에 비례하여 2차 코일에서 전압을 유도하게 된다. 2차 코일에 감긴 횟수가 클수록 전압은 더욱 커지나 전류는 더욱 작아지게 된다. 그러나 2차 측의 유도된 전압은 자속의 세기에 따라 좌우된다. 만약 철심 코어가 없다면 자기력선은 분산되고 자기장의 힘이 감소하게 된다. 따라서 2차 측의 유도전압은 간단하게 된다.

철심코어가 존재한다면 자기력선은 내부로 집중되어 자기장이 강해지며 유도전압도 강해진다. 이러한 방식으로 LVDT에서 가변전압을 생성하게 된다. LVDT의 출력은 코어의 입력위치에 따라서 정확히 선형적인 성격을 띠게 된다.

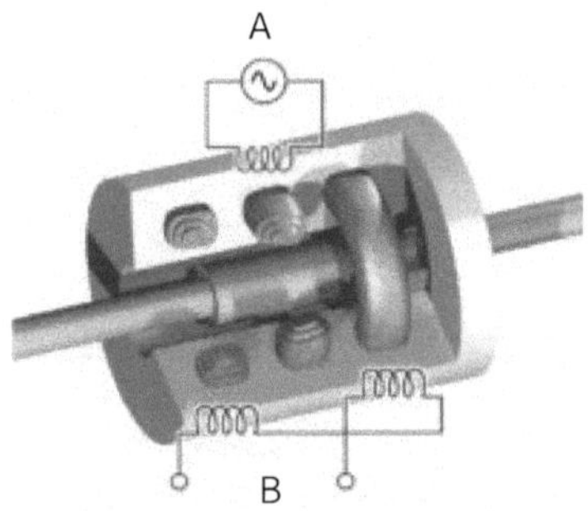

그림 2-99 LVDT 내부구조

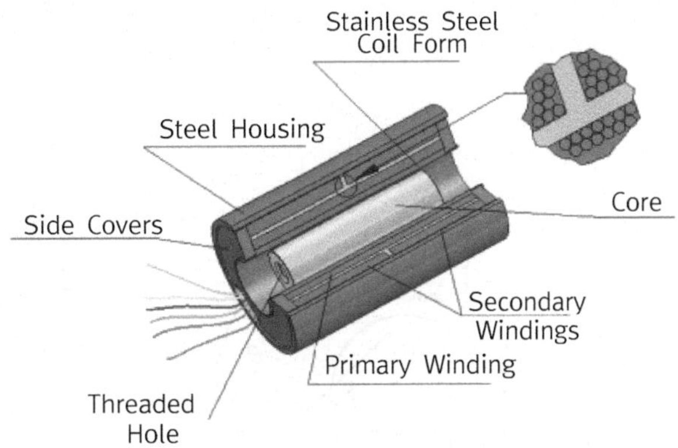

그림 2-100 LVDT 내부구조

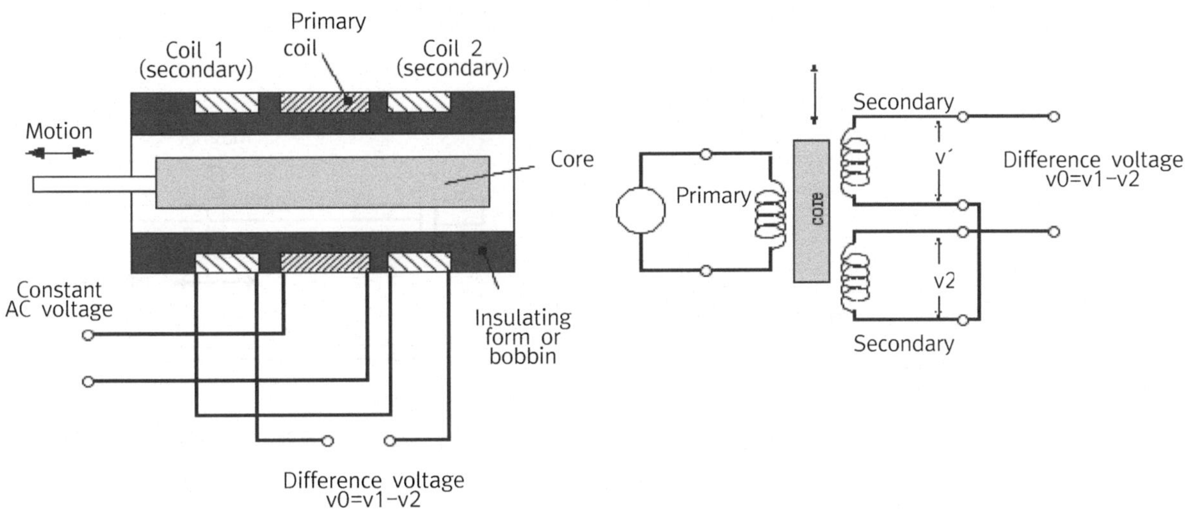

그림 2-101 선형가변미분형 변압기 단면도 및 내부회로도

2.7.4 리졸버

리졸버(resolver)는 선형가변미분형 변압기(LVDT)의 원리와 매우 비슷하지만 각운동의 측정에 사용된다. 리졸버는 변압기의 일종이며, 1차 코일은 회전축에 연결되어 있고 슬립링을 통해 교류 전류를 공급하는 변압기라고 할 수 있다. 리졸버는 서로 90° 떨어진 두 개의 2차 코일을 가지고 있다. 회전자의 1차 코일이 한 2차 코일과 평행할 때에는 코일에서 생성되는 전압은 최대가 되며 다른 2차 코일은 수직위치에 오게 되며, 이 경우에 전압은 발생하지 않는다. 회전자가 회전함에 따라서 궁극적으로 첫 번째 1차 코일에는 전압이 0으로 떨어지게 되는 반면에, 두 번째 코일에서는 최대전압이 발생하게 된다. 둘 사이에 모든 다른 각도에서는 1차 코일과 2차 코일간의 해당

각도에서의 Sine, Cosine 함수값에 따라 비례적으로 전압이 발생한다. 리졸버의 출력은 아날로그이지만, 그것은 Sine과 Cosine각과 같고 이 값은 후에 계산하기 위해 제거된다.

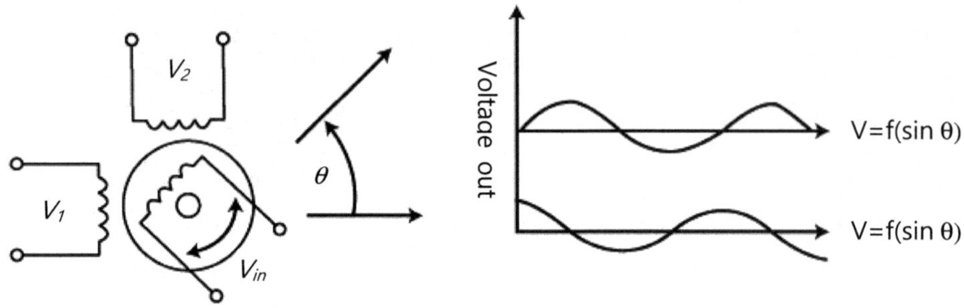

그림 2-102 리졸버의 개략도

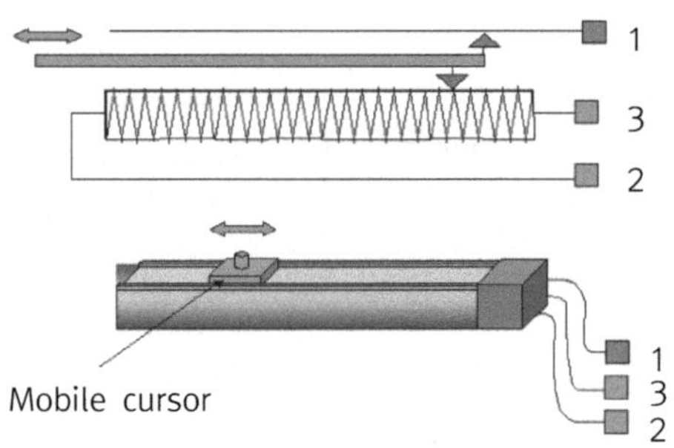

그림 2-103 리졸버 구조

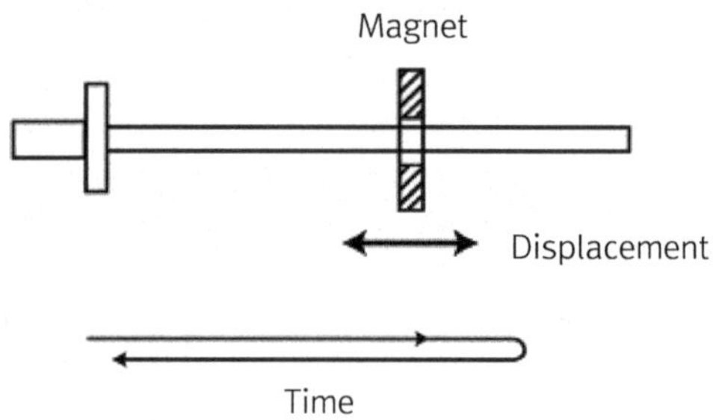

그림 2-104 운행시간 변위 센서의 개략도

2.7.5 운행시간 변위 센서

운행시간 변위센서(time-of-travel displacement sensor)에서, 펄스는 도체를 통하여 전달되고 이 도체는 자석에 도달함에 따라서 되돌아간다. 자석까지의 주행시간과 되돌아오는 시간은 주행속도를 알고 있다면 주행거리로 변환이 가능하다. 이동부 자석이나 도체에 접촉하게 함으로써 변위가 측정 가능하게 된다. IBM7565 로봇의 변위 센서가 바로 이런 형태이다.

긴 관의 한쪽 끝에서 발생한 신호는 자석에 도착하고 되돌아 올 때까지 전송된다. 신호가 전송되는 시간은 위치정보로 변환된다.

2.8 초음파센서[Ultrasonic Sensor]

2.8.1 초음파센서의 개요

초음파센서[Ultrasonic Sensor]는 초음파의 특성을 이용하거나 초음파를 발생시켜 거리나 두께, 움직임 등을 검출하는 센서로 초음파 용접기, 세척기, 플라스틱 본딩, 가공 등에 이용되는 고음압용과 생산 제어, 비파괴 검사, 침입검사, 물성측정, 의료 진단, 지연선로, 신호처리 등에 활용되는 저음압용이 있다.

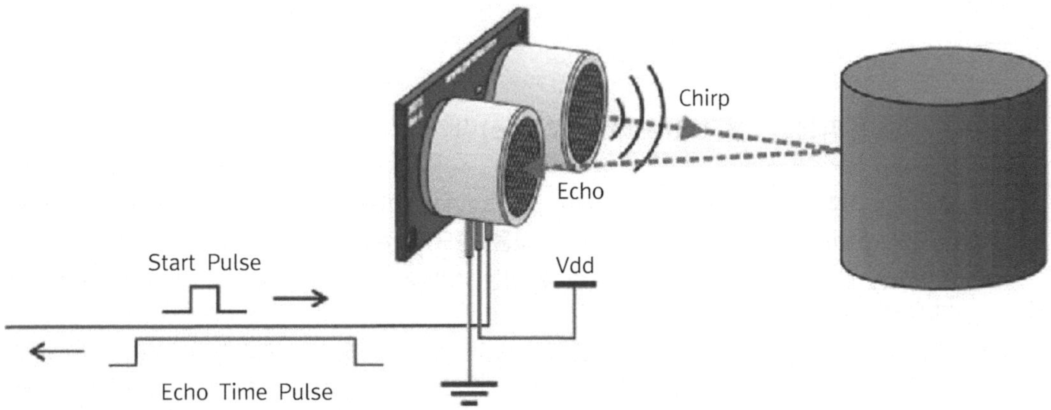

그림 2-105 초음파센서의 작동원리(1)

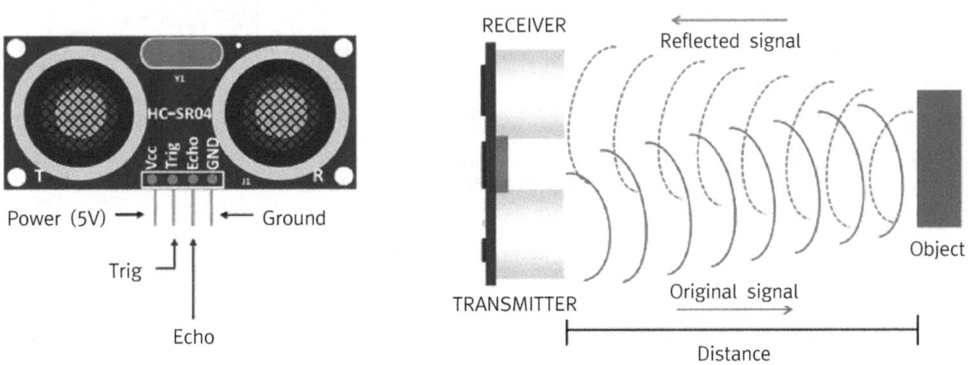

그림 2-106 초음파센서의 작동원리(2)

초음파는 사람이 들을 수 없는 20 kHz 이상의 주파수 영역을 말한다. 계측 분야에서 압전 진동자를 이용하면서부터 초음파센서가 이용되었으며, 이후 급속하게 발전하게 된 것이다.

초음파는 진행 방향 파의 종류에 따라 종파, 횡파, 표면파, 반파 대비 S모드, 반파 대비 A모드 등으로 나눌 수 있다. 초음파센서의 검출소자로는 압전형과 자왜형, 전자유도형이 많이 이용된다.

초음파를 통신 계측분야에 이용하는 것은 지향성이 강하기 때문이다. 초음파는 횡파와 종파로 구분되는데 진동자의 직경이 파장의 33배보다 크면 횡파가 되고 계측에서는 이 파를 이용한다. 초음파의 전달속도는 매질의 종류에 따라 다르고, 공기 중에서는 초속 340미터, 수중에서 1500미터, 금속중에서 6천미터 정도이다. 초음파의 감응재료에 따라 압전효과, 반도체, 전왜효과 등을 이용한 것으로 분류 할 수 있고, 사용목적에 따라 공중용, 수중용, 고체용, 특수 환경용으로 나눌 수 있다.

초음파(超音波 Ultrasonic Wave)란?

- 초음파는 '정상적인 청력을 가진 인간이 청감각(가청주파수:가청 주파수는 20 Hz~20 kHz의 인간이 감지할 수 있는 음향적 진동)을 느낄 수 없을 정도의 주파수가 높은 음파'로 정의 되어 있다.
- 일반적인 인간의 청감각을 통하여 느낄 수 있는 주파수는 16~20 kHz이며, 20 kHz 이상의 주파수를 '초음파' 라고 한다.
- '초음파'는 여러 분야에서 폭 넓게 사용되고 있다. 초음파는 인간이 감지하지 못하는 일종의 에너지로 써 이 에너지에 여러 종류의 정보 및 그 파동 자체만을 가지고 또 하나의 에너지로 사용 가능하다고 볼 수 있는 것이다. 우리가 인지 및 감지하지 못하는 또 하나의 에너지 세계가 바로 '초음파' 인 것이다.

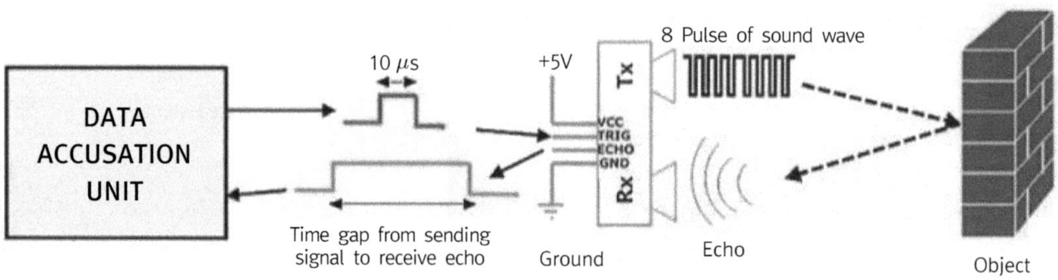

초음파 센서의 작동 원리

(1) 초음파센서의 기능

레벨계측, 유량계측, 물체인식, 거리측정 등 공업용에다 TV, 마이크로폰에 이용하여 음파의 검출에 이용되고 비파괴 검사용 탐상기에도 유용한 소자이다. 초음파 탐촉자를 사용하여 물체의 결함을 검사하는 경우, 검사대상 물체에 초음파를 발사하고 수신하며 금속의 결함에 따라 음이 변하는 성질을 이용해 각종 금속의 결함 또는 특성 분석을 행하는 것이다.

공중용 초음파센서가 일반적으로 사용된다. 수신에 이용되는 음파는 가청 주파수 형의 마이크로폰을 사용한다. 가청주파수 형의 마이크로폰은 진동판으로 음파를 수신하고 악기, 음성 등과 같이 목적에 의해 지향성, 감도 등 여러 가지를 사용하는 것이다. 물체 검출용 초음파센서란 교통량을 측정하여 신호시스템을 제어하거나 사람의 침입 탐지를 위해 이용되는 센서이다. 수검소자로 세라믹 압전소자가 장착된다. 주파수는 대체로 26 kHz이고, 송신기와 수신기를 대향시켜 물체 통과시 음파의 차단상태를 검출하면 물체 인식과 차량 대수의 계산, 생산공장에서의 물품 갯수를 알 수 있다.

거리 측정용 초음파센서는 반사시간과 거리가 비례하는 것을 이용해 거리를 측정하는 센서이다. 주파수는 40 kHz가 많이 사용된다. 주파수를 높이면 지향성과 분해성은 증가하나 감쇄도 커지므로 거리, 정밀도를 고려하여 주파수가 검토되는 것이다.

수중용 초음파센서는 수중에서 이용하는 초음파센서로서 자원탐사, 어군탐지, 수중 거리측정, 수심측정, 유량계 등 광범위하게 활용된다. 중저주파용 초음파센서는 수중에서 이용된다. 수중에서 음파는 주파수의 제곱에 비례하여 감쇄가 이루어지므로 계측 정밀도를 높이기 위해 주파수가 높은 것이 해저의 자원탐사 지층탐사에 이용되는 초음파센서는 배에서의 잡음을 줄이기 위해 긴 하이드로폰을 케이블로 예인하면서 측정하며, 주파수는 3 Hz에서 2 kHz이다.

원거리 측정에서는 저주파가 유리하다. 고주파용 초음파센서는 파장이 짧아지므로 지향 폭이 좁아지고 분해성은 향상되나 감쇄가 증가하므로 주로 근거리의 탐사, 속도 측정에 이용된다.

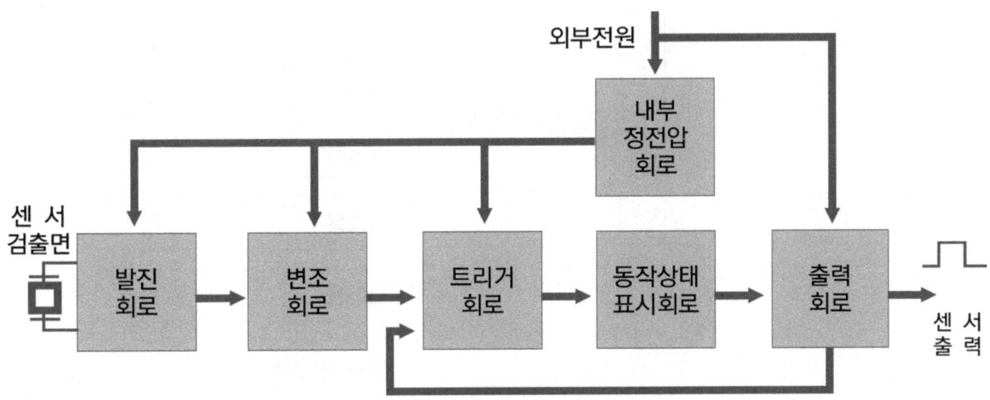

그림 2-107 초음파센서의 구조

고체용 초음파센서는 고체 중에 초음파를 발사하여 반사되는 주파수의 변화로서 내부 결함 검출에 이용된다. 원자력 발전소나 용접 부위의 결함 검사에 필수적으로 고도의 검사 기술이 필요한 것이다.

자왜형센서는 초음파의 감응재료로서 역자왜효과를 이용한 것이다. 강자성체에 자장을 가하면 왜곡이 생기는 현상을 자왜효과라 하고, 자화된 재료에 응력을 가하면 자속밀도가 변하는 성질을 역자왜효과라 한다.

(2) 초음파센서의 구성

초음파센서는 송신부에 의한 음파가 물체에서 반사되어 수신부로 되돌아오는 원리를 사용한다.

2.8.2 초음파센서의 종류

(1) 공중용 초음파센서

공기 중 스스로 초음파를 방출, 또는 방출된 초음파 에너지를 검출하는 센서로서, 액티브 방식(스스로 초음파를 방사하여 그 반사파를 검출함)과 패시브 방식(오로지 수신전용)이 있다. 액티브 방식은 초음파 거리계를 비롯해 두께계, 어군 탐지, 측심기, 소나, 의료용 진단장치 등에 사용된다. 패시브 방식은 배관의 가스 누출, 수도관의 누수, 절연 불량 등의 코로나 방전, AE파의 검출 등에 사용된다.

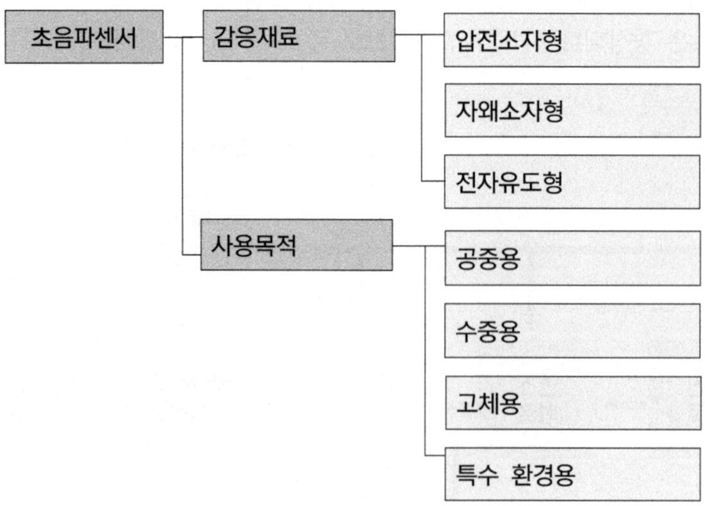

그림 2-108 초음파센서의 종류

표 2-28 감응재료에 따른 구분

종류 구분	비고
압전소자형 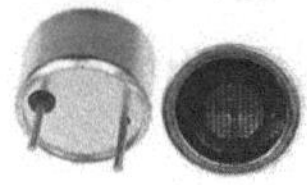	압전효과란, 유전체에 변형이 생기도록 응력을 가하면 전압이 생기는 효과를 말한다. 쉽게 말하자면 초음파에 의해 반응하는 유전체가 초음파의 노출 정도에 따라 자력으로 전압을 생성하고 이 전압을 이용하여 초음파를 측정하게 되는 것이다.
자왜소자형	자왜효과란, 자성재료에 자력을 가하면 응력이 생기는데 이를 자왜효과라고한다. 역으로 자성재료에 응력을 가하면 자력의 변화하는데 이를 '역자왜효과'라고 하며 통상적으로 모두 '자왜효과'라고 통칭한다.
전자유도형	전자 유도 초음파 센서의 파형 신호를 디지털 값으로 변환한 후, 이것을 디지털 신호 처리하여 금속판에서의 초음파의 진행시간을 정확하게 측정함으로써, 두께 측정 정밀도를 높이기 위한 전자 유도 초음파를 이용한 금속판 두께 측정 장치를 제공하는데 그 목적이 있다.

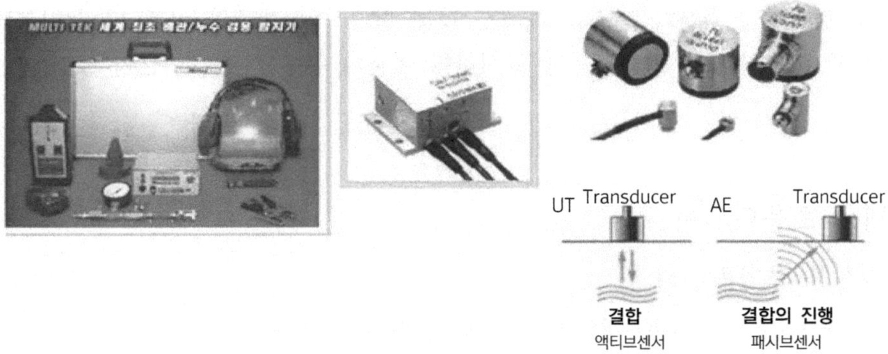

그림 2-109 패시브 센서

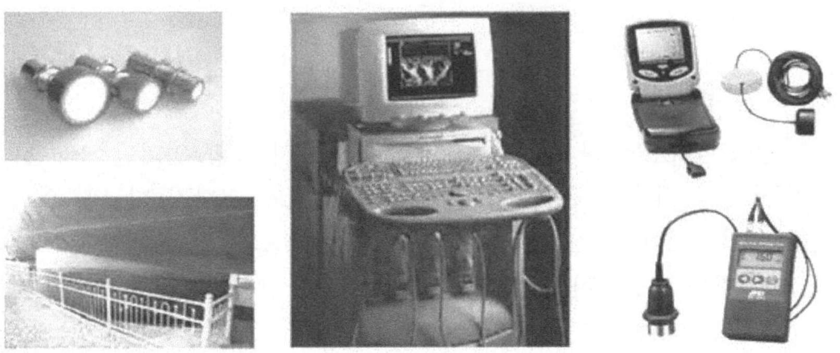

그림 2-110 액티브 센서

금속판과 압전세라믹을 붙인 구조의 바이모프(bimorph) 진동자에 로트형의 공진자를 결합한 복합 진동체를 실리콘 접착제에 의하여 베이스에 탄성 고정시킨 다음 케이스에 수납한 구조이다.

공중 초음파센서는 개방구조로 되어 있기 때문에 옥외에서 사용하는 경우, 비에 의한 물방울, 오염물질이나 먼지의 부착 등이 문제가 된다.

이 문제를 해결하기 위해 금속 케이스에 압전 세라믹을 부착하여 케이스 개구부에 베이스를 붙인 다음 수지를 충전한 밀폐 구조의 타입이다. 이 센서는 자동차의 범퍼에 내장한 거리계 등에 주로 사용되고 있다.

(2) 수중용 초음파센서

수중을 장거리 전파하는 음파는 전파 중에 감쇄한다. 감쇠 비율은 거의 주파수의 제곱에 비례하여 증가하기 때문에 장거리의 음파 전파에서는 저주파가 유용하다. 따라서 수 kHz ~ 수백 kHz의 저, 중역의 초음파는 해양 중에서의 계측에 주로 이용한다.

① 측심기 : 펄스 반사를 이용하여 바다의 깊이를 잰다.

② 어군 탐지기 : 초음파 펄스를 해저로 향해 발사하여 해중의 어군 및 해저로부터 반사파의 감도를 기록지 또는 브라운관에 표시하여 어군의 유무, 심도, 어군의 크기, 어종 등을 판별한다.

(3) 고체용 초음파센서

1) 탐사용 초음파센서

초음파 탐상법은 부품, 재료의 내부에 존재하는 결함을 비파괴적으로 검사하는 방법의 하나이다. 특히, 철강재의 내부 결합이나 용접부의 갈라짐의 검출 등에 가장 큰 특징을 발휘하는 분야이다.

2) 생체용 초음파센서

생체의 음향 임피던스는 대개 $1.5\times106\ kg/m^2{\cdot}s$ 로서 음향 임피던스의 측면에서 오히려 액체에 가까워 센서의 기본적 구성 원리는 수중용 센서와 그다지 다르지 않다. 그러나 피검사체가 생체라는 특수성이 있다. 초음파 진단장치는 초음파 펄스를 생체 내에 발사하고 생체 내부로부터 반사파를 검출하여 초음파 전반 경로상의 반사체 정보를 얻는 것을 기본동작으로 한다.

(4) 특수 환경용 초음파센서

1) 산부인과 영역의 초음파 진단

① 임신 7주 : 태아 생존여부 확인.

② 자궁근종 : 초음파 진단법의 가장 좋은 응용방법의 하나.

③ 난소 낭종 : 초음파 진단 유용성 크다.

④ 임신 후기 : 태아 머리 직경 측정 가능, 태아의 체장 관찰.

2) 유선, 갑상선 초음파 진단

① 유선 종양 : 10[mm] 이상의 것은 불규칙한 에코로서 나타남.

② 갑상선 에코 기록 : 기관을 중심으로 좌우를 확인한다.

3) 심초음파를 이용한 판정

① 심실, 방실판, 반월판의 움직임

② 심실중격의 두께

③ 대동맥의 직경, 좌심방의 직경 등

④ 심막(낭)액 저류의 유무(역류유무)

2.8.3 초음파센서의 활용

초음파는 가청 주파수 이상의 음향 진동 신호이다. 그렇다면 우리는 인간이 감지하지 못하는 영역의 소리 즉, '초음파'가 어떤 효과를 가지고 있기에 이용하고 있는 것일까?

로봇이나 u-센서에서 물체를 지각하고 거리를 측정하는데 이용되는 초음파센서로는 음의 발생과 검출을 겸하는 것으로 특정한 결정구조를 갖는 물질의 압전소자와 고전압 펄스를 인가할 경우 정전인력에 의해 진동이 발생하는 정전 효과방식이 있다.

초음파센서는 공기 중의 소리를 감지하는 센서로 보통 초음파센서에서 발사된 초음파 펄스가 피측정물의 표면에서 반사되어 다시 초음파센서로 되돌아 올 때까지의 시간을 측정하여 이를 기준으로 분석하여 필요한 정보를 얻는 방법을 사용한다. 초음파센서의 측정거리는 약 10 m 이다.

초음파는 크게 3가지로 응용분야로 구분할 수 있다.

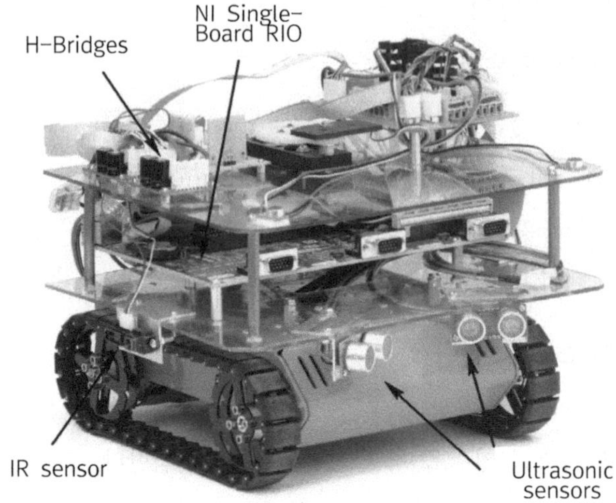

그림 2-111 초음파센서 이용한 이동로봇

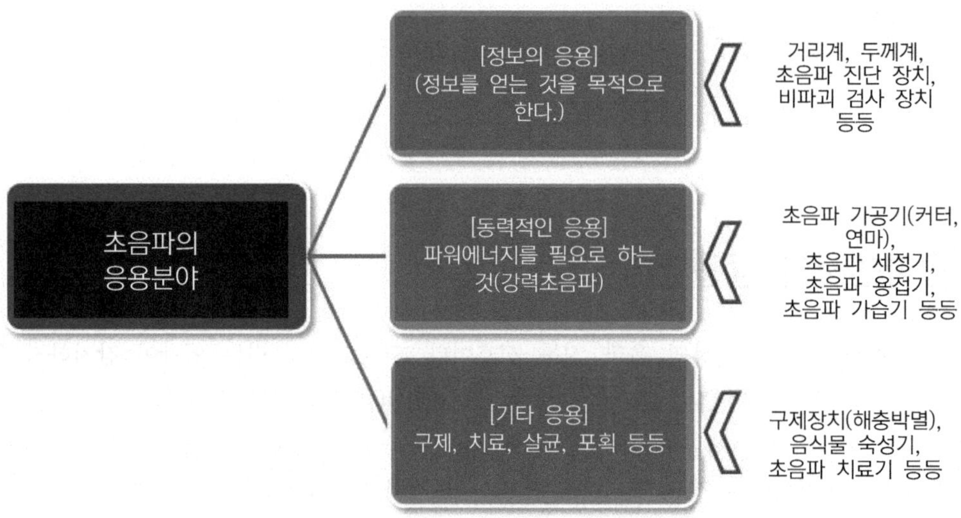

그림 2-112 초음파의 응용분야

초음파의 특성은 반사성이 강하고, 전파속도 또한 어느정도 지연이 가능하다. 이로 인해 물체간이 거리 및 물체의 두께를 측정하는데 유용하게 사용되고 있다. 예를 들면 차량을 주차 시 주차 후방 감지기는 우리들이 일상에 흔히 쓰이는 초음파센서 중의 하나이며, 공장에서 제품의 두께를 측정 시 비파괴검사(제품을 파괴하지 않고 검사하는 방법)로 물체의 두께 등을 측정하는데 활용되기도 한다.

이 밖에도 초음파센서는 사용상 유의점이 따르는데 온도에 의해 주파수(중심 주파수)가 내려가므로 온도에 민감하며, 지향성이 강하므로(주파수가 높을수록 지향성은 강하다) 송수신부를 설계할 시에 유의하여 설계를 하여야 한다. 여기서 지향성(directivity)이란 소리, 전파, 빛 등이 특정 방향에 강한 성질을 나타내는 것을 말한다.

(1) 초음파 치료의 원리

음파는 1초에 16만 번 이상의 진동부터 초음파의 범위에 들어가는데 초음파 치료기는 매초 100만 회에 달하는 진동작용을 이용해 피부, 근육, 신경에 에너지를 전달하는 원리로 그 진동폭의 크기는 작지만 1초에 백만 번이라는 고속 진동이기에 피부 속 깊숙한 곳까지의 침투가 가능하다.

① 초음파는 물을 통한 파동의 전달이 잘되기 때문에 대부분이 수분인 인체를 둘러싼 피부에 사용하여도 높은 효능을 얻을 수 있다. 손바닥에 물방울을 올려놓은 후 그 반대편인 손등에 초음파를 가하면 손바닥 위에 물방울이 진동함을 눈으로 확인할 수 있는데 이것은 초음파의 물리적인 힘이 피부 속을 잘 침투한다는 것을 말해준다.

② 인체 내부로 침투하는 초음파는 투열작용을 일으키는데 투열작용이란 초음파진동이 피하 약 6[cm]까지 침투하여 조직심부에서 온열을 발생시키는 것으로 이 작용을 이용하면 특정한 조직 부위에만 고밀도의 초음파 에너지를 전달하여 그 부위에서만 고열을 발생시킬 수 있는데 각종 초음파 치료기의 주된 원리는 바로 이 고열을 이용한 것이다.

(2) 초음파 치료의 범위

1) 생체의 기능 관련

관절염, 관절수종, 상보견갑관절주위염, 좌골신경통, 요통, 대장포진, 수술 후 진통, 근육통, 염좌 등 생체의 기능을 활성화 할 수 있다.

2) 생체조직 파괴

종양과 같은 조직을 제거할 때는 집속형 초음파가 주로 이용된다. 집속형의 원리는 여러개의 초음파 빔을 집속된 한곳에 모아 초음파강도를 수천 배까지 증가시키는 것으로, 이것은 공간의 한 점에 에너지를 집중시킬 수 있다는 것을 의미한다. 초음파가 집속된 부위는 순간적인 고열에 의해 타버리며 집속된 지점을 제외한 주위의 정산조직에는 아무런 영향을 주지 않기 때문에 체외 종양치료기의 기본원리가 되며 그밖에 안구 수정체를 파괴하는 백내장 치료, 요로결석을 파괴하는 비뇨기과용 치료기에도 사용된다.

지향성에 대한 상식

- 지향성이라는 것은 주파수 성분이 클수록 그 성향이 강하다.
- 우리가 흔히 사용하고 있는 모바일폰(핸드폰)은 각각의 통신사들 마다 특정한 주파수 대역을 가지고 무선통신서비스를 제공하는데, 일반적으로 SK가 KT나 LGT보다 전화가 잘 된다고들 한다. 이는 전파의 특성을 알고 있다면 그 해답을 찾을 수 있다.
- SK는 800 MHz 대역을 사용 KT와 LGT는 1.7~1.8 GHz 대역을 사용하면서 SK의 주파수 대역에 비해 상대적으로 높은 주파수 대역을 갖은 KT와 LGT에선 지향성이 강한 주파수 특성 때문에 건물이 많은 도심지에서 전화가 잘 사용되지 않는 단점을 가지고 있었다.
- 하지만 근래 들어 다시 SK에서 800 MHz 대역의 일부를 반환함으로써 KT가 800 MHz 대역, 흔히들 황금주파수 대역이라고 하는 부분을 일부 사용 가능하게 되었다는 보도가 있었다.
- 하지만 2G폰에서만 해당되는 주파수 대역이고 3G폰으로 넘어오면서 모든 통신사가 1.9~2.1 GHz 대역으로 옮기서 전체 모바일 폰들의 전화 수신율이 많이 저조하게 되었다.
- 아마도 초창기 3G폰을 구매한 사용자들은 지하 및 엘리베이터 등지에서 전혀 통화가 안되는 불편을 겪었던 기억이 있을 것 이다.
- 이는 3G서비스가 보편화 되면서 중계기의 설치가 늘어나면서 좋아진 것이지 절대로 주파수 특성이 변화하여 통화 품질이 좋아진 것은 아니라는 점.

표 2-29 용도에 따른 구분

종류		비고
자동차용 초음파센서 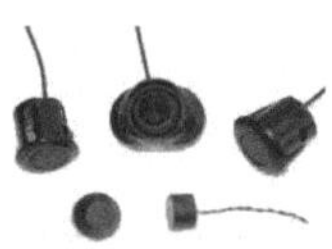	특징	• 초음파를 발사하고 그 반사음을 받는 송수신 겸용 센서 ① 방수/방진형 구조로 사용환경의 제약이 없음 ② 넓은 사용온도 범위(-40℃~+85℃)로 고도의 동작 신뢰성 있음 ③ 긴 탐지 영역(최대 6 m 까지 탐지가능)으로 다양한 분야에 적용 가능 ④ 소형이며 저 가격형
	용도	① 자동차용 후방 감지기용 ② 주차장 무인 주차 메타기용 ③ 거리측정기용 ④ 물 또는 액면 수위 측정기용 ⑤ 침입 경보기용 ⑥ 자동 도어용 ⑦ 근접 스위치용 ⑧ 모션 제어용
고주파형 초음파센서	특징	• 압전세라믹 및 공기 중 음향 정합기술을 사용하여 제작된 고정밀 측정용 초음파센서 ① 송수신겸용형 초음파센서 ② 에폭시 계열의 음향 레이어를 사용하여 고온 특성이 우수

<table>
<tr><td rowspan="2">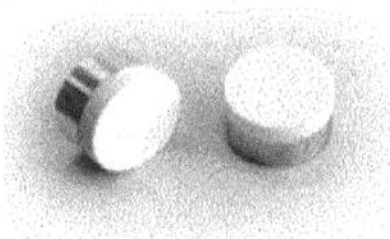</td><td></td><td>③ 우수한 송수신 감도로 측정 범위가 넓음
④ 좁은 빔 각도로 오동작 방지가 가능한 고기능</td></tr>
<tr><td>용도</td><td>① 로봇용
② 주차장용
③ 거리 측정기
④ 수위 레벨 측정
⑤ 물체 감지기</td></tr>
<tr><td rowspan="2">개방형
초음파센서
</td><td>특징</td><td>• 초음파를 발사하고 그 반사음을 받는 송신 센서 및 수신센서, 또는 송수신 겸용형 센서로 구성
① 감도 특성이 매우 뛰어나 저전압(5 V) 구동이 가능
② 고도의 동작 신뢰성
③ 긴 탐지 영역(최대 8 m 까지 탐지가능)으로 다양한 분야에 적용 가능
④ 소형이며 저가격형이므로 경제적 부담이 적다.</td></tr>
<tr><td>용도</td><td>① 주차장 무인 주차 메타기용
② 거리 측정기용
③ 물 또는 액면 수위 측정기용
④ 침입 경보기용
⑤ 자동 도어용
⑥ 근접 스위치용
⑦ 모션 제어용</td></tr>
<tr><td rowspan="2">레벨메타용
초음파센서
</td><td>특징</td><td>• 하수처리장, 정수장, 저수지, 공장의 액 보관 탱크 등에서 액체의 수위를 비접촉식으로 측정하는데 사용되는 초음파 레벨메타용 센서로서 음향 특성이 우수한 정합층 및 내부식성 재질을 이용
① 탐지거리가 길며(최대 15 m)
② 내 산성, 내 알칼리성이 우수
③ 사용 가능한 온도 범위가(−30℃ ~ +70℃) 넓은 특징
④ 고객의 요구 사양에 맞는 디자인 개발 또한 가능</td></tr>
<tr><td>용도</td><td>① 정수장, 하수처리장, 배수지 등 수처리 시설용 초음파 레벨메타
② 개수로형 초음파 유량계, 교량 및 하천 수위계
③ 각종 산업용 공장내의 수처리장 또는 액체 보관 탱크의 레벨 측정용</td></tr>
<tr><td>수중용
초음파센서
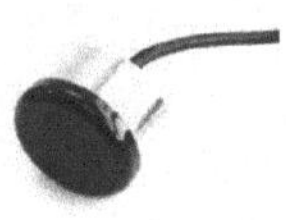</td><td>특징</td><td>• 수중에서 물체를 감지하거나 거리 측정용으로 사용할 때 필요한 수중용 초음파센서에 관한 것으로 음향 특성이 우수한 폴리우레탄 정합층을 사용하였으며, 방수특성이 우수하고, 내부식성 재질을 사용하여 동작의 신뢰성을 극대화한 초음파센서
① 탐지거리가 길며(최대 50 m)
② 해수에 강한 재료 적용으로 장시간 사용 가능
③ 두 가지 주파수 모드(70 KHz 및 220 KHz) 겸용 사용 가능
④ 고객의 요구 사양에 맞는 디자인 개발 또한 가능</td></tr>
</table>

	용도	① 수심측정기 ② 어군탐지기 ③ 측심기 ④ 수중 탐사용 로봇

표 2-30 초음파센서의 구분

구분	개방형	방적형	고주파형
구조			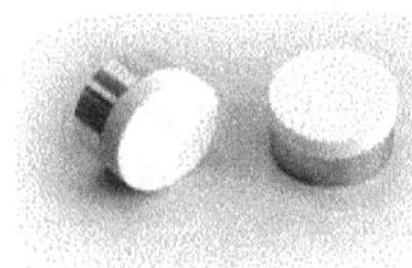
특징	• 압전세라믹의 굴곡진동 이용 • 음압레벨이 높고 감도가 좋다 • 80 KHz 이상 사용불가 • 내환경 특성이 나쁨	• 알루미늄의 굴곡진동 이용 • 수신감도 양호 • 내환경특성 우수 • 충격에 강함	• 압전세라믹의 두께진동 이용 • 음향정압층 설계가 중요 • 고주파영역 사용 • 빔각도가 예리함
용도	• 침입방지 • 가정용 로봇	• 자동차용 후진센서 • 무인자동차 감지센서 • 수위, 액면 검출용	• 공장 자동화용 • 수위, 액면 검출용

2.9 유속유량센서[flow rate flow sensor]

2.9.1 유량 · 유속센서의 개요

석유화학, 자동차, 항공, 에너지 등 유체관련 산업이 발전되고 규모가 대형화됨에 따라 효율적인 공정관리 및 상거래를 위해 정밀하고 정확한 유량측정이 중요시 되고 있다.

유량측정은 측정대상인 유체의 종류를 비롯하여 흐름상태, 유체의 온도와 압력, 측정범위, 설치장소 등에 따라 측정조건이 매우 다양하기 때문에 유량의 측정방법도 여러 가지가 개발되어 사용되고 있다.

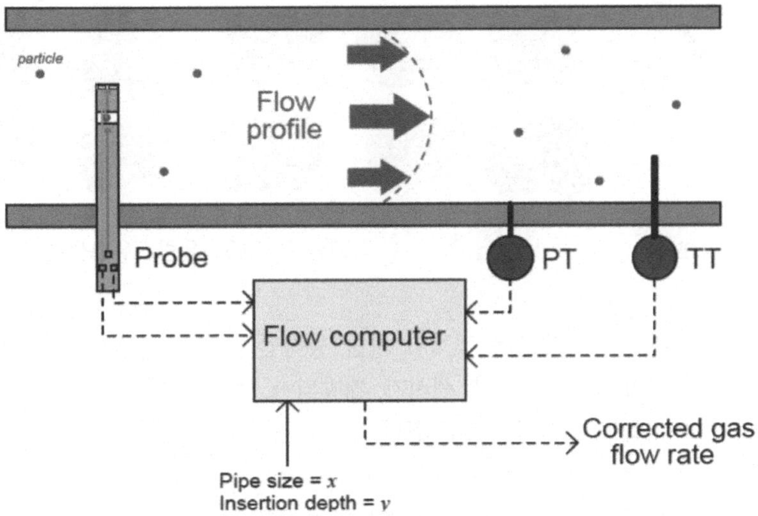

그림 2-113 광(Optical) 유속센서의 작동원리

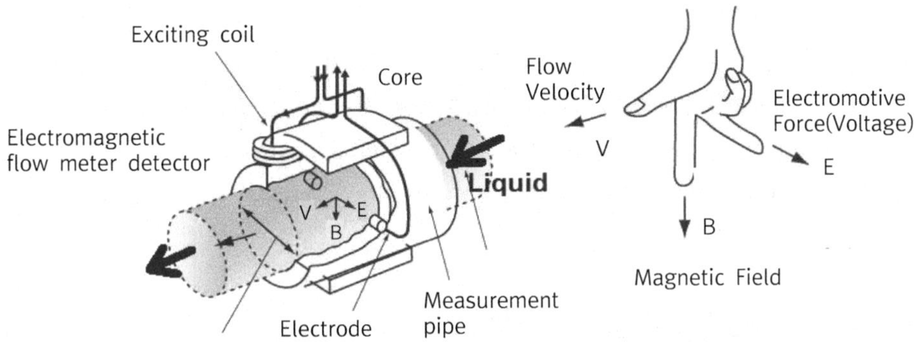

그림 2-114 전자기(Electromagnetic) 유속센서의 작동원리

따라서 유량을 측정하고자 할 경우에는, 사전에 측정조건을 충분히 검토하고 요구되는 정확도 및 유지관리의 편의성 등을 검토하여 용도에 적합한 센서를 사용하여야 한다.

최근에는 자동차 및 반도체산업의 각종 가스의 유량을 측정하는 전자식 유량 · 유속센서의 채용이 급증함에 따라 이에 대한 국산화의 필요성이 그 어느 때 보다도 절실하게 요구되고 있다.

유량·유속 센서(flow sensor)는 유체의 압력, 힘, 위치, 열, 주파수 등의 변화를 이용하여 유량·유속을 측정하는 센서로 유량측정은 측정대상인 유체의 종류와 흐름상태, 유체의 온도와 압력, 측정범위, 설치장소 등에 따라 측정조건이 매우 다양하기 때문에 유량의 측정방법도 여러 가지로 개발되어 사용되고 있다.

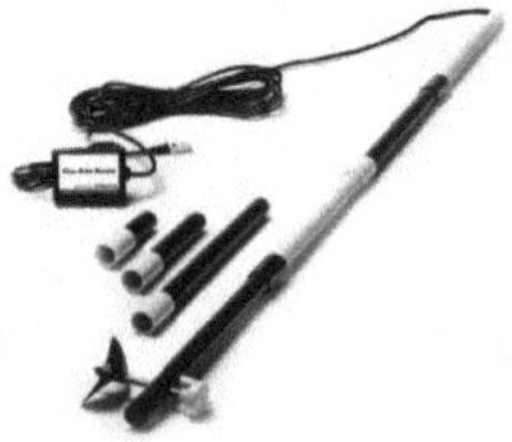

그림 2-115 유속센서

그림 2-116 유량·유속센서

유량 측정은 그 대상이 유체로서 정적이 아닌 동적인 관계로 측정이 매우 어렵고, 정확도 역시 다른 계측에 비해 낮아 하나의 유량 센서가 개발되어 적용되기 위해서는 수십 년이 소요되기도 하고, 현장 적응성이 떨어져 사장되기도 한다.

유량 측정은 다른 측정량과는 달리 직접 유량을 측정하는 방식이 매우 적으며, 다른 물리량을 측정하고, 이 측정된 정보로부터 유량을 산출하는 방식이 대부분 이다.

예를 들어, 차압유량계는 유량을 직접 측정하는 방식이 아니고, 유량 센서로부터 발생된 차압을 차압계를 이용해 측정하고, 이 측정된 차압 정보로부터 유량을 적절하게 산출하는 방식이다. 물론, 유량을 직접 측정하는 방식이 없는 것도 아니지만, 이 또한 다른 물리량을 이용해서 유량을 구하므로 대부분의 유량 측정은 간접적인 측정방식을 택하고 있다고 볼 수 있다.

최근에는 자동차 및 반도체 산업의 각종 가스의 유량을 측정하는 전자식 유량·유속센서의 채용이 급증함에 따라 이에 대한 국산화의 필요성이 그 어느 때보다도 절실하게 요구되고 있다.

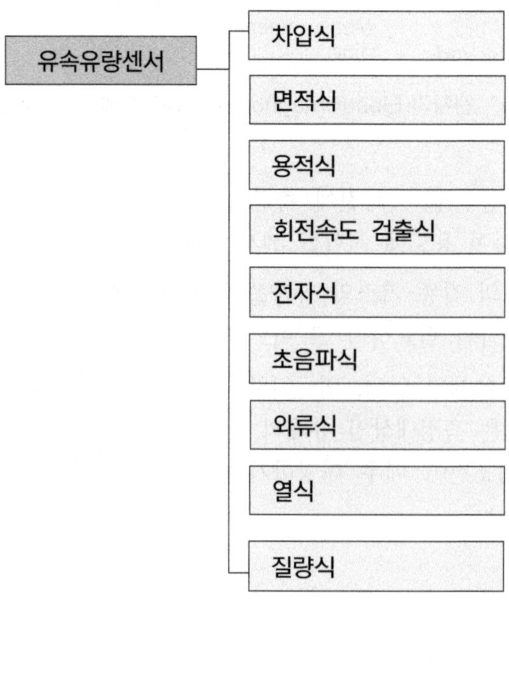

그림 2-117
유량·유속센서의 종류

2.9.2 유량 · 유속센서의 종류

현재 실용화되어 있는 유량 · 유속센서는 크게 차압식, 면적식, 용적식, 회전속도 검출식, 전자식, 초음파식, 와류식, 열식, 질량식으로 나눌 수 있다.

(1) 차압식 유량센서(Differential Meter)

산업체에서 가장 많이 사용되고 있는 것은 차압식 유량센서로, 관로에 설치된 스로틀 전후 압력차의 평방근이 유량에 비례하는 것을 이용하여 소유량에서 대유량까지 그 적용범위가 매우 넓으며 공업용으로 가장 많이 사용되고 있다.

유체의 유량을 측정할 때 유체가 흐르는 관로 사이에 조리기구를 두어 유체가 기구 통과시에 발생하는 압력차를 이용하여 유량을 계측하는 방식으로 구조가 간단하며 취급하기가 쉽고, 소유량에서 대유량까지 계측이 가능한 장점을 가진 유량계입니다. 또한 차압식 유량 트랜스미터를 설치하여, 순간유량 및 적산유량표시가 가능하며, 출력신호도 내보낼 수 있다.

유체가 흐르고 있는 관로의 중간에 조리기구를 설치하여 유체가 그 부분을 통과할 때는 유속이 빨라지고 베르누이 연속의 정리에 의하여 압력이 감소하는데 압력의 감소가 유량에 비례하는 원리에 따라 그 압력의 차(차압)를 측정하여 유량을 산출해내는 방식이며, 지시부는 부유식 면적 유량계의 원리를 이용, 계측기 가능한 형태로 차압을 이용한 면적식 유량계라 할 수 있다.

① 배관내의 순간유량을 간단, 명료하게 읽을 수 있다.
② 구조가 간단하고 취부가 간편하다.
③ 소형에서 대유량까지 측정이 가능하다.
④ 배관에서 분리가 용이하다.
⑤ 유체의 방향에 대한 제약이 없다.
⑥ 유체의 흐름을 방해 하지 않고, 계기부를 분해하여 청소가 가능하다.
⑦ 점검 보수가 용이하다.

그림 2-118 차압식 유량센서

적용 분야는 다음과 같다.

- 압축 공기 계량 및 누설감지
- 미압의 가스 유량측정(예 : 대기압상의 공기)
- 순수가스 측정 (아르곤, 산소, 질소 등)
- 버너나 건조기에 사용하는 천연가스의 혼합비 조절
- 폐수처리 설비에서 폭기조의 공기량 측정

(2) 면적식 유량센서

면적식 유량계(Area meter)는 관속의 유체량을 측정하는 유량계로서 흐름의 통로에 조절판인 스로틀을 설치하고 스로틀 전후의 차압을 일정하게 유지하도록 유량에 따라서 스로틀 면적을 증감시켜 그 면적에서 유량을 측정한다. 면적을 변화시키는 방법에 따라 여러 형식이 있는데 테이퍼관(수직으로 장치되어 위로 올라갈수록 점점 벌어지는 관)과 플로트에 의한 플로트식 슬릿붙이 실린더와 피스톤에 의한 피스톤식이 있다.

면적식 유량계(area meter)는 수직으로 설치된 관내에 흐름을 방해하는 물체를 두어, 유량이 증가하면 관과 흐름을 방해하는 물체 사이의 통보가 넓어지도록 되어 있다.

Rotameter는 면적식 유량계의 대표적인 예이다. 유량이 증가하면 플로트(float)가 위쪽으로 움직이며 튜브벽과 플로트사이의 유체가 통과하는 단면적이 증가한다. 단면적의 크기로부터 유량을 구할 수 있다.

면적식 유량계는 관속의 유체량을 측정하는 유량계로서 흐름의 통로에 조절판인 스로틀을 설치하고 스로틀 전후의 차압을 일정하게 유지하도록 유량에 따라서 스로틀 면적을 증감시켜 그 면적에서 유량을 측정한다. 면적을 변화시키는 방법에 따라 여러 형식이 있는데 테이퍼관(수직으로 장치되어 위로 올라갈수록 점점 벌어지는 관)과 플로트에 의한 플로트식 슬릿붙이 실린더와 피스톤에 의한 피스톤식이 있다.

면적식 유량계 특징으로는 기체, 액체의 유량측정이 가능하고 소유량 고점성 유체 및 부식성 유체에 적합하며 맥동류에서도 오차 발생이 적다. 그리고 설치 시 많은 직관부를 필요로 하지 않고, 일반적으로 수직 취부를 한다.

승직형으로 상부 방향이 넓은 Taper관과 내부에 설치된 플로트 구성, 유체가 Taper관 내부를 아래에서 위로 흐를 때 유량에 비례하여 플로트가 상승하게 된다. 이와 같은 동작은 유체의 흐름이 플로트에서 조임기구 역할을 하여 플로트 전후에 차압이 발생하기 때문에 플로트가 상승을 하게 된다. 플로트가 상승을 하게 되면 Taper관의 면적이 넓어지고 차압이 줄어들어 플로트의 무게와 Balance가 되어 플로트가 정지하게 된다

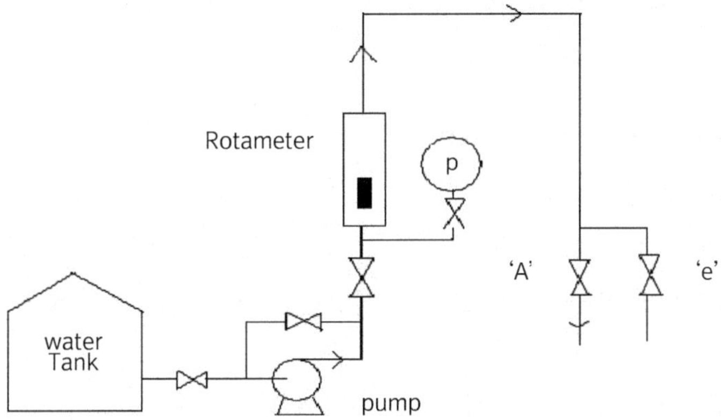

그림 2-119 면적식 유량계의 기본 원리

그림 2-120 Rotameter

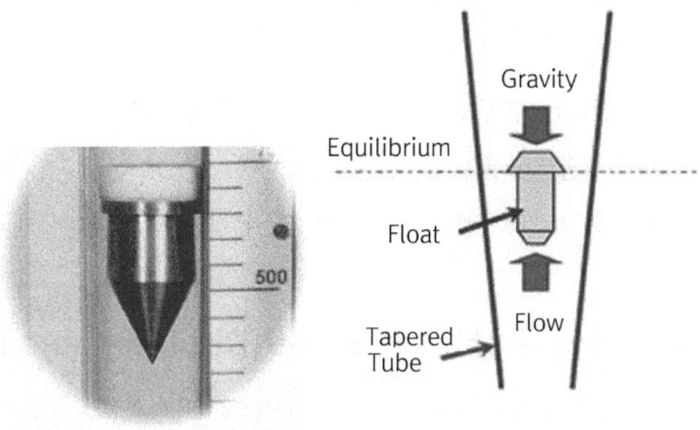

그림 2-121 Rotameter의 기본 원리

Rotameter는 액체통 밑이 뾰족하게 되어 있고 그 아래에 유리관이 연직으로 세워져 있는데, 이 속에 팽이처럼 생긴 부표가 장치되어 있다. 액체가 아래쪽에서 이 유리관으로 들어오면서 부표를 밀어 올리며, 부표에 작용하는 중력과 액체의 흐름에 의한 힘이 평형되는 곳에서 부표가 정지한다. 액체의 흐름이 부표에 미치는 힘은 액체의 점성과 유속의 곱에 비례한다.

관로중의 Taper관에 플로트를 넣어 유속에 따른 플로트의 위치를 읽음으로서 유량을 측정한다. 그런데 액체통의 끝이 뾰족하기 때문에 아래쪽에서는 관벽과 부표사이가 좁아서 유속이 빠르고, 또 액체통 벽의 영향으로 유체의 점성도 결보기에는 커지기 때문에, 부표는 액체의 유량의 대소에 따라 액체통 속에서 정지하는 위치가 달라진다.

면적식 유량계의 특징은 다음과 같다.

① 기체, 액체의 유량측정이 가능하고, 특히 소유량, 고점성 유체 및 부식성 유체에 적합하며, 맥동류에서도 오차 발생이 적다.
② 스케일 눈금이 직선적이다.
③ 유효 측정범위시 10:1로서 넓다.
④ 플로트 형상설계에 따라 레이놀즈수가 상당히 작은 범위까지 유량계수가 일정한 값을 얻을 수 있다.
⑤ 설치 시 많은 직관부를 필요하지 않고, 일반적으로 수직 취부한다.

면적식 유량계의 장단점은 다음과 같다.

① 측정범위가 넓고 비교적 적은 유량도 측정이 가능하다.
② 압력손실이 적고 측정눈금이 균등하다.
③ Slurry와 같은 고점성 유체에 적합하다.
④ 측정대상유체가 깨끗해야 한다.
⑤ 측정 가능한 최대유속이 타 유량계에 비해 상대적으로 낮다.

(3) 용적식 유량센서(Positive Displacement Meter)

용적식 유량센서는 로터와 케이스, 피스톤과 실린더 등을 이용하여 유체를 일정용적에 가두어 놓고 일정주기마다 방출을 반복하여 단위 시간당 횟수에 의해 유량을 측정하는 방식으로 전산 유량계에 많이 쓰인다.

이 용적 유량계는 주로 소형이 많으며 점도가 높은 약체, 즉, 기름, 식품(액체)등의 유량 측정에 많이 적용되고 있다. 이 용적 유량계는 유량계 중에서 가장 정확도가 높은 것은 사실이나 주로 소형에 많이 적용되며, 압력 손실이 높은 편이고 이 물질 등에 약한 것이 옥의 티이다.

용적식 유량계는 액체용과 기체용이 있고 계량법상 적산 유량계의 일종으로 분류된다. 유량 측정방법은 내부 회전자나 피스톤 등의 가동부와 그것을 싸는 케이스와의 사이에 일정 용적의 공간부를 밸브로 하고, 그 속에 유체를 충만시켜 그것을 연속적으로 유출구로 송출하는 구조로서 그 계량 횟수에서 용적유량을 측정하는 것이다.

즉, 용적식 유량계는 타 유량계에 비하여 직접 체적유량을 측정하는 방법이다. 따라서 계량정도가 높음에 따라 공업 계기용으로부터 가정의 가스 소비량 및 주유소의 판매기 등에 다양하게 이용되고, 최근 센서기술의 발달로 계수기 전자화를 통한 고기능화가 이루어지고 있다.

그림 2-122 용적식 유량센서

용적식 유량센서의 특징은 다음과 같다.

① 먼지나 이물질에 상당히 약하다. 유체에 이물질이 있으면 운동자에 끼어 기능을 저하시키므로 여과기를 설치해야 하며, 액체중의 기포에 의한 오차를 막기 위해 Air Eliminator 등을 설치하는 경우도 있다.

② Meter Run(직관부)이 거의 필요 없다.

③ 직접 유량을 측정하는 실측식이므로 정확도가 상당히 높다. (±0.2% ~ ±0.5%)

④ 사용하는 유체의 범위가 광범위하며 특히 고점도의 유량측정에 적합하다.

⑤ 압력 손실이 크다. 대유량의 경우 유량계가 상당히 커진다.

용적식 유량계(PD Meter)는 다음과 같은 구조로 이루어져 있다.

① 계량부 : 계량부(본체부)는 내압을 받아 유지하는 외통부와 일정체적에 해당하는 계량실을 구성하는 내통부로 되어 있다. 외통부는 계측 유체의 압력, 습도 부식성에 따라 주철, 주강 등의 용기로 충분한 강도를 가져야 하며, 내기부는 운동체와 그 축 및 축받이를 포함하고 있다.

② 전동부 : 운동체(회전자)의 운동을 외부로 취출시키는 부분으로 자기연결방식과 기밀방식이 있다. 용적 유량계는 위험물을 계량할 경우가 많으므로 위험방지의 관점으로부터 봉십성의 확실한 자기연결 방식을 이용하며, 이것은 계량 부분의 운동을 외부로 전달시 기어 등이 없기 때문에 유체 누설이 적다.

③ 변환부 : 전동부로부터 전달되어진 계량부 회전을 계수부(지침부)의 계수단위량으로 변환시키기 위한 감속 기어부로서 기종에 따라서는 감속기어부 일부 또는 전부가 계량부내에 장착 되어진 것도 있다. 이 부분의 구성은 필요에 따라 모든 기어열을 교환하는 고정 기어식과 일부분을 기어열 또는 무단 변속기를 내장해서 노브만 조정, 소정의 변속비를 얻을 수 있는 연속 기어조정 장치가 있다.

④ 계수부 : 용적 계수부는 용도에 따라서 많은 종류가 개발되어 있으며, 단순 적산형, 영루형, 자동 정량형 등이 있다. 단순 적산형은 통과된 전체유량을 단순히 적한하는 것으로 장기간에 거쳐 통과량을 정기적으로 체크하기 위하여 이용된다.

영루형은 카운터 표시를 임의 필요에 따라 계량 개시 초기의 상태로 돌이킬 수 있는 것으로서 지침식과 숫자식이 있다. 배치 프로세스에서 수동에 의한 소정량의 주입 또는 방출시의 계량 등에 넓게 이용되고 또한 원격식도 있다.

자동 정량형은 계측용적이 초기에 임의로 정한 일정량에 달하면 신호를 발생, 자동적으로 계량을 정지 또는 경보를 발생시키는 것으로 배치 프로세스 및 방출시 계량의 자동화에 이용하기 위한 것이다.

(4) 회전속도 검출식 유량센서

터빈 유량 · 유속센서는 회전날개의 회전수가 유량/유속에 비례하는 것을 이용하여 고온, 고압, 극저온 등의 열악한 환경하에서의 유체측정에 사용된다.

(5) 전자식 유량센서

전자식 유량 · 유속센서는 전도성 유체의 흐름에 직각으로 자계를 가하여 두 방향으로 직각인 방향에 기전력이 발생하는 원리를 이용하며 유체의 온도, 점도, 밀도 등의 영향을 받지 않는 것이 특징이다.

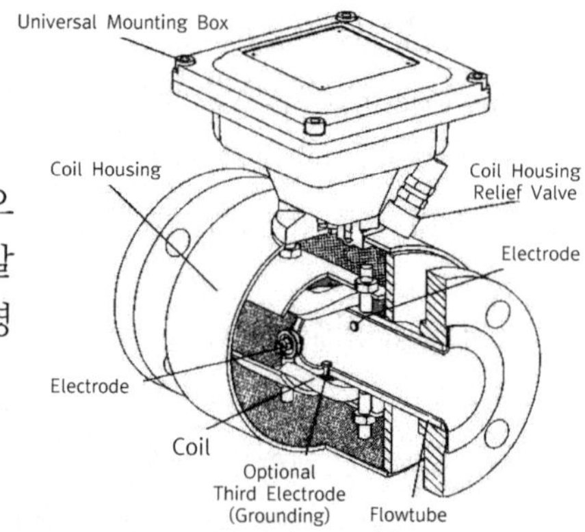

그림 2-123 전자식 유량센서

(6) 초음파식 유량센서

초음파 유량계(ultrasonic flowmeter)는 1880년 압전효과가 발견된 이후 1918년 초음파 진동소자가 선박의 항해시 암초와 빙산 등의 탐지를 위해 처음으로 사용되었으며, 이러한 원리를 응용하여 초음파를 이용한 유량측정은 1920년경 반전파 기술을 이용한 유량계가 처음 나왔고, 점차 기술의 발달로 1970년부터 산업현장에서 유량측정에 응용되기 시작하였다. 초음파 유량계를 음향식 유량계라고도 부르며, 유체가 흐르고 있는 관내에 음파를 보내면 그 전반 속도는 유체의 흐름 영향을 받아 흐름과 동일 방향에 대해서는 정지되어 있을 때의 음속에 유속을 가한 속도로 전해지고, 반대방향에는 반대로 유속을 뺀 속도로 전해진다. 이 두 가지 방향의 음속의 차를 측정하면 유속이 구해지고, 이것을 이용하여 유체의 체적유량을 측정할 수 있도록 한 것이다. 이 방법은 유속의 방해없이 유속측정이 가능하고, 초음파가 전달되는 유체라면 어떠한 유체에 대한 유속 측정이 가능하다. 또한 두꺼운 금속관 외부로부터 유량 측정이 가능하므로, 기존 설치된 파이프에 별도의 가공을 하지 않고도 유량 측정이 가능하다.

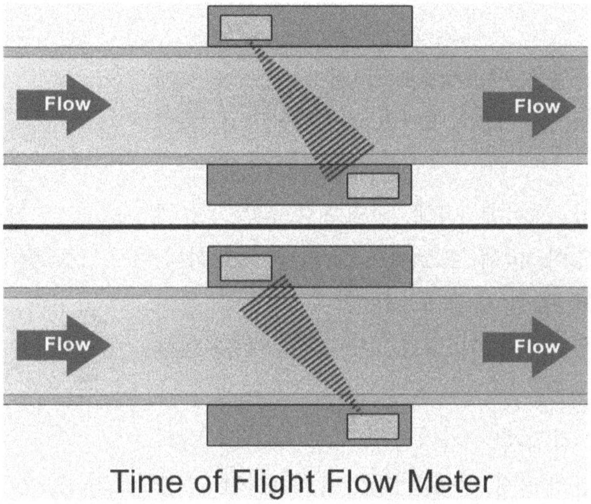

그림 2-125 초음파식 유량센서

초음파 유속 · 유량 센서는 유속에 의한 초음파의 전파속도변화를 시간차, 위상차, 도플러 효과 등을 이용하여 검출하는 방식으로 대구경의 관로에 많이 사용된다.

초음파 유량계는 시간차를 주로 이용하는데, 일반적인 초음파 유량계가 계산하는 시간차는 수 나노(10^{-9})초가 된다. 그러나 Microsonics 초음파 유량계는 피코(10^{-12})초를 이용한다. 더 적은 시간차를 사용하는 초음파 유량계의 이점은 무엇일까? 일반적으로 초음파 유량계는 소경 파이프에서는 취약점을 가지고 있다. 그런데 더 적은 시간차를 이용하는 초음파 유량계는 아주 작은 소경 파이프에서 위력을 발휘할 수가 있다. 또한 대형 파이프에서는 저속으로 흐를 경우가 있는데, 일반적인 초음파 유량계는 저속으로 흐를 경우에 또한 취약점을 가지고 있다. 그런데 더 적은 시간차를 이용하는 초음파 유량계의 경우에는 이러한 대경 파이프에서 저속으로 흐를 경우에도 유량을 측정할 수 있는 위력을 발휘할 수가 있다.

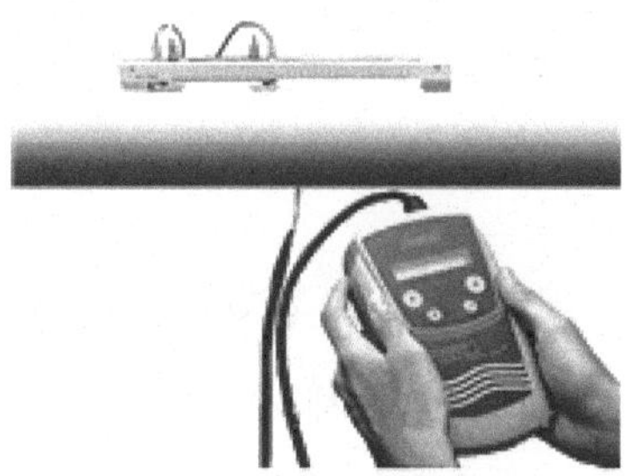

그림 2-126 초음파식 유량센서

초음파 유량계에 사용되는 트랜스듀서의 주파수는 대개 0.5 MHz ~ 2 MHz를 사용한다. 트랜스듀서의 주파수는 재질의 밀도와 상당한 관계가 있으며, 재질의 밀도가 낮을 경우에는 낮은 주파수가 더 효과적이고, 재질의 밀도가 높을 경우에는 높은 주파수를 사용하는 편이 낫다. 또한 주파수가 낮을수록 분해능은 떨어지지만 침투력이 강하기 때문에 주로 대경 파이프에 적용된다. 소형 파이프에는 침투력보다는 분해능이 중요하므로, 더 높은 주파수를 사용하게 된다.

(7) 열식 유량센서

열식 유량 · 유속센서는 발열체로부터 열 발산이 유속에 의해서 변화되는 현상을 이용하여 구조가 간단하고 측정 범위가 넓다.

질량유량센서는 타 센서에 비해 정밀하고 온도, 압력 등의 영향을 받지 않아 미세 프로세스 관리에 적합하다. 가스 및 액체의 질량, 용적 측정에 적합한데, 적용이 용이하고 가격 품질 경쟁력이 있어 많은 분야에서 다른 센서들을 대체해나가고 있다.

그림 2-127 열식 유량센서

이 외에도 레이저 간섭계나 자가공명 등을 이용한 방식이 사용되고 있으며, 레이저 간섭계식은 비접촉식이고 정확도가 높아 각종 연구나 표준유지에 많이 활용된다.

열식질량 유량계는 기체 측정용 질량 유량계로써, 기체의 밀도, 압력 및 점도에 상관없이 질량 유량을 측정한다. 즉 유체가 통과하며, 가열되어 있는 부분의 열을 빼앗아가며, 이 빼앗긴 열은 질량유량에 비례한다는 원칙을 이용한 것이다. 그러나 유량검지부는 유치와 직접 닿는 일이 없으며, 유체의 흐름과 격리되어 있다.

내장된 교정기능을 통해, 온도편차 값을 유량계로 입력하므로, 유량 교정단계가 매우 중요하며, 맥시플로 열식질량 유량계는 수입산 정밀 Hot Coil 및 반도체 세라믹 센서를 채용하여, 정밀도를 높였다.

장점은 다음과 같다.

- 구동부가 없으므로, 높은 신뢰성과 내구성을 보장한다.
- 반도체 세라믹 센서
- 저렴한 구매비용
- 유체의 흐름을 방해하는 방해물이 없으므로, 압력손실이 없다.
- 설치가 용이하다.
- 온도 및 압력을 별도로 측정하여 보상하는 단계를 거칠 필요 없이, 질량유량을 직접 측정한다.
- 300 밀리초의 빠른 반응시간
- 방폭형 외함

적용분야는 다음과 같다.

액체, 슬러리 및 혼합액체의 순시질량 유량, 누적질량 유량, 밀도, 순시부피 유량, 누적부피 유량, 온도, 혼합유체에서의 수분함량 측정에 적용되면 아래의 산업분야에 적용된다.

- 원유생산 시, 원유질량 유량 및 수분함량 측정
- 화학공정
- 식음료산업
- 제약산업(액체형 약제측정)
- 제지산업(펄프측정)
- LPG와 같은 에너지 연료 측정

(8) 와류식 유량센서

와류식은 유체의 와류주파수를 측정하여 유량을 산출하는 방식으로 Vortex 유량 센서가 대표적이다.

그림 2-128 와류식 유량센서

공업용으로 사용되고 있는 Vortex 유량계는 원리적으로 보면 칼만식과 Swirl식의 2종류가 있고 모두 유체의 진동현상을 이용하고 있으므로 Fluidic 유량계도 같은 종류에 속한다고 볼 수 있다. 이러한 유량계 중에서 현재 칼만 유량계가 가장 많이 보급되어 있으므로 칼만 유량계를 중심으로 설명한다.

칼만 소용돌이의 존재는 강가의 풀이 물의 흐름에 의하여 끝부분이 진동하는 현상, 바람이 불 때 전선에서 생기는 소리, 기가 펄럭이는 자연현상에서 옛날부터 알려졌다. 이 현상은 어느 경우라도 유체의 흐름 중에 놓여진 장애물의 하류에 상호 규칙적으로 발생하는 소용돌이에 따라 생긴다. 이 소용돌이가 규칙적이고 안정 상태인 것을 수식으로 증명한 사람이 칼만이다.

칼만 소용돌이의 연구는 유체중의 열 교환기 배관의 파손사고 및 유체의 이동 중에 놓여진 구조물(교각 등)의 진동 대책이라는 관점에서 연구가 시작되었다.

유체의 유속변화에 따른 소용돌이 발생수를 직접 주파수 변화로 감지하는 유속 변화형과 소용돌이 발생에 의해 소용돌이 발생체(Shedder, Bluff body)에 작용되는 힘의 변화를 주파수 변화로 감지하는 압력변화형으로 구분한다.

소용돌이 발생체인 삼각주를 유체흐름에 수직으로 삽입시키면 삼각주의 하류 양측에 소용돌이가 교대로 발생한다. 이 소용돌이의 단위시간당 주파수 발생수는 일정한 REYNOLDS수 범위에 있어서는 유속에 비례하는 특성을 갖고 있으므로 소용돌이 주파수를 측정하여 유량을 계측하는 것이다.

용도에 따른 분류는 다음과 같다.

① 방폭형 : 공업용 유량계로는 화학, 석유, GAS 공업을 중심으로 방폭형이 필요한 경우가 많다.

② 삽입형 : 대구경으로 대유량 측정은 일부의 유속측정으로 유량을 측정하는 경우가 있다. 이 용도로서 칼만의 Vortex 유량계도 삽입형이 있다.

③ 저온도 유체 측정용 : 검출소자와 변환부를 저온에 대응할 수 있는 것으로 사용하고 주위를 보온하도록 하여 LNG, 액체산소, 액체질소 등 -200℃ 부근까지의 극저온 유체측정 용도에 있어 Vortex 유량계를 더욱 더 넓은 영역까지 응용할 수 있다.

2.9.3 유량 · 유속센서의 활용

유량 · 유속센서는 최근 석유화학, 가스, 환경산업 등의 플랜트분야에서 수요가 크게 증가하면서 질량유량센서, 전자식 유량센서, 초음파 유량센서, Vortex 유량센서 시장이 급속히 확대되고 있다.

유량 · 유속센서를 주로 사용하는 분야는 매우 큰 용적의 액체로부터 미세한 가스의 흐름까지 측정하는 화학공업, 반도체산업, 환경공업, 식품공업, 에너지, 자동차 산업분야 등 매우 다양하고, 기존의 용적산, 면적식 등의 기계식 센서가 점차 차압식, 열식, 초음파식으로 전환되고 있어 공정관리의 전자화가 되어가고 있다.

화학공업 분야에서는 화학물 이송 및 혼합라인, 석유, 가스등의 에너지원 공급라인, 위험물 감시장치 등에 활용되며, 반도체 산업 분야에서는 유독가스 공급장치, 반도체공정 프로세스, 순수/오일 공급장치 등에 사용되고, 일반 산업용 분야에서는 상하수도 공급라인, 도시가스 공급라인, 음료수, 주류 생산라인, 펄프/제지 산업냉 가수/세척수라인, 철강 · 전력 · 시멘트 산업의 슬러리 냉각수 분야에서 활용되고 있다.

2.10 바이오센서(Bio Sensor)

2.10.1 바이오센서의 개요

생물이 가지고 있는 기능을 이용하여 물질의 성질 등을 조사하는 장치이다. 측정 대상물로부터 정보를 얻을 때 생물학적인 요소를 이용하거나 또는 모방하여 생화학 반응에 의한 신호를 색, 형광, 전기적 신호 등과 같이 인식 가능한 유용한 신호로 변환시켜주는 화학센서의 일종이다.

바이오센서(Bio Sensor)는 생체 관련 화학물, 미생물 반응, 유기화학물을 이용해 특성을 계측하는 것이다. 생물학적 요소와 분석대상 물질과의 반응에서 나타나는 전기화학적 변화, 열에너지의 변화, 형광이나 색의 변화 등을 인식 가능한 신호로 변환시켜주는 장치와 결합하여 제작한 기구를 말하는 것이다.

바이오센서는 전극형 바이오센서, 효소센서, 당센서, 지질센서, 핵산관련 화합물센서, 효소센서, 비타민센서, 미생물센서, 면역센서 등 여러 가지로 분류될 수 있다.

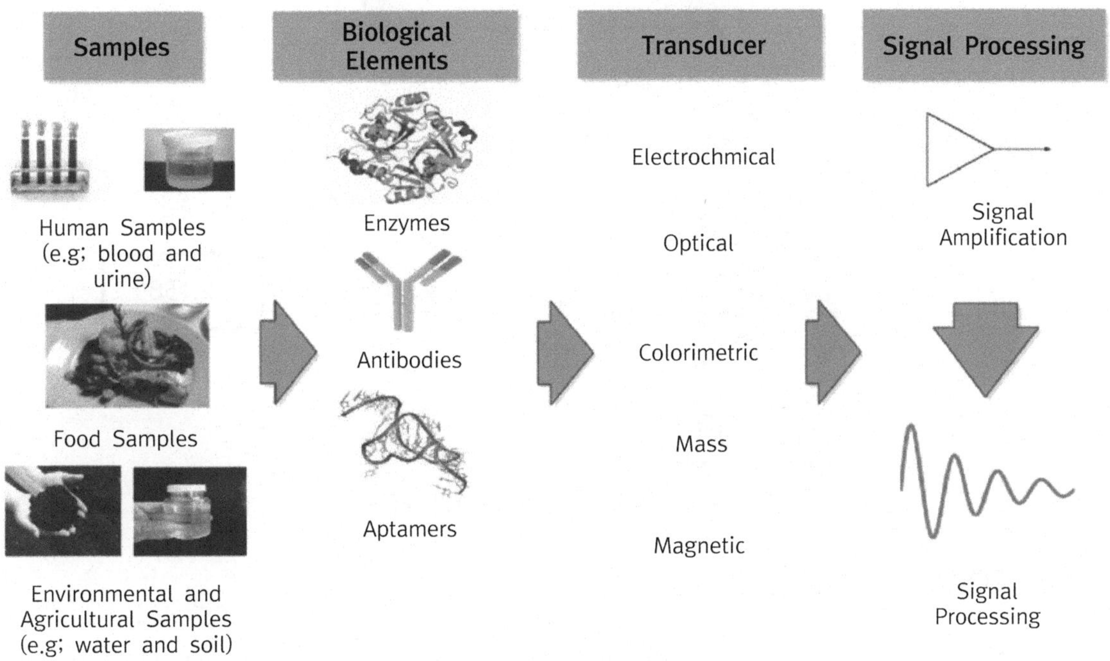

그림 2-129 바이오센서의 데이터 처리과정

21세기의 나노테크놀로지(NT)는 IT, BT에 이어지는 분야는 아니고, IT, BT를 포함하는 모든 과학영역의 기반이 되는 기술이다. 1980년대에는 반도체를 중심으로 하는 일렉트로닉스, 바이오테크놀로지, 나노사이언스가 개별적으로 발전되어 왔다. 1990년대에 들어서는 바이오분야는 인간의 전체 유전정보(Genome)를 해명하는 '인간게놈' 프로젝트가 발족되었다. 30억 개나 되는 염기배열구성의 방대한 게놈정보를 해독하는 것 외에, 컴퓨터 등 IT가 위력을 발휘하면서 생물학과 정보처리가 융합한 '바이오인포매틱스(Bioinformatics)'라는 새로운 분야가 생겨나게 되었다. 이와 같이 1990년대는 IT와 IT를 떠받치는 일렉트로닉스가 바이오테크놀로지와 유기적인 연결을 갖게 되었고, 이종분야 기술간의 융합시대를 맞게 되었다. 이리하여 IT는 게놈해석을 중심으로 하는 바이오테크놀로지를 급속히 진전시켰다.

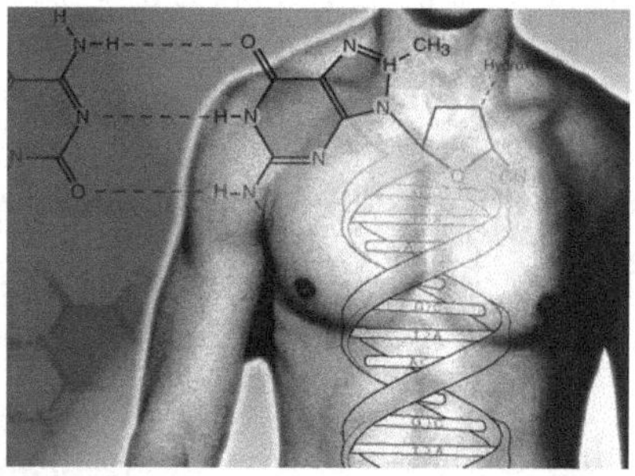

그림 2-130 인간의 유전정보 (Genome) 맵핑

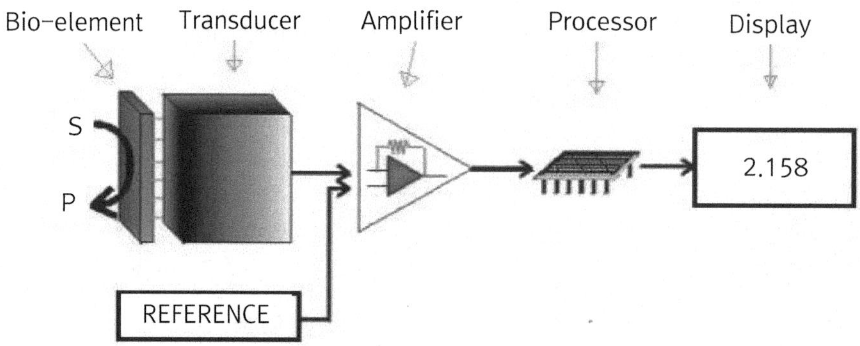

그림 2-131 Bio Sensor의 구동원리

COVID-19 바이오센싱 트렌드

- 지난 20년 동안 바이러스로 인한 전염병은 인간의 복지를 악화시켰다. 현재 코로나바이러스 질병의 발병은 새로 발견된 감염성 중증급성호흡기증후군 코로나바이러스-2(SARS-CoV-2)에 의해 발생한다. COVID-19 대유행이 세계 경제와 웰빙에 미치는 재앙적인 영향은 현재 진행형이다. COVID-19에 대한 민감도와 선택성이 높은 신속한 진단 플랫폼을 사용하여 효과적인 전투를 수행하는 것이 필수적이다.

- COVID-19 팬데믹의 발발로 전 세계는 감염병의 위협이 더욱 분명해짐을 경험했다. 병원균과 숙주의 상호 작용은 많은 경우에 더 취약하고 예측할 수 없었다. 과학계는 이제 면역학, 공학, 병리학, 재료 과학, 나노 과학, 전기 화학, 전염병, 바이러스학, 세포 및 분자 생물학, 응급 의학, 환경 과학, 유전학, 생체 분자 화학 및 프로테오믹스. 숙주 반응에 대한 면역 체계를 조절하는 것은 매우 어려운 일이다. 연구자들은 감염에 대한 숙주 반응을 평가하는 데 중요한 문제에 직면해 있다. 우리는 상황을 효과적으로 해결하기 위해 효율적이고 일관된 방법론을 갖춘 신속하고 강력한 기술이 필요하다. 질병 진행, 약물 치료 및 면역 건강 개선의 체계적이고 논리적인 제어는 모두 바이오마커의 공간적 및 시간적 프로파일링을 통해 달성될 수 있다. 바이오마커 검사의 민감도를 향상시키기 위한 현장 진단 장치의 개발은 COVID-19뿐만 아니라 미래의 모든 신종 전염병에 장기적인 이점이 있다.

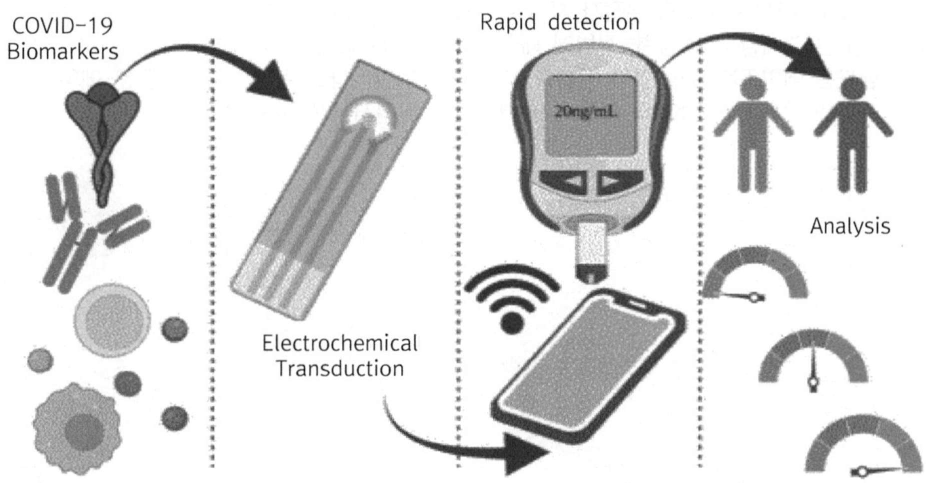

COVID-19 바이오센싱

인간 게놈 프로젝트

- 인류의 과학문명사에 또 하나의 획을 긋는 사건이 일어났다. 2001년 2월 6개국(미국, 영국, 프랑스, 독일, 일본, 중국)으로 구성된 국제 컨소시엄인 인간 게놈지도 작성팀과 미국 벤처기업인 셀레라 지노믹스사는 독립적으로 수행한 연구를 통해 '인간 게놈의 염기서열'을 99퍼센트 정도 밝혔다고 발표했다. 인간 게놈 프로젝트(human genome project)에 관한 글을 간추려보면 다음과 같다.
- 게놈(genome)이란 말은 유전자(gene)와 염색체(chromosome), 두 단어를 합성하여 만든 말로서, 생물의 유전정보를 의미한다. 모든 생물의 세포는 공통적으로 핵을 가지고 있고 그 핵 속에는 염색체라는 물질이 있다. 인간의 몸에는 총 46(23쌍)개의 염색체가 들어 있다. 그중에 2개의 성염색체는 성을 결정하는데 사용되고, 나머지 44개는 두 개씩 거의 동일한 구조를 가지고 있는 쌍으로 존재한다. 염색체 안에는 유전 물질인 DNA가 존재하는데, 이것은 모든 생물을 만드는 일종의 설계도이다. 유전자 설계도는 아데닌(A : Adenine), 구아닌(G : Guanine), 티민(T : Thymine), 사이토신(C : Cytosine)이라고 하는 4가지 염기로 그려진다. 그것은 마치 알파벳이 단어를 만드는 것처럼 그 4가지 염기의 구성방법에 따라 생물의 구조 및 특성 등이 변한다.
- DNA는 위에서 말한 A, T, G, C로 쌍을 이루어 구성되며, 이런 2개의 쌍을 이루는 가닥은 이중나선(double helix)의 구조를 이루고 있다. 이들이 단백질과 결합하여 꼬이고 꼬여 핵 속에 저장되어 있

는 형태를 염색체라고 한다. 그리고 이 DNA 중에서 어떤 기능을 하는(단백질로 구성되는) DNA 구간을 유전자라고 한다. 인간 게놈은 대략 31억 쌍의 염기로 이루어져 있고, 유전자는 저마다 크기는 다르지만 평균 6천개의 염기로 이루어져 있다. 세포에서는 유전자의 지시에 따라 필요한 단백질이 만들어지고, 이에 따라 태아의 성과 인종 등은 물론 수십 년 후에 걸릴 질병에 대한 위험까지 결정된다.

- 인간 게놈 프로젝트(human genome project)로 알아낸 사람의 유전자 수는 약 2만 5천 개 미만이라고 한다. 그런데 작은 선충(線蟲)의 유전자가 약 2만 개 정도라고 하니 그 차이는 놀랄 만큼 근소하다. 그에 비해 우리 몸속에 있는 단백질의 종류는 약 10만 개 정도라고 한다. 이는 각 유전자의 활동이 독립적이 아니라, 상호 의존적으로 복잡하게 작용한다는 사실을 의미한다. 모든 인간의 염기서열은 99.9퍼센트 이상이 똑같으며, 인간과 침팬지도 유전자상으로 98.4퍼센트가 같다. 또 인간 유전자의 약 75퍼센트가 개와 똑같다. 결국 개인마다 외모나 질병에 대한 감수성 등에 차이가 나는 것은 0.01퍼센트 정도의 유전자 차이(유전자 발현의 비밀코드까지 포함)에서 비롯된 것이며, 각 사람이 타고난 천재성, 운동능력, 질병에 대한 면역성 같은 것도 모두 유전자와 관련이 있다. 심지어 어떤 사람들은 에이즈(후천성 면역 결핍증)에 감염되지 않는다고 한다. 그 사람들은 에이즈 바이러스가 면역체계를 공격해도 DNA의 자물쇠가 견고해서 열리지 않는다는 것이다.

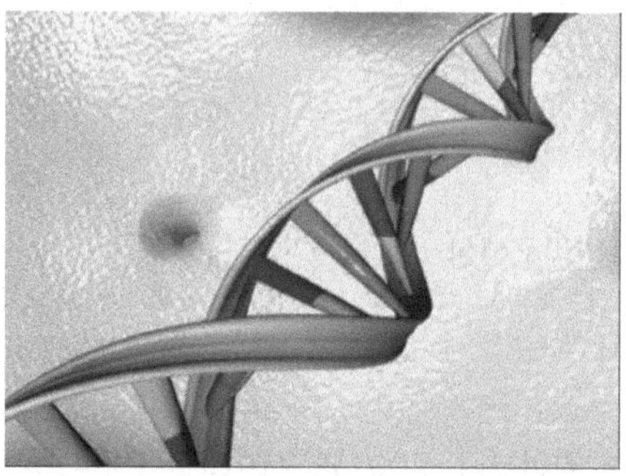

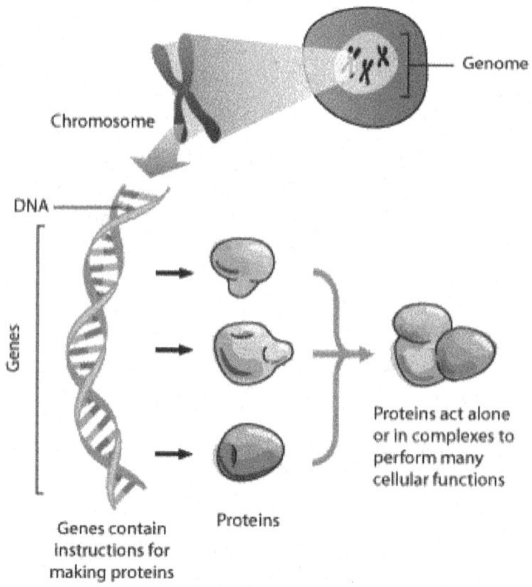

From Genes to Proteins

- 인간 게놈지도 완성은 게놈을 이루고 있는 약 31억 개의 염기가 어떤 순서로 배열되어 있는지 밝혀낸 것으로서 인간 생체의 비밀을 풀어헤친 장본인이다. 그러나 이것은 어디까지나 외관상의 하드웨어적인 발견이고 DNA 속에 감춰진 생명현상을 관장하는 비밀코드, 즉 단백질과 세포를 만드는 명령어인 내장 소프트웨어의 비밀은 극히 제한적으로 알려져 있다. 따라서 유전자 연구를 통한 인간의 무병장수의 꿈을 이루기 위해서는 아직도 가야 할 길이 멀다.
- 이러한 연구 결과에 따르면 사람사이는 물론 지구상에 살아 있는 모든 종(種)들은 적어도 생물 화학적 구조상 아주 가까운 사이임에 틀림없다. 따라서 불가에서 말하듯 사람은 모든 생물에 대해서 자비심을 가져야 한다. 단 몇 퍼센트의 유전자 차이로 각각 사람이나 동물로, 때로는 눈에도 보이지 않는 미물로 태어나는 것처럼 엄청난 차이로 나타나는 유전자 발현의 신비한 메커니즘의 존재가 실감난다.

- 한편 인간의 유전자 지도가 완성된 것은 사실이지만, 유전자 속에 숨겨진 정보, 즉 각 유전자가 가지는 정확한 역할과 단백질 및 세포의 생성과정에 대해 정확한 규명을 하기에 인간은 아직 미궁에 빠진 기분이다. 더 나아가, 생각하는 능력이나 창의력, 감성, 연상작용 등과 같은 인간 고유의 정신과 영혼은 어디서 나오는 것일까? 인간 뇌 활동의 정교함과 그 복잡한 메커니즘에 대한 숨겨진 비밀은 단순한 생물학적 접근만으로 풀 수 있는 문제가 아닌 것 같다.
- 스탠포드 대학 교수이자 노벨상 수상자로 카이스트(KAIST)총장직을 역임했던 러플린 박사는 2004년 9월'학문 간의 장벽을 넘어서 :생물학과 물리학의 유기적 관련성(Dark Corollaries of Protection: Organizational Physics in the age of Biology)'이라는 강연 첫머리에서 인간사회가 스스로 조직화되듯 자연도 스스로 조직화한다고 말했다. 자연현상의 원리는 그 범위가 끝이 없고 방대하여 아무리 좋은 컴퓨터를 사용해도 이해하기 어려우며, 자연이 인간의 이해를 허락하는 범위 내에서만 그 현상을 알기 위해 노력해야 한다고 말했다. 비슷하게 생명현상의 규명 역시 철학적인 차원의 문제라고 생각한다. 앞으로 단백질학(proteomics), 세포학(cytology), 뇌과학(brain science)이 점점 중요해질 것이다. 사람과 무릇 생명의 생성 메커니즘을 완전히 파악한다는 것은 아직 먼 이야기이지만, 이 세상에 존재하는 모든 생명체의 뿌리가 한군데서 나왔다는 데에는 이견이 없을 것이다.

나노기술은 바이오 분야와의 융합연구가 활발히 진행되고 있으며, 인간수명 연장 및 삶의 질 향상을 위해 핵심역할을 할 수 있을 것으로 기대된다. 이를 통해, 첫째, 유전자 조작, 생체센서, 진단 및 치료장치, 약물 전달체계 개발 등 유전자 차원에서 생명현상의 이해와 질병의 진단 및 치료효과의 획기적 개선이 이루어질 수 있을 것이며, 둘째로는, 유전자 조작 및 병충해 제어로 농업생산성의 획기적 향상 및 식량문제를 근본적으로 해결할 수 있을 것으로 기대되며, 셋째로, 환경오염의 원인과 결과를 측정, 제어하여 환경문제를 근본적으로 해결할 수 있는 기술로 인식되고 있다.

나노의 공학기술은 의료보건 산업에 파급효과가 큰 기술로서 기존 의료본건 기술의 한계를 극복하게 함으로써 국민보건증진에 큰 기여를 할 것이다. 질병예측, 진단시간 단축, 효과적치료, 인공오감 재생 같은 일대 혁신을 일으켜 삶의 질 향상에 크게 기여하고, 노령인구의 급속한 증가에 따른 사회적 비용을 감소시키는 데에도 기여할 수 있을 것이다.

2.10.2 바이오센서의 종류

(1) 전극형 바이오센서

전극형 바이오센서는 분자식별을 할 수 있는 생물 기능성막과 전극으로 나눈다. 막위에서 화학물질의 소비, 생성반응이 일어나 이들 화학물질에 잘 반응하는 전극을 설치하여 원래의 화학물질 농도를 계측할 수 있도록 하는 것이다.

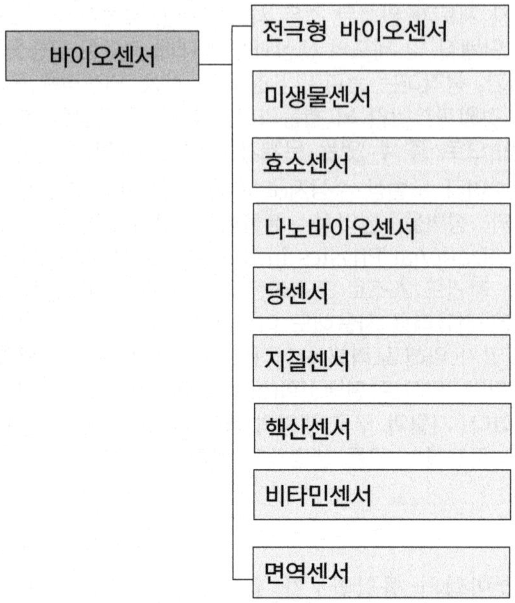

그림 2-132 바이오센서의 종류

전극에서 전기로 변환하는 방식은 포텐쇼 메트리와 암페로 메트리가 있으며, 포텐쇼 메트리는 화학반응시 발생하는 각종 이온 농도에 반응할 수 있는 막을 설치하여 이때 발생하는 막 전위로 전기신호를 얻는 방식이다. 전극으로서 이온 종류에 따라 반응할 수 있는 선택성 전극이나 가스 전극이 사용된다. 암페로 메트리는 화학반응에 전극 물질이 직접 기여를 하여 발생하는 전류를 이용해 전기신호를 얻는 것이다. 전극으로 산소 전극이나 과산화수소 전극이 이용된다.

(2) 미생물센서

미생물에는 호기성과 염기성이 있다. 염기성은 생육 시 산소를 필요로 하고 호흡으로부터 활동 상황을 관찰할 수 있다. 염기성 미생물은 산소를 필요로 하지 않는 곳으로 이산화탄소를 추적하여 활동을 추적한다.

미생물센서는 미생물이 호흡활성의 변화를 전극으로 측정하는 것과 미생물이 배출하는 전극 활물질을 전극으로 하는 센서로 구분된다. 미생물센서는 고분자 막과 전극으로 구성되며, 미생물은 당류 단백질이나 아미노산 등을 섭취하면 활성이 증대된다.

BOD센서는 국제적인 수질의 오염지표인 BOD(생물화학적 산소요구량)를 나타내는 구조이다. 미생물은 당류 단백질이나 아미노산 등을 섭취하면 호흡활성이 증대된다.

이것을 용존산소 포화로 유지되어 있는 완충액에 넣으며 정상 전류값을 얻는데 이 전류는 미생물의 정상 호흡을 나타낸다. 완충액에 글루코스의 영양을 넣으면 전류는 급격히 저하한다. 효모가 글루코스를 자화하면 호흡활성이 높아져 산소를 소비하므로 전극으로 확산되는 산소량이 감소된다. 액중에 미생물 막으로 산소량과 미생물 막에서 산소량이 평형을 이루어 정상전류 값을 얻게 되는 것이다.

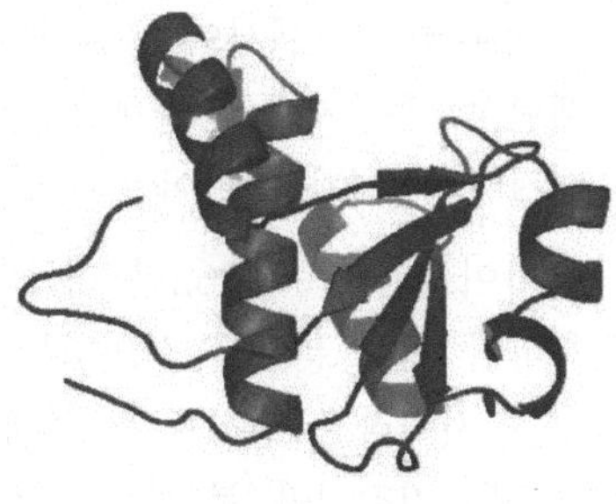

그림 2-133 미생물 센서 수용체의 구조

(3) 효소센서

효소는 미생물로부터 생산되고 개발된 바이오센서이다. 글루코스를 산화하는 효소인 글루코스 옥시다아제를 폴리아크릴 아미드겔막에 포괄 고정시켜 이것을 클럭형의 산소 전극위에 장착한 효소 전극이 처음으로 개발된 것이다.

글루코스센서를 글루코스를 함유한 시료액에 넣으면 글루코스가 효소막에 확산되어 산화된다. 이 반응으로 산소가 소비되고 과산화수소와 글루코놀락톤이 생성된다. 산소의 소비량은 전극으로 추정된다.

(4) 나노바이오센서

빠른 시간에 질병을 진단할 수 있는 바이오센서는 가정에서 혈당 측정에 많이 이용되고 있으나 상품화 된 바이오센서의 대부분이 일회용 분석에 그치며 샘플 채취에도 어려움이 있는 실정이다.

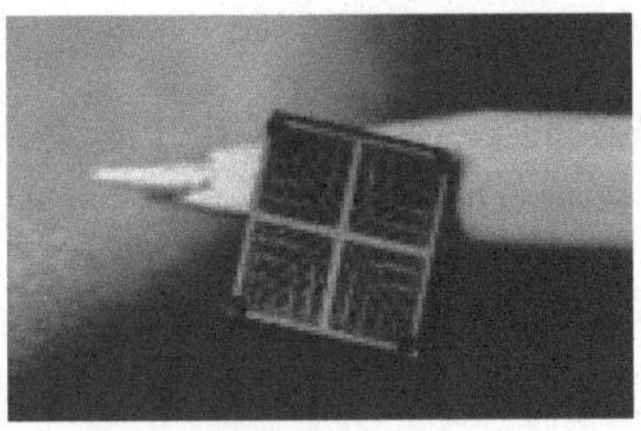

그림 2-134 바이오센서의 실제크기 및 혈액 분석장비

그림 2-135 면역 측정기와 혈당 측정기

기존 바이오센서의 응용이 단회적 사용에 한정되어 있는 것은 생체센서 표면의 안정화, 분석의 재현성, 측정기술의 한계성에 기인한다. 이러한 기존 바이오센서의 한계를 극복하고 현장진단, 재택진단, 실시간 진단이 가능한 개선된 바이오센서의 개발이 요망된다.

바이오센서는 1962년 미국의 클라크 박사에 의해 처음 시도됐다. 그는 혈액 속의 포도당을 관측하기 위해 분자를 식별하는 능력을 갖는 효소와 산소 전극을 결합하면 포도당의 농도를 알 수 있을 것이라고 생각했다. 혈액내 포도당 농도의 측정은 당뇨병환자에게 대단히 중요한 것이었다. 효소는 기질이라 불리는 특정 분자와 반응하기 때문에 여러 분자가 섞여 있어도 방해받지 않고 선택적으로 반응할 수 있다. 이러한 분자인식능력을 이용하면 복잡한 조성의 혼합물 속에서 특정 물질을 분리해내지 않고도 효소를 사용해 편리하게 분자를 식별해 낼 수 있다.

이것이 가능하기 위해서는 연소측정과 최소 침습적(가능하면 비침습적) 측정기술의 개발이 필요하며, 이러한 신기술의 실현을 위해 나노기술의 적용이 요망된다. 이로써 소형화, 안정화. 고감도 나노바이오센서의 개발이 가능하며, 기존 바이오센서 시장을 보완함과 동시에 미래의 신개념 의료진단이 가능해 진다.

바이오센서란 생물감지물질(bioreceptor)과 신호변환기(signal transducer)로 구성되어 분석하고자 물질을 선택적으로 감지할 수 있는 제품이다. 나노기술을 응용한 소형화 된 바이오센서의 장점은 최소 침습적 무통 인체진단을 가능하게 하며, 손상을 극소화 하면서 단일 생세포를 직접 분석할 수 있게 할 수 있다. 또한 나노기술을 응요한 고안정화, 빠른 응답시간, 고감도, 고선택성 등의 동작특성이 향상된 바이오센서는 인체진단의 연속측정을 가능하게 하며 단분자 분석을 수행할 수 있게 된다. 궁극적으로 동작특성이 향상된 소형화 된 바이오센서의 구현에 의해 환자의 질병 과정에 대한 연속적, 비침습적 실시간 모니터링, 수술 중 세포기능에 대한 실시간 감지, 재택진단, 현장진단을 가능하게 한다. 또한 미래형 의료용 기기의 기본 소자로 활용되어 질병의 조기진단 및 지능형 치료를 수행함에 따라 인류의 건강복지를 크게 향상시킬 것으로 기대되고 있다.

나노바이오센서의 용도는 생체반응 물질의 고분자 막 고정화 기술은 바이오센서 뿐만 아니라 바이오 칩, 약물 전달체 등 다양한 응용분야가 있다. 바이오센서의 응용분야는 의료(임상적 진단), 환경, 산업, 군대, 연구용으로 나눌 수 있다. 다음에 각 응용분야에 대해서 간략히 요약하기로 하겠다. 임상분야에서 바이오센서의 임상적 응용은 가장 많이 응용되는 분야이며 주로 혈당 측정용 바이오센서가 시장의 대부분을 형성하고 있다. 혈당 측정용 외에도 젖산, 콜레스테롤, 요소 등 다양한 생체 물질을 분석, 진단하는 바이오센서가 시판되고 있거나 개발 중이다.

환경분야에서는 환경 모니터링에 대한 기술이 크게 부각되고 있는 시점이므로 환경용 바이오센서의 개발이 가속화 될 것이라 예상된다. 폐수의 BOD, cyanide, 페놀, 중금속, 농약, 인화물, 질소화합물 측정용 바이오센서를 예로 들 수 있다. 군사분야로는 생물화학적 무기의 감지를 위한 바이오 시스템의 연구를 위해 바이오센서를 사용한다. 생물화학적 무기의 감지는 특히 빠른 분석시간을 요하므로 바이오센서의 유용성이 매우 높다 할 수 있다. 산업적으로는 제약, 화학, 석유화학 등의 공정에서 특수한 화학물질의 분석에 응용된다. 특히 생물산업 발효공정에서 바이오센서가 많이 응용되고 있다.

연구분야에서는 다른 바이오센서와는 특별한 용도와 구조체를 가진다. 즉 보통의 바이오센서는 휴대용으로 소형화하여 실시간으로 특수한 물질을 분석하기 위하여 고안되었으나 연구용 바이오센서는 비교적 비싸고 크기가 큰 구조체를 가진다. 즉 보통의 바이오센서는 휴대용으로 소형화하여 실시간으로 특수한 물질을 분석하기 위하여 고안되었으나 연구용 바이오센서는 비교적 비싸고 크기가 큰 구조체를 구성한다. 예를 들어 현재 상용화 된 SPR 바이오센서는 생체물질간의 결합의 속도론적 분석에 유용하게 사용되고 있는데, 기기비가 보통 1억 이상의 가격을 형성하고 있다.

나노바이오센서란 나노기술의 도입에 의한 개선된 바이오센서로서 바이오센서의 연구개발 필요성과 이것의 한계극복의 관점에서 필요성을 찾을 수 있다. 바이오센서란 생체인지물질과 생체결합 및 반응을 신호로 변환하는 변환기로 구성되어 특정한 물질에 대해 빠른 시간에 검사할 수 있는 기기로서 의료용 진단. 식품안정성 검사, 환경 감시, 생물학적 무기의 실시간 감시, 산업의 공정최적화, 연구용으로 다양하게 응용되고 있다. 특히 의료용 바이오센서가 시장의 90%를 차지하고 있으며, 앞으로도 바이오센서 시장을 주도할 것으로 예상된다.

바이오센서는 실험실에서 24시간 이상 걸리는 임상적 검사를 짧은 시간에 간편하게 측정하는 장점이 있음에도 불구하고 상품화된 바이오센서의 대부분이 일회용 분석에 그치며 샘플채취에도 어려움이 있는 실정이다. 미래에 고도의 건강복지를 실현하려면 이러한 기존의 바이오센서의 한계를 극복하여 현장진단, 재택진단, 실시간 진단이 가능한 개선된 바이오센서의 개발이 요망되고 있다. 따라서 현재 바이오센서에서 요구되는 형태가 연속측정과 최소 침습적 측정방법이며 이것이 가능하기 위해서는 바이오센서의 소형화, 안정화, 고감도 등이 실현되어야 하는 바, 나노기술을 응용한 바이오센서의 연구필요성이 대두되고 있다.

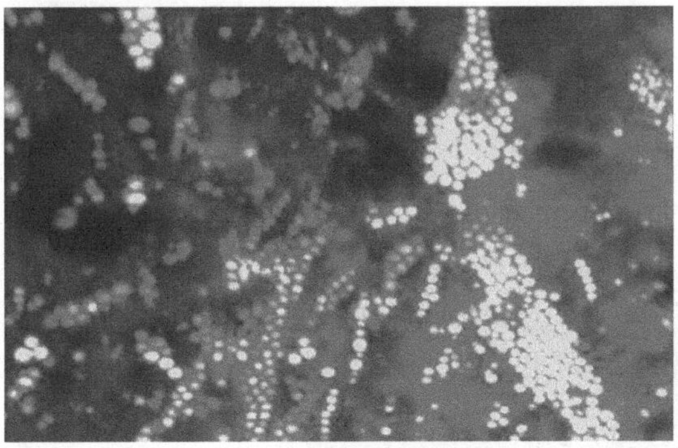

그림 2-136 동맥경화조직의 거품세포 이미지

나노바이오센서는 기본적으로 의료용 진단에 응용성이 가장 크나, 다른 용도 특히 보건의료의 관점에서 식품 안정성 검사에도 유용하게 쓰일 수 있다. 식품의 오염으로 인한 감염이 빈번하게 일어나고 있는 시점에서 실시간으로 유통과정 중에 있는 식품들을 간편하게 측정할 수 있는 센서 기술이 필요하다. 이것이 가능하기 위해 고감도, 재현성, 소형화된 바이오센서의 사용이 요구되므로 나노 바이오센서 개발의 필요성이 요망되고 있다.

바이오센서 기술의 가장 중요한 기본 연구분야는 안정성, 감도, 선택성, 생체 적합성이 좋은 생체 표면을 개발하는 것이라 할 수 있다. 유리, 실리카, 금, 전도성 고분자 등의 표면에 효소, 항체, 리간드 등의 바이오 리셉터를 분자레벨에서 나노조립화 하는 것이 최근 바이오센서 연구의 주류를 형성하고 있다.

특히 분자가 표면 위에 자발적으로 안정하게 결합하는 표면 분자 자기조립(molicular self-assembly on surface) 기술은 최근 가장 발전된 연구분야이다. 자기조립 반응의 대표적인 예인 alkanethiol(알킬기(基)와 메르갑트기(基)가 결합된 것을 함유하는 화합물의 총칭)이 금 표면에 형성되는 자기조립단 분자막은 바이오센서 표면기술의 기초적인 기술이 되었다.

나노 기술의 발달과 더불어 최근 바이오센서 연구에 활기를 준 것이 분석감도 향상일 것이다. 소위 단분자감지(single molecule detection)바이오센서는 하나의 생체분자의 결합 및 거동을 분석할 수 있는 것으로 의료용 바이오센서뿐만 아니라 나노기술의 발전을 기할 수 있는 획기적인 기술로 평가받고 있다.

현재는 주로 나노 거동분석에 대한 연구결과들이 발표되고 있다. 한 예로 Cornell 등은 기존 바이오센서보다 감도가 1000배 좋은 이온채널 스위치 바이오센서를 Nature지에 발표하였다.

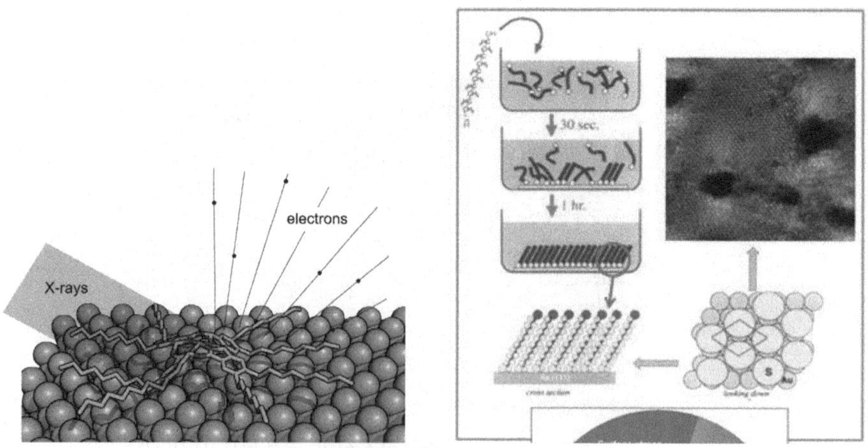

그림 2-137 표면 분자 자기조립

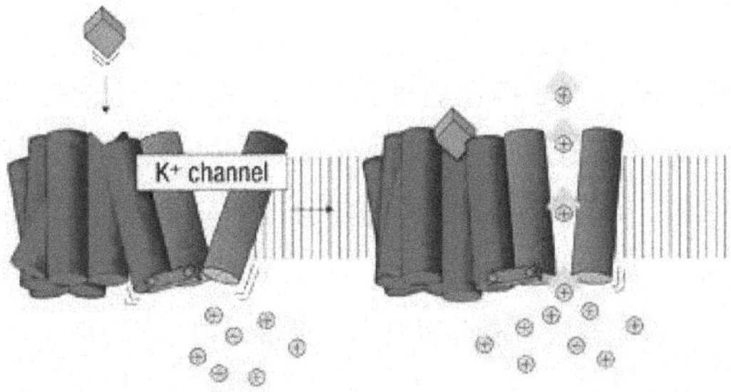

그림 2-138 이온채널스위치 바이오센서의 개념도

(5) 당센서

당센서(glucose sensor)는 여러모로 바이오센서(biosensor)의 대표적인 모델이라고 볼 수 있다. 1962년 Clark가 처음으로 산소센서를 이용한 효소전극을 제안하였을 때 소개한 센서가 바로 당(glucose)을 재는 센서였다. 당의 검출은 당 산화 효소(glucose oxidase : GOD)를 고정시킨 백금전극을 이용함으로써 이루어지는 것이 가장 일반적이다.

GOD는 생체 내에 존재하는 수많은 효소들 중에서도 험한 생체 외 환경에서도 활성도를 유지하는 몇 안되는 효소들 가운데 하나이다. 그러므로 효소 센서에 이용하기 가장 쉬운 효소라고 할 수 있으므로 교육적으로나 산업적으로 가장 널리 쓰이고 있다. 또한 바이오센서가 측정할 수 있는 대상 물질 중 당은 의학적으로나 산업적으로 가장 수요가 많은 대상에 속한다. 의료 목적으로는 해마다 급증하고 있는 당뇨병 환자로 인해 혈중 당 농도의 확인을 해야 할 필요성이 늘어나고 있으며, 산업적으로는 여러 가지 식품산업에서도 요구되고 있다. 이 때문에 수많은 바이오센서들 중 당센서가 시장의 압도적인 비율을 차지하고 있다.

한편 유사한 발상으로 효소반응을 할 때에 발생하는 열을 써미스터(Thermistor)에 의하여 검지할 수 있는 효소 써미스터도 효소전극과 더불어 발전하였다. 효소 써미스터는 10^{-4}K 정도의 미세한 온도변화를 1% 이내의 정밀도로 잡아서 시료중의 특정성분을 측정하는 바이오센서이다. 바이오센서와 비교해서 원리적으로는 효소 써미스터가 가장 장점이 많은 센서 시스템이라고 생각되는데, 왜냐하면 생체관련 반응이 진행되는 곳에서는 발열 혹은 흡열반응으로서의 열의 변화가 항상 관찰되기 때문이다. 효소 써미스터는 이 열의 변화의 측정을 계측원리로 하고 있기 때문에 계측대상 영역은 의료, 발효, 식품, 환경, 뇨 등의 체액 중의 당, 요소, 요산의 계측 혹은 발효, 식품제조 공정에 있어서의 penicillin, cephalosporin, ethanol, 당류 및 amygdalin의 계측 등 광범위한 적용이 가능할 것으로 기대된다.

(6) 지질센서

현장의 환경오염 평가를 위한 장비인 현장탐사 및 분석시스템(SCAPS)은 급속 현장토질 및 지하수 분석시스템으로서 지중 약 100 ft 근방까지의 토질분석을 수행할 수 있다. SCAPS 시스템은 일반적인 다짐상태의 세립자 토양 속으로 콘페네트레이터를 2 cm/sec의 속도로 약 50 m 깊이까지 침투시킬 수 있는 수직 수압램과 100 m의 공급와이어가 장착된 20톤 트럭으로 구성되어 있다. 수직 천공 시, 2 cm의 간격으로 지속적으로 데이터가 수집되고 기록된다. SCAPS 프로그램은 현재 최신 기술의 페네트로메터에 의한 현장 검증조사를 실시하고 있는데 이러한 페네트로메터에는 다양한 센서와 표본 시스템이 장착되어 있어서 실시간으로 현장에서의 석유제품, 폭발성 화합물, 휘발성 유기화합물(VOC), 용제물질 및 방사능 물질 등에 대한 검출작업을 시행하고 있으며, 중금속에 대한 탐지능력은 현재 개발 중에 있다.

개선된 실시간 데이터획득 및 처리알고리즘은 현재 지표하의 오염운(contaminant plume), 토양 분류 및 지층분석을 현장에서 3차원 영상으로 볼 수 있도록 한다. 여기서는 이러한 SCAPS 시스템의 요구조건에 일치하도록 제작된 SCAPS의 센서들에 대한 내용을 서술한다.

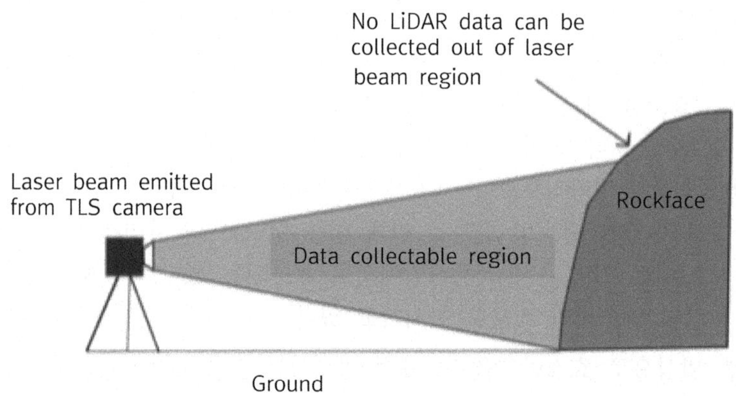

그림 2-139 LiDAR를 이용한 지질 구조 측정

2.10.3 바이오센서의 활용

(1) 첨단 바이오센서의 개발

바이오센서는 측정 대상물질, 센서에 고정한 생물학적 요소, 신호변환기의 종류에 따라 나눌 수 있는데, 시작단계에서는 포도당센서처럼 효소를 신호변환기 소장에 고정하여 제작한 것이 대부분이었다. 분자생물학의 발전에 힘입어 항체효소 결합체 등을 사용하여 제작된 센서들이 개발되고 있다.

효소를 이용한 촉매센서, 항원항체 반응을 이용한 친화결합센서, 대량의 유전정보를 초고속으로 처리하기 위한 DNA칩, 단백질 칩, 시료의 처리와 분석을 처리하는 랩온어 칩과 같은 칩 센서에 대한 개발이 활성화되고 있다.

분자생물학기술, NT, IT와 융합된 첨단 센서들의 개발에도 투자가 이루어지고 있다. 반도체 소자의 미세전극에 나노입자와 단백질을 결합시킨 고감도의 면역분석 센서, 고집적의 유전자 정보를 이식한 칩센서, 거부 반응 없이 체내에 삽입하여 각종 생화학 물질을 검출하는 센서 등에 관한 연구가 이루어지고 있다.

(2) 바이오센서 시장의 성장성

바이오센서에 대한 수요가 매우 다양해 50억불에 달할 정도로 큰 시장을 형성하고 있으며, 매년 10% 이상 고성장을 보이고 있는 것이다. 바이오시장에 인력과 자본이 집중되고 있으며, 개발된 신제품에 대한 경제적 보상이 천문학적 수치를 보이기도 한다.

바이오센서의 가장 큰 시장은 임상진단을 위한 의료용이 대부분이다. 혈당 측정용 바이오센서가 주도하고 있으나, 콜레스테롤, 요소 등 생체 물질을 분석하는 바이오센서에 대한 수요가 빠르게 확산되고 있다.

환경 현장에서 공해 물질 감시를 위한 환경용 바이오센서, 식품의 안전성을 관리하기 위해 잔류농약, 독성화학물질들을 현장에서 용이하게 분석하는 바이오센서로의 요구가 높아지고 있다.

군사용 바이오센서는 2001년 미국에서 발생한 911테러와 탄저균 테러 이후 수요가 증가하고 있다. 실험 연구용의 바이오센서 시장도 신약 개발과 유전자 인식이라는 신 분야와 함께 커지고 있다. 국내의 바이오센서시장도 활발하게 전개되고 있다. 바이오에 대한 일반 국민과 전문가들이 공감대가 이루어지면서 인적, 물적 자본이 이동되고 있는 것이다. 미세유로 기술과 결합한 효소전극기술을 사용하여 5백 나노미터도 안 되는 혈액으로 수 초 이내에 혈당을 측정할 수 있는 센서를 개발하여 세계시장에서 주목을 받기도 하였다.

첨단 바이오 개발에서 상품화되고, 선진국의 인증을 획득하기 위해서는 수년의 시간이 소요되는 경우가 비일비재하기 때문에 기술뿐만 아니라 마케팅에도 어려움이 수반되는 것이다.

2.11 가스센서

2.11.1 가스센서의 개요

우리의 생활환경에는 대단히 많은 종류의 위험한 가스가 존재하고 있어 최근 일반가정, 업소, 공사장에서의 가스사고, 석유콤비나트, 탄광, 화학플랜트 등에서의 폭발사고 및 오염 공해 등이 잇따르고 있다. 인간의 감각기관으로는 위험 가스의 농도를 정량하거나 종류를 거의 판별할 수 없다. 이에 대응하기 위해 물질의 물리적, 화학적 성질을 이용한 가스센서가 개발되어 가스의 누설감지, 농도의 측정 기록, 경보 등에 사용되고 있다.

가스센서는 1923년에 Johnson에 의해 촉매 연소식 센서(catalytic combustion-type sensor)가 처음 보고 되었고 1962년에는 Seiyama와 Taguch에 의해 SnO_2, ZnO, In_2O_3 등의 소결체로서 공기 중 특정 가스의 유·무 및 농도를 저항변화로서 측정하는 금속산화물 반도체를 발표하면서 이후 다양한 방식의 가스센서가 개발 되었다.

이후 산업계의 발전으로 산업현장이나 가정환경에서 가연성 및 독성이 있는 위험 가스와 접하는 기회가 증대되어 위험가스의 발생을 초기단계에서 검지해 사고에 대한 대응을 신속 정확하게 취하는 것이 중요시 되면서 산업용, 방법용, 방재용, 의료용, 공해방지용 등 매우 광범위하게 시장 수요가 확대되어 가고 있다.

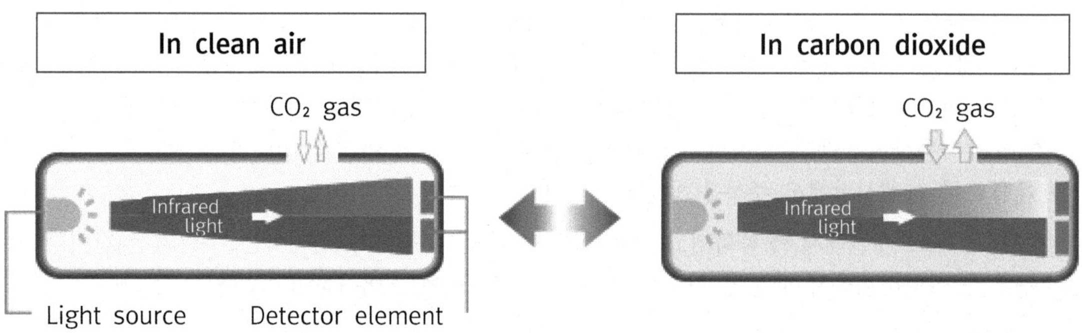

그림 2-140 NDIR 타입 가스 센서의 작동원리

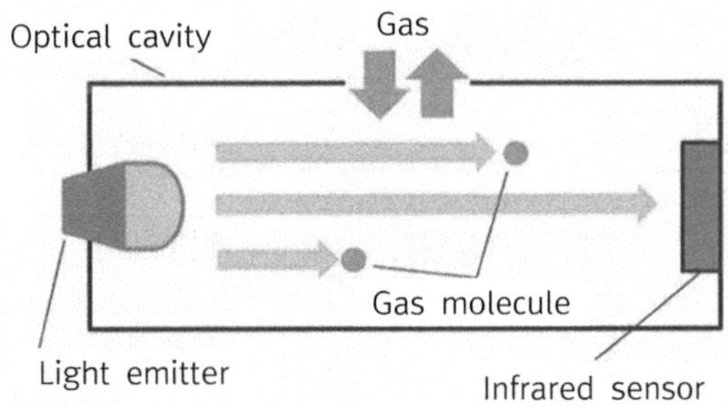

그림 2-141 CO_2 가스센서의 구조

2.11.2 가스센서의 종류

가스센서의 종류는 가스의 종류만큼이나 그 원리 및 측정방법이 매우 다양하고 측정방식에 따라 반도체식, 접촉연소식 및 전기화학식 등이 있다. 가스센서로 가장 많이 사용되고 있는 반도체식 가스센서와 접촉연소식 가스센서의 원리, 구조, 특성에 관해 알아보자.

표 2-31 가스센서의 종류

검출방식	원리	특징	검지 대상 가스 예
반도체방식	가열한 금속 산화물에 가스가 접촉되면 저항값이 증가한다.	고감도, 구조회로가 간단	LPG, LNG, 도시가스, Co, 알콜, NH_3, H_2S 등
접촉연소방식	가연성 가스가 촉매에 의해서 연소하고 온도가 상승하면 백금선의 저항값이 증가한다.	출력이 가스 농도에 비례	가연성가스
전기화학방식	화학용제와 가스의 반응에 따라 생기는 전류·전도율의 변화를 취한다.	가스의 선택성이 높다.	O_2, NH_3, H_2S, PH_3 등
광간섭방식	공기와의 굴절률 차이에 의해서 생기는 간섭줄 무늬를 이용한다.	장수명	각종가스
열전도율방식	열전도율의 차를 방열에 의한 방열 소자의 온도저하로 측정된다.	구조간단	각종가스
적외선흡수 산란방식	적외선 조사에 의한 가스분자의 공진을 흡수 또는 산란량으로 취한다.	정량성을 얻기 쉽다.	대부분의 이핵 분자로 구성되는 가스

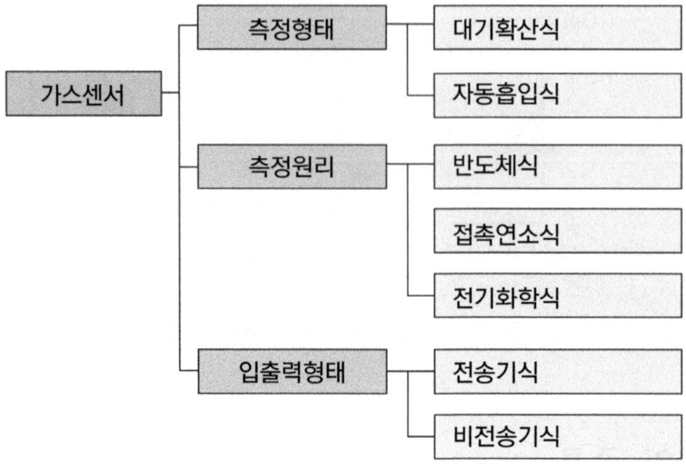

그림 2-142 가스센서의 종류

가스센서는 원리상으로는 접촉연소식과 반도체식이 있는데 접촉연소식은 가연성 가스가 백금상에 촉매와 작용하여 연소하고 온도 상승을 발생하여 백금선의 전기저항이 증가하는 것을 측정하는 것이며, 반도체식은 반도체에 가스가 접촉하면 그 전기저항이 감소하는 성질을 이용한 것이다. 가스센서의 응용 면은 매우 넓다. 가까운 예를 들지라도 음주 운전자의 알콜량 센서, 자동차의 공연비 측정을 위한 산소센서, 가정이나 공장내의 가스누설 경보기, 화재 직후의 건축 재료로부터 나오는 유독가스의 센서, 항내 메탄가스 경보기 등이 있다.

2.11.3 측정형태에 의한 분류

(1) 대기 확산식 (Diffusion Type)

대기중에 가스가 누설되면 가스의 비중과 누설 시의 압력으로 인하여 누설된 가스는 대류를 하게 된다. 대기확산식 가스 감지기는 이렇게 대류하게 되는 가스가 가장 빠르게 접할 수 있는 곳에 설치가 되어 가스의 누설을 측정하게 된다.

표 2-32 대기확산식 가스센서의 장단점 비교

구분	비고
장점	• 가장 많이 사용 되고 있는 방식 • 초기 설치비용이 흡입식에 비하여 저렴 • 응답속도가 빠름
단점	• 고소 지역에 설치는 가능 하나 Test 및 점검이 불편 • 고열, 고습, 고압인 환경에는 전처리가 불가능 하므로 이러한 환경은 오동작의 원인

(2) 자동흡입식 (Auto Suction Type)

1) PUMP Type과 Air Injection Type

공정내부의 환경조건(온도, 습도, 압력, 설치위치)등의 영향으로 인하여 가스감지기의 직접 설치가 어려운 지역에 설치하여 운영된다. 자동흡입식 가스감지기는 시료가스의 이동을 위한 PUMP 및 AIR EJECT 등을 내장하여 측정하고자 하는 위치의 가스누설 유.무를 자동으로 흡입하여 측정하게 된다. 유지보수 및 관리가 용이한 지역에 설치되며 유지보수 시에는 시스템에 대한 충분한 이해가 필요하다.

표 2-33 자동흡입식 가스센서의 장단점 비교

구분	비고
장점	• 측정 및 교정이 불가능한 배관, 고열, 고소, 고습, 고압 등의 지역에 흡입라인을 설치하여 측정이 가능하다. • 주위 환경에 대한 전처리가 가능하여 측정하고자 하는 위치의 가스존재 여부를 정확하게 측정할 수 있다. • 정기적인 점검 및 TEST를 편리하게 할 수 있다.
단점	• 초기 설치비용이 많다. • 배관이 길어지면 응답속도가 다소 느려질 수도 있다.

2.11.4 측정원리에 의한 분류

(1) 반도체식(Semiconductor Type)

반도체식 가스센서는 주로 금속산화물 반도체의 소결체와 연결막, 혹은 박막 등으로 되는 감지부와 그것을 가열하는 히터로 구성되어 있다. 우리가 검지하고자 하는 목적 가스에 따라 반도체 센서의 전기 전도도가 변화하게 되고 이것으로써 기체 중 가스의 존재 유·무 및 농도를 알 수 있는 것이다.

반도체식 가스센서는 세라믹 반도체 표면에 가스가 접촉했을 때 일어나는 전기전도도의 변화를 이용하는 것이 많으며 대부분 대기 중에서 가열하여 사용되는 일이 많아 고온에서 안정한 금속산화물(세라믹스)이 주로 사용된다. 금속 산화물은 반도체의 성질을 나타내는 것이 많고, 이중 금속원자가 과잉(산소 결핍)인 경우에는 n형 반도체, 금속원자가 결핍인 경우에는 p형 반도체가 된다.

이러한 세라믹반도체 중 전기전도도가 크고 융점이 높아서 사용온도 영역에서 열적으로 안정한 성질을 가진 반도체가 센서에 이용되고 있다.

반도체 가스센서는

① 대부분 유독가스, 가연성가스에 어떤 응답을 나타내어 감지할 수 있는 가스의 종류가 많고,

② 센서제작이 용이하고 검출회로의 구성이 간단하다는 특징이 있다.

그러나 감지하려는 가스만을 감지할 수 있는 선택성이 우수한 가스센서는 적고 아직도 연구개발 중에 있다. 반도체가스센서의 모재료와 촉매를 여러가지로 바꾸거나 조합하고 센서동작온도를 변경함으로써 선택성을 부여하기도 한다. 많은 금속산화물(세라믹스)이 가스센서의 연구 대상이 되고 있는데 가장 많이 연구되어 사용중인 것으로는 SnO_2, ZnO, Fe_2O_3 등이 있다. 반도체 센서는 소형, 경량일 뿐만 아니라 가격이 저렴하므로 방범용, 경보용 등 그 응용범위가 넓어지고 있다. 또한 최근에는 그 재료도 다양하고 집적화 하는 추세에 있어 앞으로는 발전 방향이 매우 밝다 할 수 있다.

그림 2-143 반도체 가스센서

표 2-34 반도체식 가스센서 분류

모 델	검지 가스	용 도	특 성
MiCS-5521	잡가스 (CO / 알콜 / 담배연기 / 냄새 등)	공기청정기, 음주측정기 환풍기, 탈취기	소형, 고감도, 빠른응답
MiCS-4514	CO와 NO_2	차량 실내 자동 환기 센서 (AQS 센서)	소형, 저전류, 고감도 SMD 타입
MiCS-2610	오존 (10 ~ 1000 ppb)	오존검지기	소형, 저전류, 고감도
MiCS-2614	오존 (10 ~ 1000 ppb)	오존검지기	2610의 SMD 타입
MiCS-2710	NO_2 (0.05 ~ 5 ppm)	NO_2 검지기	소형, 저전류, 고감도
MiCS-2714	NO_2 (0.05 ~ 5 ppm)	NO_2 검지기	2710의 SMD 타입
MiCS-5121	VOC	VOC 검지기	소형, 저전류, 고감도
MiCS-5134	VOC	VOC 검지기	5121의 SMD 타입

표 2-35 반도체식 가스센서의 특징

구분	기본특성	용도
반도체식 가스센서	저 히터 전류	공기청정기
	폭넓은 감지 범위	차량 실내 자동 환기
	소형 고감도 타입	CO 가스 경보기
	빠른 응답 속도	음주측정기
	우수한 진동 충격 내구성	자동환기팬

1980년도 말에는 반도체 재료로 만들어진 센서가 많은 관심을 받았으며, 어느 시기까지 가장 일반적이고 저렴한 가스센서로서의 가능성을 보였다. 이 방식의 센서도 촉매식 센서와 마찬가지로, 가열된 산화물 표면의 가스 흡착 작용에 의해 작동한다. 이 센서는 일반적으로 전이금속이나 주석과 같은 중금속의 산화물, 예컨대 SnO_2, ZnO, Fe_2O_3등의 재질로 만들어진다. 촉매에 의한 산화에 이어서 산화물 표면에서 가스의 흡착 작용이 일어나면, 산화금속의 전기저항이 변화하게 되는데, 해당 가스의 농도와 저항치의 변화량 사이에 일정한 관계를 갖는다. 반응 비율을 높이거나 주변 온도의 변화에 따른 영향을 줄이기 위하여 센서표면은 200~250℃의 일정한 온도로 가열된다. 반도체식 센서는 고체의 표면과 기체와의 반응을 이용하는 것으로 기체가 흡착되는 속도와 흡착되는 기체의 선택성은 센서의 동작 온도, 촉매 성분과 양, 센서 주위의 분위기에 따라 크게 영향을 받는다.

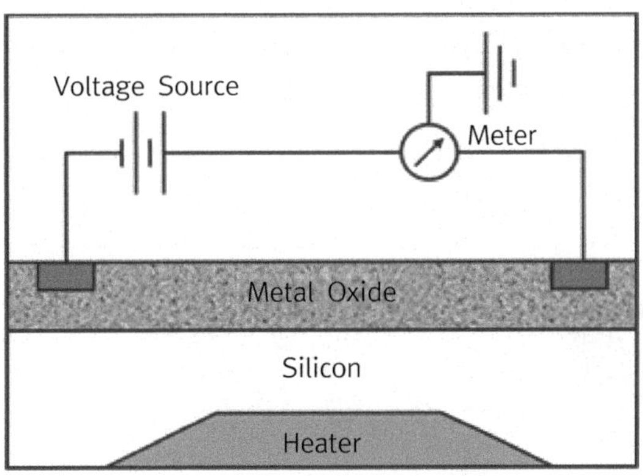

그림 2-144 반도체식 센서

반도체식 센서는 단순하고, 비교적 강하며, 매우 민감하게 만들 수 있다. 이 센서는 황화수소를 검지하는데 사용되었으며, 저렴한 가정용 가연성 가스 검지기의 생산에 폭넓게 적용되었다. 하지만, 특정 가스에만 선택적으로 반응하지 못하고 대기 온도나 습도 변화에 의한 영향이 크기 때문에 산업용으로 사용하기에 신뢰성이 떨어지는 것으로 판명되었다. 이 센서는 빈번한 점검이 없으면 감도가 급격히 떨어져 작동정지 현상이 발생하고, 높은 농도의 가스에 노출된 후에는 반응과 회복이 느려지는 등의 문제점이 있기 때문에 다른 센서에 비해 사용상 많은 주의가 필요하다.

(2) 접촉 연소식 (Catalytic Combustion Type)

금속열선에 전원을 인가하여 담체를 가열하고 가스가 가열된 담체에 접촉하면 연소반응이 일어난다. 가연성 가스가 산소와 반응하면 반응열이 생긴다. 접촉연소식 가스센서는 이 반응열을 전기신호로 변환해서 검지하는 방식이다. 연소반응에 의하여 담체의 온도가 상승하고 담체내의 금속열선의 온도도 상승한다. 이에 따라 열선의 저항 값이 변화하는데 그 변화값 ΔR은 온도변화 ΔT에 비례하고, ΔT는 가연성가스의 농도와 반응열에 비례한다.

접촉연소식 센서를 열선이 내장되어 있어 열선식 센서라 부르기도 한다. 접촉 연소식 가스센서는 센서 표면상에서 가연성 가스의 접촉으로 생성되는 산화 반응에 의해서 발생하는 연소열의 변화를 검출하는 방식으로 센서출력이 가스 농도에 비례하고 검출 정밀도가 높으며 주위온도 또는 습도에 의한 영향이 적다는 장점이 있다. 가연성 가스가 산소와 반응하면 반응열이 생긴다. 접촉연소식 가스센서는 이 반응열을 전기신호로 변환해서 검지하는 방식으로 센서출력이 가스 농도에 비례하고 검출 정밀도가 높으며 주위온도 또는 습도에 의한 영향이 적다는 장점이 있다.

접촉 연소식 센서의 구조는 Pt, Pd 등의 촉매를 고분산 시킨 알루미나 담체를 도포하여 소성한 것이다. 가연성 가스가 연소되면 감지막의 온도가 상승하고, 백금선의 전기저항이 증가한다. 이 저항 증가는 가스농도에 비례하므로 가스 농도를 측정할 수 있다. 가연성 가스센서의 검출대상이 되는 가스는 LPG 가스, LNG(도시가스) 가스, 수소, 일산화탄소, 유기용제 증기 등의 가연성 가스이다.

그림 2-145 접촉연소식 가스센서

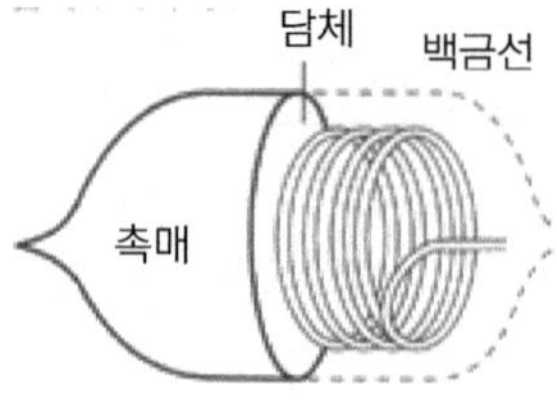

그림 2-146 감지센서구조

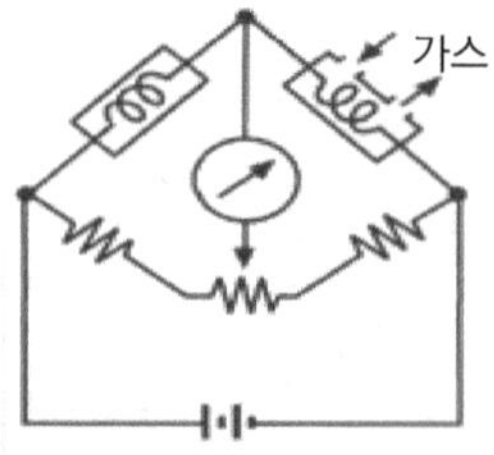

그림 2-147 접촉연소식회로

(3) 전기 화학식

전기화학식 가스센서는 검지 대상가스를 전기 화학적으로 산화 또는 환원하여 그 때 외부회로에 흐르는 전류를 측정하는 장치이다. 전기화학식 가스센서는 전해질 내에서 양극과 음극의 화학반응(산화환원 반응)에 의해 발생하는 전류 값의 변화를 감지하는 것으로서 민감도(sensitivity), 가스 선택성(selectivity), 안정성(stability), 재현성(repeatability) 등의 면에서 다른 감지 방법의 센서들 보다 우수한 특성을 나타낸다.

전기화학식 가스센서는 작동원리에 따라 갈바닉 전지방식과 정전위 전해방식으로 구분되며, 갈바닉 전지방식으로는 산소 가스센서, 정전위 전해방식으로는 유독가스(CO, NO, H_2S 등) 센서에 응용되고 있다.

전기화학식 갈바닉 전지방식의 산소가스센서의 작동은 외부에서 산소가 센서내부로 유입될 때 다음과 같은 화학반응에 의해 양극과 음극 사이에 산소농도에 비례하는 전류가 발생하게 된다.

$$\text{양극에서의 산화} : 2Pb + 2H_2O \rightarrow 2PbO + 4H^+ + 4e^-$$

$$\text{음극에서의 환원} : O_2 + 4H^+ + 4e^- \rightarrow 2H_2O$$

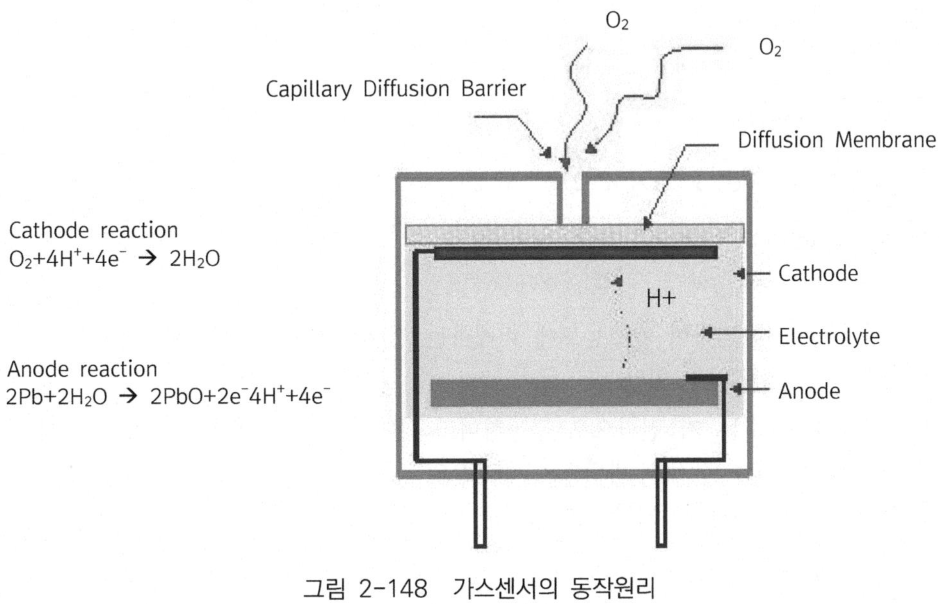

그림 2-148 가스센서의 동작원리

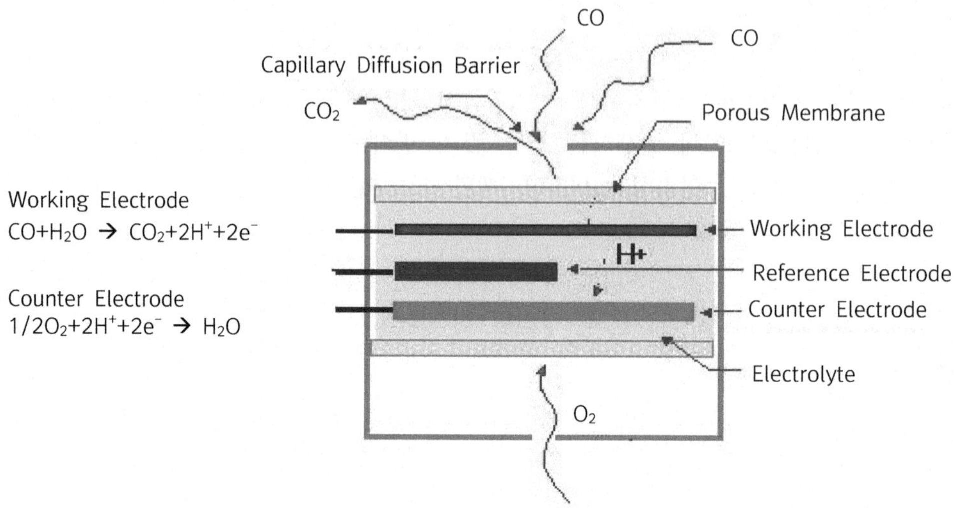

그림 2-149 가스센서의 동작원리

유독가스를 감지하기 위한 전기화학식 가스센서는 정전위 전위방식에 의해 작동되며, 대표적인 센서로는 일산화탄소(CO) 가스센서가 있다. 일산화탄소 가스센서는 세 개의 전극(working, refer ence, counter)으로 구성되어 있으며, 센서내부로 반응가스가 유입되면 각 전극에서는 다음과 같은 화학반응이 일어난다.

Working electrode: $CO + H_2O \rightarrow CO_2 + 2H^+ + 2e^-$

Counter electrode: $1/2O_2 + 2H^+ + 2e^- \rightarrow H_2O$

Overall reaction: $CO + 1/2O_2 \rightarrow CO_2$

이러한 화학 반응에 의하여 가스농도에 비례하는 전류가 발생하며, 이때 발생된 전류를 이용하여 가스의 농도를 결정할 수 있다.

전기화학식 가스센서는 저 전력으로 구동하며, 작은 크기로 제작이 가능하여 휴대용 가스센서로의 개발이 가능하다는 장점을 바탕으로 환경오염 및 각종 산업현장의 대기상태를 감지하고 유지할 수 있는 다양한 제품에 응용할 수 있다.

동작원리에는

① 전극과 전해질 용액에서 일정전류를 유지하면서 직접산화, 환원 할 때 전류를 측정하여 가스를 검출하는 방법

② 전해질 용액 중에서 이온화 현상을 일으킬 때 가스이온이 전극에 작용하여 발생하는 기전력을 출력으로 하는 것

③ 전해질 용액과 반응 할 때 발생하는 전해전류를 출력으로 하는 것 등으로 구분할 수 있다.

표 2-36 네모토 전기화학식 CO 센서

모 델	검지가스	검지 농도	용 도	특 성
NAP-505	CO	0 ~ 1000 ppm	휴대형, 가정용 보일러, 주차장	고감도 미니타입, 직선성, 안정성, 가스선택성 우수, 가격저렴, 수명 5년 이상, UL 인증
NE-CO	CO	0 ~ 1000 ppm	공업용 정밀기기용	고감도, 내구성, 가스선택성 우수, 수명 3년 이상

그 구조는 측정 물질에 의해 산화가 일어나는 감지전극(Sensing Electrode), 감지전극에 외부로부터 전압을 걸어 줄 때 기준이 되는 기준전극(Reference Electrode), 감지전극에서 흐르는 전류만큼의 대응 전류를 흘려줌으로써 평형을 유지시키는 대전극(Counter Electrode)으로 구성된다.

전기화학식 센서의 핵심적 특징은 검지 대상 가스의 흐름을 감지전극으로 제한하는 확산장벽에 있다. 이 방법에 의해 모든 가스가 전극에서 산화 혹은 환원 반응을 일으킬 수 있다. 이 산화환원 반응에 의하여 발생하는 전류는 감지전극 측의 가스농도에 대응하기 때문에 이 전류를 측정함으로 해서 가스를 감지할 수가 있다. 이 전류 신호와 독성 가스의 농도 사이에는 직선비례 관계가 성립한다.

이와 같이 전기화학식 가스센서는 화학 반응(산화환원 반응)에 의하여 발생하는 에너지를 전기적인 에너지로 변환시키는 원리에 의하여 가스를 검지한다.

2.11.5 입출력형태에 의한 분류

① 전송기식(Transmitter Type) / 4 ~20 mA

② 비전송기식(Non-Transmitter Type) / 수십 mV

Transmitter Type이라하면 일반적으로 감지부 엘라멘트에서 발생되는 미세한 출력신호(Non-transmitter Type 신호)를 증폭 및 변환하여 전송출력(4~20mA.DC)으로 변환하여 주는 장치이다.

출력신호를 변환하지 않으면, 전송거리의 제한 및 측정 신호의 손실, 환경변화(온, 습도 & 외부 노이즈)에 따른 측정값의 불안정성 등 많은 문제점들을 발생한다.

Transmitter Type은 수신부에서의 측정값 표시 및 동작상태를, 감지기가 설치된 현장에서도 확인할 수 있으며, 교정작업 시 표준가스의 주입 및 교정작업을 현장에서 할 수 있으므로 유지보수가 간편하게 이루어질 수 있다.

2.11.6 가스센서의 요건

가스센서는 환경 센서로 이용되는 일이 많고 가혹한 환경조건에 노출되어 사용되는 경우가 많아 내환경성이 강해야 하고 아래와 같은 조건을 만족시켜야 한다.

① 검지감도가 높고 농도의 측정 정밀도가 우수해야 한다.
② 검지하려는 가스만을 선택적으로 검지할 수 있고, 공존 물질에 의한 방해나 영향을 받지 않아야 한다.
③ 장기간 안정하게 동작하고 응답속도가 빠르며 반복측정을 할 수 있어야 한다.
④ 습도, 온도 등의 영향을 받지 않고 안정된 감도를 나타내야 한다.

가스폭발사고 뿐만 아니라 환경오염을 일으키는 유해한 잡가스의 자동환기, 일산화탄소 중독사고의 예방 등에 가스센서의 사용이 증가 일로에 있으나 정확한 센서특성을 모르고 사용하게 되면 제기능을 발휘하지 못하는 제품이 되고 만다. 그동안은 대부분의 센서를 고가로 수입하여 사용하여 왔으나 근년품질이 우수하면서도 값이 비교적 저렴한 센서들이 국산화되어, 사용하는데 있어 기술적으로나 경제적으로나 많이 유리하다. 반도체식센서의 거동을 파악하여 실내의 오염을 감지하여 자동으로 환기하는 인공지능 자동환기 시스템도 개발하여 현재 분양중인 대부분의 아파트에 채택되고 있다. 저전류 접촉연소식 센서도 개발하였으며, 접촉연소식 센서를 채용하는 가스누설경보기도 생산하기 시작하였다. 가스보일러 등에서 발생하는 폐가스 중독사고를 방지하는 CO 감지기도 개발하였으나 국내 여건상 보급이 활발하지 못하다.

2.11.7 가스센서의 활용

가스센서의 응용 분야는 산업용, 공해방지용, 방재용, 방범용, 의료용 등 매우 광범위하며 점점 확대 증가되어 가고 있다.

가까운 예를 들면 가스센서가 우선적으로 실용화된 것은 가연성가스(LPG, LNG 등)의 폭발방지를 위한 가스 경보기용에서부터 자동차의 공연비 측정을 위한 센서, 가정이나 공장 내의 가스 누설 경보기, 음주운전자의 알코올센서, 화재 직후의 건축 재료로부터 나오는 유독가스의 센서, 항내 메탄가스 경보기 등 다양하다. 접촉 연소식 센서소자에서는 현재 종래의 1/3~1/4의 전력으로 작동하는 소형, 소전력의 소자가 실용화되어, 주로 휴대용 가스검지 경보기 등에 이용되고 있다.

① 발전소 : 석탄, 석유 등의 화석연료를 통해 전력을 생산하는 발전소에서 연소가스 분석은 공정의 최적화, 에너지 효율성 향상, 배출가스 모니터링을 할 수 있다.

② 쓰레기 소각 : 산업용, 생활용 쓰레기를 고온의 연소열로 소각시켜 분해하는 소각장에서 연소가스 분석은 연소효율 측정을 통해 완전연소를 유도하여 다이옥신과 같은 유해화합물의 발생을 최소화할 수 있다.

③ 건축자재 산업 : 시멘트, 석회, 벽돌과 같은 건축자재와 유리, 도자기와 같은 제조공정에서 연소가스 분석은 제품품질 보장을 위한 가스성분의 조정, 습도 모니터링, 연료 절감을 위한 연료 최적화, 건조 수준의 결정 등의 활동이 가능하다

④ 금속산업 : 압연 강판, 알루미늄, 기타 특수 금속을 제조하는 금속 산업에서 공정을 최적화하고 배출 물질의 모니터링이 가능하다.

⑤ 석유화학 산업 : 연료 절감과 배출가스 감소, 가스 정화장치의 성능 모니터링과 함께 가스누출 기능을 통한 화재예방과 폭발방지가 가능하다.

⑥ 엔진 테스트 : 효율적인 엔진개발에 사용될 수 있다.

독일, 미국 등에서는 자동차 메이커를 중심으로 엔진공연비 제어용 센서, 알콜 탐지기 및 매연 제어용 센서를 개발하여 생산중이며, 일본의 경우는 가스경보기를 위주로 방재, 보안분야에서 상당부분 시장확보가 이루어졌으며 향후 인텔리전트화 되어 가는 가전제품분야 즉 전자렌지, 공기청정기, 에어컨 등의 수요가 크게 증가 할 것으로 예상되고 있다.

앞으로도 유독가스용, 프로세서 계측용, 자동제어용, 환경계측용 등으로서 용도의 확대와 사용목적 및 검지대상에 따라 다양한 형태의 기능을 갖는 새로운 가스센서가 계속하여 개발될 것이다.

2.12 이미지센서[Image Sensor]

2.12.1 이미지센서의 개요

이미지 센서는 빛에 반응하는 전자부품으로 전자기기에서 사람의 눈과 같은 역할을 한다. 이미지센서는 수많은 화소(Pixel)로 구성된 광 센서(다이오드)들의 집합체로서, 각각의 화소는 빛을 받아들인 뒤 디지털 신호로 전환해 출력하게 된다. 구조적으로 곤충의 겹눈과 유사하다. 이미지센서가 사용되는 전자장치는 기본적으로 빛을 '가다듬어' 받아들이는 렌즈와 받아들인 빛을 전기신호로 변환하는 이미지센서, 이미지센서가 출력하는 디지털 신호를 입력 받아 영상으로 처리해 내는 이미지 프로세싱 모듈이 한 묶음으로 구성된다.

이미지 센서는 광을 받아들여 전기신호로 전환하는 소자를 칭하며, 최근 각종 영상기술과 신호의 전송, 수신, 변환 등의 기술이 급격히 발전하면서 이를 이용한 제품도 많아지고 있다.

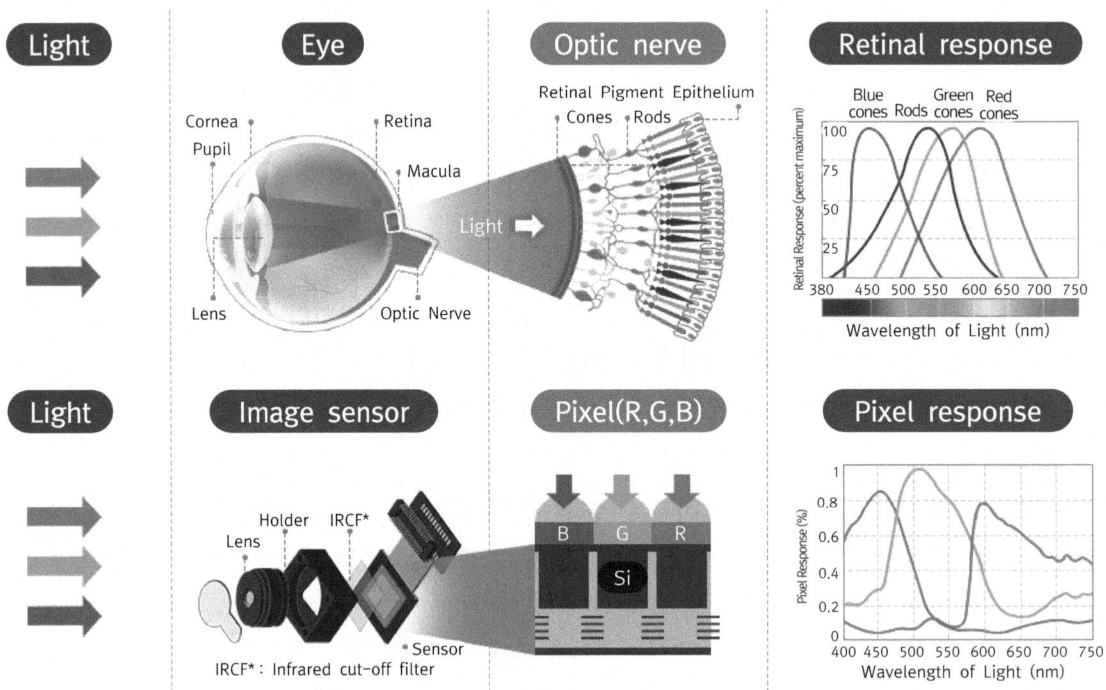

그림 2-150 CMOS 이미지센서의 작동원리 1

이와 같은 이미지센서는 그 이용분야도 매우 다양하여 스캐너, 바코드 입력장치, 팩시밀리, 비디오, 카메라는 물론 의료 및 완구용에 이르기까지 우리 실생활에 밀접하게 이용되고 있다. 이미지센서는 1967년부터 개발되었고, CCD(Charged Coupled Devices)형 이미지센서는 1970년대 후반에서부터 상업화가 이루어졌다. 특히 1980년대 후반에는 일본에서 급증한 출원에 의하여 전체적으로 특허건수가 급증하는 현상을 보이고 있다. 1990년을 전후한 특허건수의 증가는 개인용 디지털 비디오의 보급 확대에 따른 CCD형 이미지센서에 대한 수요 증가뿐만 아니라 일본을 중심으로 한 CMOS(Complementary Metal Oxide Semiconductor)형 이미지센서의 기술개발에 기인한 것으로 보인다.

최근 이미지센서가 많은 주목을 갖게 된 것은 각종 계측분야에서 미약한 광신호를 이용해 형상 인식, 이미지 파일 작성 등 그 중요성이 증가하면서부터이다. 또한 모바일 개인휴대단말기가 등장하면서 화상 핸드폰과 컴퓨터 네트워크를 이용한 실시간 정보전송이 보편화되면서 크게 발전하고 있다.

이러한 이미지센서는 디지털 카메라, 캠코더, 다양한 CCTV카메라 등 빛을 받아들여(화상 인식) 모니터의 이미지로 보여주는 모든 기계에 반드시 필요한 핵심부품이다. 카메라가 내장된 휴대폰이 일상화된 현대에는 비록 그 크기는 작더라도 누구나 1개 정도의 이미지센서를 늘 가지고 다니는 셈으로, 이미지센서는 이미 광범위하게 대중화되었고 제조가격도 많이 낮아졌다. 그러나 수많은 광센서를 작은 영역에 집적시키는 일은 쉬운 일이 아니다. 게다가 더욱 고화질을 얻기 위해서는 큰 크기의 센서가 필요한데, 이미지센서는 크기가 커질수록 가격이 가파르게 올라간다. 전문 영상 장비에 사용되는 고성능 이미지센서는 아직도 매우 값비싼 전자부품들 중 하나이다.

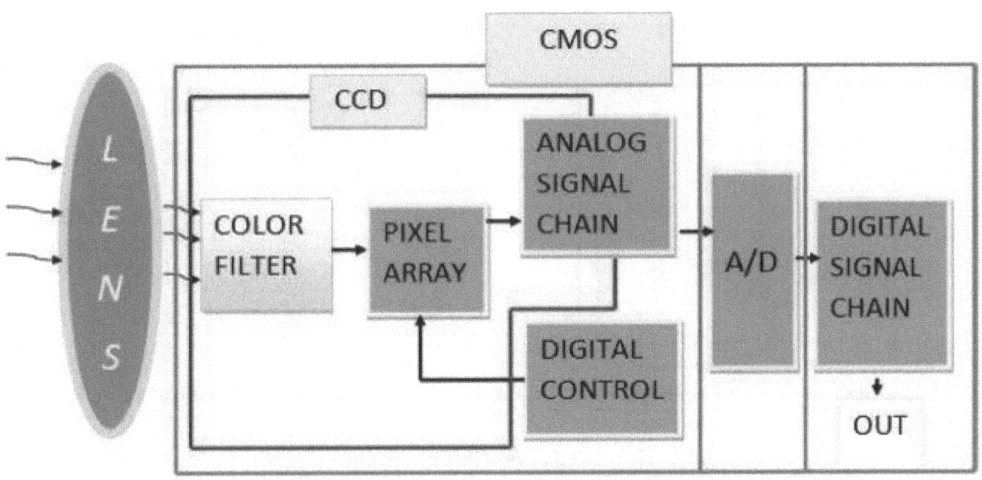

그림 2-151 CMOS 이미지센서의 작동원리 2

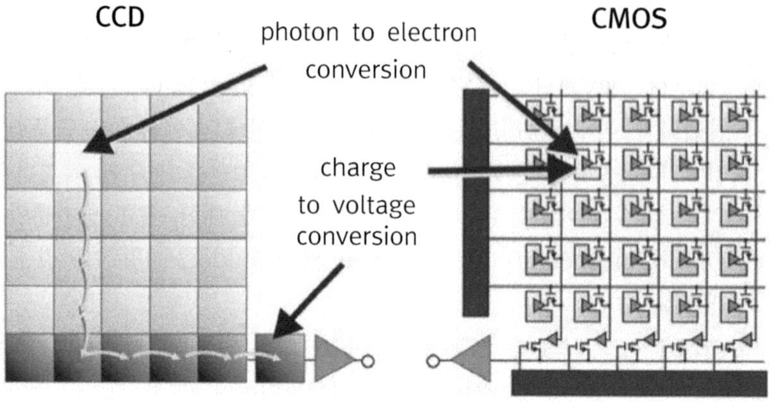

그림 2-152 CCD-vs-CMOS-image-sensor

2.12.2 이미지센서의 종류

이미지센서는 대표적으로 크게 두 종류로 나누어진다. CCD(전하결합소자 : Charged Coupled Devices)와 CMOS(상보성 금속산화막 반도체 : Complementary Metal Oxide semiconductor)가 바로 그것이다. 두 방식 모두 광다이오드를 집적시켜 빛을 전하로 변환, 읽어 들인다는 기본 원리는 같지만, 제조 과정과 신호를 읽는 방법이 약간 다르다.

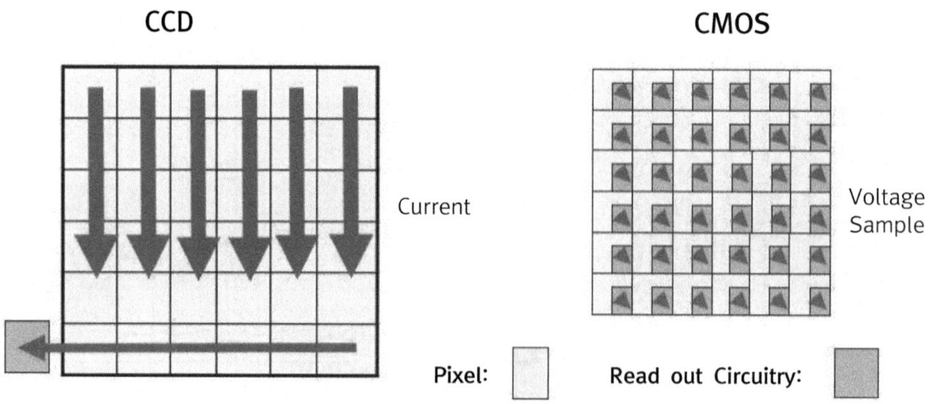

그림 2-153 CCD-vs-CMOS-image-sensor

CCD형 이미지센서와 CMOS형 이미지센서는 공통적으로 광을 받아들여 전기신호로 전환하는 수광부를 가지고 있으며, CCD형 이미지센서는 이 전기신호를 CCD(전하결합소자, Charge Coupled Device)를 통해 전달하며 마지막 단에서 전압으로 변환을 하게 된다. 반면에 CMOS형 이미지센서에서는 각 화소에서 전압으로 신호를 변환하여 외부로 보내게 된다.

구체적으로 살펴보면 이미지센서는 크게 빛에 의해 발생한 전자를 그대로 게이트 펄스를 이용해서 출력부까지 이동시키는 것이 CCD형 이미지센서이며, 빛에 의해 발생한 전자를 각 화소 내에서 전압으로 변환한 후에 여러 CMOS 스위치를 통해 출력하는 것이 CMOS형 이미지센서이다.

제조 공정상 CCD 이미지센서는 이미지센서의 특성을 극대화 시킬 수 있는 공정들만을 채용하는 반면, CMOS 이미지센서는 근본적으로 태생이 다르다. CMOS 공정은 이미 1970년대 후반부터 우수한 집적도 경쟁력과 경제성 때문에 일반적인 반도체 칩 제조공정으로 널리 자리 잡고 있었다. 이러한 기반 하에 제조공정의 경제성과 주변 칩들과의 연결상의 용이성 때문에 CMOS 공정을 활용한 이미지센서가 탄생하게 되었다.

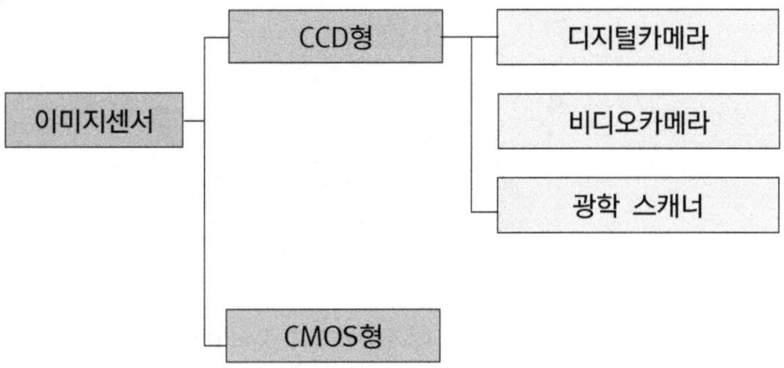

그림 2-154 이미지센서의 종류

이미지센서의 과거와 현재의 위치

- 1990년대 중반, 초기 CMOS 이미지센서의 주된 시장은 PC CAM이었다.
- 2000년대 초반, 휴대전화 카메라에 CMOS 이미지센서가 채용되기 시작하면서 CCD와 CMOS 이미지센서의 시장 점유율에 변화가 있었고 현재는 CMOS 이미지센서가 거의 대부분의 시장을 점유하게 되었다.
- CCD 이미지센서의 고유 영역이라고 해왔단 DSC 분야에서도 이미 니콘, 캐논, 소니 등 많은 DSC 제작 회사들이 직접 CMOS 이미지센서를 자체 개발하여 사용하기까지 이르렀다.

(1) CCD와 CMOS

최근에야 CMOS센서가 더 폭넓게 사용되고 있지만, 과거 이미지센서의 대표주자는 CCD였다. CCD는 색 표현력이 좋고 감도성능이 좋아서 빛이 부족한 상황에서 더 유리하다는 장점을 가지고 있다. 그러나 일반 반도체 제조공정을 이용할 수 있는 CMOS와 달리 CCD의 제조공정은 복잡해 부품가격이 매우 비싸고, 장시간 사용시 센서에서 열이 많이 발생하는 단점을 가지고 있다. 발열이 심하다는 것은 그만큼 전력소모량이 많다는 뜻이기도 하다.

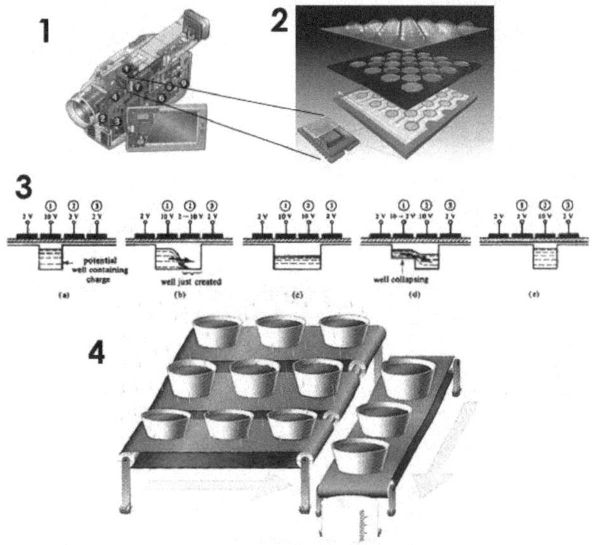

그림 2-155 CCD(Charged Coupled Devices)

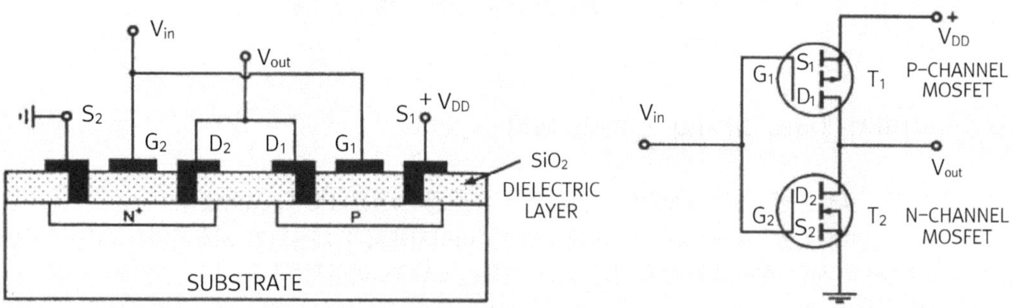

Basic CMOS Connections

그림 2-156 CMOS(Complementary Metal Oxide semi-conductor)

CMOS는 화질 면에서는 단점이 있었지만 값싸게 만들 수 있고 발열과 전력소모가 적어 장시간 사용에도 적합하여 원래는 CCTV와 같이 화질이 크게 중요하지 않은 영상기기에 사용되었다. 그러나 1990년대 이후 미세가공기술이 발달하면서 주목받기 시작한 CMOS의 성능은 서서히 동급의 CCD를 추월하기 시작했고, 디지털 영상처리기술의 눈부신 발달과 함께 최근에는 고성능의 전문가용 영상기기에도 사용되고 있다. 2004년부터는 CMOS 센서의 생산량이 CCD 센서의 생산량보다 많아졌다. 소형 디지털 카메라와 같은 작은 이미지센서에는 아직 CCD가 가격 면에서 더 경쟁력이 있다만, CMOS센서의 단점은 다양한 제반 기술로 극복이 가능하기 때문에 미래의 주력 이미지센서가 될 것이다.

최근에는 손톱크기도 안 되는 휴대폰 카메라의 이미지센서에도 1억만~2억만 화소가 집적되는 시대가 왔다. 화소가 많을수록 이미지의 디테일이 좋아지고 계조(색이 부드럽게 이어지는 것)가 좋아지지만, 화소가 다소 떨어지더라도 센서가 커서 수광면적이 많아지면 영상의 품질은 가파르게 좋아진다.

고화소는 높은 화질을 위해 필연적으로 구현해야 하지만, 작은 크기의 이미지센서에 많은 화소를 집적시킨다면 발열은 물론 화소간의 간섭 현상도 심해져 노이즈가 발생하게 된다. 노이즈는 이미지 품질을 떨어뜨리는 큰 요소로 반드시 극복해야 하는 장애물이다. 더 작은 센서에 더 많은 화소를, 그리고 더 적은 노이즈를, 이미지센서의 발달의 역사는 이처럼 화소와 노이즈 성능개선의 역사이기도 하다.

면적 대비 수광효율을 높이기 위해 허니컴 방식의 센서(일본 후지), 또는 빛의 삼원색별로 따로 입력을 받는 방식의 포베온(일본 시그마)센서 등이 새롭게 개발되었으나 아직 시장의 주류는 아니다. 또한 고화질의 구현을 위해서는 광학계통의 성능도 최고여야 하지만 고성능의 디지털 이미지 프로세싱이 필요하다. 어쩌면 센서 기술 이상으로 디지털 이미지 처리기술이 중요할 수도 있으며, 빛을 받아들여 처리하는 모든 과정에서 좋은 결과를 얻어야만 비로소 최고의 영상장비를 만들 수 있는 핵심 기술이 되는 것이다.

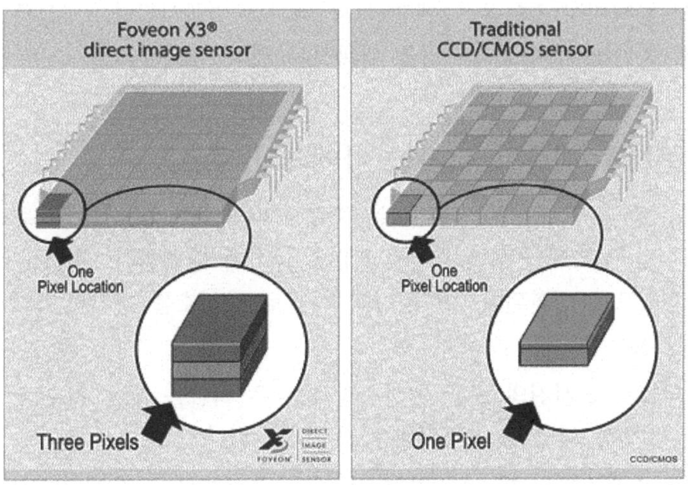

그림 2-157 포베온 X3 이미지센서와 기존 센서의 비교도

(2) CCD 이미지센서란

CCD는 Charge Coupled Device의 약자로 빛을 전기신호로 바꿔서 디지털 형식으로 변환하는 역할을 하며, 1960년대에 미국에서 개발됐다. CCD는 기본적으로 빛(파동)을 디지털 신호로 바꿔주는 유일한 장치였으며, 그 메커니즘과 프로세스가 상당히 복잡해 제작단가도 높다. 나중에 CMOS가 개발됐지만, CCD의 성능에 못 미쳤기 때문에 빛을 디지털화하는 데 필요한 제품은 모두 CCD를 사용했으나 최근에는 CMOS의 발전에 따라 CCD는 고성능, 고화질 제품 위주로 적용되기 시작했다.

N형의 반도체 기판의 표면에 0.1μm 정도 두께의 절연층을 형성, 금속 전극을 배열하여 이 금속전극의 전압을 제어함으로써 반도체 표면 전위의 낮은 부분을 좌우로 이동시켜 축적된 전하를 이에 맞추어 순차로 전송 시킬 수 있게 때문에, 자리 옮김 레지스터나 기억장치로 응용된다.

전하결합소자(CCD)는 MOS트랜지스터와 유사한 단순한 구조의 소자로, 전하의 축적에 의한 기억과 전하의 이동에 의한 전송이라는 2가지 기능을 갖고 있어 고집적화가 가능하다. CCD는 전하의 크기에 따른 아날로그 양의 기억전송이 가능하기 때문에 TV 카메라의 영상회로, 영상 기억장치에 대한 응용화가 진행되었다.

1970년 벨 연구소에서 최초로 개발한 이후, 1983년부터 양산화 되어 3분의2인치 크기의 25만화소부터 실용화가 본격화 되었는데, 1991년에는 3분의1인치 크기의 38만화소의 제품이 등장하였고, 그 후에 200만 화소의 제품도 고해상 TV용으로 등장하였다. CCD방식은 현재 디지털 카메라 및 많은 종류의 비디오카메라의 이미지센서로 사용되고 있다.

CCD는 두 가지 기능을 수행한다. 첫째는 광자 에너지를 전하로 변환하는 것이고, 둘째는 이 전하를 판독할 수 있도록 이동시키는 역할이다. 이렇게 전하를 이동시키는 기능은 버킷 브리게이드(bucket brigade, 전하를 소화하기 위한 버킷 릴레이의 줄)로 알려져 있는데, 하나의 값이 판독된 후에는 다른 모든 나머지 값들은 그에 따라서 위치를 변화시킨다. CCD를 판독하는 것은 시프트 레지스터로부터 일련의 데이터 스트림을 판독하는 것과 유사하다.

(3) CCD 이미지센서를 이용한 디지털 카메라의 구조.

수광소자는 전하우물이라고도 하는데, 이는 수광소자가 받아들인 빛을 축적하기 위함이다. 이 축적된 전하는 타이밍 신호에 의해 축적된 전하를 동시에 출력한다. 축적된 광자는 전자로 변환되고, 이는 다시 전압으로 변환된다. 이와 같이 아날로그 신호를 디지털 신호로 변환시키는 것은 A/D 컨버터라고 한다.

A/D 컨버터는 아날로그 사진의 필름 현상공정과 같은 역할을 하는 것으로, A/D 컨버터의 성능에 따라 RGB(삼원색)색상 채널 당 비트 수가 결정되게 된다.

CCD를 구성하는 수광소자는 단순히 빛의 양 만을 축적하므로 빛의 강약(명암)만을 기록하는데

이는 이미지를 흑백 톤으로 기록하는 것과 마찬가지이다. 따라서 컬러 이미지로 변환하려면 별도의 방법이 필요하며, 대개 CCD앞에 RGB 색 필터를 배치하여 컬러를 캡쳐하는 방식을 이용한다.

광 전환부에 축척된 전하를 Analog Shift Register에 의해 전송되는 방식으로 각 화소에 축척된 전하를 전압 차에 의해 발생된 값을 바탕으로 이동시키게 된다. 전체 구조는 수광부, 전하전송부, 신호출력부로 구성된다.

수광부의 대각선 길이를 기준으로 1/4″, 1/3″, 1/2″, 2/3″로 표시하거나 수광부의 화소수에 따라 30만 화소, 200만 화소 등으로 구분한다. 흑백 CCD의 경우 일반적으로 4-chip solution으로 제공되며, 컬러 CCD의 경우는 6-chip solution으로 제공된다.

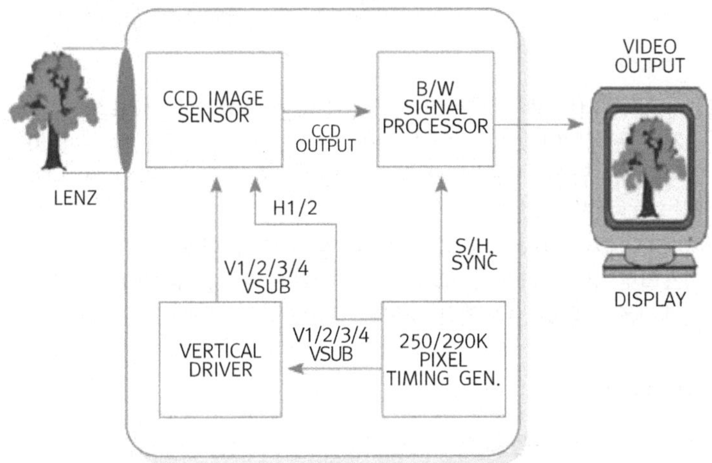

그림 2-158 흑백 CCD 카메라 모듈의 구성

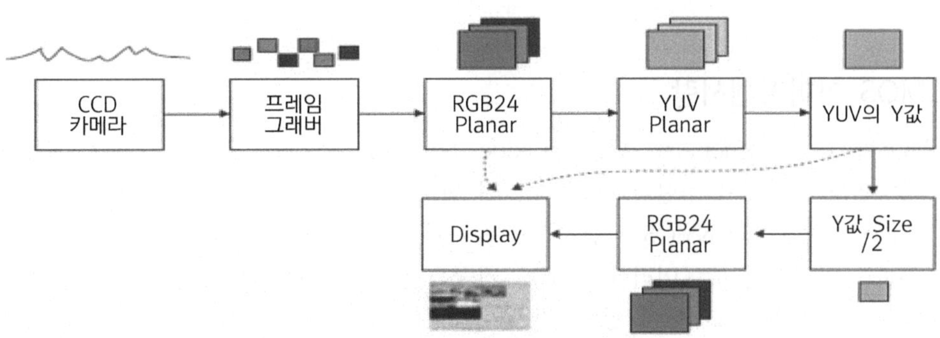

그림 2-159 CCD 카메라 신호제어

핵심내용

◇ CCD형 이미지센서

- CCD형 이미지센서는 N채널의 MOS 구조를 하고 있고 감광부를 중앙에 끼우고 양쪽에 CCD를 배치한 형으로 하고 있다. CCD 이미지센서는 구동회로가 복잡하여 동작시키기 어려운 결점이 있다.
- CCD 이미지센서는 구조에 따라 프레임 트렌스퍼 방식(FT-CCD)과 인터라인 방식 (IT-CCD)로 나누어지는데 이중 현재 상업적으로 판매되고 있는 대부분은 IT-CCD 방식이다.

CCD 이미지센서

- FT-CCD 이미지센서는 광 센서용 어레이와 축적용 어레이가 분리되어 있는 것으로 어느 것이고 같은 구조의 소자로 구성되어 있는 것이 특징이며 화소 피치를 적게 할 수 있고 감광 면적이 적어도 되는 이점이 있다. 반면 단점으로는 주사 펄스가 많아지고 축적용 어레이를 다시 설치하여야 하므로 칩 면적이 커지는 문제점이 있다.
- IT-CCD 이미지센서는 PN 접합 다이오드로 된 광전 변환부, 4상 구동식 CCD로 된 수평 및 수직 시프트 레지스터로 구성되어 있고 감광부를 PN접합으로 할 수 있어 구조가 간단하나 수직 레지스터와 광센서 어레이를 교대로 설치해야 하므로 감광면적이 작아지는 단점이 있다.

◇ MOS형 이미지센서

- MOS형 이미지센서는 구동회로가 간단하고 가격이 저렴하나 MOS 트랜지스터의 게이트-드레인 간의 정전용량에 의해 동작시의 잡음이 발생할 수 있는 문제점이 있고 감도가 떨어지는 단점이 있다.
- MOS형 이미지센서의 구조는 클록회로, 주사회로, 포토 다이오드 어레이 등이 내장되어 있고 시프트 레지스터는 소자 온도상승을 억제하기 위해 저전력 시프트 레지스터로 구성되어 있다.

(4) CMOS 이미지센서란

CMOS란 Complementary Metal Oxide Semiconductor의 약어로, 현재 메모리와 컴퓨터 CPU 등 반도체 칩에서 구현에 사용되며, 전 반도체 칩 구현방식 중 가장 많이 사용되는 방식이다. CMOS는 PMOS와 NMOS 트랜지스터를 가지고 구현하며, 이를 통해 저전력을 실현할 수 있다. CMOS 이미지센서는 이러한 CMOS 기술을 이용한 화상 정보 감지기이다. 각 수광소자에 CMOS 트랜지스터가 집적되어 있어, 각 수광소자가 받는 빛의 양을 직접 전하로 변환 시켜주며, 앞서 CCD방식은 각 전하의 양을 읽기 위해, 각 수광소광에 저장된 전하를 이동시키는데 반해, CMOS방식은 각 수광소자에 저장된 전하를 판별기에 의해 직접 그 양을 측정한다.

CMOS 이미지센서는 1967년부터 개발이 시작되었다. 당시에는 MOS형 이미지센서였으며, 노이즈가 심하고 CCD보다 비교하여 이미지 품질은 낮으며, 칩사이즈가 크고 회로가 복합하다. 1990년대 초 최초의 CMOS형 카메라 칩이 발표된 후, 본격적인 개발이 시작되면서, 칩 사이즈가 오히려 CCD보다 작아지고 성능이 향상되면서 저가형 디지털 카메라에서 채택되기 시작하였다. 이후 CMOS 센서는 CCD에 비하여 여전히 낮은 이미지 품질로 인해 감시용 카메라, PC카메라, 저가형 디지털 카메라에서 주로 사용하고 있다.

그러나 CMOS 센서가 급격하게 기술적 발전을 이루면서 화질이 개선되었으며, CCD방식에 비하여 전력 소비가 적고 가격이 저렴하다는 이점 때문에 디지털 카메라 등에 주력 이미지센서로 주목받고 있다.

CMOS 이미지센서를 이용한 디지털 카메라의 구조에서 광자를 전자로 변환시켜야 하는 것은 CCD방식과 동일하다. 그러나 CCD방식과는 다리 하나의 수광소자에 하나의 트랜지스터가 있어, 개개의 수광소자가 받은 광자를 전자로 변환하고, 이를 다시 전압으로 변환하는 과정을거쳐 아날로그 데이터를 디지털로 변환시킴으로서 화상 데이터를 저장한다.

(5) CMOS 이미지센서 종류 및 특징

CMOS 이미지센서에는 능동형과 수동형 두 가지 타입이 있다.

① 수동 픽셀 센서 : 1960년대 사용된 최초의 이미지센서로, 감광소자는 광자를 전하로 변환시킨다. 이 전하는 센서로 전달되어 증폭되어 진다. 이 센서의 문제점은 이미지의 배경패턴에 따라 나타나는 노이즈가 크다는 점이다. 이 노이즈를 제거하기 위해서는 추가적인 방법들이 요구된다.

② 능동 픽셀 센서 : 수동 픽셀 센서가 가지고 있는 노이즈 문제를 상당히 줄여주는 방식으로, 각 픽셀에 있는 회로는 노이즈 레벨의 수준을 결정하고, 노이즈를 제거한다. 이 기술의 성능은 CCD방식에 비견될 만하고, 더 높은 화질과 더 큰 이미지 배열을 가능하게 해 준다.

2.12.3 이미지센서의 특징

CCD 방식과 CMOS 방식의 대표적인 차이로는 화질, 가격, 전력소모를 들 수 있다.

① 화질 : 일반적으로 CMOS센서는 CCD센서에 비하여 화질이 낮은데, 그 이유는 고정 패턴 노이즈가 존재하기 때문이다. CMOS센서는 하나의 수광소자에 하나의 트랜지스터를 사용하는 구조로 되어 있는데, 트랜지스터의 특성에 의해 노이즈가 발생하게 된다.

② 가격 : CMOS 이미지센서는 CCD센서에 비해 가격이 상당히 저렴하다. 그 이유는 제품을 만드는 방식에서 오는데, CCD 방식은 CCD용 반도체에 특화된 공정을 사용하므로 규모의 경제를 실현할 수 없는 반면, 대부분의 반도체를 만드는 CMOS방식은 수율이 매우 높고 공정개선 개발속도가 빠르며, 동일 기술로 다른 제품을 만들 수 있기 때문에 규모의 경제를 실현할 수 있어 생산원가가 CCD방식에 비해 상당히 저렴하다. 또한 CCD방식에는 여러 개의 표준이 안된 전원공급이 필요하기 때문에 원가가 더 든다.

③ 전력소모 : CCD방식의 고전력 소모인데 반해, CMOS방식은 매우 전력소모가 적다.

표 2-37 CCD와 CMOS 이미지센서의 특징

구분	CCD	CMOS
구조	• 광전변화 반도체와 전하결합소자로 구성	• 광전변화 반도체와 CMOS스위치로 구성
원리	• 빛에너지에 의해 발생된 전하로 축전 후 전송	• 빛에너지에 의해 발생된 전하를 반도체 스위치로 읽어냄
장점	• 화질이 우수 • 감도가 높음	• 회로의 집적도가 높고 주변 IC와 One-Chip화 가능 • 저소비 전력 • 가격이 저렴함
단점	• 제조비용이 고가 • 주변회로 복잡, 복수전원, 고소비 전력	• 노이즈가 많음 • 감도가 낮음 • Dynamic range가 좁음
활용	• 고품질 이미지센서용 • 고화소 고품질 지향	• 저품질 이미지센서용 • 지속적인 기술 향상 기대

2.12.4 이미지센서의 용도

이미지센서의 주요 수요시장은 휴대폰, 디지털 카메라, 광마우스, 감시카메라, 생체인식 등 분야이다.

휴대폰은 저전력 특성, 소형성 및 경제성 등 주요 특성으로 인하여 CMOS 이미지센서 시장의 급속한 성장을 가능하게 하여 2004년에는 전년대비 53% 증가하면서 1억2천만대 판매를 기록했다. 2004년 말까지 130만 ~ 200만 이상 고화소 휴대폰 모델 중심으로 CCD센서 우위의 구조이나 2007년까지 CMOS 센서 기능의 발전으로 2008년 이후 휴대폰 카메라는 거의 100%가 CMOS 센서를 채용하는 것으로 알려져 있다.

디지털 카메라는 대부분 CCD 센서가 사용되어 왔으나 최근에는 백만화소 미만의 저사양 카메라뿐 아니라 캐논을 비롯한 최고급형 SLR 카메라에서도 CMOS 센서가 사용되는 등 디지털 카메라 시장에서 CMOS 센서의 사용이 확대되고 있다.

광마우스 분야는 일반적으로 CMOS 이미지센서를 사용하고 있으며, 카메라 폰 시장이 성장하기 이전의 가장 큰 시장 중의 하나였고, 광마우스용 센서 시장규모는 앞으로도 지속적인 성장을 할 것으로 보인다.

감시카메라 시장에서도 CMOS센서의 시장 확대가 두드러지고 있는데 이는 CMOS 센서의 기능 집적도로 인하여 스마트 센서 시스템의 One chip화가 가능하기 때문이다. 생체인식 분야에서는 1998년부터 전 세계시장이 매년 2배 이상 성장하면서 지문, 손, 얼굴, 음성, 성명, 홍채 등 사람의 신체 특징으로 개인을 구별하고 인증이 활발한데 그중 지문인식 시장의 비중이 가장 높다. 이러한 인식을 위해 여러 가지 방식 중에서 이미지센서를 이용한 시스템이 크게 성장 할 것으로 보인다.

2.13 생체인식센서[biometric sensor]

새로운 지문감식 기술은 지문(finger print)으로 인한 피부 외부에 형성되어 있는 선의 형상 뿐만 아니라 표피층 이하의 조직까지 검사하여 인증되지 않은 사람에 의한 접근을 통제하는 곳에 사용되고 있다.

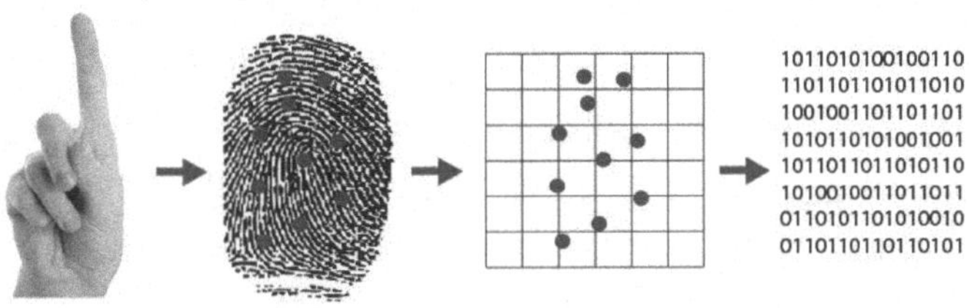

그림 2-160 지문인식센서의 데이터화 과정

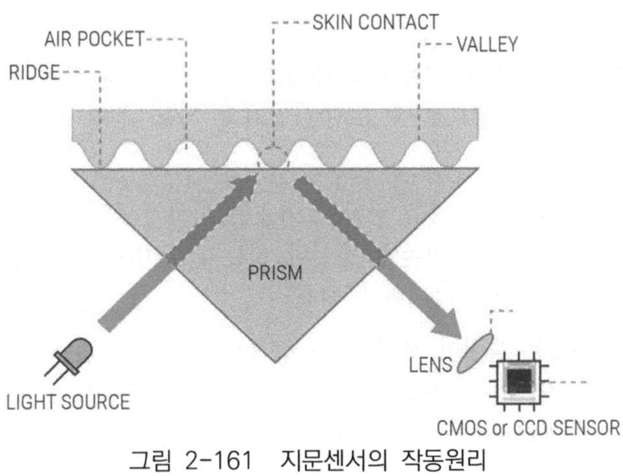

그림 2-161 지문센서의 작동원리

2.13.1 다중 스팩트럴(Multispectral) 센서

생체인식센서(Biometric sensors)는 개인의 신원을 결정할 수 있는 정보를 수집하는 장치라고 할 수 있다. 일반적인 형태의 생체인식 기술은 안면인식, 홍채인식 및 지문 측정의 방법 등이 존재하고 있다. 현재까지는 일상적인 생활의 영역까지 광범위하게 보급되지는 않았지만 생체 센서 특히 지문인식센서는 상업적 혹은 공적인 영역에 관련한 다수인들에게는 다양한 형태의 제품으로 출현하고 또 앞으로도 그 적용의 영역을 확대시킬 것으로 생각된다.

최근에 이러한 지문인식 기술을 상용화한 제품의 형태는 지문인식센서를 내장한 IBM laptop 컴퓨터의 형태이거나 키보드와 마우스를 포함하고 있는 Microsoft 계열의 제품으로 일련의 지문 인식이 가능한 컴퓨터 등이 있다. 이러한 양 제품들이 추구하는 것은 컴퓨터, 네트워트 및 서비스에의 접근을 통제하는 용도로 과거부터 사용되어온 사용자 이름과 암호 입력을 지문으로 대체하는 것이다.

9/11의 결과, 세계 각국의 연방정부나 정부 기관들은 생체인식센서를 활용하여 미국 내지 타국을 여행하는 외국인들의 신원을 조회하고 있다. 또한 교전이나 전시의 상황에서도 네트웍 기능을 지원하는 디지털 장비를 활용하고 있으며, 특정한 장비의 사용에 필수적인 자격이나 접근 가능여부의 결정에 생체인식이 광범위하게 적용되고 있다. 위에서 언급한 다종의 생체 인식 기술 중에서도 지문인식센서는 보안이나 이와 관련된 분야에서 가장 주목받는 기술이다.

전형적인 지문인식센서는 손가락 표면에 형성된 피부 요철형상을 판독하는 역할을 하고 있으며 사용되는 센서의 종류로는 정전 용량식(capacitive), RF 방식(radio frequency), 열식(thermal) 및 광학 어레이(optical arrays)등이 있다. 비록 각 방식의 측정 메커니즘은 상이하지만 그 결과로 얻어지는 이미지 정보는 센서와 접촉하는 지문의 형태를 얻는 것이다.

현재 사용되고 있는 지문인식센서가 가지는 공통적인 약점으로는 실제 지문을 모조한 경우, 실제 인간의 것인지 아니면 기타 다른 재료로 만들어진 가짜 지문인지를 알 수 없다는 것이다. 생체 인식 기술이 가지는 전술한 약점으로 보안이나 개인 혹은 불특정 다수의 신변에 위협을 가할 수 있지만 특히 지문인식센서를 악용하여 개인들이 생활하면서 도처에 남기는 지문을 우리와 친숙한 재료-젤라틴 혹은 실리콘으로 모조하여 범죄의 목적 혹은 국가의 안전을 위협하는 용도로 활용할 수 도 있을 것이다.

대다수의 지문인식센서가 눈속임을 당하는 이유는 센서에 접촉하는 특정의 물질에 관한 정보를 얻을 수 없기 때문이다. 센서가 기존에 공인된 지문과 일치하는 패턴을 구함으로 특정의 장치나 서비스의 사용에 필요한 권한을 부여받게 된다.

적정한 굴절율을 가지는 물질이 센서 면에 접촉시 표피의 요철에 의한 빛의 반사와 흡수의 정도를 이용하여 지문의 이미지를 만들어 낸다. 접촉되는 물질은 실제 사람의 피부, 아니면 이를 모조한 실리콘(silicone), 젤라틴(gelatin) 이나 다른 다양한 물질이 될 수 도 있을 것이다.

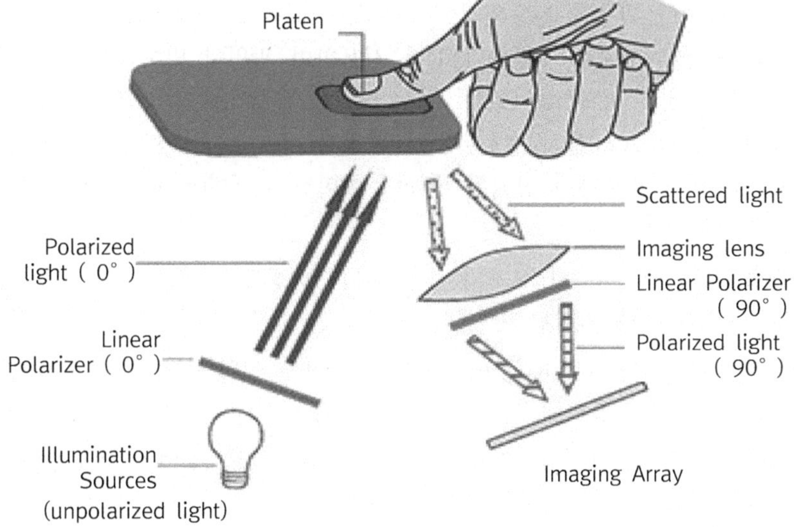

그림 2-162 지문인식센서

더구나 표피의 지문패턴이 손상 또는 과도하게 마모된 경우 혹은 피부의 상태(너무 건조하거나 습한 경우)에 의해 인식이 곤란한 경우도 발생할 수 도 있다. 예를 들어 나이든 사람의 피부는 나이 어린 사람에 비해 유연하지 않으므로 양질의 지문정보를 구하기는 특히 더 곤란하다. 그 결과 타당한 권한을 가진 사람이라도 질 나쁜 지문 이미지로 인하여 특정의 시스템이나 서비스로의 접근이 통제 될 수 도 있다. 이 때 전체 시스템의 관리자가 할 수 있는 조치는 센서 문턱값(threshold)의 기준을 완화하여 인증의 오류횟수를 줄이는 것이지만 이로 인한 전체 시스템의 취약성은 증가하게 될 것이다.

이러한 보안상의 약점을 극복 할 수 있는 방법으로는 지문측정장치의 하단부에서 피부의 다중 스펙트럴 이미지(multispectral image) 정보를 수집하는 것이다. 살아있는 인간의 피부는 화학적인 조성으로 인하여 광을 흡수하는 특성과 피부의 다층구조(multilayered structure)에 기인한 광을 산란시키는 등의 독특한 광학적 특성을 보인다. 이러한 특징을 활용하여 피부에 다른 파장의 광을 조사하고 이때 수집된 이미지를 근거로 센서에 접촉한 물체가 살아 있는 사람의 지문인지 무기물 혹은 유기물로 만든 위조 지문인지를 구별 할 수 있을 것이다. 이러한 다중 스펙트럴 센서와 종래에 사용하는 지문인식기를 병용한다면 권한을 가진 사람 지문의 상태나 피부의 상태에 따른 판독오류는 거의 없을 것으로 생각된다.

2.13.2 다중 스팩트럴 센서의 구성요소

다중 스팩트럴 센서를 활용한 지문인식 시스템의 동작특성은 다음과 같다. 광원으로는 가시광에서 단파장 적외선 영역까지를 포함한 LED를 사용하며 광원의 빛이 대상으로 전파되는 경로와 대상물체에서 산란된 빛이 silicone CCD 혹은 CMOS 검출기로 전파되는 경로상에 선형 편광기들(00, 900 linear polarizers)을 사용한다. 이 편광기들은 단순히 피부에 의해서 빛이 반사되는 것을 방지하고 피부의 여러층에서 산란된 빛들이 이미징 어레이(imaging array)에 도달하도록 만들어 준다.

다중 스팩트럴 검출기의 사용시 요구되는 광학계의 해상도는 피부가 가지는 높은 산란 특성으로 인하여 기존 방식에 비해 완화될 수 있다.

기존의 TIR 지문인식기와 multispectral 지문 인식기를 결합한 지문 인식센서의 특징은 두 가지 방식을 개념도와 같이 병용하여 지문을 인식하는 경우, 개별 센서는 서로 간섭효과 없이 지문에 대한 우수한 영상정보를 제공할 수 있으며 이를 위해 사용자들에게 종전과는 다른 방식의 부가적인 동작이나 조작을 요구하는 것도 아니다.

아래 그림에서는 기존의 지문 인식기와 새로운 방식의 지문 인식기로 구한 이미지를 보여주고 있다.

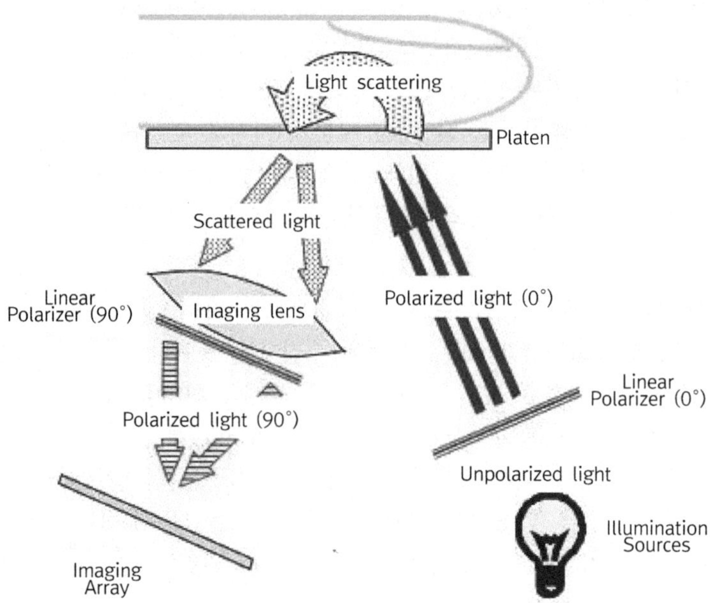

그림 2-163 다중 스팩트럴 센서

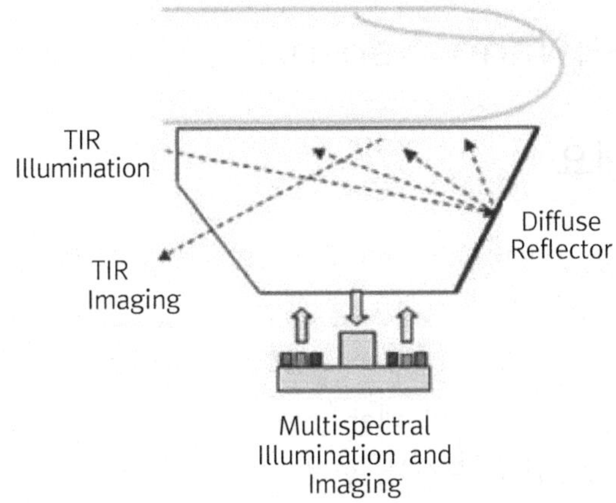

그림 2-164 지문 인식 시스템의 개념도

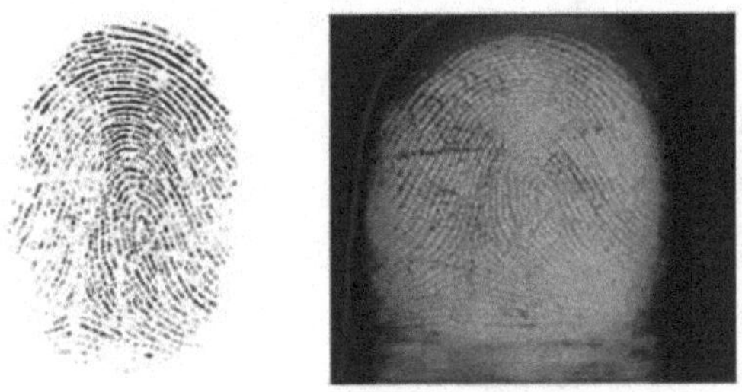

그림 2-165 건조한 지문에 적용시의 이미지품질

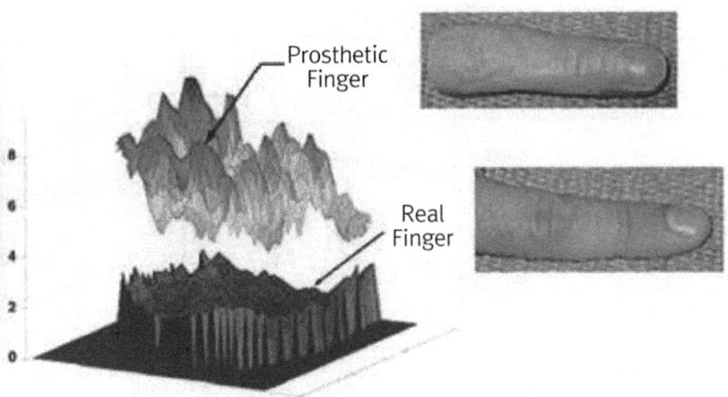

그림 2-166 모조품과 실제지문의 차이

상대적으로 건조한 손가락에 기존의 TIR 지문 인식기를 사용하여 구한 이미지는 선들의 연속성 및 영상의 선명도가 낮은 반면 multi-spectral 센서를 사용한 경우는 지문선들의 공간적인 특징과 광학적인 특징을 잘 보여주고 있으므로 기존에 수집된 지문정보의 이미지적 측면에서의 보완과 한 단계 향상된 권한 부여가 가능하다고 할 수 있다.

multi-spectral 센서를 사용하여 모조품과 실제 지문에서 구한 스팩트럼 성분을 비교한 결과로 모조품과 실제지문의 차이를 명백히 구분할 수 있다. 이 기술과 관련된 "Lumidigm" 이란 회사는 기존의 광학 지문인식센서에 multi-spectral 기술을 접목하여 신제품 출시를 목표로 하고 있다.

국내에서도 이와 관련된 업체들이 다수 존재하고 있으며 나름대로 자체 기술의 개발과 제품화에 박차를 가하고 있는 것으로 알고 있다. 소개하는 기술이 지문인식의 전부가 아닌 만큼 각사가 해외사와 차별성을 줄 수 있는 고유 기술(운용의 편의성/ 디자인의 미려함/ 지문인식의 신뢰성/ 원가 절감을 통한 가격 경쟁력)로 무장한다면 생체 인식 시장에서도 한국의 기술적 위상을 높일 수 있을 것으로 생각된다.

2.14 나노센서[Nano Sensor]

2.14.1 나노센서의 개요

나노기술은 개발 중이고, 사용범위가 대단히 광범위하다. 나노기술로 설계, 조립한 나노센서가 적용될 생물의학, 국가방위, 교통 등 주요 분야를 포함, 전 세계 시장이 확대될 것이라는 전망이다.

나노센서 배열은 벤처창업사인 나노믹스, 앰브리는 물론이고 다우코닝, 삼성, 보잉, 록 히드마틴, IBM, 모토로라, 애질런트에서 이미 개발 중에 있다. 나노센서는 의학, 건강관리, 군사, 국토방위, 공업제어, 로봇공학, 네트워크, 통신학, 환경감시 등 적용범위가 아주 넓다.

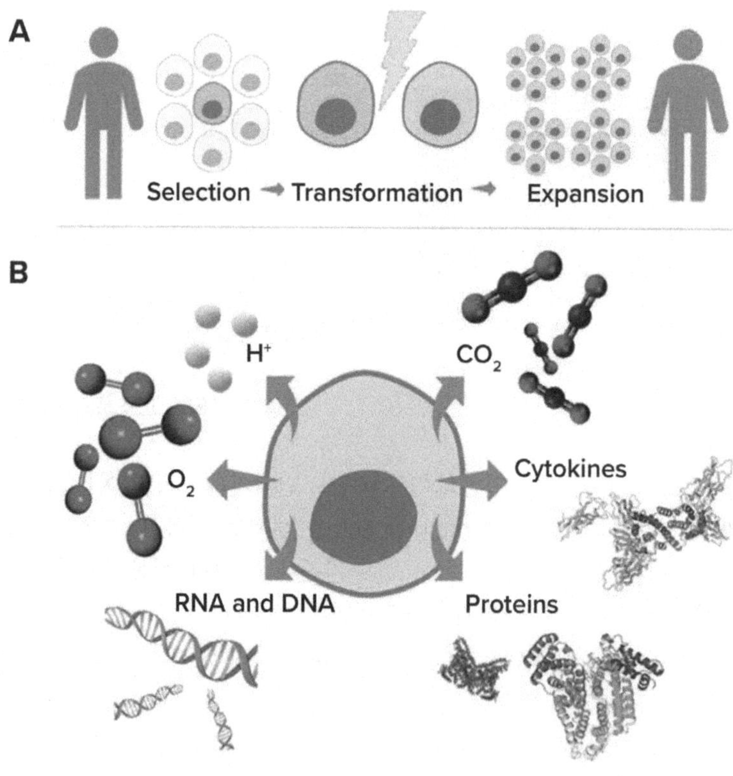

그림 2-167 나노 바이오센서

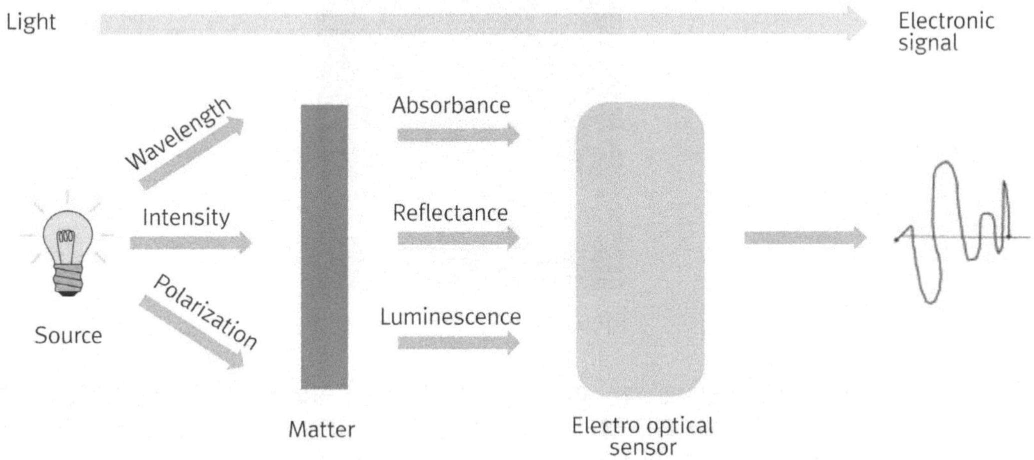

그림 2-168 나노센서의 신호 변환과정

표 2-38 분야별 나노센서 시장분야

적용분야		비고
생물의학		• 분자, 원자 수준에서 검출능력이 탁월해 암, 심장병등의 질병에 대한 징후 검출
국가방위		• 생물독(탄저병, 천연두), 방사능 물질의 존재 검출
교통	항공우주	• 센서의 공급과잉
	자동차	• 자동차와 비행기의 환경 친화적이고 인간환경공학적인 연료소비 통제

전력 없이 구동하는 나노 센서 개발

◇ 반도체 나노와이어(semiconductor nanowire)에 기반한 나노센서

- 외부 에너지원을 필요로 하는 다른 많은 화학 탐지장치와는 달리, Lawrence Livermore의 연구자들이 전통적인 배터리 대신 반도체 나노와이어(semiconductor nanowire)에 기반한 나노센서를 개발해 관련 연구자들의 주목을 받고 있다.

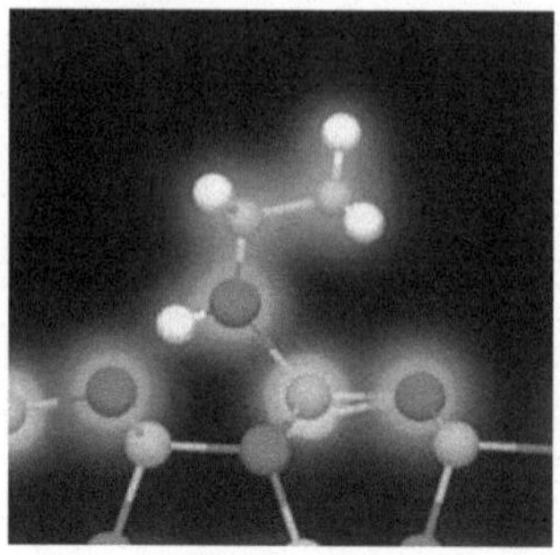

배터리없이 작동하는 화학 센서

- 개발된 센서는 전력을 필요로 하는 이전의 센서들의 문제를 극복한 것이며 간단하고 높은 감응성을 지니고 있었고 다양한 분자들을 빨리 탐지할 수 있었다. 이러한 진보는 쉽고 효율적으로 활용할 수 있는 화학 센서를 만드는 첫 단계가 될 수 있다. 상하이 과학기술대의 연구팀은 1차원 반도체 나노와이어를 이용해 최초로 전력없이 구동하는 화학 센서를 만드는데 성공했다.
- 이 나노센서는 화학종들과 반도체 나노와이어 표면의 독특한 상호작용을 이용하며 나노와이어의 두 끝 사이에서 혹은 돌출된 부분과 돌출되지 않은 부분 사이에서 전기적 전하를 자극한다. 연구팀은 에탄올 용매로 황-산화물과 실리콘 플렛폼을 이용해 배터리를 이용하지 않는 센서를 테스트해 보았다. 황-산화물을 테스트하는 실험에서, 연구팀은 소량의 에탄올이 탐지기에 놓여 있을 때 나노와이어의 두 끝부분 사이에서 전압의 변화가 생긴다는 사실을 발견했다. 전기 신호의 발생은 거의 동시에 일어나며 에탄올이 증발함에 따라 서서히 감소한다.
- 그러나, 연구팀이 탐지기에 작은 양의 핵산 용매를 놓아 두었을 때, 작은 수준의 전압이 관찰되었으며 이것은 나노 센서가 서로 다른 용매 분자들에 대해 선택적으로 반응한다. 연구팀은 15개의 서로 다른 유기 용매에 대해 이러한 실험을 수행하였으며 각각의 용매에 대해 서로 다른 전압을 보인다는 사실을 발견했다. "이러한 특성들은 나노 센서가 서로 다른 종류의 화학종과 농도에 따라 이들을 탐지할 수 있다.
- 서로 다른 용매에 대한 반응은 연구팀이 실리콘 나노센서를 이용했을 경우에도 유사했다. 그러나, 용매가 증발함에 따른 전압의 감소는 황-산화물 센서와는 매우 달랐다. "이 결과는 배터리없이 구동되는 나노센서가 반도체 나노와이어 시스템과 결합되어 그 응용 범위가 확장될 수 있음을 의미하는 것이다.

2.14.2 나노센서의 활용

수년에 걸쳐 나노과학에 근거한 수많은 기기가 개발돼 과학의 수준이 급격히 상승하게 되는데, 극미세 단위에서 물질이 어떻게 작용하는지에 대한 지식이 축적됨에 따라 많은 질병에 대한 치료 방법이 개발되고, 모든 종류의 질병 치유가 가능해지며, 마약중독이나 담배중독도 쉽게 치유할 수 있게 될 전망이다.

나노기술의 초보단계에 속하는 나노센서만으로도 수많은 질병을 조기에 발견하는 데 쓰일 수 있어 의료산업은 대대적인 변화를 겪게 된다.

가정에서 쉽게 진단이 가능한 시약도 많이 개발돼 칫솔에 부착된 소형 나노센서나 팔 속에 센서를 주입하는 것을 통해 이루어질 수 있으며, 환자들은 의사의 간섭 없이도 모든 질병을 스스로 진단하고 치료를 할 수 있다.

나노센서는 의료분야에만 사용되지 않고 사용량을 측정하거나 보안목적으로 사용되는 애플리케이션에서도 얼마든지 사용될 수 있으며, 심지어 밭에서 재배하는 작물에도 센서를 부착해 가장 적당한 수확시기가 언제인지를 알 수 있도록 만들기도 하며, 자동차에도 나노센서를 부착해 매연 배출량을 정확하게 파악할 수 있다.

나노기술은 태양전지 기술을 크게 발전시킬 수도 있어 새로운 나노물질과 관련기기가 개발돼 현재 35%에 불과한 태양전지의 효율을 50% 이상으로 끌어올릴 수 있어 태양 에너지가 경제적인 에너지원이 될 수 있으며 1년의 대부분을 흐린 날씨 속에 살아야 하는 대도시에서도 태양에너지를 활용하는 것이 가능해진다. 태양전지 기술과 연료전지 기술을 병행하면 사람들은 중앙 집중적인 전력 시스템에 연결될 필요가 전혀 없게 돼 현재의 패러다임과는 완전히 반대로 엄청난 사회변화를 초래할 수 있는 잠재력을 내포하고 있다.

나노센서를 사용하는 신소재가 개발되고 에너지원은 자기 회복력을 가지게 돼 우주선 같은 특수용도에 사용될 뿐만 아니라 자동차, 교량, 건물, 창문, 의복 같은 일상적인 용도에도 광범위하게 사용될 수 있다.

초소형 태양전지를 페인트에 심어 넣는 것도 가능해 신 페인트로 칠해진 건물들은 태양으로부터 모든 에너지 필요를 충족시킬 수 있게 되고, 소형화는 항공기 조종이나 자동차 운전, 우주선 작동에서 인간의 조작실수를 교정해주는 컴퓨터를 제작하는 것을 가능하게 할 수 있다.

사람들이 사망하는 원인은 장기 작동부전에 의한 것이 대부분으로 나노기술이 일반화되면 인체 장기를 배양하는 것이 충분히 가능해 사람의 평균수명을 크게 연장시켜 100세가 넘는 사람들의 수도 급속히 늘어날 망이다.

나노일렉트로닉스에 근거한 컴퓨터가 인간두뇌에 필적하는 능력을 갖추게 돼 가상 학습과 인터넷을 통한 POS제품 시연 등을 가능하게 할 수 있다.

나노기술의 가장 큰 목표는 스스로 조립하는 기계를 만드는 것으로 원자물질을 재료로 자동차에서 음식에 이르기까지 모든 종류의 제품을 자유자재로 만들어내는 기기를 의미하고 있다. 그러나 과학적 근거는 있지만 기술적으로는 여전히 많은 어려움이 남아 원자를 조립하고 분리하는 데는 막대한 에너지가 필요하고, 현재는 스스로 원자를 조립하는 기계를 만드는 일이 불가능한 상태로 남아 있다. 특히, 많은 문제에 대해 복수의 나노기술 솔루션이 나와 사람들을 혼란에 빠뜨리는 요인이 되고 있어 솔루션 가운데 어떤 것이 지배적인 것이 될지 미리 판단하는 것은 거의 불가능에 가깝고, 몇 가지 새로운 패러다임이 대두될 수 있다.

의료 및 제약업계의 비즈니스 초점은 질병 치유에서 질병예방으로 옮겨가고, 에너지 공급기업들은 기업과 가계를 잠재고객으로 간주하는 대신 잠재적 경쟁자로 보게 되며, 제조기업들은 사전에 대량생산된 제품을 소비자들에게 전달하는 역할에서 벗어나 소비자들이 무엇을 원하는지 파악하고 그것에 따라 주문형 제품을 만들어내는 데 중점을 두고, 전자산업은 수십억달러씩 들여 반도체 제조공장을 설립하는 데서 탈피해 미래형 미세회로를 '재배'하는 곳으로 탈바꿈하게 된다.

또 학문분야의 경계선이 모호하게 돼 생물학, 물리학, 화학, 컴퓨터과학을 구분하는 것은 무의미하게 되고 교육산업이 변모하며, 모든 산업분야에서 비싸지 않으면서도 뛰어난 처리능력을 가진 컴퓨터와 센서, 통신수단을 통해 근본적인 변화과정을 겪게 될 전망이다.

'나노바이오센서'는 생화학테러 대비 센서 등 군사적 용도 외에도 의료·식품안전·환경 등 다양한 분야로 응용될 수 있다.

의료분야의 경우에는 실시간 측정이 가능한 고감도 암 진단 센서가 2~3년 내에 상용화될 것으로 기대되고 있다. 또한 나노바이오센서는 식품안전 분야의 경우 식중독 판단 센서, 식품가공 실시간 모니터링 및 제어용 센서로, 환경분야에서는 조류독감 센서·중금속 센서·폐수 실시간 모니터링 센서 등으로 이용될 수 있다.

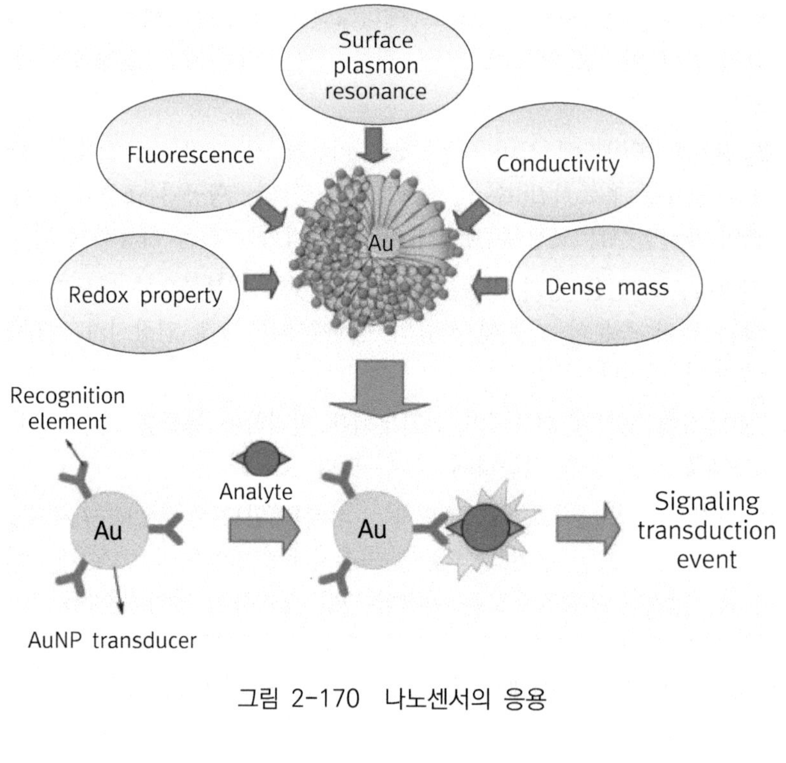

그림 2-170 나노센서의 응용

2.15 바이오멤스[BioMEMS]

첨단 바이오기술(BT : Bio Technology)과 초소형전자기계시스템 (MEMS: Micro Electro Mechanical System)기술이 접목된 이른바 '바이오멤스' (BioMEMS)의 출현으로 생물 학 및 의료 분야의 획기적인 변화를 예고하고 있다.

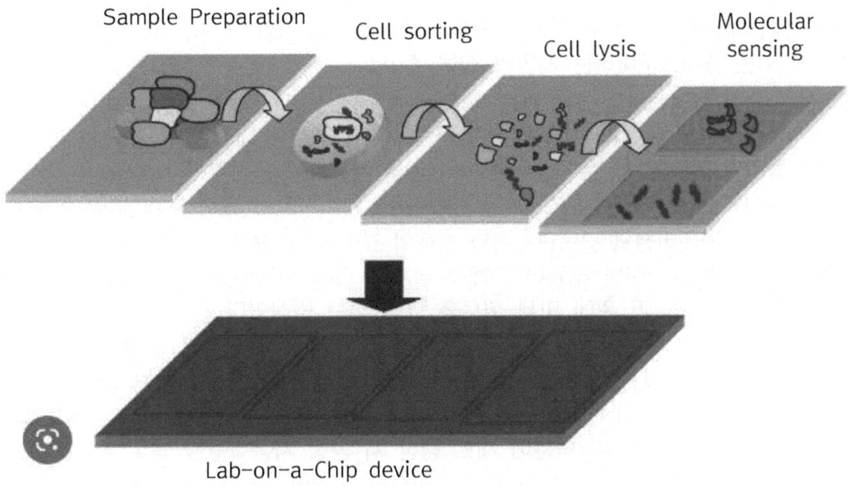

그림 2-171 BioMEMS 프로세스 단계

2.15.1 바이오멤스 개요

바이오멤스(BioMEMS) 기술이 불가능으로 여겨졌던 생체의 신비를 여지없이 벗기고 있는 것이다. 바이오멤스는 마이크로 세계에서 일어나는 생체물질 내의 생리 화학적 현상에 수반되는 미세한 생체신호를 매우 정밀하게 분석할 수 있는 게 특징이다. 특히 DNA, 단백질, 세포 등 생체를 구성하는 기본 물질에 대한 대량의 고속 진단 및 분석이 가능하다. 때문에 신약 개발 과정을 크게 단축할 수 있다. 뿐만 아니라 사람의 골수에서 줄기세포를 뽑아내 특정 세포로 분리, 문제의 세포에 넣어 죽어가는 세포를 재생하는 세포대체 치료법의 효과를 배가할 수 있다.

바이오멤스가 치료를 원하는 세포를 얻어내는데 큰 역할을 할 것이고 궁극적으로 인간 게놈프로젝트의 완성과 성패를 좌우할 핵심 요소기술이다. 바이오멤스는 또 대량의 유전자 기능을 짧은 시간에 파악할 수 있게 한다. 대표적 바이오멤스 중 하나인 DNA칩이 이미 기능이 밝혀진 유전자 조각 수백만개를 정밀 분석함으로써 유전자 발현 분석, 유전자 진단, 의약품 효능 테스트, 각종 질환 진단의 효과를 획기적으로 높일 수 있다.

평범한 센서는 가라

- 기존 기술에 각종 응용 기술을 더한 융·복합 센서가 우리 생활 속에 자리 잡았다. 바이오센서 기술을 이용해 극소량 혈액만으로 혈당량을 측정하는 기술은 이미 일반화됐다. 멤스(MEMS:Micro Electro Mechanical Systems) 기술을 활용한 휴대폰용 초소형 마이크도 개발됐다. 아직 개발을 진행 중인 기술이 많고 저변이 확대되지 않은 만큼 시장성에 의문을 표시하는 시각도 없지 않다. 바꿔 말하면 그만큼 시장을 선점할 수 있는 여지도 많다. 기회 요인도 충분하다. 우리나라는 세계 어느 나라와 비교해도 각종 센서와 관련한 설계기술은 뒤지지 않는다.
- MEMS 센서 제조기술은 반도체 생산 공정과 유사한 점이 많아 이미 어느 정도 경쟁력을 쌓아 놓은 셈이다. 기회는 왔다. 준비하는 자만이 잡을 수 있다.
- 몇 년 전 유행한 삼성전자의 '가로본능' 휴대폰을 써본 적이 있다면 당신은 이미 멤스(MEMS, Micro Electro Mechanical Systems)를 경험한 사람이다. 휴대폰에 내장한 '가속도 센서'는 LCD 창을 시계 방향으로 돌리면 이를 인지, 유저인터페이스(UI)를 가로로 자동전환한다. 바로 이 가속도 센서를 만드는데 멤스기술이 필수적이다. 당신도 모르는 사이, 멤스기술은 벌써 우리 생활 곳곳에 들어와 있다.
- 멤스기술은 애플리케이션의 경박단소화와 부품의 표면실장(SMD)시 열에 의한 부품 변형을 방지하기 위한 노력의 산물이다. 일반 부품이 기계적 설계에 의해 제작되는 것과 달리 멤스는 마치 반도체를 만들 듯이 실리콘 웨이퍼 위에 미세 회로를 그려 넣는 방식이다.
- 식각작업 등을 통해 회로를 새겨 선폭을 마이크로미터 단위까지 줄일 수 있다. 부품 전체 크기가 줄어 들어 애플리케이션의 경박단소화에 결정적이다. 멤스기술을 제일 먼저 휴대폰·의료기구 등 소형 전자제품에 적용한 것도 이 때문이다. 다른 플라스틱 소재로 된 부품에 비해 열에도 강하다. SMD 작업에도 변형이 거의 없다. 이 덕분에 세트 생산 시 공정 자동화율을 높일 수 있다.
- 미세 선폭을 구현하기 위해서는 멤스기술을 이용한 초정밀 헤드가 필수다. 삼성전기가 MEMS 기술을 활용, 미세 노즐을 채택한 잉크젯 프린터 출시를 앞뒀다. 이 회사가 개발한 잉크젯 프린터 헤드는 0.1피코리터 크기의 초미세 잉크를 분사하는 노즐을 무려 512개나 갖췄다.

손가락위의 MEMS

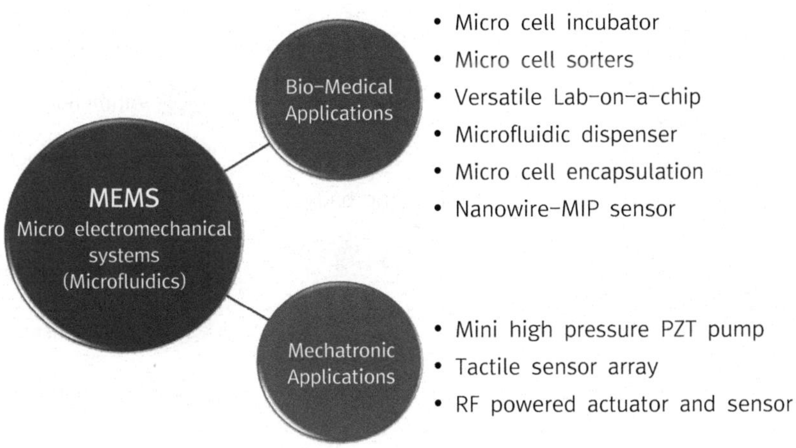

그림 2-172 BioMEMS의 연구영역

2.15.2 바이오멤스의 응용

대표적인 바이오멤스인 랩온어칩(Lab on a chip)은 실리콘, 플라스틱 등으로 된 수 ㎠ 크기의 칩 위에 분석에 필요한 여러 가지 장치를 미세가공기술을 이용해 집적, 생체의 비밀을 벗기기 위한 시료에 대한 전처리, 반응, 검출 등 일련의 공정을 일괄적으로 수행한다. 마치 하나의 칩 위에 생물학, 의약실험실을 모두 올려놓은 셈이다.

여러 차례의 복잡한 검진을 거치지도 않고도 아주 미세한 양의 혈액만으로도 수백 가지의 질환을 동시에 진단하는 길도 열고 있다. 항원 또는 항체 단백질을 소형 기판 위에 고 정화해 혈액의 항원 단백질을 감지, 정밀 분석하는 단백질 칩의 상용화가 가시권으로 들어온 것이다.

이밖에도 바이오멤스는 대량의 세포를 짧은 시간 안에 이송, 분류, 진단하는 기능을 토대로 유전자를 이식하거나 내분비액이나 약품을 인체의 미세한 부분에까지 공급하는 역할도 맡고 있다.

전문가들은 바이오멤스가 인체 구석구석을 돌며 각종 장기나 혈관의 상태를 진단하고 치료하는 의료용 마이크로로봇의 등장을 앞당기는 요소기술로 두각을 나타내는 시대가 머지않았다고 진단한다. 한편 국내서도 각종 난치병의 치료 및 예방 분야에 바이오멤스를 적용하기 위한 요소기술 연구가 활발하다.

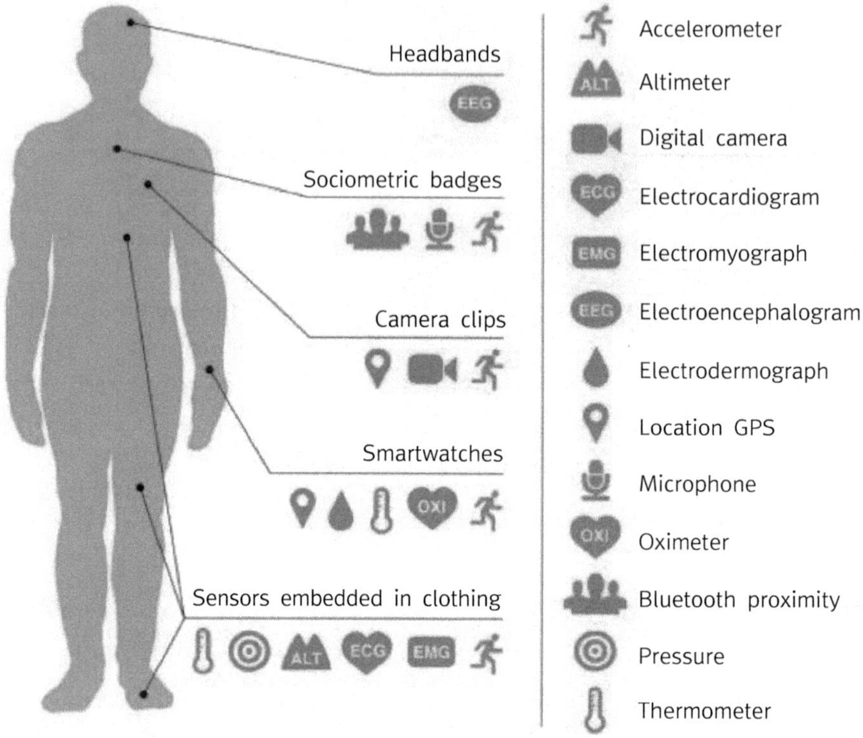

그림 2-173 인체에 장착될 수 있는 웨어러블 장치들

3

CHAPTER

센서의 활용

세계 IT경기 회복과 유비쿼터스로의 사회로 발전하면서 세계 센서시장 수요는 더욱더 확대되고 있으며, 자동차, 디지털가전 등 산업에서도 프리미엄 제품의 선호도가 높아지면서 고성능 센서의 채용이 크게 늘어나고 있는 추세이다. 세계 센서시장은 세계 전자산업과 더불어 동반성장하고 있다. 센서에 대한 주력산업인 전자기기를 비롯한 완제품산업과 부수적인 산업인 원부자재시장이 모두 전자산업과 밀접한 관련이 있는 것이다.

전자산업은 아날로그 시대에서 디지털 시대로 전환되면서 각 분야에서 정보화, 자동화의 물결이 휘몰아치고 있다. 컴퓨터, 휴대폰, 반도체로 상징되는 디지털 신기술과 신제품들은 세계 곳곳에 확산되고 있는 것이다. 새로운 디지털 제품에는 새로운 센서의 출현과 장착이 없어져는 안 될 정도로 센서는 필수품이 된 것이다.

세계 센서시장은 지능화에 대한 소비자들의 요구가 거세어질수록 더욱 커지게 마련이다. 센서시장의 규모가 꾸준하게 증가하게 되는 것이다. 또한, 나노, 바이오 과학의 발전과 함께 센서 수요분야도 의료, 환경, 항공, 우주 등 첨단산업으로 넓어지면서 미국, 일본, 독일 등 선진국을 위주로 시장이 확장되고 있고 아직 선진국에 비해 시장규모는 작지만 중국도 전자산업의 급속한 발전과 함께 지속적인 성장세를 보이고 있다.

3.1 모바일 장치 적용 센서

스마트폰, 태블릿 등에 다양한 종류의 센서가 사용되고 있으며, 사용되는 센서의 종류 및 특성에 대하여 간략히 알아본다.

(1) 자이로(자이로스코프)센서(Gyro; Gyroscope Sensor)

자이로센서는 기존의 가속센서에 각각 회전을 넣어 총 6축을 인식할 수 있게 해서 정밀한 동작을 인식 할 수 있도록 도와주는 센서로서, 애플 아이폰 4에 처음으로 탑재되어 삼성 갤럭시탭, 팬택 베가 S에서도 탑재 되는 등 스마트폰 제품에는 많이 탑재되고 있다.

BEI 자이로칩(GyroChip) 계열의 센서들은 미세가공 기술로 제조된 양단형의 수정음차와 첨단 전자회로로 구성되었으며 Coriolis 효과를 이용하여 Yaw(선회)속도를 감지한다. 자동차, 항공, 방위산업, 의료, 일반 산업계에 걸쳐서 광범위하고 다양하게 응용되고 있다.

동작 원리를 보면 자이로칩은 진동 수정음차를 이용하여 각속도를 감지하는 센서이다. Coriolis 효과를 이용함으로써 센서의 세로축에 대한 회전모션이 그 회전각에 비례하는 DC 전압으로 발생된다.

센서는 단결정 압전수정의 단면 웨이퍼를 화학적으로 처리한 초미세 양단형 수정음차와 그 지지구조의 구성으로 제조된다. 압전 수정소재의 이용으로 액티브(Active)소자가 단순화되어 온도와 경시변화에 대해 뛰어난 안정성을 갖는다. 센서의 액티브 부분인 Drive tine(구동빗살)들은 진폭이 정밀한 발진회로로 구동되어 높은 진동수로 서로 가까워지고 멀어지는 운동을 지속하게 된다. 각각의 Tine 들은 각 Tine에 작용하는 Coriolis force(지구의 자전으로 인하여 비행중인 물체에 작용되는 편향의 힘)를 갖게 된다.

이 힘은 입력 각속도와 순간적인 래디알(Radial) 속도 모두에 대해 직각을 이룬다. 두개의 Drive tine은 서로 반대방향으로 운동하며 음차의 구조면과 직각이면서 반대방향의 힘이 생기게 된다. 이것은 입력 각속도와 비례하는 토크를 발생시키는데 래디알 속도가 싸인 곡선이어서 발생되는 토크도 Drive tine과 동일한 진동수를 갖는 싸인 곡선을 이루며, 위상은 음차빗살의 방사방향 속도와 일치한다.

Pickup tine은 센서의 감지부로서 진동토크에 응답하여 음차면의 안과 밖으로 운동하면서 픽업 증폭부에 신호를 전달하며 증폭된 후, 이 신호들은 센서의 회전에 비례하는 DC 전압으로 변환된다. 선회방향이 역으로 바뀌면 Coriolis 효과가 역상으로 작용하여 진동 토크를 생성하므로, 자이로칩의 출력신호는 역방향 입력 각속도와 더불어 부호가 반전 된다.

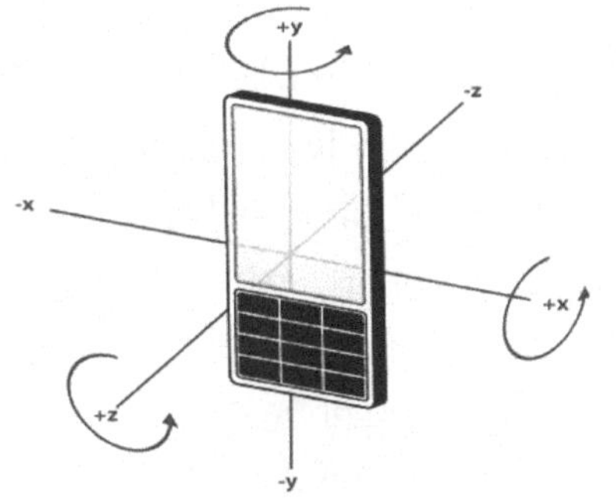

그림 3-1 Gyroscope Sensor

그림 3-2 digital-gyroscope-sensor

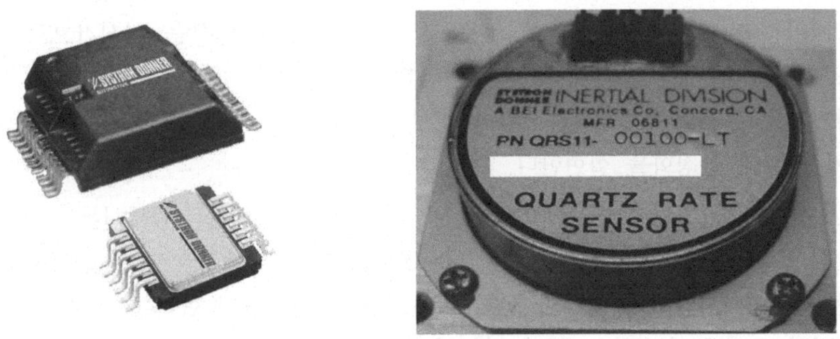

그림 3-3 AQRS(Automotive Quartz Rate Sensor)

자이로칩은 음차의 대칭축에 대한 회전에 의해서만 신호를 발생시킨다. 이것은 Coriolis 감지에 의해 Drive tine 주파수의 진동토크를 생성하게 되는 오직 유일한 모션이며, 또한 자이로칩이 제로 레이트의 입력을 정확하게 감지할 수 있음을 의미하는 것이다.

AQRS(Automotive Quartz Rate Sensor)는 자동차용 각속도 센서로서 차량의 다이내믹 컨트롤 시스템에서 Yaw(편주 각도)를 탐지하는 용도로 이용되고 있는데, 제네럴 모터스의 StabiliTrack 시스템(Cadillacs과 Corvettes 모델에 제공)과 콘티넨탈 사의 Electronic Stability Program(벤츠, BMW, 폭스바겐 기타 유럽 유명자동차에 제공)에 채용되어 있다.

이 첨단의 센서 패키지는 운전자가 의도하는 진로와 차량의 실제 주행 진로 사이의 편차를 탐지하여 올바른 코스로의 주행을 유지시키기 위한 목적으로 이용되고 있다.

스티어링 센서는 운전자의 의도 진로를 감지하고, 차량의 스핀(선회)과 회전을 탐지하는 Yaw Rate센서로는 차량의 실제진로를 계산함으로써 이들 사이의 편차가 측정된다. 안정제어 컴퓨터는 이 측정편차와 기타 센서들의 정보를 분석하여 전륜제동을 적절하게 자동 제어함으로써 주행 중인 차량이 운전자의 의도 진로를 따르도록 한다.

자이로센서의 적용사례를 보면 Control(Damping)선회동작을 감지하여 이동 물체나 시스템의 각속도를 제어한다. 비행기나 글라이더를 조정하기 위한 선회속도 지시계를 비롯하여 회전속도 가버너 유압장치나 로봇의 모션제어 등에 응용한다. 추진 발사체의 Roll, pitch 제어, 이동차량의 승차감 조절, 풍력 발전기의 Yaw 속도 감쇠를 위한 댐핑 시스템 등에 적용되고 있다.

계측장비에 있어 새로운 타입의 로봇 팔이나 구조물을 설계할 때, 운반체의 조작 특성 파악이 필요할 때, 기계구조 시스템의 설계를 실질적으로 향상시킬 수 있다. 회전진동에 있어서 저진동수의 진원을 확인하여 제거할 수 있으므로 회전이나 선회축, 구조물의 동작이나 동력 소비를 최적화할 수 있으며 복잡한 동작들을 용이하게 분석할 수 있다. 파킨슨씨병과 관련되는 떨림증상의 계측과 정형외과 진단에서 복귀 동작의 분석과 같은 다양한 의료응용에 기여하고 있다.

안정화 시스템(Stabilization)카메라 서보컨트롤 루프의 일부로 이용함으로써 카메라나 안테나를 플랫홈의 이동이나 진동 위상과 어긋나도록 작동함으로써 영상을 실시간으로 안정시킨다. 선박이나 육로 차량에 탑재한 안테나 또는 헬리콥터와 비행기에 탑재한 카메라에도 이용된다. 수중잠수정 비행기자동차 등의 능동 현가장치와 로봇장비의 말단 작동구조에 서보기구의 일부분으로 이용함으로써 동작의 안정화를 실현한다.

운항기술(Navigation)어떤 물체의 이동과 진행방위의 판단을 위해서는 6-자유도 즉, 3축 방향으로의 선형동작과 3축을 중심축으로 하는 회전동작을 총체적으로 측정해야 한다. 이미 알고 있는 위치에서부터 시작하여 이러한 동작들을 증분 측정하여 통합하면, 미래의 어떤 시점에서의 물체의 위치와 동작을 추정하는 일이 가능하다. 지상의 기준측 점간을 비행하는 항공 운항수단으로써 바로 이 방법이 이용되고 있다.

자동화 창고의 무인 운반차, 의약품과 음식을 서빙하는 병원 로봇의 진행방향을 제시하는 응용에도 이용되고 있다. 정체가 심한 대도시 교통환경에서 GPS와 연계하여 물류, 응급차량의 운용과 배정, 추적에도 활용되고 있다.

손떨림 방지기능의 자이로센서의 경우 일본 세이콘엡슨은 크기가 5.0×3.2×1.3 mm로 아주 작은 진동 자이로센서 XV-3500CB를 개발했다. 이는 디지털 카메라나 카메라 일체형 VTR로 동영상과 정지화상을 촬영할 때 일어나는 손떨림을 방지하는 기능을 구현하기 위한 부품으로 사용될 예정이다. 현재 손떨림 방지를 위해 자이로소자에 세라믹 압전소자를 이용한 압전진동 자이로센서가 일반적으로 사용되고 있지만 세이코엡슨이 압전소자에 , 단결정 수정을 도입해 센서의 소형화에 성공한 것이다. 세라믹 압전소자를 이용한 기존의 소형품과 비교해서 부피는 약 1/10, 실장면적은 약 1/5로 축소시킬 수 있었다. 미세한 구조로 제작해야 하는 자이로소자의 구조제작에 세라믹과 달리 미세가공이 가능한 수정을 도입했다는 점이 진동 자이로센서를 소형화하는 데에 크게 기여했다. 세이 코엡슨은 이를 더욱 소형화한 제품을 개발하고 있으며, 또한 손떨림 방지기능에 대한 이용자들의 요구가 높아 휴대폰에 탑재하는 것도 고려하고 있다.

종래의 센서 제품을 쉽게 대체하기 위해서 전기사양은 감도 0.67 mV/deg/초, 기준전압 1.35 V

로 세라믹 압전소자를 이용한 종래의 제품과 동등하게 설정하였다. 다만 진동소자의 구조를 변경함으로써 발생하는 감도와 기준 전압의 온도에 대한 변동값을 각각 약 1/10과 1/200로 제어하고 있다. 이 기술은 일본 가이시와 공동으로 개발하였으며, 세이코엡슨의 수정 디바이스 사업 영역 확대의 일환으로 추진 중이다. 향후에 세이코엡슨은 이번에 개발한 진동 자이로센서를 동작 검출 센서로 도입하는 한편, 게임기, 리모콘 보안기 등의 범용 제품을 비롯하여 네비게이션 기기와 자세 제어 어플리케이션 등의 고기능 제품 개발에도 주력해 나갈 것이라고 밝혔다.

SUV 전복방지 센서의 경우 급격한 커브길을 질주하는 스포츠 유틸리티 차량(SUV). 겉으로 보면 양쪽 바퀴 모두 땅에 붙어 있지만 이미 위험한 상태다. 일반 승용차보다 무게 중심이 높은 SUV는 급회전시 전복 가능성이 더 높은 게 약점이다. 곧 한쪽 바퀴가 들리면서 옆으로 넘어져 대형사고로 이어질 수도 있는 절박한 순간인 것이다.

하지만 스웨덴 볼보의 SUV 'XC90'는 차체 내부의 자이로센서(gyro-sensor)가 차체 각도가 수평을 잃고 있다는 것을 감지한다. 자이로센서는 각도 변화를 인식, 흔들림을 방지하는 주인공이다. 작은 캠코더에서도 미세한 손떨림으로 오른쪽으로 10 ㎜ 움직였다면 이를 감지, 10 ㎜만큼 왼쪽으로 힘을 실어줘 화면의 떨림을 방지하곤 한다.

XC90의 자이로센서도 양쪽 바퀴는 아직 땅위를 달리지만 내부의 무게중심이 기울고 있다는 것을 인식, 곧바로 이 정보를 미끄럼 방지시스템(DSTC: dynamic stability traction control)에 넘긴다. 운전자의 운명을 가를 이 짧은 순간 DSTC의 활약이 시작된다.

DSTC는 일단 차의 속도가 얼마나 빠른지 판단한다. 차체가 넘어지지 않도록 하기 위해서는 한쪽 바퀴의 회전수를 줄이거나 한쪽에만 브레이크를 걸어줘야 하는 상황. 저속 주행일 때는 엔진 출력을 줄여 한쪽 바퀴의 속도를 늦추더라도 별 효과가 없기 때문에 ABS브레이크를 건다.

그러나 차가 고속주행 할 경우, 브레이크는 오히려 위험하다. DSTC는 한쪽 바퀴의 회 전수를 줄이도록 엔진 출력을 줄이라고 명령을 내린다. 눈 깜짝할 사이 차체의 수평각도를 인식하고, 브레이크를 거느냐, 엔진출력을 줄이느냐를 스스로 판단, 차체 전복을 막는 것이 전복방지시스템(RSC: Roll Stability Control)이다.

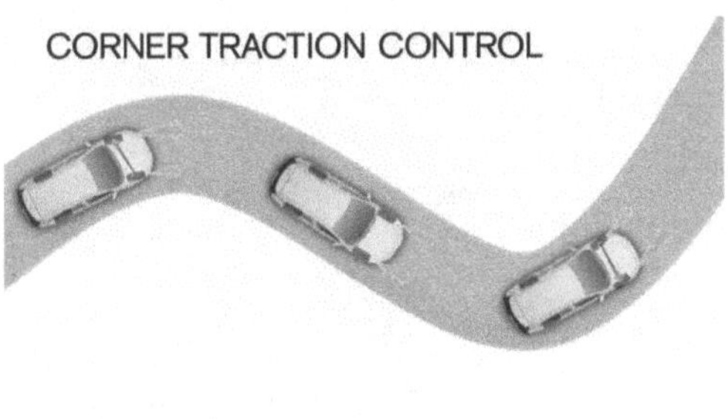

그림 3-4 Corner Traction Control

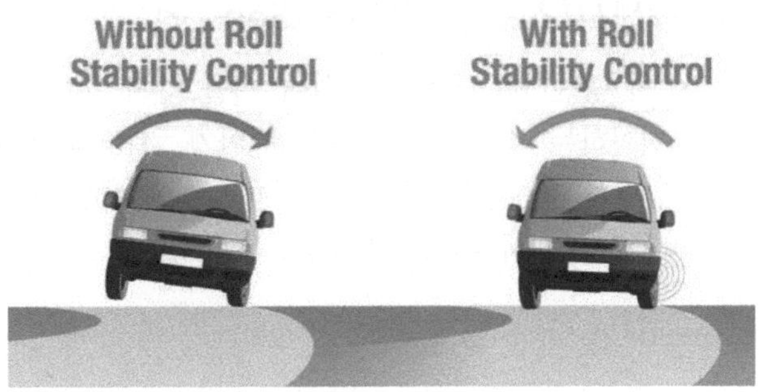

그림 3-5 RSC—Roll Stability Control

(2) 지자기센서(Geo-magnetic Sensor)

지자기센서는 지구 자기장을 이용해 방위각을 탐지할 수 있는 전자 나침판으로 위치 추적, 3차원 입체게임, 나침반 등의 용도로 사용되며 휴대폰, 무전기, GPS, PDA, 내비게이션 항법장치 등에 사용된다.

그림 3-6 Geo-magnetic Sensor

(3) 가속도센서(Accelerometer Sensor)

가속도센서는 이동하는 물체의 가속도나 충격의 세기를 측정하는 센서이다, 가속도센서는 출력신호를 처리하여 물체의 가속도, 진동, 충격 등의 동적 힘을 측정하는 것으로, 물체의 운동상태를 상세하게 감지할 수 있으므로 활용분야가 아주 넓고, 갖가지 용도로 사용되고 있다. 가속도 센서는 자동차, 기차, 선박, 비행기 등 각종 수송수단, 공장자동화 및 로봇 등의 제어시스템에 있어서는 필수적인 센서이다.

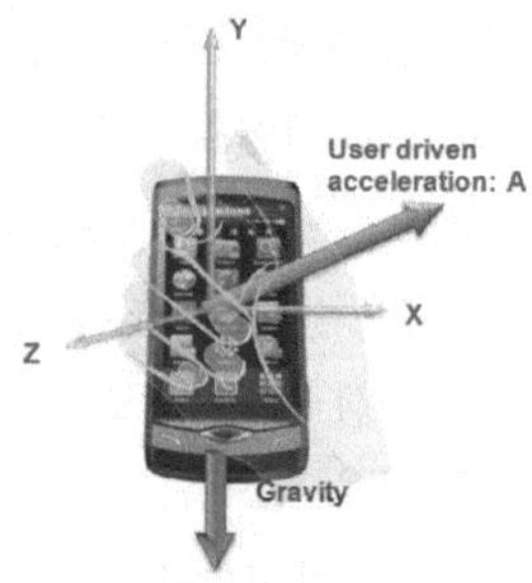

그림 3-7 Accelerometer Sensor

(4) 중력센서(Gravity Sensor; G-Sensor)

중력센서는 중력이 어느 방향으로 작용하는지 탐지하고 그 상황에 맞춰 각종 기기의 사용자 편의를 돕는 기능이다. 디지털기기에 속속 탑재되면서 이용자들에게 활용되고 있으며, 실제로 사용자가 기기를 들고 있는 방향에 따라 자동으로 회전을 하거나, 차량 충돌 시 방향을 기록하는 등 디지털기기에 중력센서의 활용도가 넓어지고 있다.

그림 3-8 Gravity Sensor

(5) 광센서/조도센서(Light Sensor)

주변 광센서란 빛을 감지하여 이를 다시 처리가 용이한 양으로 변환하는 소자(트랜스듀서: 변환기, Transducer)라고 한다. 일반 터치 휴대폰을 비롯하여 스마트폰에 탑재가 많이 되고 있으며, 조도 센서라고도 부른다.

그림 3-9 Light Sensor

(6) 근접센서(Proximity Sensor)

근접센서란 사물이 다른 사물에 접촉되기 이전에 근접하였는지 결정하는 데 사용된다. 근접센서는 물리적인 접촉없이 전자계의 힘을 이용하여 물체의 존재여부, 통과, 연속흐름, 적체 등의 감지 및 위치 제어에 이용하는 센서이다. 근접센서는 검출 원리에 따라 고주파 발진형, 정전 용량형, 자기형, 광전형, 초음파형 등으로 분류된다.

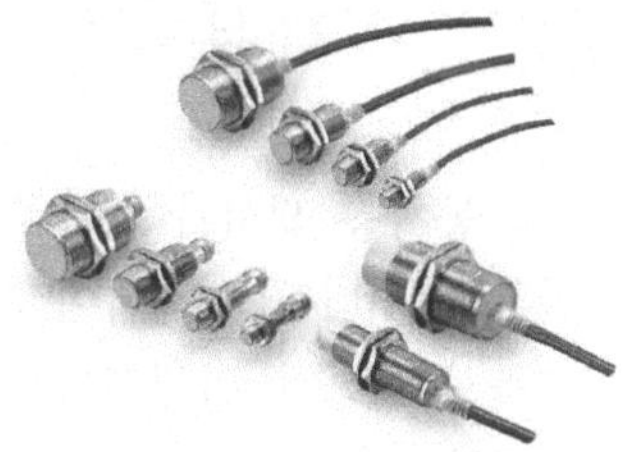

그림 3-9 Proximity Sensor

(7) 기압계(바로미터; 고도 측정 센서) (Barometer)

기압계는 대기의 압력을 측정하는 장치이며, 기압은 고도와 더불어 변화하므로 고도계(Altimeter)로도 사용된다.

(8) 동작 인식센서(Motion Recognition Sensor)

물체의 움직임이나 위치를 인식하는 센서로서, 지자기센서(Geo-magnetic Sensor), 가속도 센서(Accelerometer Sensor) 등의 각종 센서와 고도계(Altimeter), 자이로(Gyro) 등의 기능이 하나의 칩에 들어가 있는 복합 센서이다. 나침반, 만보기, 내비게이션 기능은 물론 화재나 노약자 등 인명사고 시 위치 추적이나, 휴대폰의 움직임대로 게임을 즐길 수 있는 3차원 입체 게임 기능 등에 활용할 수 있다.

(9) 나침반(디지털 나침반) (Compass; Digital Compass)

디지털 나침반은 자기나침반(지구의 자성을 이용해 북과 남, 동과 서의 방위를 알 수 있게 해주는 용도로 만들어 진 것으로, 주로 배나 항공기의 진로를 측정하는데 쓰임)을 디지털화하여 스마트폰 등의 휴대용 디지털 기기에 탑재되어 사용되고 있다. 모바일 어플리케이션(App)을 활용하여 일반 나침반처럼 동서남북의 방위를 알 수 있고, 위치정보 활용의 용도로 지도 앱(네이버 지도, 다음 지도, 구글 맵 등)에서 유용하게 활용 할 수 있다.

3.2 자율주행 자동차용 센서

자동차용 센서가 자율주행차의 핵심 기술로 주목받고 있다. 자율주행 자동차는 센서를 통해 수집된 데이터를 해석하여 차량의 주행과 관련된 의사결정을 빠르고 정확하게 실행해야 한다. 최근 이를 구현하기 위해 완성차·부품업체뿐만 아니라 IT업체들까지 첨단운전지원시스템(ADAS) 개발에 주력하고 있다.

자율주행 자동차는 사람이 아닌 자동차가 운전에 필요한 의사결정을 내려야 하기 때문에 자동차 주변에 존재하는 각종 정보를 수집하는 것이 중요하다. 이 정보를 바탕으로 자동차는 자체적인 판단을 내려 스스로 운행을 하게 된다.

자율주행 자동차에서 센서는 주변의 정보를 수집하는 역할을 하게 된다. 센서는 인간의 시각·청각 등을 대체하는 기술로, 차량 내부에 장착되는 각종 카메라, 레이다, 라이다, 초음파 등이 차량에 장착되는 센서의 종류들이다.

차량 내부에 장착되는 센서들은 광학 기반의 센서와 비광학 기반의 센서로 구분된다. 광학 기반의 센서는 지형지물과 거리를 인식하는데 주로 사용되며, 그 종류로는 카메라와 레이저 스캐너(라이다, LiDAR) 등이 있다. 그리고 비광학 기반의 센서는 거리측정에 많이 사용되는데, 레이더(Radar)와 초음파가 이에 해당된다.

센서별로 살펴보면, 카메라가 시장에서 가장 큰 비중을 차지하고 있다. 자동차용 카메라는 최근 해상도가 높아지고 있으며, 가격적으로도 레이더·라이다에 비해 유리하다. 그래서 완성차업체들은 카메라 센서를 적용한 시스템을 선호하고 있다.

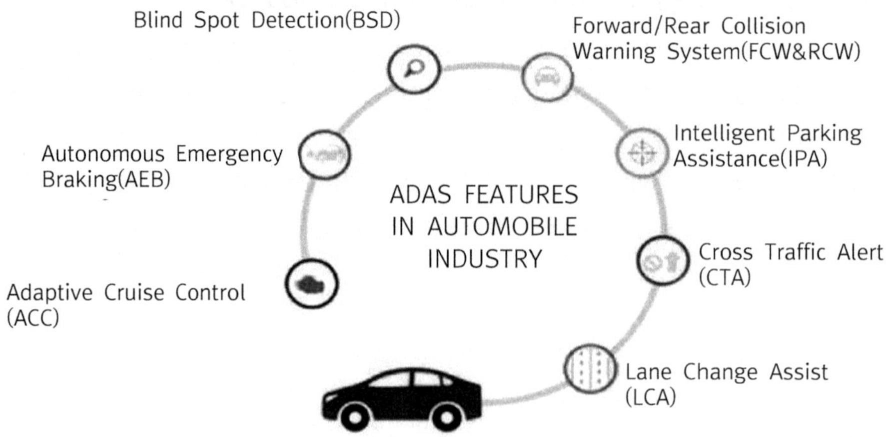

그림 3-10 자율주행에서 ADAS 구현 형태

카메라를 보완하는 역할을 하며 발전하고 있는 레이더 센서는 어두운 밤이나 악천후에서도 활용되고, 측정거리가 길다는 장점이 있다. 현재 레이더 센서는 능동형 크루즈컨트롤, 전후방충돌경보, 충돌방지시스템 같은 ADAS 시스템에 많이 활용되고 있다.

ADAS 시스템

- ADAS는 크게 인지, 판단, 제어 세 분야의 기술로 구성됨. 인지 영역은 센서(Sensor)를 사용해 장애물, 도로표식, 교통신호 등을 인식하는 기술
- ADAS는 교통 환경에 따라 속도를 조절할 수 있는 기능인 '적응형 크루즈 컨트롤(Adaptive Cruise Control, ACC)'을 핵심기술로 해 발전 중
- 능동적인 안전시스템으로 충돌 위험 시 운전자가 제동장치를 밟지 않아도 스스로 속도를 줄이거나 멈추는 '자동긴급제동(Autonomous Emergency Braking, AEB)', 차선 이탈 시 주행 방향을 조절해 차선을 유지하는 '차선이탈자동복귀(Lane Keep Assist, LKA)' 등이 있고, 수동적인 시스템으로는 차선 이탈 시 운전자에게 경고하는 '차선이탈경고(Lane Departure Warning, LDW)', 앞 차량과 충돌이 임박한 것을 경고하는 '전방충돌경고(Forward Collision Warning, FCW)' 등이 있음.

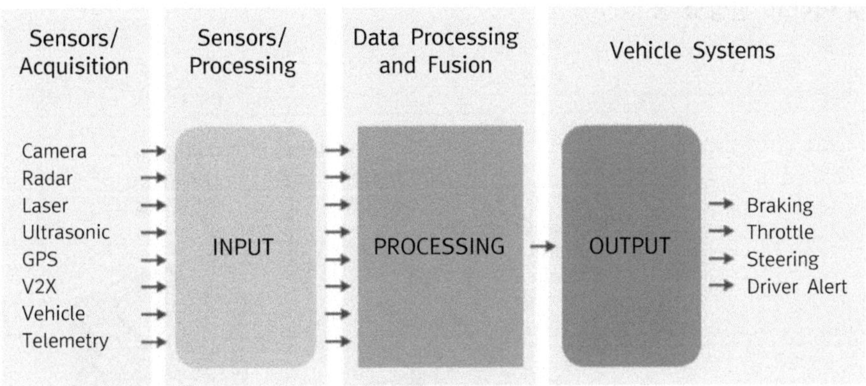

ADAS 시스템의 구성

□ ADAS 센서의 구분

ㅇ 카메라/카메라(camera)는 레이더, 라이다를 통해 파악할 수 없는 정확한 형상정보를 파악할 수 있다는 점에서 ADAS 시스템에서 가장 기본이 되는 센서임. 교통 표지판 인식, 사각 지대 탐지, 차선 이탈 등을 판단하기 위해서는 카메라를 통한 정확한 데이터 분석이 필수

ㅇ 레이더/ 레이더(Radio Detection And Ranging, Radar)는 허공에다 전자파를 쏜 다음, 어떤 물체에 부딪혀 돌아오는 반사파를 측정해 탐지된 물체의 방향, 거리,속도 등을 파악하는 시스템

ㅇ 라이다/라이다(Light Detection And Ranging, LiDAR)는 레이더와 기본 원리는 같으나 발사하고 수신하는 대상이 전파가 아니라 고출력의 펄스 레이저를 이용해 거리 정보를 획득한다는 점이 다름. 라이다 센서에서 끊임없이 레이저 광선을 쏘아 되돌아오는 속도를 측정함. 실제 거리를 계산하는데 1초에 수백만 번의 광선을 쏘기 때문에 이를 모두 합쳐서 3D로 시각 정보를 재구성하는 것이 가능해짐.

라이다는 이전부터 항공·지질 분야에서 3차원 지도 제작에 사용되다가 최근들어 자동차에도 적용되고 있다. 이슈가 되고 있는 구글의 자율주행 자동차에 사용되는 라이다 센서는 64개의 레이저 광원을 모터로 회전시켜 360도 범위를 세밀하게 탐지한다. 그러나 라이다 센서는 특수한 목적으로 제작되어 가격이 비싸고 사이즈가 커서 양산차에 적용되기는 어렵다. 부품업체들은 그래서 라이다 센서의 사양을 낮춰 저가화·소형화시키는 것에 집중하고 있다.

자율주행 차량의 본격적인 보급과 함께 성장할 것으로 기대되는 차량용 이미지센서는 2030년 20조원 이상의 시장을 형성할 것으로 전망된다. 차량용 이미지센서는 전체 이미지센서 시장 중 가장 가파른 성장 속도를 보일 것으로 전망되는 분야로 시장점유율은 더 높아질 것으로 보인다.

차량용 이미지센서는 특성상 다른 이미지센서에 비해 높은 성능을 요구하고 제품 하나에 필요한 센서 개수도 많다. 자율주행차 운행 시 차의 사방을 감시해야 하고 그 영상을 실시간으로 촬영·분석해야 하기 때문이다. 또 오작동이 발생하면 탑승자 생명과 직결되는 사례가 많아 높은 수준의 신뢰성을 요구하고 사용 환경과 수명 등에서도 까다로운 조건을 충족해야 한다.

시장조사업체는 "자동차시장에 자율주행 기술이 도입되면서 주행 안전성을 강화하기 위해 다양한 센서가 부착될 것"이라며 "카메라 센서는 첨단운전자보조시스템(ADAS)에서 매우 중요하게 작용할 것"이라고 전망했다.

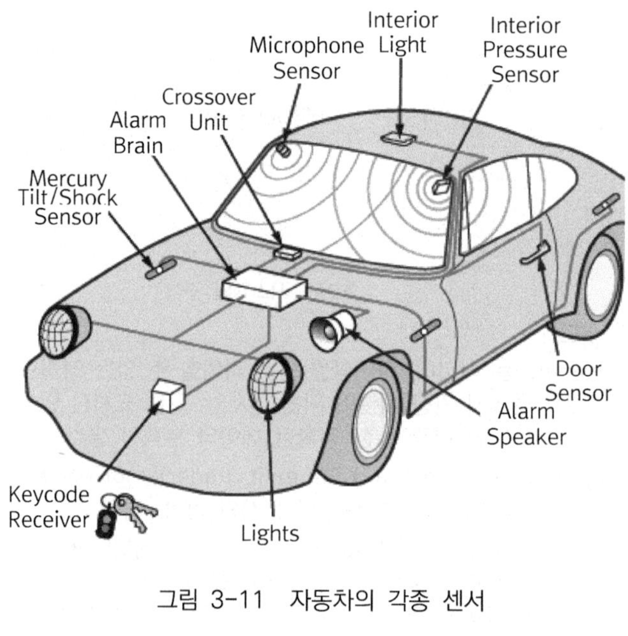

그림 3-11 자동차의 각종 센서

4

CHAPTER

모터의 개요

4차 산업혁명을 위한 핵심 부품, 모터

"모터는 공장에 있는 거 아니야?" 모터가 낯선 분들이라면 한 번쯤 해봤을 법하다. 하지만 모터는 공장에서만이 아닌, 우리 생활 곳곳에서 다양한 모습으로 바로 지금 이 순간에도 움직이고 있다. 어디서나 쉽게 볼 수 있는 CCTV에도 모터가 사용된다는 사실, 알고 있는가?

우리주변의 거의 모든 기계장치는 모터로 구동되고 있다. 스마트 팩토리를 위한 로봇에도 모터는 사용되고, 전기자동차를 움직이는 데에도 모터는 필수품이 된다. 모터가 없는 기계는 거의 상상할 수도 없기 때문에 모터의 중요성은 한층 커지게 된다.

실내에서 시용할 수 있는 생활 가전제품의 주요 동력원은 전기모터라 할 수 있다. 대표적으로 선풍기, 냉장고, 에어컨, 세탁기 등이 있다. 우리가 사용하고 있는 대부분의 생활 가전제품에는 크고 작은 모터가 하나 이상 탑재되어 있고, 모터의 수명이 곧 제품의 수명이라 생각할 만큼 크고 중요한 역할을 수행하고 있다.

그림 4-1 생활속의 모터

그림 4-2 자동차 기동모터(초기 자동차의 크랭킹 모습)

생활 가전은 물론이고 스마트폰이나 카메라, 컴퓨터에도 작은 크기의 모터가 다양하게 활용되고 있다. 스마트폰 진동을 위한 모터, 카메라 렌즈구동을 위한 모터, 컴퓨터의 냉각팬이나 디스크모터 등이 그것이다. 우리가 인지하지 못할 뿐 크고 작은 제품들에 탑재된 모터의 종류와 그 수는 어마어마하다.

전기모터 기술을 세계에 알린 사람은 마이클 패러데이다. 패러데이는 1831년 말, 1832년 초에 자신의 아이디어를 왕립협회에 발표했는데, 패러데이의 연구를 바탕으로 다른 과학자들이 다양한 전기 원리를 발견하면서 현대적인 전기모터가 개발되기 시작했다.

모터는 사용 목적에 따라 여러 가지 성질의 동력 장치를 만들 수 있다. 그래서 종류가 매우 많고 기술적으로도 상당히 광범위하다. 분류방식도 다양하다. 모터는 일반적으로 전원의 종류, 구조, 동작 원리, 토크 발생 원리, 용도, 동작 형태 등으로 분류할 수 있다.

전기자동차는 휴대폰처럼 배터리를 충전해 움직이는 방식으로 배터리는 전기모터에 전기를 부여하고, 전기자동차는 모터의 힘을 통해 구동된다.

그렇다면, 전기모터가 무엇이기에 미래 자동차 산업의 핵심 부품이 된 것일까?

답은 바로 저소음, 친환경에 있다. 전기모터는 엔진과 달리 전기를 이용해 힘을 얻기 때문에 소음도 적고 유해물질도 생성하지 않기 때문이다. 뿐만 아니라 디젤 차량이 미세먼지의 주범으로 몰리면서 전기자동차 같은 친환경 차에 대한 사람들의 관심이 높아진 덕분이기도 하다.

4차 산업혁명 시대, 모터의 중요성

산업혁명은 기계혁명이다.

기계의 힘이 어디서 나오는가가 산업 혁명의 성격을 좌우한다고 해도 과언은 아니다. 일례로 영국의 기계기술자인 제임스 와트는 증기로 기계를 움직여 산업혁명을 촉발시켰다. 그 외에도 내연기관, 공기, 유압 등 기계를 움직이는 힘은 다양하지만 대부분 정밀도가 떨어진다.

4차 산업혁명은 크게 3개의 파트가 좌우할 것이다. 1) 사람의 감각을 대신할 센싱 부분, 2) 연산과 알고리즘을 담당하는 AI 부분, 3) 기계를 움직이는 모터 부분이 있다. 4차 산업혁명이 본격화되면 모터는 모든 기계를 사람으로 비유하면 관절로 자리잡게 될 것이다.

특히 요즘 화두가 되고 있는 자율주행 자동차나 전기자동차의 경우 정밀도가 생명인 만큼 모터의 역할이 중요하다. 같은 모터라도 종류가 천차만별이다. 크기, 사용범위, 효율 등에 따라 범위가 굉장히 넓으며, 앞으로 기계가 정밀해질수록 모터는 끊임없이 진화해야 한다.

세계 곳곳의 환경 규제가 강화됨에 따라 석유 시대가 위기를 맞고 있다. 이에 자동차업계는 석유를 연소해 엔진을 가동하던 기존 내연기관 대신 전기 모터를 이용하는 전기차로 눈을 돌렸다.

전기차는 휴대폰처럼 배터리를 충전해 움직이는 방식으로 배터리는 전기모터에 전기를 부여하고, 전기차는 모터의 힘을 통해 구동된다.

그렇다면, 전기모터가 무엇이기에 미래 자동차 산업의 핵심 부품이 된 것일까? 답은 바로 저소음, 친환경에 있다.

전기모터는 엔진과 달리 전기를 이용해 힘을 얻기 때문에 소음도 적고 유해물질도 생성하지 않기 때문이다. 뿐만 아니라 디젤 차량이 미세먼지의 주범으로 몰리면서 전기차 같은 친환경 차에 대한 사람들의 관심이 높아진 덕분이기도 하다.

최근 전력 에너지의 소비량이 매년 증가하면서 에너지 자원의 고갈과 환경오염이 큰 문제로 대두되고 있어 그 대책이 시급한 실정이다. 특히, 총 전력 생산량의 50% 이상을 모터가 소비하는 가운데 소형모터의 생산 사용량도 매년 증가하고 있어 모터의 효율 향상에 의한 소형화를 추구하는 경향이 한층 높아지고 있다.

4.1 모터의 정의

전류가 흐르는 도체가 자기장 속에서 받는 힘을 이용하여 전기에너지를 역학적 에너지로 바꾸는 장치이다. 일반적으로 모터(motor), 액츄에이터(Actuator) 혹은 전동기(electric motor)라고 부른다. 전원의 종류에 따라 직류모터와 교류모터로 분류되며, 교류모터는 다시 3상 교류용과 단상 교류용으로 구분된다. 오늘날에는 3상 교류용 모터를 주로 사용하고 있다.

모터는 기기가 어떤 일을 할 때 그 기기의 기동원이 되는 것이다. 모터에 전원을 넣으면 전기 작용에서 발생되는 회전력을 축으로 꺼내어 다른 기계에 벨트 또는 기어를 힘을 전달시키는 작용을 하며 회전축과 직결시켜 어떤 구체적인 작용을 한다.

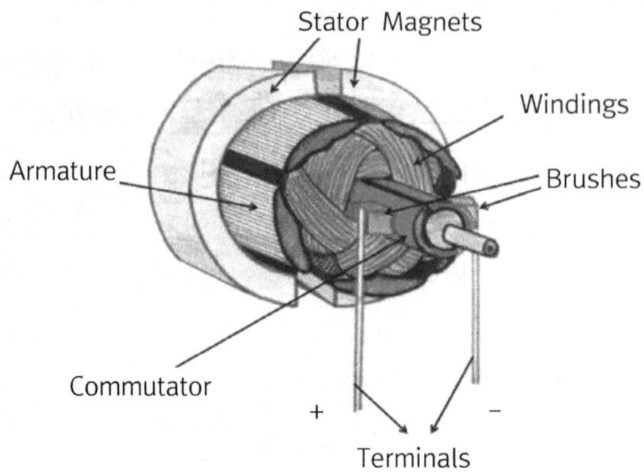

그림 4-3 DC 브러시 모터의 구조

모터는 모든 기기의 심장과 같은 중요한 역할을 하는 것이다. 한마디로 정의하면 모터란 전기 에너지를 기계 에너지(회전 에너지)로 변환하는 장치이다.

대부분의 모터는 회전운동의 동력을 만들지만 직선운동을 생산하기도 한다. 발전기는 모터와 반대되는 장치로서 역학적 에너지를 이용하여 전기를 생산한다.

외르스테드 Ørsted(Oersted)

외르스테드

- 외르스테드 [Ørsted(Oersted), Hans Christian, 1777.8.14~1851.3.9]
- 덴마크의 물리학자, 화학자. 루커빙 출생. 독학으로 장학생시험을 거쳐 코펜하겐대학교에서 약물학을 배웠다. 졸업 후 약제사로 근무하면서 화학실험을 하던 중, 볼타전기더미 발견에 자극을 받고 연구에 전념, 염화알루미늄 제조에 성공했다. 이 발견은 후에 F.뵐러에 의한 금속알루미늄 제조의 기초가 되었다.
- 독일 · 프랑스 유학 후, 코펜하겐대학교 교수가 되었다. 전기화학에서 전류의 물리적 연구로 방향을 바꾸어, 1820년 자유로이 움직일 수 있도록 한 자침이 전류에 의해 흔들리는 것을 발견했고(외르스테드의 법칙), D.F.J.아라고, A.M.앙페르, M.패러데이, W.E.베버 등이 전자기학을 이루는 단서를 열었다. 자연과학 진흥에 힘써 코펜하겐공과대학을 설립하고, 과학 보급운동에 진력했다.
- 또한 지구자기관측소를 설립했고, 덴마크 왕립과학협회를 창설하여 회장이 되었다. 자기장의 세기의 단위인 에르스텟(Oe)은 그의 이름을 딴 것이다. 문학에도 취미가 있어 시인 A.G.욀렌슐레거와 동화작가 안데르센과도 친교가 있었다.

(1) 모터와 발전기의 역할

모터의 발전은 덴마크의 과학자 한스 크리스티안 외르스데드의 연구로 거슬러 올라갈 수 있다. 19세기초에 외르스데드는 전기의 움직임으로부터 자기장이 발생됨을 발견했다.

1821년 영국의 물리학자·화학자인 마이클 패러데이는 외르스데드의 자기장 발견에 대한 역의 증명을 탐구하던 중 모터의 원시모형을 고안했다.

1831년 페러데이가 전자기유도를 발견한 무렵부터 모터가 만들어지기 시작했다. 초기의 모터는 영구자석의 인력과 척력을 이용하여 가동부는 회전시키지 않고 요동시키는 방식이었다.

니콜라 테슬라(Nikola Tesla)

- 미국의 주간지 '라이프 매거진'은 20세기 가장 영향력 있는 100인 중의 한 사람으로 니콜라 테슬라(Nikola Tesla)를 꼽았다. 이보다 앞서 2005년 말 크로아티아는 테슬라 탄생 150주년을 맞아 2006년을 '니콜라 테슬라의 해'로 정했고, 세르비아는 2006년 3월 베오그라드 국제공항 이름을 '테슬라 공항'으로 바꿨다
- 테슬라는 현대 전기문명을 완성한 천재 과학자다. 현대 전기 문명의 근간이 되는 교류를 발명했으며, 수많은 전기 실험으로 '거의 모든 현대기술의 원조'라는 칭호를 갖고 있다. 시대를 앞선 과학적 통찰력과 독특한 삶 덕분에 많은 문학과 영화의 소재가 되기도 했다.
- 그의 업적을 대표하는 교류발전기와 송·배전 시스템은 웨스팅하우스사(社)에서 일하면서 만들어냈다. 교류는 전기가 흐르는 방향이 주기적으로 바뀌는 전기다. 직류에 비해 적은 손실로 전류를 보낼 수 있는 장점이 있어 현대 전기 문명을 일으킨 원천기술이다. 이 발명은 1895년 웨스팅하우스사가 나이아가라 폭포에 교류발전기를 사용한 수력발전소를 만들면서 빛을 보게 된다. 지금 보고 있는 컴퓨터, 인터넷은 등 수많은 전기문명이 테슬라의 교류 전기시스템이 없었다면 불가능했을지 모른다.
- 1891년에는 유명한 테슬라코일(Tesla Coil)을 제작했다. 테슬라코일은 간단한 장치로 수십만 볼트의 전압을 만들어내는 장치다. 당시 60Hz에 불과했던 가정용 전기를 수천Hz의 고주파로 바꾸며 엄청난 고전압을 발생시킨 것이다. 이를 사용해 테슬라는 최초의 형광등과 네온등도 만들었다.
- 고주파를 발생시키는 테슬라코일은 대중의 관심을 사로잡았다. 심지어 테슬라코일을 이용하면 물체에 자기장을 걸어 순간이동 시킬 수 있다는 황당한 이론까지 나올 정도였다. 지난해 말 개봉한 '프레스티지'(Prestige) 영화를 보면 마술사 로버트가 순간이동마술을 펼치기 위해 테슬라를 찾아가 테슬라코일을 얻는 장면이 나온다. 테슬라코일의 유명세와 신비주의를 따르는 추종자 덕분에 테슬라는 '몽상가' '미친 과학자' '마술가' 등의 호칭도 갖고 있다.

니콜라 테슬라

테슬라 유도 모터

- 테슬라는 한 발 앞선 발명가로 현대 과학기술의 발전 방향을 알려 줬다. 그가 완성하지는 못했지만 후대 과학자들이 테슬라의 이론으로 만들어낸 기기들은 무궁무진하다. 그는 테슬라코일을 이용한 실험 도중 라디오 신호를 같은 진동수로 공명시키면 송수신이 가능해진다는 것을 발견했다. 이 원리는 현재 라디오나 TV 등에 응용돼 다양하게 쓰이고 있다. 무선조종장치를 연구하던 테슬라는 현대 로봇의 가능성도 언급했다. 제 1차 세계대전 무렵 잠수함을 탐지하는 아이디어를 냈는데 2차 대전에서 레이더로 실용화됐다. 지금도 수많은 과학자들은 그의 발명노트를 열심히 들여다보며 아이디어를 얻으려고 하고 있다.

1830년대에는 오늘날의 직류모터 형식이 전기자와 직류여자된 전자석을 사용하여 최초로 만들어졌으나 출력이 적고 연구단계에 불과하였다. 이후 페라리스와 테슬라가 교류에서 만들어지는 회전자기장을 발견한 것을 계기로 각각 독자적으로 2상 교류모터를 발명하였다.

1870년대 초반 베를린 태생의 전기기사 제노브테오필 그람은 최초의 상업성이 있는 모터를 개발했다. 1888년 전기기사인 니콜라 테슬라는 최초의 교류 유도모터를 개발했는데, 이것이 일반적으로 현대적 모터의 전형으로 여겨진다. 1889년 독일의 도브로월스키가 출력 100와트(W)의 3상 교류모터를 처음 만든 이래 3상 교류모터가 오늘날 교류모터의 주류를 이루고 있다.

직류모터와 교류모터 모두 동일한 원리로 동작한다. 전류가 흐르는 도체를 자기장 속에 놓으면 자기장의 방향에 수직한 방향으로 전자기적인 힘(로렌츠 힘)이 발생한다. 모터 내부에 자석을 놓아 자기장을 만들고, 축에 연결된 도선에 전류를 흘리면 전자력이 발생하여 플레밍의 왼손법칙에 의해 회전하게 되어 동력을 창출한다. 도선에 작용하는 전자기력은 자기장의 세기, 전류의 세기 그리고 도선의 길이에 비례한다.

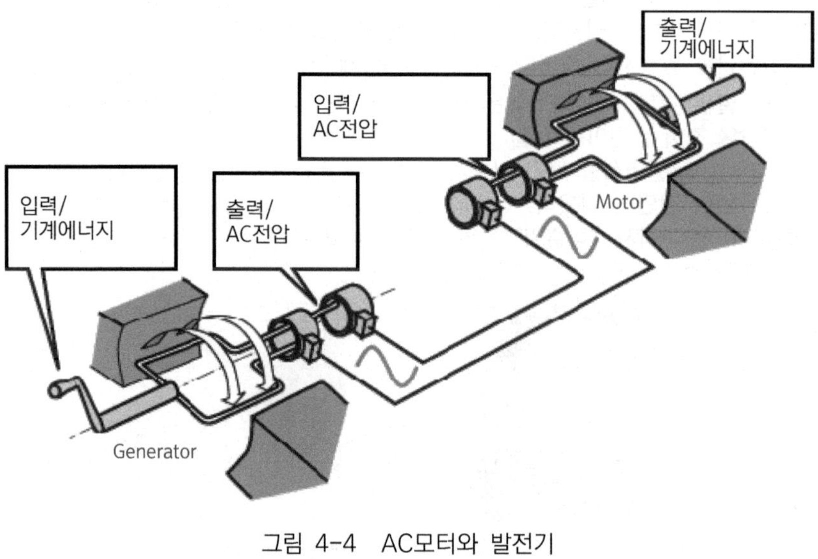

그림 4-4 AC모터와 발전기

유도모터는 회전 가능한 도체 원판 위에서 자석을 회전시켜 원판을 회전시킨다. 단상 유도모터는 외부 자석을 회전시킴에 따른 도체 원통의 회전으로 동력을 만들며, 3상유도 모터는 금속원통 회전자 주위에 세가지 상의 전원을 인가하여 회전자기장을 만들어 회전자를 회전시키는 방법으로 동력을 만든다. 3상 동기모터는 3상 권선을 해 놓은 고정자의 안쪽에 자극으로 되어 있는 회전자를 위치시켜 회전자를 회전시킨다.

(2) 모터의 구분

직류모터는 내부의 전기자가 180도 회전할 때마다 방향을 바꾸는 방법에 따라 브러시를 사용한 브러시 부착 모터와 전자 스위칭 기술을 이용한 브러시리스(brushless) 모터로 구분된다. 다시 브러시 부착 모터는 여자방식에 따라 타려자식, 분권식, 복권식, 직권식으로 나뉜다. 직류모터는 속도, 토크 및 회전방향의 제어가 용이한 장점이 있다. 그러나 정류기가 필요하고, 정류 문제나 기계적인 강도상의 문제로 고속화에 제한이 있으며, 브러시 부착 모터는 정기적인 보수 점검이 필요하다는 단점이 있다. 소형 직류모터는 대개 12 V 정도의 저전압에서 작동한다. 직류모터는 속도제어가 쉬워 전철, 엘리베이터, 압연기 등과 같이 속도 조정이 필요한 경우 널리 사용된다.

교류모터는 3상 교류용과 단상교류용으로 구분되며 각각에 유도모터와 동기모터가 있다. 유도모터는 전원에 바로 연결이 가능하고 구조가 간단하며 튼튼한데 비해 염가이고 취급이 쉬워 세계적으로 가장 많이 사용되고 있다. 동기모터는 정확히 일정한 속도로 회전하며 역률조정이 쉬워 컨베이어벨트용 모터, 소형시계나 타이밍 모터에 사용된다. 3상 교류용은 1 kW 정도 이상부터 수천 kW까지, 그리고 드물게는 1만 kW를 넘는 대형기가 있으며, 단상교류용은 수백 W 이하의 소형기에 사용된다.

(3) 교류모터의 우수성

교류모터는 같은 출력을 내는 직류모터에 비하여 가격이 3배 이상 싸며, 크기에 비하여 모터의 효율이 크며, 토크가 비교적 크다. 또 보수 유지비용이 상대적으로 저렴하고, 수명이 더 길다.

교류식 발전기는 다이오드에 의하여 정류되기 때문에 정류자와 브러시라는 기계적 정류장치가 있는 직류식 발전기에 비해 출력 대비 가볍고 비용이 저렴하다.

발전 시 접촉 부위가 없기 때문에, 진동이나 열, 먼지, 수분 등에 강하며, 회전속도에 구애를 받지 않으며, 수명이 베어링의 수명에만 의존하기 때문에 수명이 길다. 여기에 자동차의 특성 즉, 정지운행의 반복되는 동안의 공회전 시에도 발전이 가능하다는 최대 장점이 있다.

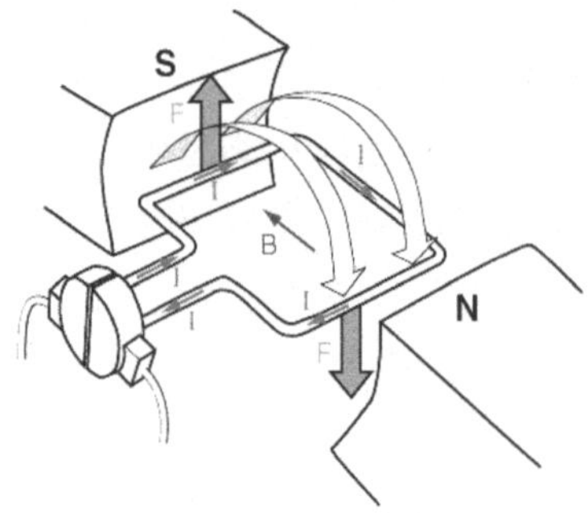

그림 4-5 DC모터

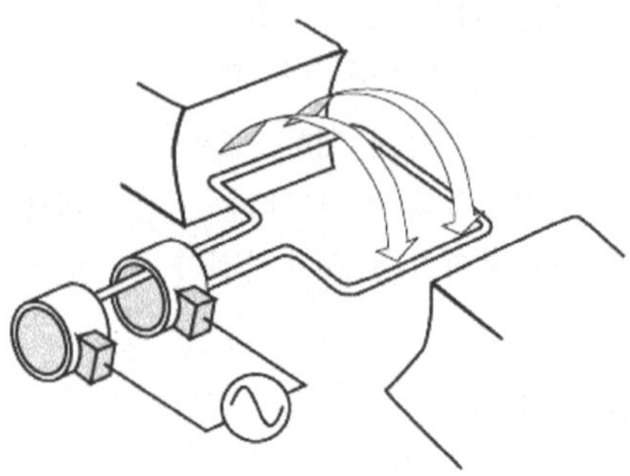

그림 4-6 AC모터

표 4-1 직류/교류모터 장단점 구분

구 분	장 점	단 점
직 류	• 구조(설계) 간단함 • 기동토크가 큼(크기에 비해 큰 힘) • 작은 부피 • 빠른 속도	• 부하에 따라 속도변화가 심하다 • 속도가변이 힘들다 • 수명이 짧다(브러시) • 소음이 심하다
교 류	• 높은 효율 • 유지비 저렴함 • 수명이 길다(보수유지 비용 저렴) • 저렴한 가격	• 회전속도는 느리다

가전용 모터의 고효율화

- 가전기기는 '60년대경부터 가정 내에서의 전력절감에 대한 요구가 높아짐에 따라 용도에 대응한 기기제품이 개발되고 수요가 증대, 현재는 룸 에어컨, 냉동고, 세탁기, 전기청소기 및 각종 주방기기는 거의 100%의 보급률을 보이고 있다.
- 가전기기에 있어서는 에어컨, 냉장고의 전력소비량이 비교적 크기 때문에 이 2기종의 에너지 절감화에 대응한 모터의 고효율화가 추진되고 있다.
- 종래 다용되고 있던 단상 유도모터를 대신하여 효율과 구조적으로 유리한 영구자석 계자를 사용한 브러시리스 DC모터가 많이 사용되기 시작하였다. 가전기기용 모터로서 최초에 제품에 사용된 것은 룸 에어컨용 압축기 모터이다. 최근의 룸 에어컨의 압축기 모터는 브러시리스DC 모터가 주류가 되고 냉장고용 압축기 모터도 **브러시리스 DC모터**로 바뀌고 있다.

표 4-2 주요 가정용 전자제품과 사용 모터

가전기기명	구동대상	사용 모터(기존 모터 → 현재 모터)
룸에어컨	압축기 팬	단상 유도모터 → 브러시리스 DC 모터
제습기	압축기	단상 유도모터
냉장고	압축기	단상 유도모터 → 브러시리스 DC 모터
세탁기	펄세이터, 드럼	단상 유도모터 → 브러시리스 DC 모터
청소기	팬	단상 교류 정류자모터 → 브러시리스 DC 모터
선풍기	팬	단상 유도모터 → 브러시리스 DC 모터
믹 서	회전 커터	단상 교류 정류자모터
헤 어	드라이어 팬	단상 교류 정류자모터
온수세척변기	펌프, 팬	동기모터, 브러시리스 DC 모터
시 계	시계 바늘	동기모터, 스태핑 모터

표 4-3 브러시리스 DC 모터와 유도 모터의 특징비교

항 목	브러시리스 DC 모터	유도 모터
효 율	높다	낮다
구 조	임의성 큼	내전형이 주
계 자	영구자석	1차전류의 여자분
극 수	다극화 가능	2, 4, 6극
권 선	집중감기, 분포감기	분포감기
직입시동	불가(인버터 필요)	가능
출력용량	소형기	대형기

4.2 모터의 작동원리

모터는 모든 동력의 근원이다. 모터는 공장의 기계, 전차, 엘리베이터, 에스컬레이터, 자동판매기, 냉장고, 세탁기 등 모든 기계장치 전기기기, 가전제품 등 구동원으로 사용된다.

복잡한 기계도 구동원은 모터(motor)나 솔레노이드(solenoid)이다. 모터는 전기적 에너지를 기계적 에너지로 변환시키는 유일한 동력원이다. 모터의 발명은 영국 물리학자 마이켈 파라데이(1791~1876)인데 전자기유도의 발견이 그 계기이다. 전자기 유도에 의하여 변압기를 만들고 더 발전하여 발전기를 만들었으며, 발전기의 반대개념이 모터로 유도모터가 모터의 원형이다.

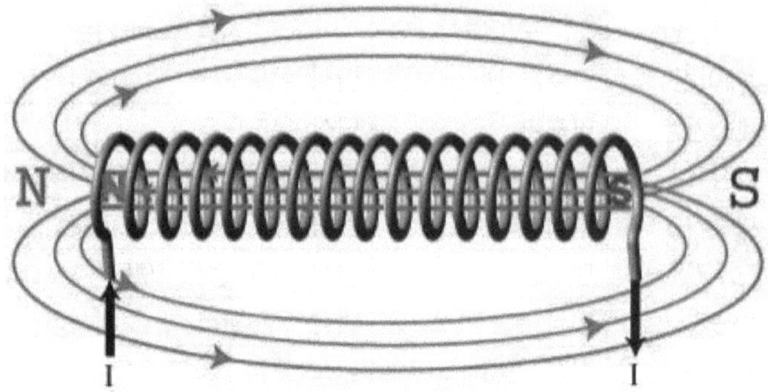

그림 4-7 솔레노이드(solenoid)

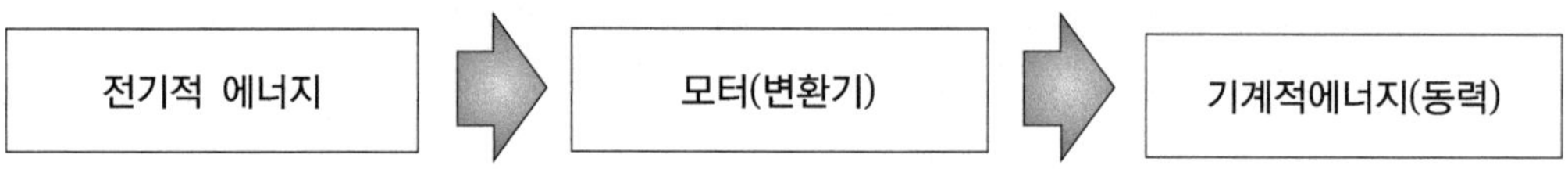

그림 4-8 모터의 개념

모터를 한마디로 표현하면 '전기적 에너지를 기계적 에너지로 변환하는 장치'라고 표현할 수 있다.

모터는 사용에너지에 따라 유압식 모터, 공기압식 모터, 수압식 모터 및 전기식 모터 등으로 구분되는데 전기를 이용하고, 전기식은 전기를 이용하여 동력으로 변환시키는 것이다.

4.2.1 전기와 자기

일상생활에서 자석을 쉽게 볼 수 있으며 쇠붙이(강철, 니켈, 코발트 등)를 잡아당기는 성질을 자기(magnetism)라하고 자기의 성질을 띠고 있는 물체를 자석(magnet)이라 한다. 본래 전기와 자기는 같은 것이며 표면에 나타나는 현상에 따라 전기와 자기로 구분된다. 또한 철 등과 같이 자기작용을 느끼거나 자석이 될 수 있는 물체를 자성체라 하고 이에 비해 동·알루미늄 등은 거의 자기를 느끼지 않으므로 비자성체라 한다.

자석은 막대자석과 같이 자석전체에 철 등을 흡인하는 자기의 성질을 띠는 것이 아니고 자석 양 끝에만 철분이 붙으며 이 양단을 자극(magnetic pole)이라 한다. 막대자석과 같은 자석의 중간에 실을 묶어 매달면 자석의 양끝 자극 중 한쪽은 북쪽을 가리키고 다른 한쪽은 남쪽을 가리키며 북쪽을 가리키는 쪽을 N극, 남쪽을 S극이라 한다. 또한 서로 같은 극 N극과 N극, S극과 S극은 서로 접근시키면 반발한다.

서로 다른 극 N극과 S극은 서로 흡인하여 잡아당기는 현상을 우리는 쉽게 알 수 있다. 이 작용이 자석의 가장 중요한 특성이다(자력 : 자극이 서로 흡인 또는 반발하는 힘). 나침반은 자석의 성질을 이용한 것이며 항상 어느 곳에서든지 나침반의 자침의 N극은 북극성을 향하며 우리는 나침반으로써 방향을 확인한다.

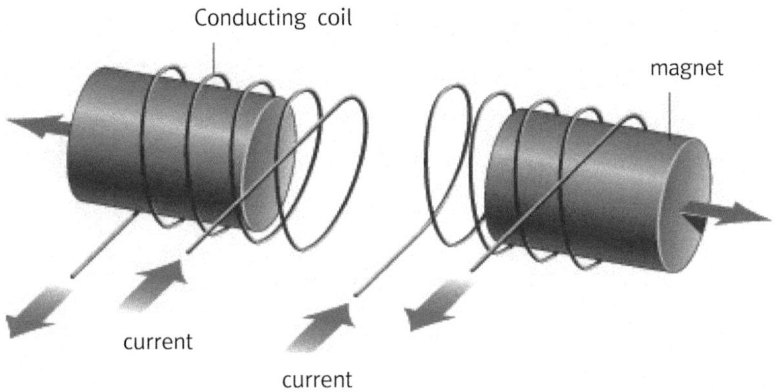

그림 4-9 자기유도

자기유도

- 자석이 아닌 물체에 자석의 영향으로 새로이 자기가 나타나는 현상을 자기유도(magnetic induction)라고 한다. 그리고 철편자체가 하나의 자석처럼 된 것을 철편이 자기유도 작용에 의해 자화(磁化: magnetization)되었다고 한다.
- 자석처럼 되는 현상을 자석화-자화라 하는데, 자화에는 3가지의 경우가 있다.
  - 상자성체 : 이것은 자석 N극에 S극으로 자화되는 것이며 텅스텐이 여기에 속한다.
  - 반자성체 : 위와 반대인 경우로, N-N, S-S로 자화 되며, 탄소 유황 등이다.
  - 강자성체 : 철, 니켈, 코발트 등이며 강하게 자화된다.

상자성체

반자성체

자석과 자기

- 자석의 양극은 가장 힘이 세다 - 자극
- 두극은 항상 같이 있다.
- 남북을 가르킨다.
- 같은 극은 반발하고, 다른 극은 당긴다.
- 자석은 철가루 등을 흡인하는데 이것을 자기력이라 한다.

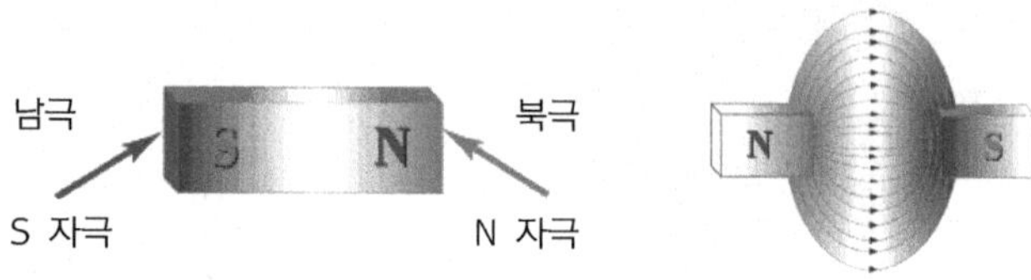

자석과 자기

◇ 쿨롱의 법칙

- 두개의 자극 사이에 발생하는 자극 간의 힘은 자극의 세기의 곱에 비례하고 거리의 제곱에 반비례한다.

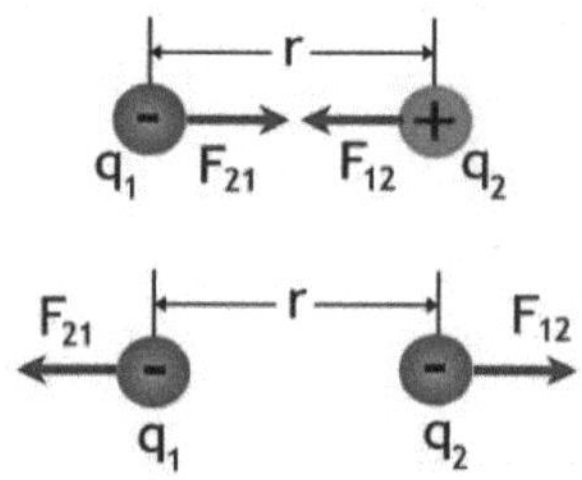

Coulomb's law

4.2.2 자극의 세기

자석의 자극의 세기는 두 자극을 서로 마주보게 하여 접근시킬 때 서로 작용하는 흡인력 또는 반발력의 세기를 말한다. 두 자극 사이에 작용하는 힘은 그 사이의 거리의 제곱에 반비례하고 두 자극 세기의 곱에 정비례한다. 이것을 쿨롱의 법칙(Coulomb's law)이라 한다.

자석의 성질을 요약하면 다음과 같다.

① 자석의 양끝은 자극이라 한다.

② 자극에는 N, S극이 있고 어느 극이나 단독으로 존재할 수 없다.

③ 자극은 같은 극끼리 서로 물리치고 다른 극끼리는 서로 끌어당긴다.

④ 자극은 그 주위에 있는 다른 자석에 자기적 힘을 미치는 데 이 힘을 자력이라 하고, 자력은 자석의 N극으로부터 S극을 향하여 작용하며 이것을 자력선이라 한다. 또 자력이 미치는 공간을 자계라 한다.

⑤ 자극의 세기는 자극이 가지고 있는 자기의 양, 즉 자기량에 따라 다르다.

⑥ 자기유도 작용 : 강철조각을 자석 가까이 가져오면 자석이 된다. 즉 물체가 자화 된 것이다. 즉, 강철조각은 자석의 N극에 가까운 쪽이 S극이 되고 반대쪽은 N극이 되며 S극과 N극의 크기는 같다. 이 현상을 자기유도 작용이라 한다.

진공 또는 공기중에서 N극과 S극이 서로 마주보고 있을 경우에 두 자극의 세기를 각각 m_1, m_2라 하고, 두 자극사이에 작용하는 힘 F[N]은 다음 식으로 표현된다.

$$F = 6.33 \times 10^4 \times \frac{m_1 m_2}{r^2} [N]$$

이 식을 자극에 관한 쿨롱의 법칙(Coulomb's law)이라고 한다.

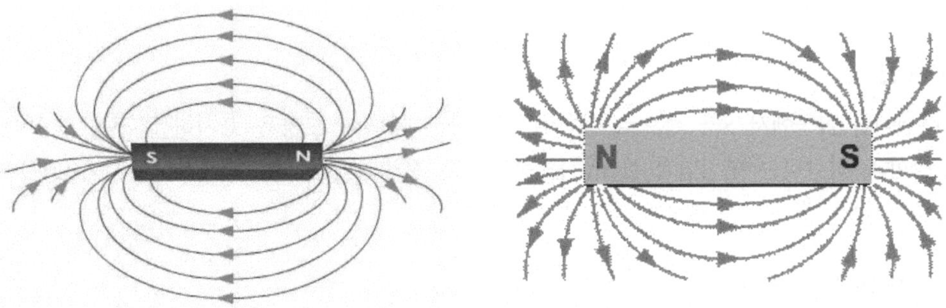

그림 4-10 자력선

4.2.3 자계와 자력선

(1) 자계

자계란 자석의 작용범위를 말한다. 즉, 막대자석의 철분 도형과 같이 자석위에 종이나 유리를 놓고 그 위에 철분을 뿌린 다음 가볍게 두들겨 주면 N극과 S극을 연결하는 곡선의 모양이 생긴다. 이와 같이 자석이 작용하는 범위를 알 수 있다.

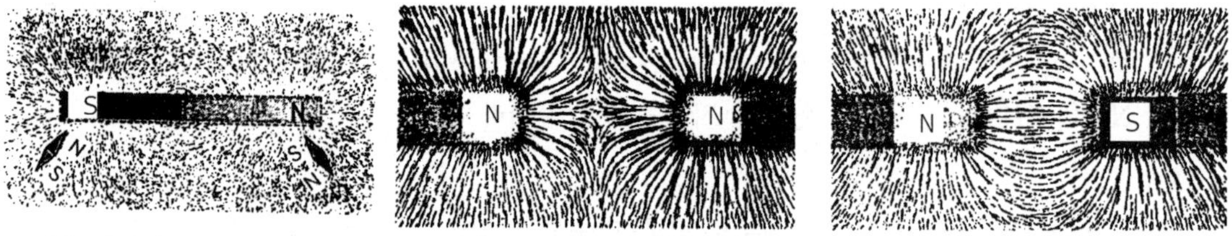

(a) 막대자석 주위의 자력선 (b) 같은 극 사이의 자력선 (c) 서로 다른 극사이의 자력선

그림 4-11 자력선

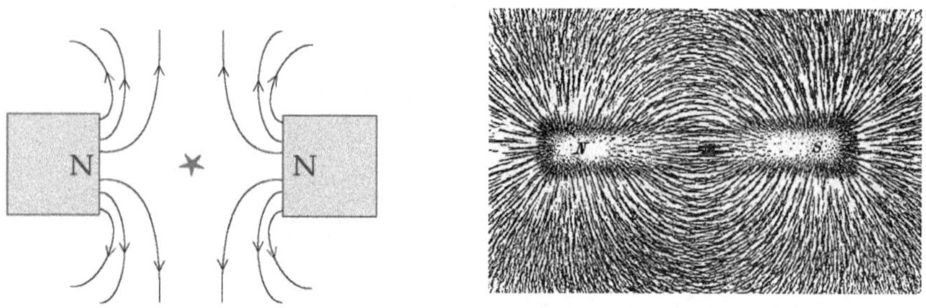

그림 4-12 막대자석의 철분 도형

(2) 자력선

자력선이란 N극에서 S극 쪽으로 향하여 작용하는 자력이 모양을 표시하는 선을 말한다. 또한 자력선 방향과 직각되는 단위면적 1[cm^2]를 통과하는 전체의 자력선(flux line)을 자속(flux)이라 한다.

자력선의 성질

- 자력선은 N극에서 방사되어 S극으로 들어간다.
- 자계의 방향은 자력선의 방향에 의하여 결정된다.
- 자력선의 밀도는 자계의 강도에 의한다.

4.2.4 자기유도(magnetic induction)

자석을 못에 매달았을 경우 못은 자석에 의해 자력을 갖게 된다. 첫 번째 못은 통과한 자력선에 의해 나머지 못들도 자석이 되기 때문이다. 이것을 자화 되었다고 하며 자석의 N극에 가까운 쪽의 못은 S극이 되고 반대쪽은 N극이 되는데 이것을 자기유도 작용이라 한다.

즉, 자계 내에 놓은 물체가 자기를 띠는 현상을 말한다. 또한 자화가 잘 되어 잘 끌리는 물질을 자성체라 하고 동, 알루미늄, 플라스틱과 같이 자화되지 않는 물질을 비자성체라 한다.

전류의 자기작용

- 1600년에 출판한 [자석에 관하여]라는 책에서 길버트(William Gilbert, 1544-1603)가 전기와 자기를 구분한 이후 전혀 다른 두 분야로 나누어져 있던 전기학과 자기학이 다시 하나로 합쳐지는 일이 일어났다. 전기와 자기의 통합은 전자기학의 발전과정에서 가장 중요한 사건이라고 할 수 있다. 따라서 전기학과 자기학이 전자기학으로 통합된 1820년은 전자기학의 발전 과정에서 가장 중요한 한 해였다. 전기와 자기를 통합하여 전자기학의 새로운 시대를 여는 첫 발자국을 내딛은 사람은 덴마크의 물리학자 외르스테드(Hans Christian Ørsted, 1777-1851)였다.

William Gilbert

Hans Christian Ørsted

덴마크 물리학자 외르스테드

◇ 외르스테드의 발견, 전류가 자석 바늘을 움직인다!

- 1777년에 덴마크의 랑겐란트 섬에서 약사의 아들로 태어난 외르스테드는 코펜하겐 대학에서 약학을 공부하였으며, 1798년에는 칸트 철학에 대한 연구로 같은 대학에서 박사학위를 받았다. 1801년에는 여행경비를 지급하는 장학금을 받고 독일과 프랑스를 3년 동안 여행했다. 이 여행 동안 그는 독일과 프랑스의 많은 학자들과 교류할 수 있었다. 여행에서 돌아온 외르스테드는 코펜하겐대학의 교수가 되었다.
- 외르스테드의 발견은 많은 사람들의 주목을 받았다. 3개월 동안 실험을 반복하여 충분한 자료를 수집한 외르스테드는 1820년 7월 21일에 [전류가 자침에 미치는 영향에 관한 실험]이라는 제목의 라틴어로 된 논문을 유럽 여러 나라의 학자들에게 보냈다. 이 놀라운 사실을 접한 학자들은 실험을 재현하여 그 결과를 확인했다.

- 앙페르 법칙 - 전류의 자기작용의 수학적 해석
- 외르스테드의 실험 결과를 확인한 프랑스 과학자들은 외르스테드의 실험결과를 수학적으로 분석하고 체계화하는 일에 착수했다. 1820년 9월 4일 아라고(Dominique Francois Jean Arago, 1786-1853)는 프랑스 과학 아카데미에서 전류의 자기작용에 대한 발표회를 열었고, 11일에는 이 실험을 재현해 보였다.
- 전자기학의 선구자 중 한 사람. 앙페르 법칙을 발견했다. 전류의 단위 암페어(Ampere)는 그의 이름을 딴 것이다.

앙페르
(André-Marie Ampère, 1775-1836).

◇ 오른 나사의 법칙 - 전류에 의해 생기는 자기장의 방향

- 앙페르의 법칙은 수학식을 이용하여 나타내진 것으로 전류 주위에 만들어지는 자기장의 방향과 세기를 결정할 수 있도록 하는 법칙이다. 앙페르의 법칙 중에서 전류에 의해 생기는 자기장의 방향을 다룬 것이 오른나사의 법칙이다. 오른나사의 법칙은 오른손 엄지를 전류가 흐르는 방향을 향하게 하고 다른 손가락으로 도선을 감싸 잡았을 때 다른 손가락 방향이 자기장의 방향이 된다는 것이다. 이것을 오른나사의 법칙이라고 부르는 것은 오른나사가 나가는 방향을 전류의 방향이라면 나사를 돌리는 방향이 자기장의 방향이기 때문이다. 이것은 전류 주위에 생기는 자기장은 도선 주위를 싸고도는 방향으로 생긴다는 것을 뜻한다. 따라서 자기장은 시작점과 끝점이 없다. 그것은 자기장에는 N극과 S극이 없다는 것을 나타낸다. 다만 N극 방향과 S극 방향이 있을 뿐이다. 오른나사의 법칙을 이용하면 도선이나 솔레노이드에 전류가 흐를 때 형성되는 자기장의 방향도 쉽게 결정할 수 있다.
- 오른 나사의 법칙. 오른손 엄지를 전류가 흐르는 방향을 향하게 하고 다른 손가락으로 도선을 감싸 잡았을 때 다른 손가락 방향이 자기장의 방향이 된다.
- 전하가 정지해 있을 때는 전하 사이에는 전기력만이 작용한다. 그러나 움직이는 전하 사이에는 전기력뿐만 아니라 자기력도 작용한다. 다시 말해 자기력은 움직이는 전하 사이에 작용하는 힘이었던 것이다. 전하가 이동하는 것을 전류라고 한다. 따라서 전류가 흐르면 주위에 자기장이 생긴다.
- 전자석은 대체로 철심에 전선을 감은 형태지만, 전자석에서 자기장을 만드는 것은 철심이 아니라 전선에 흐르는 전류이다.
- 전자석 실험을 할 때는 항상 못에다 코일을 감은 후 전류를 흐르게 한다. 이런 실험을 많이 한 학생들에게 못이 아닌 나무젓가락에다 코일을 감고 전류를 흐르게 하면 어떻게 되겠느냐고 물으면 자신있게 대답하지 못하는 경우가 많다. 못은 전류가 만드는 자기장의 세기를 강하게 하는 역할을 하기 때문에 전자석 실험에 자주 사용되지만 자기장을 만들어내는 것은 못이 아니라 전류이다. 따라서 나무젓가락에 코일을 감은 후 전류를 흐르게 해도 자기장이 만들어진다. 아무 것도 가운데 넣지 않고 그냥 코일만 둥글게 말아놓은 다음 전류를 흘려도 자기장은 만들어진다.
- 전류가 자기장, 다시 말해 자석의 성질을 만들어낸다는 것을 알게 된 과학자들은 자기장을 이용하여 전류를 흐르게 하는 방법을 연구하기 시작했다. 자기장을 이용하여 전류를 만들어내는 것은 다음에 다루게 될 전자기유도법칙이 발견된 후에 가능해졌다.

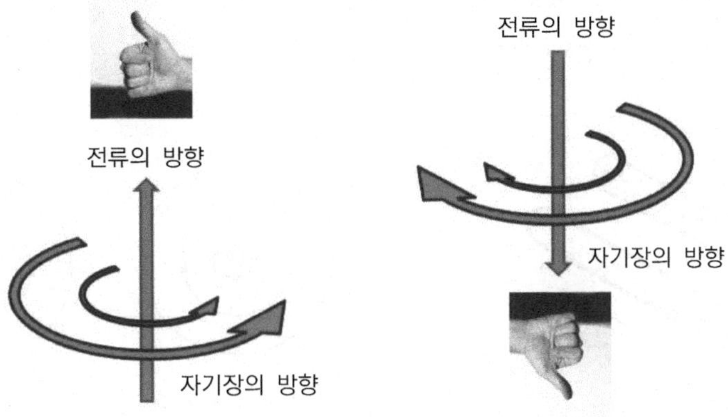

그림 4-13 자기장의 방향

4.2.5 전기와 자기의 관계

(1) 전류와 자계의 관계

전선에 전류가 흐르면 그 주위에 자기작용이 나타난다. 이러한 현상을 전류가 만드는 자계와 같은 실험으로 알 수 있다.

전선에 전류가 흐르게 되면 자침이 움직이게 되며 이것은 전선주위에 자계가 형성되기 때문이다. 또한 전류가 만드는 자계와 같이 전선에 직각이 되게 놓은 종이 위에 철분을 뿌리고 전선에 전류를 흐르게 하면 철분은 전선을 중심으로 동심원상으로 배열되며 전선에 가까울수록 밀도가 크다. 즉 자계는 전선에 흐르는 전류의 세기에 비례하고 전선에서의 거리에 반비례한다. 또, 자력선은 전선을 중심으로 하는 동심원이 되며 전류가 흐르는 방향과 자력선의 방향 사이에는 다음과 같은 관계가 있다.

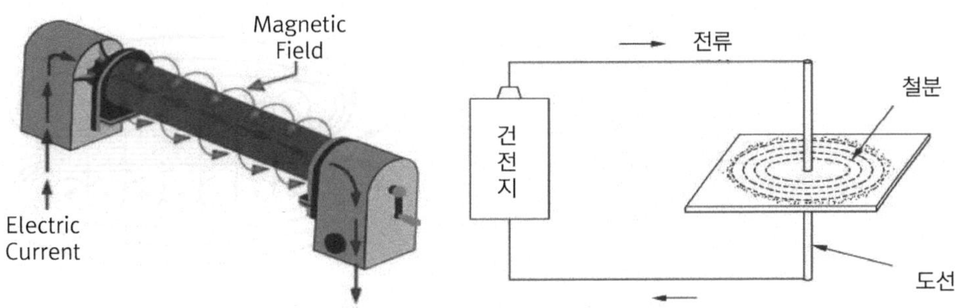

그림 4-14 전류가 만드는 자계

「전류의 방향을 오른 나사 진행방향과 일치시키면 자력선의 방향은 오른 나사가 돌려지는 방향과 일치하다.」 이것을 자력선의 오른 나사의 법칙이라 한다.

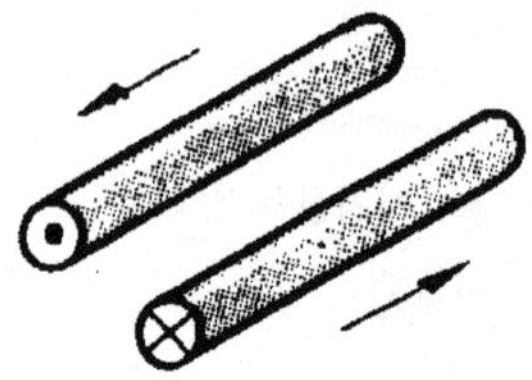

(a) 전류의 방향

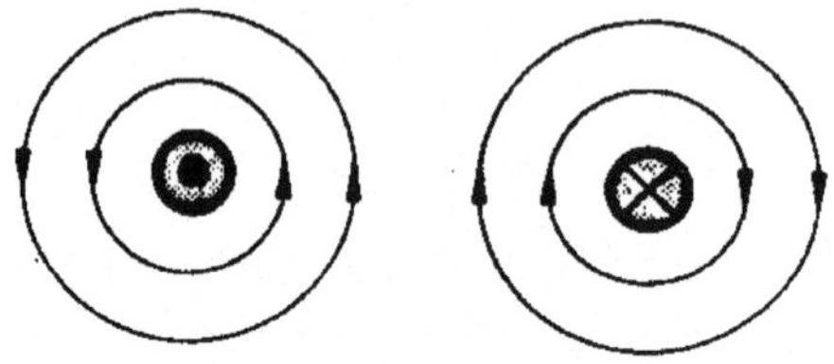

(b) 자장의 방향

그림 4-15

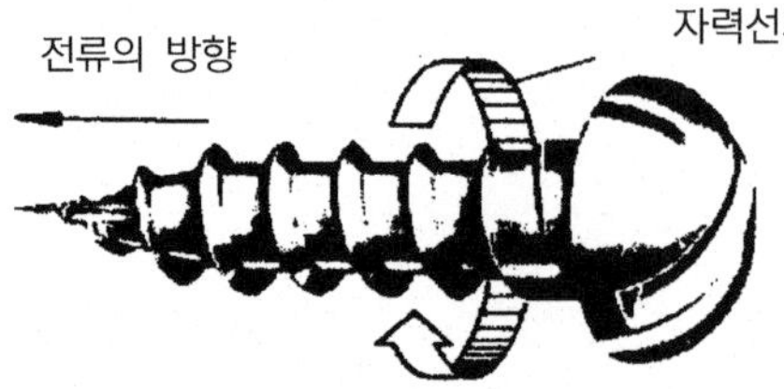

그림 4-16 오른 나사의 법칙

(2) 코일의 자계

1) 솔레노이드(Solenoid)

전선을 둥글게 구부려 코일을 만든 다음 전류를 흐르게 하면 코일내부에는 코일 및 솔레노이드가 만드는 자계가 생기며 이 코일 내부의 자계의 세기는 코일권수에 비례하고 막대자석과 같은 작용을 한다.

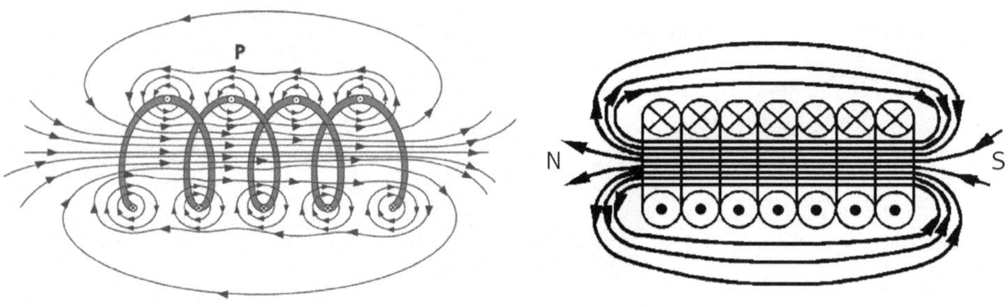

그림 4-17 코일 및 솔레노이드가 만드는 자계

솔레노이드

- 도선을 나선형으로 촘촘하고 균일하게 원통형으로 길게 감아 만들어서 전류를 흘리면 원통의 외부에서는 자기장이 거의 0이고 내부에는 비교적 균일한 크기의 자기장이 형성된다. 이때 내부자기장의 크기는 전류의 크기에 비례하고 단위 길이당 감은 수에 비례한다.
- 전기에너지를 자기에너지로 바꾸므로 에너지변환장치라 할 수 있고, 전류의 세기를 조절하여 자기장의 세기를 조절할 수 있는 전자석이 될 수 있다.

◇ 실생활 속에서의 솔레노이드

- 솔레노이드에 전류가 흘러 자기장이 형성되면 근처의 철제 물체를 끌어당긴다. 이 성질을 이용하면 관의 개폐를 전기적 신호로 제어할 수 있는 밸브를 만들 수 있다. 압축공기의 유압을 제어하여 자동으로 문을 열고 닫는 버스의 개폐문이나 정수기에서 쓰이는 자동 냉·온수 잠금장치 등이 이러한 솔레노이드 밸브를 사용하고 있다. 또한 버튼을 눌렀다 놓을 때 흐르는 전류를 이용해 철제 종을 쳐서 소리를 내는 현관문의 알림벨도 솔레노이드의 특성을 적절히 이용한 예다.

또한 솔레노이드 내부에 철심(core)을 넣고 솔레노이드에 전기를 흐르면 철심에 자속이 생기며 이 자속은 철심에 포화되지 않는 한 권수 N과 전류 I와의 적 NI에 비례하여 증가한다. 이 NI는 자속을 발생시키는 능력을 표시하는 것으로 기자력이라 하고 단위는 암페어(기호 A)이다.

$$\text{기자력 [A]} = \text{전류} \times \text{권수} = I \times N$$

m : 기자력, N : 권수, I : 전류

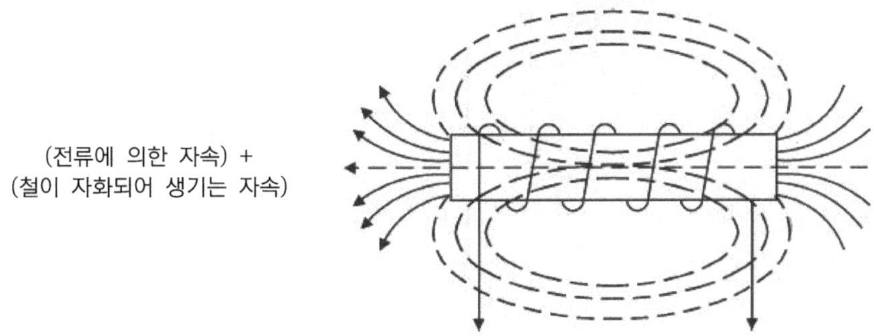

그림 4-18 전자석의 자계

2) 엄지손가락의 법칙

솔레노이드 코일에 생기는 자력선의 방향은 오른나사의 법칙으로도 알 수 있으나 오른손 엄지손가락의 법칙같이 오른손 엄지손가락을 다른 손가락들과 직각에 되게 하였을 때 엄지손가락 방향이 자력선 방향 즉, N극 방향이 되며 이 법칙은 코일이나 전자석의 자계 방향을 알려고 할 때 사용된다.

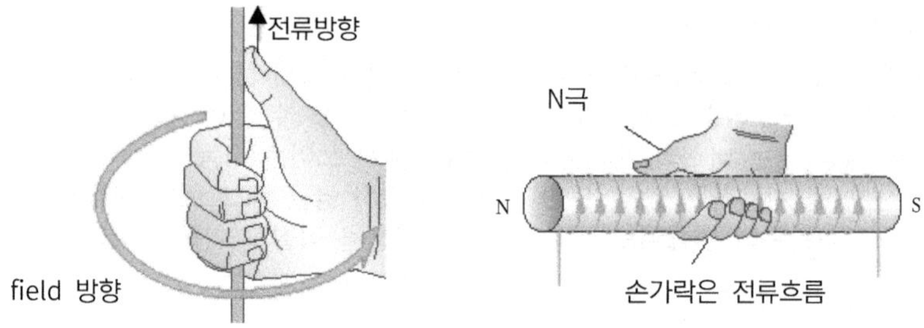

그림 4-19 오른손 엄지손가락의 법칙

3) 자력의 합성과 상쇄작용

자력의 합성과 상쇄와 같이 하나의 코일에 2개의 코일 L_1, L_2를 감아 전류를 흐르게 하면 L_1, L_2가 만드는 자장의 방향이 반대로 되어 전체적으로 철심에 생기는 자력은 상쇄되어 약해진다.

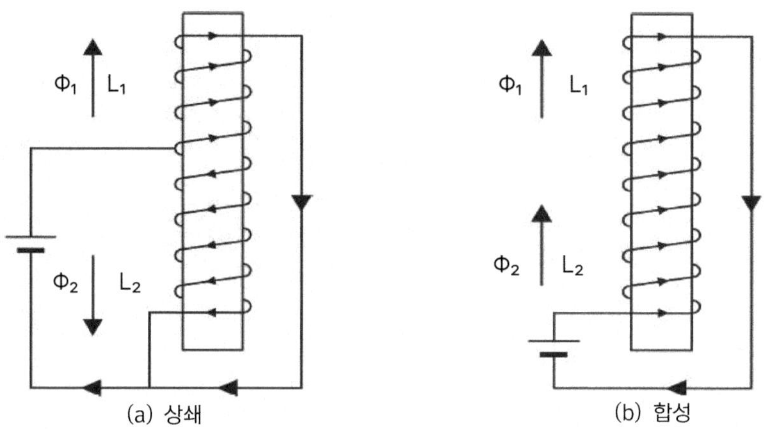

그림 4-20 자력의 합성과 상쇄

그러나 그림과 같이 전류가 흐르면 L_1, L_2가 만드는 자장의 방향이 같아서 철심에 생기는 자력은 합성되어 강해진다. 이것을 각 자력의 상쇄작용 또는 합성작용이라 한다.

(3) 전자력

1) 자계 속의 전류에 작용하는 힘

자계 속에 도체를 놓고 전류를 흐르게 하면 힘이 발생한다. 이 힘을 전자력이라 한다. 도선에 전류가 흐르면 오른나사의 법칙에 의해 도선 주위에 오른나사의 법칙과 같이 자계가 생긴다.

또한 도선을 전자력을 받는 방향과 같이 N극과 S극에 의한 자력선이 작용하고 있는 자석 중앙에 도선을 넣고 도선에 전류를 통하면 자력선은 직선이 되려고 하는 힘이 있어 도선을 밀어내려고 하는 힘이 작용한다. 이 도선에 작용하는 힘을 전자력이라 하며 힘의 방향은 자석에서 나오는 자력선의 방향과 도선에 흐르는 전류의 방향에 따라 결정된다. 즉 도선에 전류가 흐르면 오른나사의 법칙에 따라 자계가 형성되기 때문이다.

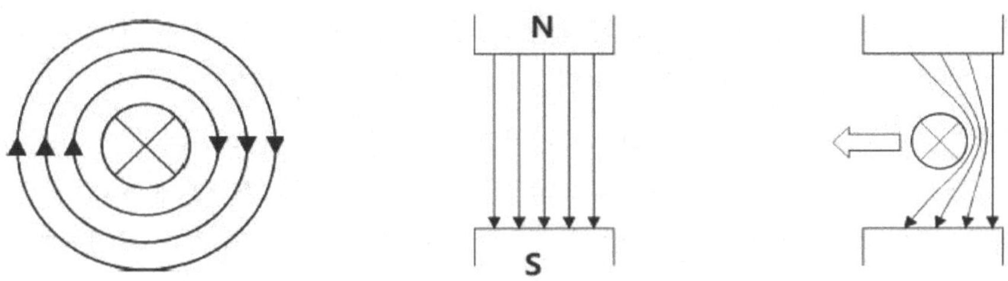

(a) 도체의 자장 (b) 자석의 자장 (c) 자장의 합성

그림 4-21 전자력을 받는 방향

전자석의 특징

- 전자석은 전류를 인가했을 때만 자력을 띠게 된다. 따라서 전류를 차단하면 자력선은 사라진다.
- 전자석은 전류의 방향을 바꾸면 자극도 반대로 된다.
- 전자석의 자력은 코일권선의 횟수와 공급전류의 크기에 영향을 받는다.

2) 플레밍의 왼손법칙

자석의 N극과 S극 사이 자력선과 도선의 전류방향에 따라 작용하는 전자력의 관계를 왼손의 손가락 3개를 펴서 플레밍의 왼손법칙과 같이 집게손가락을 자계 방향 가운데 손가락을 전류방향을 하면 엄지손가락이 전자력 방향이 된다.

발생하는 전자력의 크기는 「자계(자속밀도)가 강할수록」「도선에 흐르는 전류가 클수록」「자계속의 도선의 길이가 길수록」 강한 힘이 발생한다. 즉, 전자력(F) = 자속밀도 × 전류 × 도체의 길이[N] 뉴턴이 되며 모터(모터), 전류계, 전압계 등은 전자력을 이용한 것이다. 특히 기동모터는 플레밍의 왼손법칙의 원리를 이용한 것이다.

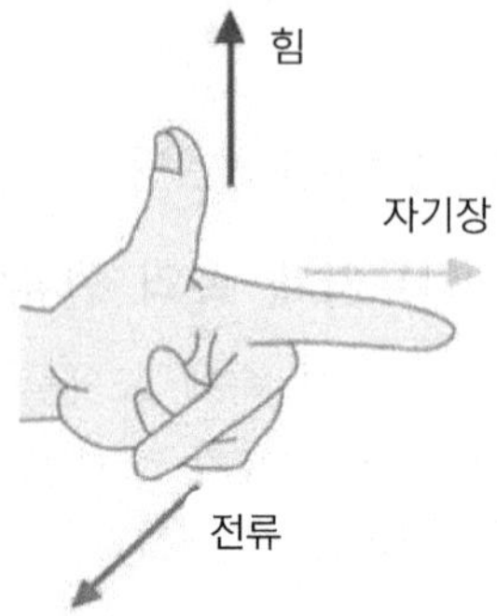

그림 4-22 플레밍의 왼손법칙

플레밍의 왼손법칙에 의한 모터의 원리를 이해하여 보자.

직류 모터의 원리와 같이 자계 안에 자유로이 회전하는 U자형 도체를 놓고 도체에 전원을 공급하기 위하여 구리 링(정류자)을 2분할하여 그 사이에 절연물을 삽입하여 절연한 정류자와 항상 접촉하여 정류자를 통해 도체에 전류를 공급하는 브러시를 부착하고 도체에 전류를 흐르게 하면 전류는 A에서 B로 흐른다.

이 때 N극 가까이에 있는 도체 A는 자력선 분포와 같이 아래쪽으로 힘을 받고 S극 가까이에 있는 도체 B는 위쪽으로 힘을 받아 좌회전하게 된다. 즉, 도체 A에 전류가 흐르면 도체 자체에 오른나사 법칙에 의한 자력선이 시계방향으로 형성되고 이 자력선과 N극에서 S극으로 작용하는 자력선과 함께 작용하며 도체를 아래쪽으로 밀어 내리는 힘으로 작용하고 반대로 도체 B는 전류가 흘러나오는 쪽이므로 반 시계방향으로 자력선이 작용하여 도선을 위쪽으로 미는 쪽으로 힘이 작용하여 좌회전하게 된다. 여기서 전원의 극을 바꾸어주면 이 도체는 우회전하게 된다. 이것이 기동모터의 원리가 된다. 실제, 모터에서는 코일의 수와 정류자 수가 많다.

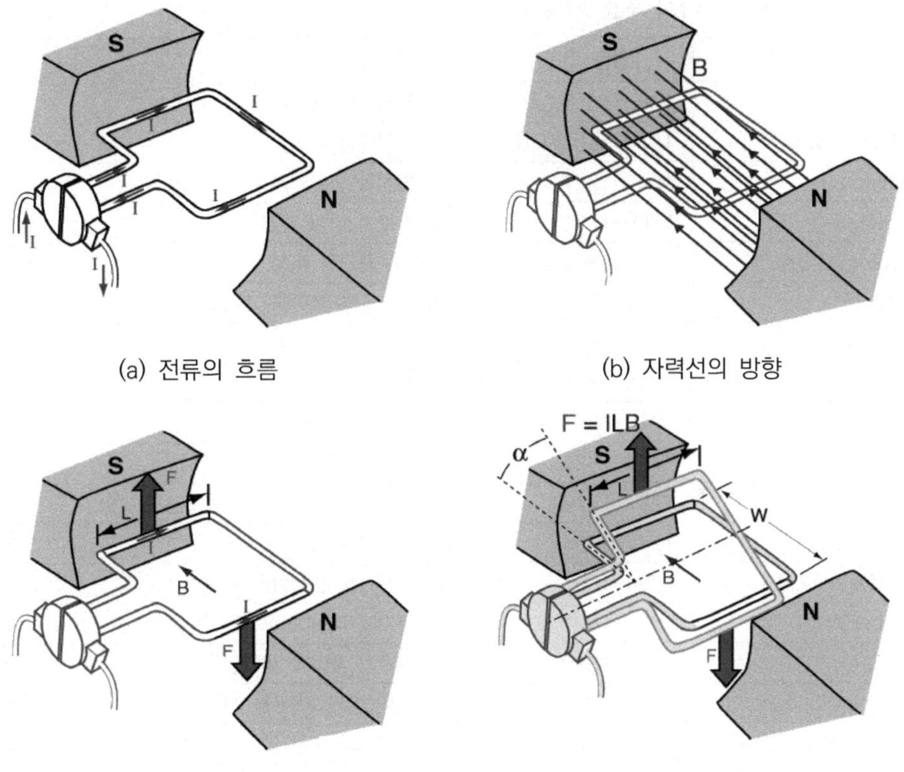

(a) 전류의 흐름

(b) 자력선의 방향

(c) 도체의 받는 힘 방향

(d) 직류모터의 회전

그림 4-23 직류모터의 동작원리

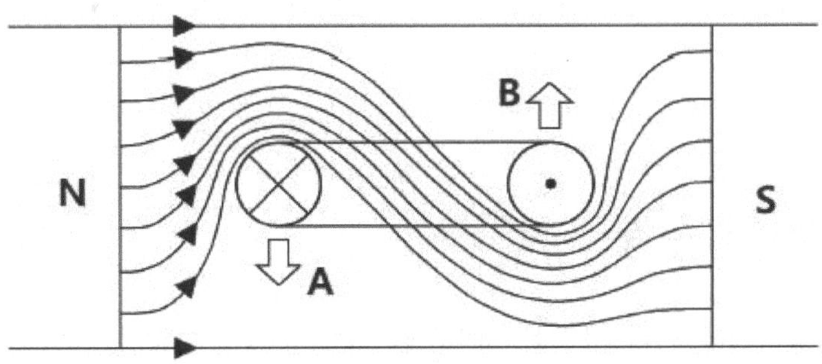

그림 4-24 자력선 분포

표 4-4 전기·자기 관련 분야의 주요 개척자

이 름	활동 기간	업 적	단 위
탈레스(Thales)	636-546 B.C.	전기와 자기의 개척자	
길버트(Gilbert,W.)	1544-1603 A.D.	지구가 거대한 자석임을 확인	길버트[Gb]
뉴턴(Newton,I)	1642-1727	운동 법칙과 만유인력을 공식화	뉴턴[N]
프랭클린(Franklin,B.)	1706-1790	전하의 보존 법칙 발견	
쿨롱(Coulomb, C.A)	1736-1806	전기력과 자기력 측정	쿨롬[C]
와트(Watt,J.)	1736-1819	증기력의 응용 분야를 개척	와트[W]
가우스(Gauss,K.F.)	1774-1855	전속에 대한 발산 정리 발표	가우스[G]
볼타(Volta,A.)	1745-1827	볼타 전지 발명	볼트[V]
외르스테드(Oersted,H.C)	1777-1851	전기가 자기를 생성함을 발견	에르스텟[Oe]
앙페르(Ampere,A.M.)	1775-1836	솔레노이드 발명	암페어[A]
헨리(Henry,J.)	1797-1878	전자 유도 실험, 전신기와 중계장치 발명	헨리[H]
옴(Ohm,G.S.)	1787-1854	옴의 법칙을 세움.	옴[Ω]
패러데이(Faraday,M.)	1794-1867	자기가 전기를 생성함을 입증	패럿[F]
웨버(Weber,W.E.)	1804-1891	지구 자기에 대한 선구적인 연구	웨버[Wb]
줄(Joule,J.P.)	1818-1889	열이 전류의 제곱에 비례함을 입증	줄[J]
맥스웰(Maxwell,J.C.)	1834-1879	전자기학의 일반 이론을 세움	맥스웰[Mx]
헤르츠(Hertz,H.R)	1857-1894	라디오 전파의 송신 및 수신 실험	헤르츠[Hz]
마르코니(Marconi,G.)	1874-1937	대서양을 횡단하여 라디오 신호를 전송	
에디슨(Edison,T.A.)	1847-1931	백열 전구 발명, 최초의 발전소를 세움	
테슬라(Tesla.N.)	1857-1943	전력을 교루 송전함, 유도 모터를 발명	테슬라[T]
아인슈타인(Einstein,A.)	1879-1955	상대성 이론으로 맥스웰 방정식을 일반화	

4.3 모터의 구분

모터는 사용에너지에 따라 유압식 모터, 공기압식 모터, 수압식 모터 및 전기식 모터 등으로 구분되는데 전기를 이용하고, 전기식은 전기를 이용하여 동력으로 변환시키는 것이다. 각종 모터 중 전기식, 공압식 및 유압식 모토의 소형모터에 대한 장단점을 표 4-5에 나타내었다. 물론 이들의 특징은 일반적인 개념에 의한 비교이기 때문에 실제의 사용환경과 조건에 따라 그 차이는 있을 수 있다.

(1) 외피의 형에 따른 분류

① 개방형(open type motor) : 모터와 그 모터가 구동하는 기기가 어떠한 형태의 단일 외피에 의해서도 폐쇄되지 않은 것.

② 폐쇄형(enclosed type motor): 모터와 그 모터가 구동하는 기기가 어떠한 형태의 단일 외피에 의해서 폐쇄된 것. 예는 밀폐형 압축기(hermetic compressor) 속의 모터(hermetic motor)

(2) 모터 마력 수에 의한 분류

① 분수형(fractional size motor) : 모터 마력 수가 1보다 작은 것.

② 정수형(integral size motor) : 모터 마력 수가 1보다 큰 것.

(3) 사용에너지에 따른 구분

① 유압 시스템(hydraulic system) : 작은 관성과 작은 중량으로 큰 힘 제공, 속도가 빠름

② 공압 시스템(pneumatic system) : 공기의 압축성으로 인해 시간지연

③ 전기 시스템(electric system) : 응답속도 느리나 제어용이

표 4-5 각종 모터의 비교

구분	장 점	단 점
전기식	• 소형이다. • 신호변환의 속도성이 좋다. • 위치결정 정밀도가 좋다. • 배선처리가 용이하다	• 외부의 노이즈 등 외란에 취약하다 • 전원고장이 직접적으로 영향을 준다.
유압식	• 힘과 토크가 크다. • 외부의 노이즈가 강하다 • 전원고장 시 어큐뮬레이터로 대용가능	• 온도에 의한 특성변화가 크다. • 환경오염의 문제가 된다. • 가격이 높다. • 소음이 크다. • 배관이 복잡하고 대형이다.
공압식	• 구조가 간단하다. • 보수성이 좋다.	• 부하에 대한 특성변화가 크다. • 배관이 복잡하다. • 원격조정이 곤란하다.

4.3.1 전기식 모터의 구분

모터는 크게 사용전원에 따라 직류모터와 교류모터로 구분된다. 직류모터는 직류 타여자 모터와 직류 자여자 모터(직류 분권 모터, 직류 직권 모터, 직류 복권 모터)로 나누어지며, 교류모터는 유도모터, 동기모터로 나누어진다. 산업용으로 널리 사용되고 있는 유도모터는 단상전원을 사용하는 단상유도 모터와 3상전원을 사용하는 3상유도 모터로 분류되며, 사용전압, 보호형식 등에 분류된다.

그림 4-25 전기식 모터의 구분

(1) DC 모터

직류모터의 일반적인 특징은 다음과 같다.

- 고정자와 회전자로 구성되어 있으며, 고정자는 계자극(field poles)과 프레임으로 되어있으며 계자극은 대개 스크류나 볼트로 프레임에 고정되어있고, 회전자는 전기자와 정류자 및 브러시로 구성 되어있다.
- 계자극이 자기장을 형성하는 방법에 따라서 wound-field motor와 permanent magnet motor로 분류할 수 있다. permanent magnet motor는 계자극으로 영구자석을 사용하며, wound-field motor는 계자극으로 계자철심과 계자권선으로 구성된 전자석을 사용한다.
- 동일 방향의 회전 토크를 계속 얻기 위해서는 외부에서 공급되는 직류 전류를 모터 내에서 전기자가 180도 회전할 때마다 전류의 방향을 절환 시켜주어야 하며, 이 역할을 하는 것이 정류자와 브러시이다.
- 고정된 브러시에 정류자가 면접촉을 하면서 회전하게 되므로 브러시와 정류자에서 마모, 분진 및 소음이 발생 하며 정류자가 더러워지게 된다.
- 전자 스위칭 기술을 이용하여 브러시를 없앤 것이 브러시리스 모터이다.
- 속도, 토크 및 회전방향 제어가 용이.
- 농형 유도모터보다 고가
- 정류기 필요.
- 소형 직류모터는 대개 저 전압(12 V)에서 작동.
- 브러시 부착 모터는 정기적인 보수 점검이 필요.
- 정류 문제나 기계적인 강도상의 문제로 고속화에 제한이 있다.

1) DC브러시 모터

일반적인 DC모터이다. 플레밍의 왼손법칙을 이용한 모터로서, 정류자의 전류를 흘렸다 끊었다 하는 일련의 과정마다 전류의 방향을 반대로 해주어야 하기 때문에, 필시 브러시라는 기계적인 요소가 필요하다. 브러시는 정류자편에 전류를 공급해 주지만, 기계적인 요소라, 브러시가 닳아 없어지는 단점이 있다. 따라서 주기적으로 브러시를 교체하지 않으면 안된다. 또한 브러시가 닳아가면서 모터의 성능 또한 저하되고, 분진이 날리는 등 환경적인 문제가 대두된다.

장점은 제어가 간편하고, 토크가 전류에 비례하므로 단순히 전류제어만으로 토크 직접제어를 행할 수 있다.

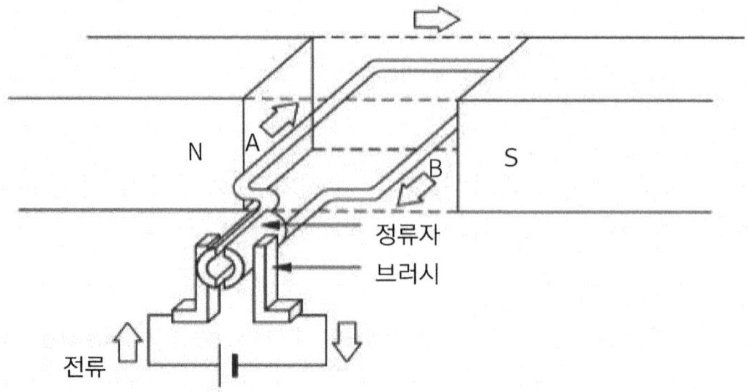

그림 4-26 DC브러시 모터 기본구조

표 4-6 DC 브러시모터의 종류

구 분	특 징
직권모터 (series-wound motor)	• 계자극 권선과 전기자 권선이 직렬로 연결된 직류모터. • 기동 토크가 크고, 부하가 적어지면 속도는 상승하여 완전 무부하로되면 속도가 무한에 가까워져서 위험. • 변속도 특성 때문에 제어용으로는 부적합하고, 자동차의 시동모터, 크레인, 전동차등에 사용.
분권모터 (shunt-wound motor)	• 계자극 권선과 전기자 권선이 병렬로 연결된 직류모터. • 부하변동에 따른 속도변화가 적다.(정속도 특성) • 컨베이어 벨트, blower, 공작기계 등에 사용.
복권모터 (compound motor)	• 전기자 권선과 직렬 및 병렬로 연결된 계자극 권선을 가지고 있다. • 가동복권 모터(cumulative compound motor)와 차동복권 모터(differential compound motor)가 있다.
타여자모터 (separately excited motor)	• 전기자 권선과 계자극 권선이 별도로 분리되어 있다.

2) DC브러시리스(Brushless)모터

브러시가 부착된 DC 모터에서는 정류자와 브러시의 접촉에 의해서 코일에 전류를 흐르게 함과 동시에 전류시키는 기능을 하지만, 브러시가 마모되는 단점이 있다. 그러나 Brushless DC모터는 브러시를 사용하지 않고 비접촉의 위치 검출기와 반도체 소자로서 통전 및 전류시키는 기능을 바꾸어 놓은 모터이다. 따라서 Brushless DC 모터의 토크발생 원리는 DC모터의 경우와 같은 형태이다.

[In-Runner 브러시리스 모터]

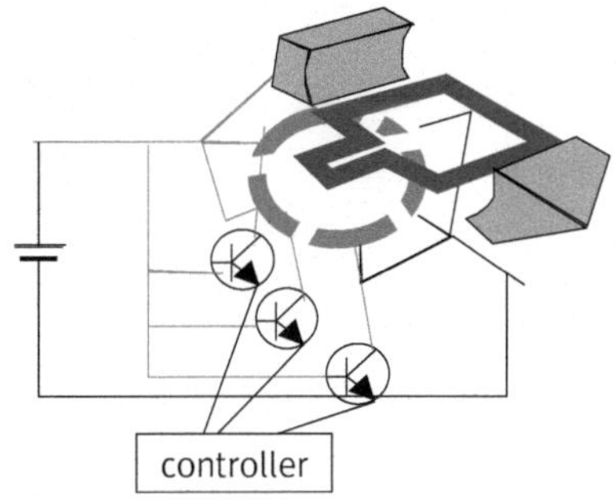

그림 4-27 DC브러시리스(Brushless)모터

- Brushless DC 모터를 구조면에서 분류하면 권선으로의 통전은 브러시 등 접동요소를 사용하지 않는 고정식으로 하기 때문에 자계를 만드는 마그네트 회전기를 어디에 배치하느냐에 따라서 자로의 구성방법, 권선의 배치방법이 변한다. 브러시가 없기 때문에, 브러시의 마모가 없는 것이 가장 큰 장점이고, 공간벡터제어(Space Vector Control)기법의 상용화로 기존의 DC모터를 대체해가면서 DC모터와 유사한 방법으로 모터를 제어한다. 이 또한 토크 직접제어가 가능하고, 속도제어, 위치제어 등에서 탁월한 성능을 발휘한다. BLDC는 최근 많은 연구가 진행되고 있고, 상용화가 한창인 모터이다. PMSM이 주로 정밀 서보용인 반면에, BLDC는 고 토크 및 고속도 제어에 많이 이용된다. 미사일의 속도제어, 러닝머신의 벨트제어 등 여러가지로 이용된다.

(2) AC 모터

1) 유도모터(Induction Motor)

유도모터는 변압기의 구조와 완전히 동일하며, 1차 측과 2차 측이 분리된 형태이다. 유도모터는 최초 3상 유도모터가 먼저 상용화 되었고, 후에 일반 단상유도모터가 상용화된다. 이유는 단상전원으로는 회전자계를 만들 수가 없었고, 3상은 각상이 120도의 위상차를 가지면서 공급되므로, 적절한 구조에 의해서 쉽게 3상 회전자계를 구성할 수 있기 때문이다. 단상유도모터는 보조권선을 첨가하여 자기벡터를 전기벡터와 위상차가 생기게끔 해서 회전시킨다. 유도모터는 말 그대로 회전자에 전류를 유도시킨다. 회전자는 권선 또는 다람쥐 쳇바퀴 처럼 생긴(농형) 형태로 되어 있다. 회전자에는 자석도 없고, 따로 외부에서 전원을 공급해 주지 않지만, 고정자의 회전자계가 회전자를 훑고 지나가면 회전자에서는 발전기와 같은 역할이 되어서, 회전자도 자성체가 된다.

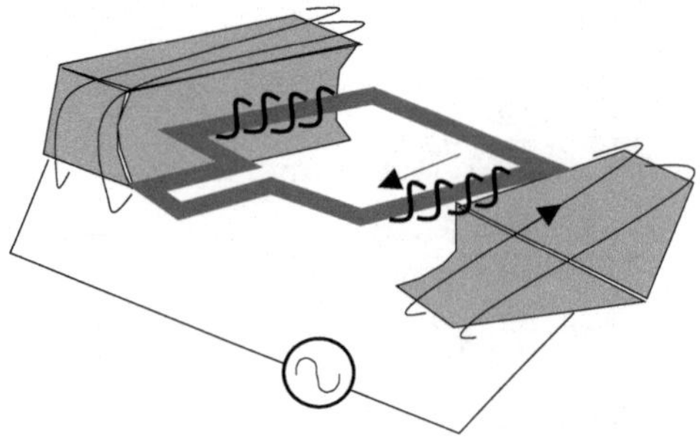

그림 4-28 유도모터(Induction Motor)

- 회전자는 슬립주파수(Slip Frequency)라는 게 있는데, 회전자의 회전속도는 고정자의 회전자계속도와 일치하지 않는다. 왜냐하면 완전히 일치하면 회전자계가 훑고 지나갈 수 없으므로 모터의 토크는 0이 된다. 따라서 늘 회전자계보다 조금 늦은 속도로 회전하게 된다.

표 4-7 유도모터의 특징

구분	특 징
유도모터 (Induction Motor)	• 고정자(stator)와 회전자(rotor)로 구성되어 있으며, 고정자 권선(winding)이 삼상인 것과 단상인 것이 있다. • 삼상 고정자 권선에 교류가 흐를 때 발생하는 회전자기장(rotating magnetic field)에 의해서 회전자에 토크가 발생하여 모터가 회전하게 된다. • 직류 모터가 정류기를 통하여 전원에 연결되는 것과는 달리 유도모터는 전원에 바로 연결된다. • 직류 모터가 Brush를 필요로 하는 것과 달리 대부분의 유도 모터는 Brush가 필요없다. • 세계에서 가장 많이 사용되는 모터. • 구조가 간단하고 튼튼하며 염가이고 취급이 용이하다. • 원래 정속도(constant speed) 모터이지만 가변속으로도 사용되고 있다. • slip이 있다.

2) 동기모터(Synchronous Motor)

고정자(stator)와 회전자(rotor)로 구성되어 있으며 고정자에 전류가 공급되며 회전자는 영구자석을 사용한다. 구조상의 형태는 BLDC모터와 유사구조 및 작용을 갖는다. 구동 시스템이 복잡하나 큰 힘을 낼 수 있기에 세탁기 등에 사용되어진다. 브러시와 정류자가 없기 때문에 수명이 길다.

- 동기모터(Synchronous Motor)는 발전기 및 제철소의 압연기 등의 일정한 속도를 요구하는데 많이 쓰이고, 영구자석으로는 도저히 만들 수 없는 초대형 모터에 주로 사용된다.

하지만 최근 희토류자석(현재 발견된 자성체중 가장 강한 자석이다)등의 저가화에 힘입어 메가와트급 모터도 영구자석으로 개발되고 있다.

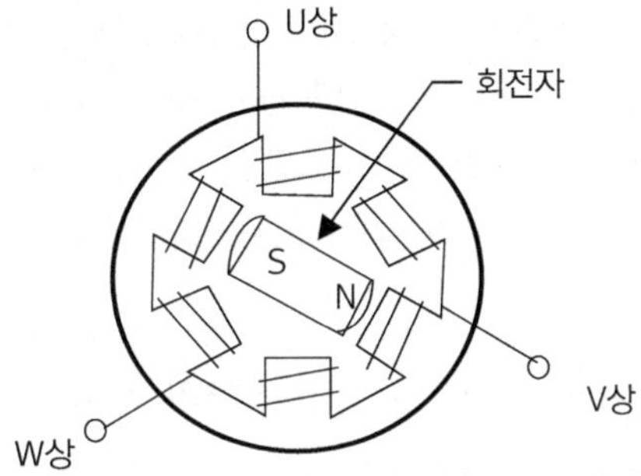

그림 4-29 동기모터(Synchronous Motor)

표 4-8 동기모터의 특징

구분	특 징
동기모터 (Synchronous Motor)	• 고정자(stator)와 회전자(rotor)로 구성되어 있으며 고정자는 유도모터의 고정자와 같으나, 회전자는 자극(poles)과 여자 권선으로 되어있으며 이 권선에 brush와 slip ring을 통하여 직류 전류를 공급하여 자극을 여자하게 된다. • 전원주파수와 극수로 결정되는 속도로 완전 동기되어, 정확히 일정한 속도로 회전한다. • 부하의 증감으로 회전속도가 변화하지 않는다.(slip이 없다.) • 역률이 항상 1 이다. • 기동 토크가 작고 구조와 취급이 복잡하다. • 여자용 직류 전원이 필요. • convey belt용 모터, 소형 시계 또는 timing motor에 사용.

(3) Servo 모터

1) 스텝핑 모터(Stepping Motor)

스텝핑 모터는 위에서 열거한 모터들과 크게 다르지 않으나, 단지 한 스텝씩 작은 회전을 정밀하게 하고 싶을 때 사용한다. 종류는, 리럭턴스(자기저항)타입, 영구자석타입, 하이브리드타입이 있다. 스텝핑 모터는 사무용기기 등에 많이 사용되며 위의 2번에서 4번까지의 모터가 각도를 알려주는 엔코더가 필요한 반면, 이 스텝핑 모터는 엔코더가 없이도 사용이 가능한 장점이 있다. 최근에는 스테핑모터의 위치를 PMSM(Permanent Magnet Synchronous Motor)이 점차 잠식하고 있는 추세이다.

2) 리니어 모터(Linear Motor)

일반적인 모터가 회전운동을 하는 반면에 이 모터는 직선운동을 한다. 주로 PCB기판 자동화용 기기 및 반도체 제작장비 등에 많이 사용된다. 예전에는 볼네지라는 스크류를 이용해서 일반적인 회전모터를 사용했지만, 볼네지의 백러쉬(Backlash) 및 마모문제로 마이크로미터 정도의 정밀한 단위에서 오차가 발생하고, 효율이 낮은 등의 문제가 있어서 요즈음 리니어 모터가 많은 각광을 받고 있다. 리니어 모터를 대형화하면 리니어모터식 전기철도가 된다.

(4) 유니버셜 모터(교류 직류 모터 : universal motor)

유니버셜 모터는 직류나 교류로 회전시킬 수 있는 정류자 모터를 말한다. 사용되는 교류는 대개 단상교류이며, 특별히 설계된 직권모터(series-wound motor)의 일종이다.

유니버셜이라는 말은 "여러가지 목적에 사용되는 만능"이라는 뜻이며 이 모터를 직류나 교류로 사용할 수 있기 때문에 이 명칭으로 불려지고 있다. 이 모터의 구조는 직류 직권 모터와 같으며 스테이터 코일과 로터 코일에 동일 전류를 흐르게 하며 회전력을 발생시킨다. 따라서 직류나 교류에서 토크의 발생 방향이 일정하게 되어 항상 일정한 방향으로 회전할 수 있게 된다. 또 유니버셜 모터는 입력 단자에 공급하는 전압의 극성을 바꾸어도 회전 방향은 변하지 않는다. 유니버셜 모터를 교류 전원으로 사용하는 경우 전원 주파수의 2배로 맥동하는데 50/60Hz 정도의 주파수이면 그 맥동은 별로 문제가 되지 않는다. 이 모터의 특징은 시동 토크가 크고 고속 회전이 쉽게 얻어 진다는 것이다. 그 때문에 전차 등의 구동 모터로 많이 사용되고 있다. 한편 결점으로는 브러시와 정류자가 있기 때문에 전기 노이즈, 기계 노이즈가 크고 수명도 그다지 길지 않다는 점 등을 들 수 있다.

유니버셜 모터의 장점과 단점을 비교하면 다음과 같다.

1) 장점

① 직류와 교류로 모두 사용할 수 있다.

② 시동(가동) 토크가 크다

③ 고속 회전이 쉽게 얻어진다.

④ 마그넷을 사용하지 않는다.

⑤ 전압의 극성이 바뀌어도 회전 방향은 일정하다.

2) 단점

① 무부하 회전수가 높다.

② 전기 노이즈, 기계 노이즈가 크다.

③ 수명이 짧다.

대부분 분수마력 모터로, 수동 전동공구나 목공기계와 믹서나 재봉기 같은 가전제품에 많이 사용한다.

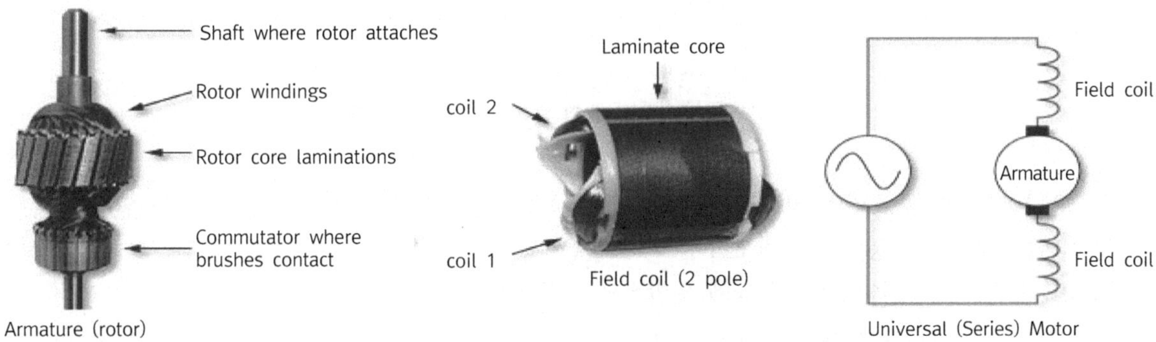

그림 4-30 universal motor

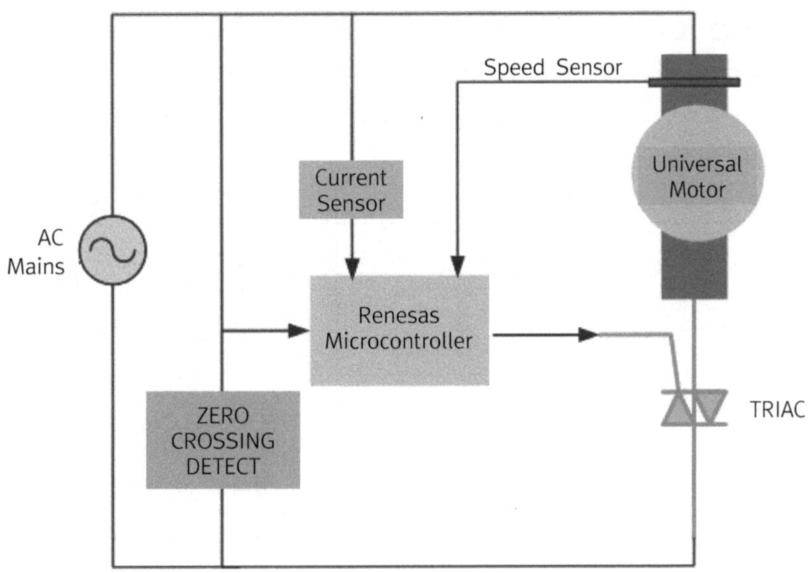

그림 4-31 Phase Angle Control of a Universal Motor

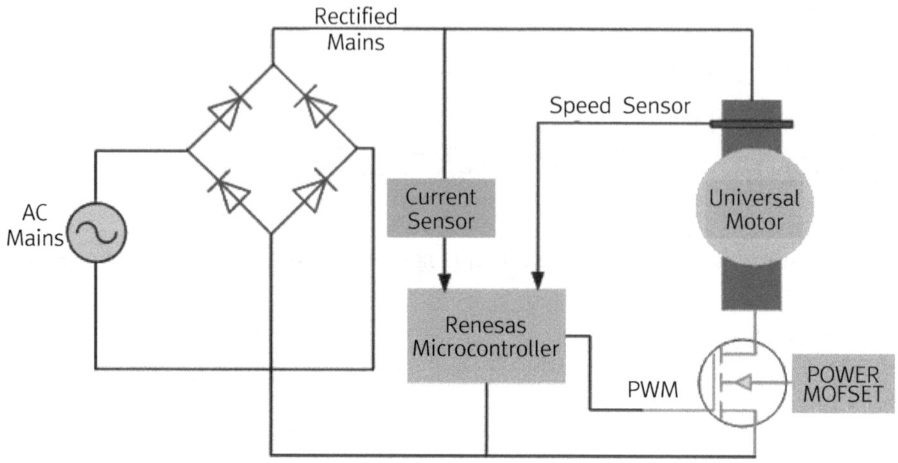

그림 4-32 PWM Chopper Control of a Universal Motor

유니버셜모터는 소형의 직류 직권모터와 같은 기계적 구조를 가지며 교류·직류 전원을 양용할 수 있는 장점으로 동급의 일반모터에 비해 높은 속도로 구동이 가능하므로 핸드드릴이나 진공청소기, 세탁기 등의 가정용기기 등에 일반적으로 사용된다.

위상각제어기를 이용하여 모터로 입력되는 전압을 제어하는 방법은 간단한 구조 때문에 위상지연으로 인해 입력 역률 및 저차 고조파 전류특성이 좋지 않음에도 불구하고 널리 사용되고 있다.

브리지 정류기를 사용하여 교류 전원을 맥동하는 직류전원으로 변환한 후 DC 초퍼로써 유니버셜모터에 입력되는 평균전압을 제어하는 방법은 제어기의 효율을 높일 수 있고 저차 고조파전류를 감소시킬 뿐만 아니라 저진력값에 대해서도 부하역률의 저하를 막을 수 있다.

표 4-9 모터 종류별 특징

	구분	구성회로	특 징
DC 모터	브러시 DC모터	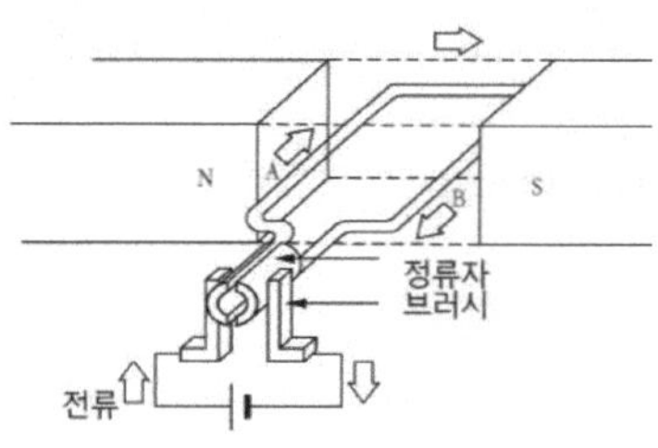	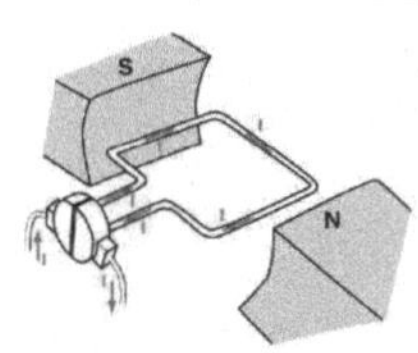 • 고정자 : 전자석 (혹은 영구자석) • 회전자 : 브러시 통해 일정 전류 공급 - 플레밍 왼손법칙 : 회전자 회전

<table>
<tr>
<td></td>
<td>브러시리스
DC모터
(BLDC)</td>
<td>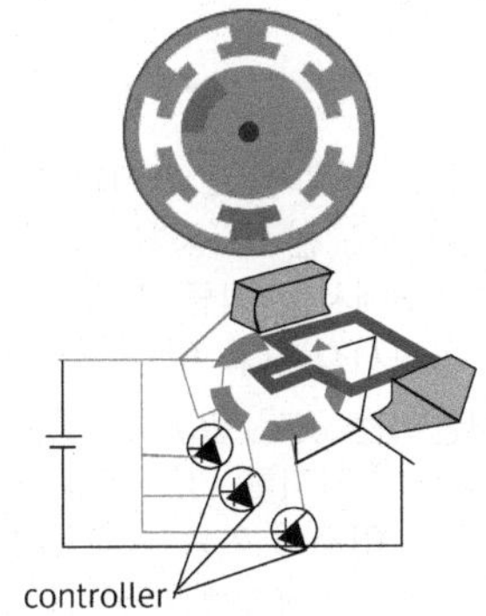</td>
<td>• 고정자 : 반도체소자 및 컨트롤러(트랜지스터, 싸이리스터)사용 – 순차적으로 자력을 발생
• 회전자 : 영구자석 – 순차적으로 변하는 고정자의 자력에 의해 매끄럽게 회전자 회전
• 특징:
– 기계적 정류기구를 전자화(무접점화)
– 전기적노이즈(불꽃), 기계적노이즈가 작다.
– 신뢰성이 높고 수명이 길고 고속화가 용이하다.
• 동기모터와 유사작용</td>
</tr>
<tr>
<td rowspan="2">AC
모터</td>
<td>유도모터</td>
<td>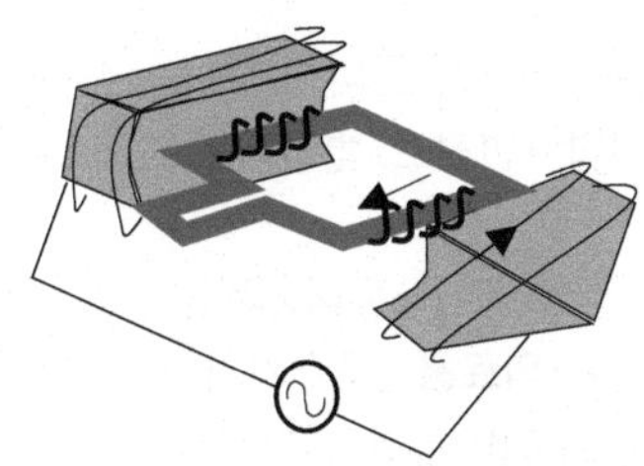</td>
<td>• 고정자 : 교류 공급(주파수에 비례 전류흐름 변화)
• 회전자 : 고정자의 자장변화에 의해 전류 유도(전자유도 작용/회전자에서 역기전력발생) → 회전력 발생
• 교류모터는 보통 유도모터
• 교류모터는 정류자가 없어서 수명이 아주 길다
• 변압기와 유사 작용</td>
</tr>
<tr>
<td>동기모터</td>
<td>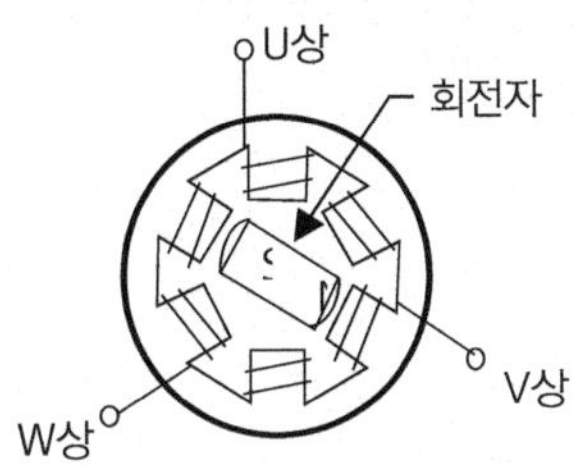</td>
<td>• 고정자 : 전류공급
• 회전자 : 영구자석
– 구동 시스템이 복잡하다
– 큰 힘을 낼 수 있다.(세탁기)
– 방열특성이 좋다.
• BLDC와 유사작용</td>
</tr>
<tr>
<td rowspan="3">Servo
모터</td>
<td rowspan="3">회전형
모터</td>
<td>DC서보 모터
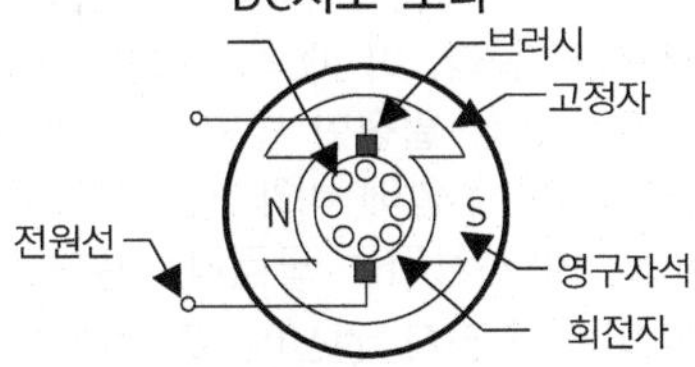</td>
<td>• 고정자 : 영구자석
• 회전자 : 전류공급
– 수명 짧다(브러시 소모)
– 고성능 추종능력 좋다.
– 값싸다.</td>
</tr>
<tr>
<td>AC서보 모터
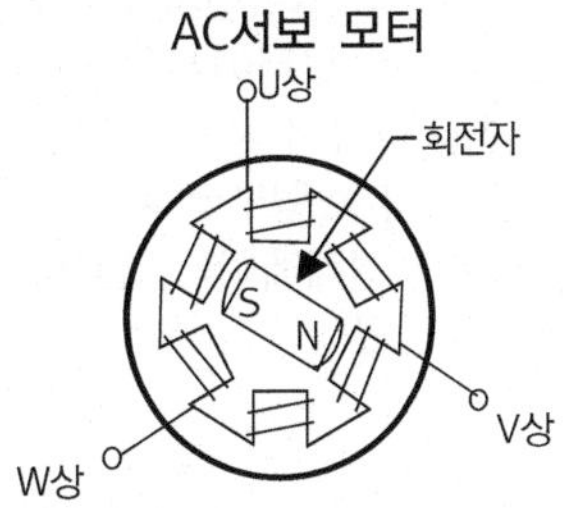</td>
<td>• 고정자 : 전류공급
• 회전자 : 영구자석
– 구동 시스템이 복잡하다
– 큰 힘을 낼 수 있다.(세탁기)
– 방열특성이 좋다.
– 수명이 길다(브러시와 정류자가 없음)</td>
</tr>
<tr>
<td>스텝모터</td>
<td>• 한 단계 한 단계 잘라서 일정각을 회전한다.</td>
</tr>
</table>

직류전원과 교류전원

- 직류는 일정 방향으로만 전류가 흐르게 하는 것이다. 주로 들고 다니는 기기, 소형기기, 저소비 전력기기 등에 모두 직류가 사용된다. 하지만 직류 중에서도 전기자동차, 직류모터, 전동차, 탱크, 잠수함 등등의 직류는 직류인데 많은 전류가 필요로 하는 곳에서는 직류 축전지를 엄청 사용하고 이를 교류로 변환한 후 다시 직류로 바꿔서 각종 기기를 동작시킵니다. 이를 역으로 인버터라고 한다.
- 교류를 사용하는 곳은 가정과 공장 등에 많이 사용하는 것은 알고 있다. 집에 있는 가전제품은 거의 교류를 쓰고 있다. 이유는 직류로 쓰게 되면 수시로 축전지를 바꾸어 주어야 하니 비용이 많이 들기 때문에 교류를 써서 내부에 정류회로라는 것이 있다. 이것의 기능은 교류를 직류로 바꾸어 주는 기능을 한다. 이렇게 변환된 직류를 만들어 이를 각 구성부품에 공급하여 동작하는 것이다. 이를 컨버터라 한다.(넓은 의미)
- 먼 거리에 전기를 공급하기 위해서는 직류보다는 교류가 좋다. 이유는 손실이 교류가 적기 때문이다.
- 발전소, 댐에서 교류전기 발전→송전선로/송전탑→변전소/변압기→220V로 변환→공장설비/가전제품에 공급됨.
- 직류(축전지) → 낮게 낮춤어서 제품에 전원 공급(강하)→휴대용제품
  → 높이 올려서 제품에 공급(승압)→의료용, 특수기기용
  → 교류로 변환시켜→부하에 공급(포장마차의 전구 등)
- 결론적으로 교류는 힘이 좋고 멀리갈 수 있고 많은 전력을 공급할 수 있기 때문에 활용이 많이 되고 이것을 직류로 변환하여 실제 부하에 공급하는 것이다.

직류모터와 교류모터의 차이

- 모터는 일반적으로 회전자와 고정자로 구성되어 있다.
- 직류모터는 고정자에 일정한 전류가 가해져 발생하는 자장 또는 영구자석에 의해서 발생하는 자장 내에서 회전자의 코일이 받는 힘에 의해서 회전하게 된다. 이 때 정류자를 이용하여 회전자가 회전하더라도 코일에 흐르는 전류의 방향을 바꾸어 주어 항상 일정한 방향으로 회전력이 발생하도록 해준다. 직류모터의 회전력은 전류에 비례하고 회전속도는 전압에 비례하는 특징이 있다. 우리주변에서는 소형 장난감에 사용되는 (영구자석)모터나 청소기에 사용되는 모터가 직류모터이다.
- 교류모터는 보통 유도모터라고도 한다. 교류모터는 고정자 권선에 교류(보통 60 Hz, 1초에 극성이 60번 바뀜.)를 흘려주면 이때 발생하는 자장의 변화에 의하여(전자유도에 의하여) 회전자에 전류가 유도되어 회전력이 발생하게 된다. 회전자의 구조는 소형 모터에서는 단순한 다람쥐 쳇바퀴 모양의 단락된 권선을 사용하고, 대형 교류 모터에서는 권선을 감아서 사용한다(권선형). 교류모터는 우리 생활 주변에서 가장 널리 쓰이는 모터로 용량이 수 십 W의 소형부터 수 백 KW에 이르는 대형까지 가정과 산업현장에서 널리 쓰여 선풍기, 세탁기, 냉장고나 엘리베이터, 펌프, 크레인 등에 사용된다. 교류모터는 정류자가 없어서 수명이 아주 길다는 장점이 있다.

- 요즘은 전자제어가 발달하여 직류와 교류모터의 혼합형을 사용하기도 한다.
- 가전제품이 교류로 오는 전기를 직류로 바꿔서 쓴다고 하던데 왜 그럴까? 우리가 교류를 사용하여 전력을 보내는 것은 변압기를 사용하여 전압을 마음대로 바꿀 수 있기 때문에 교류를 사용하는 것이다. 보통 컴퓨터나 VTR, TV, 오디오 등의 가전제품에서 가정에 들어오는 전압을 소형 변압기와 정류회로를 이용하여 12 volt나 5 volt의 직류로 바꾸어서 사용한다. 전자제품은 내부에 트랜지스터 증폭회로를 사용하는 데, 직류에 적합하도록 회로가 설계되었기 때문에 직류를 사용한다. 그리고 내부에 구동부가 있는 컴퓨터나 오디오, TVR의 내부에서는 12 V의 직류모터를 사용한다.

브리쉬리스 모터

모터보드

모터의 기본법칙

앙페르

- **오른나사법칙(=앙페르의 법칙)** : 전류에 의해서 발생되는 자력선은 언제나 오른나사가 진행하는 방향으로 전류가 흐르면 자력선은 오른나사가 회전하는 방향과 일치하는 자력선이 발생되어 나오는 것을 자력선의 오른나사법칙 또는 앙페르의 법칙이라 한다.
- **오른손 엄지손가락 법칙** : 코일이나 전자석의 자력선 방향을 알려고 할 때 이용하는 법칙으로 오른손의 엄지손가락을 제외한 네 손가락을 전류의 방향에 맞추어 잡았을 때 엄지손가락의 방향으로 자력선이 나온다.
- **플레밍의 왼손법칙** : 자계의 방향, 전류의 방향 및 도체가 움직이는 방향에는 일정한 관계가 있으며 이것을 왼손을 이용하여보면 도체의 움직이는 방향으로 정확하고도 쉽게 알 수 있다. 왼손의 엄지손가락, 인지, 가운데 손가락을 직각이 되게 펴고 인지는 자력선방향에 가운데 손가락은 전류의 방향에 일치시키면 도체에는 엄지손가락 방향으로 전자력이 작용하는데 이것을 플레밍의 왼손법칙이라 한다.

국가별 전압 및 주파수

국가	주파수(Hz)	전압(V)		비고
		단상	삼상	
대한민국	60	110/220	220/380	
중국	50	220	380	
말레이지아	50	240	415	
싱가포르	60	230	400	
사우디아라비아	60	127/220	220/380	지역별로 차이 있음
쿠웨이트	50	240	415	
이라크	50	220	380	
아랍에미레이트	50	220/240	280/415	
이집트	50	220	380	
영국	50	240	415	
프랑스	50	127/220	220/380	
독일	50	220	380	
이태리	50	220	380	
스위스	50	220	380	
미국	60	120	208/240	지역별로 차이 있음
멕시코	60	127	220	

4.4 모터의 특징

전기를 연결하면 회전 운전하여 쉽게 동력원을 얻을 수 있으며, 가정용 기기나, 산업용 기기, 생산 라인의 자동화 등 다양한 용도에 사용되고 있다.

(1) 다양하고 풍부한 기종

크기는 60 mm 6 W에서부터 90 mm 200 W까지 다양하고 풍부한 모델을 가지고 있다.

사용 전압도 100 V 50/60 Hz(일본), 200 V 50/60 Hz(일본), 110 V 60 Hz(대만), 220 V 60 Hz (한국, 대만), 115 V 60 Hz(북미), 230 V 50 Hz(유럽, 오세아니아), 220 V ~ 240 V 50 Hz(동남아시아) 등 전 세계 지역을 커버하는 전압사양이 있다.

(2) 저소음화, 저진동화

모터를 사용하는 장소와 조건 등 품질 기준의 강화로 저소음과 저진동을 요구하고 있다. 이런 조건을 만족하기 위하여 기어가공의 고정밀화와 SKIVING 절삭법을 채용하고, 또 저소음화·저진동을 위하여 진동의 근원이 되는 로터를 100% 발란스 기계로 확인하여 만들고 있다.

3) 간편하게 사용

사용하는 요구에 의해 최적의 설계 및 제작이 될 수 있도록 모터 및 기어박스를 요구 사양에 맞추어 판매를 하기 때문에 간편하고 안전하게 사용 하실 수 있다. 어디에나 어느 곳이나 사용되는 상용전원에 콘덴서를 연결하여 쉽게 구동하여 동력원을 얻을 수 있다. 삼상용 전원에는 콘덴서가 필요하지 않으므로 모터에 그대로 삼상전원을 연결하여 구동시키면 쉽게 동력원을 얻을 수 있다.

4.4.1 모터의 온도 상승에 대하여

(1) 모터의 온도상승과 절연

모터에 전류를 흐르면 열이 발생된다. 그것은 코일이나 도체의 저항에 의해 모터의 전부에 발생되는 동손, 자력선이 지나갈 때의 철심재료의 저항, 철심을 자화시키기 위하여 철심 부에 발생되는 철손에 의한 전기적 손실 이다.

마찰손이라고 하는 축수, 공기 등 마찰에 의한 기계적 손실로 인하여 발열이 된다. 모터에 발생된 열의 일부는 모터 내에 축적되고, 그 밖에는 복사, 대류, 전도 등에 의해서 외부로 방산 된다. 모터가 운전 중에는 모터내부에서 발생된 열 손실과 밖으로 방산 되는 열과의 차를 온도상승이라고 한다.

모터가 운전 중 온도상승이 되어 열이 발생되면 온도가 가장 높은 곳은 권선 부가된다. 따라서 모터의 사용 한계는 주위온도와 모터의 온도상승에 의해 제한된다.

각 절연계급에 의한 모터의 사용온도 한계는 표 4-11과 같다.

표 4-10 절연계급에 의한 모터의 사용온도 한계

절연의 종류	내 용	허용 최고 온도
Y종	목면, 견, 지등의 재료로 구성. 바나스류에 함침 또는 기름에 침투시키지 않은 것.	90℃
A종	Y종과 같은 재료로 구성. 바니스류에 함침 또는 기름에 침투시킨 것.	105℃
E종	에나멜선용 폴리우레탄 수지, 에폭시 수지면 적충품, 종이 적층품	120℃
B종	마이카, 석면, 그라스섬유 등의 접착 재료를 이용하여 구성한 것.	130℃
F종	B종과 같은 재료를 실리콘 알키드 수지 등의 접착재료를 이용하여 구성한 것.	155℃
H종	B종, F종과 같은 재료를 규소 수지 또는 동등의 성질을 가진재료로 함께 사용한 것.	180℃
C종	생마이카, 석면, 자기 등으로 단독적으로 구성된 것 또는 접착재료와 함께 사용한 것.	Over 240℃

모터가 운전 중에는 온도상승으로 온도가 높아지게 되나 허용최고온도 이상은 올라가지 않도록 설계되어 있다.

또 유도모터는 연속으로 사용하여 운전시작 2~3시간정도 운전하면 온도가 포화되어 규정된 온도이하로 일정하게 나타난다. REVERSIBLE 모터는 연속적으로는 30분 정격이나, 부하조건이나 운전조건(ON-OFF운전)등에 따라 운전시간이 다르게 되어 규정된 온도이하로 사용된다면 운전시간을 연장하여 사용할 수 있다.

(2) 사용주위 온도

모터를 사용할 때에는 주위온도가 -10℃에서 +40℃의 범위에서 사용한다. 사용온도를 초과하는 장소나 SET에서 사용하는 경우에는 모터를 운전한 후의 온도 상승에 의한 온도가 주위온도에 더해져 권선부 코일의 열화와 볼 베어링의 수명이 현저하게 떨어진다. 또한 주위온도가 너무 낮은 곳에서 사용하여도 주로 기동 특성이 문제가 된다. 더불어 기어 헤드의 윤활 그리스와 볼 베어링의 주도가 저하되어 마찰 토크의 증대로 인하여, 기동이 되지 않거나 기동하는데 있어서 시간이 걸린다.

(3) 모터의 온도상승 측정 방법

모터 케이스의 중앙부에 온도타점계의 열전대를 부착하여 모터를 운전시켜 케이스부의 온도가 포화되었을 때 온도를 측정하여 주위온도와의 차를 온도상승이라고 하고 단위는 deg로 하고 있다. 일반적으로 모터에서 온도가 가장 높은 부분은 권선부이다. 권선부의 최고 허용온도가 절연재료의 종류에 의해 K.S규격으로 규정되어 있다.

모터를 빈번하게 기동, 정지하거나, 회전방향을 전환하거나, 제동장치에 의해 순간정지를 빈번하게 반복하면모터의 온도상승은 더욱 높아진다. 모터의 온도는 낮을수록 수명에 유리한다.

모터 운전 중에 모터 케이스의 표면온도가 다소 높아지게 되고 경우에 따라서 90℃정도 되는 경우가 있지만, 이상은 아니다. 따라서 부주의로 모터에 접촉 한다든지 가연성 물질을 가까이 놓으면 사고를 초래 할 수 있으므로 주의하여야 한다.

4.5 모터에서 사용되는 자석

자석의 성질로서 가장 잘 알려져 있는 것은 철 등의 금속을 흡인하는 작용일 것이다. 그리고 자석에 달라붙은 물질을 강자성체라고 한다. 강자성체에는 철을 비롯해서 니켈, 코발트가 있으며 이들을 함유한 합금도 강자성체로 된다. 그런데 우수한 자석이란 일반적으로 철 등을 흡인하는 힘이 큰 자석을 말한다. 다시 덧붙이면 단단하고 가공성이 우수하며, 소형, 경량, 저가격이라고 할 수 있다.

물론, 이들을 모두 만족하는 자석은 없으며 현재는 여러가지 금속을 사용한 고성능의 자석이 개발되어 모터에 사용되고 있다. 예를 들면 1 kW이하의 모터에는 네오디뮴계나 사마륨계의 희토류 자석 또는 바륨 페라이트계, 스트론튬 페라이트계등의 자석이 많이 사용되고 있다. 희토류는 백금 텅스텐처럼 희귀금속의 한 종류다.

희토류(rare earth metals)는 이름 그대로 '희귀한 17개 원소'라는 의미를 가지고 있는 광물이다. 희토류 땅 속 함유량은 100만분의 300에 불과한 만큼 그 수가 매우 적기도 하지만 분포하고 있는 곳이 한 곳에 집중돼 있지도 않다. 희토류는 주기율표 제 3A족인 스칸듐(Scandium, Sc, 원자번호 21), 이트륨(Yttrium, Y, 번호 39)과 원자번호 57(란탄늄)에서 71(루테튬)까지 란탄계열 원소 15개를 더한 17원소를 총칭한다.

희토류는 1787년 스웨덴 육군 소위 칼 악셀 아레니우스(Karl Axel Arrhenius)가 이테르비(Ytterby) 근처 장석 광산에서 흑색 광물 '이테르바이트(ytterbite, 현재 가돌리나이트라고 불림)를 채광하면서 발견됐다.

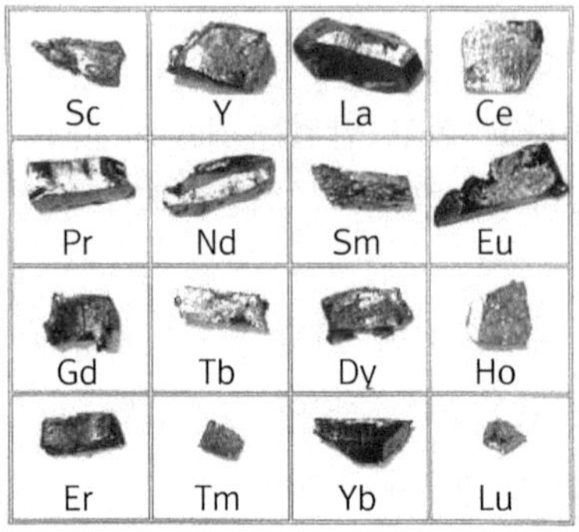

그림 4-33 희토류(rare earth metals)의 종류

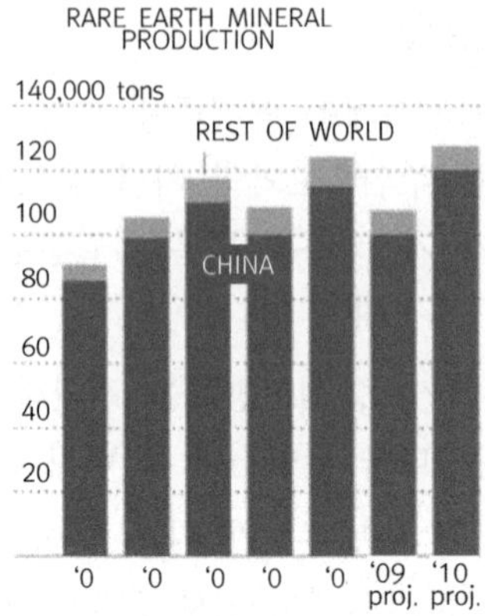

RARE EARTHS	ATOMIC NO.	COMMERICAL USE
Scandium	21	Stadium lights
Yttrium	39	Lasers
Lanthanum	57	Electric car batteries
Cerium	58	Lens polishes
Praseodymium	59	Searchlights, aircraft parts
Neodymium	60	High-strength magnets
Promethium	61	Portable X-ray units
Samarium	62	Glass
Europium	63	Compact fluorescent bulbs
Gadolinium	64	Neutron radiography
Terbium	65	High-strength magnets
Dysprosium	66	High-strength magnets
Holmium	67	Glass tint
Erbium	68	Metal alloys
Thulium	69	Lasers
Ytterbium	70	Stainless steel
Lutetium	71	None

그림 4-34 중국생산 희토류의 종류

이후 1974년 핀란드 화학자인 요한 가돌린(Johann Gadolin)은 이테르바이트로부터 이트륨 산화물을 분리하는 데 성공했고 1980년대 스웨덴과 노르웨이는 모나자이트(Monazite)에서 희토류 원소를 추출하는 데 성공했다.

희토류 원소 금속들은 보통 연하고 전성과 연성이 있는데, 특히 온도 상승시 반응이 활발히 일어나며 융용점은 798℃(세슘)~1663℃(루테튬)다. 경제적 가치를 가진 희토류 광석은 모나자이트와 바스트네사이트(Bastnaesite)가 있다.

광석에 원소형태로 극소량 들어있어 이를 분리해 내는 게 까다롭다. 18세기 북유럽에서 최초로 발견됐지만 1964년 컬러TV의 적색 형광체로 이용되면서부터 근대 산업소재로 각광을 받기 시작했다. 상온에서 이용 가능한 고온 초전도체 개발이 성공하면서부터 주목을 받은 것이다. 자성체가 되기 쉽고, 열과 전류를 전달하는 특징을 갖고 있다. 이런 특성 때문에 가전제품은 물론 휴대폰, 레이저 항공기 에너지 환경 석유화학 식물성장 촉진제 등에 감초처럼 들어간다. 예를 들어 고음질 스피커나 MP3 플레이어에는 희토류 금속으로 만든 영구자석이 필요하다.코로나19가 전 세계를 강타하면서 전 세계가 깊은 경기침체기를 맞고 있으며, 미중 양국간 감정의 골은 더욱 깊어질 것으로 보인다. 이런 무역 갈등에는 특정 산업을 유지하고 발전시키는데 필요한 광물자원에 대한 수출입 문제가 핵심으로 작용하는 경우가 많은데, 그 중에서도 반도체 기기 생산 등에 필수적으로 사용되는 광물인 '희토류(Rare Earth Elements)'가 갈등의 중심에 있다.

반도체 기기 생산 등에 필수적으로 사용되는 광물인 '희토류'가 무역 갈등 중심에 있다.

희토류, 상당히 유용하지만 위험요소 상존

희토류는 화학적으로 매우 안정적이고 건조한 공기 속에서도 오랫동안 잘 견뎌내며 열을 잘 전도하는 양도체다. 이런 화학적 성질 때문에 최근 광학유리, 전자제품, 금속첨가제, 촉매제 등 첨단산업의 중요한 원자재로 이용되고 있다.

문제는 채굴과 정제, 그리고 가공 과정이 매우 까다로워 붙여진 이름인 희토류가 채굴 과정에서 큰 비용은 물론, 심각한 환경오염까지 발생시킨다는 데 있다. 기본적으로 난채굴, 밀수 등의 범람으로 희토류 채굴 후 훼손된 광산과 주변 환경 복원시 천문학적인 비용이 발생하는 데다 심지어 현재 채굴 중인 광산이 언제 복원될지는 아무도 예상할 수 없는 상황이다. 과거에는 침전제로서 황산을 사용해 채굴했지만 현재는 광맥 상층에 대량의 황산암모늄을 주입하고 있는데, 이 유독액체는 장기적으로 지하에 잔류하게 돼 지하수원 오염을 유발하는 것으로 알려져 있다.

반환경적 요소에도 불구하고 희토류 자체는 하이브리드 자동차나 풍력발전, 태양열 발전 등 녹색성장을 위한 영구자석 제작에도 약 1kg 정도가 들어갈 만큼 화학적으로 매우 안정된 금속이다. 열과 전기를 원활하게 전도한다는 특성 덕분에 현대사회에서 필수적인 원소로 널리 사용될 수밖에 없다.

풍력발전에 필요한 고성능 자석은 네오디뮴과 같은 희토류가 필요하고 태양광 패널에는 인듐이나 갈륨 등의 희토류가 필요하지만 소재로 활용할 수 있는 고품질 희토류 생산과정에서 엄청난 환경오염이 발생하는데, 그런 환경오염을 방지하려면 결국 막대한 에너지가 소비될 수밖에 없다.

친환경적인 산업에 반드시 필요한 희토류가 생산 과정에서 환경오염을 발생시키고, 그 환경오염을 방지하기 위해 또 다른 막대한 에너지가 소비된다고 하니 이 희토류가 친환경적인지, 반환경적인지 판단하기는 쉽지 않다.

희토류 세계 총 매장량은 21세기 소비량을 충족시키기에 충분하다. 특히 호주와 중국에 있는 몇몇 대규모 광산은 아직 완전히 개발되지 않은 상태다.

중국 의존도 높은 희토류

세계 최대 희토류 매장국은 중국이다. 중국 매장량은 4400만톤(REO, Rare Earth Oxides)으로, 세계 총 매장량 38%를 차지하고 있다. 중국 희토류 협회는 중국 미확인 매장 및 부존량이 최대 1억톤이 될 것으로 추정하고 있다.

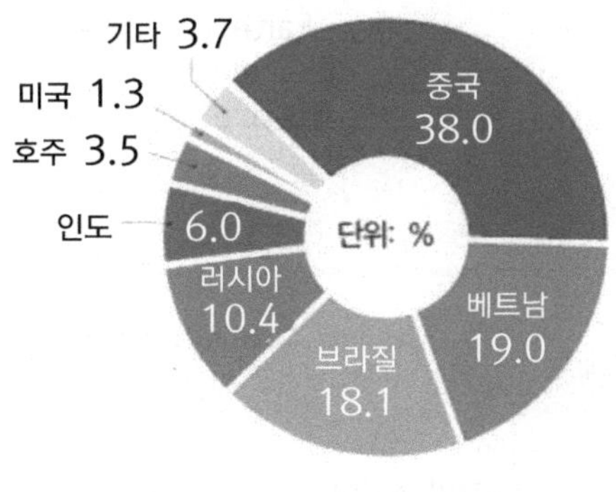

그림 4-35 세계 희토류 매장량 순위(2020년 기준)

여러 국제적인 상황을 이유로 희토류를 외교시 무기로 사용하는 경우가 있는데, 실제로 중국은 2010년 일본과 센카쿠 열도 분쟁시 희토류를 국제 분쟁에 대한 해결 수단으로 사용한 전력이 있고 최근에는 미국을 상대로도 희토류 카드를 사용하려고 기회를 노리고 있다.

전 세계는 희토류에 대한 중국 의존도를 낮추기 위해 희토류 생산을 가동하거나 그를 대체할 만한 기술을 개발하는 데 활발한 움직임을 보이고 있다. 하지만 희토류의 완벽한 대체재를 찾기란 쉽지 않은 일이다. 중국 의존도가 극심한 희토류는 전기차 배터리, 신재생 에너지 등 친환경 산업 필수 원료가 희토류라는 것을 부정할 수 없기 때문에 국가가 친환경적 시각으로 꾸준히 챙겨야 할 광물이다.

그럼에도 세계 총 매장량이라는 관점에서 희토류를 보면, 21세기 소비량을 충족시키기에 충분하다. 특히 호주와 중국에 있는 몇몇 대규모 광산은 아직 완전히 개발되지 않은 상태다. 물론 현재 세계 생산량은 세계 총 수요를 충족시키기에는 약간 부족한 상태다.

희토류는 알아갈수록 어떻게 다뤄야 할지 고민을 유발하는 광물이고 그래서 매력적인 자원이다. 실제로 전문가들은 희토류의 그 알 수 없는 가능성에 여러 국가와 기업, 그리고 자원 관련 학자들이 주목하고 있고 향후 세계 경제의 흐름을 바꾸는데 핵심 역할을 할 수도 있는 광물이라고 주장하고 있다.

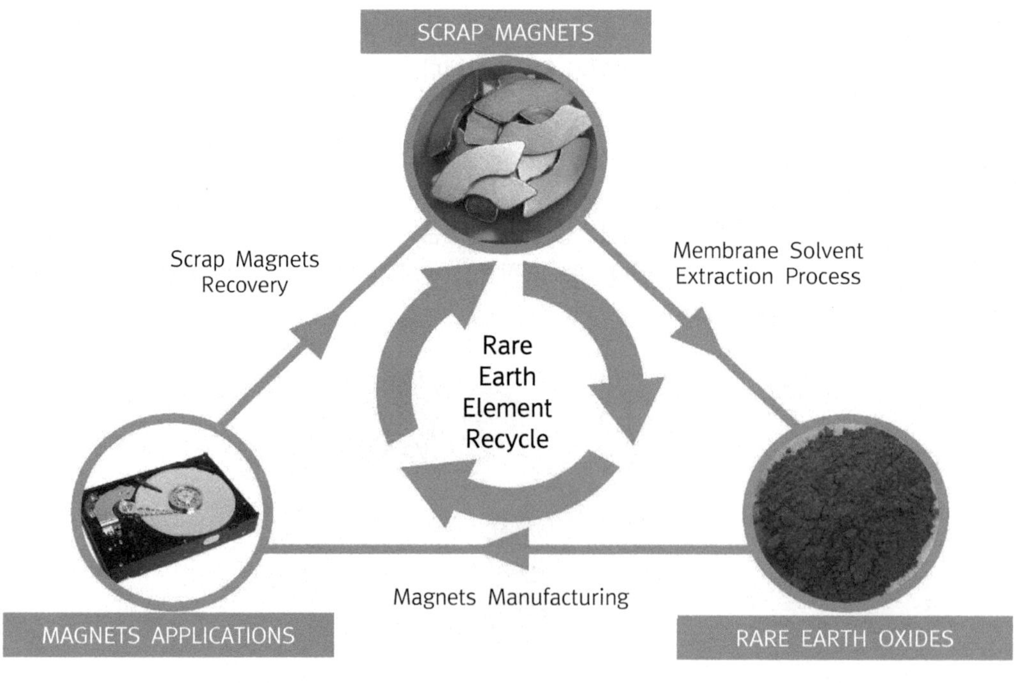

그림 4-36 희토류의 재활용

5

CHAPTER

직류모터

DC 모터가 시장에 새로운 활력을 불어넣고 있다. 여타 모터와 비교해 새로운 강점을 부각하기 시작한 것이다. 경쟁상대라고 할 수 있는 AC 서보모터와 스테핑 모터의 장점을 두루 취함으로써 DC 모터만의 새로운 활로를 창출하리라는 것이 전문가들의 진단이다.

DC 모터란 직류(DC)로 전원을 공급해 기계적으로 구동하는 전기 모터를 말한다. 고정자로 영구자석(혹은 전자석)을 사용하고, 회전자(전기자)로 코일을 사용하여 구성한 것으로, 전기자에 흐르는 전류의 방향을 전환함으로써 자력의 반발, 흡인력으로 회전력을 생성시키는 모터이다.

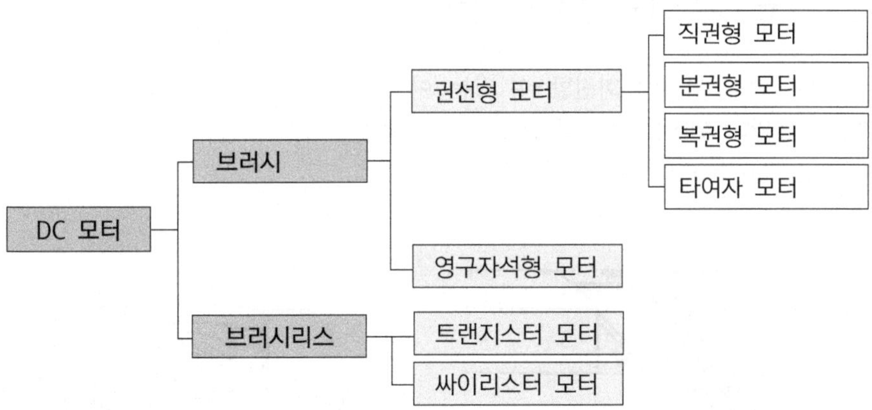

그림 5-1 DC 모터의 구분

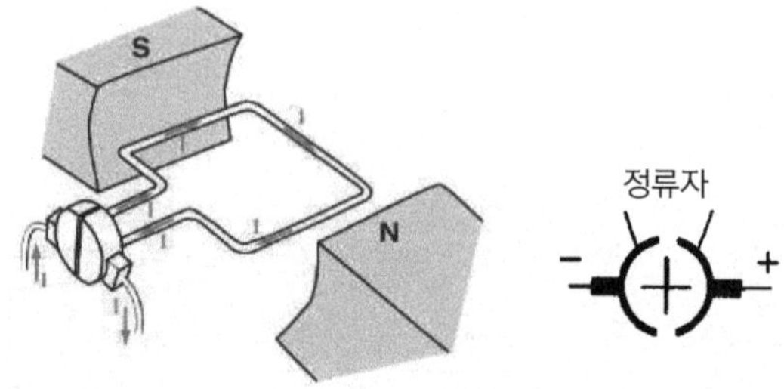

그림 5-2 DC 모터의 구조

DC 모터는 기동 토크가 큰 것이 장점이다. 인가전압에 비해 회전특성이 직선적으로 비례하며, 입력전류에 대해 출력 토크가 직선적으로 비례하다는 장점도 있다. 출력 효율 역시 양호하다. 가격이 비교적 저렴한 점 역시 빼놓을 수 없다. 그 반면에 브러시나 정류자(commutator) 등 기계적 접점을 가지기 때문에 소음이나 수명 등의 문제가 있다.

모형 자동차, 무선조정용 장난감 등을 비롯하여 여러 방면에서 가장 널리 사용되고 있는 모터이다.

5.1 직류 모터의 동작원리

그림과 같이 자석 사이에 회전할 수 있는 여자코일(도체)을 놓고 이 코일에 전류를 흐르게 하면 도체는 플레밍의 왼손법칙의 방향으로 힘이 발생한다. 즉, 직류 모터의 원리는 플레밍의 왼손법칙(Flemings left hand rule)에 의한 것이다.

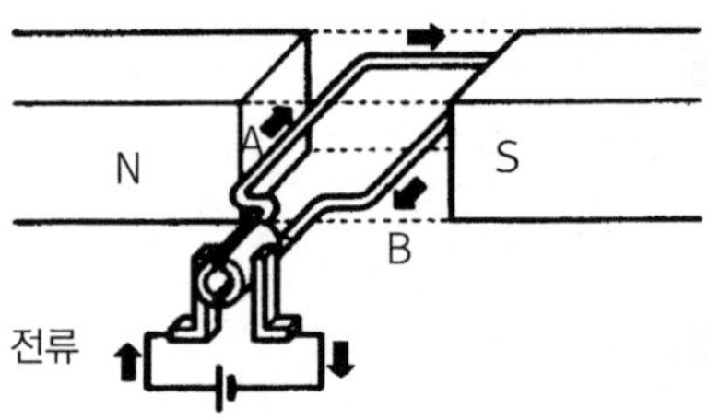

(a) 직류모터 원리

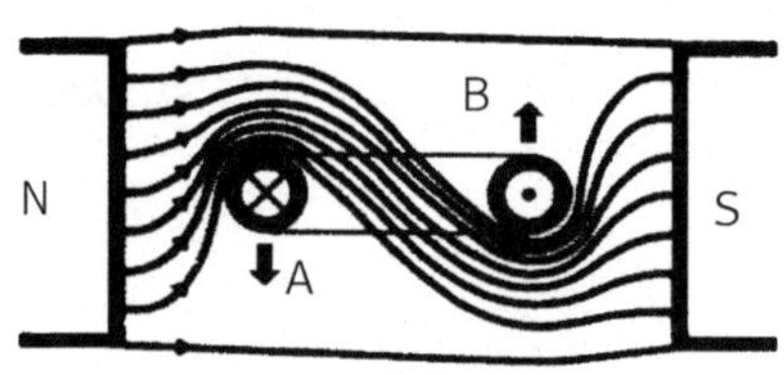

(b) 자력선 분포

그림 5-3 직류모터의 원리

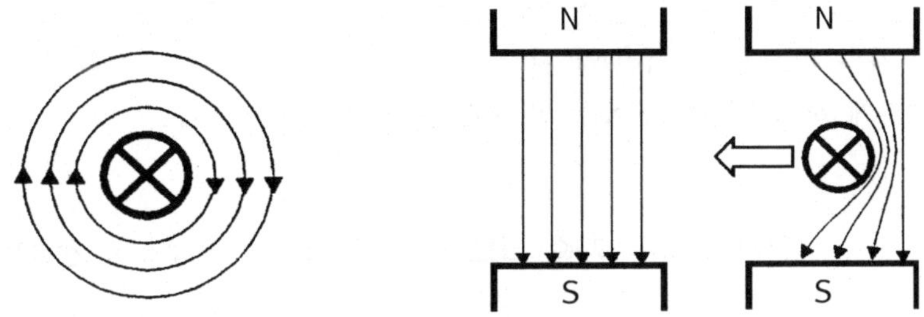

(a) 도체의 자장 (b) 자석의 자장 (c) 자장의 합성

그림 5-4 전자력

이때 코일의 양쪽에 흐르는 전류의 방향이 반대로 되어 자력선이 형성되기 때문에 회전력이 작용하여 회전운동을 일으킨다.

균일한 자장 안에 직선 도선을 놓고 이것에 ⊗방향의 전류를 보내면 도선은 F방향으로 힘을 받아서 움직인다. 이 힘은 전류 I의 주위에 시계방향으로 I에 의한 자력선이 생겨서 외부 자장과의 합성에 의한 자력선 분포의 밀도가 위 부분이 크고 아래 부분은 작기 때문에 F방향으로 힘을 받는다. 자력선은 서로 반발하기 때문에 밀도가 큰 윗부분에서 밀도가 작은 아랫부분으로 움직이게 된다. 이와 같은 힘 F를 전자력(electromagnetic force)이라 한다. 힘 F의 방향은 자속의 방향과 전류의 방향을 직각으로 놓으며 이들에 대하여 직각이 된다.

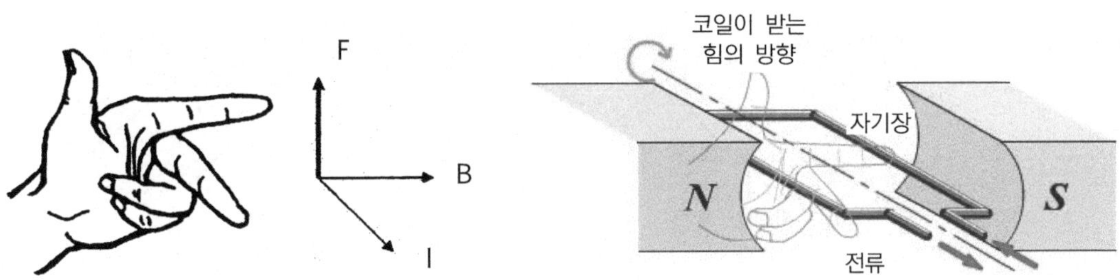

그림 5-5 플레밍의 왼손법칙

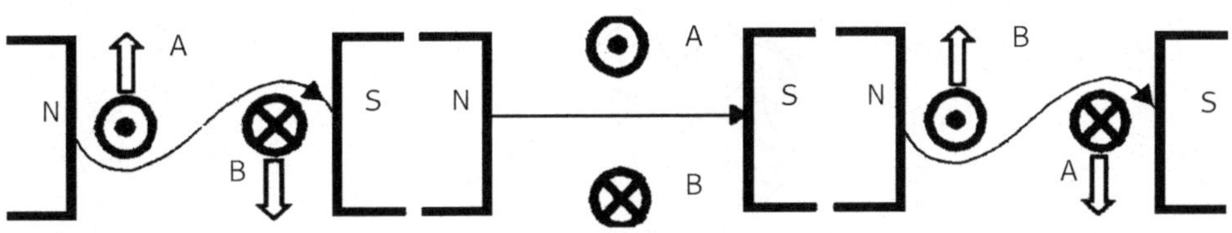

(a) 0° 위치에서 전자력 (b) 90° 위치에서 전자력 (c) 90° 이후에서 전자력

그림 5-6 모터의 원리

이 전자력 F는 자속 밀도 B와 전류 I의 곱에 비례하며 또 자장 안에 들어 있는 도선의 길이에도 비례한다. 자속 밀도(B[Wb/m^2])인 자장 안에 직각으로 길이 ℓ[m]의 도선을 놓고 도선에 I[A]의 전류를 흐르게 하면 전자력 F(N)는 다음과 같이 된다.

전자력[F] = 자속 밀도[B] × 도체의 길이[ℓ] × 전류[I]

이 전자력 F를 이용한 것이 모터이다. N·S극에 의하여 생기는 자장의 자속 밀도가 B[Wb/m^2]이고 길이 ℓ[m]의 도선에 그림과 같은 방향으로 전류가 흐르면 플레밍의 왼손법칙에 의하여 도체는 시계방향으로 회전하려고 한다.

도체가 회전할 때 기계적으로 항상 N극 가까이에서는 ◉, S극 가까이에서는 ⊗의 방향으로 전류가 흐르게 하는 구조로 만들어 주면 계속적으로 일정한 방향으로 회전하는 직류 모터가 된다.

실제로는 토크를 크게 하기 위하여 코일을 많이 감는다. 일반적으로 도체에 전기에너지를 공급하여 기계적 에너지로 바꾸는 기계를 모터라 하는데 전자력을 이용하여 동력을 얻는 편리한 기계이다. 플레밍의 왼손법칙(전자력 이용)은 직류모터, 전류계, 전압계 등에 이용된다.

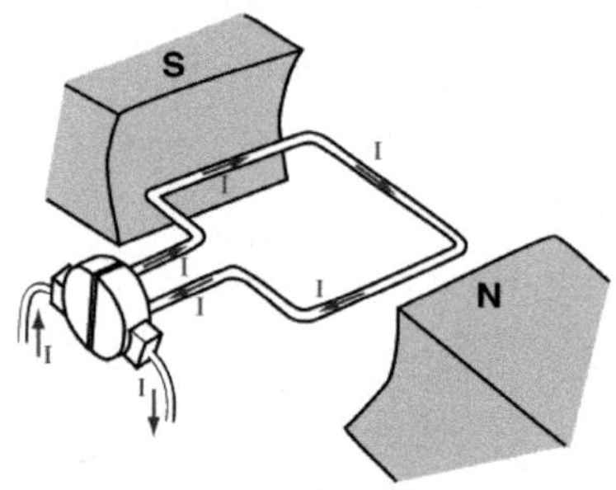

(a) 전류의 흐름

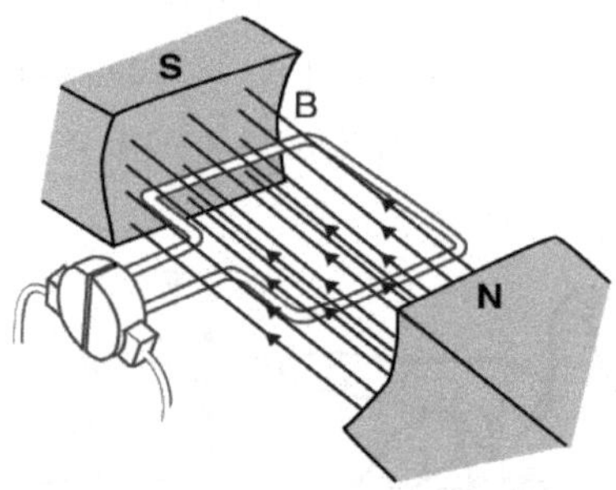

(b) 자력선의 방향

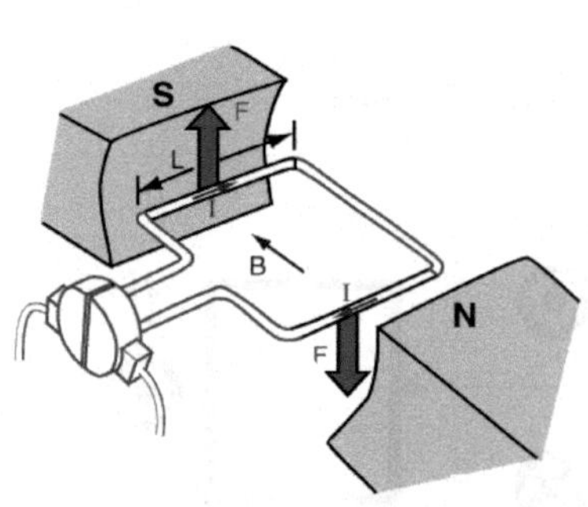

(c) 도체의 받는 힘 방향

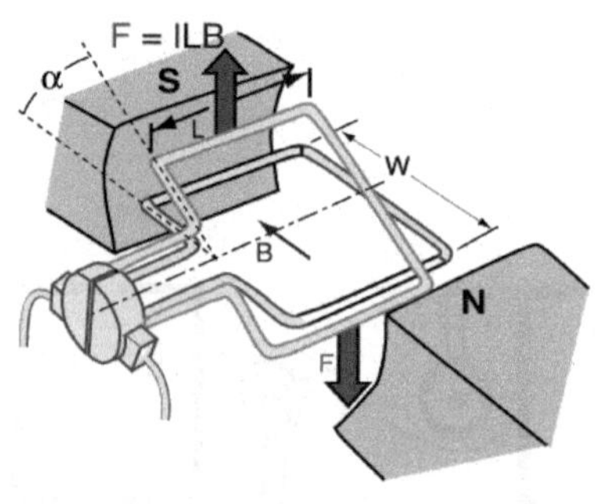

(d) 직류모터의 회전

그림 5-7 직류모터의 동작원리

직류 발전기의 원리

- 교류 발전기의 슬립링 대신 2조각의 정류자편을 연결한다.
  코일의 양 끝을 각각 정류자편에 한쪽씩 연결하고 양쪽에 브러시를 접촉시켜 직류 전류를 얻는다.

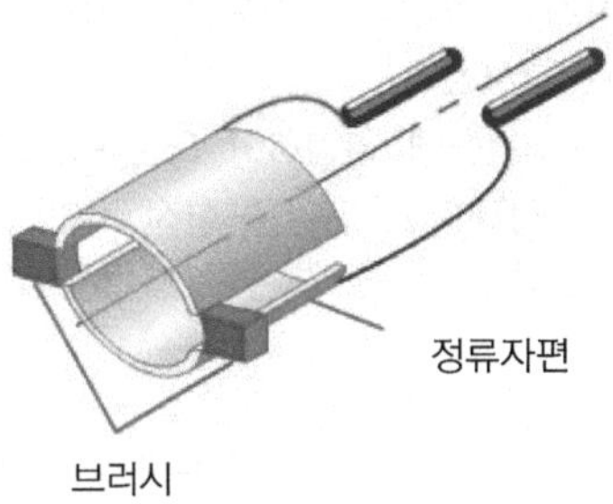

직류 발전기 구조

- 직사각형의 코일이 자기장 내에서 회전을 할 때 발생하는 전류는 교류지만 슬립링 대신 2조각으로 된 정류자편을 사용하면 코일이 회전하여 자리를 서로 바꾸어도 브러시는 항상 고정된 위치에서 정해진 코일과 접촉하므로 얻어지는 전류는 방향이 바뀌지 않는 직류가 되는 것이다.

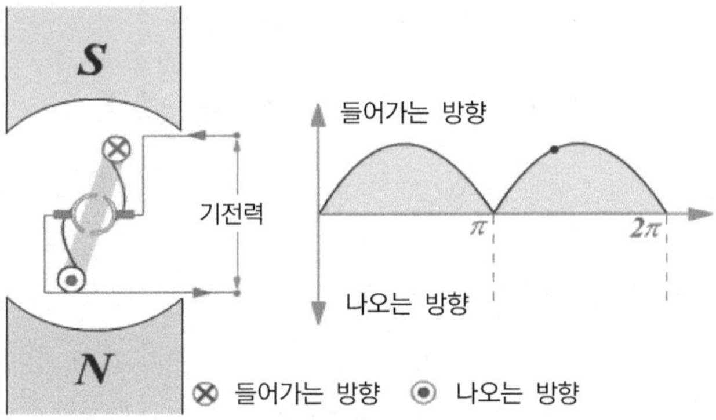

직류발전기의 출력파형

〈분류〉

- 직류 발전기의 자극은 전자석을 사용하는데, 전자석을 만드는 여자 방식에 따라 자여자 발전기와 타여자 발전기로 분류한다.
- 자여자 직류 발전기 : 계자 권선의 여자 전류를 자기 자신의 전기자 유기 전압에 의해 공급하는 발전기이다. 계자 권선과 전기자 권선의 결선 방법에 따라 분권, 직권, 복권 발전기로 나눈다.
- 타여자 직류 발전기 : 독립된 직류전원에 의해 계자 권선을 여자 시키는 발전기이다. 여자 전류를 변화시킴으로써 발전 전압을 변화시킬 수 있다.

교류 발전기의 원리

- 자석의 N극과 S극에 의한 자기장이 존재하는 공간에 코일을 직사각형 모양으로 둔다.
- 코일을 오른손의 엄지손가락이 가리키는 방향으로(반시계 방향) 회전 시키면 플레밍의 오른손 법칙에 의해 가운데 손가락이 가리키는 방향으로 전류가 흐른다.
- 코일의 양 끝에 슬립링을 연결시킨다.
- 이때, 왼쪽의 코일 끝은 안쪽의 링에 연결하고 오른쪽 코일 끝은 바깥쪽의 링에 연결한다.
- 두 링은 서로 접촉하지 않은 상태이고 코일을 회전 시키면 두 링은 각기 자기의 중심점을 기준으로 제자리 에서 회전 한다. 회전하는 두 링에 각각 브러시를 접촉시키면 기전력을 얻을 수 있다.

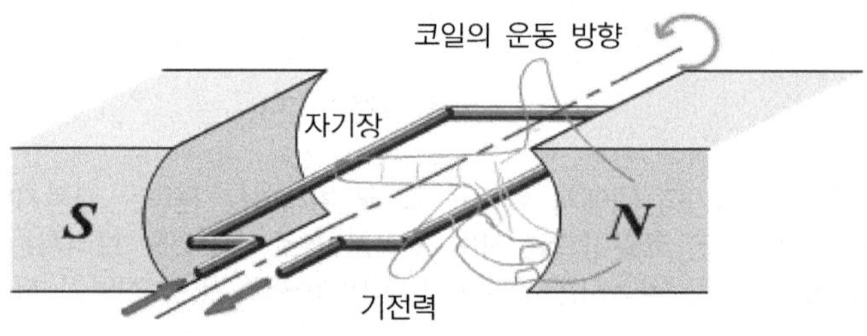

플레밍의 오른손법칙

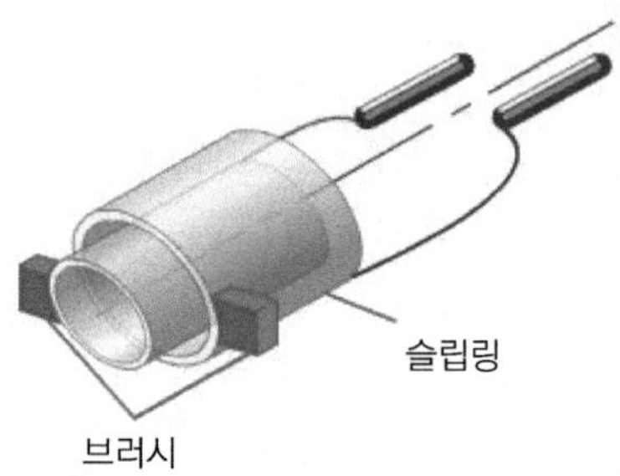

교류 발전기 구조

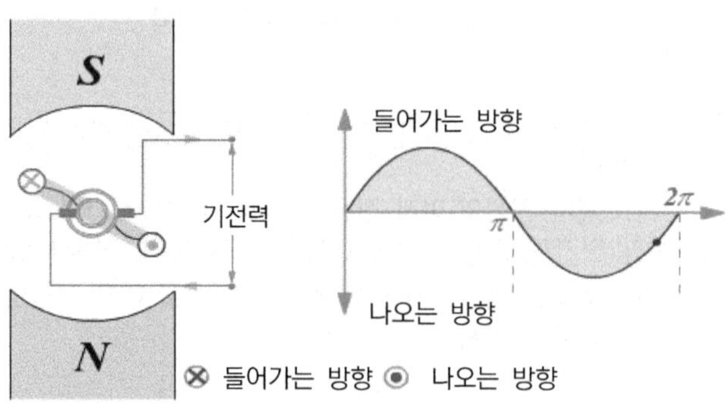

교류발전기의 출력파형

- 자기장이 존재하는 공간에서 코일을 회전시키면 전류가 발생하는데, 코일은 회전하면서 자석의 N극과 S극의 자리를 서로 번갈아 지나므로 발생하는 기전력은 교류가 된다.
- 이 때, 코일의 위치가 수평일 때에는 자기장의 방향과 코일이 움직이는 방향이 나란한 위치에 있으므로 기전력은 발생하지 않는다. 코일이 반시계 방향으로 회전하면 기전력은 점점 증가하고 90° 가 되면 기전력이 가장 크게된다. 코일이 회전을 계속하여 180° 가 되면 기전력은 다시 0이 된다.
- 코일이 회전하여 270°의 위치가 되었을 때 기전력은 최대가 되지만 코일의 위치가 N극에서 S극으로 바뀌었으므로 전류의 방향은 바뀌게 된다. 코일이 360° 의 위치가 되면 기전력은 다시 0이 되고 이러한 사이클이 계속 반복되어 위와 같은 정현파 교류가 발생하게 된다.

(1) DC 모터의 특징

① 기동 토크가 크다.

② 인가전압에 대하여 회전특성이 직선적으로 비례한다.

③ 입력전류에 대하여 출력 토크가 직선적으로 비례하며, 또한 출력 효율이 양호하다.

④ 가격이 저렴하다.

제어성의 장점을 실제 특성 면에서 보면

① 전류 특성 : 흘린 전류에 대해 깨끗하게 직선적으로 토크가 비례한다. 즉, 큰 힘이 필요한 때는 전류를 많이 흘리면 되는 것이다.

② 회전수 특성 : 토크에 대하여 회전수는 직선적으로 반비례한다. 이것에 의하면 무거운 것을 돌릴 때는 천천히 회전시키게 되고, 이것을 빨리 회전시키기 위해서는 전류를 많이 흘리게 된다. 그리고 인가전압에 대해서도 비례한다.

이들 2가지 특성은 서로 연동하고 있기 때문에 3가지 요소를 관계 지을 수 있다. 즉, 이들 특성에서 알 수 있는 것은 회전수나 토크를 일정하게 하는 제어를 하려는 경우에는 전류를 제어하면 양자를 제어할 수 있다는 것을 나타내고 있다. 이것은 제어회로나 제어방식을 생각할 때, 매우 단순한 회로나 방식으로 할 수 있는 것이다. 이것이 DC 모터는 제어하기 쉽다고 하는 이유이다. 그러므로 회전특성을 중요시하는 제어 장치에는 우선적으로 DC 모터를 사용한다.

(2) DC 모터의 결점

DC 모터의 가장 큰 결점으로는 그 구조상 브러시(brush)와 정류자(commutator)에 의한 기계식 접점이 있다는 점이다. 이것에 의한 영향은 전류가 흐를 때 전기불꽃(spark), 회전 소음,

수명이라는 형태로 나타난다. 그리고 마이크로컴퓨터 제어를 하려는 경우는 "노이즈"가 발생하게 된다. 따라서 이 노이즈 대책이 유일한 과제가 될 수 있다. 이 노이즈 대책을 위해서는 각 단자와 케이스 사이에 0.01μF~0.1μF 정도의 세라믹 콘덴서를 직접 부착한다. 이것으로 정류자에서 발생하는 전기불꽃을 흡수하여 노이즈를 억제할 수 있다. DC 모터의 노이즈 대책에는 콘덴서를 케이스와 단자 간에 직접 부착한다. 콘덴서의 리드는 가급적 짧게 한다.

5.2 브러시 모터

브러시리스 모터와 브러시 모터와 가장 큰 차이점은 브러시(brush)와 정류자(commutator)가 없다는 것이다.

브러시 모터의 일반적인 구조는 크게 회전코일(회전자)과 고정자석(고정자) 및 브러시와 정류자 부분으로 구성되어 있다. 브러시와 정류자는 전기자코일에 공급되는 전류방향을 회전각도에 따라 전환시켜줌으로써 회전자를 회전시킬 수 있는 자극의 변화를 만들어 주는 중요한 장치이다.

브러시 모터는 계자코일과 전기자 코일의 접속방법에 따라 직권, 분권 및 복권의 3형식으로 구분되며 자동차용은 직권모터가 주로 사용되고 있다. 그리고 그 특성은 부하 전류의 변화에 대해 속도의 변화를 나타내는 특성과 토크의 변화를 나타내는 특성이 기동모터의 종류에 따라 달라진다.

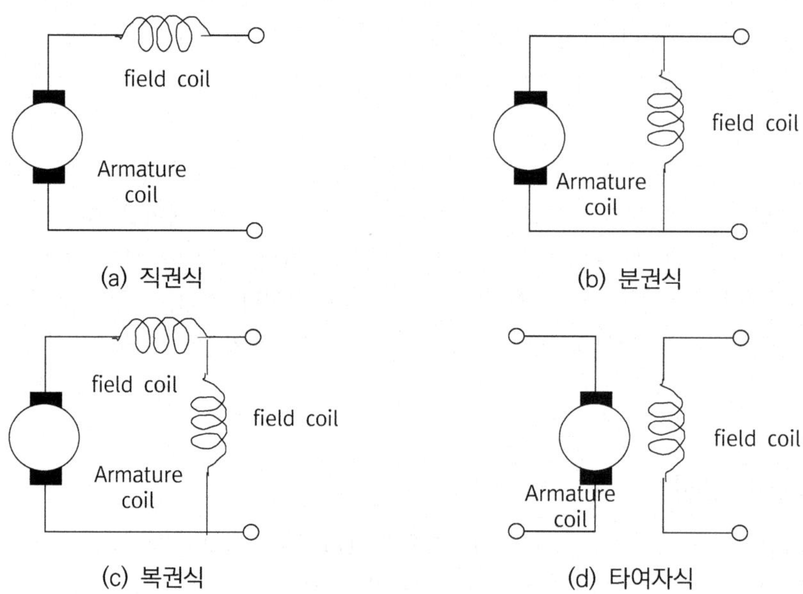

그림 5-8 직류 모터의 종류

5.2.1 직류직권 모터(series winding type)

직권식 모터는 전기자 코일과 계자 코일이 전원에 대해 직렬로 접속되어 있다. 자동차에서의 사용 예는 기동 모터의 경우이다.

전기자 전류와 자장의 세기에 비례하는데 자장의 세기는 계자전류에 의해 결정되고, 또 계자 전류는 전기자 전류와 같기 때문에 결과적으로 토크는 전기자 전류의 제곱에 비례한다. 즉 전기자 전류가 클수록 발생하는 토크도 크다.

전기자 전류는 모터에서 발생하는 역기전력에 반비례하고, 역기전력은 속도에 비례한다. 따라서 전기자 전류는 속도에 반비례하여 증감하는 특성을 나타낸다. 직권식은 속도가 낮을 때, 즉 부하가 커지면 발생토크도 증가하고, 부하가 감소함에 따라 회전이 빨라지는 특성을 가지고 있어 기관의 시동에 요구되는 조건과 적합하기 때문에 일반적으로 직권식을 쓴다.

모터에 부하가 걸렸을 때는 회전속도는 낮으나 회전력이 크고, 부하가 작아지면 회전력은 감소되나 회전수는 점차로 커진다. 즉, 회전수가 부하에 따라 현저하게 변화한다. 때문에 보통의 용도에는 적합하지 않으나 짧은 시간 안에 큰 회전력을 필요로 하는 기동모터에는 가장 알맞다.

그림 5-9 직류직권 모터-기동모터

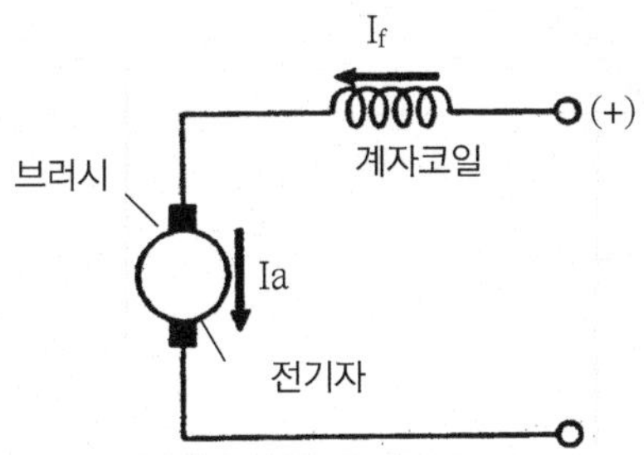

(a) 구조

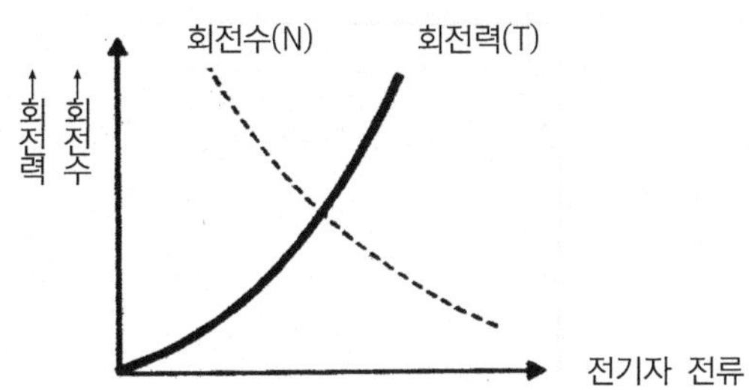

(b) 특성곡선

그림 5-10 직류 직권식 모터

5.2.2 직류분권 모터(shunt winding type)

분권식 모터는 전기자 코일과 계자 코일이 전원에 대해 병렬로 접속되어 있으므로, 가해진 전원 전압이 일정하면 계자 전류도 일정하며 자장의 세기도 일정하다. 자동차에서의 사용 예는 팬 모터의 경우이다.

직권모터와 마찬가지로 전기자 전류와 자장의 세기를 곱한 값에 비례하지만 자장의 세기가 변화하지 않으므로 결과적으로 토크는 전기자 전류에 비례한다. 즉 전기자 전류가 클수록 발생하는 토크는 커지지만 그 증가율이 직권식보다 낮은 특성을 나타낸다.

분권 모터의 회전수는 전원이 축전지라면 단자전압은 일정하므로 변화하지 않는다. 전기자 전류가 커지면 축전지 전압이 조금 낮아지나, 속도는 거의 일정하다.

그림 5-11 팬 모터

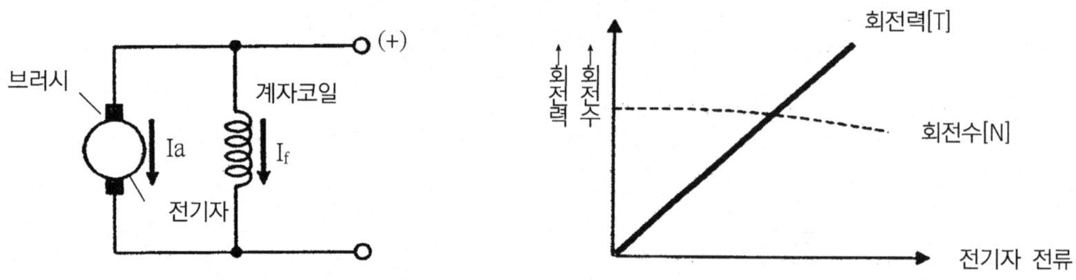

(a) 구조 (b) 특성곡선

그림 5-12 직류 분권식 모터

5.2.3 직류복권 모터(compound winding)

복권 모터는 두 개의 계자 코일이 하나는 전기자 코일과 직렬로 접속되고, 다른 하나는 병렬로 접속되어 있다. 2개 계자 코일의 자속의 방향이 같은 것을 화동 복권이라 하고, 자속의 방향이 반대로 된 것을 차동 복권이라 하는데, 일반적으로 화동 복권이 많다.

그림 5-13 윈도우 와이퍼 모터

복권식 모터는 직권과 분권의 중간 특성을 나타낸다. 즉 시동할 때에는 직권식과 같은 큰 토크 특성을 나타내고, 시동이 된 뒤에는 분권식과 같이 정속도 특성을 나타낸다. 자동차에서의 사용 예는 윈도우 와이퍼 모터의 경우이다.

표 5-1 직류모터의 종류 및 특성

구분	구성특성	특 성	사용장치
직류직권식	전기자 코일과 계자 코일이 전원에 대해 직렬로 접속	• 토크는 전기자 전류의 제곱에 비례. 즉 전기자 전류가 클수록 발생하는 토크도 크다. • 전기자 전류는 속도에 반비례하여 증감	기동모터
직류분권식	전기자 코일과 계자 코일이 전원에 대해 병렬로 접속	• 가해진 전원 전압이 일정하면 계자 전류도 일정하며 자장의 세기도 일정 • 전기자 전류가 커지면 축전지 전압이 조금 낮아지나, 속도는 거의 일정	팬모터
직류복권식	두 개의 계자 코일이 하나는 전기자 코일과 직·병렬로 접속	• 복권식 모터는 직권과 분권의 중간 특성을 갖음. 즉 시동할 때에는 직권식과 같은 큰 토크 특성을 나타내고, 시동이 된 뒤에는 분권식과 같이 정속도 특성을 나타냄.	윈도우 와이퍼 모터

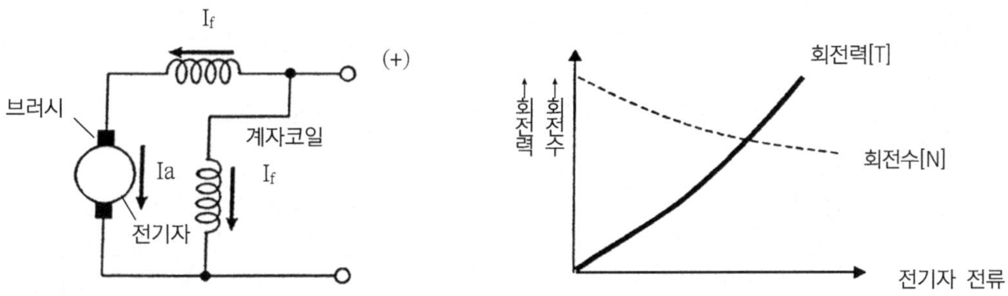

그림 5-14 직류 복권식 모터

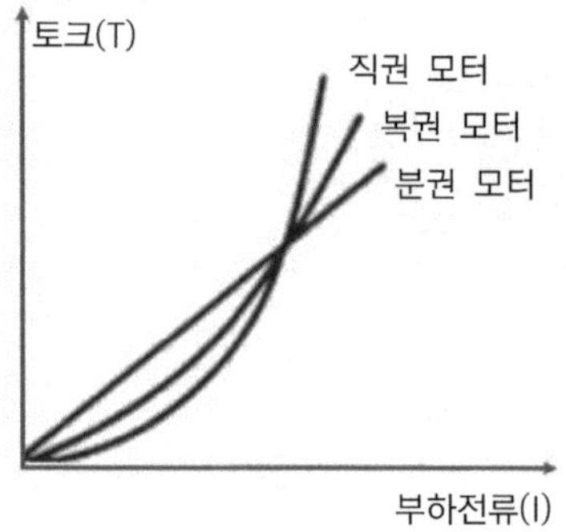

그림 5-15 토크특성곡선

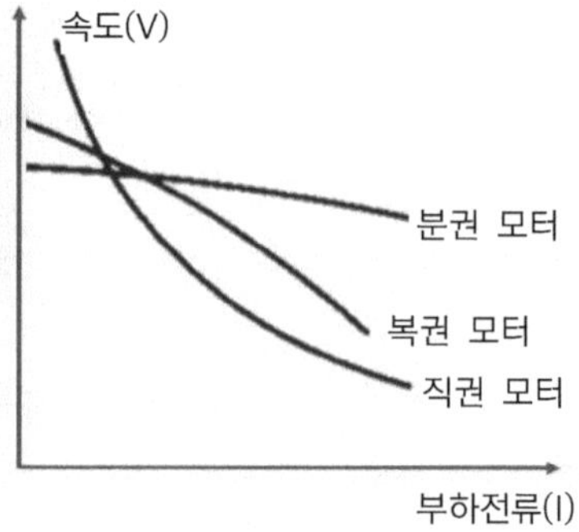

그림 5-16 속도특성곡선

5.2.4 자동차 기동모터의 응용

(1) 기동모터의 특징

기동모터의 출력은 회전력과 회전수의 곱으로 나타내기 대문에 엔진과의 관계를 고려하여 회전력과 회전수의 배분을 하여야 한다. 기동모터는 엔진의 크기와 기동모터의 위치 등의 이유로 엔진과 기동모터의 기어비가 어느 일정 범위로 제한되며 가솔린 엔진에는 그 기어비가 10 : 1 정도이고, 디젤 엔진에는 12 - 15 : 1 정도이다. 따라서 엔진의 최저 시동회전수가 결정되면 기동모터의 회전속도도 결정된다.

엔진을 회전시킬 경우 b점에서 크랭킹 하는 것으로 하면 곡선 a부분은 엔진을 b점까지 가속하는 회전력을 나타내고 곡선 c부분은 엔진이 시동을 하려고 할 때 기동모터의 엔진에 대한 추수성을 나타낸다. b점의 구배(회전력변화/회전수변화)의 비율은 크랭킹 회전의 안정성을 나타내며 그 수치가 클수록 안전성을 가진다. 기동모터는 a부분 및 b부분의 구배는 크고, c부분의 구배는 작고 또한 회전력×회전수의 절대치도 큰 것이 좋다.

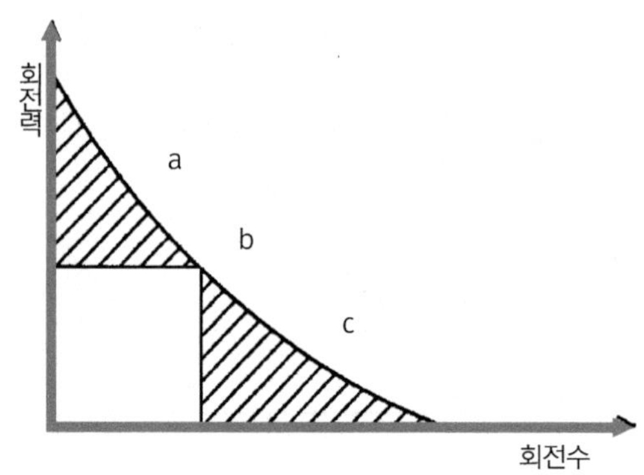

그림 5-17 기동모터의 회전력과 회전수 특성

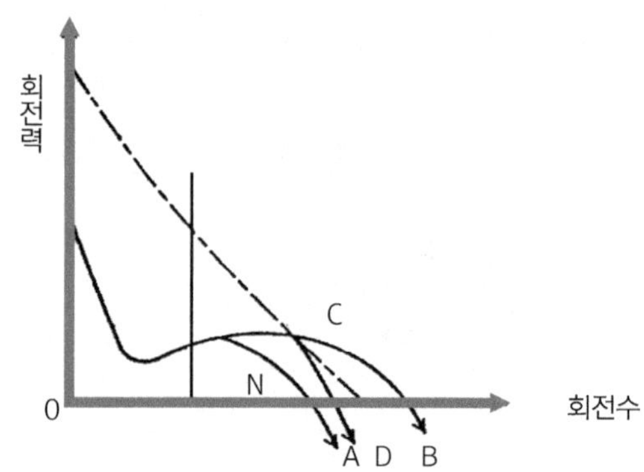

그림 5-18 엔진의 저항과 시동성

엔진 저항의 크기는 엔진을 어떤 회전수로 돌리는데 필요한 회전력의 크기이며 각 부 마찰 회전력, 압축 회전력, 관성 회전력 등이 저항 회전력으로써 나타난다. 압축 회전력은 혼합기를 압축하기 위한 회전력이고, 압축비에 따라 크게 변한다. 가솔린 기관의 경우 7 - 11, 디젤 기관의 경우 16 - 23 정도의 압축비가 있다.

동일 기관의 경우에도 온도에 따른 공기밀도 변화에 의해 압축 회전력이 변하게 되어 높은 곳에서는 공기밀도가 희박하므로 압축 회전력은 감소하나 압축압력이 부족하여 시동성이 나빠진다. 마찰 회전력은 기계적으로 운동하는 부분의 마찰을 말하며 밸브의 개폐, 금속의 마찰, 피스톤의 마찰 등이 있다.

관성 회전력은 피스톤, 크랭크축 등을 움직이기 위한 회전력으로 그들은 온도에 관계없이 움직이는 가속도에 관계된다. 엔진의 회전시작은 정지마찰 때문에 매우 무겁고, 회전하기 시작하면 가벼워지고, 속도가 빨라지면 다시 무겁게 된다. 실제 엔진에 연료가 들어간 상태로 어떤 회전수 N까지 회전하면 연료에 점화되어 불안전하지만 엔진이 가동을 하기 시작하며 엔진의 저항 회전력은 급격히 하강한다.

이 곡선이 A처럼 기동모터의 특성보다 하회할 때는 엔진은 부드럽게 시동되지만 저온상태에서는 자주 초기폭발이 있음에도 불구하고 B처럼 저항 회전력이 기동모터의 회전력을 상회하는 것처럼 된다. 이때 C점에서 일시적으로 간헐운전이 지속되어 온도가 상승하고 폭발력이 크게 되면 C점에서 급격히 D처럼 시동한다. 가솔린 엔진에 비하여 디젤 엔진은 그 현상이 현저히 나타난다.

(2) 기동모터와 축전지와의 관계

기동모터의 특성은 그 입력에 따라서 다르며 그 입력은 축전지의 특성에 의해서 좌우된다. 축전지 내부저항이 그 용량과 온도에 따른 변화정도는 그림과 같다. 축전지 특성 자체가 온도의 저하와 함께 대폭으로 악화된다. 결국 축전지의 에너지 공급능력이 저하된다는 뜻으로 기동모터 입력의 저하로 나타난다. 축전지로부터 기동모터까지의 배선에 의한 전기저항을 생각하지 않으면 안 된다.

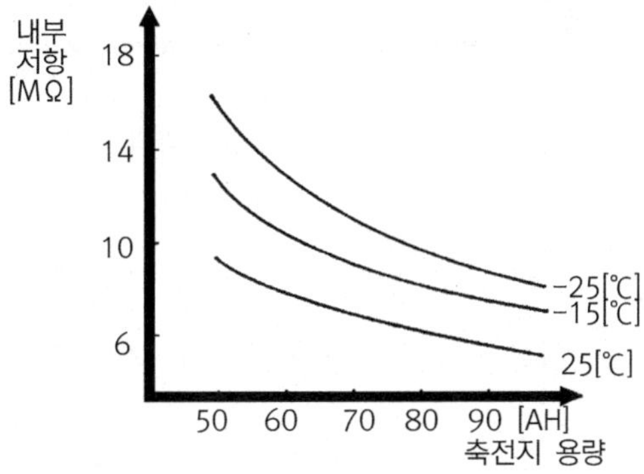

그림 5-19 기동모터와 축전지와의 관계

에너지를 운반하기 때문에 생기는 손실을 0으로 하는 것은 불가능하지만 허용하는 범위로서는 기동모터에 구속전류를 흘렸을 때의 전압강하는 12[V]용은 0.5[V] 이하, 24[V]용은 1.0[V] 이하로 되어 있다. 그렇지만 이 전압강하가 되었다고 해서 가는 전선을 사용해서는 안 되고 구속전류를 흘렸을 때의 전류 밀도가 20[A/mm^2]를 한도로 한다.

(3) 전압과 출력과의 관계

기동모터의 입력이 축전지의 내부저항에 좌우된다. 축전지 내부저항과 똑같은 영향을 기동모터 출력에 미치는 것은 기동모터 내부저항(R)이다. 기동모터의 출력은 그 내부에 의해서 결정된다.

$P_{MAX}= k \cdot E^2/R$이 되며 여기서 E는 계통전압이고, R은 내부저항으로 $R= R_B+R_S$이다. 즉, 계통전압은 2승으로 출력에 영향을 미친다. 이것은 어느 출력을 내기 위해서는 12[V]의 기동모터는 24[V]의 기동모터에 비해서 그 내부저항이 1/4이 되어야 한다. 출력이 크면 클수록 내부저항을 적게 만들어야 하지만 어느 정도 이하로 내부저항을 작게 하는 것은 곤란하다. 따라서 출력과 기동모터의 크기 관계는 그림과 같다.

출력 3 - 0.8[kW]의 범위에서는 12[V]나 24[V]는 큰 차이는 없다. 그러나 12[V]용에서 3[kW]를 넘는 것에 대해서는 24[V]용 기동모터를 제작하는 것이 훨씬 경제적이며 소형으로 제작할 수 있다. 따라서 12[V]용은 3[kW]까지 24[V]용은 15[kW]까지 제작하는 것이 경제적이다. 그러나 이 조건은 다른 전장품과의 관계를 종합적으로 검토하여 적당한 기동모터를 선정해야 한다.

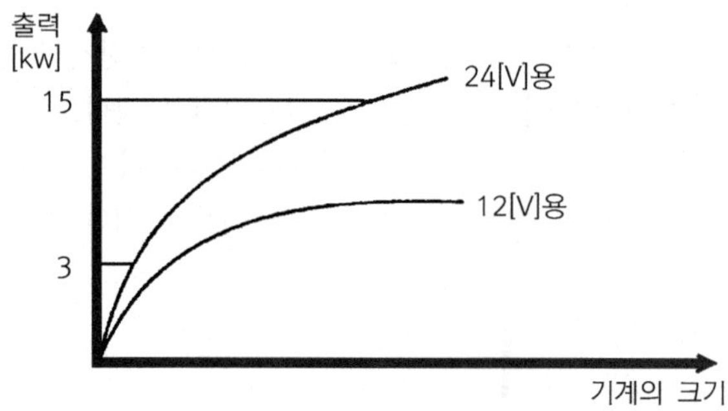

그림 5-20 전압과 출력과의 관계

(4) 기동모터의 구비조건

기동모터는 시동 토크가 큰 직류 직권모터를 사용하며, 기동모터에 요구되는 조건을 요약하면 다음과 같다.

① 소형 경량이며 출력이 커야 한다.
② 기동 토크가 커야 한다.
③ 가능한 소요되는 전원용량이 작아야 한다.
④ 먼지나 물이 들어가지 않는 구조이어야 한다.
⑤ 기계적인 충격에 잘 견디어야 한다.

(5) 기동모터의 분류

기동모터는 피니언을 링 기어에 물리는 방식에 따라 구조가 크게 달라진다. 표 5-2는 피니언 치합방식에 따라 기동모터를 분류한 것이다. 관성 섭동식은 오늘날 2륜 소형차에 사용되는 정도로 그 용도가 제한되어있다. 현재 자동차에 주로 사용되는 시스템을 중심으로 간략하게 설명하고자 한다. 다음과 같이 분류한다.

표 5-2 모터의 형식

구분	구조도	특성
전자피니언 섭동식 (magnetic shift starter)		직권식 또는 영구자석식 승용 및 소형상용 자동차용 12 V 또는 24 V식, 0.3 kW - 4.8 kW
감속 기어식 (reduction gear starter)		직권식 또는 영구자석식 승용 및 소형상용자동차용 12 V 또는 24 V식, 0.3 kW - 4.8 kW 감속기어(유성기어장치) 설치
관성 섭동식 (bendix starter)		직권식 또는 영구자석식 소형2륜차용, 12 V 0.1 kW - 0.3 kW
전기자 섭동식 (armature shift starter)		직권식(전기자권선과 홀드인 코일) 상용자동차용(버스, 트럭 등) 12 V 또는 24 V식, 1.8 kW - 4.4 kW
슬라이딩 기어식 (sliding-gear starter)		직권식 상용트럭 또는 버스용 12 V 또는 24 V식, 5.5 kW - 7.5 kW
		복권식(감속기어 유 또는 무) 상용자동차, 버스, 특수자동차용 12 V, 24 V 또는 110 V까지, 4 kW - 21 kW
	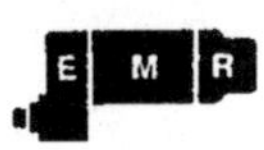	

1) 전자 피니언 섭동식(magnetic shift type starter)

이 방식의 모터는 주로 승용 또는 소형상용 자동차에 가장 많이 사용하고 있는 기동모터로서 솔레노이드 스위치, 롤러식 오버러닝 클러치, 그리고 모터가 일체로 조립된 형식이다. 솔레노이드 스위치에는 풀인(pull-in)코일과 홀드인(hold-in)코일이 감겨 있다. 그리고 전기자 축의 헬리켈 기어상을 따라 이동하는 구동슬리브는 오버러닝 클러치를 통해 구동 피니언과 연결되어 있다.

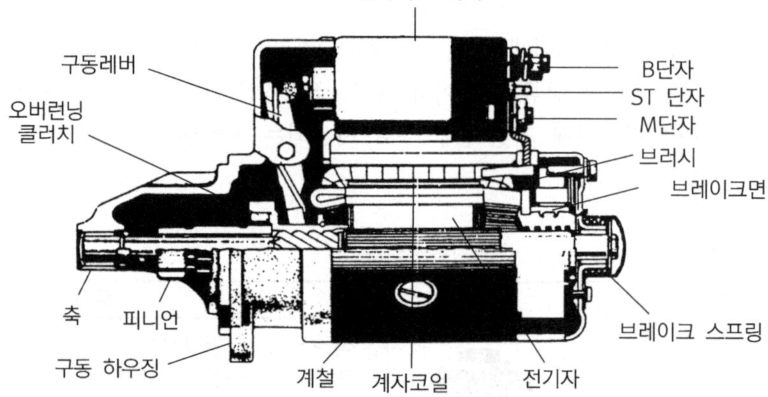

그림 5-21 전자피니언 섭동식 기동모터(a)

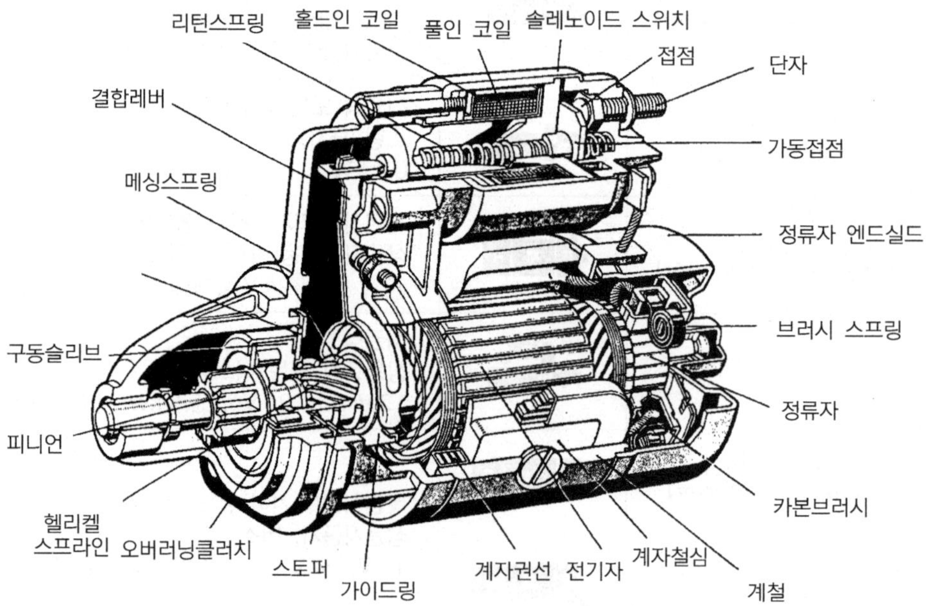

그림 5-22 전자피니언 섭동식 기동모터(b)

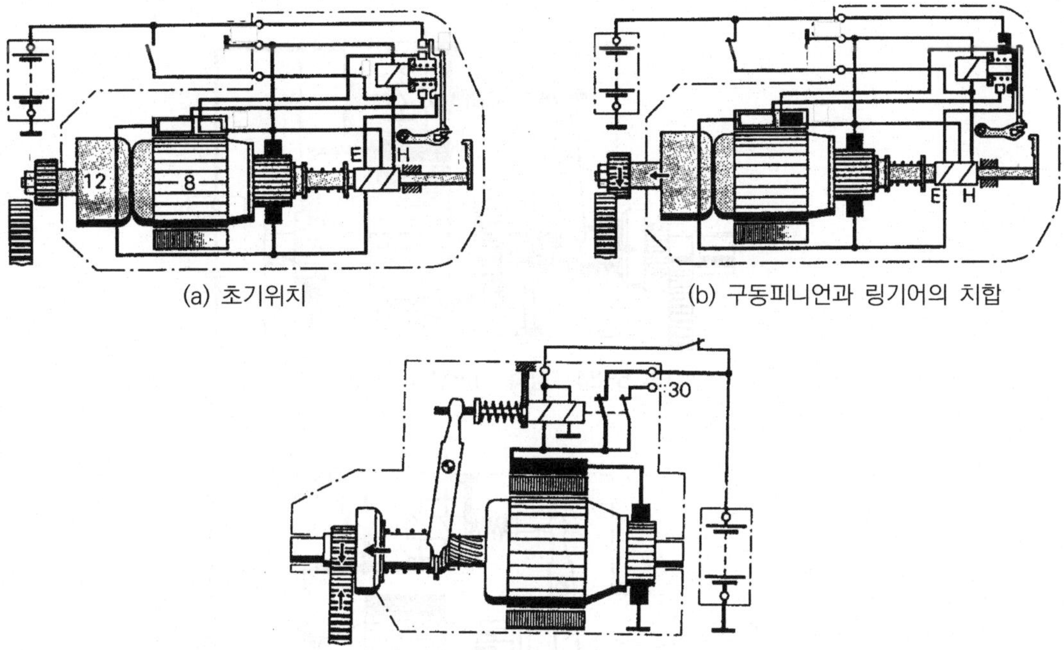

(a) 초기위치

(b) 구동피니언과 링기어의 치합

(c) 구동피니언과 링기어의 완전치합

그림 5-23 전자피니언 섭동식 기동모터의 작동원리

2) 감속 기어식 기동모터

감속 기어식 기동모터(reduction gear starter)의 작동원리는 전자 피니언식과 비슷하나 내부에 감속장치가 있어 감속 기어식이라고 한다.

일반 기동모터에서는 전기자와 피니언의 회전수가 같으나, 이 감속 기어식은 모터의 내부저항을 다른 형식의 1/3 - 1/4로 감소하여 고속 및 저속 토크의 모터로 되어 있고, 또 피니언축은 감속기어를 이용해서 다른 형식에 비해 큰 토크형으로 된 기동모터다. 즉 감속기어장치는 구동피니언의 회전속도를 낮추는 대신 회전토크를 증대시키는 기능을 한다.

회전토크가 같을 경우 감속기어가 없는 형식에 비해 약 35-40% 정도 소형, 경량으로 제작할 수 있는 장점이 있다. 직권식과 영구자석식이 있다.

영구자석식의 특징은 기존의 여자코일 대신에 자력이 아주 강한 영구자석을 이용하여 여자시킨다는 점이다. 영구자석은 잔류자기가 크고, 보자력이 강한 것이 사용된다. 출력이 같을 경우, 기존의 형식에 비해 약 40% 정도의 경량화가 가능하며, 그 크기도 현저하게 작다. 피니언 기어와의 치합방법은 직결식과 동일하다.

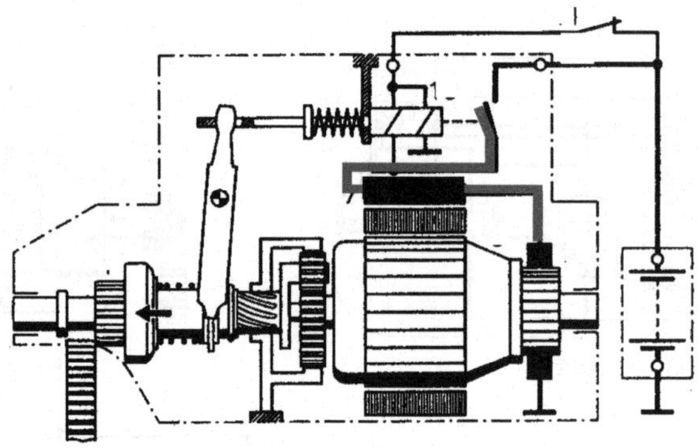

그림 5-24 감속 기어식 기동모터(직권식)

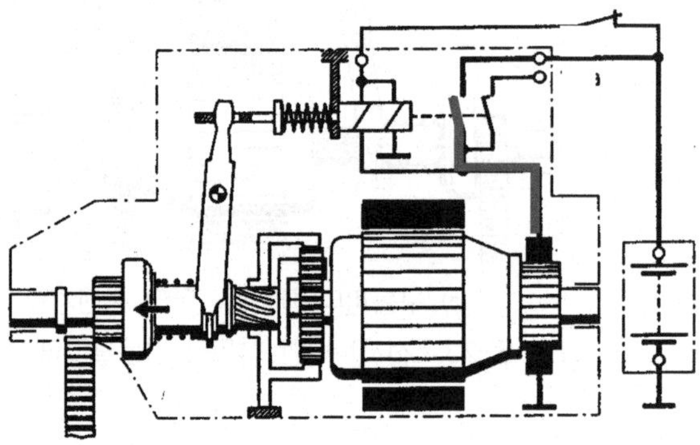

그림 5-25 감속 기어식 기동모터(영구자석식)

3) 관성 섭동식 기동모터

관성 섭동식(inertia type)은 일명 벤딕스식(bendix type)이라고도 한다.

구동피니언은 전기자축상의 나사산(헬리켈 스프라인)위에 설치된다. 점화 시동스위치를 시동위치로 on시키면 기동모터는 대단히 빠른 속도로 회전하는데 이때 구동피니언은 자신의 관성에 의해 전기자 축상의 나사산을 타고 밀려나가 플라이휠의 링기어와 치합되게 된다. 전기자와 피니언 사이에는 댐핑스프링(damping spring)이 설치되어있다. 이 스프링은 피니언과 링기어가 치합될 때 장력이 증가하도록 감겨 있다. 따라서 피니언과 링기어 사이에서 완충작용을 하여 기계적 응력을 경감 시킨다.

모터 부분은 전자 피니언 섭동식과 같고, 동력전달기구는 관성을 이용하는 피니언을 사용한다. 전기자축에는 나사 스플라인이 파져 있고, 피니언은 추(weight)와 일체로 되어 전기자축에 결합되어 있다.

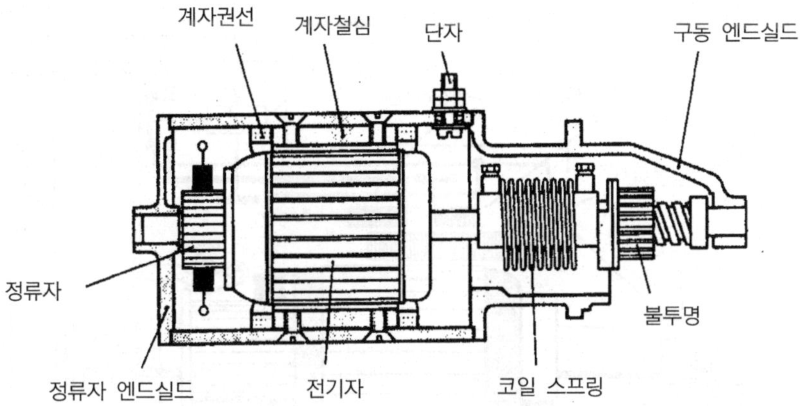

그림 5-26 벤딕스식 기동모터

4) 전기자 섭동식 기동모터

전기자 섭동식 기동모터(sliding-armature starter)는 전기자 축의 끝에 피니언이 고정되고 전기자 철심의 중심과 계자철심의 중심이 피니언의 섭동 거리만큼 떨어져 있다. 전기자를 축선상으로 섭동시켜야 하므로 피니언 섭동식과 비교할때, 전기자 축의 부싱의 길이가 길고 또 정류자편의 길이도 길다. 뿐만아니라 가동접점이 부착된 제어릴레이, 트리핑레버(tripping lever), 릴리스 디스크(release disk)등을 갖추고 있다.

계자 중심과 전기자 중심이 일치하지 않고 서로 어긋나 있다. 계자 전선에 전류가 흐르면 자력선의 짧아지려고 하는 성질 때문에 전기자 중심과 계자 중심이 서로 일치하는 과정에서 전기자가 섭동하게 된다. 전기자가 섭동하면 피니언은 링기어와 맞물릴 수 있는 위치로 이동하게 된다.

이 형식의 기동모터의 계자 코일은 전기자를 이동시키기 위한 보조 계자 코일과 토크를 발생케 하는 주 계자 코일, 그리고 홀드인 코일로 구성되어 있다. 피니언기어와 링기어의 치합은 2단계에 걸쳐서 이루어지게 된다.

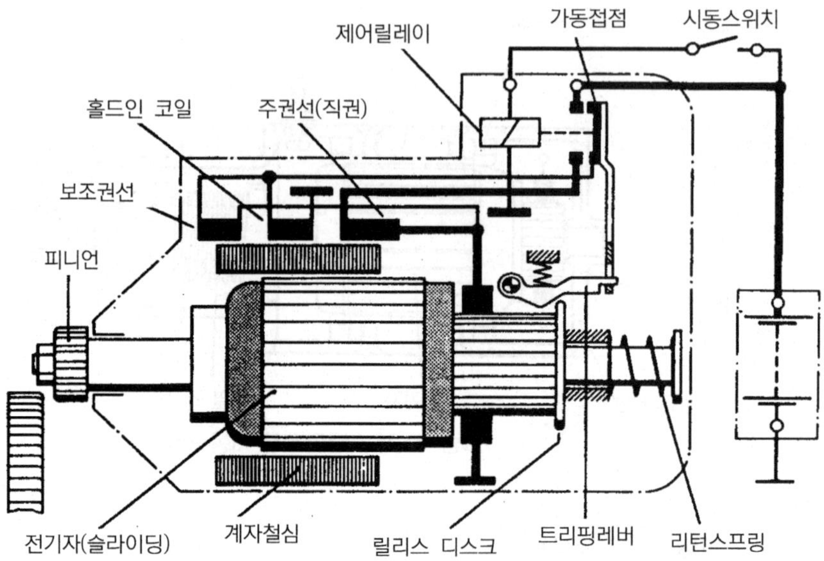

그림 5-27 전기자 섭동식 기동장치의 구조

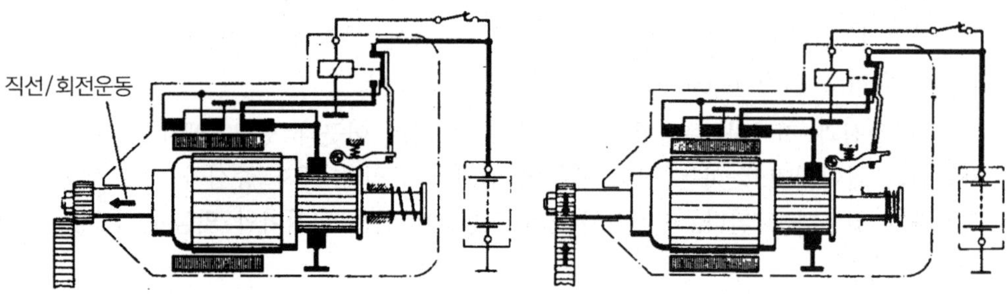

(a) 1단계 (b) 2단계

그림 5-28 전기자 섭동식 기동모터의 작동과정

6) 슬라이딩 기어식

슬라이딩 기어식 기동모터(sliding-gear starter)는 대부분이 복권식이다. 출력 4 kW - 21 kW정도의 대형 상용자동차 또는 특수자동차에 사용된다. 피니언과 링기어의 치합은 2단계로 진행된다.

- 1차 단계 : 스위칭 단계에서는 기동모터의 피니언과 플라이휠 링기어가 치합된다. 이때 기동모터의 회전토크가 낮기 때문에 기관은 아직 크랭킹 되지 않는다. 만약이때 피니언과 링기어가 치합되지 않으면 시동스위치가 자동적으로 off 되도록 되어있는 시스템도 있다. 이 경우에는 일단 시동 스위치를 'off'시켰다가 다시 재시동을 시도해야한다.
- 2차 단계 : 피니언이 링기어를 완전히 치합되기 직전에 릴리스 레버는 트리핑 레버를 들어 올린다. 그러면 제어 릴레이의 가동 접점은 자유로이 움직일 수 있다. 이제 가동접점은 고정 접점과 접촉하게 되고, 따라서 주회로가 on되어 직렬권선과 전기자에 전류가 흐르게 된다.

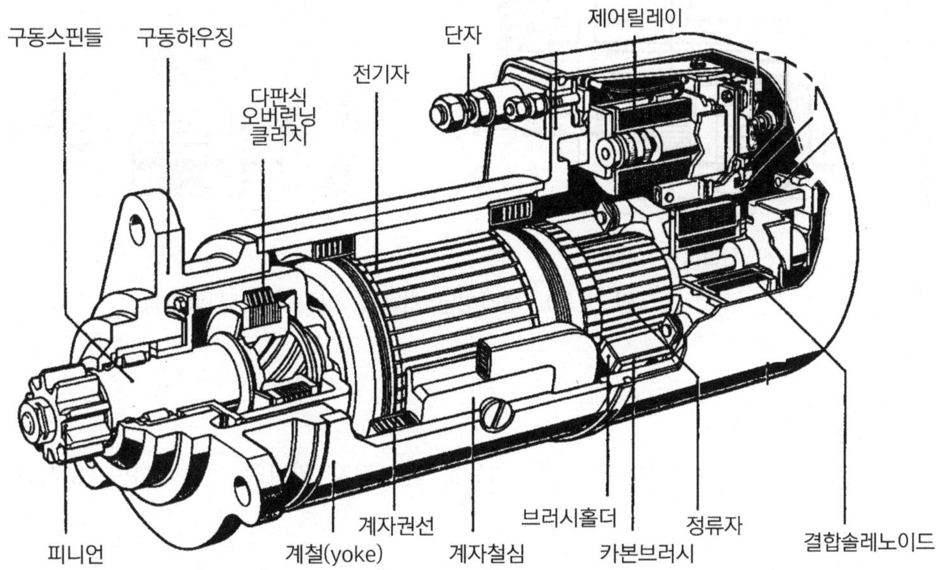

그림 5-29 슬라이딩 기어식 기동모터

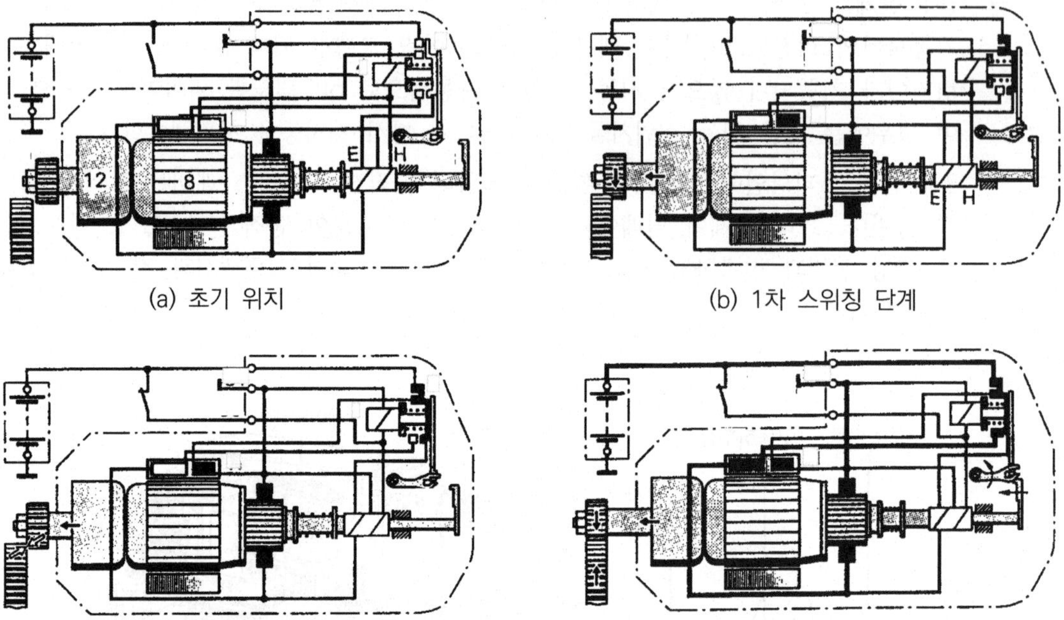

(a) 초기 위치 (b) 1차 스위칭 단계

(c) 치합불량 상태 (d) 2차 스위칭 단계(완전 치합)

그림 5-30 슬라이딩 기어식 기동모터의 시동과정

(6) 기동모터의 구조

일반적으로 자동차에서 사용하고 있는 기동모터는 전자 피니언 접동식이며, 구성분야는 다음과 같다.

① 모터 : 회전력을 발생하는 부분

② 마그네틱 스위치 : 마그네틱 스위치의 작동에 의해 피니언을 이동시켜 링 기어에 물리게 하는 부분

③ 동력전달기구 : 회전력을 엔진에 전달하는 부분

④ 제동기구 : 피니언의 관성 회전이 없도록 하여 빨리 재시동을 하기 위한 제동기구

표 5-3 기동모터의 구조

구분	구조도	특성식
모터	전기자	전기자축, 전기자 철심
	전기자 코일	
	계자철심	요크, 계자철심
	계자코일	
	정류자	브러시, 브러시 홀더, 정류자
마그네틱 스위치	릴레이코일	풀인 코일, 홀드인 코일
	아마추어	마그네틱 아마추어, 릴레이 아마추어
동력전달기구	피니언 기어	
	오버런닝 클러치	
	치합레버	로드, 리턴스프링
제동기구	브레이크	

1) 모터 부분

모터 부분은 다음과 같이 회전하는 부분(전기자, 정류자), 고정되어 있는 부분(계자코일, 계자철심, 브러시) 등으로 구분 할 수 있다.

가) 회전부분

전기자는 모터의 회전부분으로 전기자축과 전기자 철심, 그리고 이들과 절연되어 감겨 있는 전기자 코일 및 정류자로 되어 있다. 전기자축(shaft), 철심(core) 그리고 여기에 절연되어 감겨 있는 전기자 코일(armature coil)과 정류자(commutator) 등으로 되어 있다.

① 전기자 축(armature shaft) : 전기자 축(armature shaft)의 양쪽은 베어링으로 지지되며, 작동시 큰 힘을 받으므로 부러지거나 휘지 않도록 특수강을 사용하고, 피니언이 접동하는 부분은 마모하지 않도록 열처리되어 있다.

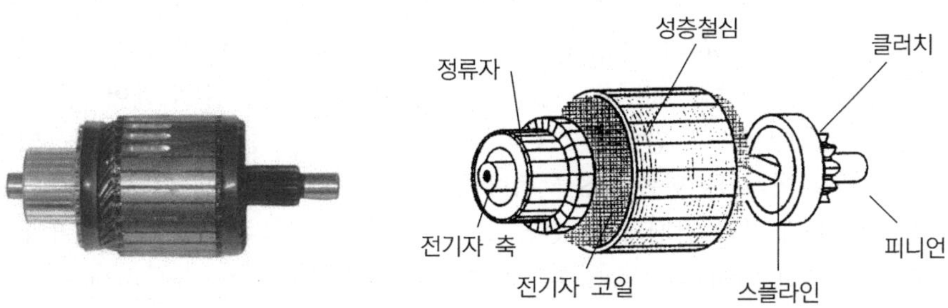

그림 5-31 전기자

② 전기자 철심 : 전기자 철심(armature core)은 자력선을 잘 통과시킴과 동시에 맴돌이 전류(eddy current)로 인한 자장의 손실을 적게 하기 위해 얇은 철판(0.35 - 1.0[mm])을 각각 절연하여 겹친 것이며 바깥둘레에는 전기자 코일이 들어갈 홈이 파져 있다.

철심 홈의 모양은 다양한 형태가 있으며, 고속회전시의 원심력에서 전기자 코일을 보호하기 위해 반개방형(semi-open slot)이나 밀폐형(enclosed slot)을 많이 쓴다.

자력선을 잘 통과시키고 동시에 맴돌이 전류(eddy current)를 감소시키기 위해 두께 0.35 - 1.0[mm]의 얇은 철판을 각각 절연하여 겹쳐 만들었으며 바깥 둘레에는 전기자 코일이 들어가는 홈(slot)이 파져 있다. 홈의 형태에 따라서 개방 홈(open slot), 반개방 홈(semi open slot), 전폐 홈(total enclose slot)으로 구분된다.

홈(slot)의 수는 23 - 40으로 전압이 높을수록 홈의 수는 많다. 이 홈의 수는 12[V]에서는 32개, 24[V]에서는 37 전 · 후의 것이 많다.

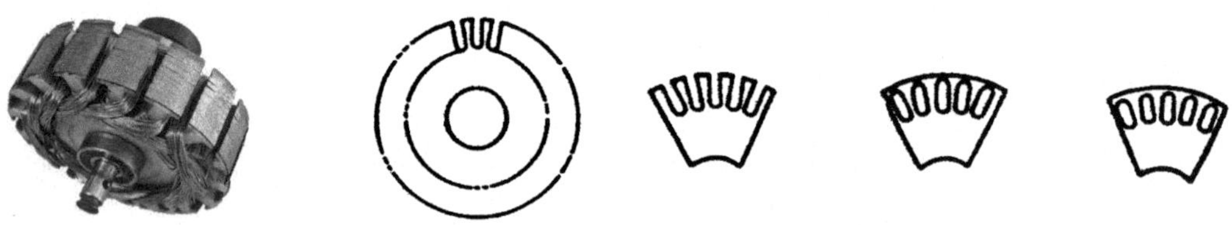

(a) 실물　　(b) 개방형 홈　　(c) 반개방형 홈　　(d) 밀폐형

그림 5-32 철심 홈의 모양

전기자 철심

- 철심의 두께는 0.35 - 1.0[mm]의 엷은 철판을 절연시켜 여러 겹으로 만들어 자력선을 잘 통과시킴과 동시에 맴돌이 전류의 감소를 기하고 사용 중 발열하지 않도록 만들어져 있다.

③ 전기자 코일(armature coil) : 전기자 코일은 큰 전류가 흐르기 때문에 단면적이 큰 평각 구리선을 사용하며 전류밀도의 최대값은 40[A/mm2]으로 보통 전기기기에 비하여 크다. 전기자 코일에 흐르는 전류가 수 암페어로부터 수십 암페어 정도이나 기동모터는 300 - 400[A]의 큰 전류가 흐르기 때문에 표면적이 큰 평각선이 사용되며 코일의 한쪽은 N극 쪽에 다른 한쪽은 S극 쪽에 철심의 홈에 절연되어 끼워져 있고 코일의 양쪽 끝은 정류자에 각각 납땜되어 있다. 코일은 통상 1개의 홈에 2개의 코일이 들어간다.

상·하 코일의 절연이 진동 또는 열로 파손되어 접촉되었을 때 이것을 층간 단락이라 하고, 코일과 철심이 접촉되었을 때는 접지단락이라 한다. 코일의 절연에는 운모종이(mica-paper), 파이버(fiber) 합성수지 등이 사용된다.

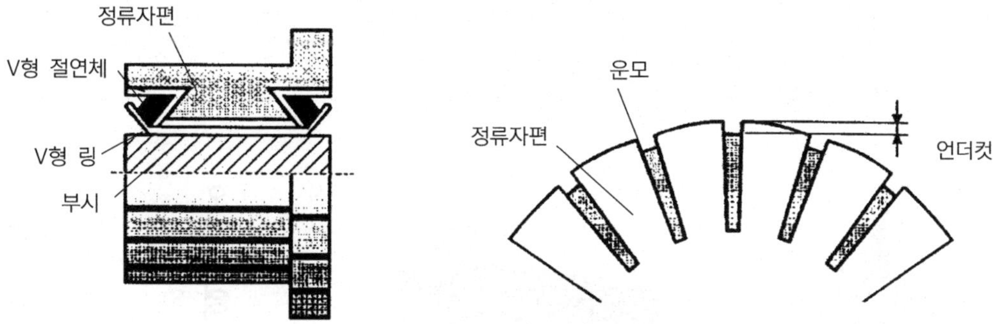

그림 5-33 정류자

④ 정류자 : 정류자(commutator)는 경동으로 된 정류자편(commutator segment bar)을 각각 절연하여 원형으로 결합한 것이며, 원심력에 의해 튀어나오지 않도록 V링 및 V형 운모로 고정되어 있다. 정류자편 사이에 정류자는 1[mm] 정도 두께의 운모판이 끼어 있으며, 운모의 돌출로 인한 브러시와의 접촉 불량을 방지하기 위하여 정류자 편의 표면보다 0.5 - 0.8 [mm] 낮게 파져 있다. 이것을 언더컷(undercut)이라 한다.

나) 고정부분

고정부분은 전기자를 회전시키기 위해 자장을 만드는 계철, 계자철심, 계자코일(field coil)에서의 전류를 정류자를 거쳐 전기자 코일에 보내는 브러시, 브러시 홀더, 전기자축을 지지하는 정류자 엔드프레임(commutator end frame)과 구동 엔드 프레임(drive end frame) 등으로 되어 있다.

① 요크(yoke)와 계자철심(field core) : 요크는 모터의 몸통이 될 뿐만 아니라 자력선의 통로가 되고 안쪽에는 계자코일을 지지하는 계자 철심이나 나사로 고정되어 있다. 계자철심은 인발 성형강이나 단조강으로 만들어졌으며 계자코일(field coil)이 감겨져 전류가 흐르면 전자석이 된다.
계자철심은 전기자와 접하는 곳에는 면적이 크게 되어 자속이 통하기 쉽게 하고, 동시에 계자코일을 지지하는 역할도 하고 있다. 계자철심에 따라 전자석의 수가 정해지며 브러시가 4개이면 4극이라 한다.

② 계자코일(field coil) : 계자코일은 모터의 고정부분으로 계자 철심에 감겨져 자력을 일으키는 코일이다. 결선방법은 직권식과 복권식이 있으며, 일반적으로 기관의 시동에 적합한 직권식을 쓴다. 직권식 계자코일에는 전기자 코일과 같은 큰 전류가 흐르기 때문에 단면적이 큰 평각 구리선을 사용하며, 전류밀도의 최대값은 전기자 코일과 같은 정도이다.

외부의 절연은 면테이프를 감고 거기에 니스나 왁스 등을 침투시켰으며, 최근에는 면테이프 대신에 염화비닐이나 에폭시 수지 코팅을 한 절연재료를 사용한다. 코일의 감는 방식에는 직렬접속과 직·병렬접속이 있다.

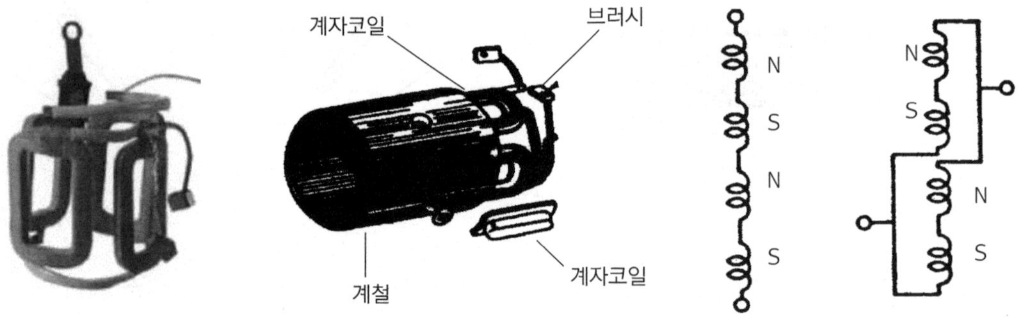

그림 5-34 계철과 계자코일

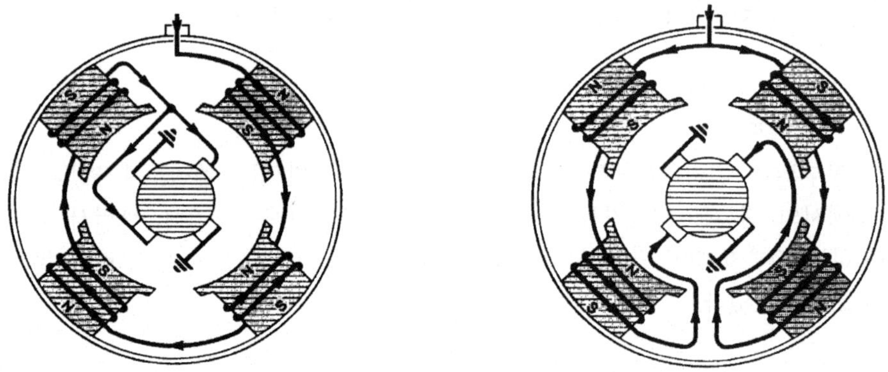

(a) 직권식 (b) 분권식

그림 5-35 계자코일의 결선

③ 브러시(brush)와 정류자(commutator) : 브러시는 정류자에 미끄럼 접촉을 하면서 전기자 코일에 흐르는 전류의 방향을 바꾸어 준다. 브러시는 보통 4개(또는 3개) 있으며 그 중 2개는 절연된 홀더에 지지되어 정류자와 접촉하고 다른 2개(또는 1개)는 접지된 홀더에 지지되어 역시 정류자와 접촉하고 있다.

브러시는 브러시 홀더에 끼워지고 브러시 홀더의 조립위치는 계자철심 사이의 중간위치 즉, 자극간의 자속 밀도가 0이 되는 중간위치인 기하학적 중성축상에 조립되어 있다. 브러시의 재질은 구리 분말과 흑연을 원료로 한 금속질이 50 - 90[%] 정도로서 윤활성과 도전성이 우수하고 고유저항, 접촉저항 등이 다른 것에 비하여 대단히 작다. 브러시

(brush) 스프링의 장력은 브러시의 성질, 진동, 마멸 등에 따라 다르며, 0.5 - 1.5[kg/cm^2]으로 눌러 주고 있다.

정류자는 여러 개의 정류자편(commutator segment)을 조립한 것이고, 전기자 코일은 각각의 정류자편에 납땜으로 연결되어 있다. 각 정류자편의 마멸에 의하여 정류자편보다 높아지는 것을 방지하기 위하여 정류자 표면보다 0.5 - 0.8[mm] 정도 낮게 언더컷(under cut)되어 있다. 언더컷이 되어 있지 않으면 브러시의 진동 등으로 접촉불량이 되므로 브러시나 정류자가 소손되는 원인이 된다.

④ 베어링(bearing) : 기동전기는 부하가 크고, 사용시간이 짧기 때문에 일반적으로 구리나 철의 함유 합금메탈인 평 베어링을 사용한다. 이것은 급유를 하지 않아도 되고, 수명이 길며 고속성이 우수하다.

2) 마그네틱 스위치(magnetic switch)

마그네틱 스위치는 솔레노이드 스위치라고도 하며 축전지에서 기동모터까지 흐르는 대 전류를 단속하는 스위치 작용과 피니언을 링 기어에 물려주는 일을 한다. 마그네틱 스위치는 시동스위치를 넣으면 내부의 코일에 의해 자력이 발생하여 플런저를 끌어당긴다.

플런저가 당겨지면 여기에 연결된 시프트 레버에 의해 피니언 기어가 미끄러져서 링 기어에 물림과 동시에 내부에 있는 메인 스위치가 B단자와 M단자를 연결하여 준다. 마그네틱 스위치 내부에는 풀인 코일(pull-in coil)과 홀딩 코일(holding coil)이 감겨져 있다. 이들 두 코일은 모두 같은 방향으로 같은 수만큼 감겨 있으며 두 코일의 한쪽 끝은 모두 ST단자에 연결되어 있고 풀인 코일의 다른 한쪽은 M단자에, 그리고 홀딩 코일의 한쪽은 마그네틱 스위치의 몸체에 접지되어 있다.

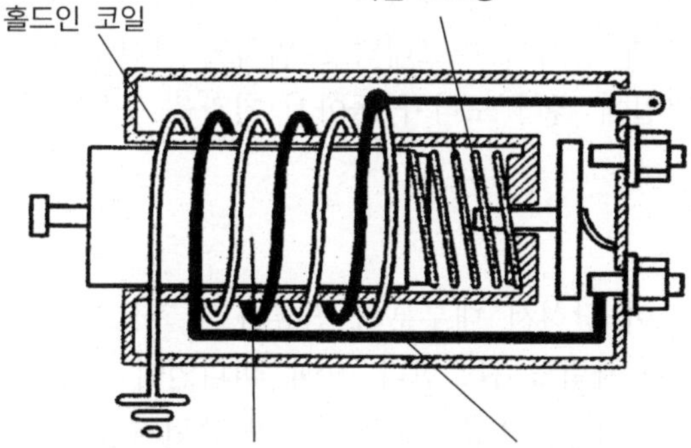

그림 5-36 마그네틱 스위치

기동모터 스위치를 닫으면 풀인 코일과 홀드인 코일이 축전지에서 공급되는 전류로 인하여 강력한 전자석이 되어 플런저를 잡아당긴다. 플런저는 구동레버를 잡아당겨 피니언을 링 기어에 물린다.

이 물림이 완료되는 순간 마그네틱 스위치가 닫혀 기동모터에 축전지의 전류가 직접 흘러 강력한 회전을 시작한다. 이에 따라 엔진이 시동된다. 기동스위치를 열면 그 순간 메인 스위치가 닫혀 있으므로 풀인코일의 전류는 M단자에서 역류되고 풀인코일의 자계의 방향도 역방향으로 되어 홀딩코일의 자력과 풀인코일의 자력이 서로 상쇄된다. 따라서 리턴 스프링에 의하여 플런저가 원위치로 물러나서 피니언의 링 기어에서 풀리고 메인 스위치도 열린다. 이 형식에서도 시동 모터 스위치가 닫혀 있는 동안은 피니언과 링 기어가 물려 있게 되므로 오버런닝 클러치가 필요하다. 시동 모터의 작동을 모터가 회전하기 전과 크랭킹 중 및 시동후의 3단계의 작동으로 나누어 생각해 보기로 한다.

기동 스위치를 끄면 그 순간은 접점이 아직 닫혀 있으므로 풀인 코일의 전류는 M단자에서 반대로 흐른다. 따라서 풀인 코일의 자력의 방향도 반대로 되어 홀딩 코일의 자력과 풀인 코일의 자력은 서로 상쇄되고, 리턴 스프링의 힘으로 플런저는 원위치로 돌아가고 피니언이 이탈하여 접점이 열린다. 풀인 코일은 축전지와 모터에 직렬로 결선되어 있으므로 시리즈 코일(series coil) 또는 전류 코일이라 하고, 홀딩 코일은 병렬로 결선되어 있으므로 셔트 코일(shunt coil) 또는 전압 코일이라고도 한다.

가) 시동 전의 작동

기동모터를 닫으면 마그네틱 ST단자를 통하여 풀인코일과 홀딩코일에 전류가 흐른다. 풀인코일의 전류는 모터의 M단자를 통하여 계자코일, 브러시, 정류자, 전기자 코일의 순으로 흘러서 전기자가 천천히 돌기 시작한다.

한편 풀인코일에 의하여 마그네틱 스위치의 플런저가 당겨지게 되면 시프트레버가 피니언을 밀어서 링 기어에 물림과 동시에 마그네틱 스위치도 닫혀서 축전지로부터 큰 전류가 모터의 계자코일과 전기자코일에 흘러 모터가 돌아서 기관을 구동시킨다.

나) 크랭킹 중의 작동

마그네틱 스위치의 접촉점이 닫혀서 대부분의 전류가 접촉점으로 흐르기 때문에 풀인코일에 흐르는 전류가 약해지고 자력도 감소한다. 이때 피니언이 리턴 스프링에 의하여 되돌아가지 않고 링 기어와 물려 있도록 홀딩코일의 자력이 플런저를 잡고 있다.

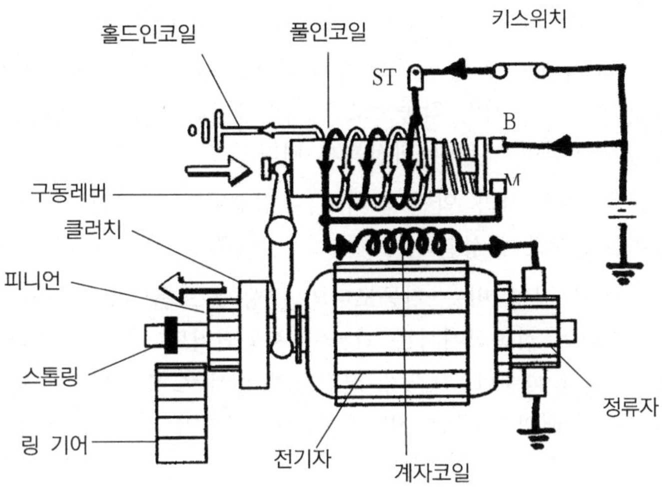

(a) 기동모터 구성회로

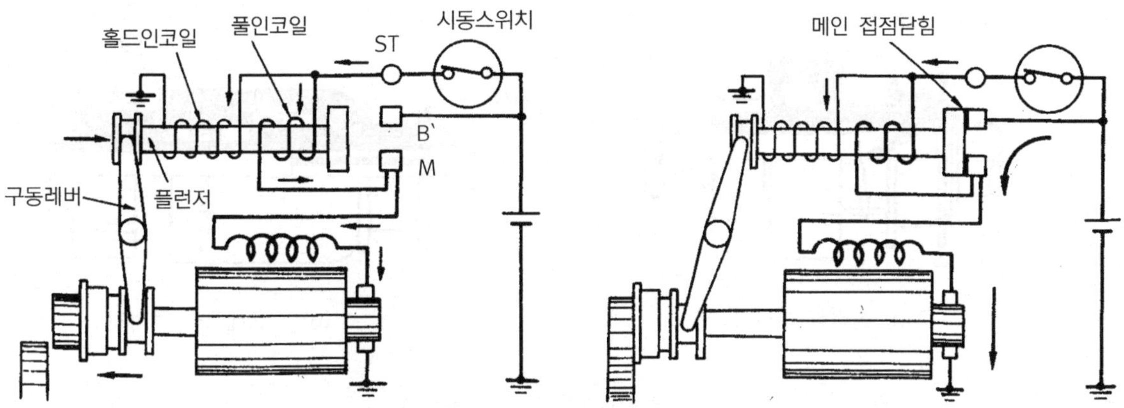

(b) (c)

그림 5-37 엔진시동 시 기동모터의 작동

다) 기관 시동 후의 작동

기관이 시동된 다음 피니언이 링 기어에 의하여 회전되면 오버런닝 클러치의 작용으로 전기자가 보호된다. 시동스위치를 끊는 순간에는 아직 마그네틱 스위치가 닫혀 있으므로 축전지로부터 흐르는 전류는 M단자, 풀인코일 ST단자, 홀딩코일 순으로 흘러서 풀인코일에는 역방향의 자계가 생긴다. 이 역방향의 자계가 홀딩 코일의 자력을 상쇄시켜서 자력이 급격하게 약화되어 플런저가 리턴 스프링의 힘으로 제자리로 되돌아가면서 피니언이 링 기어에서 이탈되고 마그네틱 스위치의 접촉점도 열린다.

3) 동력전달기구

동력전달기구는 모터에서 발생한 토크를 기관의 플라이휠(링 기어)에 전달하여 기관을 회전시키는 기구다. 전자 스위치의 작동으로 피니언과 링 기어가 물리면서 모터가 회전하여 피니언이 링 기어를 구동하여 기관이 회전하게 된다.

동력전달기구는 형식에 따라 약간의 차이는 있겠지만 피니언, 오버런닝 클러치, 치합레버 또는 로드, 리턴스프링으로 구성된다.

피니언과 링 기어의 기어 비는 기동모터의 구동 토크를 크게 하기 위해 10 - 15 : 1로 되어 있다. 전자 피니언 접동식에서는 기관이 시동되어도 기동 스위치를 끄지 않는 한 피니언은 물린 상태로 있기 때문에 기관이 회전하면 반대로 링 기어가 피니언을 구동하게 되어 기관회전수의 10 - 15배의 속도로 전기자를 회전시키며 이로 인해 전기자와 베어링이 파손될 염려가 있다.

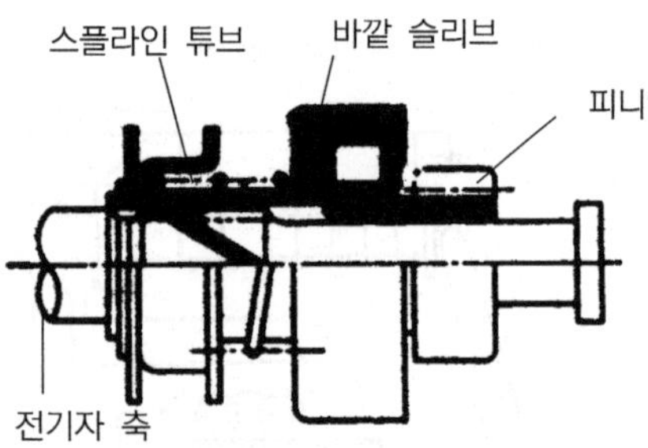

(a) 롤러식 클러치

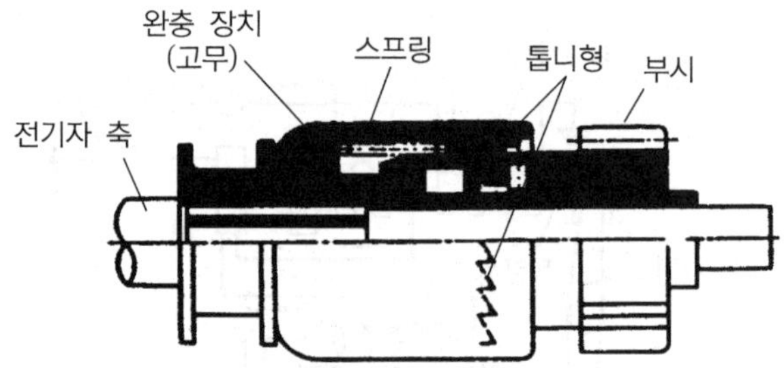

(b) 스프래그식 클러치

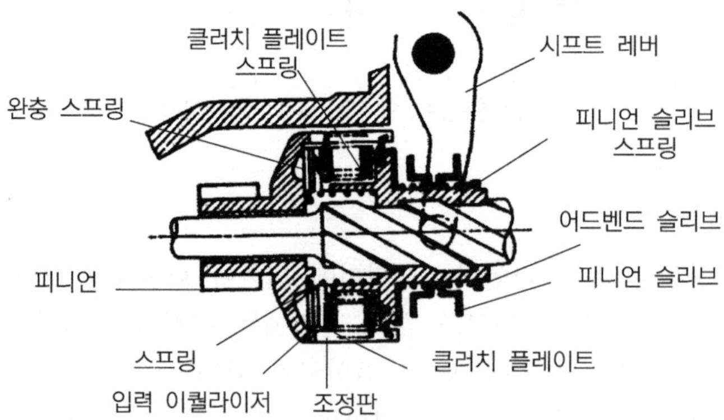

그림 5-38 클러치의 종류

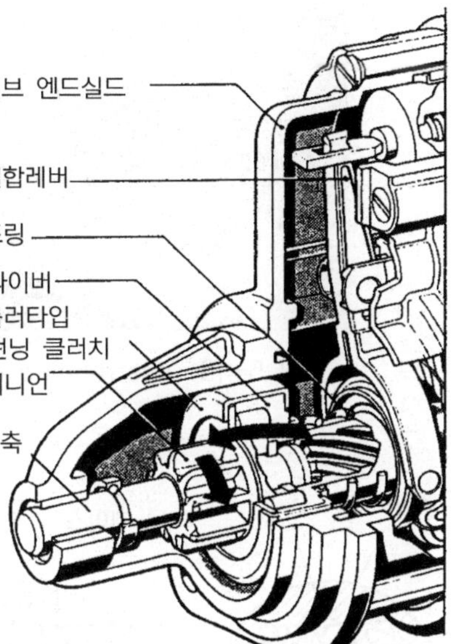

그림 5-39 동작전달기구 구조

이것을 방지하기 위해 기관이 시동되면 피니언이 물려 있어도 기관의 회전력이 기동모터에 전달되지 않도록 클러치가 장치되어 있으며, 이것을 오버런닝 클러치(overrunning clutch)라 한다. 오버런닝 클러치에는 롤러식(roller type), 다판식(multiple disc), 스프래그식(sprag type) 등이 있다.

가) 롤러식 오버런닝 클러치

롤러식 오버런닝 클러치는 전기자축의 나선형 스플라인에 끼워진 스플라인 튜브가 아우터 슬리브와 일체로 되어 있고 아우터 슬리브에는 쐐기형 홈이 마련되어 있다. 아우터 슬리브의 안쪽에는 이너 슬리브(inner sleeve)가 피니언과 일체로 되어 있고 아우터 슬리브의 쐐기형 홈에는 롤러가 스프링에 의하여 홈의 좁은 쪽으로 밀려 있다.

작동은 전기자축이 회전하게 되면 아우터 슬리브가 화살표 방향으로 돌게 된다. 그러나 이너 슬리브가 정지되어 있기 때문에 롤러는 이너 슬리브의 바깥쪽 둘레를 따라 회전하면서 이동한다. 이때 아우터 슬리브와 이너 슬리브의 회전수 차에 의하여 롤러는 쐐기형 홈의 좁은 곳으로 밀려들어가 안팎의 슬리브가 일체로 되어 돌게 되고 전기자축의 회전력은 피니언에 전달되어 기관을 크랭킹 시킨다.

그림 5-40 overrunning clutch

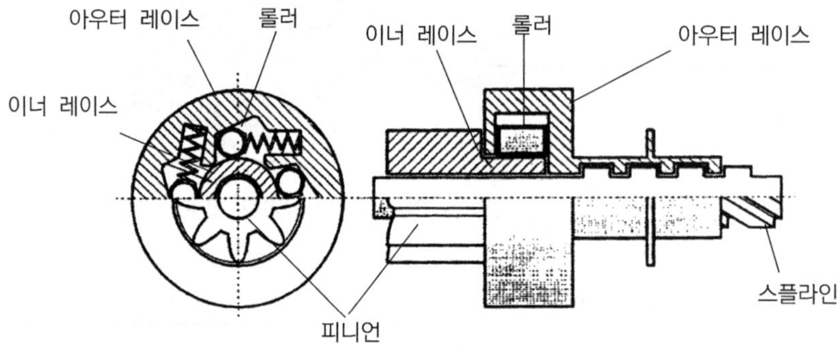

(a) 롤러식 오버런닝 클러치

(b) 엔진 구동시

(c) 엔진 구동 후

그림 5-41 롤러식 오버런닝 클러치의 동작

기관이 시동된 다음, 마그네틱 스위치가 작동하고 있으면 피니언과 링 기어는 물린 채로 있고 큰 기어비 때문에 역으로 피니언이 링 기어에 의하여 회전하게 된다. 이때 아우터 슬리브보다 이너 슬리브의 회전이 빠르기 때문에 롤러는 쐐기형 홈의 넓은 곳으로 밀려나온다. 이렇게 되면 롤러와 양 슬리브 사이에 틈새가 생기고 이너 슬리브의 큰 회전력은 아우터 스러브 쪽으로 전달되지 못하고 공회전 현상을 일으키게 된다. 즉 오버런닝 클러치의 작용에 의하여 기관의 시동이 걸린 후에는 기관의 큰 회전력이나 속도가 기동모터 쪽으로 역전달되는 것을 예방할 수 있다.

나) 스프래그식(sprag type)

이 형식은 중급이나 중량급의 엔진에 사용되는 것으로 바깥 레이스(out race)는 기동모터에 의해 구동되며 엔진을 시동할 때 바깥 레이스와 안 레이스(inner race)는 고정되어 일체가 된다. 엔진이 기동되어 엔진이 피니언을 구동하게 되면 안 레이스가 바깥 레이스보다 빨리 회전하게 되어 바깥 레이스와 안 레이스의 고정이 풀려 엔진이 기동모터를 구동하지 않게 된다.

그림 5-42 sprag type

다) 다판 클러치식(multi-plate clutch)

이 형식은 디젤 엔진의 일부에 사용되고 있다. 기동 모터의 전기자축과 어드벤스 슬리브(advance sleeve)가 스플라인을 통하여 연결되어 있다.

따라서 기동모터가 회전되면 어드벤스 슬리브가 피니언 방향으로 전진하여 재질이 다른 클러치판 A(구동판)와 B(피동판)를 압착하여 피니언을 회전시킨다. 또 다판클러치는 피니언에 한계 이상의 힘을 가하게 되면 미끄러지게 된다.

그림 5-43
multi-plate clutch

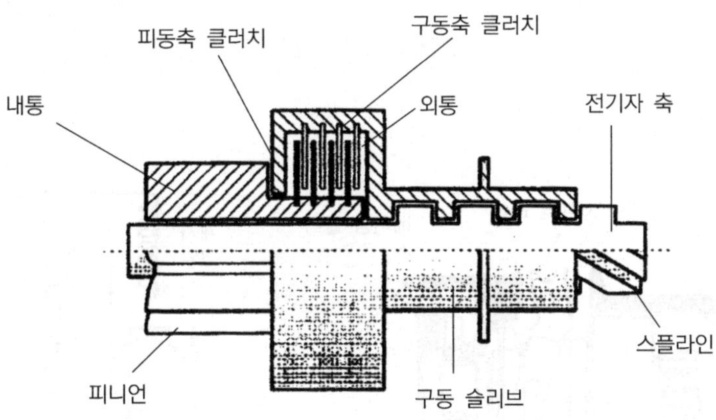

그림 5-44 다판 클러치식의 구조

4) 제동 기구

기관을 시동할 때 단번에 시동이 안되거나, 또는 기관의 회전상태가 고르지 않아 피니언이 이탈했을 때, 곧바로 기동 스위치를 넣어도 전기자의 관성에 의해 피니언의 회전이 계속되면 기어가 물리지 않는다. 이런 피니언의 타성에 의한 회전을 멈추고 바로 시동할 수 있도록 브레이크 장치가 되어 있다.

기동스위치를 돌려서 한 번에 시동이 되지 않았을 때 또는 크랭킹 중 원활하지 못한 회전으로 피니언이 링 기어에서 이탈되었을 때 다시 시동시키려면 전기자의 관성으로 피니언이 계속 헛돌고 있기 때문에 기어가 신속히 물리지 않고 소리가 나며 파손되기 쉽다.

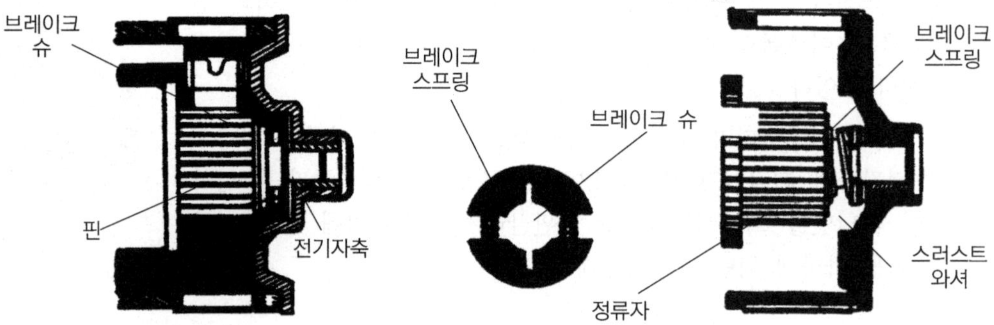

(a) 원심력 브레이크 (b) 스프링식 브레이크

그림 5-45 브레이크 기구(1)

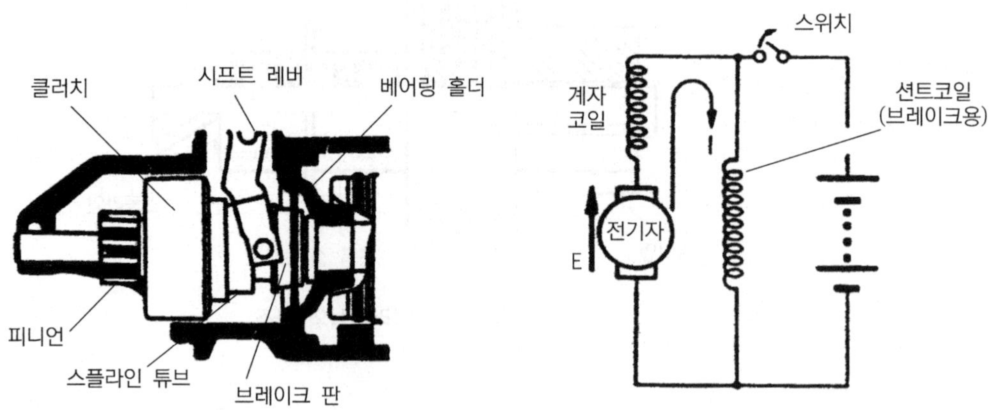

(c) 클러치식 브레이크 (d) 전기식 브레이크

그림 5-46 브레이크 기구(2)

그러므로 피니언의 관성회전을 없도록 하여 빨리 재 시동할 수 있도록 하기 위한 제동기구가 설치되어 있다. 이 제동기구에는 크게 기계식과 전기식으로 나눌 수 있고 기계식에는 원심식, 스프링식, 클러치식 등이 있으며 전기식에서는 가동 복권식이 있다.

가) 원심식 제동기구

원심식은 기동모터 엔드커버 일부가 브레이크 드럼이 되고 전기자축에 브레이크 슈가 설치되어 있어 전기자축과 함께 회전한다.

그리고 브레이크 슈는 항상 브레이크 드럼에 접촉되어 있으므로 회전이 빨라지면 슈 자체의 원심력에 의하여 슈가 확장되면서 마찰력이 커지고 제동력이 강해진다. 제동력은 전기자의 회전이 느릴수록 적어져서 제동력에 의한 크랭킹 시의 에너지 손실은 무시해도 된다.

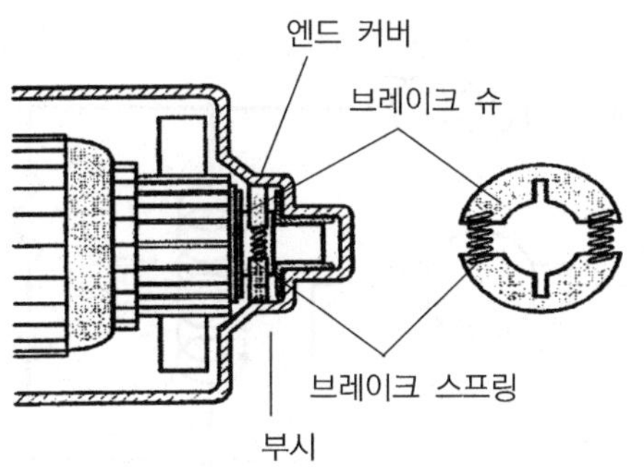

그림 5-47 원심식 제동기구

나) 스프링식 제동기구

스프링식 제동기구는 제동기의 엔드 커버와 전기자축 사이의 스러스트 와셔(thrust washer) 사이에 제동스프링이 설치되어 있다. 제동작용은 스프링이 스러스트 와셔를 눌러서 엔드커버와의 사이에 생기는 마찰력에 의하여 이루어진다.

다) 클러치식 제동기구

클러치식 제동기구는 오버런닝 클러치의 스플라인 튜브와 센터 베어링 홀더 사이에 원추형 제동판이 설치되어 있다.

시프트 레버에 의하여 피니언이 밀려 나왔을 때에는 제동력이 작용하지 않지만 시프트 레버가 원위치로 돌아가면 리턴 스프링의 힘에 의하여 제동판과 센터 베어링 홀더가 접촉하여 제동력이 작용하게 된다.

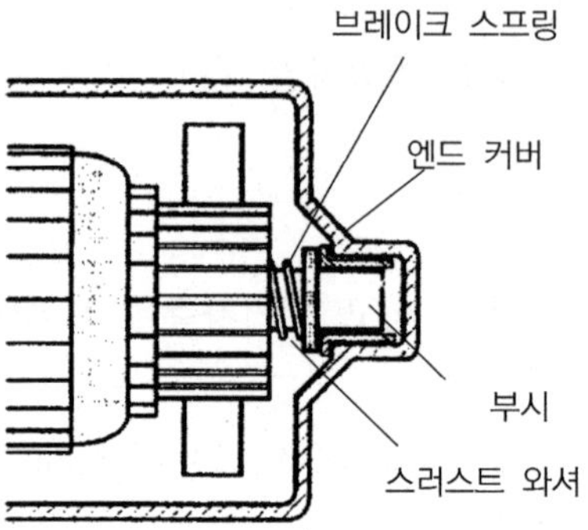

그림 5-48 스프링식 제동기구

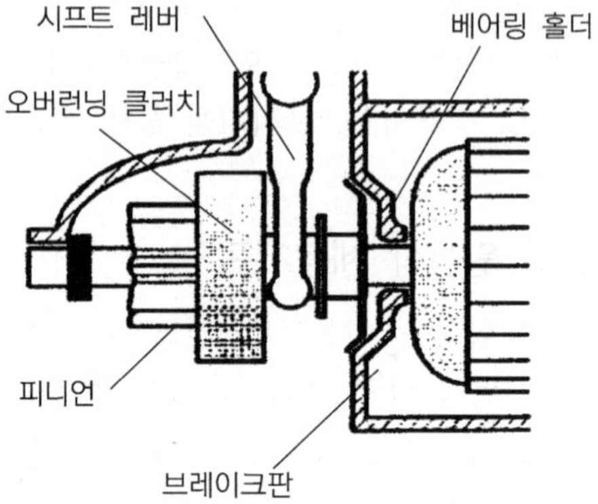

그림 5-49 클러치식 제동기구

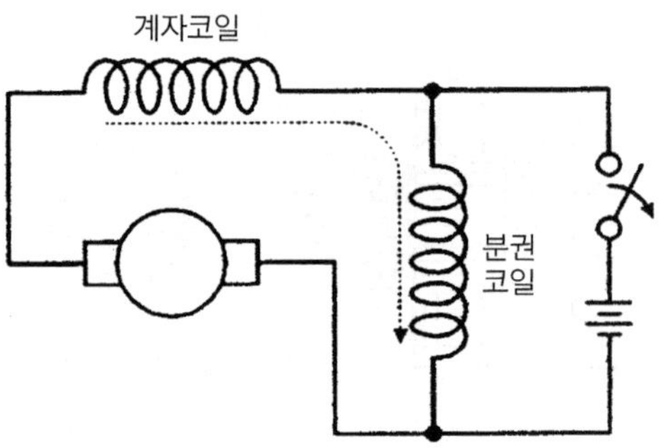

그림 5-50 전기식 제동기구

라) 전기식 제동기구

전기식 제동기구는 가동 복권 모터로 되어 있다. 즉, 계자코일 이외에 분권코일을 설치하여 시동 시에는 전류가 축전지에서 계자코일과 분권코일에 흘러서 두 코일에 의한 자속이 합성되어 모터의 발생 토크가 증대된다. 한편 시동스위치를 여는 순간 전기자는 관성으로 회전을 계속하여 발전기로 되기 때문에 계자철심의 잔류자기에 의하여 전기자 코일에 기전력이 발생한다.

기전력에 의한 전류가 계자코일을 통하여 분권코일에 흐르면 분권코일에 의하여 다시 계자철심의 자속이 강해지고 전기자에는 반대방향의 토크가 생겨서 제동이 걸리게 된다.

기동모터의 장치의 주요역할

기동 모터

- 기동 모터의 역할 : 엔진을 시동 하기 위해 최초로 흡입과 압축행정에 필요한 에너지를 외부로부터 공급받아 엔진을 회전시키는 장치, 일반적으로 축전지 전원을 이용하는 직류 직권모터를 이용한다.
- 솔레노이드 스위치 역할 : 전자석 스위치라는 뜻으로 풀인 코일과 홀드인 코일에 전류가 흘러 플런저를 잡아당기고 플런저는 시프트레버를 잡아당겨 피니언기어를 링 기어에 물린다.
- 풀인코일(pull-in coil)역할 : 플런저와 접촉판을 닫힘 위치로 당기는 전자력을 형성 기동모터 솔레노이드 B단자와 M단자에 접촉이 이루어진다.
- 홀드인 코일(hold-in coil)역할 : 솔레노이드 st단자를 통하여 에너지를 받아 기동모터로 흐르고 시스템 전압이 떨어질 때 접촉판을 맞물린 채로 있도록 추가 전자력을 공급한다.
- 계자코일(field coil)역할 : 계자철심에 감겨져 전류가 흐르면 자력을 일으켜 철심을 자화한다. 계자코일과 전기자 코일은 직류직권식이기 때문에 전기자 전류와 같은 크기의 큰 전류가 계자코일에도 흐른다. 따라서 계자코일도 전기자 코일과 같은 모양의 평각동선을 사용한다.
- 전기자코일(armature coil)역할 : 전기자코일은 큰 전류가 흐를 수 있도록 평각동선을 운모, 종이, 파이버, 합성수지 등으로 절연하여 코일의 한쪽은 N극 쪽에 다른 한쪽 끝은 S극이 되도록 철심의 홈에 끼워져 있다. 코일의 양끝은 정류자편에 납땜되어 모든 코일에 동시에 전류가 흘러 각각에 생기는 전자력이 합해져서 전기자를 회전시킨다. 전기자 코일은 하나의 홈에 2개씩 설치되어 있다.
- 정류자의 역할 : 정류자는 브러시에서의 전류를 일정한 방향으로만 흐르게 하는 것으로 경동판을 절연체로 싸서 원형으로 한 것이다. 정류자편 사이는 1mm정도로 두께의 운모로 절연되어 있고 운모의 언더컷은 0.5~0.8 mm(한계치 0.2 mm) 이다. 정류자편의 아래 부분은 V형 링으로 조여져 있어 회전 중 원심력에 의해 빠져 나오지 않게 하였다.
- 브러시의 역할 : 브러시는 정류자에 미끄럼 접촉을 하면서 전기자 코일에 흐르는 전류의 방향을 바꾸어 준다. 브러시는 구리분말과 흑연을 원료로 한 금속물질이 50~90% 정도로 윤활성과 도전성이 우수하고 고유저항, 접촉저항 등이 다른 것에 비해 적다. 브러시는 브러시 홀더에 조립되어 끼워진다.

5.3 브러시리스(Brushless) 모터

브러시(Brush)가 부착된 DC 모터에서는 정류자와 브러시의 접촉에 의해서 코일에 전류를 흐르게 함과 동시에 전류시키는 기능을 하지만, 브러시가 마모되는 단점이 있다. 그러나 Brushless DC모터는 브러시를 사용하지 않고 비접촉의 위치 검출기와 반도체 소자로서 통전 및 전류시키는 기능을 바꾸어 놓은 모터이다. 따라서 Brushless DC 모터의 토크발생 원리는 DC모터의 경우와 같은 형태이다.

5.3.1 브러시리스 모터의 특징

브러시리스 모터의 최대특징은 원리적으로 브러시리스로 인해 노이즈가 발생하지 않는다는 점이다. 여기에는 기계적인 접촉부가 없으므로 고속 회전형 모터, 장수명형 모터의 실현도 가능해진다.

한편, DC모터는 제어용 모터로 매우 뛰어난 특성을 가지고 있는 것으로 알려져 있다. 예를 들면 급격한 가속성, 큰 기동 토크, 전압 변화에 대한 선형 수하 특성, 출력 토크 대 입력 전류의 선형성 등이다.

이것은 매우 중요한 사항으로 제어용 모터에 요구되는 거의 모든 특성을 겸비한 모터라 할 수 있다. 그러나 이와 같이 뛰어난 모터에도 오직하나, 결정적인 결점을 지니고 있다. 그것은 브러시, 정류자에 의한 기계적인 접촉부이다. 이것은 DC모터가 기능하기 위해서는 필요불가결의 요소로서 이것으로 인하여 모터가 회전되는 셈이다. 그러나 모터가 끊임없이 섭동작용을 반복하므로 브러시, 정류자의 마모가 진행되고 이 이유 때문에 금속분말이나 흑연이 비산하여 현저히 모터의 수명을 줄인다.

또 마모가 진행되면 정류자간에 이상 아크가 발생하고 마침내는 플래시 오버 현상을 일으킨다. 그 구조상 회전 중에 아무래도 불꽃이 발생하므로 주변에 주는 영향이 크다. 특히 인화성이 있는 가스내에서는 방폭 대책이 큰 문제로 대두된다.

상기한 이유로 DC모터를 브러시리스화 한다는 것은 아주 큰 의미가 있다. 그래서 요즘의 경향은 DC모터의 브러시리스화가 연구, 검토되고 있는 것이다. 또한 무보수와 장수명 모터를 만들 수 있다는 것을 의미한다.

일반적으로 회전자에 계자, 고정자에 전기자 권선을 설치하고 센서(홀센서, Photo Diode) 또는 센서리스를 이용하여 권선의 전류방향을 결정함으로써 브러시형과 같은 특성을 갖도록 하였다.

전기자 권선에서 발생하는 자계의 자극이 회전자에 설치된 고정자극과 항상 90°(전기각)가 되도록 전기자 전류를 흘린다.

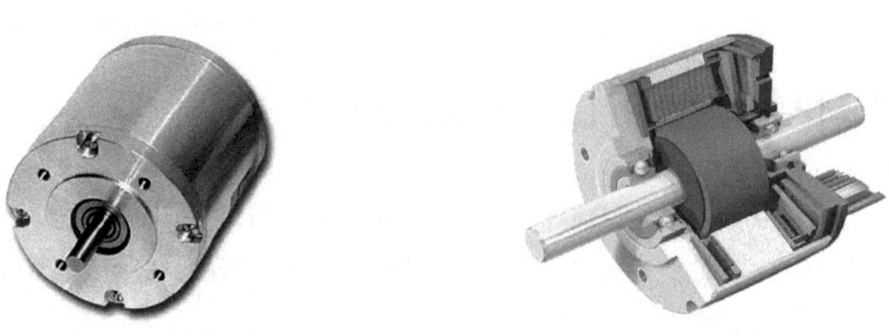

그림 5-51 Brushless DC 모터

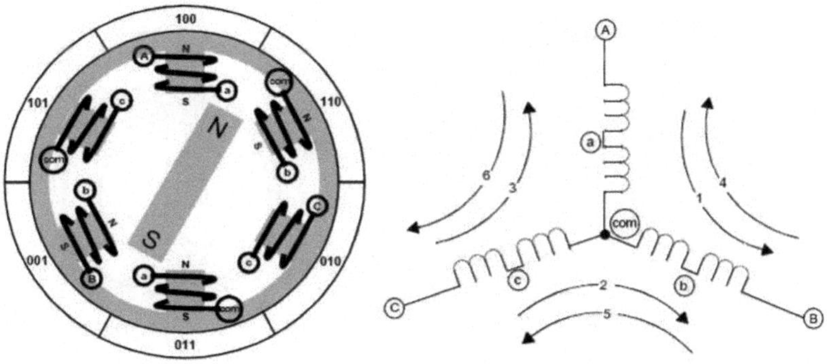

그림 5-52 BLDC 모터의 간단한 구조

표 5-4 브러시리스 모터의 특징

구 분	특 징
브러시리스 모터	• 기계적인 브러시, 정류자가 없다.(마모, 먼지의 발생이 없다.) • 모터의 수명이 길다. • 센서를 이용한 전자 정류장치를 사용한다. • 로터의 자극 센서에 홀 소자가 많이 사용되고 있다. • 기계적인 노이즈가 발생하지 않는다. 베어링 부위는 제외 • 브러시부에 카본, 오일미스트 등의 오탁이 발생하지 않는다. • 전기적인 노이즈가 발생하지 않는다.(전파장애가 발생하지 않는다.) • 불꽃의 발생이 없다. • 플래시오버가 없다. • 고속 회전형의 모터를 만들기 쉽다. • 다극형 모터를 만들기 쉽다.(단상, 2상, 3상 등) • 정방향 및 역방향 회전에 강하다. • 모터의 제 특성은 종래의 DC모터와 동등하다. 다만 로터부의 관성이 크고 출력 효율도 저하한다. • 브러시가 없어 설계에 있어 자유롭다. • 구동회로가 필요하여 종래의 DC모터보다 가격이 비싸다. • 회로 기술에 의하여 브러시리스 모터의 특성을 개선할 수 있다.

일반적으로 전류의 방향전환은 3상 또는 4상 인버터(Inverter)를 이용하고 있다. 최근 센서의 신뢰도가 높아지면서 여러 형태의 개발이 이루어지고 있다.

그러므로 BLDC 모터의 특성은 브러시 DC모터와 비슷한 면이 있으나 구동 방식상 3상 유도모터의 특성과 유사하여 저속 고속에서 토오크가 비교적 높고 고속회전도 가능하며 무접점의 반도체 소자로 코일의 전류를 드라이브 하는 관계로 그 수명이 매우 길고 소음과 전자적인 잡음을 거의 발생시키지 않으며, 모터 드라이브 회로 자체에서 직접 속도조절을 할 수 있는 장점이 있다. 단점으로는 회전자에 영구자석을 사용하는 것으로서 영구자석의 한계로 대용량의 모터제작이 안 되고 브러시 형 모터에 비해서 가격이 비싸다.

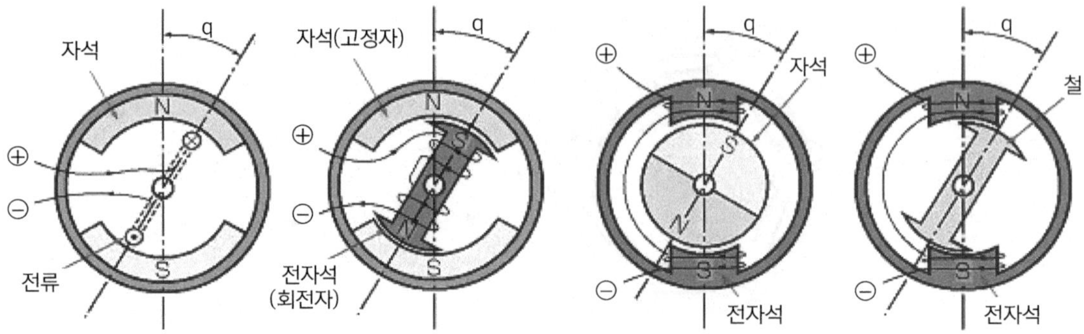

그림 5-53 Brushless DC 모터의 종류별 구조(inner형/outer형)

BLDC 모터의 구동방법은 3상 또는 4상의 위상차를 가지는 발진기에서 모터 정자의 코일에 홀 센서에서 검출한 각도에 대응하여 전류의 공급을 단속하는 대전류의 FET를 PWM 방식으로 순차적으로 드라이브 하여 회전자를 구동한다.

전류제어 부분에서 가장 문제가 되는 것은 비교적 큰 용량의 모터 개발시 코일 구동용 말단 FET 소자의 전류 용량과 역기전압의 효율적인 흡수 등 파워에 문제가 발생하여 고장을 일으키는 문제를 완벽하게 처리하기 어려운 면이 없지 않아 있는 것이 사실이다.

BLDC모터는 속도의 용이성, 고효율성, 높은 기동 토오크, 소형 경량인 DC모터의 장점만을 가지면서, 브러시 형 DC모터에서 브러시와 정류자에 의한 기계적 기구를 가지고 있기 때문에 나타나는 단점 즉, 습동 마찰 토오크의 발생, 마모와 부식에 의한 접촉 불량 및 기동불량, 기계적. 전기적 노이즈, 마모로 인한 수명의 단축성 등의 단점을 보완한 모터이다. 또한 브러시리스를 한 효과는 단순히 기계적 정류구조를 전자화 해서, 그 결점을 없앤 것만이 아니고, 종래의 브러시와 정류자가 없다고 하는 것이 모터 구조에 대단히 큰 자유도를 갖게 해 종래의 브러시가 부착된 모터의 개념에서는 생각할 수 없는 구조도 가능해 졌으며, 용도에 적합한 여러 형태의 모터 개발이 가능하게 되었다. 그리고 DC전원만 인가하면 구동되는 DC모터와는 달리 BLDC모터는 이 DC전원을 각 코일에 적절히 분배해주는 스위칭 전자회로가 추가 되어야만 기동이 가능하다.

5.3.2 트랜지스터 모터

(1) Brushless DC 모터의 구조

Brushless DC 모터를 구조면에서 분류하면 권선으로의 통전은 브러시 등 접동요소를 사용하지 않는 고정식으로 하기 때문에 자계를 만드는 마그네트 회전기를 어디에 배치하느냐에 따라서 자로의 구성방법, 권선의 배치방법이 변한다.

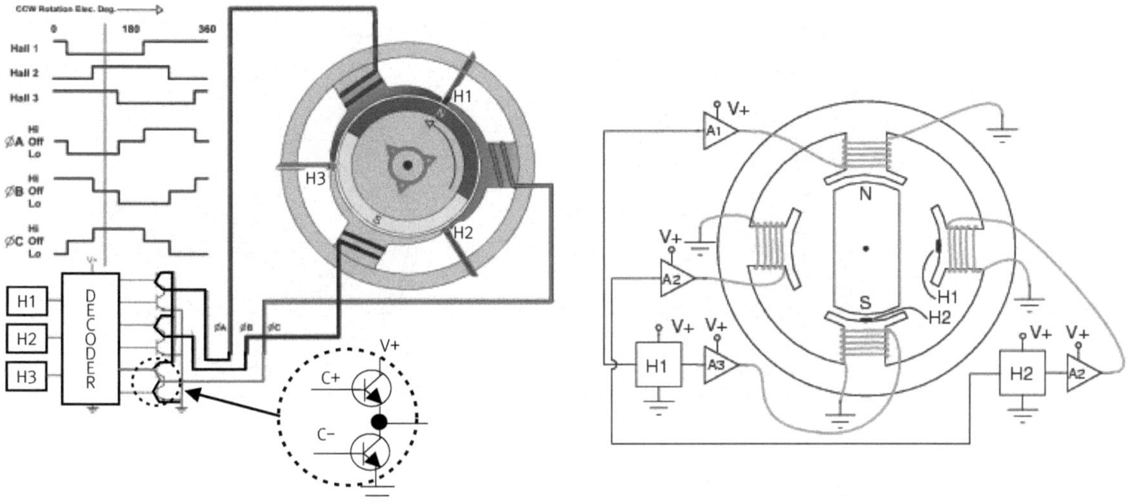

그림 5-54 Brushless DC 모터의 구조(Inner Rotor형)

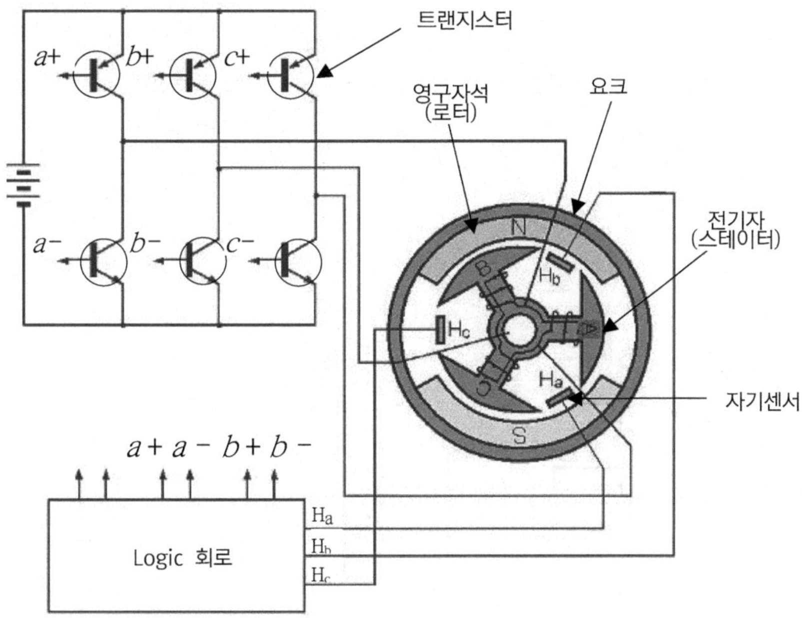

그림 5-55 Brushless DC 모터의 구조(Outer Rotor형)

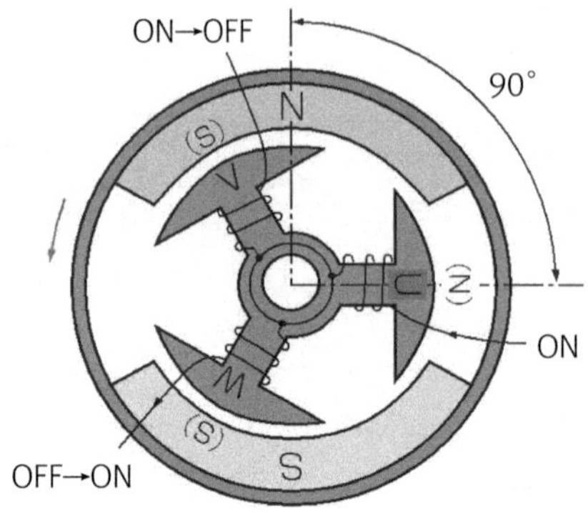

(a) CCW 회전(로터위치 90°)

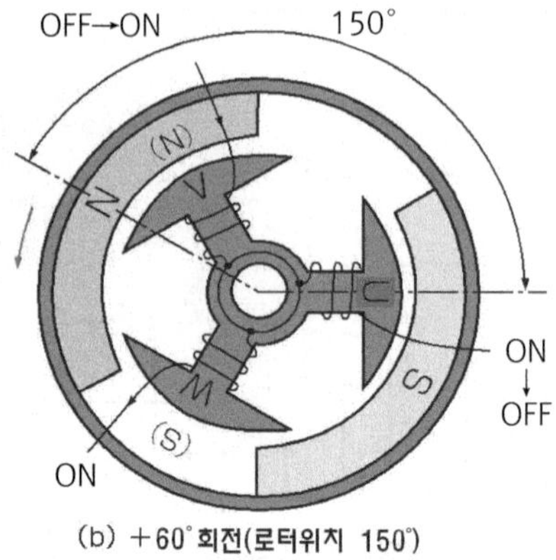

(b) +60° 회전(로터위치 150°)

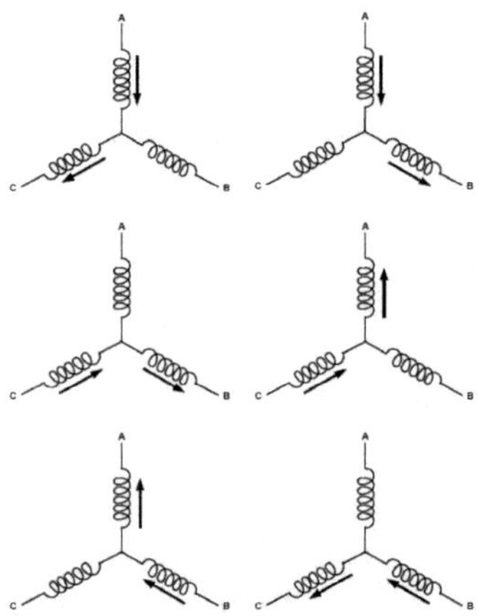

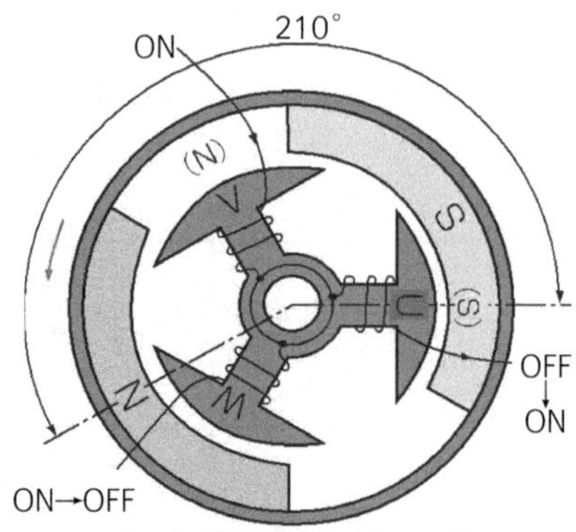

(c) +120° 회전(로터 위치 210°)

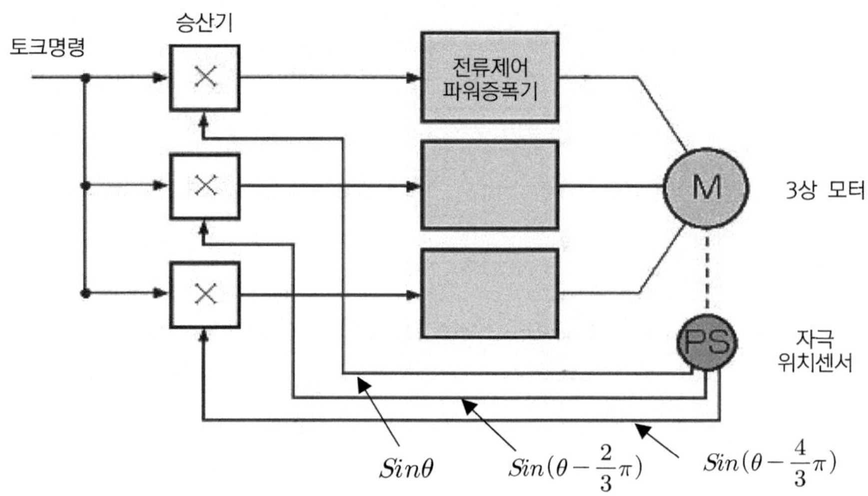

그림 5-56 BLDC모터의 180°정현파 전류구동 회로구성

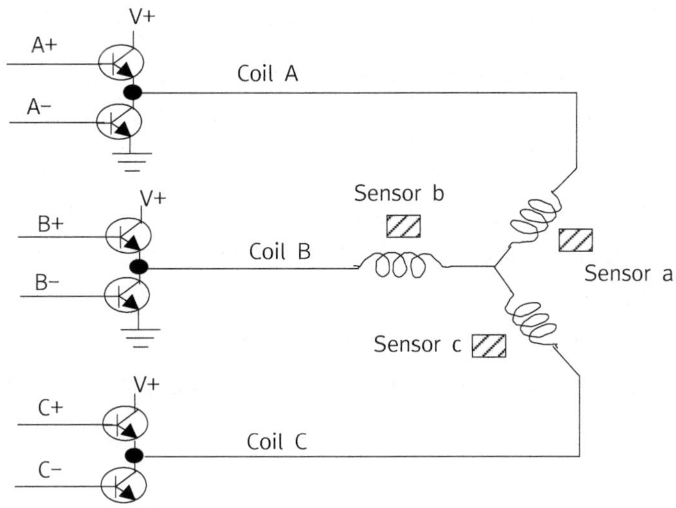

그림 5-57 Brushless DC 모터의 구성회로

표 5-5 Brushless DC 모터의 종류 및 특징

종류	구조	특징
Outer Rotor형 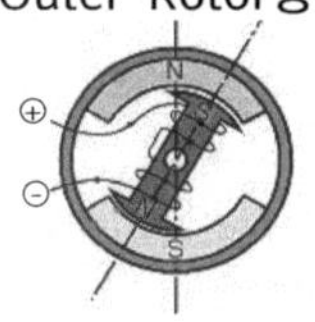	• 모터의 외주측으로 회전자를 배치 • 모터의 내부 측면으로 회전자계를 만든다.	• 회전자의 관성모멘트가 크므로 정속도 주행에 유리하다. • 마드네트를 비교적 크게 할 수 있으므로 고효율, 고토크화하기 쉽다. • 권선의 1코일 평균길이가 짧게 되어 손실절감, 고효율화 하기 쉽다. • 회전자 지지기구가 복잡하다. • 밀폐구조로 하기 어렵다.
Inner Rotor형 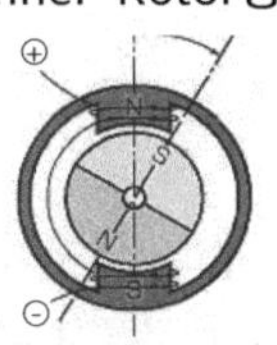	• 모터의 내주측으로 회전자를 배치 • 모터의 외주측으로 회전자계를 만든다.	• 회전자의 관성모멘트가 Outer motor에 비하여 작다. • 모터구조를 비교적 간단하게 구성할 수 있다.
Axial Gap형	• 축방향의 두께를 비교적 얇게 한 원판상의 모터 회전자의 전기자를 축방향으로 나열한 구조	• 축수간 간격이 짧기 때문에 공작의 정확을 요함, 축수구조도 복잡 • 권선과 전기자를 분리 Slotless구조로 함 • 회전율을 저감시킬 필요가 있는 곳에서 많이 사용되고 있지만, 권선의 배치정도와 권선형상의 밸런스를 작게 하여야 할 필요가 있다.

(2) 회전기의 구조

Brushless DC 모터를 구조면에서 분류하면 권선으로의 통전은 Brush 등 접동요소를 사용하지 않는 고정식으로 하기 때문에 자계를 만드는 마그네트 회전기를 어디에 배치하느냐에 따라서 자로의 구성방법, 권선의 배치방법이 변한다.

브러시리스 모터를 로터구조에 의하여 분류하면 아우터 로터형, 이너 로터형, 디스크 로터형으로 나눌 수 있다. 아우터 로터형은 스테이터부가 내측에 있고 이것을 둘러싸는 것처럼 마그넷로터가 그 외측에 배치되어 있다. 즉 구조상, 그 외측에 로터가 있으므로 이너셔가 상당히 커진다. 따라서 급격한 동작을 빈번히 반복하는 용도에는 부적합하다. 용도 예로서는 레코드 플레이어의 턴테이블 구동, VTR의 실린더 모터, 헤이저 프린터의 스케너 모터 등이 있다. 이들은 모두 정속제어에 속한다.

브러시리스(Brushless) 모터

- 브러시리스 모터는 최근 중국, 대만 등을 주축으로 여러 신규업체의 시장개입에 따라 가격하락을 주도하면서 모형항공기의 파워소스로 널리 채택되고 있다. 특히 모터의 구조와 특성상 높은 토크, 고효율 및 낮은 소음으로 일반 브러시 모터 보다 상대적으로 전동 매니아들이 선호하고 있다.

◇ 모터구조

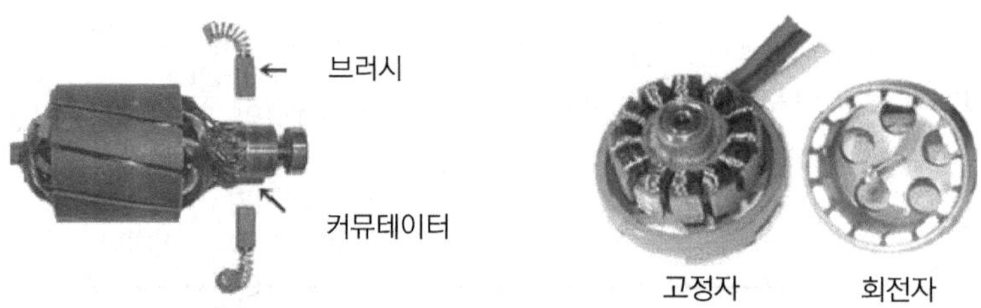

(a) 브러시 모터　　(b) 브러시리스 모터

모터 구분

- 브러시리스 모터와 브러시 모터와 가장 큰 차이점은 브러시와 정류자(commutator)가 없다는 것이다.
- 브러시 모터의 일반적인 구조는 크게 회전코일(회전자)과 고정자석(고정자) 및 브러시와 정류자 부분으로 구성되어 있다. 브러시와 정류자는 아마튜어 코일에 공급되는 전류방향을 회전각도에 따라 전환시켜줌으로써 회전자를 회전시킬 수 있는 자극의 변화를 만들어 주는 중요한 장치이다.
- 브러시리스 모터에서는 컨트롤러(변속기)가 그 역할을 담당하기 때문에 브러시나 정류자가 필요하지 않다. 이로 인해 구조가 간단해지며, 회전마찰에 의한 열 발생 감소와 브러시 마모에 따른 교체가 이루어지지 않으므로 반영구적인 수명을 보장한다.

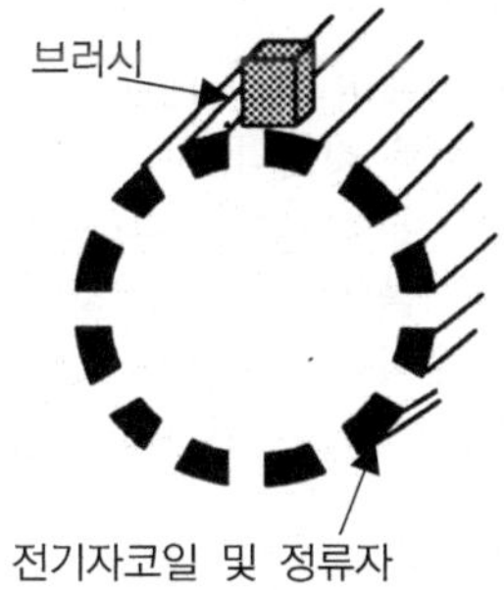

(a) 브러시 모터

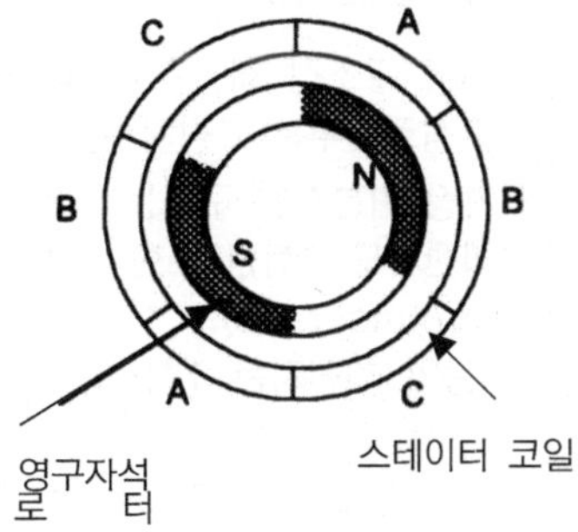

(b) 브러시리스 모터

모터 구분

◇ 회전원리

- In-Runner 브러시리스 모터의 경우에는 회전자가 코어안쪽에 위치하고 있으며, Out- Runner 브러시리스 모터는 보통 통돌이라고 하는데 회전자가 코어의 바깥쪽에 있는 것이 큰 차이이다. 브러시리스 모터는 기본적으로 3상구조를 가지며 회전 제어는 외부의 컨트롤러가 전담한다.
- 양극(+, -)의 DC전원를 3상으로 전환하여 모터에 공급하며, 3개의 고정코일에 공급된 전압으로 고정자석의 위치를 감지하여 위상변화를 줌으로써 회전을 하는 방식의 구조이다. 이 제어구조를 센서가 없는 브러시리스(Sensorless Brushless)라고 한다.

[In-Runner 브러시리스 모터]

[Out-Runner 브러시리스 모터]

브러시리스 모터

- 어떻게 3개의 입력신호로 모터를 구동할 수 있을까? 위의 그림은 외부제어기(변속기)에서 발생한 3상의 입력신호를 나타낸 다이어그램이다.
변속기에서 발생한 3상의 출력은 브러시리스 모터의 입력신호로 연결되기 때문에 120도의 위상 차이를 갖습니다. 위의 회전 애니메이션에서 볼 수 있듯이 고정자가 순차적으로 자력을 발생시킴으로써 회전자의 매끄러운 회전을 유도한다.
- 브러시 모터의 경우에는 브러시와 정류자가 입력신호를 기계적으로 제어하지만 브러시리스 모터는 변속기는 직류 신호입력을 교류로 전환하는 역할을 담당한다.

◇ 회전비(turn-around-ratio)

- 3상 모터의 기본 구조상 회전자석(회전자)은 대부분 자력이 강한 네오듐 자석을 사용하여 2의 배수의 극수를 고정코일부분(고정자)는 3의 배수의 폴수를 갖는다.
- 3상 모터의 가장 기본적인 구조는 3폴의 고정자와 2폴의 회전자를 구성되는데 이경우 고정자가 1회전 할 경우 회전자도 1회전을 한다. 6폴의 고정자와 4폴의 회전자도 같은 회전비를 갖는다 이때의 회전비(turn-around-ratio)는 1:1이다. 고정자가 3폴이고 회전자가 4폴 인경우에는 고정자가 2바퀴 회전하는 동안 회전자는 1회전을 한다. 회전비는 2:1로 증가이다.

6 스테이터, 8 폴　　6 스테이터, 10 폴　　6 스테이터, 14 폴

3상 모터의 기본 구조

- 8 폴의 경우에는 회전자가 1회전 할때 고정자는 2회전을 하므로 회전비는 2:1이다.
- 10 폴의 경우에는 회전자가 1회전 할때 고정자는 5회전을 하고 회전비는 5:1이다.
- 14 폴의 경우에는 회전자가 1회전 할때 고정자는 7회전을 하고 회전비는 7:1이다. 큰 회전비는 회전비가 1:1인 경우를 비교해 볼때 회전스피트는 감소하지만 토크는 증가한다. 즉, 회전비가 커진 경우에는 감속기어를 사용하지 않고 직경이 큰 펠라를 직결로 연결하여 사용할 수 있는 장점이 있다.

(3) 회전자 위치 검출장치

Brush가 부착된 DC 모터와 같은 모양으로 전류의 방향과 자속의 방향을 직교시키기 위해 마그네트 모터 위치를 정확하게 파악해서 그 신호에 의해 권선에 전류를 흐르게 하기도 하고 차단하기도 할 필요가 있다. 그 기능이 회전자 위치 검출장치이다. 검출수단으로서는 광소자와 자기저항소자, 그밖에 다른 것들이 있지만 소형이면서 가격이 싸다는 점에서 홀소자가 가장 실용화되어 있다. 모터의 발열에 의해 고온하에 있기 때문에 온도특성이 좋은 갈륨비소와 같은 것이 주류이다. 홀소자는 반도체에 전류를 흘리고 전류와 직각방향으로 자계를 주면 직각방향으로 홀전압을 발생하는 것이다.

(4) 마그네트

Brushless DC 모터에 사용되는 마그네트로는 소형 모터에 있어서는 그 대부분이 성능과 가격면에서 페라이트 마그네트가 주류이지만 최근에는 그것보다도 한층 더 성능이 좋은 플라스틱 네어듐을 사용하는 체적효율(경박 단소화)을 보다 높인 방향이 보이고 있다.

(5) 구동회로

Brushless DC 모터는 통전, 전류의 기능은 반도체로 구성된 구동회로를 모터의 내부 또는 모터의 외부로 접속해서 최초로 회전한다. 회전의 논리는 위치검출을 해서 홀소자에서의 신호를 인버터용 트랜지스터의 베이스로 구동하기 위한 분배기능을 한다. 더욱 이 회전의 논리회로는 회전수에 비례한 펄스를 발생하고 동시에 회전수의 피드백 신호로 해서 이용할 수도 있다.

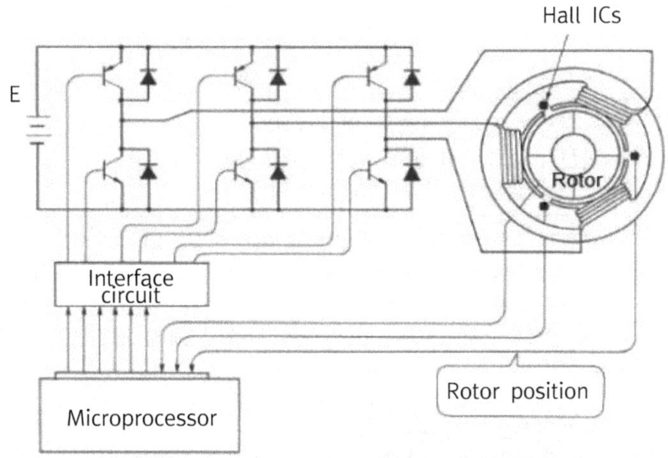

그림 5-58 Brushless DC 구동회로

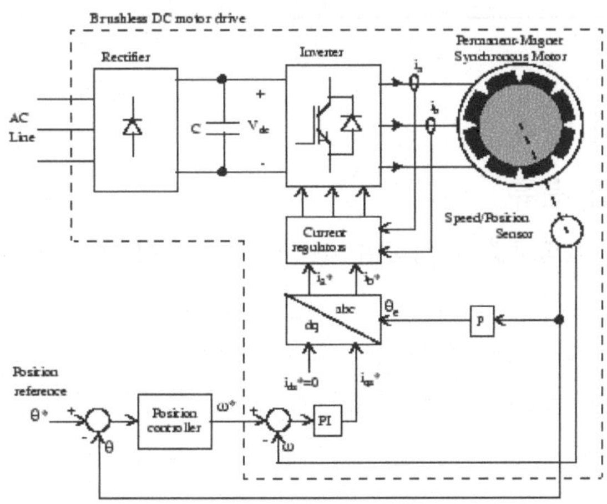

그림 5-59 Brushless DC 구동회로

표 5-6 BLDC 모터의 특징

종류	특 징
장점	• 기계적 정류기구를 전자화(무 접점화)하여 전기적노이즈(불꽃), 기계적노이즈가 작다. • 신뢰성이 높고 수명이 길고 고속화가 용이하다. • 기기의 고밀도화에 따른 요청에 용이하게 대응된다.(형상, 구조의 자유도화 → 경박 단순화 → 기전일체화) • 기기의 다기능화에 쉽게 대응된다.(일정 속도제어, 가변 속도제어 등)
단점	• 로터에 영구자석을 사용하므로 저관성화에는 제한이 있다. • 일반적으로 페라이트 자석을 사용할 경우가 많으므로 체적당 토크가 작다.(결점보완을 위해 회토류자석을 사용하는데 비용이 높음) • 정류기구를 전산화하기 위해 반도체회로를 필요로 하여 비용이 높아진다.(최근의 반도체 기술의 진보에 의해 개선됨)

표 5-7 DC모터

종류	특 징
브러시 DC모터	• 고정자 : 전자석 (혹은 영구자석) • 회전자 : 브러시 통해 일정 전류 공급 → 플레밍 왼손법칙 : 회전자 회전
브러시리스 DC모터 (BLDC)	• 고정자 : 반도체소자 및 컨트롤러(트랜지스터, 싸이리스터)사용 → 순차적으로 자력을 발생 • 회전자 : 영구자석 → 순차적으로 변하는 고정자의 자력에 의해 매끄럽게 회전자 회전 • 장점: - 기계적 정류기구를 전자화(무접점화) - 전기적노이즈(불꽃), 기계적노이즈가 작다. - 신뢰성이 높고 수명이 길고 고속화가 용이하다. - 기기의 다기능화에 쉽게 대응(일정 속도제어, 가변 속도제어 등)

(6) 브러시리스 모터의 분류

1) 모터 구조에 의한 분류

브러시리스 모터를 로터구조에 의하여 분류하면 아우터 로터형, 이너 로터형, 디스크 로터형으로 나눌 수 있다.

2) 외관 형상에 의한 분류

외부 형상에 따라 플랫형, 원통형, 리니어형, 빌트인형, 시스템형 등으로 나눌 수 있다. 플랫형은 모터의 축 방향에 대하여 외경 치수가 훨씬 큰 것을 말하고 그 내부 구조는 디스크형 로터가 일반적이다. 또한 플랫형 모터를 편평형 모터라고도 한다.

3) 위치센서에 의한 분류

브러시리스화하는 방법에는 광센서를 사용하는 방법과 자기센서를 사용하는 방법이 있다. 광센서를 사용하는 방법에는 발광 다이오드와 포토트랜지스터에 의한 이른바 포토인터럽터 방식이 있다. 또 자기식에는 홀 소자, 홀 IC, MR소자, 기타의 자기 포화 소자에 의한 방법이 있다.

그런데 브러시리스 모터는 로터가 영구자석으로 구성되어 있어서, 홀 소자를 자극의 검출에 사용할 경우, 그대로 신호를 보낼 수 있다. 즉 홀 소자를 자극의 센서로 사용하변 다른 보조 부재를 필요로 하지 않는 것이다. 이에 대한 다른 방법으로는 모두 마그넷 로터의 자극 검출을 위하여 보조 재료를 사용할 필요가 있다.

(7) DC 모터의 가변속 제어법

1) 아날로그 방식의 가변속 제어

직접 구동전압 그 자체를 변화시키는 것으로, 트랜지스터로 전압 Dropper를 구성하고 컬렉터 이미터간의 드롭 전압을 바꿈으로써 모터에 가해지는 구동전압을 가변으로 한다.

기본원리에 의해 드롭퍼 전압이 그대로 열로 되어 손실로 되며, 특히 저속으로 할 때 전력 사용 효율이 나빠지고 만다. 손실로 인해 발생하는 열대책을 위해, 큰 방 열판을 필요로 하기 때문에 전체가 대형으로 되고 만다.

소형 모터이고 게다가 속도의 가변폭이 작아도 좋은 경우에는 손실을 작게 할 수 있다는 점과 제어회로가 간단하기 때문에 흔히 사용되고 있다.

2) 펄스폭 변조(PWM) 방식

PWM 방식은 결과적으로는 구동전압을 바꾸고 있는 것과 같은 효과를 내고 있지만, 그 방법이 펄스폭에 따르고 있으므로 펄스폭 변조(PWM : Pulse Width Modulation)라 부르고 있다. 구체적으로는 모터 구동전원을 일정 주기로 On/Off 하는 펄스 형상으로 하고, 그 펄스의 Duty비(On 시간과 Off 시간의 비)를 바꿈으로써 실현하고 있다.

DC 모터가 빠른 주파수의 변화에는 기계 반응을 하지 않는다는 것을 이용하고 있다. 트랜지스터를 일정시간 간격으로 On/Off 하면 구동전원이 On/Off 되는 것이다.

전압을 생각하면 외관상 구동전압이 변화하고 있는 것이다. 여기서 중요한 기능을 담당하고 있는 것이 위의 회로도에 있는 다이오드이며, 일반적인 전원용 다이오드를 사용하지만 그 동작 기능에 의해 flywheel diode라 부르고 있다. 즉, 트랜지스터가 Off로 되어 있는 동안 모터의 코일에 축적된 에너지를 전류(회생전류)로 흘리는 작용을 한다.

(8) DC 모터의 위치 및 속도 제어

DC 모터 제어란 모터의 속도 및 위치를 원하는 대로 조정하는 것을 의미한다. DC 모터 제어를 위해서는 모터 축 또는 기어 축의 위치(회전각도)를 측정할 수 있는 엔코더가 부착되어 있어야 한다. 제어기는 이 엔코더로부터 들어오는 정보로부터 모터의 속도 및 회전각을 계산하고 이를 바탕으로 모터에 가해지는 전압을 조절하게 된다.

모터 제어부는 엔코더의 펄스를 세어 12비트 또는 16비트의 펄스 수로 바꾸어 주는 계수기(Counter)와 이 계수기(Counter)값으로 속도 및 위치를 계산하여 모터에 가할 전압을 결정하는 논리회로 그리고 모터로 가하는 전압에 충분한 전류를 공급하여 모터가 큰 토크로 구동할 수 있도록 해주는 driver로 구성된다.

제어부를 구성하는 방법은 크게 두 가지로 첫 번째는 각각의 부품을 따로따로 구입하여 하나의 제어부를 구성하는 방법과 제어부 전체를 담당하는 하나의 칩을 구입하여 구성하는 방법이다.

6

CHAPTER

교류모터

교류 전원으로 운전되며, 생활 주변에서 가장 널리 쓰이는 모터이다.

AC 모터는 교류(AC) 전원을 사용하는 전기 모터이며, 우리나라 기준으로 전기 콘센트(AC)에 연결해 사용하는 경우 220V 교류 전원을 사용하게 되는데. AC 전원을 사용하는 모터는 동급 출력을 내는 DC 모터에 비해 상대적으로 저렴하며 효율이 좋고 수명이 길다는 장점을 갖는다. 그래서 큰 힘을 필요로 하는 작업용 기계(공작 기계)나 컴프레서 등에 주로 사용된다. 하지만 AC모터는 속도 및 방향 제어가 까다롭다는 단점을 갖고 있어서 토크를 유지한 상태에서 속도를 제어하기 위해서는 주파수 변조나 코일의 유도 전류를 만들어내는 시간차 조절이 필요하다.

교류모터는 기본적으로 외부 고정자와 내부 회전자로 구성되어 있다. 교류전류가 고정자 권선에 공급되면 전자기유도에 의해 자기장이 변화한다. 이 때 회전자에서 회전하는 자기장에 의해 유도전류가 생기고 토크에 의해 회전자에 있는 축에서 회전력이 발생한다.

보통 50~60 Hz의 교류전원을 사용하지만, 높은 회전속도를 얻고자 할 때에는 수백 Hz에 이르는 높은 주파수의 교류전원을 사용하기도 한다. 소형 모터의 회전자에는 단락된 권선을 사용하고, 대형 교류모터에는 권선을 감아서 사용한다.

교류모터는 크게 단상식과 삼상식으로 나누며, 회전자의 유형에 따라 유도모터(Induction Motor), 동기모터(synchronous motor)로 분류한다. 일정한 주파수 전원으로 운전할 경우, 유도모터는 대체적으로 정속도를 유지하며, 동기모터는 완전한 정속도를 갖는다.

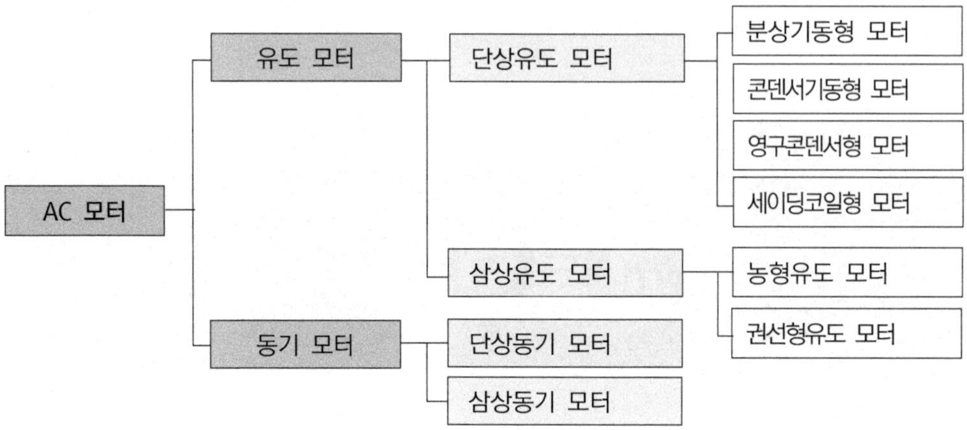

그림 6-1 AC 모터의 구분

교류모터의 용량은 수십 W의 소형에서 수백 kW의 대형에까지 이르며 선풍기, 세탁기, 냉장고, 펌프, 크레인 등 가정과 산업현장 전반에서 널리 사용되고 있다. 교류모터는 구조가 간단하고 브러시나 정류자와 같은 기계 소모부가 없고, 고속에서 순간 최대 토크를 출력할 수 있어 응답특성이 빠르며 무게당 토크가 크므로 소형 경량화할 수 있다는 장점이 있다. 그러나 직류모터에 비해 제어방법이 복잡하다는 단점이 있다.

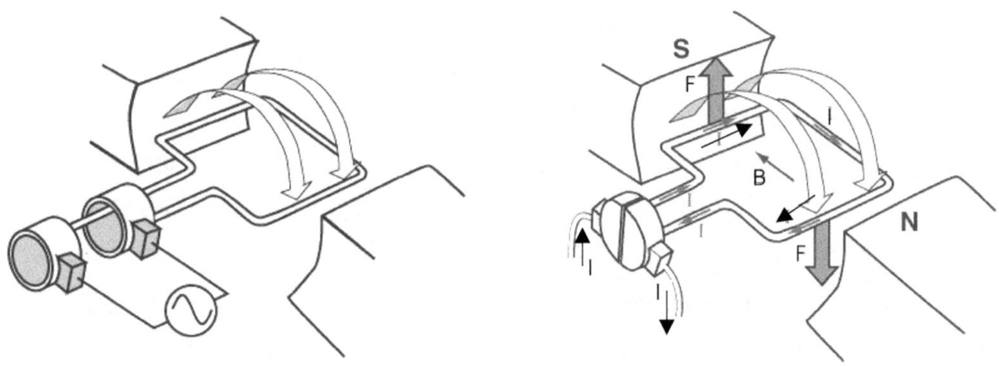

(a) AC모터 (b) DC모터

그림 6-2 모터의 구분

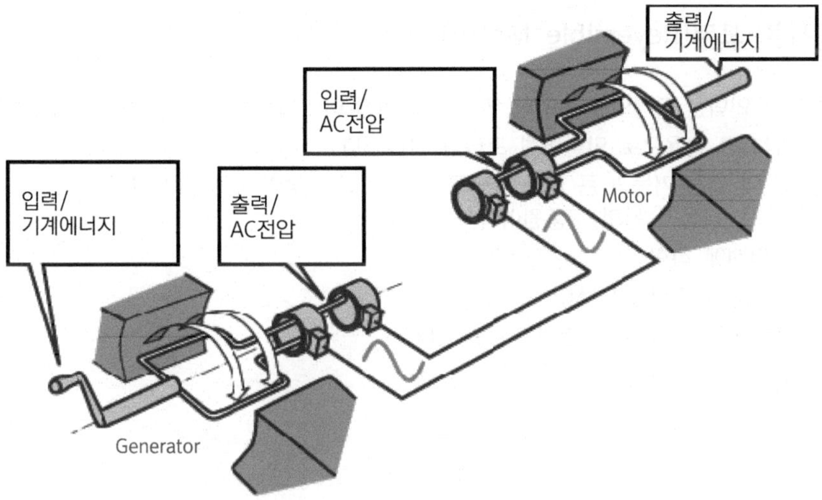

그림 6-3 AC모터와 발전기

6.1 유도모터(Induction Motor)

유도모터는 AC모터의 일종으로서 회전자 계형에 속한다. 구동원리는 스테이터부에 발생하는 회전자계와 로터부에 생기는 유도자계와의 상호작용으로 회전력을 얻는다. 단상뿐만 아니라 3상 유도모터, 3상 권선형 유도모터 등이 있다.

유도모터는 AC모터 중에서도 가장 사용하기 쉬운 모터의 하나로서 일반 가정의 전기제품에 많이 사용되고 있다. 유도모터는 부하에 대응하는 회전수로 회전하나 여기에는 어느정도의 정속성이 있다. 따라서 별로 정속성을 요구하지 않는 동력용 모터로서도 많이 사용된다. 유도모터에도 여러 가지 종류가 있으나 소형 중에서는 단상형의 콘덴서 모터가 가장 많이 보급되고 있다.

표 6-1 유도모터의 특징

종류	특 징
유도모터	• AC전원의 동력용 모터에 적합하다 • 구조가 심플하고 튼튼하다. • 어느 정도의 정속성이 있다. • 수하 특성을 갖게 할 수 있다.(로터의 도체 저항을 올려 주면 된다.) • 수명이 길다. • 가격이 싸다. • 경부하에서의 효율은 일반적으로 낮다.

리버서블 모터(Reversible Motor)

- 리버시블는 인덕션 모터의 일종이며 우회전, 좌회전 어느 방향으로도 같은 특성이 얻어지는 모터이다.
- 정회전, 역회전 전용으로 만들어진 모터를 가리킨다.
- 빈번한 정·역 회전 기능과 큰 기둥 토크를 가지고 있는 점이 특징이다. 주요 용도는 세탁기의 펄세이터용, 사무기, 자동기 등의 구동원이다.
- 빈번한 정역전에 적합
- 브레이크 특성이 좋다.(전자식)
- 단시간이면 크기에 비해 큰 출력이 얻어진다.
- 기동 특성이 뛰어나다.

Reversible Motor

모터 용어

- 분상 기동형(split phase motor)
- 콘덴서 기동형(capacitor start motor)
- 농형유도모터(squirrel cage induction motor)
- 권선형유도모터(star winding induction motor)
- 농형권선(squirrel cage winding)
- 단상유도모터(single phase induction motor)
- 기동권선(starting winding)
- 운전권선(running winding)
- 음극모터(세이딩모터:shaded-pole motor)
- 삼상유도모터(three phase induction motor)
- 전전압기동기(full voltage starter)
- 감압기동기(reduced voltage starter)
- 전전압기동기(full voltage starter: across-the-line starter)
- 기동보상 기동기(auto-transformer starter-compensator)
- 기동단권변압기(auto-transformer)
- 저항(삽입)기동기(primary-resistor starter)
- 리액터(삽입)기동기(primary reactor starter)

3상 유도모터는 바깥쪽의 고정자와 안쪽의 회전자가 모두 얇은 강판으로 쌓아올려서 만들어져 있으며 거기에 각각 슬롯을 내고 있다. 고정자 슬롯에는 코일을 넣는다. 3상의 각 상이 1개의 코일인 예는 없으며 적어도 몇 개의 코일을 사용하기 때문에 고정자의 슬롯 수는 24, 36, 48, 64 … 등이며 많은 것은 수백에 달한다. 각 상의 코일은 공간에서 120°씩 이동시켜서 배치한다. 회전자에는 피복되지 않은 동봉이나 알루미늄의 주물을 슬롯 속에 넣는 농형유도모터(squirrel cage induction motor)이라 불리는 것과 3상 권선으로 하는 권선형이 있다.

2극 모터는 2극의 회전자계를 발생하는 경우인데, 코일의 넓이를 반으로 줄이고 코일수를 2배로 하면 4극의 회전자기장을 발생한다. 코일의 폭을 더욱 좁혀서 6극과 8극 등을 만들 수 있으며 수십 극을 만드는 예도 있다. 극수가 많을수록 회전자기장의 속도가 늦어지며, 회전자의 속도도 이에 따라서 저속도로 회전한다. 고정자의 3상 권선에 3상 전압을 가하면 3상전류가 흘러들어서 회전자계를 만든다.

속도 Nn는 p를 극수로 f를 주파수로 하면 1분당 120 f/p 회전이 된다. 회전자가 전기적으로 닫혀진 회로로 되어 있으면 회전자계에 의해서 발생한 회전자도체 속의 기전력 때문에 전류는 흘러서 모터로서 회전한다. 회전방향은 회전자기장의 방향과 같지만 회전자의 속도는 회전자기장의 속도보다 느리다. 이 차이를 슬립(slip)이라고 하는데 이 슬립의 값이 모터의 동작에 끼치는 영향은 크다. 예를 들면 슬립이 0에 가까이 하면 출력은 0에 가까워진다.

일반적으로 규정출력을 낼 때의 슬립의 값은 회전자계 속도의 몇 % 정도이다. 이상과 같은 것은 회전자가 농형이든 권선형이든 마찬가지이다.

일반적으로 볼 수 있는 3상 유도모터는 농형으로 4극의 것이 많으며, 속도는 거의 1,500 rpm 이다. 농형모터는 정속도로 운전하는 데 적합하다. 권선형은 그 3상단자가 축에 설치된 집전링과 브러시를 통해 외부로 나와 있다. 이 3상 단자에 적당한 값의 저항을 연결함으로써 속도를 제어할 수 있고 또한 시동할 때의 유입전류를 적게 할 수 있으며, 더욱이 토크를 크게 할 수 있는 것이 특징이다.

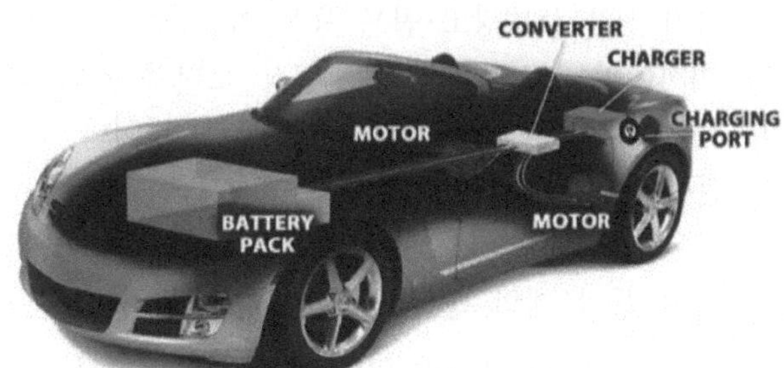

그림 6-4 전기자동차

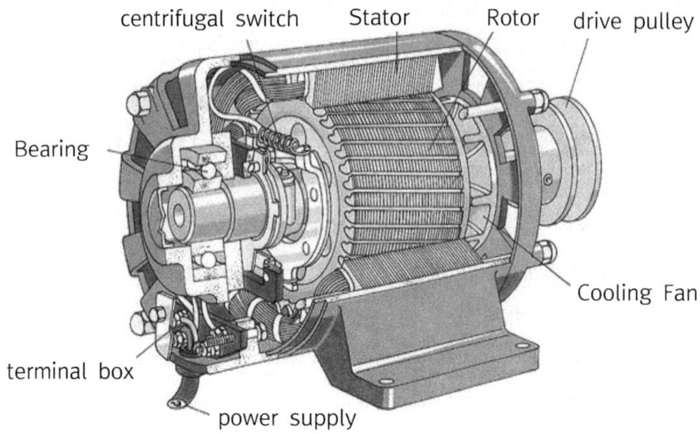

그림 6-5 유도 모터의 구조

그림 6-6 유도모터

그림 6-7 영구자석 동기모터

농형모터의 속도를 제어하는 방법은 여러 가지로 연구·검토되고 있지만 직류모터처럼 자유로이 조정하기가 매우 어렵다. 소형 유도모터는 단상 100 또는 200 V의 전압으로 사용되는 단상기이며 가정용 기기로서 세탁기·선풍기·냉장고·펌프 등을 예로 들 수 있다. 이것은 모두 단상유도모터이고 출력은 750 W 이하이며 회전자의 농형은 3상 모터와 거의 같은 구조이다. 고정자 쪽의 구성의 한 예는 주권선과 보조권선을 서로 공간적으로 90° 벗어난 곳에 놓고, 전원전압은 주권선에는 직접 가하고 보조권선에는 콘덴서와 스위치를 통해서 가한다. 그 이유는 주권선만으로는 전압을 가해도 시동되지 않는 성질이 있으므로 보조권선을 두어 시동 토크를 만드는 것으로서, 더욱이 콘덴서를 넣음으로써 시동할 때의 특성을 좋게 할 수 있기 때문이다.

시동이 되어 회전자가 고속으로 회전하게 되면 보조권선이 없어도 회전이 계속되기 때문에 회전자 측에 부착되어 있다. 운전 후 전원을 끊으면 회전자속도가 저하되어 정지하게 되는데 이때는 스위치 K를 닫고 다음 시동에 대비한다. 시동 토크를 얻는 방법에는 몇 가지가 있다. 운전 중의 회전자속도는 3상의 경우와 마찬가지로 120f/p 보다 수 % 가량 느리게 된다. 펌프용 회전자와 같이 고속회전이 요구되는 것으로는 2극이 사용되지만 그 밖의 것은 4극이 많다.

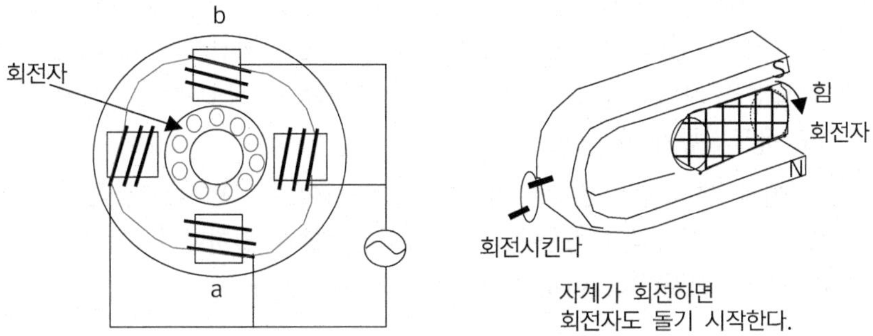

그림 6-8 유도모터의 구조

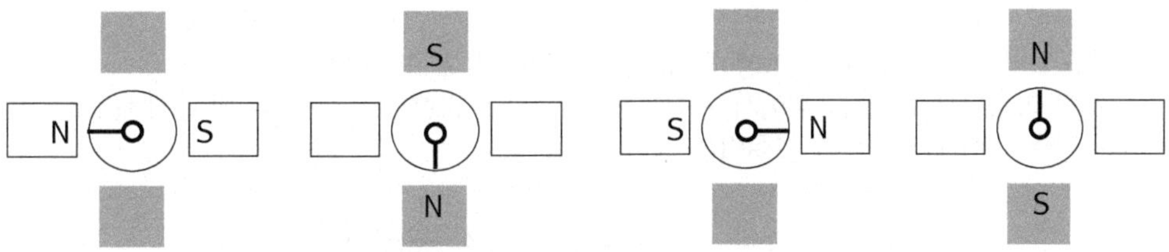

그림 6-9 단상 유도모터의 원리

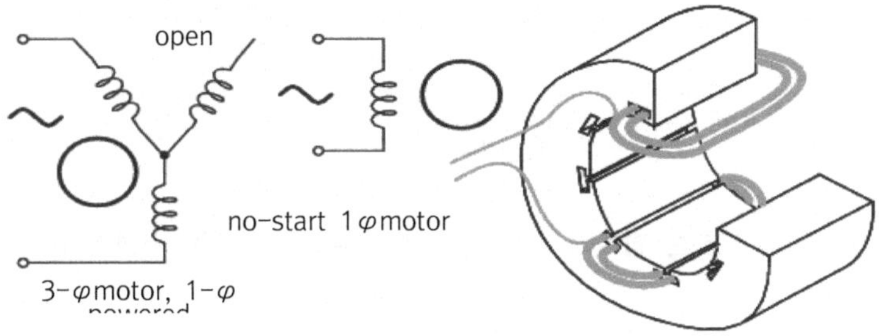

그림 6-10 단상전원-3상 모터

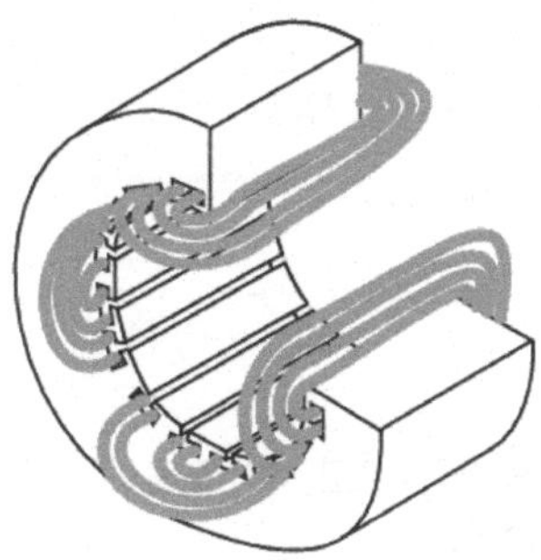

그림 6-11 단상유도 모터

유도모터의 원리는 회전이 가능한 자석 속에 바구니형으로 만든 구리막대의 회전자를 둔 장치라 할 수 있다. 따라서 자석을 회전시켜 주면, 회전자도 자석과 같은 방향으로 회전하게 된다. 자석의 회전을 정지시키면 회전자도 정지하고 자석을 역방향으로 돌이면 회전자도 역방향으로 돌게 된다. 그 이유는 다음과 같이 생각할 수 있다. 머물고 있는 회전자에 대해서 자석이 시계방향으로 돌면, 회전자의 도선을 자력선이 끊는 것이 된다. 그 때문에 도선에는 플레밍의 왼손 법칙에 따라서 특정방향으로 유도전류가 흐른다.

다음에 회전자에서 생긴 유도전류와 자석의 자계 사이에 이번에는 플레밍의 왼손 법칙에 따른 전자력이 발생한다. 이 전자력의 방향은 자석의 회전방향과 일치한다. 이렇게 해서 회전자도 자석의 회전에 따라가듯이 회전한다. 이것이 유도모터의 원리이다.

유도모터의 원리

- 유도모터의 회전 원리는 Arago의 원판의 실험에서 발전하였다.
- 회전 가능한 도체 원판 위에서 자석의 N극을 시계 방향으로 회전시키면 상대적으로 원판은 자기장 사이를 반시계 방향으로 움직이는 것과 같다.

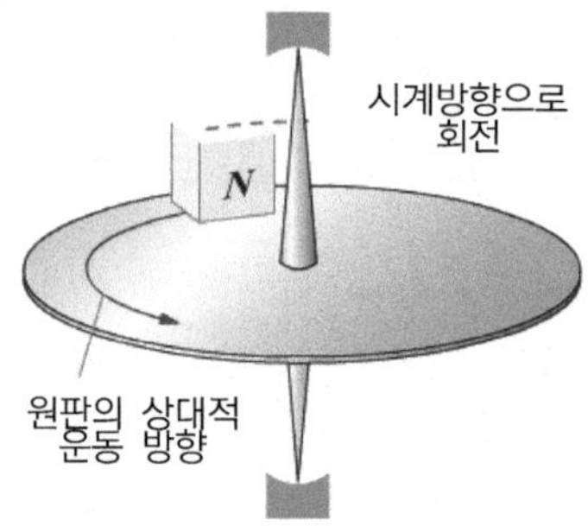

- 따라서 플레밍의 오른손 법칙에 따라 원판의 중심으로 향하는 기전력이 유도된다.

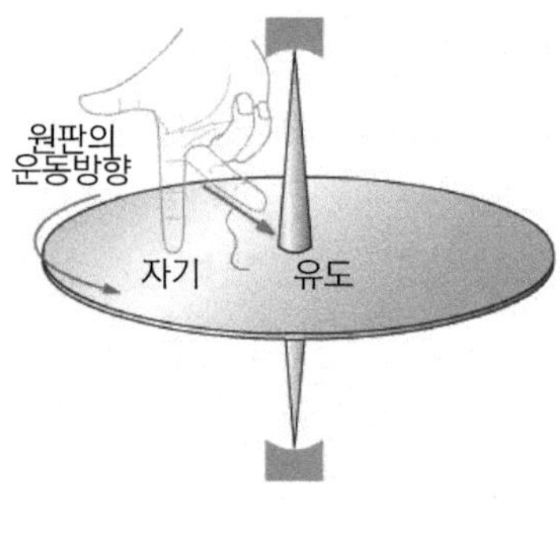

- 이 기전력에 의한 맴돌이 전류가 흐르고, 이 전류에 의해 플레밍의 왼손 법칙에 따라 원판은 전자기력을 받아 시계 방향으로 회전한다.

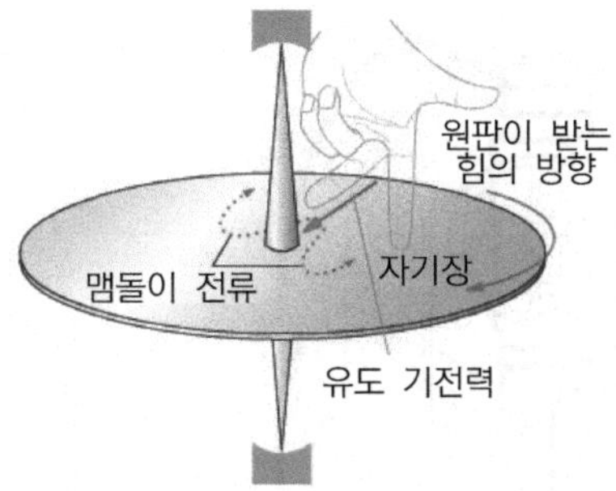

- 원판은 자석이 회전하는 방향과 같은 방향으로 움직인다. 이 때, 원판은 자석보다는 빨리 회전할 수는 없다. 또한, 원판이 자석과 같은 속도로 회전한다면 원판이 자석의 자기장을 쇄교할 수(자를 수)없으므로 원판은 반드시 자석보다 늦게 회전한다. 자석을 회전시키는 대신에 3상 교류로 회전자기장을 만들어 주면, 같은 원리로 원판은 회전한다.

6.1.1 단상 유도 모터(single phase induction motor)

단상 교류는 쉽게 구할 수 있는 전원이므로, 단상 유도 모터는 가정용과 산업용으로 많이 사용된다.

자력 기동을 할 수 없으므로, 별도의 기동권선(start winding)이 필요하다. 즉 운전권선(run winding)과 기동권선이 있다. 대개 1-2 hp 정도의 크기를 갖는다.

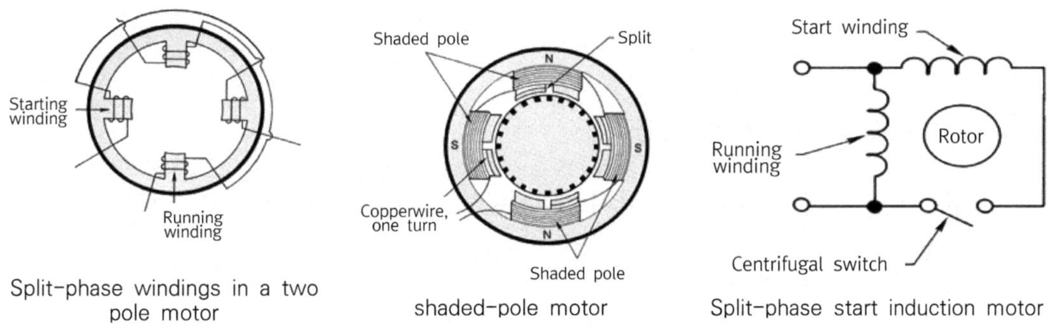

그림 6-12 단상 유도 모터 구조

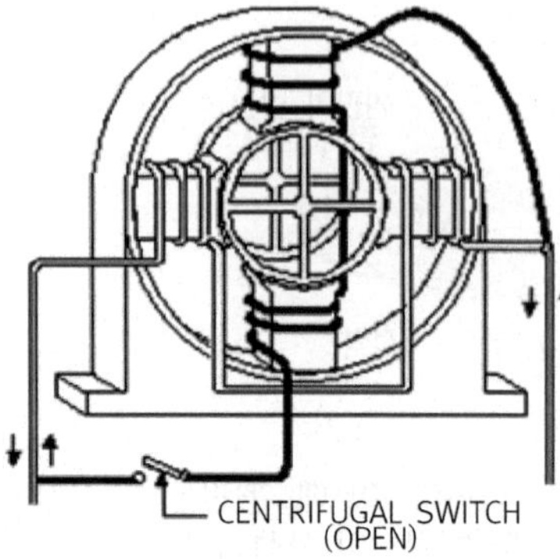

그림 6-13 분상 기동형모터

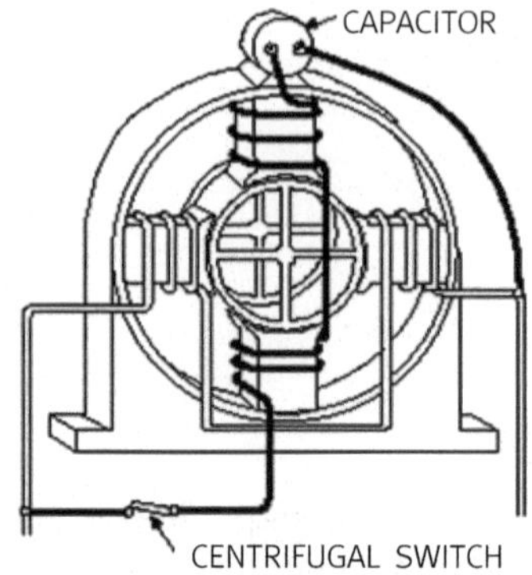

그림 6-14 콘덴서 기동형모터

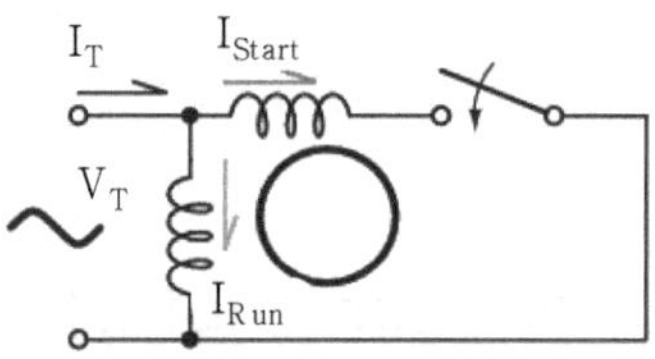

(a) 분상 유도모터

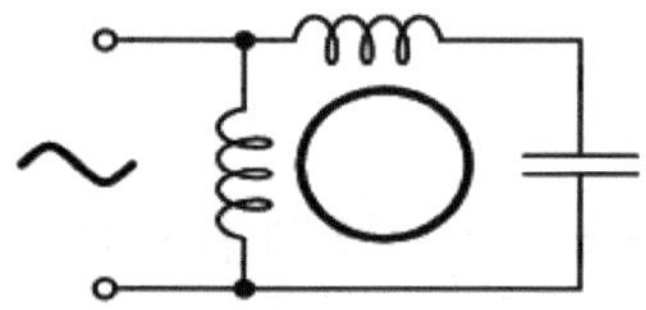

(b) 영구 콘덴서형 유도모터

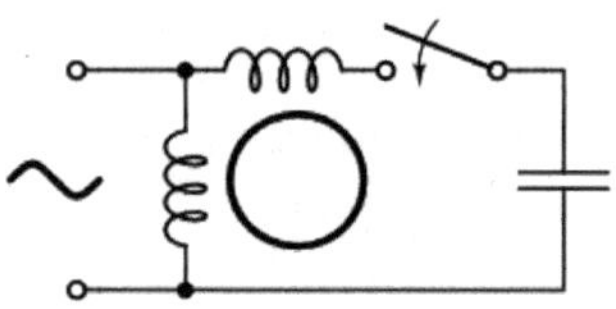

(c) 콘덴서 기동형 유도모터

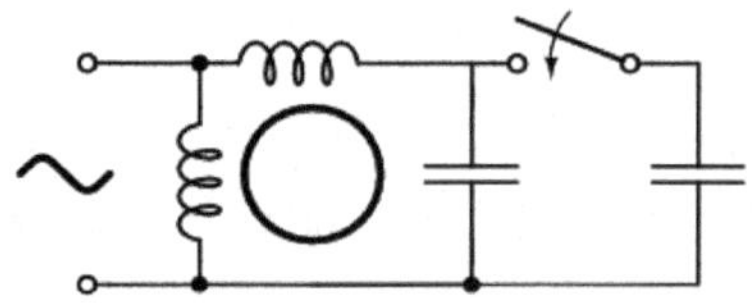

(d) 콘덴서 기동형 유도모터

그림 6-15 단상 유도모터의 구조

단상 및 삼상 모터의 사용

◇ 교류전기는 발전기에서 발전하여 보내는 방식에 따라 여러 상이 있다.

- 단상 : 선 2가닥(대지를 이용하면 1선으로 공급 할 수 있음)
- 2상 : 선 4가닥(제어 모터에 사용함)
- 3상 : 선 3가닥(중성선이 필요시는 4선 공급, 3상4선식)
- 6상도 있음(구형 정류회로에 사용하였음)
- 교류 60 Hz 동기속도는 2극일 때 3600 rpm, 4극일 때 1800 rpm이다. 상하고는 상관없다.

◇ 3상을 사용하는 이유(단상과 비교)

- 각상의 위상차가 120°로 벡터 합성하면 0°가 되는데, 6가닥 중 3가닥은 공통으로 묶고 3가닥으로 전원공급을 한다.
- 단상과 비교하면 발전기 모터 변압기 크기가 10% 정도 작아지고 효율은 증가

◇ 3상 모터 장점(단상과 비교)

- 회전자계를 얻기 쉽고 구조가 간단하다.
- 같은 출력, 전압, 규격의 모터를 비교하면 크기는 작아지고 효율증가, 가격 저렴, 기동력 증가, 구조간단, 정역회전 쉽다 등
- 단상모터는 2마력 이하용으로 주로 사용함
- 전체적으로 분석하면 같은 용량의 전기기기 제작, 송전선로 건설시 비용절감과 효율증대 시킨다(비용은 약10% 감소하고 효율은 약 10% 증가하는 대단한 경제 효과임)

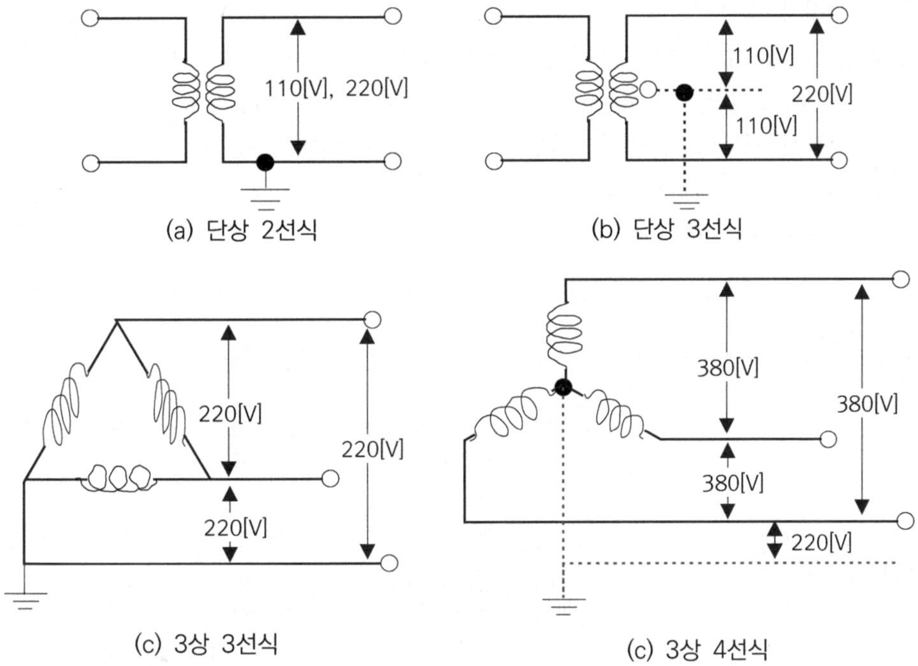

배전방식에 따른 구분

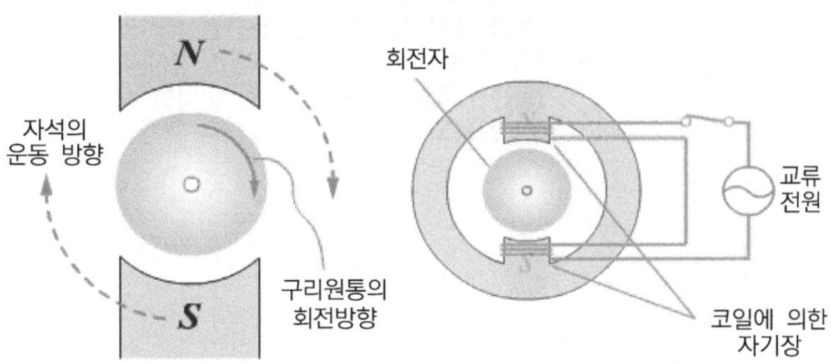

그림 6-16 유도모터의 회전원리

외부의 자석을 회전시키면 내부에 있는 도체 원통도 유도모터의 회전원리에 의해서 자석의 회전방향과 같은 방향으로 도는 현상을 이용한다.

자극 대신에 코일을 이용하면 같은 효과를 얻을 수 있다. 즉, 두 코일의 감는 방향을 같은 방향으로 하면 마치 자석의 N극과 S극이 되어 여기에 교류 전원을 연결하면 자기장이 형성된다.

그러나 단상 교류에 의한 교번 자기장은 생기지만, 일정 방향으로의 회전 자기장이 생기지 않기 때문에 자체적으로 기동하지 못한다. 따라서 단상 유도모터는 먼저 일정 방향으로 기동 회전력을 주는 장치가 있어야한다.

단상 유도모터의 회전자는 농형이고, 고정자 권선에 흐르는 단상 교류에 의한 자기장은 회전자기장이 아니므로 자체적으로 회전하지 못하여 특별한 장치로 기동시켜 주어야 한다. 이러한 기동 방식에 따라 분상 기동형, 반발 기동형, 셰이딩 코일형, 콘덴서 기동형 등으로 나뉜다.

단상 유도모터는 약 400 W이하의 소형 모터, 즉 가정용 펌프, 선풍기, 진공청소기, 냉장고, 세탁기 및 농업용 등으로 널리 쓰인다.

표 6-2 단상 유도 모터

종류	특 징
분상 기동형 (split phase motor) 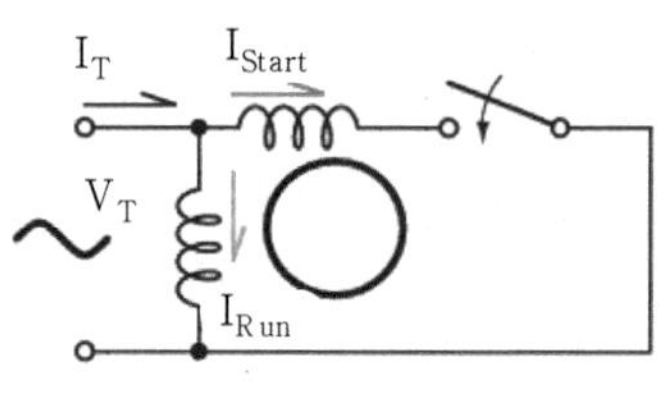 	• 고정자(stator), 회전자(rotor), 엔드플레이트 또는 브래킷(end plate or bracket), 원심력 스위치(centrifugal switch)의 4가지 주요부품으로 되어있다. • 회전자는 농형권선(squirrel cage winding)으로 되어있고, 고정자는 주권선인 운전권선(running winding)과 보조권선인 기동권선(starting winding)이 병렬로 감겨져 있어서 이 병렬회로에 단상 교류 전압을 가하면 운전권선과 보조권선 사이의 리액턴스 차이로 두 회로에 흐르는 전류에 위상차이가 생겨서 회전자기장이 발생하여 토크가 발생하게 된다. • 원심력 스위치(centrifugal switch)는 기동권선과 직렬로 연결되어 있으며, 기동 초기에는 스위치가 on 상태로 있다가 회전자의 속도가 증가하여 정격속도의 75% 정도에 이르면 스위치가 off 되어 기동권선 회로가 개방되고, 모터는 운전권선에 의하여 계속 회전하게 된다. • 가격이 싸나, 기동 토크가 작고 원심력 스위치 때문에 부피가 크며 큰 기동전류 때문에, 소형 분수 마력형 모터(냉장고, 펌프, 세탁기 등)에 많이 사용되고 있다.

콘덴서 기동형 capacitor start motor 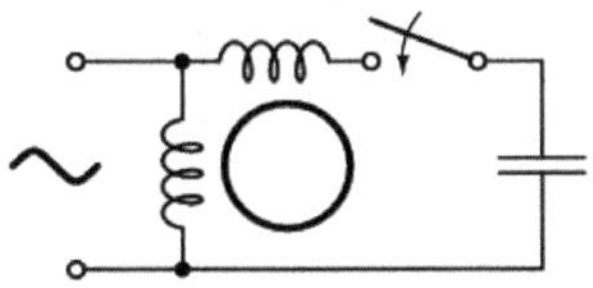	• 분상 기동형 모터와 비슷하나, 기동토크 증대 목적으로 콘덴서를 기동 권선과 직렬로 연결한 점이 다름. • 산업용으로 많이 사용되는 Capacitor(축전기)는 oil-filled, or running, capacitor(오일 커패시터)와 starting, or electrolytic, capacitor (전해 커패시터)의 2가지이다. starting capacitor는 두 장의 알루미늄 판 사이에 전기를 통하지 않도록 화학적 처리를 한 종이가 채워져 있으며 용량은 대략 75~600 μF 정도이고, running capacitor는 두 장의 알루미늄 판 사이에 종이가 채워지고 이것이 다시 오일 속에 담겨있는 구조로 되어있으며 용량은 대략 2~60 μF 정도이다. running capacitor의 용량이 starting capacitor의 용량 보다 적으나, 외형은 running capacitor가 starting capacitor 보다 크다. • 분상기동형 모터에 비하여 기동토크가 크고 기동전류가 작으며, 분수 마력형에서 10여 마력까지 다양하고, 펌프 에어컨 냉장고 등에 사용된다.
영구 콘덴서형 permanent split capacitor motor 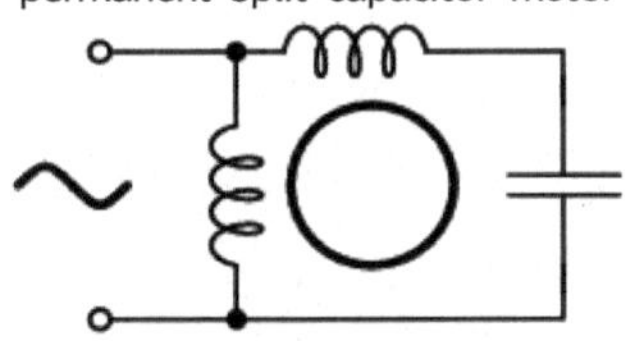	• 콘덴서 기동형 모터에서 원심력 스위치를 제거한 것. 따라서 컨덴서를 기동 시 뿐만 아니라 정상 운전 시에도 계속하여 사용. • 용량이 적은 콘덴서를 사용하기 때문에 기동 토크는 콘덴서 기동형 모터 보다 작으나, 원심력 스위치가 없어서 구조가 간단하다. • oil-filled capacitor가 주로 사용되며, 큰 기동 토크가 필요하지 않은 선풍기나 세탁기 등에 많이 사용.
셰이드 코일형 shaded pole motor 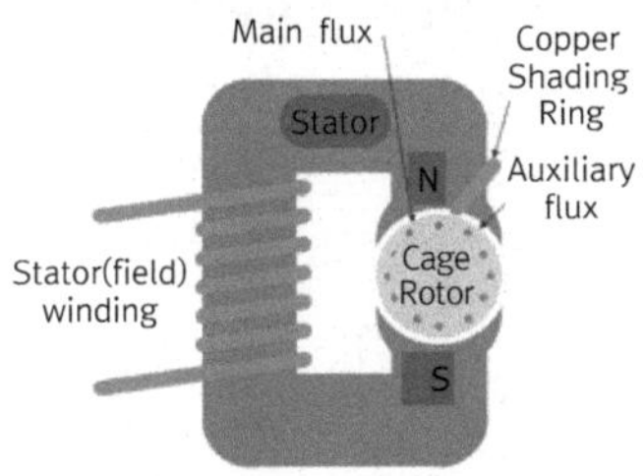 Shaded Pole Induction Motor	• 각각의 고정자 자극의 한쪽 끝에 홈을 파서 돌출(salient)극을 만들고 이 돌출극에 셰이딩코일(shading coil)이라 부르는 구리 단락 고리를 끼운 것. 이 shading coil에 의해서 회전 자계장이 형성되어 토크가 발생하여 회전하게 된다. • 운전 중에도 shading coil에 전류가 계속 흐르므로 효율과 역률이 아주 작으며, 기동토크도 작다. • 구조가 간단하고 견고하지만 회전방향을 변경할 수 없다. • 크기는 1/100~1/20 마력 정도이며, 정지상태(stall)로 오랫동안 전전압이 걸려도 권선이 소손되지 않는 경우도 있다. • FCU의 fan, 소형 condensing unit의 fan, 소형 선풍기, record player 등에 쓰인다.
콘덴서 기동-콘덴서 운전형 capacitor start-capacitor run motor 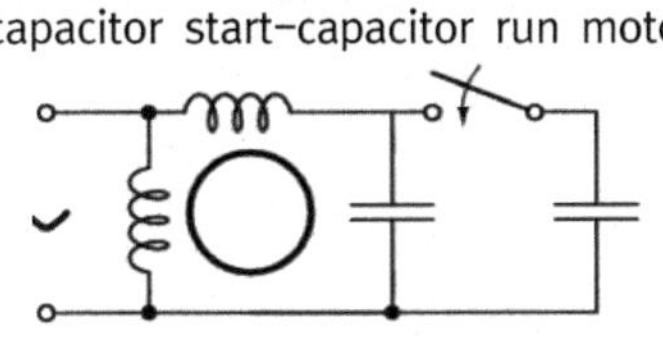	• 콘덴서 기동형 모터의 운전권선에 running capacitor를 추가한 형태의 모터로, 기동토크가 크고 운전효율도 높은, 특성이 아주 좋은 모터로 알려져 있다. • 대부분 밀폐형 또는 반밀폐형 압축기에 사용되며, 고가이기 때문에 개방형 압축기에는 거의 사용되지 않고 있다.

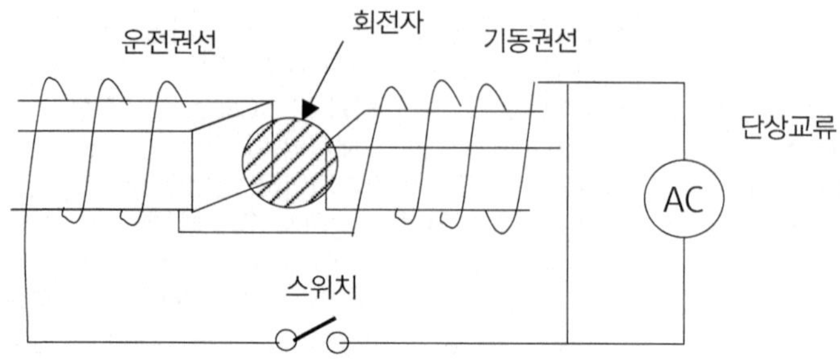

그림 6-17 단상 유도 모터 구조

6.1.2 삼상 유도 모터(three phase induction motor)

삼상 유도 모터는 같은 마력수의 단상 유도 모터에 비해서 구조가 간단하고 더 소형이다.

회전자의 구조에 의해서 농형(squirrel cage induction motor)과 권선형(star winding induction motor)으로 나누어진다. 고정자의 권선법에는 성형결선(star winding or Y winding)법과 델타(delta winding)결선법이 있다. 대부분 공장용으로 사용되며, 1마력 이상에서 수천 마력까지 다양한 크기가 생산된다. 분수 마력도 생산이 되는 경우가 있으나 납기가 길다. 소용량에서는 대부분 농형이 사용되고, 기동전류가 문제가 되는 대용량에서는 권선형이 사용된다.

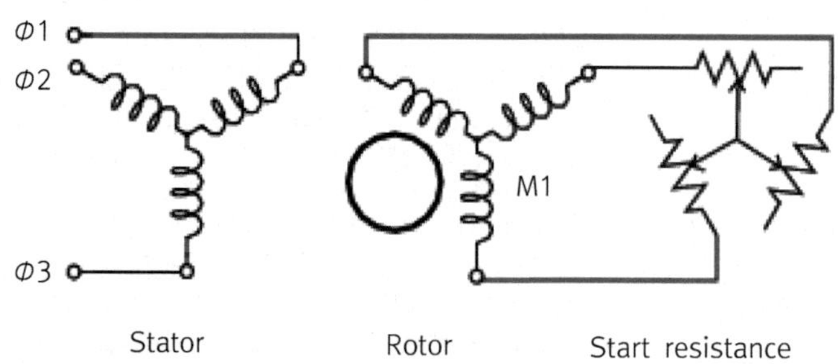

그림 6-18 Wound rotor induction motor

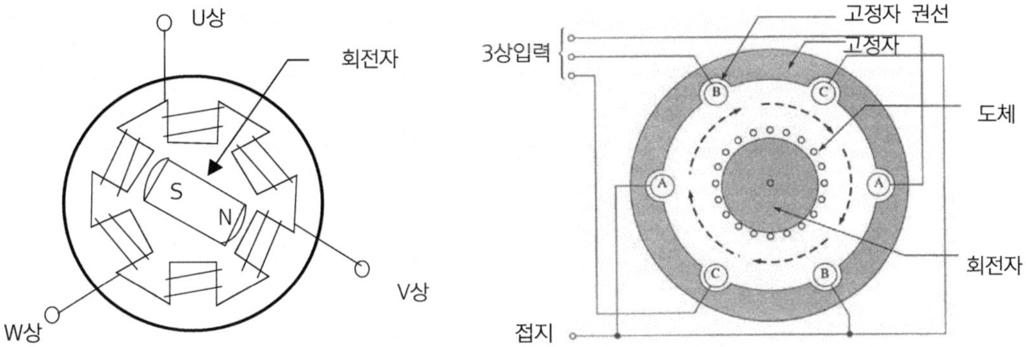

그림 6-19 3상 유도 모터 구조

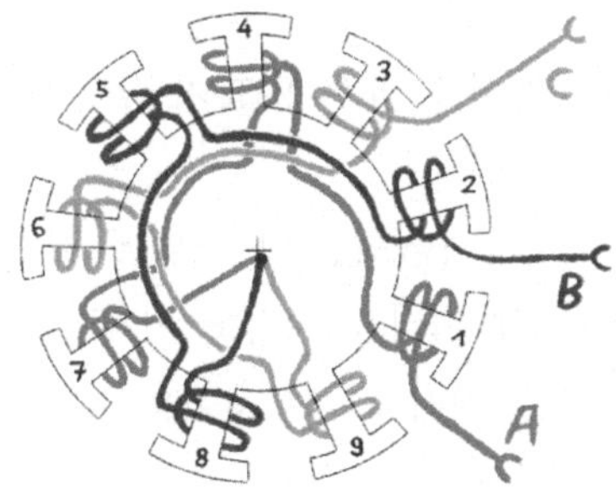

그림 6-20 Y(star)결선법의 형태

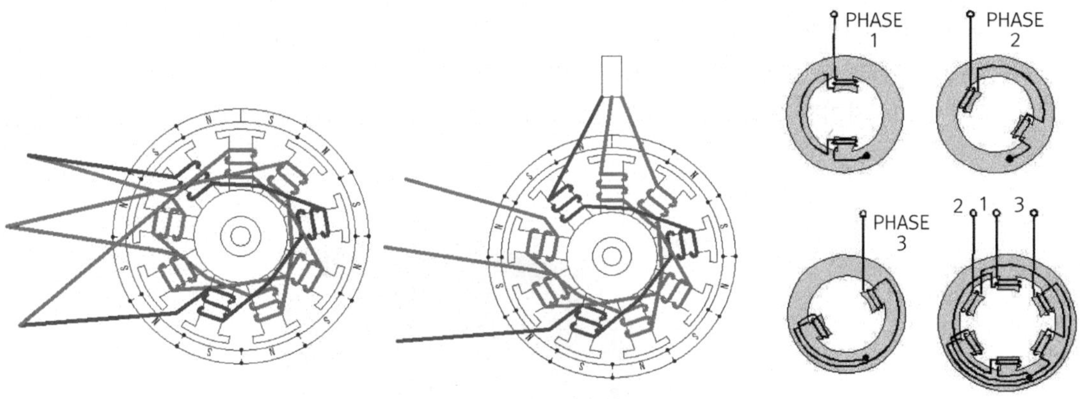

그림 6-21 Delta 결선법의 형태

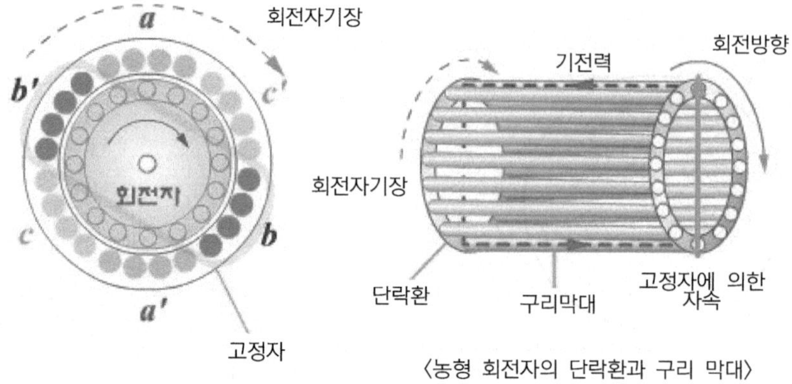

그림 6-22 3상 농형 유도모터 구조

대부분의 중소형 삼상 모터는 결선을 바꾸어 고·저 두 개의 전압 중 어느 전압에서도 작동하게 할 수 있다.

금속원통의 회전자 주위에 3상(aa' bb' cc')의 전원을 인가하면 시계방향으로 회전자기장이 생긴다. 따라서 유도모터의 회전원리에 따라 회전자도 시계방향으로 회전한다.

3상 농형 유도모터의 회전자 중 철심에 결합시키는 도체는 구리막대(또는 알루미늄막대)와 단락환(end ring)으로 되어 있다.

시계방향으로 회전자기장이 생기면 도체(회전자)는 반대방향으로 움직이는 것과 같으며 이 회전자기장에 의한 자속에 의해 플레밍의 오른손 법칙에 따라 회전자에 기전력이 발생한다. 이 기전력은 다시 플레밍의 왼손법칙의 적용을 받아 회전자를 시계방향으로 회전하도록 하는 것이다. 이때 도체가 회전자기장을 쇄교해야 하므로 도체의 회전속도는 회전자기장의 속도보다 느리다.

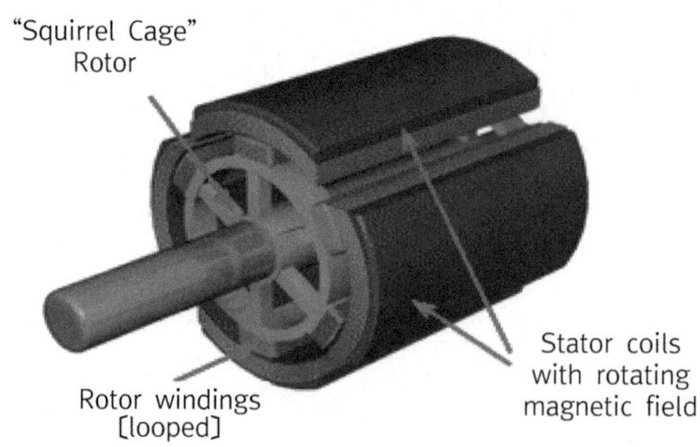

그림 6-23 유도모터의 구조

표 6-3 삼상 유도 모터

종류	특 징
농형(쳇바퀴모양) (squirrel cage induction motor)  	• 회전자는 구리나 알루미늄 환봉을 도체 철심 속에 넣어서 그 양쪽 끝을 원형 측판(shorting ring)에 의해서 단락시킨 것으로, 그 모양이 마치 다람쥐 쳇바퀴처럼 생겼다하여 squirrel cage라고 함. • 회전자의 구조가 간단하고 튼튼하며 운전 성능이 좋으므로 건축설비에 쓰이는 대부분의 삼상 모터는 농형이다. • 기동시에 큰 기동전류(전부하 전류의 500~650%)가 흐르는 것이 단점이며, 이 단점 때문에 권선이 타기 쉽고 공급전원에 나쁜 영향을 끼친다. • 기동 토크는 전부하 토크의 100~150% 정도.
권선형 (wound-rotor induction motor) 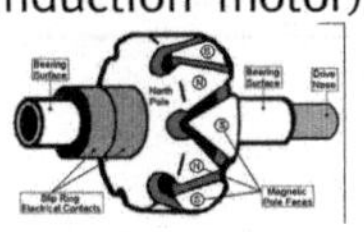	• 회전자에도 3상의 권선을 감고(대개 wye 결선), 각각의 단자를 Slip Ring을 통해서 저항기에 연결한다. 저항기의 저항치를 가감하여 광범위하게 기동특성을 바꿀 수 있다. • 회전자 권선으로 인하여 농형보다 구조가 복잡하다. • 기동전류는 전부하 전류의 100~150% 정도이고, 기동토크는 전부하 토크의 100~150% 정도이므로, 상대적으로 적은 전원 용량에서 큰 기동 토크를 얻을 수 있다. • 기동이 빈번하여 농형으로는 열적으로 부적합한 경우 및 대용량에 많이 사용.

농형유도 모터의 기동방법

- 농형유도 모터(squirrel cage induction motor)의 기동 방법은 전전압기동기(full voltage starter)를 사용하는 방법과 감압기동기(reduced voltage starter)를 사용하는 방법으로 대별할 수 있다. 전전압기동법이나 감압기동법의 선택 시 고려할 사항은

  ① 감압기동시의 기동전류와 기동토크

  ② 모터의 용량

  ③ 비용

  ④ 전력공급회사의 규정 등이다.

농형유도모터의 기동기(starter)를 세분하면 아래와 같다.

표 6-4 농형유도모터

<table>
<tr><th>종류</th><th colspan="3">특 징</th></tr>
<tr><td>전전압기동</td><td>전전압 기동기</td><td>across-the-line starter(미국)
또는 direct-on-line starter(영국)</td><td></td></tr>
<tr><td rowspan="4">감압기동</td><td>기동보상 기동기</td><td>auto-transformer starter-compensator</td><td rowspan="3">어느 모터에나
적용가능</td></tr>
<tr><td>저항(삽입) 기동기</td><td>primary-resistor starter</td></tr>
<tr><td>리액터(삽입)기동기</td><td>primary reactor starter</td></tr>
<tr><td>스타-델타 기동기</td><td>star-delta starter
또는 wye-delta start</td><td>특별한 모터에만
적용 가능</td></tr>
</table>

그림 6-24 전전압기동기

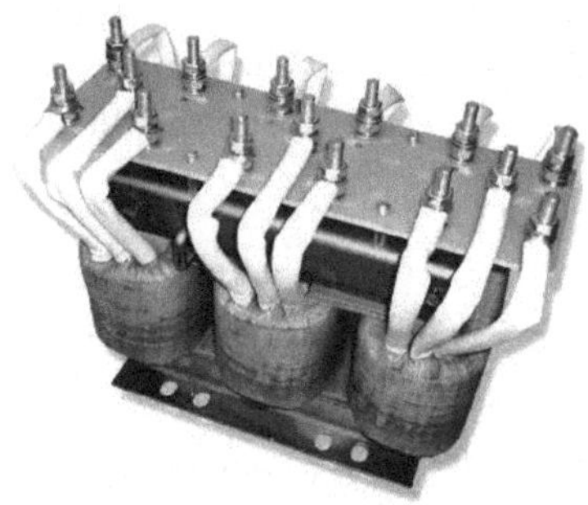

그림 6-25 기동보상 기동기

1) 전전압기동기(full voltage starter: across-the-line starter 또는 direct-on-line starter)

모터에 전원 전압이 직접 걸리게 되어있는 기동기를 말한다. 대형 모터를 전전압으로 기동시키게 되면 순간적으로 주변지역의 공급전압과 전류가 변화하기 때문에, 이의 사용은 대개 5~7.5 HP 정도로 제한되어 있다.

2) 기동보상 기동기(단권변압기식 기동기 : auto-transformer starter-compensator)

기동 단권변압기(auto-transformer)를 이용하는 방식으로, 단권변압기는 성층 철심상에 코일을 권선하고 여러 단의 전압을 얻기 위하여 여러 개의 탭(tap)을 설치한 것이다(대개 2~3단). 여기서 적절한 기동회전력과 가장 적은 기동전류를 얻을 수 있는 전압 tap(50~80%)을 선정하여 모터를 시동하고 일정 시간이 흐른 후에 전전압으로 절환한다. 에너지를 열로 소비하는 저항 대신에 변압기를 사용하여 전압을 낮추기 때문에 에너지 절약적이라 할 수 있다. 양호한 기동특성을 얻을 수 있으나 설비비는 다른 방법에 비하여 조금 많을 수 있다. auto-라는 말 때문에 자동이라고 생각하기 쉬우나, 수동식과 전자식이 있다.

3) 저항(삽입) 기동기(primary-resistor starter)

고정자 권선과 직렬로 저항을 삽입하여 시동시의 전류를 저항의 전압강하로 제한하여 모터를 시동하고, 모터의 속도가 일정속도에 달한 후에 저항을 회로에서 제거하여 전전압으로 운전하게 된다. 저항에서 소비되는 에너지가 많기 때문에 소형 모터에서만 사용되고 있다.

4) 리액터(삽입) 기동기(primary reactor starter)

저항(삽입) 기동기의 저항 대신에 3상 리액터를 고정자 권선과 직렬로 삽입한 것이다.

5) 스타-델타 기동기(star-delta starter 또는 wye-delta starter)

대개 50(또는 75)HP까지 사용하는 방법으로, 시동 시에는 고정자 권선이 wye가 되도록 전원에 접속하고, 충분히 가속된 후에는 delta로 절환해서 기동을 완료하는 방법이다. 동일 권선의 모터에서 wye 결선은 delta 결선 시에 흐르는 전류의 33% 만을 흐르게 한다.

표 6-5 유도모터의 기동방식 비교

구분	전전압 직입기동	감전압기동	
		Y-△기동	콘돌파기동
회로구성	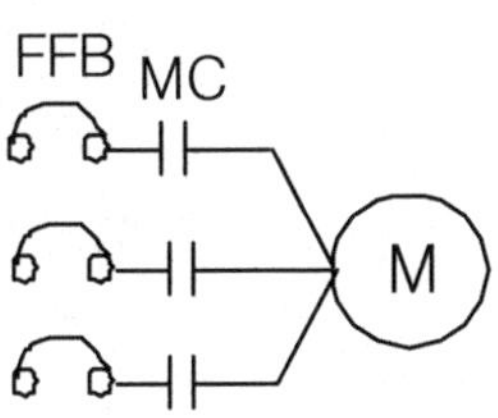	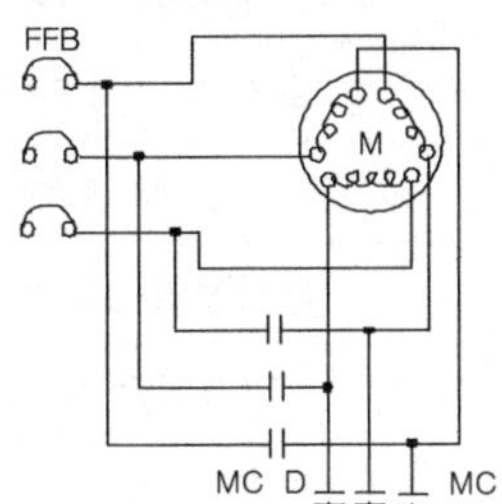	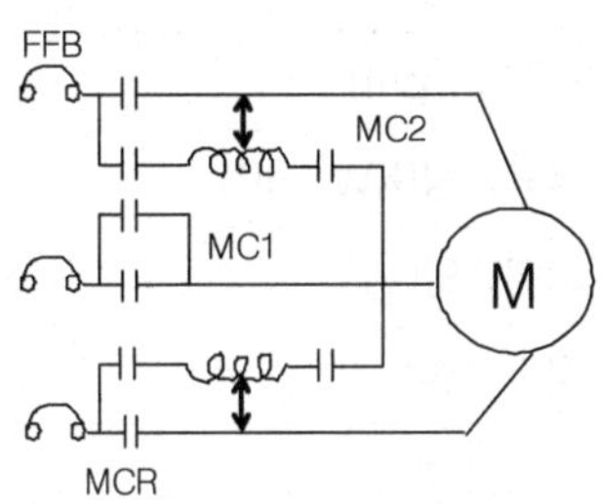
개요	• 모터에 최초부터 전전압을 인가하여 기동	• △결선으로 운전하는 모터를 기동시만 Y로 결선을하여 기동전류를 직입 기동시의 1/3로 줄인다	• V결선의 단권변압기를 사용해서 모터에 인가 전압을 낮추어서 기동

특징	• 모터 본래의 큰 가속 토크가 얻어져 기동시간이 짧다. 부하를 연결한 채로 기동이 가능 값이 싸다	• 최대 기동전류에 의한 전압 강하를 경감 시킬 수 있다 • 감압기동 가운데서는 가장 싸고 손쉽게 채용할 수 있다	• 탭의 선택에 따라 최대 기동 전류, 최소기동 토크가 조정이 가능하며 모터의 회전수가 커짐에 따라 가속 토크의 증가가 심하다
결점	• 기동 전류가 크고 이상전압 강하의 원인이 된다	• 최소기동 가속 토크가 작으므로 부하를 연결한 채로 기동할 수 없다 • 기동한 후 운전으로 전환될 때 전전압이 인가되어 전기적, 기계적 쇼크가 있다	• 가격이 가장 비싸다. • 가속토크가 Y-△ 기동과 같이 작다 • 최대 기동전류 최소기동 토크의 조정이 안된다
	• 전원 용량이 허용되는 범위 내에서는 가장 일반적인 기동 방법으로가능한 이 방식이 가장 유리하다	• 5.5 kW이상의 모터로 무부하 또는 경부하로 기동이 가능한 것, • 강압 기동에서는 가장 일반적임 • 공작기, 크래셔	• 최대 기동전류를 특별히 억제할 수 있는 것 • 대용량 모터 펌프, 팬, 송풍기, 원심분리기

표 6-6 단상유도모터와 삼상유도모터 특성비교

분류	단상유도모터	삼상유도모터
기동형태	콘덴서기동형	–
컨덴서용량	콘덴서용량 200 uF	–
정격	정격시간 연속	연속
극수(p)	4P	4P
주파수(f)	주파수 60 HZ	주파수 60 Hz
회전수(rpm)	회전수 1710 rpm	회전수 1720 rpm
출력용량(KW, HP)	0.4 KW(1/2 HP)	1 HP(0.75 KW)
정격전압(V)	정격전압 110/220 V	전압 220/380 V
정격전류	정격전류 9/4.5 A	3.5/2 A
기동전류	기동전류 44/22 A	
효율	효율 56%	
절연계급	절연계급 E종	절연계급 F
기동계급		기동계급 H
보호방식		보호방식 IP44

전기방식의 선정

◇ 전압의 종별

- 저압: - 직류 750[V]이하
  - 교류 600[V] 이하
- 고압: - 직류 750[V]초과 ~ 7,000[V] 이하
  - 교류 600[V]초과 ~ 7,000[V] 이하
- 특고압: 7,000[V] 초과

◇ 배전 방식

1) 특고압 배전 방식

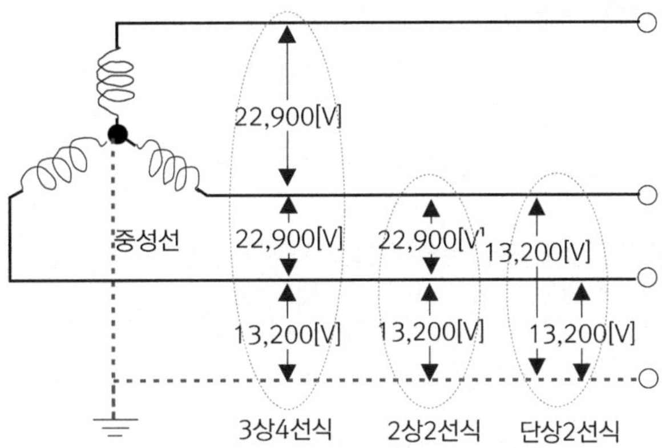

- 우리나라의 배전 방식 : Y 결선(중성점 다중 접지) 방식 사용
- 단상 부하만 있는 경우 단상 2선식으로 회로를 구성하는 것이 간편할 수도 있으나 단상 선로의 구성률이 높아지면 부하 불평형이 발생할 수 있다.
- 중성선 접지 : 인가 밀집지역의 경우 매 전주마다 접지하고, 인가가 없는 야외지역은 300[m] 이하마다 접지한다.

2) 저압 배전 방식

① 단상 2선식(110[V], 220[V])

- 일반 가정용
- 2차 결선 방식에 따라 110/220[V]의 전압이 유도된다.

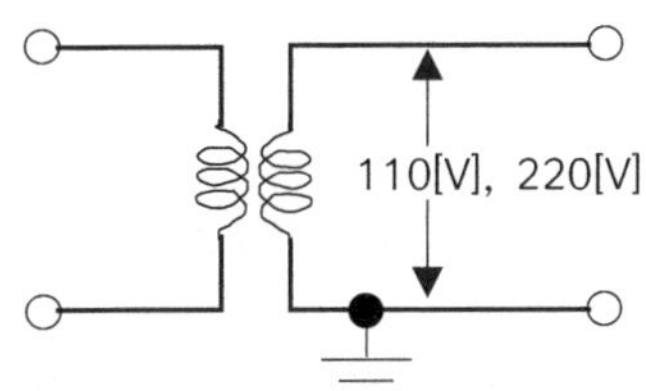

단상 2선식

② 단상 3선식((110[V], 220[V])

- 일반 가정의 전등 부하 또는 소규모 공장에서 사용
- 한 장소에 두 종류의 전압이 필요한 경우에 채택
- 단점: 중성선이 단선되면 부하가 적게 걸린 단자(저항이 큰 쪽의 단자)의 전압이 많이 걸리게 되어 과전압에 의한 사고발생 위험이 있다.

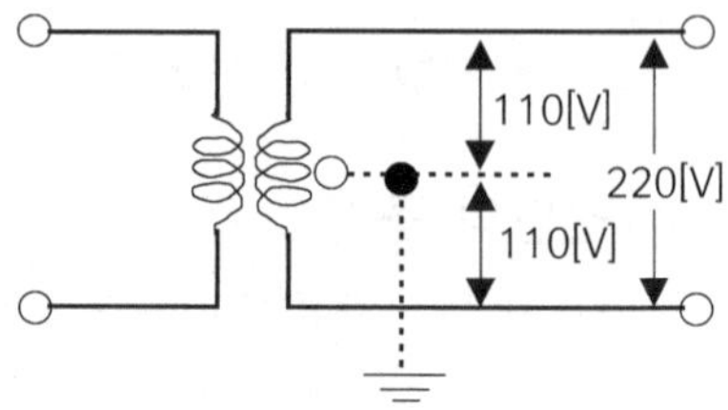

단상 3선식

③ 3상 3선식(220[V])

- 고압 수용가의 구내 배전 설비에 많이 사용한다.(1대 고장 시 V 결선 가능)
- 선전류가 상전류의 배가 되는 결선법으로 전류가 선로에 많이 흐르게 되므로 배전 선로의 결선 방식으로는 거의 사용하지 않는다.

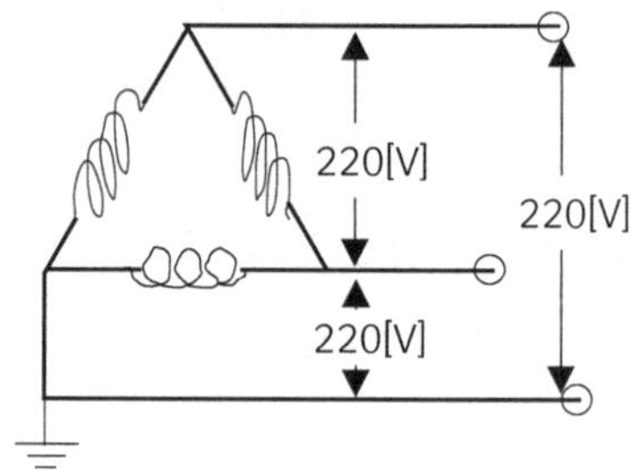

3상 3선식

④ 3상 4선식(220[V], 380[V])

- 동력과 전등 부하를 동시에 사용하는 수용가에서 사용
- 변압기 용량은 3대 모두 동일 용량을 사용하는 방식과 1대의 용량은 크게, 나머지 두 대의 용량은 작게 구성하는 방식이 있다. 이 경우, 1대는 동력 전용으로 두대는 전등·동력 공용으로 나누어 사용한다.
- 단점: 중성선이 단선되면 단상 부하에 과전압이 인가될 수 있다.

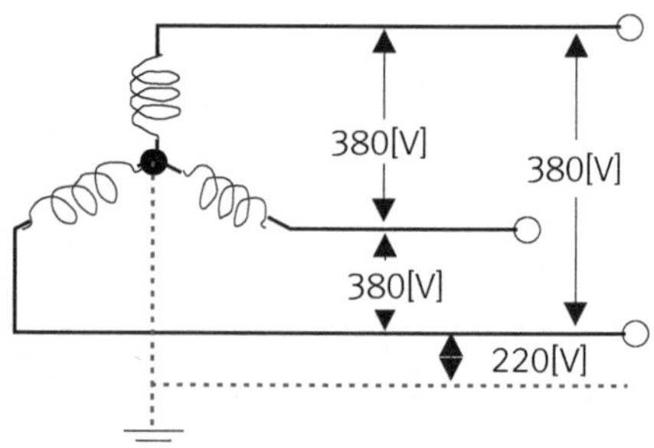

3상 4선식

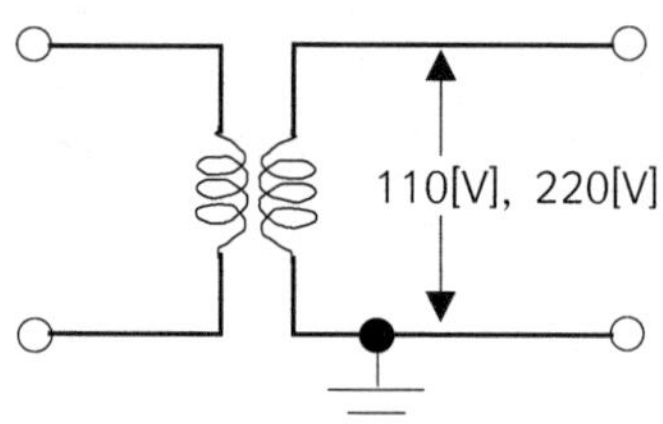

(a) 단상 2선식

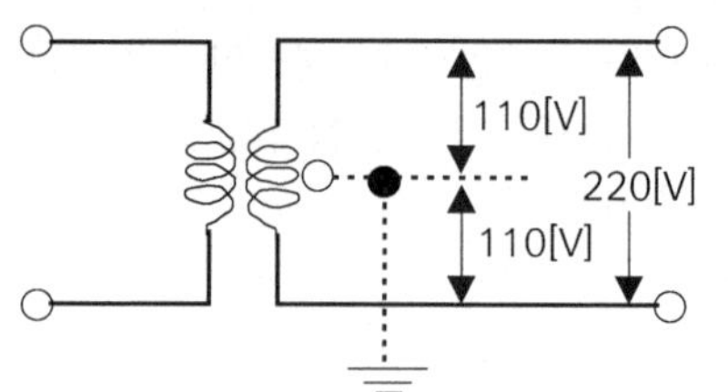

(b) 단상 3선식

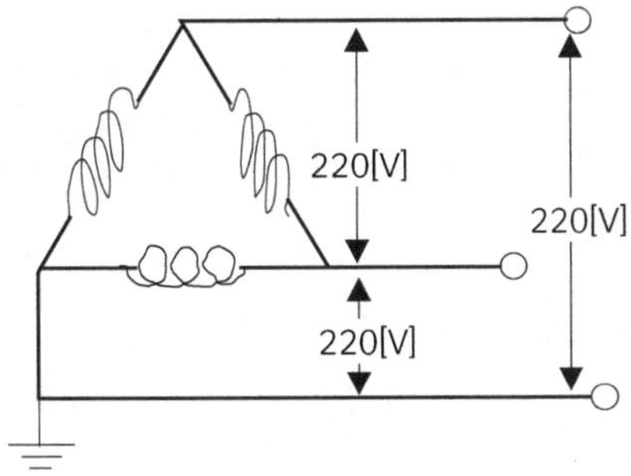

(c) 3상 3선식

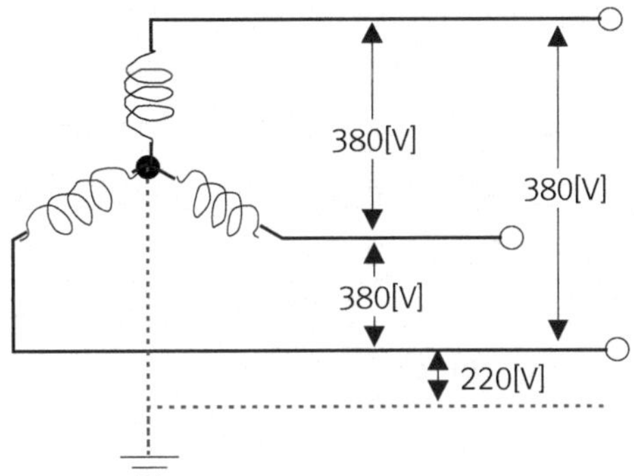

(c) 3상 4선식

배전방식에 따른 구분

6.2 동기모터(synchronous motor)

동기모터(Synchronous Motor)는 고정자(stator)와 회전자(rotor)로 구성되어 있으며 고정자에 전류가 공급되며 회전자는 영구자석을 사용한다.

동기모터에서는 유도모터와 마찬가지로 회전자기장을 만드는 권선은 보통 고정자에 감겨 있고 구조는 유도모터의 1차 권선과 같은데, 이것은 전기자 권선이라고 한다. 회전자는 유도모터의 것과는 다르고, 회전자의 주위에 일정한 극성을 지닌 자기장이 생기도록 구성되어 있다. 이것을 계자라고 부른다. 예를 들면 2극의 동기모터에서는 회정자상의 권선에 슬립링을 통해 직류를 흐르게 해서 1개조의 N극과 S극을 만든다. 이 회전자 상에 감겨서 1개 조의 자극을 만드는 권선을 계자권선이라고 한다. 만일 이 회전자를 고정자에서 만들어지는 회전 계자와 같은 속도로 회전시키면 고정자와 회전자의 자극은 서로 끌어당겨서 회전자는 회전 계자와 같은 속도로 회전을 계속하게 된다.

동기모터는 고정자에 전기자 권선이 감기고 계자가 회전하고 있기 때문에 회전 동기모터라고 한다. 구동 시스템이 복잡하나 큰 힘을 낼 수 있기에 세탁기 등에 사용된다. 브러시와 정류자가 없기 때문에 수명이 길다.

또한 발전기 및 제철소의 압연기 등의 일정한 속도를 요구하는데 많이 쓰이고, 영구자석으로는 도저히 만들 수 없는 초대형 모터에 주로 사용된다. 하지만 최근 희토류 자석(자성체중 가장 강한 자석)등의 저가화에 힘입어 메가와트급 모터도 영구자석으로 개발되고 있다.

동기모터 작동원리는 자유롭게 회전할 수 있는 자침의 둘레에 영구자석을 설치하여 회전시키면 같은 극은 서로 밀고 다른 극은 서로 잡아당기는 자석의 성질 때문에 자침이 자석을 따라 자석보다 약간 뒤쳐져서(속도는 같다) 회전하리라는 것을 쉽게 짐작할 수 있다. 이것이 우리 고속철도차량에 사용되는 동기모터의 원리이고 이때의 회전속도를 동기속도라 한다.

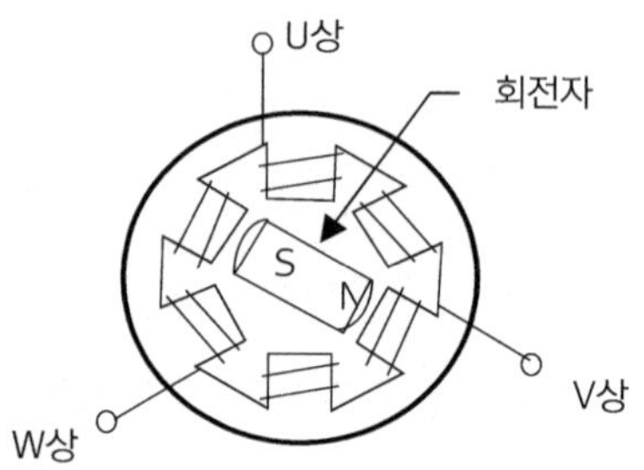

그림 6-26 동기모터(Synchronous Motor)

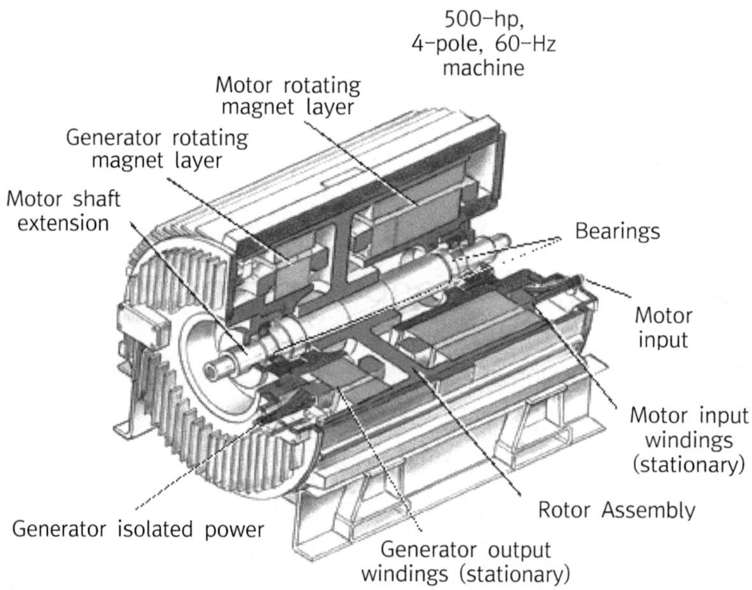

그림 6-27 동기모터 구조

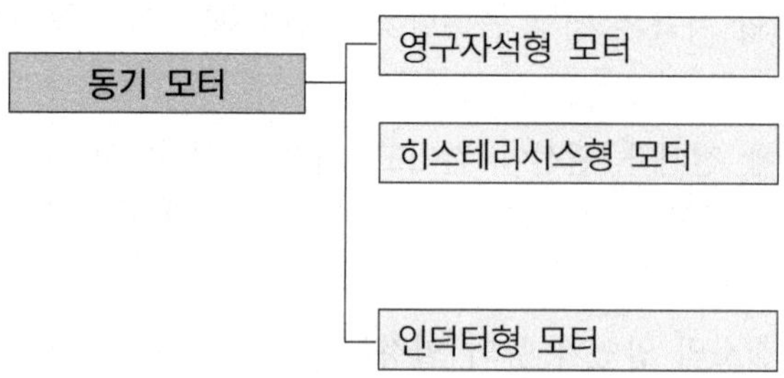

그림 6-28 동기모터 분류

6.2.1 영구자석형 모터

영구자석 동기모터(PMSM)는 부하 또는 회선 전압의 변동에 관계없이 전원의 주파수와 동기화된 상태에서 고정속도로 회전한다. 이 모터는 최대 작동 한계에서 토크에 관계없이 공급전원 주파수와 동기화된 상태에서 고정속도로 작동한다. 따라서 PMSM은 고정밀 고정속도 드라이브에 이상적인 제품이다.

3상 PMSM은 영구 여자모터(excited motor)이다. 매우 높은 전력밀도, 효율성 및 높은 응답속도를 제공하는 이 모터는 기계설계분야의 정밀용도에 대부분 적합하며, 높은 과부하 용량도 갖추고 있다. PMSM은 대부분 유지보수가 필요하지 않으므로 운영 효율성을 극대화할 수 있다. 또한 PMSM은 정밀한 속도 조정이 가능하므로 특정 산업 공정에도 이상적인 제품이다. PMSM은 고마력, 저 rpm 부하의 직접 구동에 가장 적합한 속도/토크 특성을 갖고 있다.

동기 모터는 개선된 역률(power factor)로 작동하므로, 시스템 전체의 역률이 높아지고 공급전원의 역률 손실이 제거되거나 감소된다. 이렇게 개선된 역률은 또한 시스템의 전압강하와 모터단자에서 발생하는 전압강하를 줄여주기도 한다.

PMSM에는 여자권선이 필요하지 않으며, 로터가 고정자 자계와 같은 속도로 회전한다. PMSM 디자인은 로터 동손(copper loss)이 없으므로 기존 유도 모터와 비교하여 매우 높은 피크 효율을 제공한다. 또한 PMSM은 전력 대 중량비도 유도 모터보다 높다. 전력전자 및 마이크로 전자분야의 발전으로 인해 이전까지 DC 모터만 사용되어 왔던 고성능 드라이브에 PMSM을 활용할 수 있게 되었다.

최근 영구자석형 동기모터(PMSM)는 눈부시게 발전되어 종래의 소용량분야 뿐만 아니라 철도 차량용 등의대용량의 분야에도 그 용도의 범위가 확대되고 있다.

동기모터는 3상 대형 모터에 널리 사용된다. 고정자 쪽은 3상 유도모터와 동일한 구조로 보아도 되지만, 회전자는 직류 여자된 자극을 둔다. 정상으로 운전할 경우의 회전자속도는 전원 주파수가 일정한 한 120f/p로 된 일정값으로서, 이 값은 부하의 경중에 관계없이 완전히 일정하다는 점이 동기모터의 특징이라고 할 수 있다. 또 직류여자를 어느 값으로 하면 역률이 1로 되어 동일한 입력으로 교류 쪽에서 흘러들어가는 전류를 최소값으로 할 수 있는 것도 특징이다. 이와 같은 역률 조정은 유도모터로는 할 수 없다. 단상유도모터의 고정자와 동일한 구성에서 회전자는 계자권선을 없애고 자극표면에 농형유도체를 둔 것이 단상동기모터인데, 속도가 완전히 일정한 것을 필요조건으로 하는 특수용도에 사용된다.

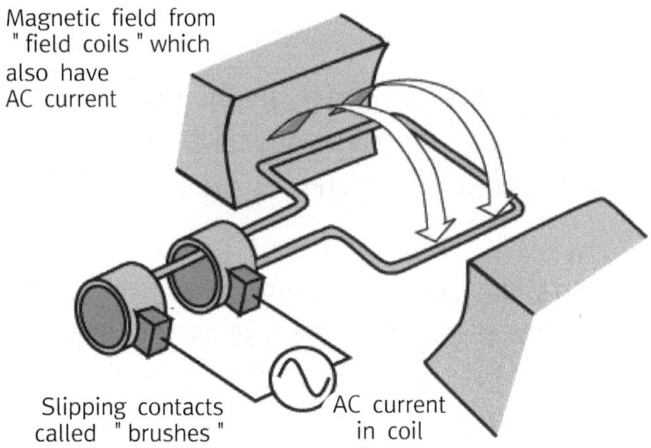

그림 6-29 동기모터

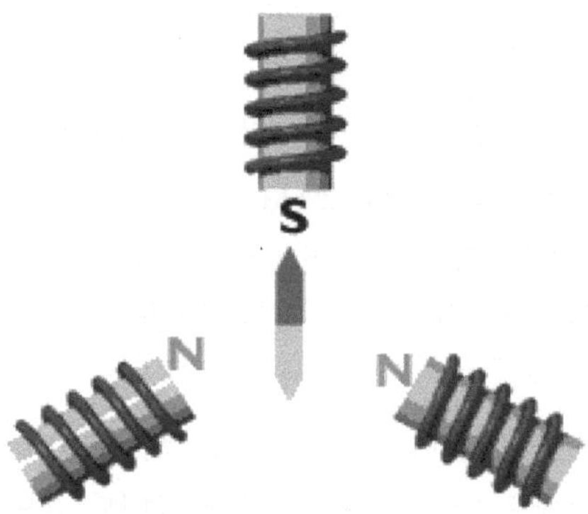

그림 6-30 3-상 모터의 동작원리

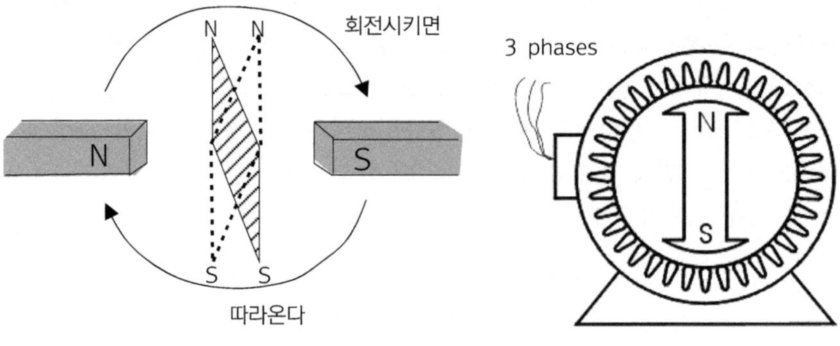

그림 6-31 동기모터 작동원리

그림 6-32 AC 동기모터의 수리장면(350 HP)

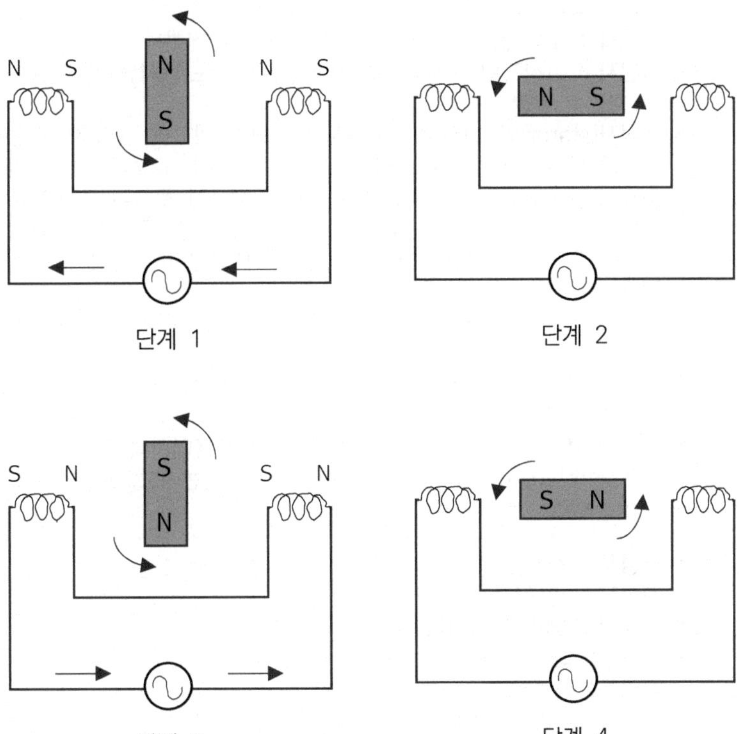

그림 6-33 AC 동기모터의 작동원리

표 6-7 AC모터

종류	특징
특징	• 교류모터는 크게 단상식과 삼상식으로 구분 • 회전자의 유형에 따라 유도모터, 동기모터로 분류 • 일정한 주파수 전원으로 운전할 경우, 유도모터는 대체적으로 정속도를 유지하며, 동기모터는 완전한 정속도를 갖음 • 교류모터의 용량은 수십W의 소형에서 수백kW의 대형에 사용 • 선풍기, 세탁기, 냉장고, 펌프, 크레인 등 가정과 산업현장 사용
	• 구조가 간단하고 브러시나 정류자와 같은 기계 소모부가 없다 • 고속에서 순간 최대 토크를 출력할 수 있어 응답특성이 빠르다 • 무게당 토크가 크므로 소형 경량화 할 수 있다 • 직류모터에 비해 제어 방법이 복잡하다는 단점이 있다.
유도모터 induction motor	• 고정자 : 교류 공급(주파수에 비례 전류흐름 변화) • 회전자 : 고정자의 자장변화에 의해 전류 유도(전자유도 작용/회전자에서 역기전력발생) → 회전력 발생 • 고정자(stator)와 회전자(rotor)로 구성되어 있으며, 고정자 권선(winding)이 삼상인 것과 단상인 것이 있다. 삼상 고정자 권선에 교류가 흐를 때 발생하는 회전자기장(rotating magnetic field)에 의해서 회전자에 토크가 발생하여 모터가 회전하게 된다. 그러나 단상 고정자 권선에서는 교류가 흐르면 교번 자기장 (alternating magnetic field)만이 발생되어 회전자에 기동토크가 발생하지 않아서 별도의 기동장치가 필요하게 된다. • 직류 모터가 정류기를 통하여 전원에 연결되는 것과는 달리 유도모터는 전원에 바로 연결된다. • 직류 모터가 Brush를 필요로 하는 것과 달리 대부분의 유도 모터는 Brush가 필요 없다. • 세계에서 가장 많이 사용되는 모터. • 구조가 간단하고 튼튼하며 염가이고 취급이 용이하다. • 원래 정속도(constant speed) 모터이지만 가변속으로도 사용되고 있다. • slip이 있다.
동기모터 synchronous motor 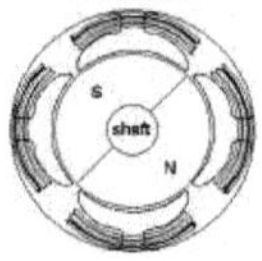	• 고정자 : 전류공급 • 회전자 : 영구자석 • 구동 시스템이 복잡하다 • 큰 힘을 낼 수 있다.(세탁기) • 방열특성이 좋다. • 수명이 길다(브러시와 정류자가 없음) • 고정자(stator)와 회전자(rotor)로 구성되어 있으며 고정자는 유도모터의 고정자 같으나, 회전자는 자극 (poles)과 여자 권선으로 되어있으며 이 권선에 brush와 slip ring을 통하여 직류 전류를 공급하여 자극을 여자하게 된다. 즉 고정자 권선에는 흐르는 교류에 의하여 발생되는 회전 자기장 속에서 직류 전류에 의하여 여자된 회전자에 토크가 발생하여 회전하게 된다. • 전원주파수와 극수로 결정되는 속도로 완전 동기되어, 정확히 일정한 속도로 회전한다. • 부하의 증감으로 회전속도가 변화하지 않는다. (slip이 없다.) • 역률이 항상 1 이다. • 기동 토크가 작고 구조와 취급이 복잡하다. • 여자용 직류 전원이 필요. • convey belt용 모터, 소형 시계 또는 timing motor에 사용.

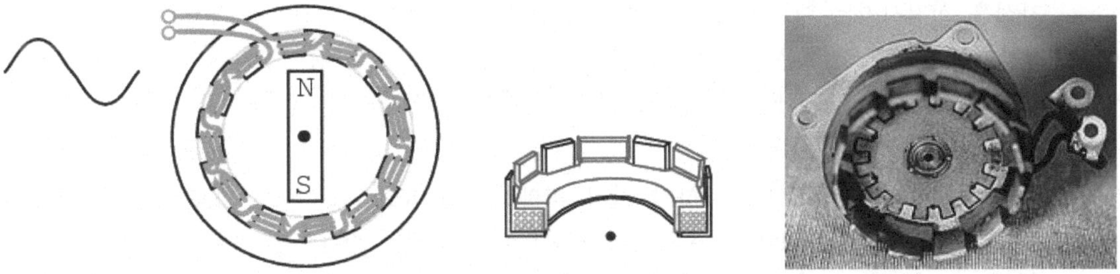

그림 6-34 단일권선 12-극 동기모터

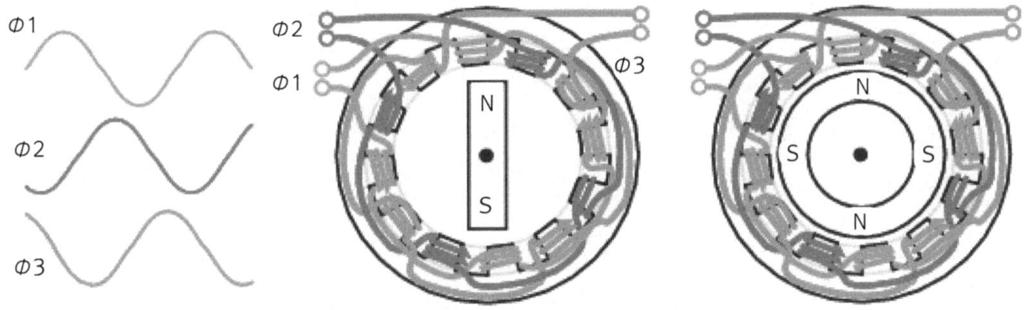

그림 6-35 3상-4극성 동기모터

자극으로 되어 있는 회전자 주위에 자석을 회전시키면 흡인력에 의해서 회전자는 자석이 회전하는 속도와 같은 속도로 시계방향으로 회전한다.

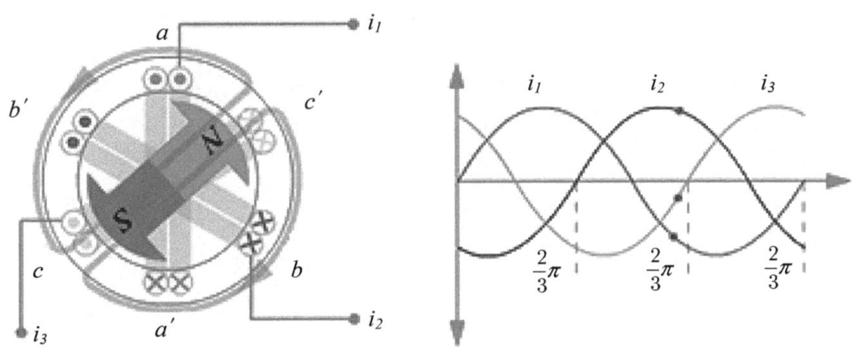

⊗ 들어가는 방향 ◉ 나오는 방향

$aa' = i_1$ $bb' = i_2$ $cc' = i_3$

그림 6-36 3상 권선 동기모터의 구조

자석을 회전시키는 대신에 3상 권선을 한 고정자의 안쪽에 회전자를 두면, 회전자는 고정자의 회전자기장의 속도와 같은 속도로 회전한다. 단, 정지하고 있는 동기모터는 자극이 무거워 회전자기장과 같은 속도로 회전할 수 없으므로, 처음에는 회전자를 동기 속도까지 회전시켜주는 기동 방법이 필요하다.

동기모터는 여자기를 필요로 하며 값이 비싸지만, 속도가 일정하고 역률 조정이 쉽기 때문에 정속도 대동력용으로 사용된다. 속도제어가 필요한 경우에는 주파수를 바꾸는 방법을 취한다.

7

CHAPTER

서보모터

로봇의 팔을 움직인다든지 CNC(Computer Numerical Control : 수치제어) 공작기계 위치결정에 사용되는 모터를 서보모터라고 부른다.

서보(servo)라는 것은 추종한다, 따른다는 의미이며, 명령을 따르는 모터를 서보모터라고 한다.

좀 더 쉽게 말하면, 환풍기나 선풍기, 제분기, 믹서기, 윤전기 등에 들어가는 모터처럼, 적당한 속도로 힘껏 잘 돌아가 주기만 하면 되는 모터나, 자동차의 파워 윈도우처럼 사용자가 일일이 멈추고 움직임을 제어하는 모터를 서보모터라고 하지 않는다. 이에 반해서, 프린터, DVD, 공작기계, CCTV 카메라, 캠코더 등에 사용되는 모터처럼 명령에 따라 정확한 위치와 속도를 맞출 수 있는 궤환(Feedback)제어 시스템을 갖는 모터를 서보모터라고 한다.

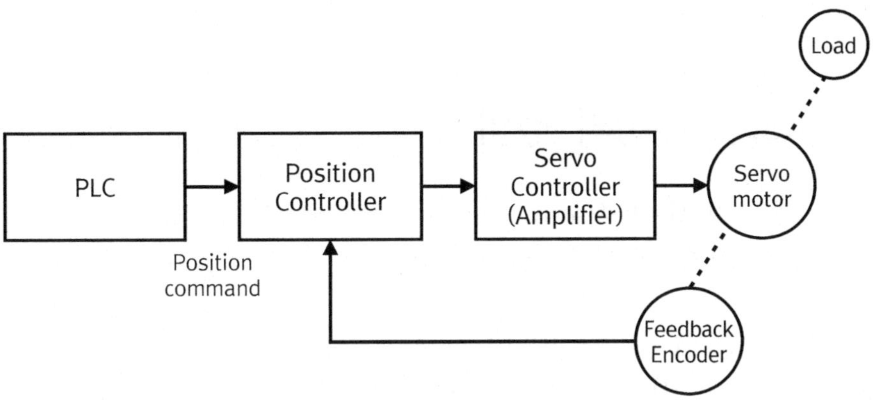

그림 7-1 서보모터시스템의 구성회로

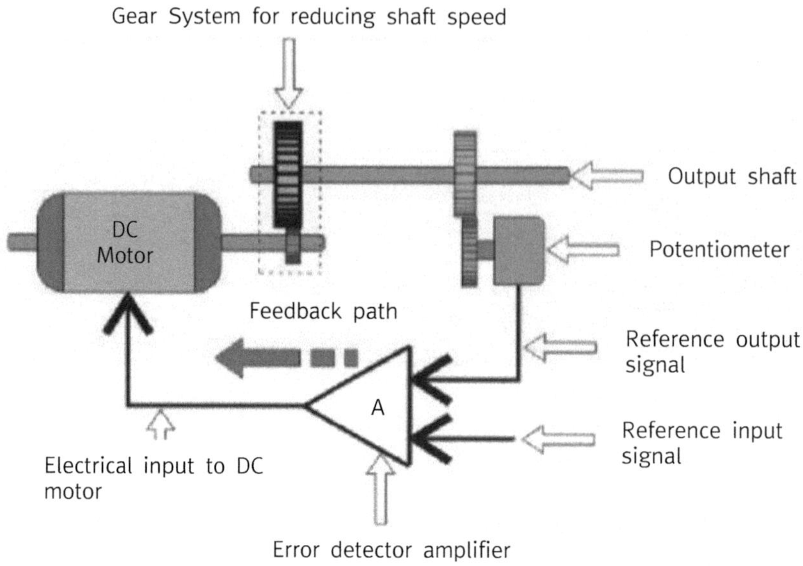

그림 7-2 서보모터의 구동원리

여기서 중요한 사실은, 모터 자체를 가지고 이게 서보모터냐 아니냐를 따지는 것은 아니다. 서보모터라는 개념은, 모터의 구동시스템까지 포함하는 것이다. 어떠한 종류의 모터라 하더라도 적당한 알고리즘과 회로를 가지는 구동시스템을 갖다 붙여서 위치와 속도를 추종할 수 있도록 만들면, 서보시스템이 이루어지는 것이다.

7.1 서보(servo)의 정의

서보(servo)란 서보 메카니즘(servo mechanism)의 줄임말로써, 공업규격에서는 '물체의 위치, 방위, 자세 등을 제어량으로 하고, 목표치의 임의 변화에 추종하도록 구성된 제어계'라고 정의되어 있다.

또한 서보(servo)는 servant(고용인)와 관계가 있어서 '주인의 명령에 충실한'이라는 의미를 갖고 있다. 그러므로 서보모터란 "주인의 명령에 따라 충실하게 동작하는 모터"를 가르친다.

DC 모터는 오랫동안 서보모터로 사용되어 왔고 일반 모터보다 위의 큰 토크를 가지고 회전자 관성을 줄이기 위하여 회전자가 가늘고 긴 구조를 가지며 영구자석으로 여자속을 만들어 크기를 줄이고 작으면서도 큰 토크를 만들 수 있도록 하고 있다.

그러나 DC 모터는 브러시가 마찰에 의하여 마모되어 유지 보수가 필요하고 브러시의 마모에 의한 분진이 발생하며 브러시를 통하여 권선에 전류가 흐르게 됨으로 발생하는 전기적인 스파크와 노이즈로 인하여 여러 가지 문제점을 야기 시키고 있다.

이에 AC 모터의 구조를 가지며 DC 모터의 특성을 가지는 AC 서보모터를 많이 사용하고 있으며 AC 서보모터를 구동하기 위한 전력전자기술과 제어기술의 발달로 시스템가격이 DC 서보시스템과의 격차가 생기지 않아 AC 서보시스템으로의 전환이 가속화되고 있다.

여기에서 동작이란 위치, 속도 및 가속도의 3요소로 되어있으나, 실용적으로는 위치제어를 목적으로 하는 응용과 속도제어를 목적으로 하는 응용으로 분류하는 수가 많다.

서보모터란 빈번하게 변화하는 위치나 속도의 명령(목표치)에 대해서 신속하고, 정확하게 추종할 수 있도록 설계된 모터를 의미한다. 이 때문에 큰 가속도에 의해서 기동하거나 정지하는 능력을 갖추고 있어야 한다. 그러므로 모터가 큰 가속도를 얻으려면 다음과 같은 두가지 조건을 만족해야 한다.

- 회전력(Torque)이 클 것
- 회전자(Rotor)의 관성모멘트가 작을 것

그림 7-3 서보모터를 이용한 청소용 로봇

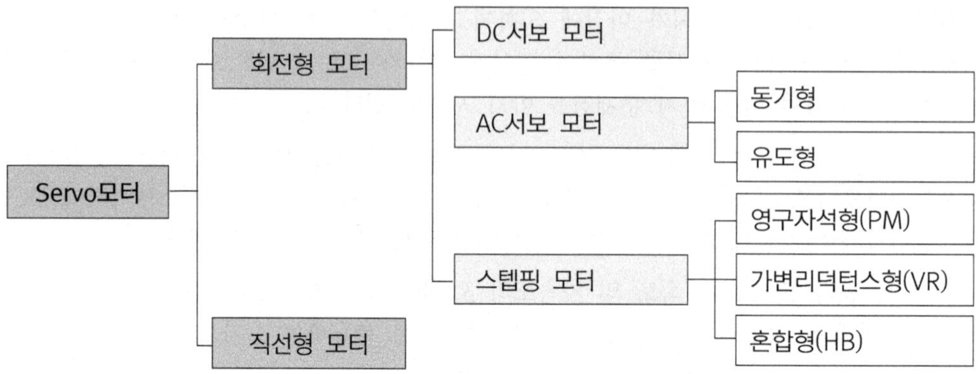

그림 7-4 서보모터의 분류

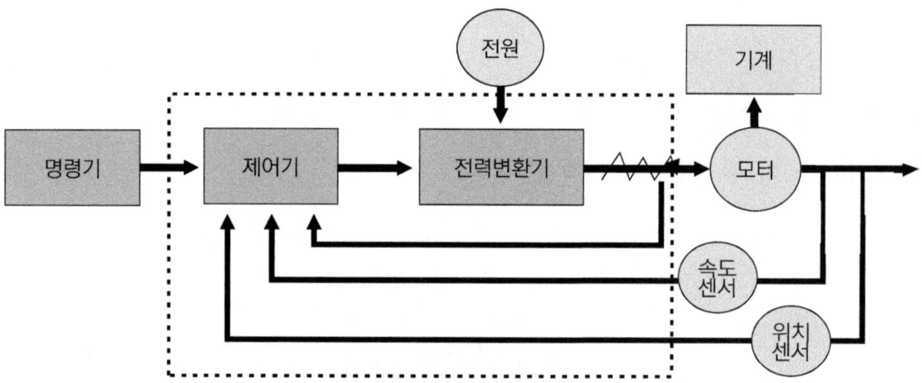

그림 7-5 서보모터의 구성

(1) 서보모터의 특징

서보모터에 요구되는 대표적 성능은 목표값인 명령값에 제어 대상의 제어량을 어떻게 추종시킬 수 있는지의 여부에 있다. 따라서 서보모터 자체에 다음과 같은 성능이 요구된다.

① 사용 속도 범위가 넓을 것

② 큰 가감속 토크를 얻을 수 있을 것

③ 모터 자체의 관성 모멘트가 부하에 맞추어 몇종류를 선택할 수 있을 것

④ 콤팩트/고효율 설계일 것

⑤ 저속에서 고속까지의 전 회전 영역에서 원활하게 운전할 수 있을 것

⑥ 보수 점검이 용이하고 내환경성이 우수할 것

⑦ 컨트롤러와의 인터페이스가 용이할 것

(2) 서보 드라이버의 구조와 특징

최근 서보모터는 고속 응답이 양호하고 사이즈가 종전에 비해 콤팩트하다. 컴퓨터의 보급에 의해 다축의 모터를 작업 목적에 맞추어 협조 운전하는 것이 용이하며, 그 협조운전은 소~대규모의 시스템까지 제어하는 모션 컨트롤의 영역으로 진전되었다. 이러한 서보 드라이버의 구성은 크게 제어부와 POWER부로 구성되어 있으며, 각 구성 요소의 기능은 아래와 같다.

1) 제어부

① 전류제어 LOOP : 토크전류를 제어함으로써 모터의 발생토크를 제어

② 속도제어 LOOP : 엔코드의 속도출력을 비교하여 원하는 속도를 얻기 위한 감속 토크의 전류를 제어

③ 위치제어 LOOP : 엔코드의 위치출력을 비교하여 원하는 위치이동을 위한 가감속 속도를 제어

2) POWER부

① Converter부 : 3상 교류를 DC로 변환

② Inverter부 : DC를 모터의 회전자 위치에 맞는 위상의 3상교류로 변환

SERVO MOTOR 개요

- 서보(servo)라는 것은 추종한다, 따른다는 의미이며, 명령을 따르는 모터를 서보모터라고 한다. 프린터, DVD, 공작기계, CCTV 카메라, 캠코더 등에 사용되는 모터처럼 명령에 따라 정확한 위치와 속도를 맞출 수 있는 모터를 서보모터라고 한다.
- 직류모터나 BLDC 모터를 서보모터라고 부르는 경우가 있는데, 옳지 않다. 특히, 유도모터는, 구조가 간단한 반면 회전 특성이 깔끔하지 않아서 앞에 예를 든 선풍기, 윤전기 등의 비(非)서보 응용에 주로 사용되기 때문에 서보모터가 아니라고 하는 경우가 많은데, 역시 틀린 말이다. 구성이 아주 까다롭지만, 유도모터를 이용해서도 서보시스템을 구성할 수 있으며, 이 경우 서보모터의 역할을 하는 것입니다. 반면, 직류모터도 그냥 덜렁 모터 하나만 놓고 건전지만 연결하면 돌아가는 상황에서 이를 서보모터라고 하면 옳지 않고, 적절한 구동시스템과 연계하여 어떤 위치나 속도 지령을 추종할 수 있게 된 경우에만 서보모터라고 부를 수 있는 것이다.
- 직류모터는 무조건 전류에 비례하는 토크를 내기 때문에 제어가 아주 쉬워서 서보응용에 매우 많이 쓰인다. 직류모터의 치명적인 단점은, 모터 안에 있는 브러시와 정류자의 기계적인 접촉전환을 이용하여 회전력을 유지하기 때문에, 브러시나 정류자가 쉽게 손상된다는 점이다.
- 이 단점을 극복한 것이 영구자석동기모터(PMSM)인데, 반도체 소자를 이용한 인버터를 사용하여 회전자계를 만들어주기 때문에 모터 자체가 닳거나 부서지지 않는 한 반영구적으로 사용할 수 있다. 다만, 직류모터에는 없는 인버터를 사용하기 때문에 구동시스템이 복잡해진다는 단점이 있는 것이다.

(영구자석을 안 쓰고 전자석을 쓴 종류도 있는데, 이것은 영구자석이라는 말은 빼고 그냥 동기모터라고 부른다.)

- BLDC(brushless dc) 모터라는 것은 실제로 직류모터가 아니고 PMSM을 적당한 알고리즘으로 돌려서 직류모터와 아주 유사한 토크 특성을 보이게 만든 것이다.
- AC 서보모터는 서보시스템에 BLDC 모터나 동기모터를 사용한 경우 이들 모터를 지칭하는 말이다. DC 서보모터에 비해 구동 시스템이 복잡하다는 단점이 있지만, 같은 크기의 DC 모터에 비해 더 큰 힘을 낼 수 있고 방열특성이 좋으며 브러시와 정류자가 없어서 수명이 길다는 장점이 있다.
- 세탁기처럼 비교적 큰 힘이 필요한 곳에는 AC 서보가 쓰이지만, 수명은 짧아도 좋으니 아주 고성능의 추종능력이 필요한 경우에는 DC 서보가 쓰이기도 한다. 수명이 중요한 경우에는 당연히 AC 서보가 쓰이고, 값싸게 구성할 필요가 있는 시스템에는 DC 서보가 쓰인다. 그러나 AC 서보와 DC 서보는 서로 섞여서 쓰이는 분야가 많기 때문에 쓰임을 딱히 구분하기는 곤란하다.

7.2 서보(servo)의 역사

서보라는 말은 1934년에 H.L Hazen에 의해 처음으로 사용되었고 1960년대는 유압서보시대, 1970년대는 전기서보(DC) 흥행기, 1980년대는 AC서보 이행기, 1990년대는 소프트웨어 서보화 시대가 열리게 되었다.

① 유압서보시대(1960년대) : 전기서보가 제안된 시기이기도 하다. 사이리스터 등의 반도체 소자가 개발되었으며 페라이트계의 영구자석이 사용되었다. 1958년 미너셔 모터, 1961년 프린터 모터, 1966년 캅 모터가 개발되었다.

② 전기서보(DC) 흥행기(1970년대) : DC 서보모터가 처음으로 사용되어진 시기이다. 파워트랜지스터 등의 반도체 소자가 개발되었으며 사마륨 코발트계의 영구자석이 사용되었다. 미너셔모터가 발전된 시기이기도 하다. 또한 트랜지스터 드라이브와 AC 서보가 제안되기도 하였다.

③ AC 서보 이행기(1980년대) : AC 서보모터가 사용되기 시작한 시기이다. 산업계에서 고생산성, 고속성, 절대위치, 고성능, 고정밀도, 소형화 등이 요구되었다. 마이크로 프로세서, ASIC, IGBT, DSP 등의 반도체 소자의 개발로 많은 발전이 있었으며 네오디움계의 영구자석이 사용되었다. 인크리멘탈 인코더가 개발되었으며 다이렉트 모터가 개발된 시기이기도 하다. 또한 디지털로 구현된 드라이브가 개발되었다.

④ 소프트웨어 서보화시대(1990년대) : 리니어 모터, 다이렉트 모터가 사용되기 시작한 시기이다. 산업계에서 초소형화, 간단조작, 오픈화, 네트워크화, 시스템화, 국제규격이 요구되었다. IPM, RISC 등의 반도체 소자가 개발되었다. 그리고 신 인크리멘탈 인코더와 시리얼 인코더가 개발된 시기이기도 하다.

⑤ 2000년대 : 산업계에서 초소형화와 간단조작이 요구되는 시기이다. 또한 소프트 스위칭과 액티브 필터, 댐 앰프 등이 개발되었다.

자동제어를 공업적으로 최초로 이용한 것은 J.Watt가 1784년에 증기기관의 속도를 일정하게 유지시키기 위해 개발한 속도 조절기(Speed governor)가 대표적이다. 이 속도조절기는 링에 추(flyball)를 설치한 간단한 기구로서, 이것을 증기기관으로 회전시킴으로써 추에 작용하는 원심력으로 링에 병진운동을 일으키게 하는 구조로 되어 있는데, 이것에 의해 증기의 유량을 조절하는 제어밸브를 개폐하도록 만든 것이다.

이 속도조절기는 속도를 검출하는 역할과 밸브를 조작하는 역할을 겸하고 있으며, 이것을 동작시키는 동력은 제어의 대상인 증기기관에서 얻고 있는데, 오늘날 말하는 자동식 제어장치의 일종이다. J.Watt의 자력식 속도 조절기는 구성이 간단하였으나 이것만으로 충분한 제어 성능을 기대한다는 것은 무리였다. 검출기가 동력을 필요로 하는 조작 부하를 겸하기 때문에 충분한 검출정밀도를 얻을 수 없었던 것이다.

19세기 중엽에 속도 조절기 링의 동작을 유압 안내밸브와 유압실린더로 증력하여 제어밸브를 조작하는 방법이 고안되었다. 이 방법은 제어밸브를 조작하는 동력은 유압으로 주어지고, 유압을 발생시키는 유압원이 보조동력원으로 필요한 것이었다. 보조동력원을 사용하는 이른바 타력식 제어장치의 적용으로 속도조절기는 검출기로서의 역할만 담당하게 되고, 그 링의 역할로 유압안내밸브의 스풀(spool)을 움직여 안내밸브 제어포트의 개발을 변화시켜 그것을 유동하는 유압의 유량을 제어하여, 그에 따라 유압실린더의 피스톤을 큰 힘으로 구동시켜 조작용 제어 밸브를 개폐하도록 한 것이다. 여기서 유압실린더의 동작은 안내밸브 스풀의 동작에 따르도록 되어 있고, 그 힘을 증폭하고 있다. 이것은 오늘날 널리 이용되고 있는 유압서보이다.

서보기구가 그 본래의 목적인 위치에 최초로 응용한 것은 어뢰라고 한다. 어뢰는 1866년에 화이트 헤드에 의해 발명되었는데, 처음부터 자동조종을 전제로 하여 탄생한 병기이다. 당초 어뢰는 봄베(Bombe)에 저장한 압축공기를 동력원으로 하여 프로펠러에 의해 추진되고, 공기압자이로를 센서로 하여 공기압 제어장치로 방향타를 움직여서 침로를 제어하고 심도기(수압을 검지)를 센서로 하여 공기압 제어장치로 방향타를 움직여서 심도를 제어한 것이다.

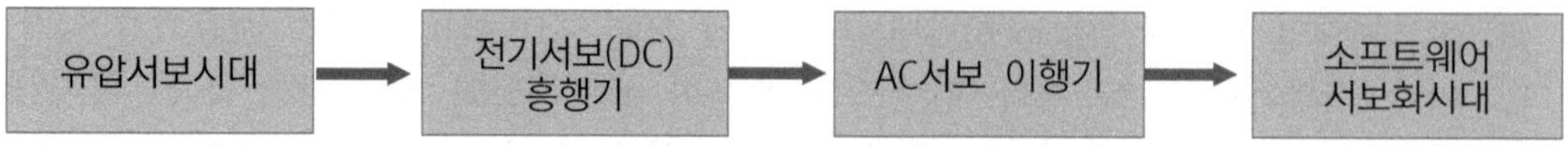

그림 7-6 서보의 역사

그림 7-7 '화이트헤드'식 어뢰

어뢰-서보기구

- 어뢰는 영국의 공학자 로버트 화이트헤드(Robert Whitehead)가 1866년에 발명한 시가 모양의 수중 유도탄이다. 그가 처음에 설계한 어뢰는 길이 4.26 m, 지름 36 cm의 크기였으며, 8.16 kg짜리 다이너마이트 탄두를 장착했다.
- 압축공기 엔진에 의해 작동되는 프로펠러로 추진되었으며, 뒤쪽의 수평 방향타를 움직이는 수압밸브에 의해 미리 정해놓은 깊이를 유지했다. 좌우방향을 조종하기 위해 사전에 설정해 놓은 자이로스코프에 의해 제어되는 수직 방향타는 1896년에 처음 장착되었다.
- 초기에 사용된 어뢰들은 특수 제작된 어뢰정에서 발사되었다. 오늘날에는 잠수함이나 비행기에서도 어뢰를 발사할 수 있다. 이들 어뢰는 대개 배터리로 작동되는 전기 모터로 움직이고, 유도탄과 같은 유도장치를 갖추고 있으며, 핵탄두도 장착할 수 있다.

어뢰의 자동조종에 이어 배의 자동조종이 실현되었다. 수상함의 경우는 침로만 제어하면 되는데, 센서로는 자이로캠퍼스가 쓰이고 있다. 항공기는 제1차 대전 후에 발달하였는데 그 자동조종도 당연히 실현된 것이다. 이처럼 운동체 또는 교통기관의 자동조종이 서보기구의 주요 응용분야가 되고 있는 것이다.

이렇게 자동제어는 속도, 서보의 순으로 발달하여 1920년경부터 프로세스 제어에도 실현되었다. 프로세스제어는 온도, 압력, 유량, 액면, Ph등 프로세스 조건량의 제어이며, 이러한 것을 프로세스에 적절한 값으로 유지하는 것이 목적이다. 석유정제 프랜트와 같이 유체를 취급하는 연속

프로세스에서는 프로세스제어에 의한 자동화 가 비교적 간단하였기 때문에 자동화는 급속히 발전을 이루었다. 연속 프로세스의 양산 프랜트에서는 최적 제어에 의한 수량의 증대가 큰 경제효과를 갖기 때문에 자동화의 장점이 그 발전을 촉진시킨 것이다. 이처럼 자동제어는 발전했으나 각각의 응용분야 간에는 거의 관련을 갖지 못했다. 제 2차 대전중 미국 MIT의 Radiation Lab.이 중심이 되어 레이다로 항공기를 자동적으로 추정하는 이른바 Automatic Rader Tracking System을 개발하는 연구가 많은 학자, 연구자들이 모여 이루어졌는데, 그 연구의 결과 시스템으로서 서보계 하드웨어의 개발에 성공하면서 이러한 제어계를 설계, 조정하는 실용적 제어이론의 개발에 성공했던 것이다. 이 이론은 서보테크닉이라 하는 이른바 주파수 응답법이었다. 전후 이들의 연구성과가 재빨리 발표되자 이 수법이 서보에만 한정되지 않고, 프로세스제어를 포함한 일반 제어계의 해석, 설계에 큰 역할을 해내어 피드백 제어이론이 체계화된 것이다.

제 2차 세계대전 후에는 전자계산기의 발달로 그 신뢰성이 향상하면서 제어에 응용하는 소위 컴퓨터제어의 시대를 맞이하게 되었다. 컴퓨터를 도입함으로써 제어의 질이 비약적으로 향상했다는 것은 말할 필요도 없다. 그때까지의 제어는 연산이라고 해도 고작 PID제어 정도였으나 컴퓨터에 의해 복잡한 연산과 복잡한 이론판단이 가능해지고 더욱 큰 용량에 의해 측정된 데이터의 이용이 가능해졌다. 그때까지의 자동화가 사람의 손발의 역할을 기계로 대행 시킨 것에 불과한데 반해 컴퓨터에 의해 인간두뇌의 역할을 대행시키는 것이 가능해졌으며, 그 당시 생긴 오토메이션이란 신조어가 이 자동화의 변모에 대응하여 사용된 것이다.

1973년에 있는 석유가격의 급격한 폭등에 따른 소위 오일쇼크가 원인이 되어 성능상으로는 뛰어나지만 작동을 위한 기름의 관리, 기름의 누출, 폐유의 처리 등 사용상의 난점을 가진 유압서보가 공업적 이용에 있어 점차 멀어지게 되고 전기서보의 전성기를 맞이하게 되었다. 여기에는 서보모터의 성능 향상, 트랜지스터, 다이리스터 등 반도체 기술의 진보가 크게 공헌하였다.

당초의 전기서보는 DC 서보가 사용되었다. 그러나 DC 서보는 전류를 바꾸기 위한 정류자의 브러시와 커뮤데이터의 마찰부분이 있어 브러시 분말과 브러시, 커뮤데이터의 손상의 보상이 필요하였다.

동기모터, 유도모터의 교류서보 모터에는 정류자가 없기 때문에 보상이 없어도 된다. 교류서보 모터를 구동시키려면 교류주파수를 변화시켜 모터 속도를 변화시킬 필요가 있는데 직류를 가변주파수의 교류로 변화시키는 성능이 좋은 인버터회로를 트랜지스터나 다이리스터 등 반도체 소자로 실현할 수 있게 되었으며, 또 마이크로일렉트로닉스의 연산기술이 교류서보 콘트롤러에 이용되게 되었기 때문에 교류서보 모터를 이용한 AC서보의 성능이 향상되었으며, 비용면에서도 DC서보에 필적할 만큼 되고, 무보상의 유리함으로 AC서보가 로보트제어에 많이 쓰이게 되었다

7.3 DC 서보모터

서보모터는 자동화시스템에서 동력발생기(Actuator)로 사용되는 중요한 요소이다. 이러한 서보모터는 경량, 소형, 설치의 용이성, 고효율성, 정확한 제어성, 유지보수의 용이성 등의 특징들을 갖추어야 한다. 특히 많은 모터가 설치된 무인자동화공장 등에서는 유지, 보수가 용이한 서보모터의 특징이 커다란 잇점으로 작용한다.

초기의 가변속 서보 모터는 구현의 용이성 및 제어기술의 낙후로 직류 모터를 많이 사용하였다. 직류 모터는 입력전압, 즉 전기자 전류에 비례하는 토크발생으로 제어가 용이하였으나, 전기자에 전류를 공급하기 위해 브러시를 사용함으로써 회전에 의한 마모와 스파크 발생으로 유지보수가 필요하고, 작업 환경의 제한과 고속운전의 어려움이 있다.

이러한 서보모터는 크게 DC 서보모터와 AC서보모터로 구분되어지고 특히 AC서보모터를 브러시리스 서보모터(Brushless servo motor)라고 한다. AC 서보모터는 제어방식 및 구조의 차이에 따라 유도형(IM형) AC서보모터와 동기형(SM형) AC서보모터로 분류된다.

표 7-1 서보모터 특징 비교

<table>
<tr><th>종 류</th><th>장 점</th><th>단 점</th></tr>
<tr><td rowspan="2">DC 서보모터</td><td>• 제어구조가 간단
• 정전 시 발전제동 가능
• 소용량 및 저가
• 높은 파워레이트</td><td>• 정류자의 유지보수가 필요
• 브러시 마모에 따른 분진으로 청정지역 사용불가
• 고속, 대 토크가 곤란
• 마그네트 감자우려가 있음</td></tr>
<tr><td>• 기동토크가 크다
• 크기에 비해 큰 토크발생
• 효율이 높다
• 제어성이 좋다
• 속도제어범위가 넓다
• 비교적 가격이 싸다</td><td>• 브러시 마찰로 기계적 손실이 크다
• 브러시의 보수가 필요
• 접촉부의 신뢰성이 떨어진다
• 정류에 한계가 있다
• 사용 환경에 제한이 있다
• 방열이 나쁘다</td></tr>
<tr><td rowspan="2">동기기형
AC 서보모터</td><td>• 유지보수가 편리
• 내환경성이 우수
• 대 토크가 가능
• 소형 및 경량
• 높은 파워레이트
• 정전 시 발전제동 가능</td><td>• 제어가 비교적 복잡
• 모터와 Amp의 1:1 대응이 필요
• 마그네트 감자우려 있음</td></tr>
<tr><td>• 브러시가 없어서 보수용이
• 내환경성이 좋다
• 정류에 한계가 없다</td><td>• 시스템이 복잡하고 고가
• 전기적 시정수가 크다
• 회전 검출기가 필요</td></tr>
</table>

	• 신뢰성이 높다 • 고속, 고토오크 이용 가능 • 방열이 좋다	• 2-3 Kw가 출력한계
유도기형 AC 서보모터	• 유지보수가 편리 • 내환경성이 우수 • 고속, 대 토크가 가능 • 대용량화가 용이 • 구조가 견고	• 제어가 복잡 • 소 용량시 효율이 낮음 • 정전 시 제동불가 • 온도에 따라 특성이 변함
	• 브러시가 없어서 보수용이 • 내환경성이 좋다 • 정류에 한계가 없다 • 자석을 사용치 않는다 • 고속, 고토오크 이용 가능 • 방열이 좋다 • 회전검출기가 불필요	• 시스템이 복잡하고 고가 • 전기적 시정수가 크다 • 출력은 2-3 Kw 이하가 거의 없다

7.3.1 DC 서보모터 구성

DC 서보모터의 구조(회전 전기자형)는 고정자(stator)측 구성은 기계적 지지를 목적으로 하는 원통형의 프레임과 프레임 내경에는 영구자석이 부착되어 있다. 회전자(rotator)측 구성은 샤프트와 샤프트 외경에 정류자 및 회전자 철심이 부착되어 있고, 회전자 철심내에는 전기자 권선이 감겨져 있다. 정류자를 통하여 전기자 권선에 전류를 공급하는 브러시(brush) 및 브러시 홀더가 부착되어 있다. 브라켓 뒤쪽에는 회전속도를 검출하는 검출기가 회전자와 연결되어 있는데, 이러한 검출기로는 광학식 엔코더 혹은 타코 제너레이터가 많이 사용된다.

DC 서보모터는 토크와 전류가 비례하여 선형제어계의 구성이 가능함으로 비교적 간단한 회로로 안정된 제어계 설계가 가능하다. DC 서보모터의 구동방식은 반도체 스위칭 소자를 이용한 펄스폭변조방식(PWM: Pulse Width Modulation)이 주류를 이룬다. 이 방식은 상용 AC 전원을 정류하여 DC 전원을 얻고, 이러한 DC 전원이 모터에 인가되는 시간폭을 가변시킴으로써 결국 모터에 인가되는 평균전압의 크기를 조절하는 방식이다.

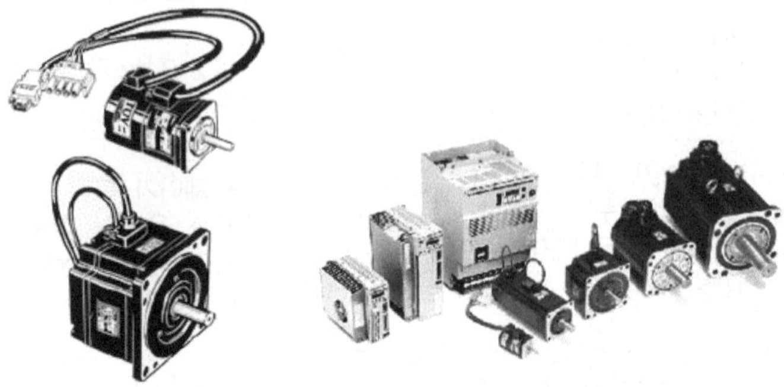

그림 7-8 AC, DC 서보모터 및 드라이브

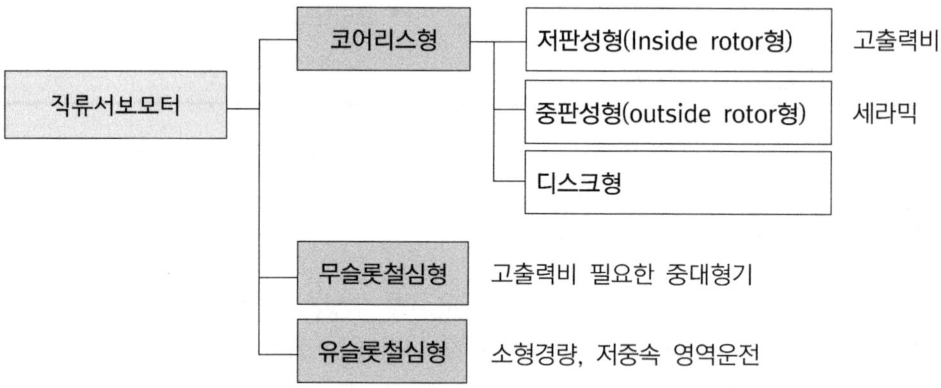

그림 7-9 직류 서보모터의 분류

직류 서보모터는 제어의 용이성으로 인해 초기에 많이 사용하였는데, 전기자와 브러시로 연결하며, 계자는 영구자석으로 구성되며, 전기자의 구조에 따라 분류된다.

그러나 1970년대 초에 개발되고, 1980년대 초기에 이르러서는 완벽하게 그 제어 알고리즘이 확립된 벡터 제어이론과 더불어 80년대에 중전력 응용분야를 대상으로 개발된 IGBT 등의 전력용 반도체 소자의 눈부신 발전과 DSP(Digital Signal Processor)와 같은 고성능 디지털 마이크로프로세서의 발달로 인하여 교류 서보모터 시스템은 비약적인 발전을 거듭하게 되었다.

이러한 교류 서보모터는 유지보수가 필요가 없고, 고속회전이 용이한 이점으로 사용영역이 급속히 확산되고 있다.

Servo Motor 종류

- DC Servo Motor의 구조는 고정자측 구성은 자로 및 기계적 지지를 목적으로 하는 원통형의 프레임과 프레임 내경에는 자석이 부착되어 있다. 회전자측 구성은 샤프트와 샤프트 외경에 정류자 및 회전자 철심이 부착되어 있고 회전자 철심내에 전기자 권선(Coil)이 감겨져 있다. 전기자 권선에 정류자를 통하여 전류를 공급하는 브러시(Brush) 및 브러시(Brush Holder) 홀더가 부착되어 있다.
- Bracket과 Flange에는 Bal Bearing이 있어서 회전자를 받쳐주고 있다. Bracket 뒤쪽에는 회전속도신호를 검출하는 검출기가 회전자와 연결되어있는데 광학식 인코더 혹은 타고 제너레이터를 많이 사용한다. DC Servo Motor는 토오크와 전류가 비례하여 선형 제어계의 구성이 가능하므로 비교적 간단한 회로로 안정된 제어계 설계가 가능하다. DC Servo Motor는 최고 속도와 그 점에서의 허용 토오크는 정류 불꽃에 의해 제약을 받는다.
- DC Servo Motor의 구동 방식은 트랜지스터에 의한 펄스폭 변조방식이 주류를 이룬다. 이 방식은 사용 주파수 전원을 정류하여 직류를 얻어 이 직류 전원이 모터에 인가되는 시간폭을 주파수의 반송파에 의해 변화되어 가변 전압을 만들어 모터의 속도 제어를 행한다. 이런 방식의 제어는 응답성이 좋고 부하 마찰 토오크가 국부적으로 변화하므로 다관절 로봇과 같이 자세에 의한 모터축 환산부하 관성이 크게 변하는 계에서도 충분히 안정된 제어를 행할 수 있다.

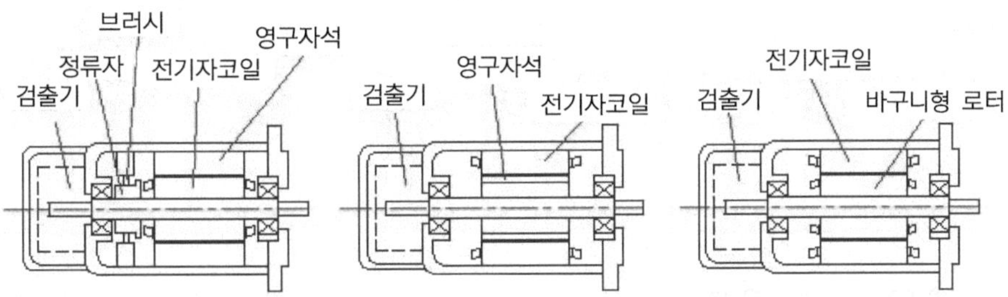

(a) DC 서보모터 (b) SM형 AC 서보모터 (c) IM형 AC 서보모터

◇ 동기형 AC Servo Motor

- 고정자측 구성은 기계적지지를 목적으로 하는 원통형의 프레임과 프레임 내경에 원통형의 고정자 코어(Stator Core)가 있고 코어에 전기자 권선이 감겨져 있다. 권선 끝단에는 리드선이 나와 있어서 이 리드선으로 부터 전류및 전압이 공급된다. 화전자측 구성은 샤프트와 샤프트 외경에 자석이 부착되어 있다. 양쪽 브라켓 및 플랜지에는 볼 베어링이 부착되어 있다.
- 동기기형 AC 서보 모터는 DC 서보모터와 반대로 자석이 회전자에 부착되어 있고 전기자 권선은 고정자측에 감겨져 있다. 따라서 정류자나 커뮤니케이터 없이도 외부로부터 직접 전원을 공급받을수 있는 구조이기 때문에 브러시러스 DC서보모터라고도 한다.
- 동기기형 AC 서보모터도 DC 서보모터와 마찬가지로 광학식 인코더나 리졸버를 회전속도 검출기로 사용한다. 동기기형 AC서보모터는 회전자에 자석, 즉 페라이트 자석 혹은 희토류(Rare Earth)자석을 사용하여 계자 역할을 한다. 동기기형 AC 서보모터는 전기자 잔류와 토오크의 관계가 선형이므로 제동이 용이하고 비상정지시에 다이나믹 브레이크가 작동한다. 그러나 회전자에 영구자석을 사용하는 구조이므로 복잡하고 제어시 회전자 위치를 검출해야 할 필요가 있다. 또한 드라이브로부터의 전기자 전류에는 고주파 성분이 포함되어 있어서 토오크리플(Torque Ripple) 및 진동의 원인이 되는 경우가 있다.

◇ 유도형 AC Servo Motor

- 유도형 AC 서보모터의 구조는 일반 유도기(Induction Motor)의 구조와 똑같다. 즉, 고정자측은 프레임, 고정자 코어, 전기자 권선, 리드선으로 구성되어 있고, 회전자는 샤프트, 회전자 코어, 그리고 코어 외경에 도전체(Conductor)가 조립되어 있다. 컨덕터는 코어 외경에 축 방향으로 경사지게 많은 슬롯이 나 있는데 링 형상의 코어 양단면과 슬롯에는 순도 높은 알루미늄 봉이 차 있어서 바구니 모양과 비슷하다.
- 유도기의 경우 회전자와 고정자의 상대적인 위치 검출 센서가 필요치 않다. 유도기형은 회전자 구조가 간단하고 검출기도 특수한 것이필요없다. 그러나 정지시에도 여자전류를 계속 흘려야 하므로 이것에 의한 발열 손실과 비상정지시에 DC 서보모터와 같이 전기자 권선을 단락하여 다이나믹 브레이크를 걸어주는것이 불가능한것 등의 결점이 있다.

◇ Stepping Motor

- 스텝핑 모터에는 하이브리드(HB)형, 영구자석(PM)형, 리럭턴트(VR)형의 3가지가 있다. 로터의 중심부의 길이 방향으로 자화된 원통형의 영구자석이 있고 이것을 전후에서 끼우듯이 다수의 작은 기어를 가진 연자성체(대부분의 경우 성층 규소강판)가 반 피치 위상지연의 상태에서 배치되어 있다. 스테이터에 대해서는 여자용 코일의 갯수가 짝수로 철심에 감겨있다.
- HB형 스텝핑 모터는 중심부의 자석 효과만을 보면 PM 형 모터이며, 자석이 없는 연자성체만을 보면 VR형 모터가 된다.

7.4 AC 서보모터

7.4.1 AC 서보모터의 개요

AC 서보모터의 구조(회전 계자형)는 DC 서보모터의 고정자(Stator)와 회전자(Rotor)측을 바꾸어 놓은 것과 같이 구성되어 있다. 고정자(stator)측 구성은 기계적 지지를 목적으로 하는 원통형의 프레임과 프레임 내경에 원통형의 고정자 코어(stator core)가 있고, 코어에 전기자 권선이 감겨져 있다. 권선 끝단에는 리드선이 나와 있어서 이 리드선으로부터 전류 및 전압이 공급된다. 회전자측 구성으로는 샤프트와 샤프트 외경에 영구자석이 부착되어 있다. AC 서보모터는 DC 서보모터와 반대로 영구자석이 회전자측에 부착되어 있고, 전기자 권선은 고정자측에 감겨져 있다. 따라서 정류자와 브러시 없이도 외부로부터 직접 전원을 공급받을 수 있는 구조이기 때문에 AC 서보모터를 브러시리스 서보모터(Brushless servomotor)라고도 한다.

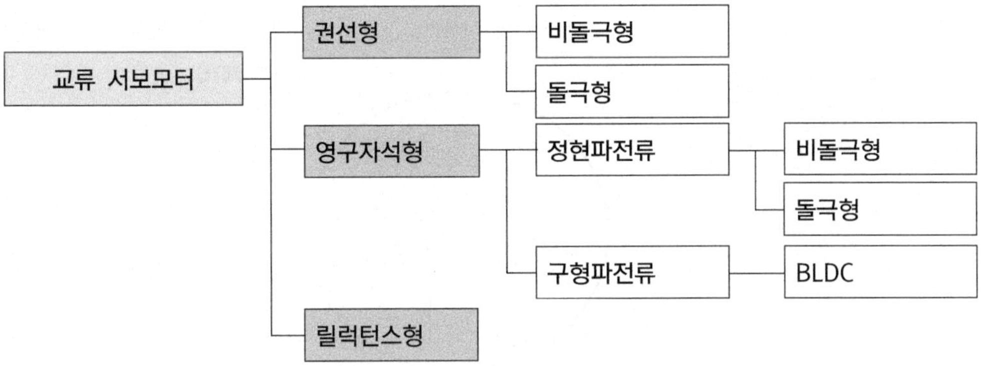

그림 7-10 교류 서보모터의 분류

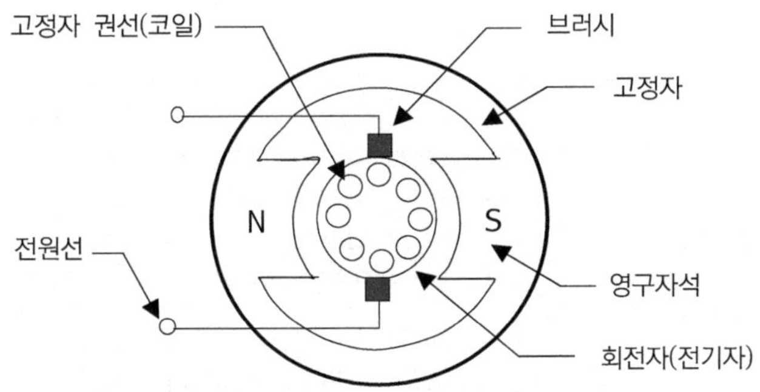

그림 7-11 DC 서보모터의 내부구조

AC 서보모터는 모터 단체로서 본다면, 어디까지나 AC 모터이다. 그러나 전용제어 장치와 조합시키면 제어성이 우수한 DC 서보모터와 동등 이상의 성능을 내는 모터가 된다. DC 서보모터의 회전속도를 바꾸기 위해서는, 일반적으로 전기자에 인가하는 전압을 변화시키는 방법을 취한다. 전기자 전압은 회전속도와 거의 비례 관계가 있고, 전압을 내리면, 어느 정도 속도를 내릴 수 있다.

이 모터의 장점은 높은 최대속도와 용량의 증대, 악조건 하에서의 신뢰성 확보, 낮은 유지비와 저소음, 구조적 간결성, 설치의 용이성 등이다.

브러시리스 서보모터는 반도체 스위칭 소자인 싸이리스터 기술의 발달에 따라서 대용량이 요구되는 산업현장에 널리 사용되고 있다. 이와 같이 브러시리스 서보모터의 적용이 늘어가는 이유는 파워 TR의 용량증대와 가격인하, PWM인버터에 의한 전류제어 기술의 발달, 영구자석 재료의 개발, 센서기술의 발달, 제품의 소형화 때문이다.

결국, 브러시리스 서보모터는 DC모터의 정확한 제어성과 AC모터의 견고성을 동시에 겸비한 특징을 갖고 있다. 또한 정류자에 의한 전력손실이 없고, 유지비가 거의 들지 않으므로 경제적으로도 유리한 잇점을 갖고 있다. 브러시리스 서보모터의 가장 큰 특징은 DC모터의 정류자 기능을 반도체 소자를 이용한 전력변환기로 대체한 점이다.

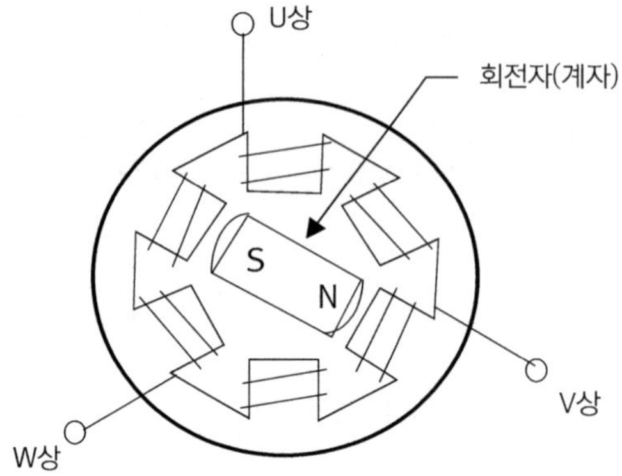

그림 7-12 AC 서보모터의 내부구조

표 7-2 AC 서보 모터 장점

구 분	특 징
AC 서보 모터 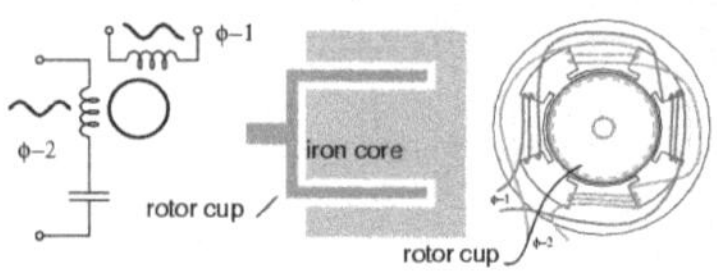	• 기계적 구조가 간단하여 최대 속도가 높다. • 권선이 고정자에 있어 용량을 크게 할 수 있다. • 구조가 밀폐형으로 환경이 나쁜 곳에서도 신뢰성이 높다. • 유지 보수의 용이성과 기계적 마찰이 없어서 소음이 작다.
	• 새로운 전력 제어 파워소자들의 개발로 가격이 저렴하여졌다. • PWM 인버터의 전류 제어기술이 더욱 발달되어졌다. • 새로운 영구 자성재료가 개발되었다. • 센서기술이 발달되었다. • 제품이 소형화되었다

표 7-3 DC 서보 모터와 AC 서보 모터의 특징 비교

DC 서보 모터	AC 서보 모터
브러시 모터(Brushed Motor)	브러시리스 모터(Brushless Motor)
제어구조가 간단하고 쉽다.	제어구조가 복잡하고 어렵다.
단상으로 제어한다.	3상으로 제어한다.
회전 전기자형	회전 자계형
회전자가 권선으로 방열 나쁘다.	고정자가 권선으로 방열이 쉽다.
브러시의 유지 보수가 필요하다.	브러시의 유지 보수가 필요없다.
기계적 구조로 최대 속도가 낮다.	전기적 구조로 최대 속도가 높다.
정격 용량을 크게 하기 어렵다.	정격 용량을 크게 하기 어렵다.

7.4.2 AC 서보모터의 구동원리

AC 서보모터의 회전원리를 이해하기 위해서는 회전자계(Rotating Magnetic Field)의 개념을 이해해야 한다. 3상으로 이루어진 고정자 권선에 3상 전원을 인가하게 되면 120도의 위상차를 갖는 3상의 전류가 흐르게 된다.

각 상의 고정자 권선에 흐르는 전류를 상전류(phase current)라고 한다. 모터는 상전류에 의해서 회전력(torque)이 발생하는 기기로써, 모터를 제어한다는 것은 궁극적으로 모터의 각 상에 흐르는 상전류를 제어하는 것이다.

브러시리스 모터는 DC 모터가 가진 정류장치를 모터에서 떼어내고, 대신에 전원을 제어하여 회전자 위치에 맞는 전류를 흘리는 장치 즉, 드라이버에 의해 구동된다. DC 모터는 정류자의 갯수를 늘림으로써 토오크 리플을 적게할 수 있는데, 브러시리스 모터에서는 모터를 3상 권선으로 하고, 각 상의 전류를 구형파 혹은 정현파의 교번 전류를 흘려 구동한다.

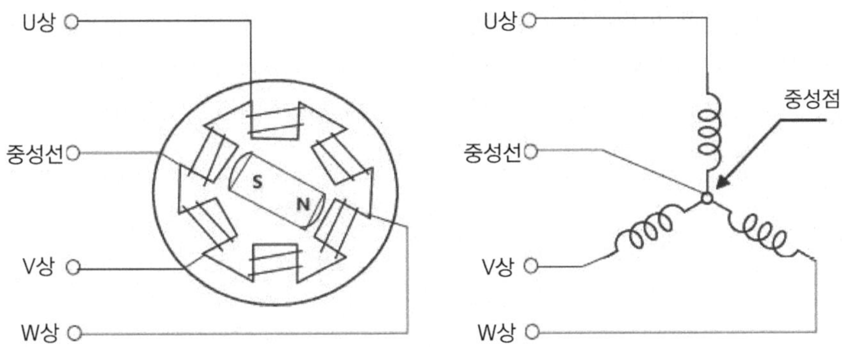

그림 7-13 3상2극 AC서보모터

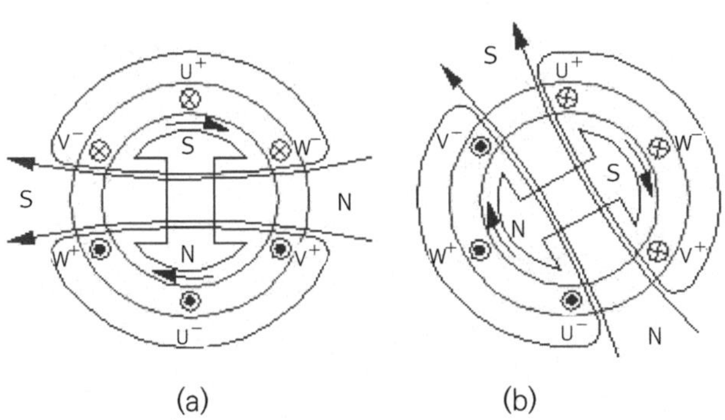

그림 7-14 3상 브러시리스 모터의 횡단면도

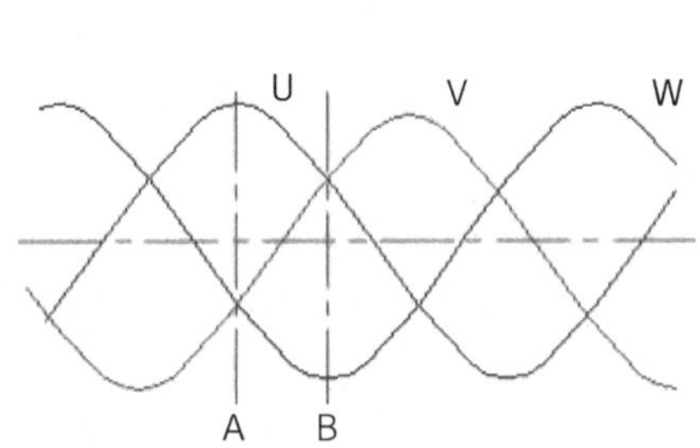

그림 7-15 3상 교류(정현파)

각 권선의 전류 방향은 전류에 의해 유기된 자속의 합성벡터는 N에서 S로 향하는 방향으로 발생한다. 이때 자속과 직각으로 교차하는 위치에 회전자의 자계가 있다고 하면 자석 끼리의 반발력과 흡인력에 의해 회전자를 시계 방향으로 돌리는 토오크가 발생한다. 또 시각 B점에 대해서도 같은 모양으로 검토해 보면, 권선에 의한 자속은 회전방향에 60도 어긋난 위치에 발생한다.

이와 같이 고정자 권선에 3상 교류(정현파 혹은 구형파)전류를 흘림으로써 연속적인 회전자계를 얻을 수 있다. 이 구동전류 위상을 회전자의 회전각에 대하여 항상 직교하는 형태로 맞출 수 있다면 매끄러운 토오크를 내면서 효율이 좋은 모터를 브러시리스로 구성할 수가 있다.

3상전류에 의해서 모터가 여자되면, $t=t_1$시점에서 U상은 정(+)이고, V상과 W상은 부(-)가 된다. 여기에서 부(-)가 의미하는 것은 전류의 방향이 바뀌면 이에 따른 자장의 극성도 바뀌게 된다.

고정자의 자속과 회전자의 자속이 전기적으로 60도의 위상차를 나타내고 있으며, 이때 고정자와 회전자 사이에는 인력과 척력이 작용하여 화살표 방향으로 힘을 받게 된다. 다음 단계로 $t=t_2$ 시점에서 U상과 V상은 정(+)이고, W상은 부(-)가 된다.

$t=t_1$의 경우에 비해서 시계방향으로 60도 회전한 상태가 된다. 다시 말하면, t_1의 시점에서 t_2의 시점으로 3상전류의 위상관계가 변하면, 먼저 고정자의 자장이 시계방향으로 60도 만큼 회전하게 된다. 그 결과 회전자의 자장이 고정자 자장의 회전방향(시계방향)을 따라서 회전하게 된다. 이와 같은 방식으로 연속적인 자계의 회전이 발생하게 되고, 이에따라 회전자는 고정자에서 발생되는 회전자계의 회전방향으로 회전하게 된다.

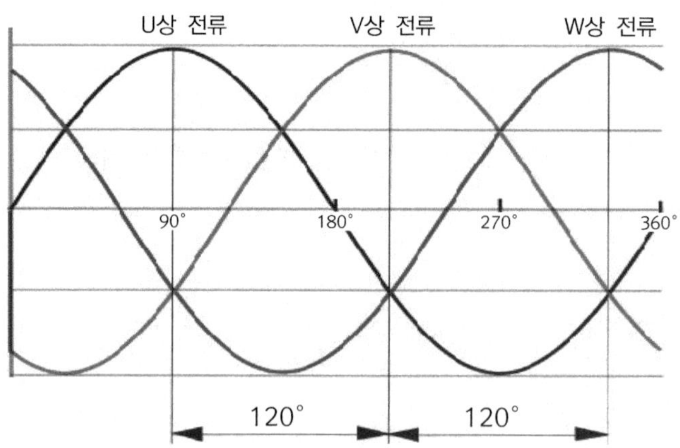

그림 7-16 고정자 권선에 흐르는 3상전류

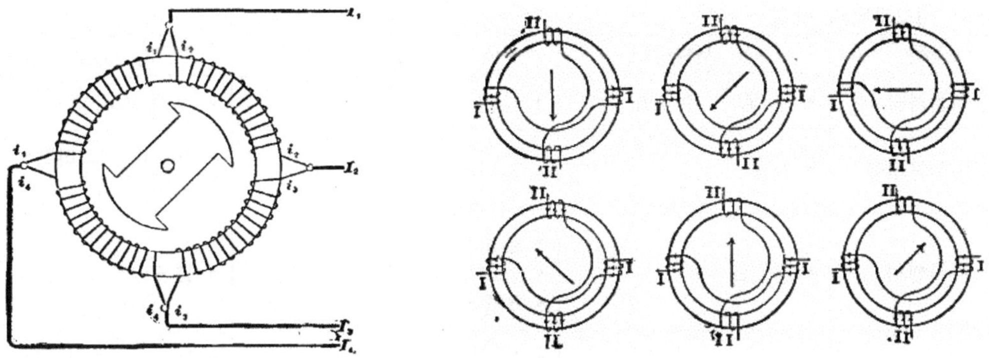

그림 7-17 3상 발전 전기자코일 연결

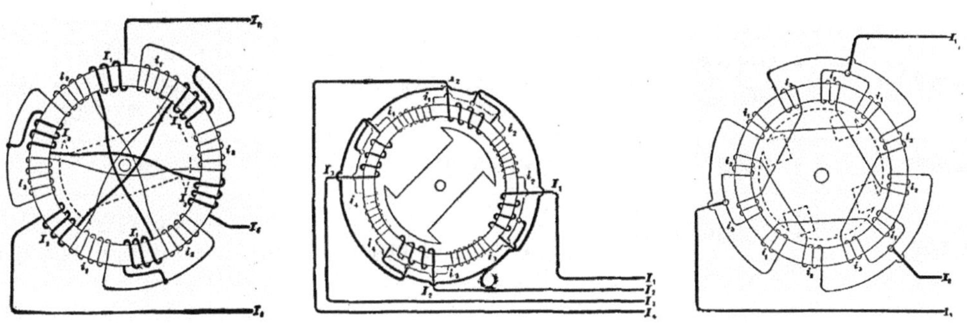

그림 7-18 전기자코일의 다양한 연결 방법 1

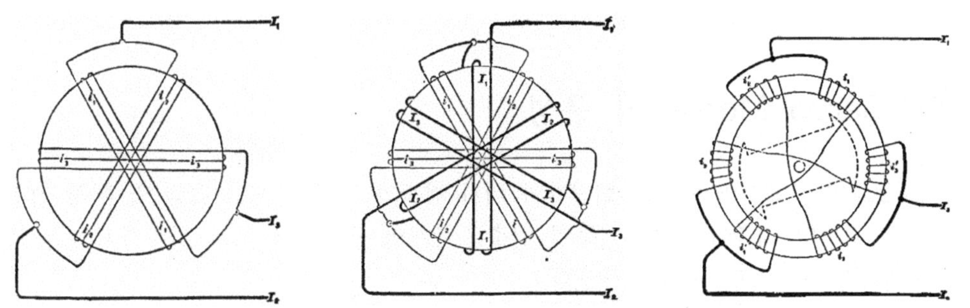

그림 7-19 전기자코일의 다양한 연결 방법 2

표 7-4 서보모터의 비교

항목	DC 서보모터	AC 서보모터(SM형)	AC 서보모터(IM형)
적정용량	• 수 W ~ 수 kW	• 수십 W ~ 수 kW	• 수백 W이상
구동전류파형	• 직류	• 사각파, 정현파	• 정현파(사각파에서는 토크리플이 크다)
자극센서	• 불필요	• 홀소자 • 옵티컬 인코더 • 리졸버	• 불필요
속도센서	• DCTG	• 브러시리스 DCTG • 옵티컬 인코더 • 리졸버	• 브러시리스 DCTG • 옵티컬 인코더 • 리졸버
수명	• 브러시수명	• 베어링 수명	• 베일링 수명
모터정수	• 브러시전압으로 제약된다.	• 고압저전류가 가능 • 모터구조에 의해 저속 • 대토크가 가능	• 고압저전류가 가능 • 정출력특성을 낼수 있다.(약한 계자제어)
고속회전	• 부적당	• 적용가능	• 최적
비상제동	• 다이내믹 브레이크 • 토크 크다.	• 다이내믹 브레이크 중(中)	• DC 전원이 필요 • 다이내믹 브레이크 토크 소(小)
내환경성	• 나쁘다	• 좋다	• 좋다
영구감자석	• 있음	• 있음	• 없음

7.4.3 AC Servo Motor 의 구성

AC 서보모터의 센서의 역할은 회전자의 위치 검출과 모터의 속도 검출 및 위치 결정제어에 있어서 위치 정보의 검출이다. 이 기능의 검출은 1개의 센서로써 모두 가능하지는 않으며 보통은 적당한 제어회로와 조합해서 가능해진다.

(1) 회전자 위치 검출 회로

AC 서보모터에서도 DC 서보모터와 같이 전류의 방향과 자속의 방향을 직교시키기 위해서는 자석의 위치를 정확히 파악하지 않으면 안된다. 종래의 인크리멘탈 인코더의 내주부에 자극 위치를 센싱할 수 있는 전용 슬릿이 추가된 인크리멘탈 인코더를 보인다.

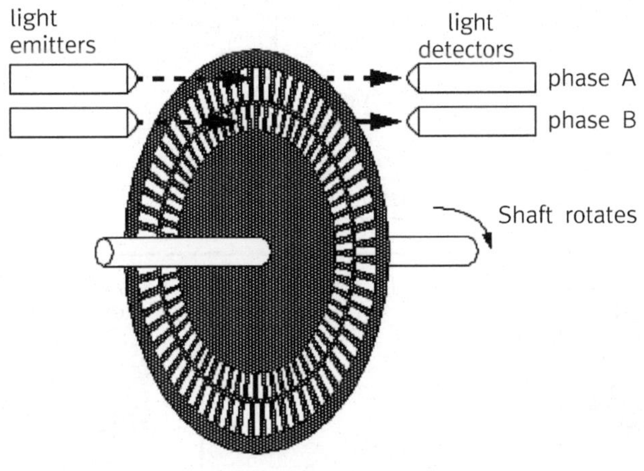

그림 7-20 AC 서보모터용 옵티컬 인코더

(2) 구동 시스템

이 모터의 동작원리는 DC 모터의 정류자 기능을 홀센서(Hall Sensor)와 반도체 전력 변환기로 하고 있다는 것이다. 발생 토오크는 전류와 자속의 곱에 비례하기 때문에 직류기와 동일하게 직교하고 있다.

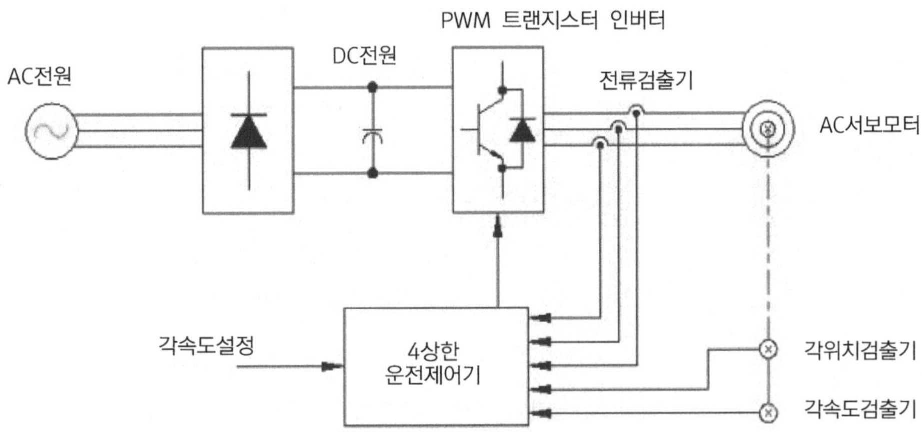

그림 7-21 AC 서보모터 구동시스템의 구성

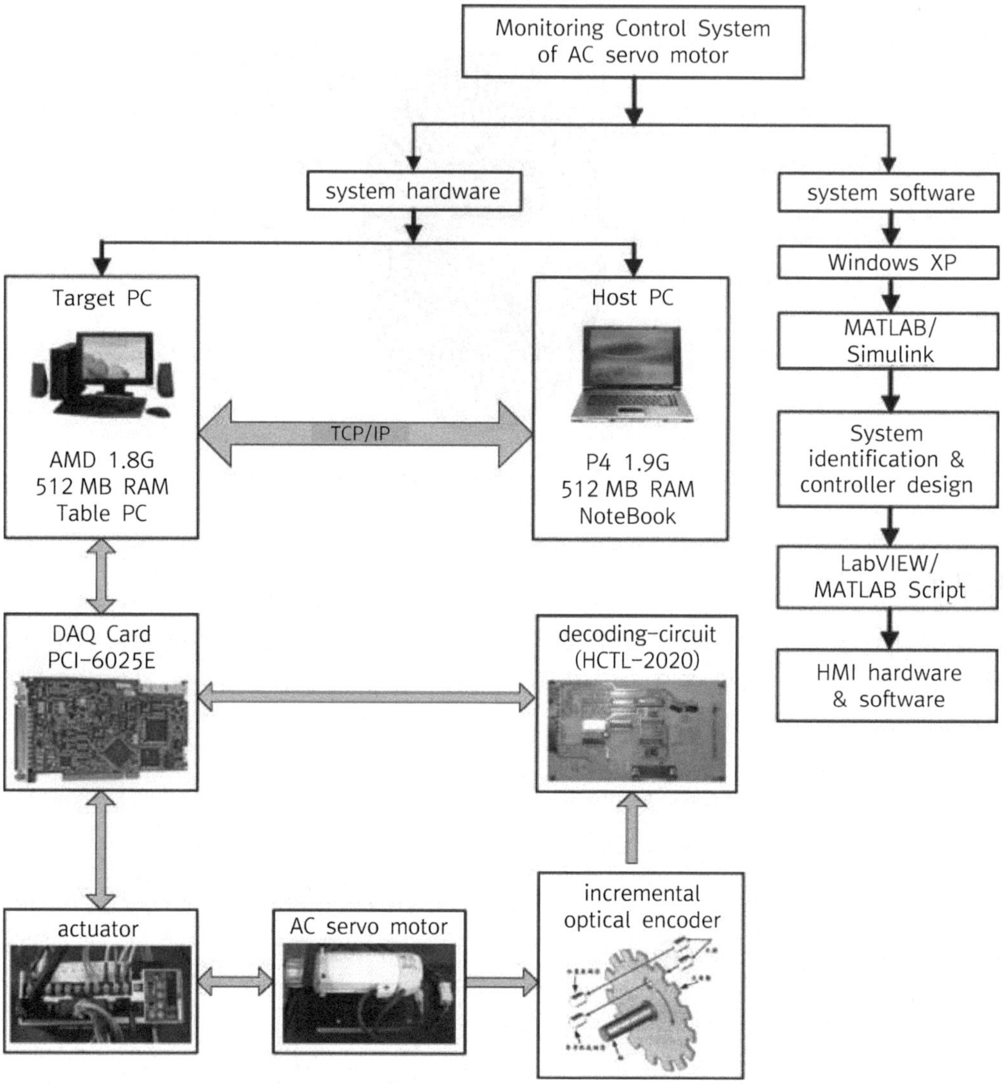

그림 7-22 AC 서보모터 구동시스템의 구성

전류지령을 위한 회전자 위치 검출기와 속도 검출기가 모터 축에 커플링으로 연결되어 있다. PWM 인버터는 상전류를 피드백하기 때문에 PWM에 의해 모터 손실을 줄일 수 있으며 토오크 리플을 작게 할 수 있다. 또한 트랜지스터에 흐르는 피크전류도 작게 할 수 있다.

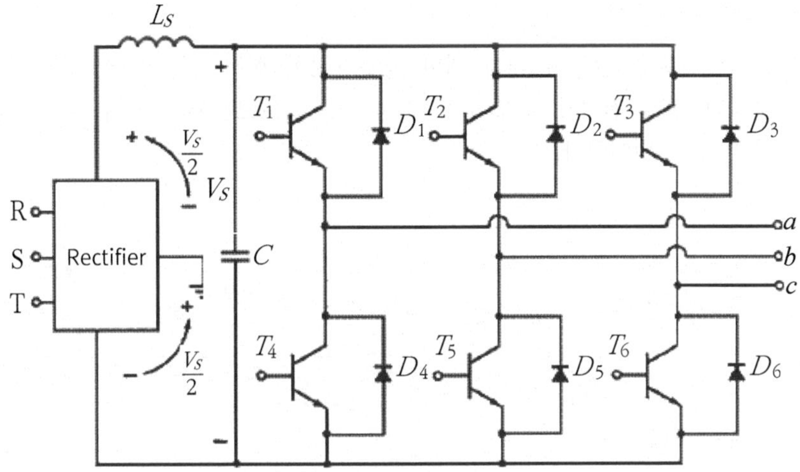

그림 7-23 전류제어형 트랜지스터 PWM 인버터의 주회로

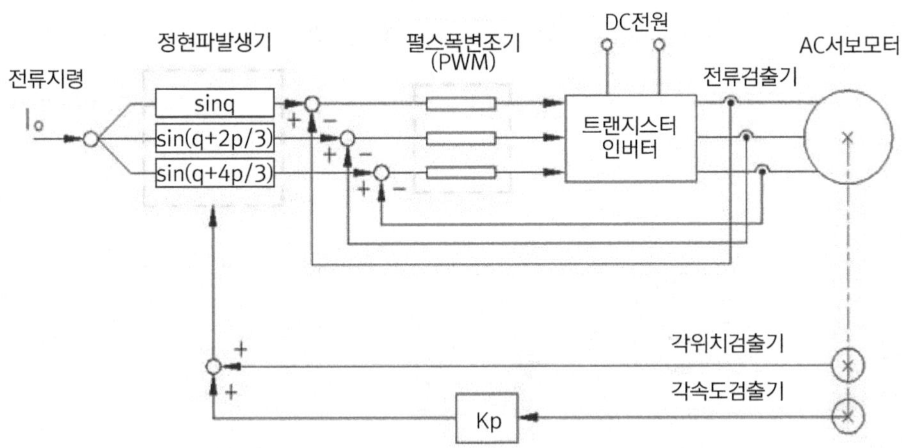

그림 7-24 AC 서보모터 구동 시스템 제어 블럭도

AC서보모터 구동 시스템의 제어 블럭 다이어그램에서 회전자의 각위치 검출기로 부터의 신호에 의해 3상의 교류전류(정현파 혹은 구형파)를 발생시키고 그것에 전류 지령치가 곱해져 피드백된 3상 전류와 각각 비교한다. 만일 모터 전류가 지령치에 비해 크게 되면 인버터는 전류를 작게하는 방향으로 스위칭 하고, 반대로 모터전류가 지령치에 비해 크게되면, 인버터는 전류를 크게하는 방향으로 스위칭 하게된다. 속도 신호는 각도 신호의 예측을 위해 피드백 되어, 계의 시간 지연을 작게 하고 있다.

(3) AC 서보모터의 구조

AC 서보모터는 자속을 만들어 내기 위한 영구자석이 회전자에 부착된 회전계자형이고, 권선은 고정자측에 설치된 정지 전기자 구조이다. 결국 DC 서보모터와 비교해 보면 회전자와 고정자의 전기적 역할이 역으로 되어있다.

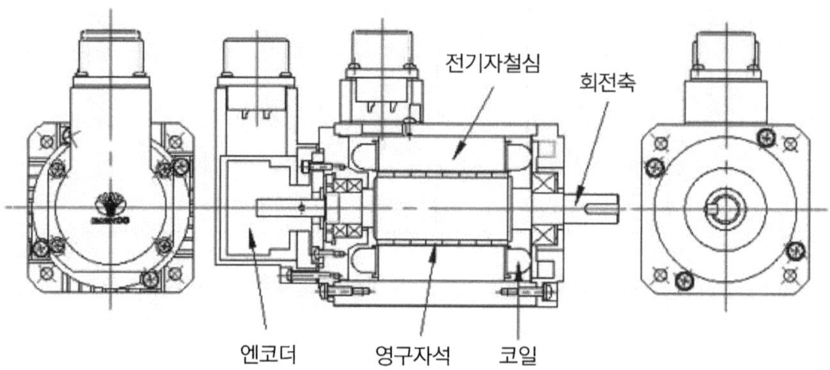

그림 7-25 AC 서보모터의 구조

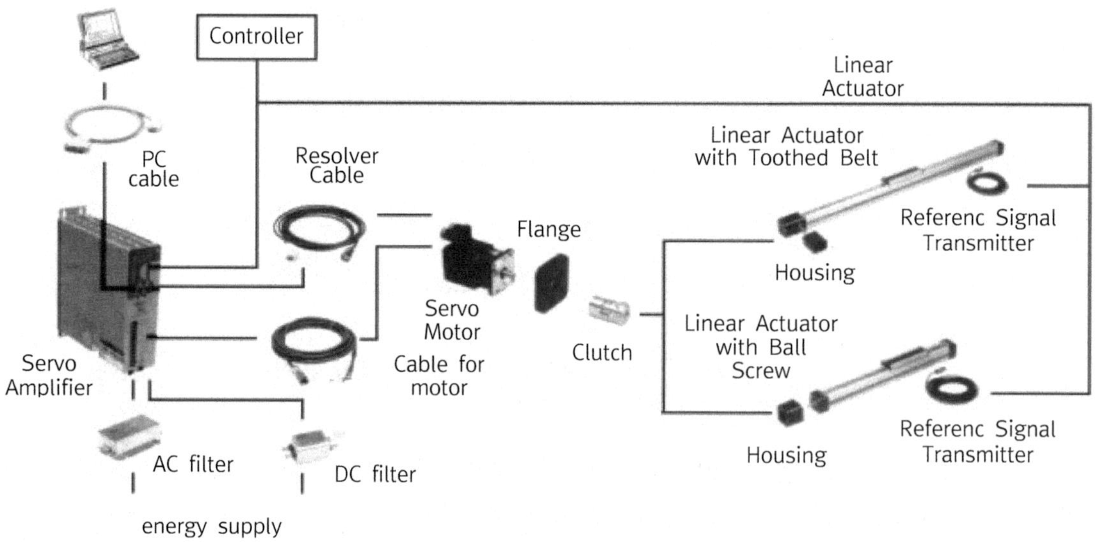

그림 7-26 AC 서보모터의 구성 시스템

(4) AC 서보모터의 구조상 특징

서보모터에서서는 급가감속을 행하기 위해, 최대 토오크는 정격 토오크에 대하여 수배 크게하지 않으면 안되는데, DC 서보모터에 있어서는 가감속 영역이라 불리우는 정류한계가 있고, 이것을 넘어서 사용하면 Flash over현상(정류자 불꽃이 갑자기 광대해 지는 현상)이 나타난다. 더구나 이 정류한계는 회전속도가 커지면 현저하게 저하한다.

그러나 AC 서보모터에 있어서는 정류한계가 존재하지 않기 때문에 고속 회전영역까지 최대 토오크를 저감하지 않고 운전할 수 있다. AC서보모터에 있어서는 영구자석이 회전축상에 설치되어 있기 때문에 회전부분에서는 발열이 없고 모터의 발열은 고정자측의 전기자에서만 발생한다.

고정자측의 전기자에서 발생한 열은 프레임을 통하여 대기중에 발산하므로, 발열부가 회전자에 있는 DC 서보모터에 비하여 냉각이 용이하다. 또한, 발열부의 온도검출이 직접 가능하기 때문에 과부하에 대해 보호가 확실한 조치를 취할 수 있다.

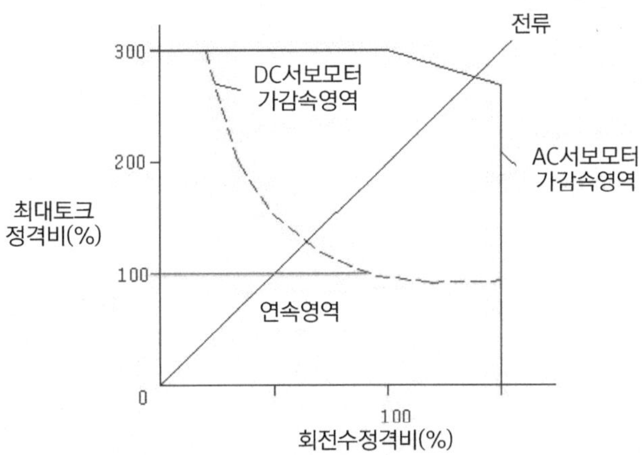

그림 7-27 서보모터 동작 특성도

(5) AC 서보모터의 구성 요소

AC 서보모터는 회전자, 고정자, 센서 및 이것을 지탱하는 프레임, 베어링, 커플링으로 구성되고 용도에 따라서 브레이크를 내장한 것도 있다.

① 회전자 : 회전자는 회전축에 영구자석이 고정된 회전 계자형 구조이다. 계자극의 형상은 원통형(링형)과 원호형(C형)의 두종류가 있다. 그림의 (a)는 원통형 영구자석을 계자극으로 한 모터의 횡단면도를 나타내고, (b)는 원호형 영구자석을 계자극으로한 모터의 횡단면도를 나타내고 있다.

② 고정자 : 고정자는 전기자 철심과 전기자 권선에 의해 구성되어 있다.
전기자 철심은 0.34 ~ 0.5 mm 두께의 규소강판을 쌓아 두껍게 한 것이다. 일반적으로 권선을 하기 위한 슬롯의 영향 때문에 공극에서의 자속밀도가 균일하지 않고 토오크가 맥동하여 회전변동이 일어난다. 이같은 토오크 리플을 저감하기 위하여 전기자 철심에 슬롯을 많이 내거나, 스큐(Skew)를 한다. 또, 서보모터의 철심은 전기자 전류의 영향을 받아서 진동하기 때문에 이 주파수가 가청주파수역에 들 경우는 소음이 난다.

그림 7-28 AC 서보모터 회전자

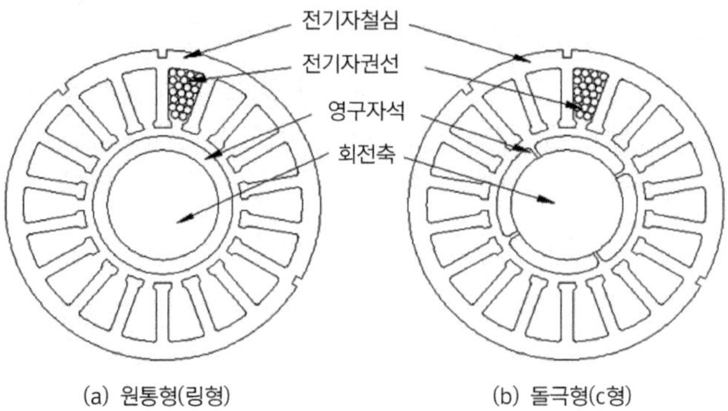

그림 7-29 AC 서보모터 회전자 자석의 형상

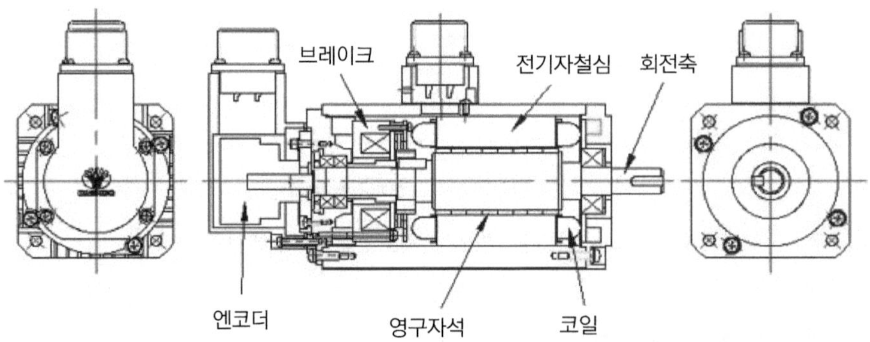

그림 7-30 브레이크가 부착된 AC 서보모터

③ 센서 : AC 서보모터의 센서는 모터의 위치 검출과 회전속도 검출의 2가지 기능이 필요하게 된다. 센서로서는 인코더와 리졸버 등이 일반적으로 사용되고 있다.

④ 브레이크 : 서보모터의 사용조건에 따라서 브레이크 내장형이 필요한 경우도 있다. 브레이크는 모터의 박형화를 도모하기 위해 편평형 전자 브레이크가 주로 사용된다. 브레이크의 동작은 역작동 방식의 홀딩 브레이크이다.

⑤ 프레임 : 프레임은 고정자를 고정하는 기능만 하는 것이 아니고, 요크로써 자로의 일부가 되기도 하고 동손 및 철손에 의한 열의 방열 통로의 기능을 한다. 따라서 열발산을 효율적으로 하기 위해서는 열전도율이 좋은 재질을 사용하여야 한다. 특히 프레임 외면에 방열판을 많이 두기도 한다.

⑥ 베어링 : 베어링은 기계적 손실이 작은 볼 베어링이 주로 사용한다. 반복적인 급가감속운동과 회전축의 열팽창을 십분 고려하여 탈조 방지를 충분히 고려하여 설계되었다. 물과 절삭유가 쓰이는 환경에서 사용할 때는 모터 축 사이로 물과 기름의 침입을 방지하기 위해 오일 씰을 붙이는 경우도 있다.

표 7-5 페라이트 자석 및 희토류 자석 서보모터 특성 비교(300 w급)

항 목	단 위	페라이트 자석	희토류 Bond 자석	희토류 소결 자석
정격 토오크	kgcm	29	9.7	13
정격속도	RPM	1000	3000	3000
회전자 관성	gcm^2	13.8	0.843	0.195
기계적 상수	msec	5.9	2.5	0.8
파워 레이트	kW/sec	6.1	11.0	84.6
모터 크기	mm^2xmm	130x203 L	82x198 L	60x124.5 L

(6) 영구자석의 종류와 특징

기계적 시정수가 작고 응답성이 좋은 서보모터에는 고성능 자석이 사용된다. 그러나 모든 서보모터에 고응답성이 요구되는 것은 아니다. 부하의 관성 모멘트가 큰 경우에는 회전자 관성 모멘트가 작은 모터를 선택해서는 무의미하다. 역으로, 부하의 관성모멘트가 작을 때는 회전자 관성모멘트가 큰 모터를 사용하면 가감속에 사용되는 파워는 모터 자체만을 구동하기 위해서 소비되어 버리기 때문에 응답성이 좋은 모터로 써도 무의미 하므로 목적에 맞게 선정하여야 한다. 회전자 관성모멘트는 계자를 형성하는 영구자석을 어떤 종류를 사용했느냐에 따라 달라진다.

영구자석의 자기특성은 감자곡선으로 표시되는데, 잔류 자속 밀도 Br, 감자력 Hc, 최대 에너지 적 (BH)max에 의해 그 특성을 알 수 있다. 영구자석을 포함하는 자기회로의 공극에 축적된 에너지는 자기 에너지 적에 비례하므로 우수한 자석은 그만큼 단위 체적당 큰 자기 에너지 적을 보유하고 있다.

(7) 광학식 인코더

광학식 인코더는 기능면에서 인크리멘탈형(Incremental)형과 절대치형(Absolute)형으로 분류될 수 있다. 광학식 인코더는 투광용 광원과 수광소자와 슬릿이 있는 회전 디스크의 3가지로 구성되어 있으며 회전 디스크를 투광용 광원과 수광소자의 중간에 넣어서 회전 시키면 회전각에 비례한 펄스 출력을 얻을 수 있다.

광학식 엔코더(Optical Encoder)는 서보 모터의 구동에 있어서 회전자의 위치를 검출하고 속도 및 위치 제어를 위해서 없어서는 안되는 중요한 요소이다. 그리고 최근에 서보 모터의 위치 검출을 위하여 가장 많이 사용하는 검출장치로 그 구조를 생각하여 볼 필요가 있다.

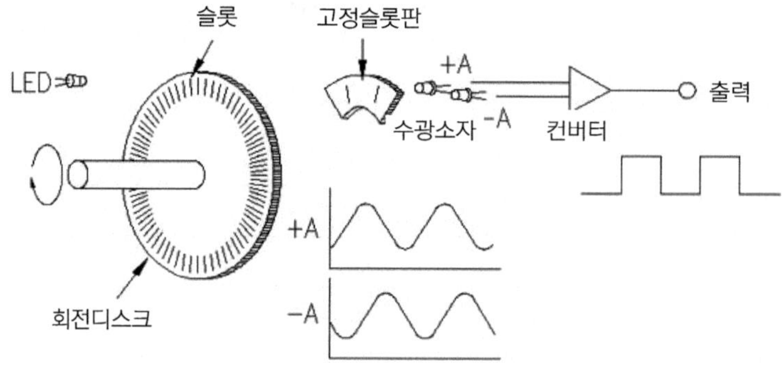

그림 7-31 광학식 인코더의 구조

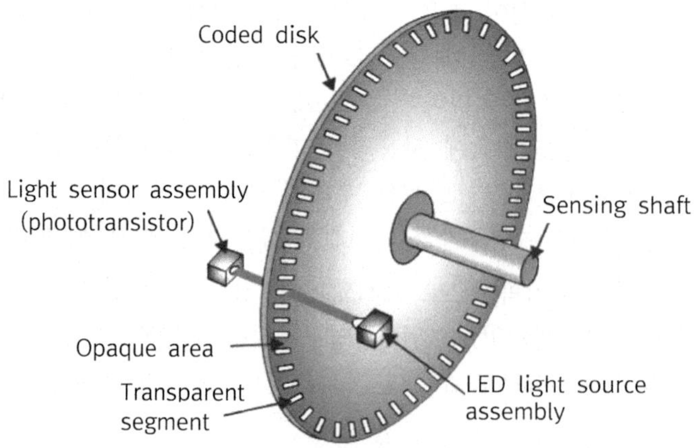

그림 7-32 광학식 인코더의 구조

광학식 엔코더의 종류는 크게 절대값 엔코더(Absolute Encoder)와 상대값 엔코더(Incremental Encoder) 두가지가 있는데 절대값 엔코더는 언제든지 현재의 위치를 절대값으로 알 수 있고, 상대값 엔코더는 현재의 위치를 카운터 혹은 기타 장치를 이용하여 계수하여 두어야만 현재의 절대위치를 알 수 있다.

절대값 엔코더의 경우 현재의 위치를 알기 위한 분해능(정밀도)를 높이기 위하여 엔코더 회전원판의 슬릿의 종류를 늘려야 하며 이렇게 될 경우 그 크기를 줄이기 어렵다.

또한 분해능을 높이기 위해서 기계적인 검출 슬릿을 많이 할 수 없어 분해능이 높을 경우 그 가격이 고가이고 높이더라도 모터의 회전수 전체를 알기는 매우 어렵기 때문에 엔코더의 기계적 성격은 Incremental Encoder와 같으나 엔코더 Case내부에 카운터를 두어 계수하고, 이를 필요시 직렬 통신을 이용하여 전송하는 방식을 가지고 있는 Semi-Absolute Encoder를 개발하였고, 이 방식이 AC 서보 모터에 적용되어 사용되고 있다.

그러나 이러한 구조를 가지고 있는 Semi-Absolute Encoder는 통신을 위한 방법이 있어야 하고 제조시 단가가 비싸지기 때문에 대부분의 서보 모터에서는 Incremental Encoder를 채용하고 있다.

투광용 광원으로 발광 다이오드(LED)를 이용하여 회전 디스크를 통과한 광선을 똑바로 수광소자에 투사되도록 한 것으로서, 고정 슬릿판을 붙인 광학식 인코더의 한 예를 보여주고 있다. LED로 부터 투사된 광선(적외광선)은 회전 디스크의 슬릿과 고정 슬릿판의 슬릿을 통과하여 수광소자에서 검출된다.

(8) 인크리멘탈 인코더

메인 스케일이 등간격으로 새겨진 협 피치의 슬릿을 광학적으로 읽고, 카운트함으로써 이동량만을 측정하는 방식이다.

흔히 A상, B상, Z상(Z상은 1회전에 한번의 신호만 나옴. 누적오차가 없도록 "home"위치를 잡아 보정하는 용도로 사용할 수 있다)의 세 종류의 사각 구멍인 슬릿이 있으며, 이 방식에서는 정도를 높이기 위해 슬릿 간격을 매우 미소하게 할 수 있다. 광학적 또는 전기적인 처리에 의해 더욱 분해능을 향상시킬 수 있다. 분해능 면에서 우수한 특징이 있지만, 절대 위치의 측정이 곤란하기 때문에 전원 투입후, 절대 위치의 검출을 필요하다. 외부 노이즈 등에 의한 오동작이 있을 경우, 그 오차를 자기 수복할 수 없다는 단점이 있다.

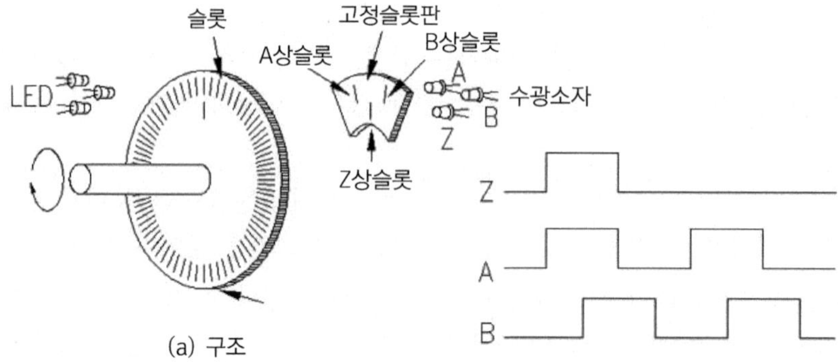

(a) 구조

(b) 출력파형

그림 7-33 인크리멘탈 인코더의 구조와 출력파형

Zero상 신호 Z를 가지고 있는 A,B 출력형 인크리멘탈 인코더의 구조에서 LED로 부터 광투사된 광선은 회전 디스크의 슬릿을 통과한 뒤 고정 슬릿판의 A, B, Z에 해당하는 각각의 슬릿을 통과하여 A, B, Z의 수광소자에서 검출된다. 고정 슬릿판 상의 A, B의 슬릿은 90도의 위상차를 갖도록 배치되어 있으며 파형이 정비된 전기적 신호 출력도 90도의 위상차를 갖는 구형파로 된다.

인크리멘탈 인코더는 구조가 간단하고 가격이 싸며, 출력 전선의 갯수도 작아서 신호전달이 간단하다. 인코더의 출력 펄스는 축의 회전위치의 절대치를 나타내지는 않고 축이 회전한 각도에 비례한 펄스수가 얻어지는 것 이며, 절대치 표시를 수행하는 경우는 인코더 출력 펄스를 카운터에 축적한 것으로 표시한다.

사용상의 주의점으로서는, 신호 전달중의 노이즈를 카운터에 축적하는 결점이 있기 때문에 노이즈 대책을 충분히 세워야 될 필요가 있다. 또 전원이 끊어진 경우에는 다시 전원을 투입 하여도 원래 위치의 표시는 불가능하게 되기 때문에 충분히 주의를 기울여야 한다.

인크리멘탈 인코더는 인코더 자체에서 단지 펄스열을 발생하기 때문에 회전 속도를 검출하기 위한 아날로그 신호를 얻기 위해서는 인코더의 출력펄스 수를 F/V Converter에서 펄스 주파수에 비례한 아날로그 신호로 변환하여야 한다.

(9) 절대치형 인코더

절대치형 인코더의 기본적인 구성은 인크리멘탈형과 동일하다. 메인 스케일 위에 그레이, 2진 코드 등을 새겨 사용한다. 절대 위치 정보를 어레이상의 센서에 의해 읽음으로써 절대위치를 측정하는 방법이다. 절대 위치 측정이라는 큰 이점을 가지고 있지만, 필요로 하는 위치 정보(비트)만큼의 센싱이 필요하고, 강도상의 이유로 유리 증착 타입의 스케일이 많아 가격이 높아지기 쉽다. 그림에서는 3개의 슬릿열과 3개의 광센서로 구성된 예를 보였다.

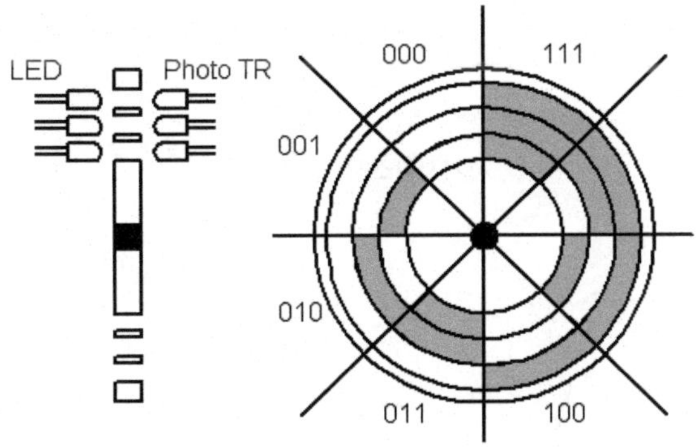

그림 7-34 절대치형 인코더의 구조도

절대치형 인코더는 명칭 그대로, 입력축의 절대위치를 검출할 수 있기 때문에 신호전송중의 노이즈에 의해 오차가 누적되지 않으며, 또 전원의 단절되어 재투입하는 경우에도 인크리멘탈형에서처럼 원래 위치를 잃어버리지 않고 정상적으로 올바른 현재치를 검출할 수가 있다. 단점으로는, 비트수가 많아지면 출력 신호선의 수가 많아져 구조상 소형화, 저가화가 어렵다는 것을 들 수 있다.

(10) 자기 인코더

자기 인코더는 미소 다극 착자된 자기드럼과 이 드럼에 근접하도록 설치된 자기 저항소자로 구성되어 있다. 자기드럼과 자기 저항 소자의 위치 관계는 드럼의 바깥 둘레에 착자하고, 자기 저항 소자를 드럼의 바깥 둘레에 대향 하도록 배치된 것과, 드럼의 측면에 착자되고 이 면에 자기 저항 소자를 대향하도록 배치된 것이 있다. 어느 쪽의 경우에 있어서도 기본적인 원리는 동일하다. 이와 같이 자기 인코더는 광학식 인코더와는 검출부의 구조는 다르지만 출력신호를 만들어 내는 방법은 완전히 동일하다.

자기 인코더는 다음과 같은 특징을 가지고 있다.

① 먼지, 결빙 등의 영향을 잘 받지 않기 때문에 내환성이 좋다.

② 고분해능 (1000 ~ 3000 pulse/rev은 표준사양)

③ 고응답성 (200 kHz 정도까지는 출력 저하가 생기지 않음)

④ 구조가 간단하다.

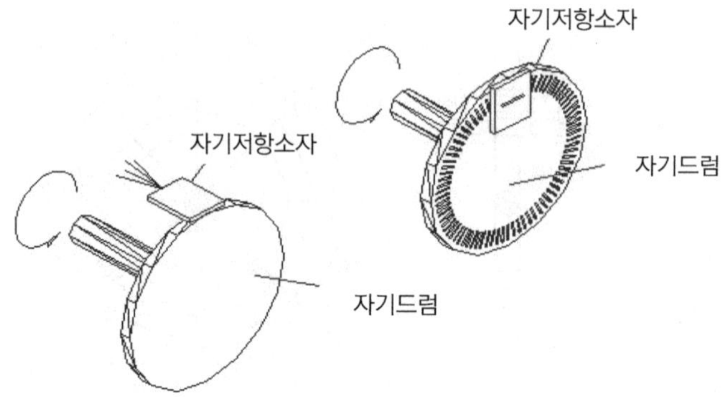

그림 7-35 자기 인코더

자기 인코더는 자력을 응용한 인코더이기 때문에 강자계와 자성분이 많은 장소에서 사용하는 경우에는 다음과 같은 점을 주의하여야 한다.

① 외부로 부터 강력한 자계를 가하면 오동작을 한다. 이와 같은 경우에는 자성체의 케이스를 이용하여 자기 쉴드하여 사용한다.

② 자성분이 들어오면 드럼에 부착되어 오동작을 일으킨다. 이와같은 장소에서 사용하는 경우는 자성분이 들어오지 못하도록 케이스로 보호한다.

(11) 레졸버(Resolver)

레졸버는 회전각과 위치의 검출기로써 모터의 센서로 사용되고 있는데, 리졸버는 회전 각도를 측정하는데 사용되는 일종의 회전식 전기 변압기이다.

인코더가 변위량을 디지털양으로 변환하는 것에 비하여 레졸버는 아날로그양으로 변환한다.

일반적으로 브러시리스 레졸버라 부르는 것은 회전 트랜스를 사용한 형을 말한다.

레졸버는 스테이터(Stator), 로터(Rotor), 회전 트랜스의 3요소로 구성되어 있고, 스테이터와 로터의 권선은 자속분포가 각도에 대하여 정현파가 되도록 분포되어 있다. 여자권선에 있는 스테이터 권선은 전기적으로 90도 위상차가 나고 2상 구조로 되어 있으며, 출력 권선의 로터는 단권선이나 2상 권선이 용도에 따라 감겨져 있다.

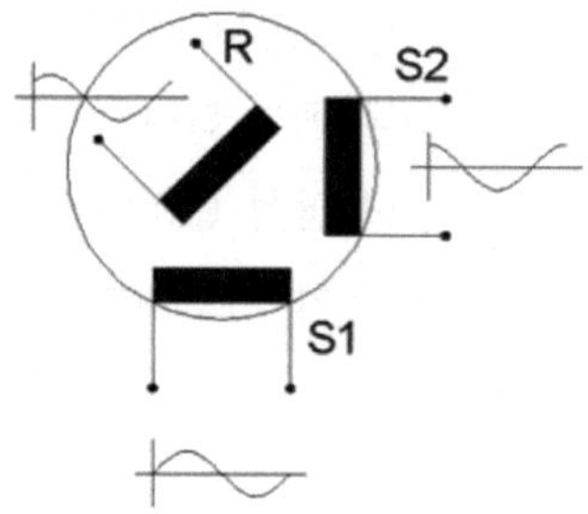

그림 7-36 레졸버의 구조

고정자에 고정된 변압기의 1차 권선은 전자기 유도에 의해 발생하는 정현파 전류에 의해 여기된다. 로터에 전류를 유도한다. 이러한 권선은 리졸버의 축에 배열되어 있기 때문에 위치에 관계없이 동일한 전류가 유도된다. 그런 다음 이 전류는 회전자의 다른 권선을 통해 흐르고, 차례로 2차 권선에 전류를 유도하고 2상 권선은 다시 고정자로 돌아간다. 고정자에서 서로 직각(90°)으로 고정된 두 개의 2상 권선은 사인 및 코사인 피드백 전류를 생성하며, 2상 전압의 상대 크기를 측정하여 고정자에 대한 회전자의 각도를 결정하는 데 사용한다. 완전히 한 바퀴 회전하면 피드백 신호가 파형을 반복한다. 이 장치는 무브러시 유형, 즉 로터와 스테이터라는 두 개의 라미네이션 스택으로만 구성된 유형으로도 나타날 수 있다.

리졸버는 극좌표에서 직교 좌표로 매우 정확한 아날로그 변환을 수행할 수 있다. 샤프트 각도는 극각이고 여기 전압은 크기이다. 출력은 [x] 및 [y] 구성 요소입니다. 4리드 로터가 있는 리졸버는 원하는 회전 각도를 제공하는 샤프트 위치와 함께 [x] 및 [y] 좌표를 회전할 수 있다.

레졸버는 구조가 모터의 구조와 유사하고 내환경성이 우수하다. 주요 특징은 다음과 같다.

① 진동, 충격등의 내환경성이 우수하다.

② 사용 온도 범위가 넓다.

③ 장거리 전송이 가능하다.

④ 형상의 소형화가 가능하다.

⑤ 신호처리 회로가 복잡해진다.

⑥ 로터리 인코더에 비해 고가

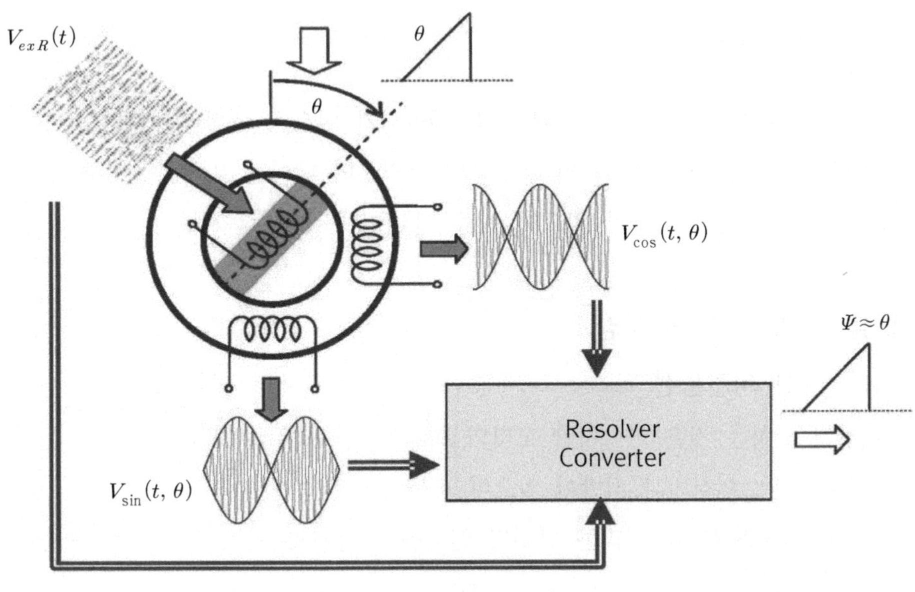

그림 7-37 레졸버 작동원리

7.5 서보모터의 사용 예

서보모터의 각종 동작의 종류 및 사용 예에 대하여 알아본다.

(1) 위치를 목표로 한 움직임

1) 연속곡선 운전

시작점에서 종점까지 도중의 경로를 곡선이나 직선으로 지정했을 때 움직임

① 공작기계 : 머시닝 센터와 시반이 있으며 가공물 테이블 전송 및 도물대의 전송 등에 사용

② 산업용 로봇 : 스폿 용접로봇과 아크 용접로봇이 있으며 각 관절의 위치결정

③ 기타 : 권선기가 있으며 트래버스 제어 및 단말로부터 제어 등에 사용

2) 고 정밀도 위치결정 운전

도중의 경로는 지정하지 않지만, 종점의 위치결정 절미도가 중요한 움직임

① 공작기계 : 와이어 방전가공기가 있으며 와이어 곡선 위치결정에 사용

② 반도체 제조장치 : 축소투영 노광장치가 있으며 테이블 위치결정에 사용

3) 고 빈도 위치결정 운전

도중의 경로는 지정하지 않고, 정밀도도 그 정도로 중요하지 않지만 기동정지의 빈도가 높은 움직임

① 반도체 제조장치 : 와이어본더와 IC 핸들러가 있으며 캐필러리 위치결정에 사용

② 전자부품 실장기 : 인서터와 칩마운터가 있으며 테이블 위치결정에 사용

③ 섬유기계 : 편물 기계가 있으며 렉킹, 캐리어에 사용

(2) 속도를 목표로 한 움직임

1) 높은 안정 회전운전

위치결정을 하는 것은 아니지만 모터의 회전이 중시되는 움직임

① 공작기계 : 연삭반과 시반이 있으며 도물대의 전송에 사용

② 반도체 제조장치 : 실리콘 단결정 끌어올림 장치가 있으며 이곳의 회전과 올려진 통의 회전에 사용

③ 사무기계 : 프린터와 팩스가 있으며 폴리건 미러 회전에 사용

2) 동기운전

뭔가에 추종시키는 움직임으로 작업할 때까지 상대 기계의 속도에 일치시켜 두면 좋은 움직임

① 정촌 절단기 : 로터리 커터가 있으며 워커전송과 커터의 동기운전에 사용

② 식품·포장기계 : 필로 포장기가 있으며 식품과 포장기의 동기운전에 사용

3) 위상 동조 운전

상대기계의 기동정지에 대하여 처음부터 같은 속도가 요구되는 움직임

① 인쇄기계 : 전자 캠과 다색판 인쇄기가 있으며 캠 형상위상 동조운전과 인쇄롤이 위상 동조 운전에 사용

(3) 토크를 목표로 한 움직임

위치나 속도가 아닌 모터가 출력하는 토크를 제어하는 움직임

① 공작기계 : 전용기가 있으며 급정지시의 토크 제어에 사용

② 성형기 : 전동 사출성형기에 사용되며 완료시 토크제어에 사용

4) 대출력을 필요로 하는 일

대출력이나 토크를 필요로 하는 일

① 반도체 제조장치 : 실리콘 와이어 톱에 사용되며 와이어 톱의 전송에 사용

② 성형기 : 전동 사출성형기에 사용되며 계량구동과 사출구동, 돌출에 사용

서보 모터는 일반적인 전기 모터보다 훨씬 더 다양하다. 일반적인 전기모터는 전원이 공급되면 작동을 시작하고 속도 조절은 가능하지만 전원이 공급되는 한 계속 작동하는 반면에 서보 모터는 명령된 신호에 따라 작동하므로 지시된 시간 동안 실행한 후 다음 신호를 기다리며 정지한다. 또한 컨트롤러가 명령한 모든 각도로 돌릴 수 있다.

서보 모터는 많은 산업 응용 분야에서 발견되며 공급 스트림의 구성 요소 농도에 따라 시스템에 가변속도 또는 가변 전력 입력이 필요한 거의 모든 물질 전달 응용 프로그램에 사용된다. 그들은 화학반응기에 사용되며 반고체 산업에서도 널리 사용된다. 잉크젯 프린터, CD 및 DVD 드라이브, 원격제어 장치 및 더 많은 응용 프로그램과 같은 많은 가전제품에서 찾을 수 있다.

8

CHAPTER

스텝핑모터

스텝핑 모터(Stepping motor)는 디지탈 신호에 의해 일정한 각도씩 돌릴 수 있는 모터이다.

스텝핑 모터는 각도 변위를 매우 정확하게 제어할 수 있는 탄소 브러시가 없는 동기식 전기 모터이다. 회전자(회전부)는 영구자석과 코일(전자석)의 고정자로 구성되어 있다. 스텝핑 모터는 이외에도 Step motor, Pulse motor, Stepper motor 등으로도 불리고 있는데 이것은 한걸음 한 걸음 단계적으로 동작함을 나타낸다.

일반적으로 기계적인 이동량을 정밀하게 제어하는 일에 DC 서보모터나 스텝핑 모터가 많이 사용되고 있으며, 특히 스텝핑 모터는 펄스에 의해 디지털적으로 제어하는 것이 가능하므로 마이콤에서 사용하기에 적합한 모터이다. 스텝핑 모터가 DC 모터나 AC 모터와 크게 다른 점은 모터의 구동축의 위치를 검출하기 위한 궤환없이 정해진 각도를 회전하고, 상당히 높은 정확도로 정지할 수 있는 것이다.

또 다른 모터에 비해 정지 시 매우 큰 정지 토크가 있기 때문에 전자 브레이크 등의 기구를 필요로 하지 않는다. 회전 속도에 있어서도 스텝핑 모터에 부여하는 펄스 주파수에 비례하므로 임의로 제어할 수 있다.

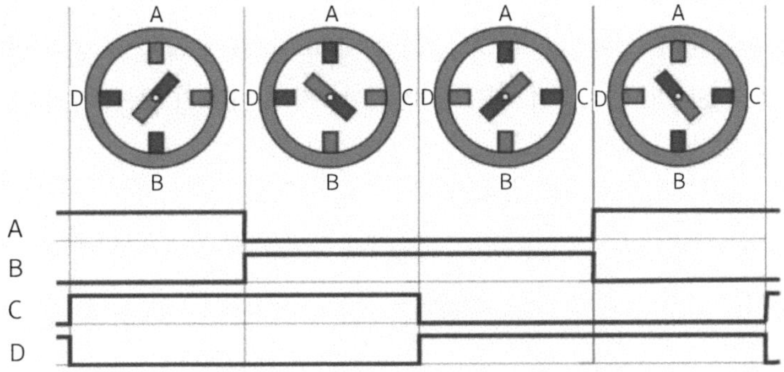

그림 8-1 스텝핑 모터의 구동원리(1)

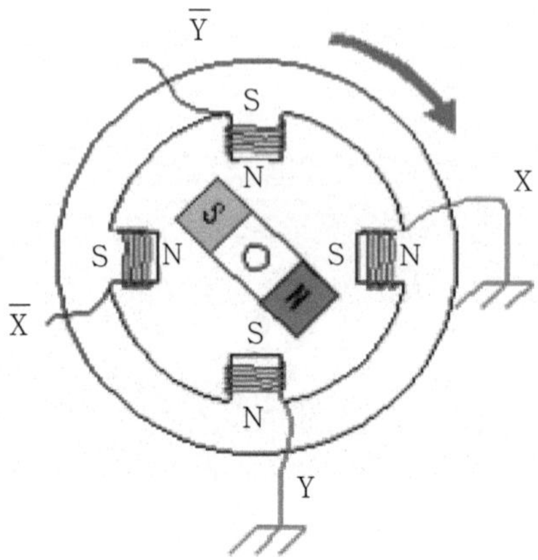

X	$\overline{X}$	Y	$\overline{Y}$
0	1	0	1
1	0	0	1
1	0	1	0
0	1	1	0

그림 8-2 스텝핑 모터의 구동원리(2)

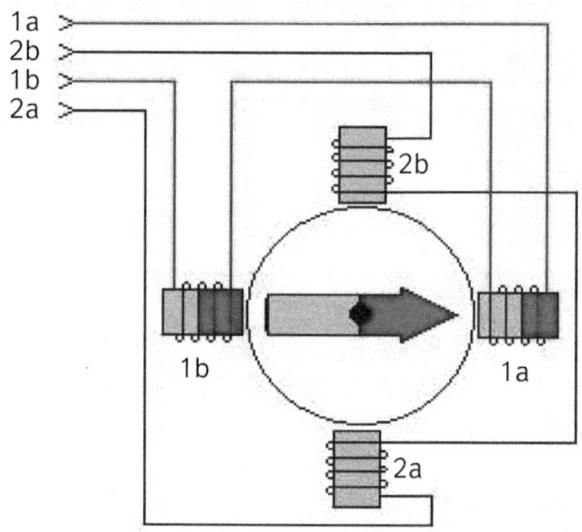

그림 8-3 스텝핑 모터 작동원리

스텝핑 모터는 시리얼 프린트의 종이 보내기 제어, 프린트 헤드의 인자 위치 제어, XY 플로터의 펜 위치제어나 플로피 디스크의 헤드 위치제어, 지폐 계수기, 봉재기기, 전동 타자기, 팩시밀리 등에도 사용되고 있다.

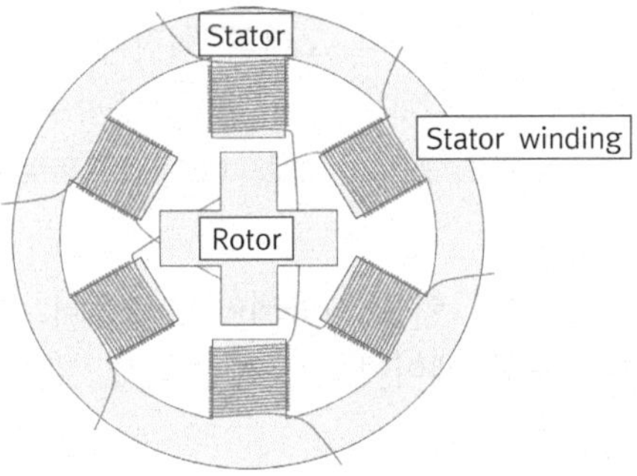

그림 8-4 스텝핑 모터 구조

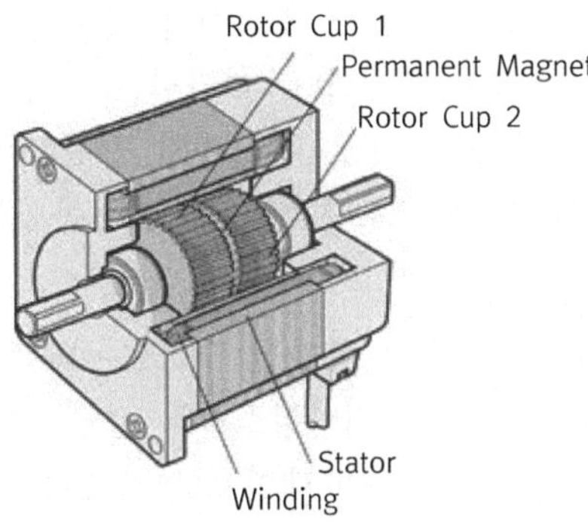

그림 8-5 스텝핑 모터 구조

8.1 스텝핑 모터의 개요

스텝핑 모터(Stepping Motor)는 입력 펄스신호에 대해 여자조건이 변할 때마다 일정각도 회전하는 모터이다. 즉, 스텝핑 모터는 외부의 DC전압 또는 전류를 모터의 각 상단자에 스위칭방식으로 입력시켜 줌에 따라 일정한 각도의 회전을 하는 모터이다. 따라서 이는 일종의 디지털 제어방식의 기기로서 일반적인 아나로그 전원보다는 디지털 펄스형식의 제어에 적합하다.

즉, 디지털펄스 1개에 1개 스텝에 해당하는 회전각만큼 정확한 회전운동을 하게 되며, 입력펄스의 수와 단위시간당 펄스 입력속도에 정확히 비례하여 연속운동을 하게 된다. 단, 이때의 연속운동이란 불연속운동이 펄스 입력속도가 증가함에 따라 마치 연속운동의 효과를 내는 것처럼 보일뿐이다.

스텝핑 모터는 일정한 각도씩 회전 또는 직선 운동을 하는 디지털 액츄에이터라 할 수 있다. 일반적으로 회전운동을 하는 경우 스텝핑 모터라 부르고, 직선 운동을 하는 경우에는 리니어 스텝핑 모터라 부른다.

산업용 로봇의 관절기구와 같은 부분에 스텝핑 모터가 주로 채택되는데, 이는 외부로부터 주어지는 하나의 입력 펄스 당 일정 각도만큼 로터가 회전하여 자동제어에 적합한 형태이기 때문이다. 또, 펄스 신호수에 비례한 만큼만 출력축이 회전하므로, DC 모터와는 달리 위치의 피드백이 불필요하며, 자기지지 토크가 형성되기 때문에 브레이크 기구가 없어도 자체의 위치결정 능력을 가지고 있는 점이 특징이다.

예를 들어 200펄스에 1회전 하는 스텝핑 모터는 기본적으로 1스텝당 1.8도(360도/200펄스)만큼 모터 축이 회전한다. 따라서 모터에 부여되는 펄스 수에 따라 모터의 회전각이 제어되어진다. 즉 개루프(Open Loop)의 위치 결정 제어가 가능하게 되는 것이다. 또 펄스 주파수(디지털 신호)에 의해 회전 속도가 제어되며, 구동회로도 디지털 적으로 동작하므로, 마이크로프로세서와 결합하기 쉬운 모터라고 할 수 있다.

스텝핑 모터로 분류될 수 있는 엑추에이터들은 60여년 이상 사용되어져 왔으나, 드라이브 시스템에서의 로직 디바이스와의 결합 이후에야 고속 모션 제어에 이용되는 DC 서보모터에 대한 효과적이며 경제적인 대안으로 부각되어졌다.

스텝핑 모터의 특징은 다음과 같다.

① 모터의 총 회전각은 입력 펄스수의 총수에 비례하고, 모터의 속도는 1초간 입력 펄스 수에 비례한다.

② 회전각 오차는 스텝(step)마다 누적되지 않는다.

③ 모터의 총 회전각은 입력 펄스 수에 의해 결정되기 때문에 DC 서보 모터등과 같이 회전각을 검출하기 위한 피드백이 불필요하게 되고 제어계가 간단해서 비용이 절감된다.

④ DC 모터와 같이 브러시 교환등과 같은 보수를 필요로 하지 않고, 유지비가 적다.

⑤ 특정 주파수에서 진동, 공진이 발생하기 쉽고 관성이 있는 부하에 약하다.

⑥ 고속 운전시 탈조(출력이 입력속도를 따라가지 못해 중간 중간 펄스가 빠지며 심한경우 정지해 버리는 현상)하기 쉽다.

⑦ 회전각도는 입력 펄스 신호수에 비례하여 정해진다.

⑧ 회전속도는 입력 펄스 주파수에 비례한다.

⑨ 회전자에 영구자석을 사용하면 무자력 상태에서도, 자기유지력(self-holding torque)가 발생한다.

⑩ 고 토크, 고속 응답, 소형 경량이다.

⑪ 미소각, 고정도, 저가격이다.

⑫ DC 모터의 브러시에 의한 기계적인 마찰로 인한 파손이 없기 때문에, 보수가 필요 없다.

스텝핑 모터의 특징에는 여러가지가 있으나 그 최대의 특징은 펄스 전력에 의한 회전 특성을 가지고 있다. 특히 입력 펄스에 비례하는 회전각, 입력 주파수에 비례하는 회전 속도는 그대로 개루프의 제어계를 구성할 수 있게 된다. 따라서 이들 성질을 이용하면 디지털 신호로 피드백계가 없는 위치결정 장치를 구성할 수 있다.

스텝핑 모터의 특징은 간혈 초고속 구동, 연속회전, 정, 역전, 변속, 마이크로 스텝 구동 등을 들 수 있다. 이 가운데서도 간헐구동은 스텝핑 모터의 가장 자랑할 만한 특징이라 할 수 있다. 이 성질을 이용함으로써 1시간에 1스텝 구도로 1일에 1스텝 구동 등을 쉽게 실현시킬 수 있다.

또한 이것을 다른 모터로 실현시키자면 일시적으로 감속기구를 더 장비해야만 한다. 또 마이크로 스텝 구동도 스텝핑 모터의 고유기술인데 이들을 구사하면 초미세의 스텝각 회전을 실현할 수 있다. 또 연속회전 구동의 경우, 입력펄스의 총수에 따라 최적인 회전각을 정확히 규제할 수 있다.

또한 스텝핑 모터는 그 성질상의 단순한 구동력을 필요로 하는 용도에는 부적합하다. 이것은 모터의 전력 효율이 일반적으로 낮은 것, 모터를 돌리기 위한 구동회로의 코스트가 높은 것이 크게 관계되기 때문이다. 스텝핑 모터의 발전은 타기술 분야와 같이 트랜지스터를 시발로 하는 반도체 소자의 진보를 제외하고는 생각할 수 없다.

산요 전기에서는 1959년경 스텝핑 모터를 구동하는 데 있어서 기계적인 접점 스위칭 회로를 사용하였지만, 이어서 진공관, 사이러트론을 이용한 스텝핑 모터를 개발하였다. 트랜지스터는 해마다 사용하기 편리하였지만, 논리회로를 포함한 구동 회로는 고가였다. 이러한 이유로 장래성은 기대되었지만, 스텝핑 모터에 사용되는 것은 소량이었다.

1970년대에 들어와서야 IC의 실용화로 인하여 스텝핑 모터의 이용이 폭발적으로 신장되었다. 한편, 마이크로프로세서의 출현과 퍼스널 컴퓨터의 보급으로 인하여 스텝핑 모터의 생산이 촉진되었다. 또한 유한 요소법과 희토류 자석의 출현으로 인하여 스텝핑 모터의 소형화고토크화가 이루어졌다.

최근에 생산되는 스텝핑 모터는 하이브리드형과 PM형의 클로폴형이 주로 생산되며, 이들 두 종류는 성능면에서는 하이브리드형이 유리하며, 가격적인 면에서는 클로폴형이 유리하다. 이 중 하이브리드형은 2상이 주류이며, 높은 성능을 요구할 경우 5상이 많이 이용된다.

8.2 스텝핑 모터의 종류

스텝핑 모터에는 여러가지 종류가 있으며 사용목적, 요구성능에 따라 적절히 구분 사용하는 것이 중요하다.

예를 들어 정밀한 위치결정 제어에는 하이브리드형이, 또 저가격으로 간단한 제어계에는 PM형이 각각 사용되고 있다. 스텝핑 모터의 생산량은 매년 눈에 띠게 늘어났는데 그 태반은 수 와트 정도의 소형물이다. 또 이들 중에서도 특히 사용량이 많은 것은 OA 기기에 집중되고 있다. 가격성능면에서 적당한 PM형이 가장 많이 보급되고 있으며, 특히 PM형에서는 판금 가공을 주체로

한 것이 그 태반을 차지하고 있다. 스텝핑 모터를 분류할 경우, 자기회로의 구성에 의한 분류가 일반적이나 이밖에도 모터의 외관 형상 운동 형태, 구동 권선, 여자 모드 등에 따라 분류하는 것도 있다.

(1) 구조에 의한 분류

① PM형(permanent magnet type) : 영구자석형

② VR형(Variable reluctance type) : 가변 릴럭턴스(자기저항)형

③ HB형(Hybrid type) : 영구자석, 가변 릴럭턴스형

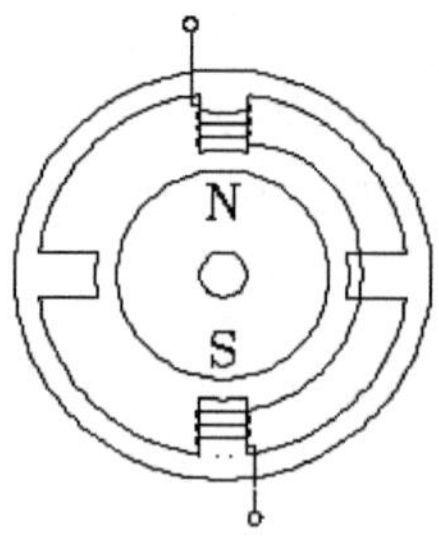

그림 8-6 PM형

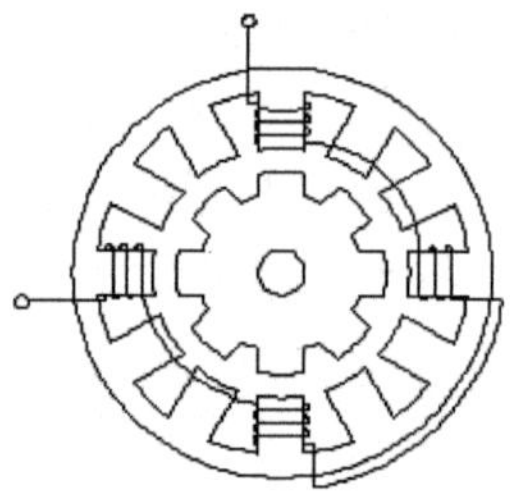
그림 8-7 VR형

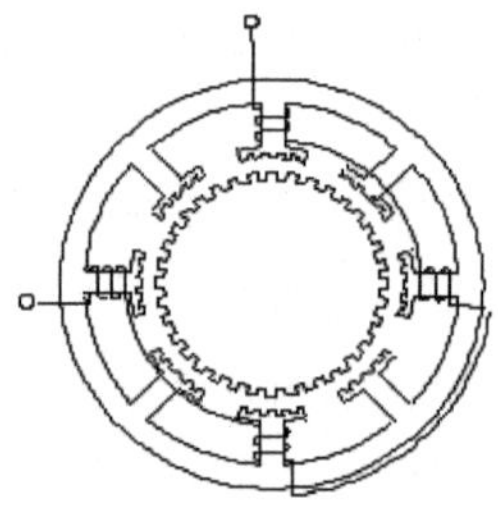
그림 8-8 HB형

표 8-1 특징 비교

구분	비고
PM형	• PM형은 회전자를 영구 자석으로 사용하고, 고정자 권선에서 만들어지는 전자력으로 당겨 붙여서 회전한다. • 영구 자석을 사용하고 있기 때문에 무여자시에도 유지 torque가 크다는 점이 특징이다. • 영구 자석의 종류에 따라 step 각이 분류되어 있으며, step각도가 큰 90°, 45°의 motor에는 일반적으로 알니코계의 자석을, 18°, 15°, 7.5° 등의 motor에는 페라이트계의 자석이 사용되고 있다.
VR형	• VR형도 연철 또는 성층강판으로 회전자가 만들어져 있고, 톱니 바퀴형의 회전자와 고정자 권선에서 만들어지는 전자력으로 끌여 붙여 회전한다. • 무여자 일때는 자력이 어느 곳에서도 발생하지 않으므로 유지 torque는 0이 된다. • 회전자의 관성이 적고 고속 응답에 우수하다. • Step각은 15°가 일반적이다.
HB형	• PM형과 VR형을 복합한 type인데, 회전자의 바깥쪽에 이빨이 만들어져 있다. • 또 회전자에는 축방향으로 자화된 영구자석이 끼워져 있으며, 그 바깥쪽에 이빨이 있는 2개의 철심으로 구성되어 있다. • 복합형은 고정밀도, 고토크, 소스텝의 motor에 많이 사용되고 있다.

표 8-2 스텝모터의 종류별 특징

구분	Step각	Torque	Settling time	Cost
PM형	7.5° ~ 15° 가 많다	소	소~중	저렴
VR형	1.8° ~ 3.6° 가 많다	중~대	대	고가
HB형	1.8° ~ 15° 가 많다	대	소	고가

8.2.1 영구자석형(Permanent Magnetic Type)

영구자석으로 만들어진 로터를 이용하여, 스테이터 코일에서 발생한 전자력에 대해 흡인, 반발시키는 타입이다.

이 형태는 PM형 스텝핑 모터라 부르며 회전자에 영구자석을 이용한 구조의 스텝핑 모터이다. 고정자에는 프레스 가공에 의해 톱니기어 형상의 기어극이 이용되며 회전자에는 원주방향으로 여러개의 자석이 이용되고 있는 저가의 모터를 가리키는 경우가 많다.

이 PM형은 영구자석을 사용하기 때문에 무 여자시에도 유지 토크가 있다는 점이 큰 특징이다. 영구자석의 종류에 따라 스텝 각이 분류되며, 스텝 각이 큰 90°, 45°의 모터는 일반적으로 알니코계 자석을, 18°, 15°, 11.25°, 7.5° 등의 모터는 페라이트계 자석을 사용한다. 그 중 캔 타입 모터 또는 인덕터형, 즉 유도자형 모터라고 부르는 빗살모양 극형의 PM 모터가 스텝핑 모터의 대부분이다.

모터의 외관을 나타내는 부분단면도에서는 그 극부분의 일부를 전개하여 모터측에서 나타낸다. 이 모터는 7.5° 스텝핑의 2상 PM형 스텝핑 모터의 예인데 회전자는 12극에 대하여 N-S극이 정현파상으로 분포하여 착자되어 있다. 고정자는 A상 코일이 감겨진 코일틀과 B상 코일이 감긴 코일틀(bobbin) 및 링(ring) 원판의 내주에서 직각으로 되어 발생된 꼬챙이 치상의 빗살모양극을 가진 같은 형상의 4매의 계철판으로 되어 A상 코일틀과 B상 코일틀은 각각 2매의 계철판 사이에 끼워져 있다. A상극과 B상극의 중심선은 서로 전기각으로 90° (이 경우 기계각 7.5°) 벗어나 있어서 축방향으로 겹쳐져 있다. 이 모터의 극수는 12이므로 전기각 360°는 기계각 qm=30°에 상당한 모터이다. A상 코일에서 B상 코일로 여자를 전환할 때 극 중심의 위치가 오른쪽으로 7.5만큼 이동한다.

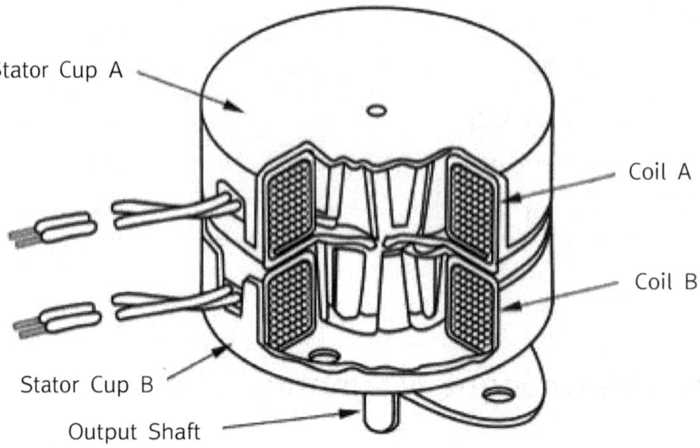

그림 8-9 영구자석형(Permanent Magnetic)스테핑 모터의 구조

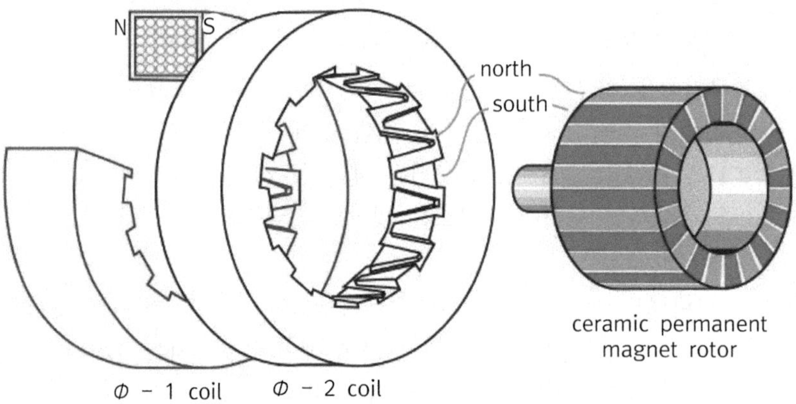

그림 8-10 영구자석형 스테핑 모터의 스택 구조

로터는 스테이터의 자극의 회전에 따라 회전하게 된다. 무자력의 때에도, 보지토크(Detent Torque)가 발생된다. VR형과 동작 원리는 같으면서도 가격이 저렴하여 일반적인 기기에 많이 이용되고 있다.

2상 PM 스텝핑 모터가 시계방향 회전하는 경우의 각 스텝의 순서를 보였다.

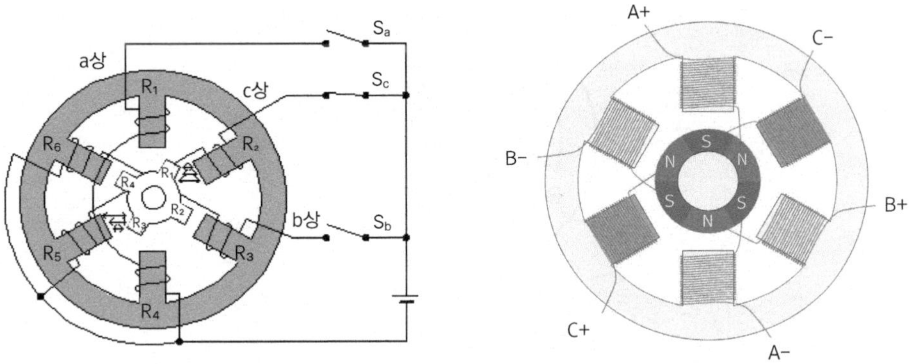

그림 8-11 영구자석형 스텝핑모터 구조

그림 8-12 스텝핑 모터 제어 시스템

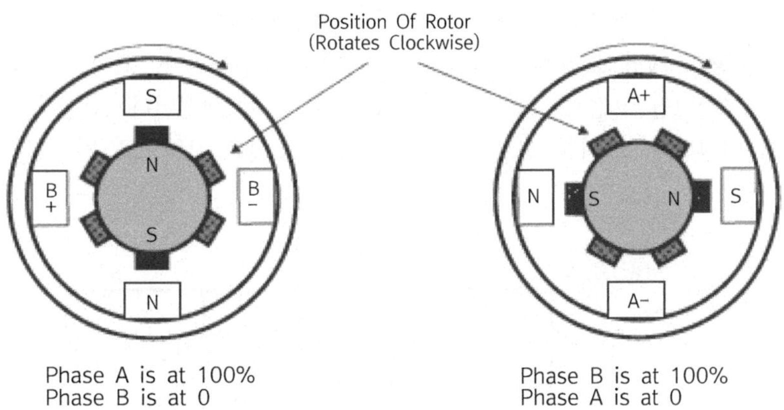

그림 8-13 PM 스텝핑 모터의 다이아그램

8.2.2 가변 릴럭턴스형(Variable Reluctance Type)

가변 릴럭턴스 스테핑 모터는 전기 에너지를 기계 에너지로 변환하는 전기 기계 에너지 변환 장치이다. 이것은 자속이 항상 최소 자기 저항 경로를 통해 흐른다는 자기 저항의 원리에 따라 작동한다. 고정자 극은 3상 또는 단상 전원으로 여기되고 회전자는 영구 자석으로 만들어 지거나 단상 전원으로 여기되어 회전자 자기장을 얻는다.

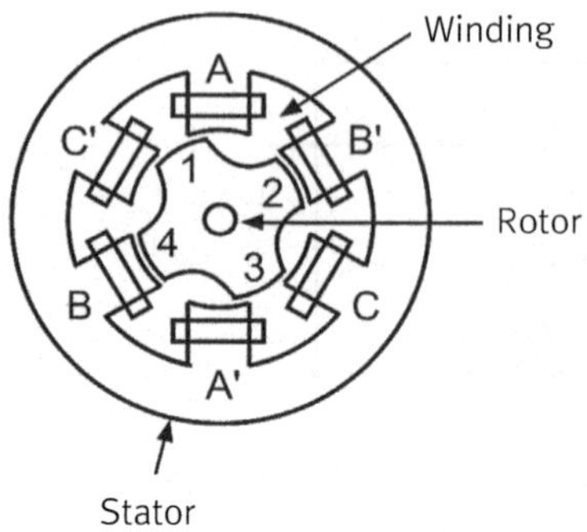

그림 8-14 가변 릴럭턴스형 스테핑모터의 구조

다른 릴럭턴스 모터와 비교할 때 가변 릴럭턴스 모터에는 두 가지 중요한 특징이 있다. 첫째, 가변 릴럭턴스는 가변 릴럭턴스를 얻기 위해 자기장의 크기를 변화시킨다. 가변 저항을 얻는 또 다른 방법은 고정자 회전자 권선 사이의 에어 갭을 수정하는 것이다. 이를 얻기 위해 회전자 구조의 외부 표면은 권선이 배치되는 치형 슬롯으로 만들어진다. 두 번째 중요한 차이점은 이 모터에서 로터가 연속 동작이 아니라 단계적으로 회전한다는 것이다.

가변 자기저항 스테핑 모터는 가변 자기저항 원리로 작동한다. 고정자 권선이 3상 또는 단상 전원에 의해 여기되면 고정자 권선 주위에 회전 자기장이 생성된다. 고정자 권선은 스위칭 회로를 사용하여 여기된다. 스위칭 회로는 DC 전원을 3상 AC 전원으로 변환 하는 인버터 회로 로 구성된다.

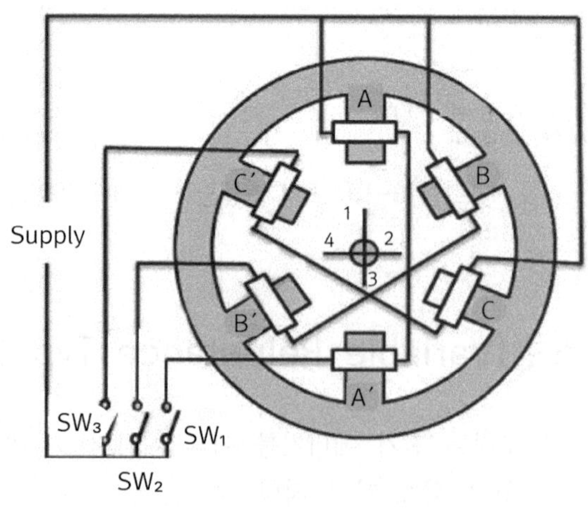

그림 8-15 가변 릴럭턴스형 스테핑모터의 구조

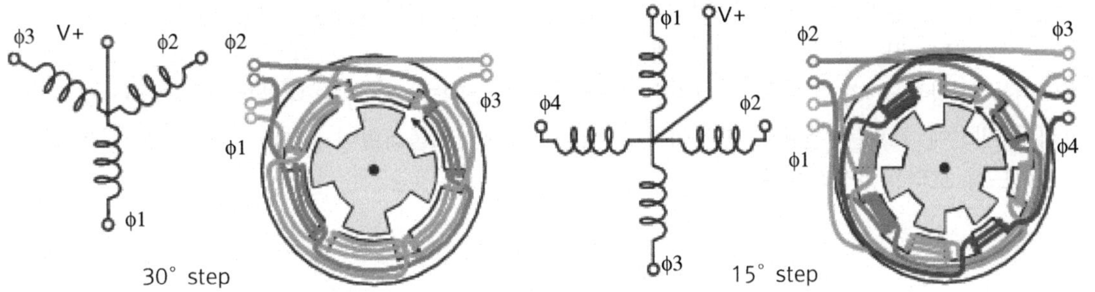

그림 8-16 3상과 4상 가변 리액턴스 스텝모터

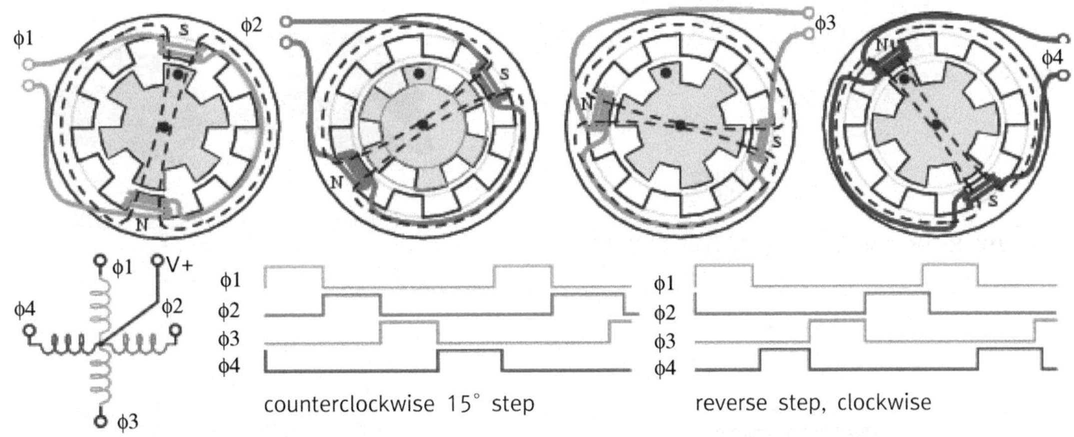

그림 8-17 가변 리액턴스 스텝모터의 순차동작

8.2.3 혼합형(Hybrid Type)

PM형과 VR형을 혼합한 타입으로 회전자 바깥쪽에 톱니가 나와 있다. 회전자에 축방향으로 자화된 영구자석이 끼워져 있으며, 그 바깥쪽에 톱니가 있는 2개의 철심으로 구성되어 있다. 복합형은 고정밀도, 높은 토크, 작은 스텝의 모터에 많이 사용된다.

회전자에 영구자석을 이용하는 또 다른 형식의 스텝핑 모터가 하이브리드형 모터이다. 하이브리드라는 용어는 작은 사이즈에서 높은 토크와 작은 스텝핑각을 얻기 위해 PM형 모터와 VR형 모터의 원리를 조합한 것에서 유래한다. 고정자 철심의 구조는 VR형 모터의 구조와 비슷하다. 하이브리드형 모터의 중요한 특징은 회전자의 구조에 있다.

원통형 또는 원반형의 자석을 회전자 내부에 배치하고 유니폴러 자계가 발생하도록 길이 방향으로 자화한다. 자석의 양단은 치를 새긴 우산 모양의 코어로 한 차례 덮여 있으며 N극측과 S극측에서는 연강부의 치가 반 피치 어긋나 있다. 우산 모양의 코어는 대부분 전자강판으로 만들며 고정자 권선에 흐르는 전류로 만들어진 자계는 그 헤터로폴러형이 된다. 가장 널리 사용되는 하이브리드형 모터는 2상식이다.

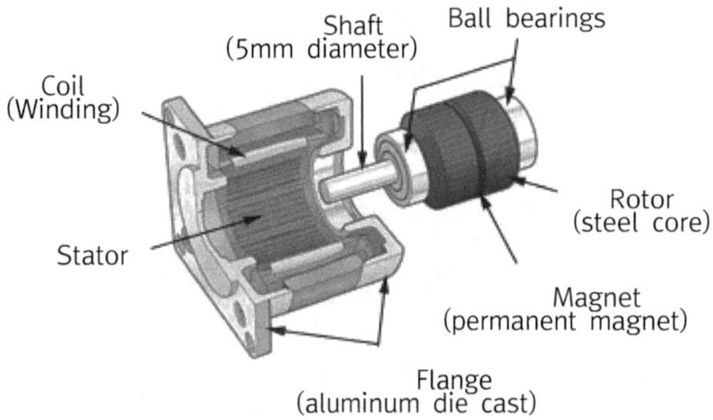

그림 8-18 하이브리드형 모터의 단면구조

그림 8-19 하이브리형 회전자의 구조

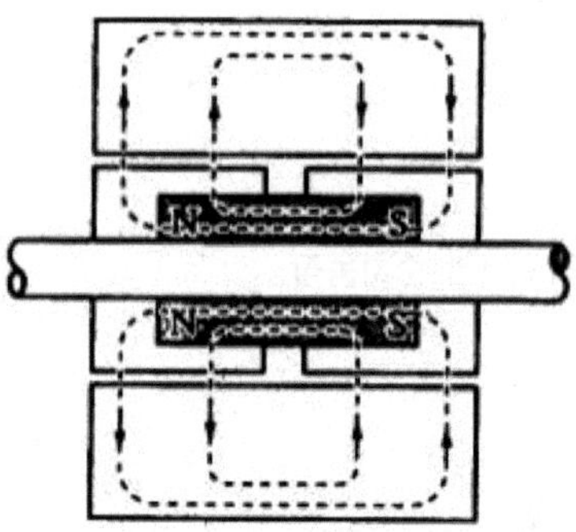

그림 8-20 로터에서 발생하는 유니폴러 자계에 의한 자속

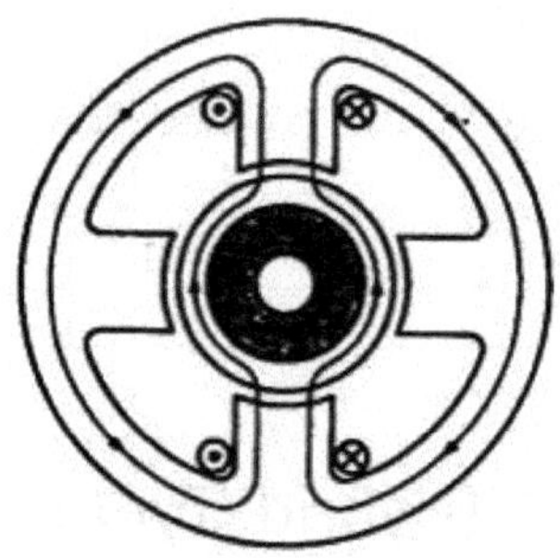

그림 8-21 스테이터 전류에 의한 헤테러폴러 자계

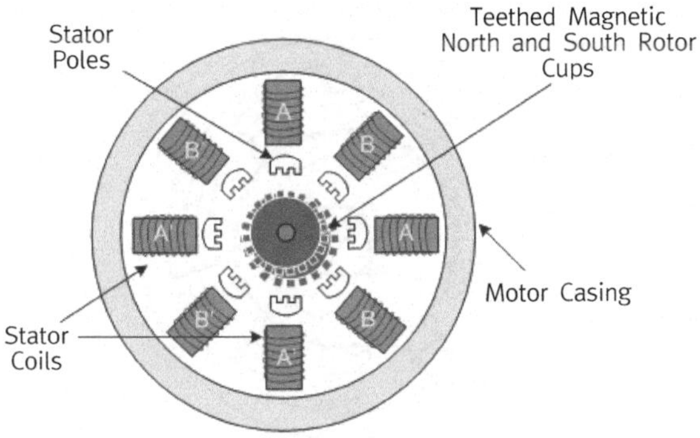

그림 8-22 2상 하이브리드형 모터의 단면도

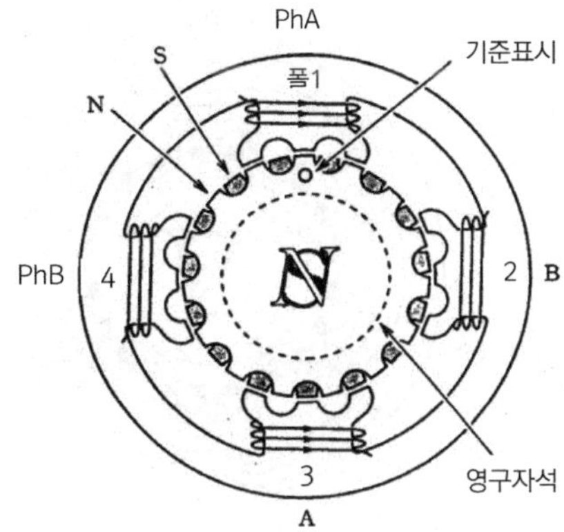

그림 8-23 2상 하이브리드형 모터의 단면도

1상 여자방식과 2상 여자방식으로 권선이 여자되었을 때 회전자의 회전 과정은 그림에 표시하였다.

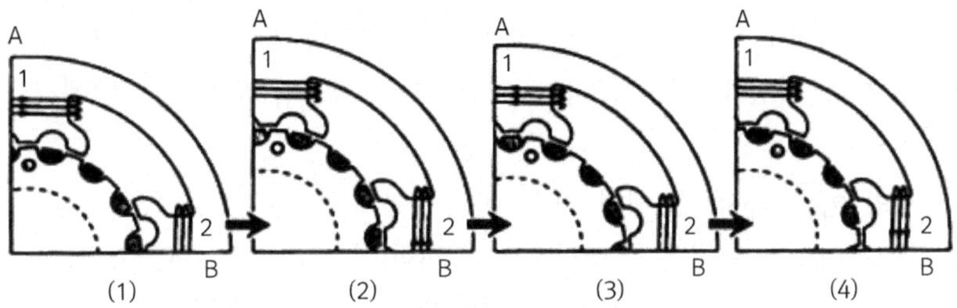

그림 8-24 2상 하이브리드형 모터에서 1상 여자운전

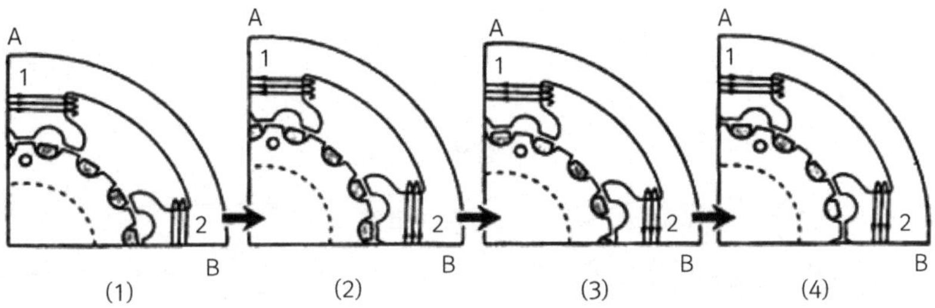

그림 8-25 2상 하이브리드형 모터에서 2상 여자운전

하이브리드형 방식은 3상과 5상 모터에도 사용되고 있다. 3상 하이브리드형 스텝핑 모터는 3상 교류모터나 BLDC 모터 정도만큼은 사용되지 않는다. 이에 반해 5상 하이브리드형 모터는 많이 생산되지만 5상 교류모터나 BLDC 모터의 생산은 거의 없다.

5상 모터는 2상 모터에 비해 비싸지만 구동특성이 우수하다. 다단식 하이브리드형 모터는 고토크용으로 설계된 것이다.

그림 8-26 3상 HB형 모터의 단면도

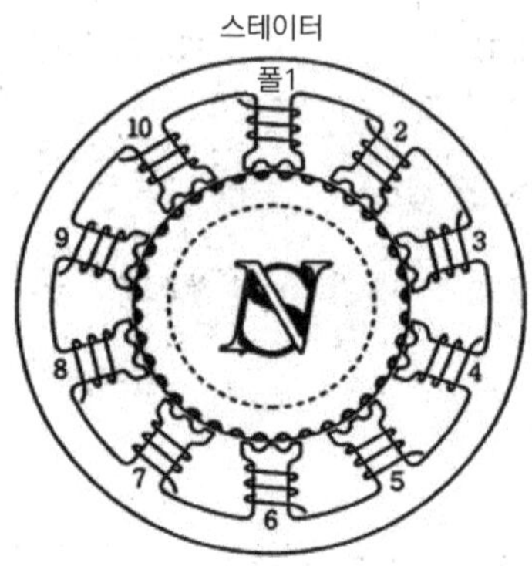

그림 8-27 5상 HB형 모터의 단면도

회전식 모터에는 고정자의 바깥쪽에 회전자가 있는 아우터 로터형 스텝핑 모터가 있다.

로터에 전자 재료를 이용하여 만든 기어 형상을 이용하고, 스러스트 방향(thrusting direction)에 자극을 가진 자석으로 구성된 것으로, 스테이터 권선에서 합성된 전자력에 대해 흡인, 반발하고, 스테이터의 자극 회전에 의해 로터가 회전한다. 따라서, 무자력의 때에서도 보지토크(Detent Torque)가 발생한다.

HB형 고정자의 이는 다시 몇 개의 작은 이로 구성되는데, 이는 작은 스텝각을 내기 위한 것이다. 따라서, 하이브리드형은 작은 스텝각으로 회전할 수 있기 때문에, 고정도 고토크의 특성을 필요로 하는 정밀 FA기기에 널리 이용된다. 일반적으로 5상 스텝핑 모터가 정밀 기기용으로 많이 이용되는데, 4상과 5상 모터의 스텝각을 비교해 보면 회전자의 잇수가 50개일 때 4상은 1.8도이고, 5상은 0.72도이다.

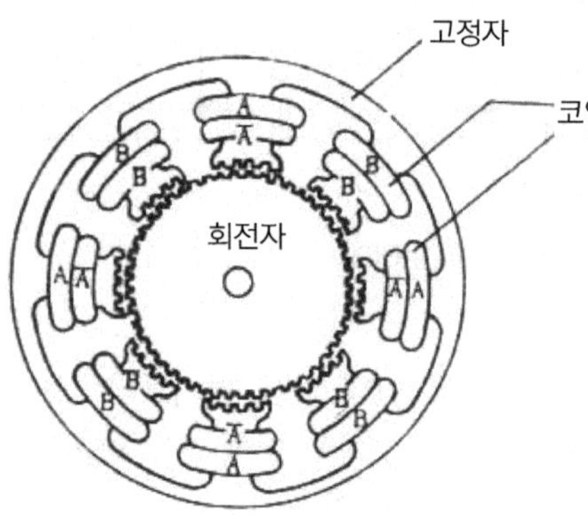

단면구조 내부 결선도

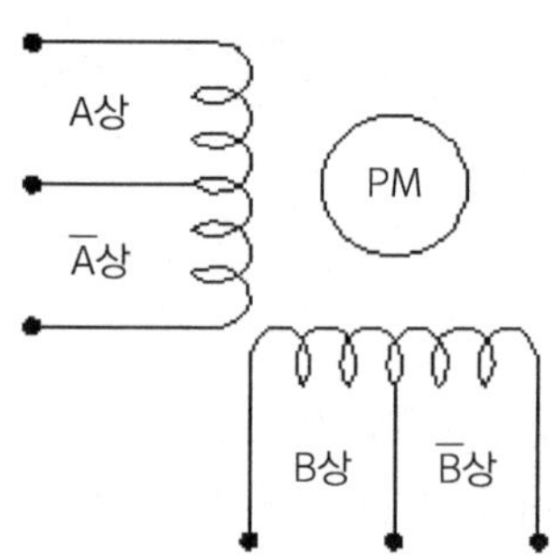

(a) 4상

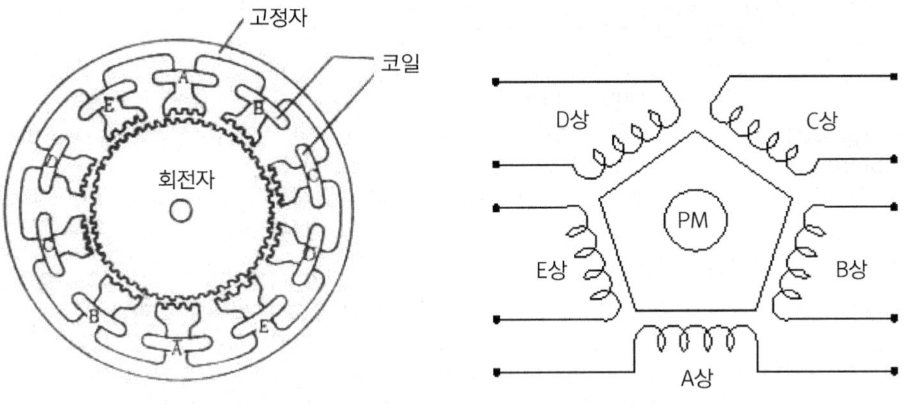

단면구조 내부 결선도 (b) 5상

그림 8-28 HB형 스텝핑 모터의 단면 구조와 내부 결선

표 8-3 스텝모터의 자기회로에 의한 분류

구분	구조	특 징
영구자석형 (permanent magnet type)	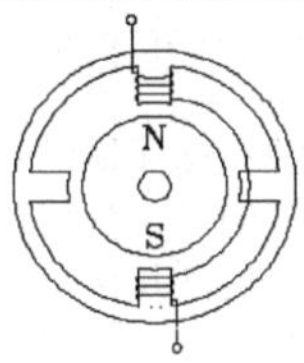 PM형	• PM형 스텝핑 모터의 구조는 로터부가 영구자석으로 구성되어 있고 그 주위에 여러 개의 스테이터 자극이 대향으로 배치되어 있다. • 판금가공에 의하여 돌기를 세운 것을 클로폴형(claw pole)구조라 부르고 있다. • 스테이터 구조에는 이밖에 적층 코어 타입도 있다.
가변 릴럭턴스형 (Variable reluctance type)	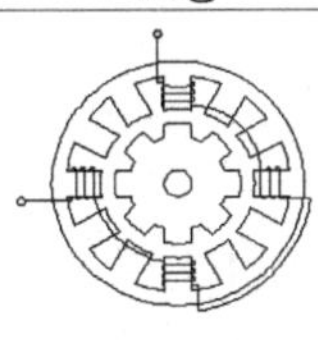 VR형	• VR형의 구동 원리는 전자석의 흡인력에 의하여 로터 돌극을 끌어 들임으로써 발생하는 회전력을 이용한 것이다. • 영구자석을 사용하지 않는다.
혼합형 (Hybrid type)	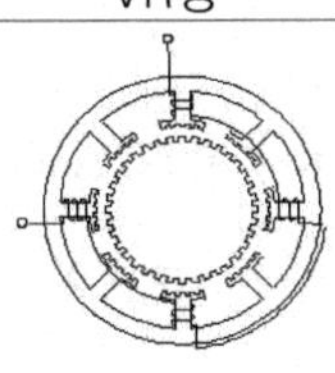 HB형	• 일반적으로 모터중에서 가장 가격이 비싼 편이다. • 구조는 좌우 2개의 로터 자극간에 착자된 희토류 마그넷이 배치되어 있다.

표 8-4 스텝핑 모터의 용어 설명

구분	특 징
스타팅 특성 (Starting characteristics)	• 스텝핑 모터의 동특성을 나타내는 것으로 모터의 스텝수가 입력 펄스와 1:1의 관계로 기동시킬 수 있는 부하 토크의 범위를 말한다. 또 이것을 풀인 토크 특성이라고 하는 경우도 있다. • 또한 이 범위를 넘는 펄스 입력에 대해서는 모터가 탈조되어 버린다. 즉 모터가 이상 진동을 수반하지 않고 정지해버린다는 것을 의미한다.
슬루잉 특성 (slewing characteristics)	• 모터를 스타팅 특성내에서 기동시킨 다음 입력 신호 주파수를 서서히 올릴 경우, 동기 회전할 수 있는 부하 토크의 범위를 말한다. • 또 이것을 Pull out torque특성이라고 하는 경우도 있다. 그런데 슬루잉 특성은 모터의 최대자기동 주파수 범위를 넘고 있으므로 이것을 적극적으로 이용하면 대폭적으로 특성을 향상시킬 수 있다.
Maximum starting pulse rate	• 모터의 스텝수가 입력 신호와 1:1의 관계로 기동시킬 수 있는 최대 주파수를 말한다. 다만 이 경우 모터는 무부하 상태이어야 한다.
Detent torque	• 무여자 유지 토크는 스텝핑 모터의 축에 외부에서 회전 토크를 주어 강제적으로 각도 변위를 줌으로서 발생하는 토크를 말한다.
Settling time	• 최종 펄스신호를 입력한 다음 로터가 정지하기까지의 감쇠 진동 시간을 말한다. • 스텝핑 모터에 있어서는 이 시간이 짧고 보다 진폭이 작은 것이 요구된다.
Brushless motor	• 브러시리스 모터는 DC모터에서 브러시, 정류자 등 기계적인 접촉부를 들어내고 이것을 전기적으로 바꾸어 놓은 직류 모터를 말한다. 그래서 브러시리스 모터를 무정류자 모터하고도 한다.

스텝핑 모터 특징

- 스텝모터는 한 단계 한 단계 잘라서 일정각을 회전한다. 가령 60도 돌고 멈추고 60도 돌고 멈추고 이렇게 60도씩 돌면 1회전을 하면서 6번 멈춘다. 즉, 이렇게 계속 끊으면서 돌아간다.
- 끊어지는 타이밍은 전류를 흘려보냄으로써 모터 안에 코일이 들어있다. 코일에 전류가 흐를 때 자기장이 발생한다. 그런 타이밍을 어떻게 주냐에 따라서 1상 여좌방식 2상 여좌방식이 있고, 1.2상 여좌방식이 있다. 즉, 속도는 펄스 속도에 비례한다. 스텝핑 모터는 펄스신호 입력 때마다 일정각도씩 움직이므로 펄스신호의 간격이 짧으면 모터는 빠르게, 간격이 길면 모터는 천천히 돈다. 사용되어지는 예는 세탁기 혹은 김치냉장고 등 정밀 제어를 필요로 하는 곳에 사용된다.

8.3 스텝핑 모터의 구동 시스템

스텝핑 모터의 응용 기술 중에서 가장 중요한 것이 구동 시스템이다. 스텝핑 모터의 구동 시스템에는 개 루프(open loop) 방식과 폐 루프(closed loop) 방식이 있는데, 본 장에서는 개 루프 시스템에 대하여 설명한다.

4상 스텝핑 모터는 스텝 지령이 분배회로에 주어지면, 지령 방향에 따라 모터가 회전하도록 여자 회로를 제어한다. 1 증가(increment) 동작으로 모터는 1스텝 진행한다.

스텝핑 모터는 마이크로 프로세서 등을 이용하여 모터를 가속, 정속, 감속하는 펄스열을 발생하도록 되어있다. 이 로직 회로를 입력 제어 회로라 한다. 이 경우, 1 증가 동작으로 2스텝 이상의 진행이 가능하다.

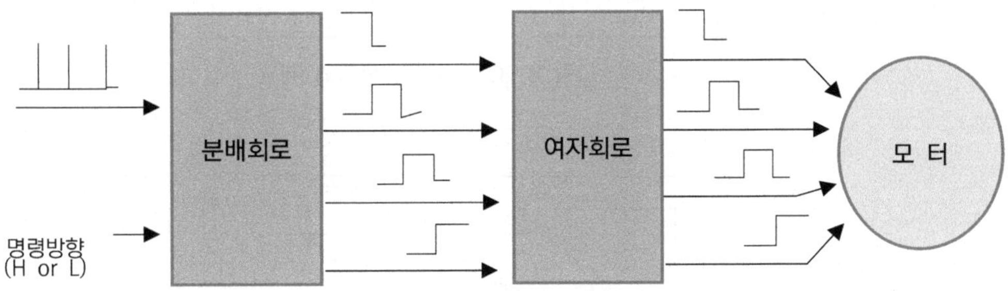

(a) 분배회로에서 스텝핑 모터까지

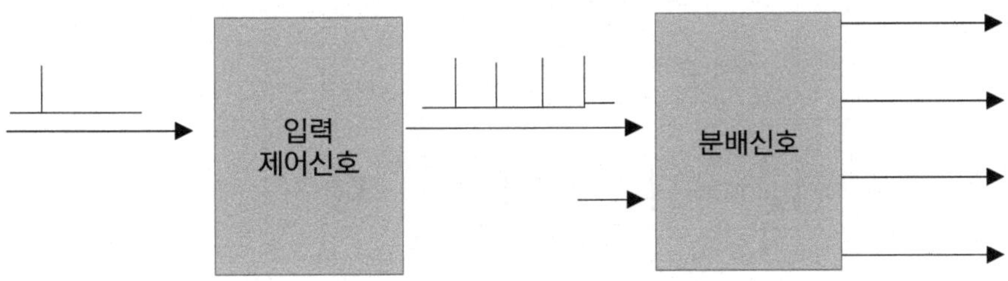

(b) 입력 제어 회로

그림 8-29 스텝핑 모터의 구동 시스템

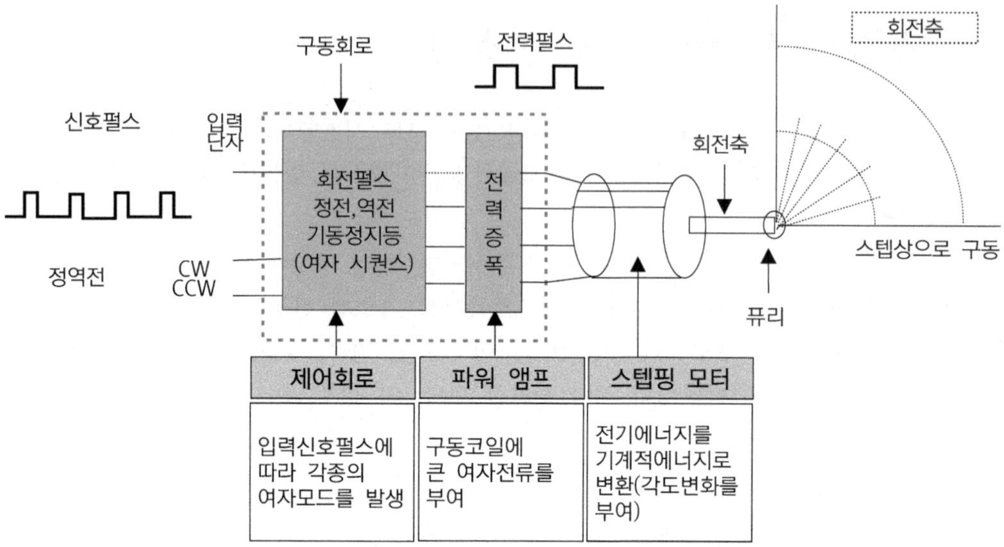

그림 8-30 스텝핑 모터의 개요

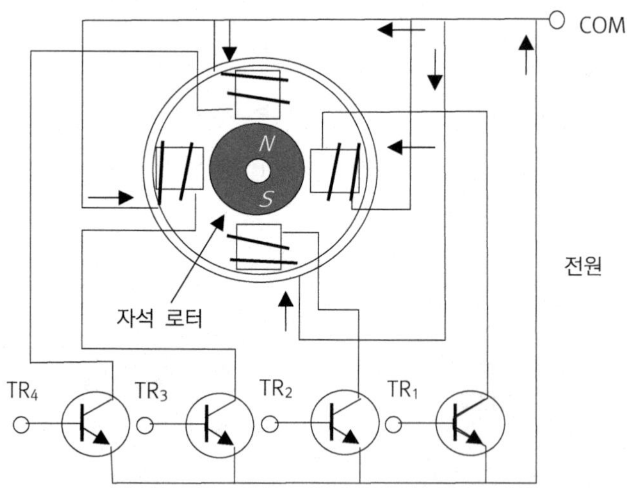

그림 8-31 스텝핑 모터의 동작원리

스텝핑 모터의 최대의 특징은 펄스 전력에 의존한 회전 특성을 지닌다는 점이다. 입력 펄스에 비례한 회전각, 입력 주파수에 비례한 회전속도는 디지털 신호로 피드백계가 없는 위치결정 제어를 가능케 한다.

정밀한 위치결정 제어에는 HB(Hybrid)형, 저가격으로 간단한 제어계에는 영구자석형(PM: Permanent Magnet)형이 사용되고 있다. 또한 위치결정 장치의 구동원으로서 DC서보모터나 AC서보모터에 로터리 인코더를 조합할 수도 있지만 이에 대하여 스텝핑 모터는 펄스 전력의 수를 컨트롤하는 것만으로 사용할 수 있으므로 마이크로컴퓨터 등의 디지털회로를 조작할 수 있는 사람이라면 비교적 용이하게 구사할 수 있다는 장점이 있다.

동작원리는 모터의 출력 측의 회전각은 전력 펄스가 입력될 때마다 $\theta_1 \sim \theta_n$으로 회전이 변화하는 양태도 나타내고 있다. 구동회로는 신호 펄스를 증폭할 뿐만 아니라 모터의 회전자계를 구성하는 여자 시퀀스 즉, 좌회전, 1상 여자, 2상여자 등의 기능도 포함하고 있다.

먼저 TR_1이 on으로 되어 코일 L_1을 여자 한다. 이로써 전류가 흘러 자석 로터 측에 S극이 발생한다. 여기에 S극이 발생하면 자석 로터 N극과 맞당기게 되어 자석 로터가 90도 회전한다.

다음에 TR_2가 on으로 되어 다른 트랜지스터를 모두 off로 하면 이번에는 코일 L_2가 여자 되어 L_2가 전자석으로 되고 앞에 것과 마찬가지로 자석 로터가 다시 90도 회전한다. 이 순서를 반복하며, 1스텝 각도가 90도이므로 4스텝 진행되면 1회전한다.

스텝핑 모터를 사용함에 있어서 유의할 점은 단위 스텝각이다. 이것은 회전자와 고정자의 기계적인 구조에 따라 결정되어진다. 이 외에 중요한 것의 하나가 자기동 주파수이다. 이것은 정지상태에서 급히 여자를 바꾸었을 때, 로터가 정확히 따라 회전하는 주파수로 모터 자신이 반응하여 정확히 움직일 수 있는 기동영역의 최대 한계가 어느 정도인지 사양서 등을 통해 검토해야 한다.

일반적으로 주파수가 높은 부분에서 모터를 사용하는 경우가 대부분인데, 초기 기동시에 직접 높은 주파수로 기동시키면 슬루 영역이 되어 모터의 기동이 어려우나, 초기에 낮은 주파수로 기동시키면, 자기동 영역이 되어 모터를 회전시킬 수 있고, 회전자의 관성 에너지를 이용할 수 있게 된다. 관성 에너지를 이용하면 슬루 영역까지 주파수를 천천히 높여 높은 주파수 영역에서 모터를 사용할 수 있다.

- 최대 정지 토크: 정격 전압으로 여자하고 출력축에 외부에서 토크를 가해 각도 변화를 발생시킬 대 발생하는 최대 토크
- 자기동 영역: 외부에서 주어진 신호에 동기하여 기동, 정지, 역전할 수 있는 영역.
- 최대 자기동 주파수: 자기동 영역에서의 최대 주파수. 이때 토크는 0으로 되므로 부하를 걸 수 없다.
- 스루 영역: 자기동 영역을 넘어 주파수를 서서히 올린 경우, 부하 토크를 서서히 증가시킨 경우에 응답할 수 있는 영역.
- 최대 응답 주파수: 스루 영역에 있어서의 최대 주파수. 이것이 그 스텝핑 모터의 최대 회전수가 된다.
- 인입 토크: 동기 회전으로 끌어당길 때의 토크, 자기동 영역에서 기동시킬 때의 발생 토크

- 탈출 토크: 자기동 영역을 넘어 주파수를 서서히 올린 경우, 혹은 부하 토크를 증가시킨 경우, 스텝핑 모터가 동기를 벗어남 없이 발생하는 토크. 스텝핑 모터는 회전이 빨라짐에 따라 토크가 감소한다. 또, 스타트 시에 큰 토크가 필요하게 되므로, 천천히 스타트시켜서 서서히 회전을 올릴 필요가 있다.

스텝핑 모터의 제어

스텝핑 모터는 디지탈 회로로 제어하기 쉬운 모터이다. 스텝핑 모터를 구동시키려면 스텝핑 모터의 각 코일에 순서적인 펄스(pulse)를 줄 수 있는 구동회로가 있어야 한다. 이러한 순서적인 펄스는 디지탈(digital) 회로로 구현하는 것이 아날로그(analog)보다는 훨씬 유리하다. 스텝핑 모터의 회전속도는 주어진 펄스의 주파수에 의해 결정된다. 그러므로 고속의 스텝핑 모터 제어에는 가속, 감속을 위한 펄스 주기 변화 패턴이 주어질 필요가 있다.

일반적인 DC모터와는 달리 스테핑 모터의 내부에는 축을 중심으로 여러 개의 코일들이 전자석들의 조각들을 형성하고 있다. 또한 모터의 외부로 나와 있는 전선들의 개수도 여러 가닥이다. 즉 스테핑 모터가 돌아가는 원리는 축을 중심으로 한 전자석들이 하나씩 시계방향이나 반시계 방향으로 자석이 될 때 모터의 축이 그 특정 자석 쪽으로 다가가기 위하여 움직이는 것이 회전이 되는 것이다.

컴퓨터로부터 제어되는 스텝모터는 동작제어 위치결정 시스템에 이용된다. 그들은 대부분 개방루프 시스템의 홀딩, 위치선정 기능을 계수적으로 제어한다. 스텝모터는 레이저나 광학 분야에서 정밀한 위치선정이 필요한 장비에 이용된다. 이에는 리니어 액추에이터, 리니어 스테이지, 로테이션 스테이지, 미러 마운트 등 이 있다. 그 외에도 포장기계나, 유체 제어 시스템의 벨브 안내봉 스테이지(Valve Pilot Stages)의 위치선정에 이용된다. 또한 상업적으로는 플로피 디스크 드라이브, 평면 이미지 스캐너, 컴퓨터 프린터, 플로터(Plotters), 슬롯머신, CD 드라이브, 지능형 조명등 다양한 장치에 이용된다.

그림 8-32 스텝핑 모터 제어 시스템

9
CHAPTER

리니어 모터

최근 모터분야는 초소형 고기능화 모터개발로 가전, 정보통신기기, 산업응용기기는 물론 자동차, 홈 일렉트로닉스용, 그리고 나노테크놀러지, 의료분야까지 새로운 응용으로의 전개가 확산되고 있다.

산업사회의 고도화에 따라 직선운동을 필요로 하는 시스템의 수요가 날로 증가하고 있다. 그러나 이들 시스템을 구동하는 구동장치는 대부분 회전형 모터를 이용하고 있는 실정으로 직선운동계에 이를 이용할 경우에는 회전운동을 직선운동으로 변환하는 부수적인 동력변환장치가 필요하므로 시스템 구성이 복잡하게 되며, 이들 변환장치에 의한 손실, 소음, 진동 등이 발생하여 비효율적이다. 이와 같은 단점은 전기에너지를 직접 직선적인 역학적 에너지로 변환하여 추력을 발생하는 리니어 모터(Linear Motor)를 이용하면 해결할 수 있다.

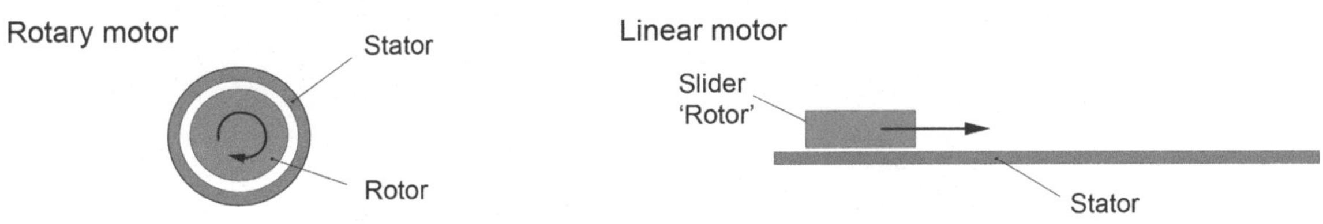

그림 9-1 일반모터와 리니어 모터

9.1 리니어 모터의 정의

리니어 모터(Linear Motor)란 직선으로 직접 구동되는 모터의 총칭이다.

리니어 모터는 직선으로 직접 구동되는 모터로서 회전형 모터를 잘라 펼쳐놓은 것과 같은 구조로, 일렬로 배열된 자석 사이에 위치한 코일에 전류를 흐르게 함으로써 힘을 얻도록 하는 구동장치이다.

회전 운동력을 발생시켰던 기존의 일반형 모터와 비교하여 리니어 모터는 직선 방향으로 미는 추력을 발생 시키는 점이 다르기는 하지만 구동원리는 동일하다고 볼 수 있다. 리니어 모터는 일반 회전형 모터에 비해 직선 구동력을 직접 발생시키는 특유의 장점이 있으므로 직선 구동력이 필요한 시스템에서 회전형에 비해 성능이 절대적으로 우세하다. 일반적으로 리니어 모터는 회전형 모터에 비해서 성능 면에서는 최소 2배 이상의 빠른 이송속도, 10배 이상의 강한 추력 5배 이상의 정밀한 위치제어가 가능하다. 따라서 직선 운동이 필요한 모든 산업분야에 리니어 모터의 채택이 빠르게 진행되고 있다.

리니어 모터는 18세기 중반에 발명되어 초기에는 섬유공업에서의 방적기 북으로 개발되어 사용되었다. 그 후 1946년 미국 웨스팅하우스에서 리니어 모터를 이용하여 항공모함에서 비행기 이·착륙 보조장치인 electropult를 개발한 이래로 여러 분야에의 응용이 확산되기 시작되었다. 그러나 이론을 통한 체계적이며 합리적인 연구는, 1950년대에 들어서면서 부터 영국의 Laithwaite 교수에 의하여 시작되어 현재까지 괄목할 만한 성과를 거두며 발전해왔다.

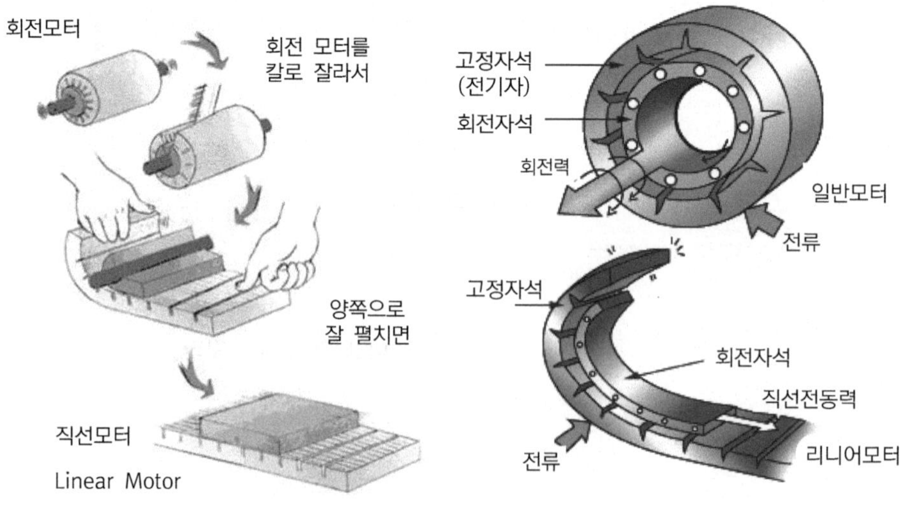

그림 9-2 리니어 모터와 일반모터

지금은 많은 연구결과를 토대로 하여 자기부상열차, 리니어 모터카 등의 수송기관과 OA, HA, FA 기기 등 각종 자동화 시스템분야의 핵심구동장치로 응용개발이 날로 확대되고 있다.

우리 주변에서 사용되고 있는 모터의 대부분은 회전식인데 각종의 가전제품이나 정보 기기에는 여러 곳에서 직선 운동형 모터가 사용되고 있다.

예를 들면 HDD, FDD의 헤드 이송 장치, 프린터, 재봉틀, 편직기, 자동 도어 컨베이어 등에는 리니어 모터가 사용되고 있다. 그런데 단순히 직선 운동만 시키는 것이면 회전형 모터에 볼나사를 병용하면 된다. 그러나 그 동작의 정밀도, 속도 등의 대한 요구가 높아지면 회전용 모터로는 대응할 수 없게 된다. 그래서 등장한 것이 리니어 모터이다. 이 모터는 다이렉트로 직선 운동을 하기 때문에 정밀도와 속도가 상당히 높아진다. 리니어 모터의 종류로는 직류 교류에 한정하지 않고 대체로 어떤 모터로도 리니어 모터로 될 수 있다. 단, 그 성능, 경제성을 고려하면 그 종류도 자연히 한정된다.

예를 들면 직류이면 스텝핑 모터나 브러시리스 모터, 교류이면 싱크로너스 모터, 인덕션 모터 등이 사용되고 있다. 리니어 모터의 장점은 앞에서도 설명한 바와 같이 다이렉트인 직선 운동이나 고속 작동이 가능한 것 외에 백래시가 없고 수명이 긴 것이다. 한편 단점으로는 일반적으로 고가라는 것이다.

9.1.1 일반 회전형 모터와 리니어 모터의 비교

회전형 모터는 회전방향으로 무한 연속운동을 하지만 리니어 모터는 구조적으로 길이가 유한하여 단부가 존재하므로 end effect가 있게 되며 또한 공극이 커서 공극의 자속분포, 추력 특성 등에 있어서 영향을 크게 받아 전기 기계로는 효율이 좋지 못하다.

그러나 리니어 모터는 일반 회전형 모터에 비해 직선 구동력을 직접 발생시키는 특유의 장점이 있으므로 직선 구동력이 필요한 시스템에서 회전형에 비해 절대적으로 우세하다. 즉, 직선형의 구동 시스템에서, 회전형 모터에 의해 직선구동력을 발생시키고자 하는 경우에는 스크류, 체인, 기어시스템 등의 기계적인 변환장치가 반드시 필요하게 되는데, 이때 마찰에 의한 에너지의 손실과 소음발생이 필연적이므로 매우 불리하게 된다.

리니어 모터를 응용하는 경우는 직선형의 구동력을 직접 발생시키므로 기계적인 변환장치가 전혀 필요치 않기 때문에 구조가 복잡하지 않으며 에너지 손실이나 소음을 발생하지 않는 것은 물론이고 운전속도에도 제한을 받지 않는 등의 특유의 이점이 있게 된다. 따라서 계통의 효율적인 운전과 기능에 있어서 회전형에 비해 절대적으로 유리하다. 리니어 모터는 이동 방향에 직접추력을 발생하는 Work를 이동하기 때문에 종래의 회전형 모터를 사용한 설계에 필요했던 볼스크류, 감속기, Coupling 등을 불필요하게 하여 모터 동력의 효율을 높였고, 고속화에 적합한 구조로 되어 있다는 점을 부각시킬 수 있다. 또 고정도화에 있어서는 모터와 검출기 사이의 중간 기구가 없어지기 때문에 휨과 Back Lash가 없어져 강성이 향상되며 고속 응답이 가능하게 되어 고속 가공 시의 정도가 향상된다.

리니어 모터에서는 고속 시 발생하는 고유진동수를 회피할 수 있기 때문에 강성이 상승하는 장점이 있다.

리니어 모터는 모터의 두 요소인 Primary part(회전모터의 Stator에 해당)와 Secondary part(회전모터의 Rotor에 해당) 사이의 유도기전력에 의해 모터 자체가 직선운동을 한다. 리니어 모터를 공작기계의 이송장치로 적용할 경우 서브모터의 회전운동을 직선운동으로 변환시키는 기구, 예를 들면 볼스크류 또는 랙피니언기구가 생략되어 고속·고가속운동이 가능하고 높은 위치제어 정밀도를 가진다.

9.2 리니어 모터의 구동원리

모터로서의 동작원리는 각각의 회전형 구성을 수평으로 전개한 형태이며, 아무 것도 변한 것은 없다. 회전형 모터의 토크에 해당하는 추진력도 여러 가지가 있으나 각 모터의 종류에 맞춰 각각의 특징을 살려서 쓰고 있다.

리니어 모터의 작동원리는 회전모터와 기본적으로 동일하다. 일반 회전형 모터를 축 방향으로 잘라서 펼쳐 놓은 형태이다.

그림에서 (a)와 같은 회전형 모터를 (b), (c)와 같이 잘라 펼쳐 (d), (e)와 같이 선형운동을 하게 한다. 단지 회전모터의 외부 고정자를 편평하게 펼친 셈이다. 각각의 모터는 코일 어셈블리(이동부)와 영구자석 어셈블리(고정부 레일)의 두 부분으로 이루어진다. 코일 어셈블리는 에폭시 또는 강으로 구리 코일을 감싼 형태로서 구리 코일에는 전류(I)가 흐른다. 자석 어셈블리는 희토류 자석이 N극과 S극이 교차되어가며 철판에 부착되는데 이것이 자기장(B)를 형성한다.

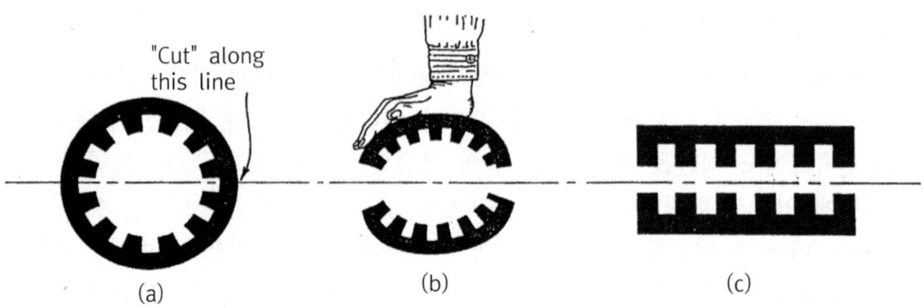

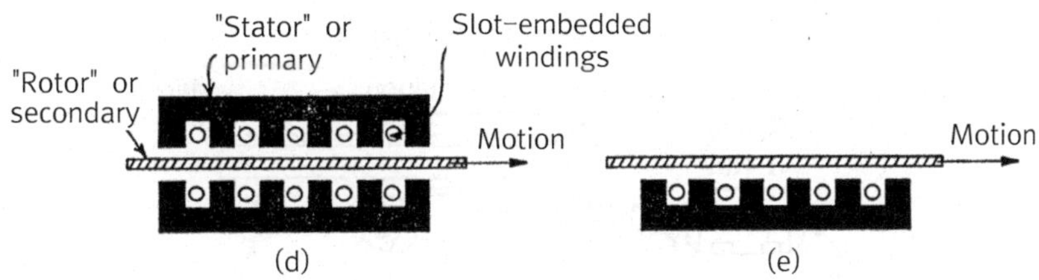

그림 9-3 리니어 모터의 구동원리

전류와 자기장이 교차되면 로렌쯔(Rorentz) 힘(F)이 발생하여 이에 의해 모터가 움직이게 된다. 즉 기존의 일반 모터가 회전형의 운동력을 발생시키는 것에 비해 직선방향으로 미는 힘인 추력을 발생시키는 점이 다르며 그 구동원리는 근본적으로 같다고 볼 수 있다.

일반형 리니어 모터의 종류별 원리도는 그림에 나타내었다. 회전형 모터는 회전방향으로 무한 연속운동을 하지만 리니어 모터는 구조적으로 길이가 유한하여 단부가 존재하므로 end effect가 있게 된다. 또한 공극이 커서 공극의 자속분포, 추력특성 등에 있어서 영향을 크게 받아 효율이 좋지 못하다.

그러나 리니어 모터는 일반 회전형 모터에 비해 직선 구동력을 직접 발생시키는 특유의 이점이 있으므로 직선구동력이 필요한 시스템에서 회전형에 비해 절대적으로 우세하다.

직선형의 구동시스템에서, 회전형 모터에 의해 직선구동력을 발생시키고자 하는 경우에는 스크류, 체인, 기어시스템 등의 기계적인 변환장치가 반드시 필요하게 되는데, 이때 마찰에 의한 에너지의 손실과 소음발생이 필연적이므로 매우 불리하게 된다. 그러나 리니어 모터를 응용하는 경우는 직선형의 구동력을 직접 발생시키므로 기계적인 변환장치가 전혀 필요치 않다. 따라서 구조가 복잡하지 않으며 에너지 손실이나 소음을 발생하지 않는 것은 물론이고 운전속도에도 제한을 받지 않는 등의 특유의 이점이 있게 된다. 따라서 계통의 효율적인 운전과 기능에 있어서 회전형에 비하여 절대적으로 유리하다.

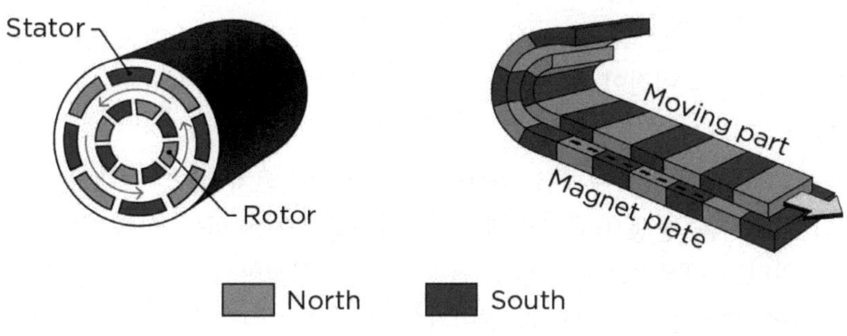

그림 9-4 추진력의 원리

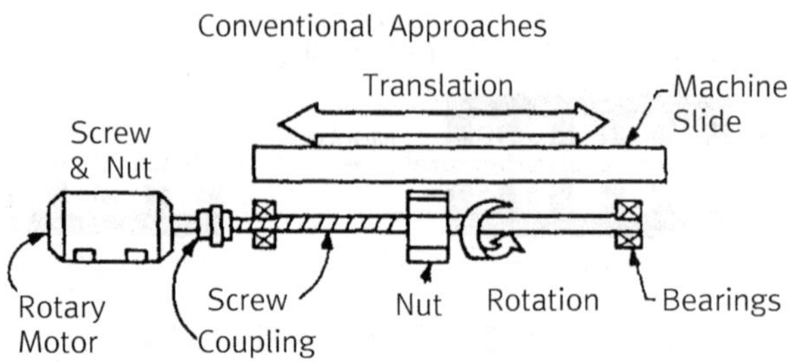

직선구동 변환장치(a)

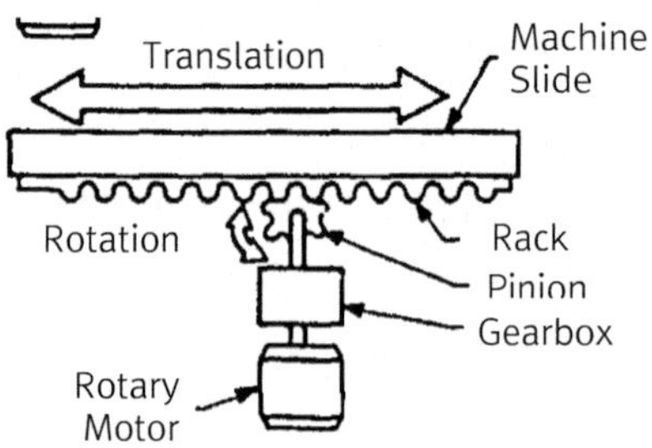

직선구동 변환장치(b)

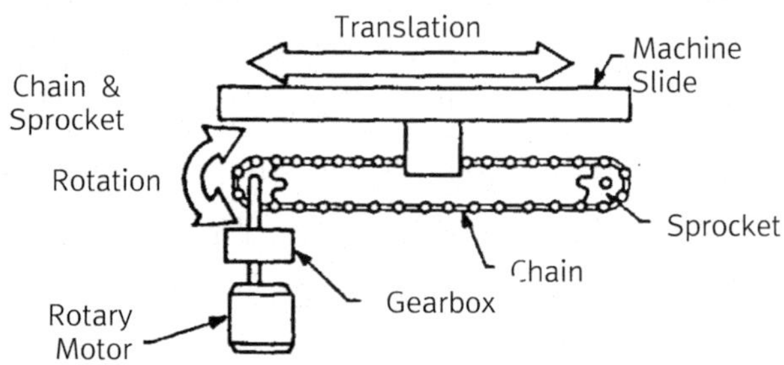

직선구동 변환장치(c)

그림 9-5 직선구동 변환장치

(1) 영구자석형 리니어 모터의 동작원리

코아레스형의 영구자석형 리니어 모터는 전자코일식의 가동부와 가이드로서의 고정 영구자석으로 구성되어 있지만, 가동부가 영구자석 또는 전자코일식에 고정가이드가 전자코일로 구성된 타입도 있다. 액추에이터는 피스톤과 실린더를 이용해 물체를 움직이게 하는 장비를 말한다. 즉 원통모양의 피스톤이 앞뒤로 움직이면서 연결된 물체를 이동시키는 것이다. 최근에는, 고정측에 네오디움 자석을 사용하여, 큰 Torque와 큰 이동속도를 얻을 수 있게 되었다.

상기와 같이, 네오디뮴자석과 같은 고성능자석 리니어모터를 이용한 모터는 종래의 Ball Screw 방식보다 여러가지의 큰 이점이 있어, 지금부터 더욱더 각종산업기기에 그 응용을 확대해 갈 것으로 사료된다.

리니어 모터는 일반 회전형 모터를 축방향으로 잘라서 펼쳐 놓은 형태이므로, 기존의 일반 모터가 회전형의 운동력을 발생시키는 것에 비해 직선방향으로 미는 힘인 추력을 발생시키는 점이 다르나 그 구동원리는 근본적으로 같다고 볼 수 있다. 회전형 모터는 회전방향으로 무한연속운동을 하지만 리니어 모터는 구조적으로 길이가 유한하여 길이방향으로 길이가 유한하여, 입구단(entry end)과 출구단(exit end)이 구조적으로 존재하므로 누설자속과 에너지의 왜형 및 손실을 유발하여 특성을 악화시킨다.

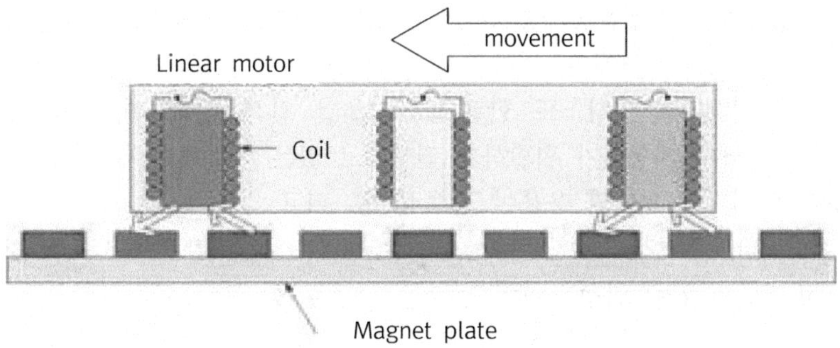

그림 9-6 리니어 모터의 동작원리

이러한 효과를 길이방향으로의 단부효과(longitudinal end effect)라 한다. 또한 측면 모서리방향으로도 에너지의 누설이 발생하는데, 이를 횡방향 모서리효과(transverse edge effect)라 하며 이것에 의한 모터의 추력 및 수직력 등의 손실은 물론 그 분포를 왜형시켜 운전특성을 나쁘게 하는 등의 큰 영향이 있다. 따라서 구동원리는 회전형 모터와 동일하나 단부효과와 모서리효과에 의하여 그 특성이 매우 달라진다.

회전형 모터에서의 공극은 축방향으로 대칭이기 때문에 문제가 되지 않으나, 리니어 모터는 수직력이 전자석이나, 바퀴 등의 지지장치에 크게 작용하여 부하의 중량이 증가된 것으로 나타난다. 따라서 이 문제를해결하기 위하여 근본적으로 공극을 크게 한다. 이에 따라 회전형 모터에 비하여 누설자속의 증가, 자화전류의 증가, 역률 및 효율의 악화 등은 필연적이다.

그러나 리니어 모터는 일반 회전형 모터에 비해 직선 구동력을 직접 발생시키는 특유의 이점이 있으므로 직선구동력이 필요한 시스템에서 회전형에 비해 절대적으로 우세하다. 즉 직선형의 구동 시스템에서, 회전형 모터에 의해 직선구동력을 발생시키고자 하는 경우에는 스크류, 체인, 기어시스템 등의 기계적인 변환장치가 반드시 필요하게 되는데, 이때 마찰에 의한 에너지의 손실과 소음발생이 필연적이므로 매우 불리하게 된다.

리니어 모터를 응용하는 경우는 직선형의 구동력을 직접 발생시키므로 기계적인 변환장치가 전혀 필요치 않아, 복잡하지 않으며 에너지 손실이나 소음을 발생하지 않는 것은 물론이고 운전속도에도 제한을 받지 않는 등의 특유의 이점이 있게 된다. 따라서 계통의 효율적인 운전과 기능에 있어서 회전형에 비하여 절대적으로 유리하다.

실제로 직선추진력을 직접 발생하는 리니어 모터로 구동하는 차량으로 지하철을 건설하는 경우에는 회전형 모터로 건설하는 경우에 비하여 건설비의 70% 이상을 차지하는 터널의 단면적이 68% 정도가 감소되어 전체 건설비가 50% 정도까지 절감되는 효과를 갖는다.

그러므로 오늘날에는 육상운송계통에서의 자기부상열차나, 대규모의 공장이나 산업시설에서의 컨베이어 시스템, 승강기, 크레인, 자동문 등 광범한 분야에서의 산업시스템에 필수적인 직선형 구동장치로 응용·개발되고 있다. 또 한편으로 오늘날 인간생활의 편리함의 추구로 인하여 HA, OA, FA등 각 분야에서 자동화가 활발하게 진행되고 있는 바, 이 경우의 각종 서보시스템에서 직선형 구동장치로 리니어 모터의 응용이 필수적으로 되고 있으며, 장차 그 응용분야는 더욱 확대될 것으로 전망된다.

리니어 드라이브 운전성능과의 관계는 다음과 같다.

① 효율화 : 전기적인 입력에 대한 출력인 추진력의 관계인 추진력/입력의 비로부터 효율을 파악할 수가 있다.

② 경량화 : 모터의 질량에 따른 발생 추진력의 관계인 추진력/질량의 비로부터 경량화 정도를 파악할 수가 있다.

③ 소형화 : 체적에 따른 발생 추진력의 관계인 추진력/체적의 비로부터 소형화 정도를 파악할 수가 있다.

각 모터에 공통된 문제점은 리니어의 지지기구와 형태의 문제이다. 지지기구에 대해서는 갭 간격이 좁을수록 유효한 추진력을 크게 낼 수 있으나 회전형과 같이 균일한 갭을 긴 스트로크에 걸쳐 유지시키기가 어렵다. 또 형태에 대해서도 움직이는 부하, 스트로크에 맞춘 모터형태가 이상적이고, 이 면에서도 표준화는 어렵다.

최근 반도체 액정분야의 급속한 발전에는 제조장치의 요소기술을 담당하는 리니어 슬라이더 시스템의 고성능화가 그 배경에 있다.

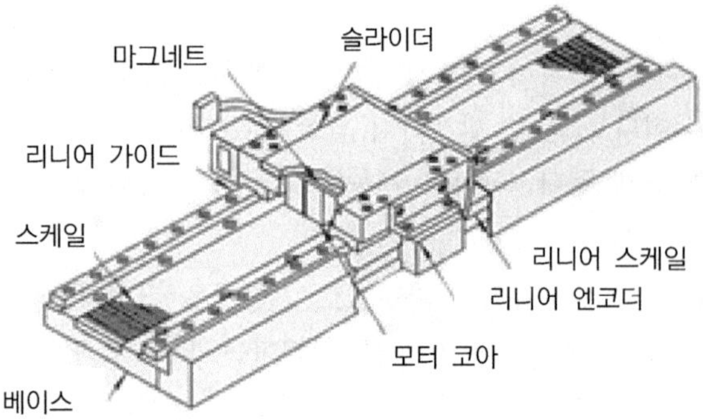

그림 9-7 리니어 모터의 구성(A)

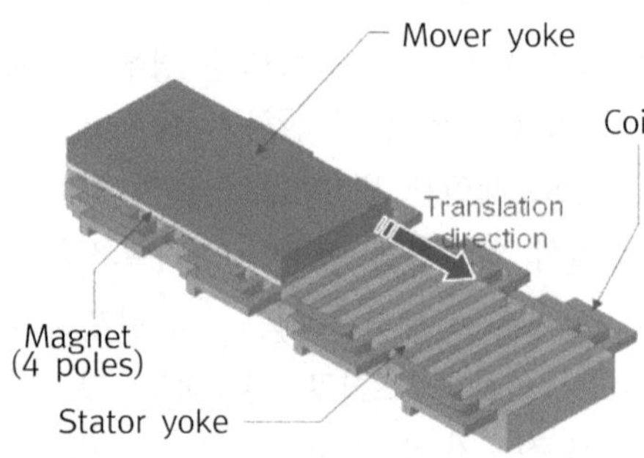

그림 9-8 리니어 모터의 구성(B)

이들 고성능 리니어 슬라이더의 대부분은 회전형 서보모터 구동에 의한 볼 나사 이송방식을 사용한다. 그러나 리니어 슬라이더 사양의 고도화와 함께 볼 나사 이송만으로는 불가능한 이송속도 이상 요구가 증가하여 볼 나사를 통하지 않고 바로 동작하는 리니어 모터의 실용화가 시작되고 있다.

현재로서는 추력 50-6000 N까지 폭넓게 시리즈화 되어 장치 메이커가 생산하고 있는 리니어 인코더나 상위 컨트롤러에도 문제없이 바로 연결되는 구동 컨트롤러가 준비되고 있는 상황이다.

이와 같이 시리즈화 된 리니어 모터는 회전형 서보모터를 직선상에 위치시킨 코어 장착형을 채택하고 있다 코어 장작형 리니어 모터는 회전형 서보 모터에서 축적된 설계제작 제어기술을 응용하여 고속 위치결정 저손실을 특징으로 하고 있다.

한편 리니어 슬라이더 사양의 다양화와 함께 구조상 특징이 있는 리니어 모터가 요구되고 있다.

(2) 리니어 모터의 특징

모터의 기종에 의존하는 부분이 있지만, 전체적인 공통적인 특징은 다음과 같다.

리니어 모터와 회전형 모터 각각으로 차량을 추진하는 경우의 추진력 특성은 표 9-1과 같다. 이 비교결과 리니어 모터의 특성값의 상한값이 어느 경우이건 회전형 모터에 비하여 높음을 볼 수가 있다. 따라서 리니어 모터로 차량을 추진하는 경우, 회전형 모터로의 추진에 비하여 효율화, 경량화, 소형화에서 크게 유리함을 볼 수가 있다.

1) Direct Drive

리니어 모터는 이상적인 다이렉트 드라이브(직접구동)장치이며, 구동대상으로 비접촉으로 임의의 방향으로 추진력을 주는 것이 가능하다. 비접촉이기 때문에, 톱니바퀴나 차바퀴 등의 추진을 위한 전달기구가 불필요하고, 구동기관을 간단하게 할 수 있다. 점착이나 전달의 성능에 의존하지 않는, 높은 가감추진력을 얻을 수 있으므로, 갑작스러운 구배(구부러진 부분) 도 오르거나 내릴 수 도 있어, 특성의 경년 변화도 적고, 보수성·신뢰성이 뛰어나다.

표 9-1 리니어 모터와 회전형 모터의 추진력 특성

항 목	유도형 리니어 모터			3상 회전 농형유도모터
	편측식	양측식	원통형	
스트로크	cm~∞	cm~∞	cm~∞	회전
속도[m/s]	1~10	1~10	1~10	15~100
추력[N]	100~450	50~800	5~320	6~70 k
입력전력[kVA]	3~10	0.2~10	0.5~5	220~3,900
추력/입력[N/kVA]	30~50	30~130	30~80	8~45
추력/질량[N/kg]	9~18	10~20	2~30	5~14
추력/체적[N/L]	30~70	35~90	20~40	8~26

표 9-2 리니어 모터의 장단점

장점	단점
• 긴 이동거리 적용시에도 처짐 방지(1.5 m이상 적용시 볼스크류 시스템보다 적합) • 고가감속 운전 및 빠른 셋틀링 모션 가능(5 g 이상의 가속, 10 m/sec이내의 셋틀링) • 기어나 벨트, 커플링 등의 구동 전달 유니트가 없음. • 기구 구조가 간단하여 소형 및 특수한 형상으로의 제조 가능 • 기계적인 마찰 및 미끌어짐이 없어 손실과 소음이 없고 보수 및 정비 거의 없음. • 백래쉬(Back-lash) 또는 미끌어짐이 없기 때문에 정밀 위치 제어 가능. • 이동 대상의 모션축 방향의 직접적인 위치 피드백이 가능 - 완전 폐루프 제어(Full closed control) 가능 -자유롭게 위치 정밀도를 높일 수 있다.(기존 모터 대비 10배 이상) • 회전형 모터의 경우에는 회전축의 중심을 비울 수 있어서(중공) 배선 용이. • 감속비 및 힘의 변화를 위하여 기계 구조의 변화없이 일정 범위내에서는 소프트웨어로 가능하다. 즉 소량 다품종 생산에 용이한 Flexible한 생산 라인 구축이 용이하다. • 희토류계 영구자석 및 엔코더 등의 사용으로 가격이 고가였으나 급속히 낮아짐. • 에어 베어링 적용시에는 완전 비접촉 운전. • 설계 시 무한한 응용 가능성	• 단일모터에서도 기계 구조의 변화를 통하여 토크 및 최대 속도 등의 변환이 가능하지만 직접 구동식 모터는 일정범위를 벗어나는 경우에는 모터 자체를 교체하여야 한다.(고토크 사용시 필수적으로 대용량의 모터를 사용해야 한다) • 용량에 따라 각각의 모터를 사용해야 하므로 양산이 어려우므로 고가이다. • 폐루프 제어(Closed control)를 위하여 고급 사양의 엔코더 사용이 필수적이다

2) 여유도가 큰 구조

리니어 모터는 회전형 모터에는 없는 형상(평판상이나 원통형, 각형)이 가능하다. 고정부와 이동부의 어느 측에도 전원에 의해서 제어된 전류가 흐르는 코일을 구성할 수가 있다고 정부와 이동부의 구성은 서로에 대해 공간이 크며, 장소에 의해서 바꿀 수도 있다.

3) 누설자속

리니어 모터 전체의 구조가 개방적이고, 고정부와 이동부의 어느 쪽인지, 또는 양쪽 모두가 유한장이 된다. 그 때문에, Gap의 자계분포가 매우 복잡하게 되어, 누설자속이 많아지기 때문에 역률의 저하로 연결된다.

4) Gap의 지지기구

리니어 모터의 고정부와 이동부의 사이에는 매우 큰 흡인력이 작용한다. 그리고 직선적인 구동 방향이므로, Gap을 일정하게 유지하는 직선적 지지기구가 필요하다. 그 지지기구에는, 이하의 특징이 있다.

① 주행영역 전체길이에 걸쳐 직선모양의 지지기구가 필요.

② 한쪽식 리니어 모터에서는 중력이나 외력에 가세해 전자력이 작용.

③ 모터 · Gap길이에 직접관계.

④ 고속으로서 많이 사용된다.

이상으로서, 긴 스트크, 고정밀도, 적은 마찰계수, 높은 강도. 저진동. 저소음등이 요구된다.

5) 전기적 성능

리니어 모터는 회전형모터와 비교하여, 역류과 효율이 낮다.

리니어 모터는 원통모양의 회전형 모터를 직선 모양으로 만든 것이 아니고, 독자적인 전자적 구성을 가져 리니어 모터라고는 호칭하기 어렵다. 리니어 모터는 리니어 진동 모터(Linear Oscillatory Actuator: LOA), 리니어 전자 솔레노이드(Linear Electromagnetic Solenoid: LES), 리니어 전자 펌프(Linear Electromagnetic Pump: LEP)가 있다.

(3) 리니어 모터 용도

① 검사용 장비 스테이지

② LCD 장비

③ 반도체 테스트팅 장비

④ 반도체 가공장비

⑤ 공장자동화

9.3 리니어 모터의 종류

기본적으로 리니어 모터는 회전형 모터와 같은 동작원리를 갖는다. 물론 리니어 모터가 갖는 유한길이의 특징으로 인해 추력방향 단부에서 발생하는 이상 현상이 있으나 거의 모든 회전형모터는 리니어 모터로 구동될 수 있고 그 종류 또한 거의 동일하다.

리니어 모터는 일반적으로 회전형 구조를 축방향으로 잘라서 선형(liner type)으로 펼쳐 놓은 구조이며, 회전형 모터가 회전형 토크를 발생시키는 것에 비해 리니어모터는 직선방향으로 추력을 발생시키는 점만 다르고 회전형과의 동작원리는 근본적으로 같다고 볼 수 있다. 모터의 형상에 따라 일반적으로 평판형, 원통형, 각형으로 분류되고 대향 방식에 따라 편측식, 양측식으로 나누어진다.

리니어 모터는 회전기에 대응하는 개념으로 크게 교류기와 직류기로 나눌 수 있다. 교류기에는 대추력의 특성을 갖는 리니어 유도 모터(LIM : Linear Induction Motor), 고속운송이 가능한 리니어 동기 모터(LSM : Linear Synchronous Motor), 개루프 위치 서보용 리니어 펄스 모터(LPM : Linear Pulse Motor) 등이 속하며, 직류기에는 고정밀도 위치 결정 특성의 리니어 직류 모터(LDM : Linear Direct-current Motor)가 해당된다.

리니어 모터의 분류 중에서 대변위, 대추력을 필요로 하는 수송용으로는 비교적 대형화의 실현이 용이한 리니어 유도 모터나 리니어 동기 모터가 적합하고, 서보시스템을 이용하여 속도 및 위치를 정밀제어해야 하는 직교좌표 로봇 등에는 리니어 펄스 모터가 효과적이며, 고응답성이나 위치결정 기능이 필요한 OA 기기 관련 응용에는 리니어 직류 모터가 활용되고 있다. 리니어모터를 구조 및 특성에 따라 분류할 수 있다.

표 9-3 리니어모터의 분류와 응용예

명 칭	영 문 명	약 칭	응 용 예
리니어 유도 모터	Linear Induction Motor	LIM	팔렛트 반송장치
리니어 동기 모터	Linear Synchronous Motor	LSM	자기부상열차
리니어 펄스 모터	Linear Pulse Motor	LPM	X-Y 플로터
리니어 직류 모터	Linear DC Motor	LDM	반도체 장비
리니어 진동 액추에이터	Linear Oscillating Actuator	LOA	압축기
리니어 전자 솔레노이드	Linear Electro-Magnetic Solenoid	LES	타이프라이터 구동장치
리니어 전자 펌프	Linear Electro-Magnetic Pump	LEP	응용금속펌프
리니어 하이브리드 모터	Linear Hybrid Motor	LHM	턴테이블 구동장치

그림 9-9 리니어모터의 종류

(1) 리니어 유도 모터

리니어 유도 모터의 원리는 근본적으로 일반 회전형 유도모터와 같다. 그러나 축을 중심으로 절단하여 펼쳐놓은 형태가 되며, 길이방향으로 입구단과 출구단의 제한이 있는 점이 다르다.

주요 응용분야로는 팔레트 반송장치, 스크류 프레스, 고속 분쇄장치, 자동문 개폐장치 등이 있다.

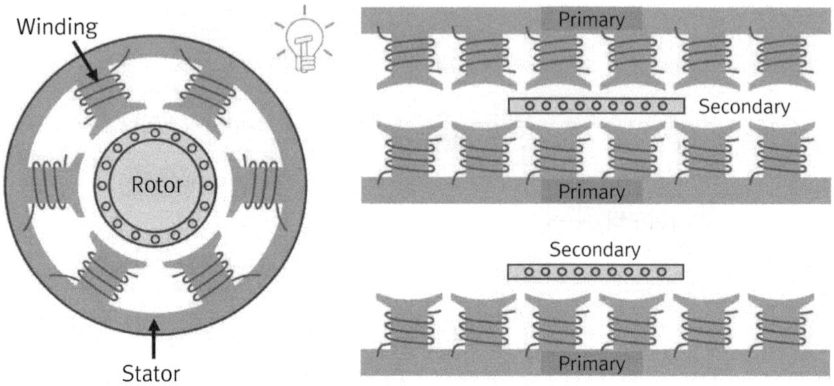

그림 9-10 리니어 유도모터 구조(1)

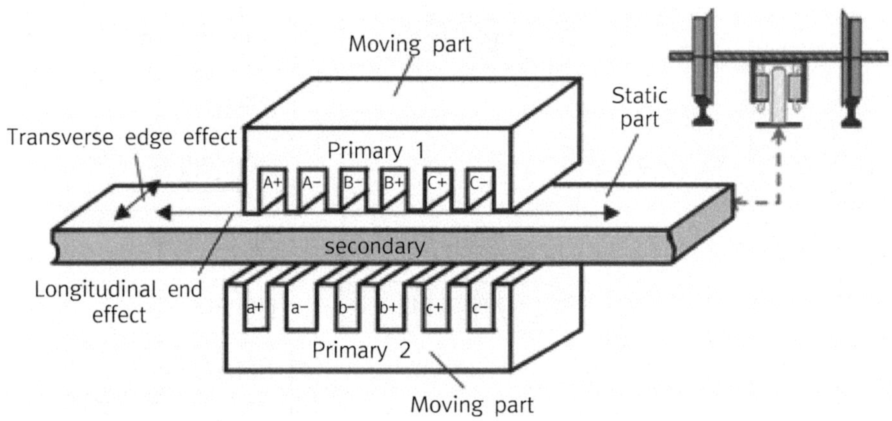

그림 9-11 리니어 유도모터 구조(2)

(2) 리니어 직류 모터

구동원리는 플레밍의 왼손법칙을 기본으로 한다. 리니어 직류 모터의 장점으로는 구조가 간단하고 추력과 질량의 비가 크며 고속동작이 가능하다. 모터 자체적으로 위치결정 센서, 속도 센서와 결합하여 응용을 해야 하지만 이 경우 높은 정도의 위치결정 및 속도 제어가 가능하다. 주요 응용분야로는 직교좌표 로봇, 결함 검출용 센서 장치, 자기디스크 구동장치, 결정구조 해석용 리일 건 등이 있다.

(3) 리니어 펄스 모터

회전형 펄스 모터의 경우와 같이 디지털 제어기에 의해 공급되는 매 입력전류 펄스 신호에 대해 1스텝씩 직선운동을 하는 모터이다. 리니어 펄스 모터는 스폿용접로봇, 프린터 및 인공심장용 액추에이터 등에 사용된다.

표 9-4 리니어 모터의 종류 및 특징

종류	특 징
리니어 DC모터(단극형)	• 일반적으로 보이스코일모터라고도 불리며, 가동 코일형이다. • 스피커의 콘은 움직이는 구조와 같기 때문에 이렇게 부르는 것은 만들기 어려워 50 mm정도 이하의 스트로크에 쓰이고 있다.
리니어 DC모터(다극형)	• 브러시 달린 DC모터이다. • 위치검출용 디지털 스케일과 조합시켜 사용한다.
리니어 인덕션 모터	• 권선측을 고정측에 두고, 가동부측에 유도체를 배치하고 있다. • 가동부의 구조가 간단해 경량화가 용이하다. • 반송 등이 쓰이며 스테이션에 고정권선을 배치하고 스테이션간은 타성으로 달리게 하여 스테이션으로 위치를 결정한다.
리니어 싱크로너스 모터	• 권선계자를 가동부로 한 것과 자석용 가동부로 한 것이 있다. • 권선계자를 가동부로 한 것은 급전용 리드, 검출기 리드 등을 강제로 가동시키는 구성이 되어 리드 처리상 문제가 있다. • 자석가동의 경우는 이 문제가 없다. • 제어에는 자극검출기와 위치검출기가 필요하다.
리니어 펄스 모터	• 공급하는 펄스로 1스텝씩 이동하는 모터이며, 영구 자석형이다. • VR형은 여자전류에 의해 모든 자속을 얻고 있는데, 영구자석형은 약 절반의 자속을 영구자석에서 얻기 때문에 여자전류는 적어도 된다. • 영구자석형은 자기유지력도 갖고 있다. • 동작원리는 A코일, B코일에 각각 (a)~(b)모드에 맞는 전류를 흘려서 1사이클이 완료하며, 이것의 연속으로 이동한다.

(4) 리니어 동기 모터

리니어 동기 모터는 회전형 동기 모터를 축방향으로 잘라 펼친 형태이므로 회전형 동기 모터의 구동원리와 동일하다. 즉 계자와 전기자로 구성되며 구성방법에 따라 종류가 달라진다. 자기부상 열차와 같은 초고속 열차의 구동시스템에 응용 가능하다.

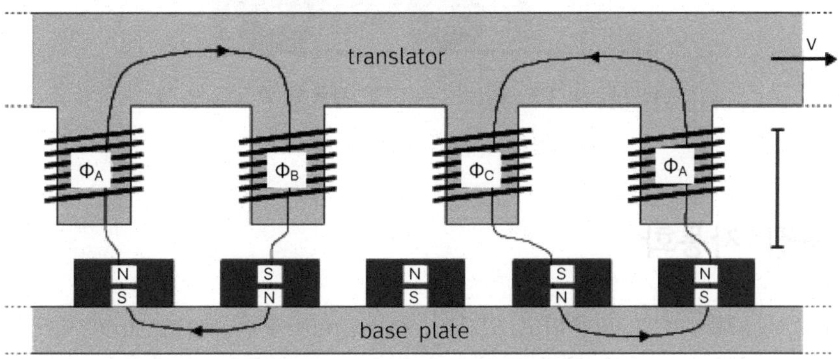

그림 9-12 리니어 동기 모터 구조

9.4 리니어 모터의 응용

리니어 모터는 일반적으로 많이 볼 수 있는 회전형 모터를 잘라 펼친 형태를 갖는 특수 모터로, 기어 등의 특별한 기계장치 없이 직접 직선구동력을 얻을 수 있어, 고속화, 고정밀화, 고추력화 및 청정성의 장점을 갖는다.

다양한 특성을 지닌 리니어모터는 응용분야도 매우 다양하다. 먼저 FA기기의 경우 공작기계의 위치결정 장치, 로봇 이송장치, 용융금속의 구동제어 등에서 활용될 수 있다. 또한 OA기기의 경우, 디스크 드라이브 장치, 프린터 장치, 플로터 장치 등에 응용할 수 있고, 반송시스템의 경우, 공장 내 반송, 클린 룸 내 반송, 건물 내의 입체 반송, 고속 구분장치 등에도 응용되어 사용할 수 있다.

직선운동을 필요로 하는 정밀 청정 산업 기계류와 자기부상열차의 추진 장치 등과 같은 특수분야에 적용되고 있다. 직접 직선구동력을 얻을 수 있는 장점 때문에, 실생활의 활용방안은 산업 자동화 장비 뿐만아니라, 게임 시뮬레이터, 놀이기구 등에 적용될 수 있다.

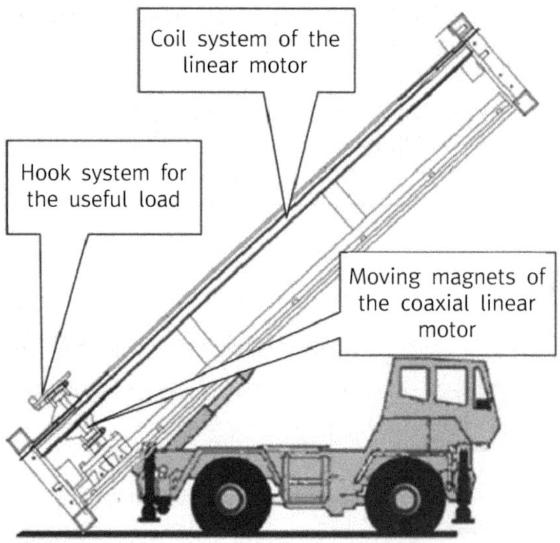

그림 9-13 리니어 모터를 사용한 후크 시스템

9.4.1 일반 공장 자동화

① 공작기계 : LSM이 주로 적용되고 있으며, 90 m/min 혹은 120 m/min 속도에 가속도 1.5 GB 정도의 리니어 모터가 실제로 적용되어 운전되고 있다.

② 정밀 위치결정 기구 : 리니어 모터를 적용한 정밀 위치결정 스테이지로 최대속도 1 m/sec, 절대정밀도 1.0μm, 위치 반복정밀도 ±2.5μm 특성을 나타낸다.

③ SMT 장비 : SMT 장비는 전기, 전자산업에서 필요한 PCB를 생산하기 위한 장비로, 소형, 고집적화되어가는 반도체 칩에 대응하기 위하여 상당한 정밀도가 요구될 뿐만 아니라, PCB의 대량생산을 위하여 고속 성능 또한 필수적이다.

④ 반도체 장비(테스트 핸들러 등) : 반도체 공정에 사용되는 장비의 종류는 무수히 많다. 대부분의 장비는 직선 운동기구가 필요한데, 그 중에서도 특히 반도체 칩의 검사용으로 사용되는 테스트 핸들러는 리니어 모터의 컨셉을 적용하기에 가장 적합한 모델로, 국내 M사에서 이미 이러한 모델을 개발, 그 성능의 우수성을 확인하였다. 이 외에도 Wafer를 핸들링하기 위한 Wafer Stepper 장비는 고도의 클린성과 고정밀을 필요로 하는데, 일본과 국내 연구기관에서 이를 구현하기 위한 연구가 활발히 진행되고 있다.

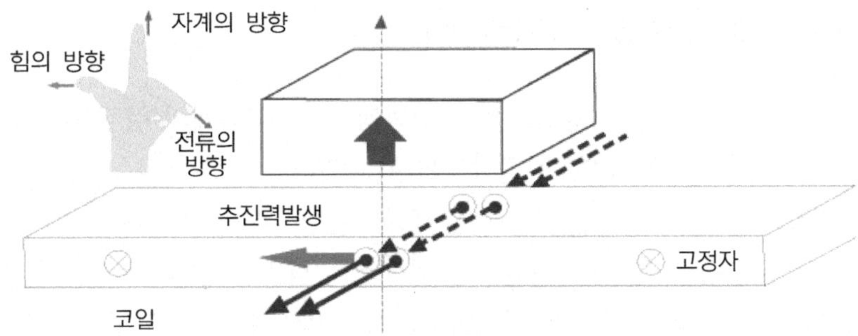

그림 9-14 리니어 모터 동작원리

9.4.2 반송장치

① 클린 환경, 병원내 반송 : 지상 1차 방식의 LIM을 채택한 고속 반송장치가 병원내 차트, X-Ray 필름, 혈액샘플, 약 등의 반송을 위해 적용되고 있다.

② 일반 물류 반송 : 스위스 S사가 개발한 리니어 반송 시스템은 1차측이 고정되어 있고, 영구자석이 부착된 캐리어가 이송을 하고 있다. 전원공급의 효율성을 위해 부분적으로 1차측을 여자하는 방식을 채택하고 있고, 물류의 분기는 독자적인 구조를 채택하여 사용하고 있다. 이러한 반송 시스템은 이송과 분류 속도를 향상시키기 위해 대형 슈퍼마켓, 트럭 터미널 등에서 사용되고 있다.

9.4.3 복지부문

① 자동문, 자동 커튼 : 국내에서는 엘리베이터 자동문에 적용하기 위하여 LIM 방식의 연구를 진행하였고, 전철나 철도차량의 자동문 시스템도 원통형 LIM을 적용하려는 시도가 있었다. 일본에서는 리니어 모터를 이용한 자동문이 시판되고 있는데, 이러한 리니어 모터에는 주로 브러시를 이용하여 전원이 공급되는 특징을 갖고 있다.

② 엘리베이터 : 공간적인 효율성을 높이기 위한 목적으로 Roomless 방식의 원통형 LIM 시스템이 연구되었다. 파이프 형태의 알루미늄 시트로 구성된 2차 도체봉이 필요한 이동 거리만큼 있고, 원통형의 3상 코일과 프레임으로 구성된 전기자가 엘리베이터를 원하는 위치로 이동시키는 구조이다.

9.4.4 특수부문 (금속용융 처리공정)

① 철강, 유리 생산 공정 : 용융금속의 생산과정 중에 금속재의 품질을 향상시키기 위해 LIM을 이용한 전자기적 Stirring 기술이 적용되고 있다.

② 솔더 범프 : Printed Wiring Board를 위한 어셈블러로, 솔더젯 스트림 장치에 LIM이 사용되고 있다. 이것은 완벽한 비접촉식 전자유도 타입의 젯 스트림 솔더 범프이다.

③ 평면형 리니어 모터 : 상기의 리니어 모터는 전부 1축의 모션을 전제로 한 것으로, 2축 또는 그 이상의 모션을 위해서는 이러한 리니어 모터 여러 개를 기계적으로 결합하여 사용하여야만 한다. 이러한 구조적인 한계를 극복하기 위하여 현재, 가장 일반적인 형태의 X-Y Gantry 시스템에 동시에 동일 평면상에서 2축 모션이 가능한 평면형 모터가 개발되어 사용되고 있다.

일본의 Y사가 개발한 평면형 리니어 모터는 기본적으로는 영구자석을 사용한 하이브리드 방식의 LPM 형태이다. 절대적인 위치검출을 위하여 레이저 간섭계를 사용하고 있고, 고정자는 격자형 치구조의 자성체를, 이동자는 영구자석과 코일을 가진 구조를 띠고 있다. 또한, 고정자와 이동자의 상대적인 공극을 유지하기 위해 에어 베어링 방법을 채택하여 지지하고 있다. 이 시스템에서 XY 평면분할 정밀도는 $\pm 1\mu m$이고 반복 정밀도가 $\pm 0.1\mu m$이다.

9.4.5 위치결정 시스템이 주요 응용분야

반도체 장비용 반송장치나 공작기계의 머시닝센터 등 리니어 위치결정 시스템은 앞으로도 리니어 모터의 중요한 응용분야라는 것은 틀림없다. 아울러 고속, 고정밀, 고집적화 되어가는 시장요구에 대응하기 위해서는 가동부의 경량화와 고강성화와 더불어 탁월한 냉각 시스템의 구현, 고추력 밀도화, 정숙한 제어기법의 구현 등이 필요하다.

또한, BT, IT, NT 기술의 집중적인 투자와 개발로 인해 이들을 운용하기 위한 나노 스테이지에 대한 관심과 노력이 점차 확대되고 있다. 특히, 고집적화되는 반도체 생산, 측정분야에서 반도체의 선폭이 0.18μm로 설계되고 있는 상황에서 Lithography 등에 적용되는 나노스테이지는 10 nm의 위치결정 정밀도를 갖는 제품이 상용화되고 있다. 이는 정밀 리니어 모터 개발과 레이저 간섭계의 발달, 초정밀 제어기술 발달 등과 밀접하게 연계되어 있으며, 앞으로 바이오 분야의 바이오칩 공정분야, Ion Analyzer, X-Ray Analyzer 등에 적용될 Sub-Nano 위치정밀도를 갖는 스테이지 개발에 박차를 가하여야 할 것으로 본다.

현재 일반적으로 공장자동화와 연관된 분야에서 리니어 모터 수요는 계속 확대될 것으로 예상되며, BT와 NT 관련분야에서 범정부 차원의 투자와 맞물려 고성능, 고기능 리니어 모터가 괄목할 만한 성장을 할 것으로 예견된다. 향후, 운송장비 분야를 확대 적용될 뿐만 아니라 방산이나 우주 항공분야에서 필수 콤포넌트로의 발전이 기대된다.

9.4.6 리니어 모터 카(자기부상열차)

일본의 리니어 모터카는, 리니어 동기 모터의 계자극에 강력한 자계를 발생할 수 있는 초전도 자석을 사용하고 있는 것이 큰 특징이며, 초전도 자석 및 전기자의 추진코일 모두 철심을 사용하지 않는 구조가 되어있다. 궤도의 양측으로 배열된 추진코일에 구동용의 전력을 공급하여 이동자계를 발생시키는 것으로 차량에 장착된 초전도 자석과의 전자적인 작용으로 궤도와 큰 간격을 유지해 차량을 추진 할 수 있다.

초전도 자석은 전자력에 의해 부상 및 안내의 차량의 지지에도 이용된다. 부상, 안내(부상 겸 안내) 코일로 불리는 단락코일에 초전도 자석으로 부터의 자계를 쇄교하게 하고, 외부로 부터 전류를 공급을 하지 않고, 자계에 의한 유도로서 부상·안내코일에 전류를 흘리는 방식이다.

한층 더 제어하는 것 없이 자동적으로 안정점에의 복원을 실시할 수 있는 Null·Flux 방식으로 되어있다.

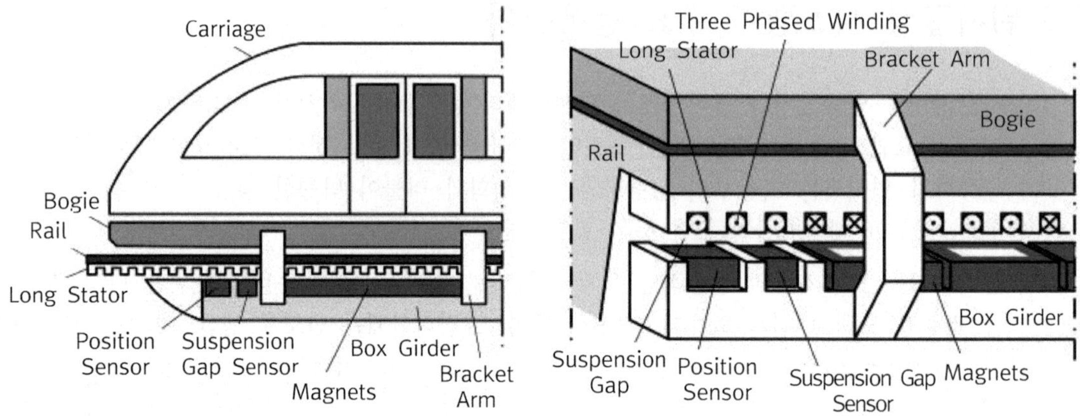

그림 9-15 자기 부상 열차의 구조

※ 이동자계 : 회전기에 있어서의 회전자계와 같고, 코일에 교류전류(일반적으로 3상)를 흘리는 것이다. 어느 등간격(동기 모터의 경우는, 계자극의 간격과 동일)으로 자극을 가지는 자계를 만들어 코일을 물리적으로 움직이는 것 없이 발생 자극만이 시간과 함께 연속적으로 한 방향으로 이동하는 자계다.

추진력의 원리

추진코일의 자극은 초전도 자석의 자극간격과 같게 되도록 만들어져, 서로의 자극간에 거래하는 힘과 반발하는 힘을 유지하면서, 추진 코일의 자극이 이동해 초전도 자석이 장착되고 있는 차량을 추진한다. 이동하는 측(차량)이 이동자계에 동기해 직선운동하기 위해, 리니어 동기 모터로 불린다. 리니어 동기 모터의 추진력의 성능은 이동자계와 초전도 자석과의 자극 위치의 관계로 정해진다.

쌍방의 자극이 정면으로 서로 향하지 않게, 교대로 배치되어 있는 경우가 가장 큰 추진력을 발생할 수 있는 상태이며, 이때의 횡방향의 힘은 좌우 각각으로 "0"이다. 따라서, 추진 코일에 공급하는 전력을 가장 효율적으로 추진력으로 변환 할 수 있도록, 이러한 자극위치관계를 항상 유지하도록 추진코일의 전류는 제어된다.

JR방식(초전도 자기부상 철도)에서는 약 1 cm정도에서 위치검출이 가능하지만, 너무 섬세한 제어를 필요하지 않는 안전한 방식으로 되어있다. 덧붙여 추진코일과 초전도 자석의 자극간이 서로 당기는 힘과 반발하는 힘의 밸런스에 대하여, 당기는 힘이 큰 상태가 추진력으로서 안정인 상태이며, 반발하는 힘이 당기는 힘보다 커질 때는 불안정하게 된다. 이것은 정적으로 불안정한 영역이며, 제어로서 안정하게 운전할 수 있다. 다만 그 경우에는, 미세한 위치검출과 거기에 추종하는 고속제어, 한층 더 차량이나 궤도의 모든 자극간격이 변화하지 않는 정확한 구조가 필요하게 되어, 장거리, 고속주행이 될수록 어려워진다.

※ Null · Flux 방식 : Null-Flux이란 '0'자속을 의미하며, 두개의 코일에 쇄교하는 자속의 차이가 자동적으로 0이 되는 방향으로 자계의 공급측을 작용시키는 방식으로, JR방식에서는 부상과 안내에 이용하고 있다.

최근, NC 가공기 등의 공작기계, 반도체의 제조장치, 검사장치, 산업용 로보트, 각종 반송장치 등이 폭넓은 분야에 종래의 Ball Screw방식에 대신해, 리니어 모터가 직동안내기기로서 사용되기 시작하고 있다. 특히 강력한 네오디뮴자석의 채용에 의해 더욱더 주목받고 있다. 그런데, 리니어 모터라고 하면, 리니어 모터카를 연상 하지만, 산업기기에 사용되는 리니어 모터는 원리, 구조면에서 자기부상 추진용과는 많은 차이가 있다.

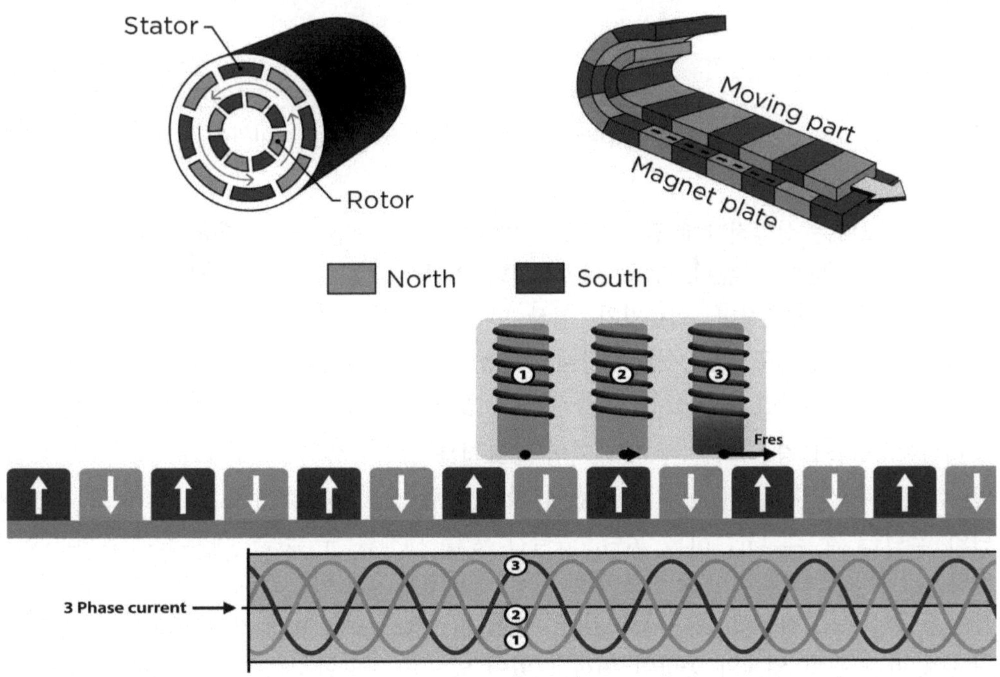

그림 9-16 자기부상열차 추진력의 원리(1)

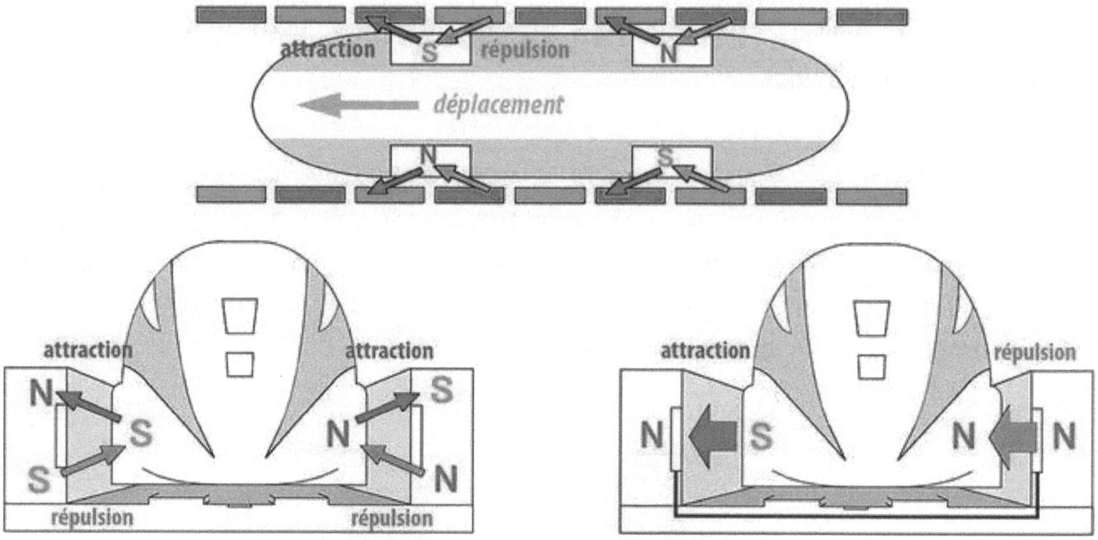

그림 9-17 자기부상열차 추진력의 원리(2)

리니어 모터는 산업전반에 걸친 기초 기반 제품으로 직선운동을 필요로 하는 다양한 분야에 적용되며, 공장자동화, 물류시스템용 이송장치와 와이어 본더 등의 반도체 생산기계, 차세대 엘리베이터, 모노레일, 계측장비, 의료기기, 영상 및 오락산업의 모션 카메라, 모션 시뮬레이터 등의 분야에 폭넓게 적용되고 있다. 특히 기계의 직선운동에 있어 위치결정 정도를 가능케 해주는 리니어 모터는 반도체산업, 로봇산업, 자동차산업, 공작기계산업 등의 발전에 크게 기여하고 있다.

리니어 모터의 경우 최근 주요 대기업 수요처를 중심으로 점차 수요가 증가될 것으로 기대되고 있다. 반도체 산업 및 IT 산업의 발전에 따라 관련 장비업체의 수요가 증가하고 있기 때문에 리니어 모터는 볼 스크류, 서보 모터, 감속기 등을 대체할 수 있는 제품으로 잠재 수요가 커지고 있다. 외국의 경우를 보면 건축분야의 내진 설계에도 리니어 모터 시스템이 적용되는 등 다양한 분야를 중심으로 사용이 확대되고 있다. 한편 불안요소로서 여러 거대기업에서의 투자 지연 같은 이슈에 따라 관련 업계의 동향이 변하고 있어 앞으로 다양한 시장이 형성되어야 한다는 목소리도 나오고 있다.

특히 국내 시장을 살펴보면 차세대 디스플레이 시장에서 대용량의 리니어 모터의 수요가 꾸준하게 증가하고 있으며, 일반 산업이나 반도체 장비, 공작기계 장비 등으로도 시장이 확대되고 있다. 특히 반도체 분야의 경우 반도체 후공정 장비를 중심으로 국산화에 대한 움직임이 있어 틈새시장이 형성될 전망이다.

2판 센서 액츄에이터 공학

2023년 4월 10일 인쇄 발행

저 자	정용욱, 정구섭
발 행 인	송기수
발 행 처	도서출판 GS인터비전
편 집 처	도서출판 GS인터비전
표 지 디 자 인	디자인붐
인 쇄 처	트윈벨미디어
등 록 번 호	제 25100-2016-000050호
I S B N	979-11-5576-426-8(93560)

주 소 서울 은평구 증산로 15길 69 2층

전 화 02-976-7898, 02-3272-7898.

팩 스 02-6468-7898

홈페이지 gsintervision.co.kr

E-Mail gsinter7@gmail.com

정 가 35,000원